普通高等教育“十一五” 国家级规划教材

制冷原理与装置

第3版

何国庆 陈光明 郑贤德 编
林秀成 主审

机械工业出版社

本书是普通高等教育“十一五”国家级规划教材，是高等学校“制冷与低温技术”专业方向主干课教材之一，是在2001年第1版和2008年第2版的基础上，按照21世纪科技发展和人才培养的需要修订而成的。

本书内容以压缩式蒸气制冷机为重点，着重阐述蒸气制冷机的工作原理、制冷剂的热物理性质、制冷循环特性和热力计算方法，以及制冷换热器的结构特点、传热机理和设计计算方法等，制冷装置部分着重介绍实用制冷装置、制冷装置的设计计算及优化等，还介绍了吸收式制冷技术及其计算方法，以及弹热制冷、电卡制冷等固态制冷技术和辐射制冷技术。书后附有一些工质的热物性参数表、制冷技术常用的换热系数的计算公式，供读者查阅。

本书可作为高等院校热能（能源）与动力工程和建筑环境与能源应用工程类专业教材，还可供有一定基础的工程技术人员自学或参考。

图书在版编目（CIP）数据

制冷原理与装置/何国庚，陈光明，郑贤德编. —3版. —北京：机械工业出版社，2023.1（2024.8重印）

普通高等教育“十一五”国家级规划教材

ISBN 978-7-111-71571-9

Ⅰ.①制… Ⅱ.①何… ②陈… ③郑… Ⅲ.①制冷-理论-高等学校-教材 ②制冷装置-高等学校-教材 Ⅳ.①TB61②TB65

中国版本图书馆CIP数据核字（2022）第167869号

机械工业出版社（北京市百万庄大街22号 邮政编码100037）
策划编辑：尹法欣 蔡开颖 责任编辑：尹法欣
责任校对：薄萌钰 李 婷 封面设计：张 静
责任印制：单爱军
北京虎彩文化传播有限公司印刷
2024年8月第3版第3次印刷
184mm×260mm · 21印张 · 614千字
标准书号：ISBN 978-7-111-71571-9
定价：65.00元

电话服务	网络服务
客服电话：010-88361066	机 工 官 网：www.cmpbook.com
010-88379833	机 工 官 博：weibo.com/cmp1952
010-68326294	金 书 网：www.golden-book.com
封底无防伪标均为盗版	机工教育服务网：www.cmpedu.com

第 3 版前言

本书是在 2001 年出版的普通高等教育机电类规划教材《制冷原理与装置》（第 1 版）和 2008 年出版的“普通高等教育‘十一五’国家级规划教材”《制冷原理与装置》（第 2 版）的基础上修订而成。

第 3 版根据编者多年来的教学经验和读者意见以及近几年国内外制冷技术的发展，对原书有关章节和内容做了相应的调整，增加了近几年制冷技术发展较快的内容，注重响应国家“双碳”战略，体现制冷新技术在推动绿色发展、促进人与自然和谐共生中的作用。在制冷原理部分，按照《〈蒙特利尔议定书〉基加利修正案》的要求进行了修订，增加了针对寒冷气候电动汽车双级压缩热泵循环的内容；将原第五章拆分为两章，新的第五章只包含吸收式制冷循环与喷射式制冷技术，新的第六章气体制冷及其他制冷方法，增加了最新发展的弹热制冷、电卡制冷等固态制冷技术以及辐射制冷的内容；制冷设备部分增加了降膜式蒸发器的内容，修正了错误并更新了算例；在制冷装置部分，将原第七章和第八章合并为第八章，删除了使用较少的动态负荷计算和空泡系数模型部分的内容，有需要的读者可以参考相关文献；充实了第九章的内容，在空调用制冷装置部分增加了飞机空调装置和电动汽车热管理系统的内容，单独增加了数据中心冷却装置一节；附录 D 中增加了适用于 R290 碳氢制冷剂的传热系数计算准则式；更新和补充了参考文献。在注意保留各章节基础理论和基础知识的同时，对内容进行了必要的更新。本书坚持了前版教材的体系，主要内容包括制冷原理、制冷设备与制冷装置三部分，形成了一套完整的制冷技术知识体系，有利于学生系统、全面而又循序渐进地学习、掌握，以启发学生的创新思维。

本书的修订工作由华中科技大学何国庚教授主持，编写分工为：绪论及第四、五、六、七章由何国庚教授修订编写，第一、二、三章由浙江大学陈光明教授修订编写，第八、九、十章由何国庚教授和郑贤德教授共同修订编写。

本书第 2 版参编者上海交通大学丁国良教授因其他工作原因未能参加本次修订，但对本书提出了不少宝贵意见和建议，在此予以感谢。

本书由华中科技大学林秀成教授主审。

由于水平和时间的限制，书中难免有不足之处，恳望读者指正。

编　者

第2版前言

本书是普通高等教育“十一五”国家级规划教材，是在2001年出版的普通高等教育机电类规划教材《制冷原理与装置》基础上修订而成的。

本书根据第1版教材多年来的教学经验和读者意见以及近几年国内外制冷技术的发展，对原书有关章节内容作了相应的调整与增删。增加了近几年国内外制冷技术发展较快的内容，如替代制冷剂实用化以及相关制冷剂的热物性图表、二氧化碳跨临界循环、新型换热器以及吸收式制冷机溶液循环热力特性等。本书在制冷装置部分的第七章增加了为实现节能目的的冷冻冷藏用典型制冷自控系统，第八章的制冷装置的设计计算与优化更加实用化，第九章删去了老式干冰装置等内容，增加了燃气发动机热泵、水源热泵、多联热泵以及跨临界二氧化碳汽车空调系统的内容。此外，从节能技术观点充实了第十章制冷空调装置的冷热源选择及制冷装置的节能内容，删去了第1版教材中的第十一章（制冷装置的安装与调试），并对附录中有关表面传热系数计算准则式的内容进行了增删。本书保持了第1版教材的体系，内容包括制冷原理、制冷设备与制冷装置三部分，形成了一套完整的制冷技术知识体系，有利于学生系统、全面而又循序渐进地学习、掌握，以启发学生的创新思维。

本书由郑贤德教授主编。全书共十章，参加各章节修订的成员为：华中科技大学郑贤德教授（绪论、部分第七章、部分第九章、第十章），浙江大学陈光明教授（第一、二、三章，附录A、B），华中科技大学何国庚教授（第四、五、六章及附录C、D），上海交通大学丁国良教授（部分第七章、第八章、部分第九章）。

本书由上海理工大学华泽钊教授、华中科技大学林秀诚教授主审，上海理工大学的张华教授、刘宝林教授对本书提出了许多宝贵意见，在此向他们表示诚挚的谢意。

由于水平和时间的限制，书中不足之处，恳望读者指正。

编　者

第1版前言

本书是根据第二届全国高等学校动力工程类专业教学指导委员会制冷与低温技术专业指导小组于1996年11月召开的西安会议决议编写的，它包括制冷原理与制冷装置两部分内容。

本书内容以压缩式蒸气制冷机为主，制冷原理部分主要是应用工程热力学的理论阐明压缩式蒸气制冷机的工作原理、制冷热力学特性分析、制冷剂热物性参数及其计算机计算方法、制冷循环热力计算，应用传热学理论阐明制冷热交换设备的结构特点及计算。制冷装置部分主要介绍实用制冷装置、制冷装置的设计计算及优化、制冷循环的计算机模拟、制冷装置的计算机辅助设计。此外，还介绍了空调装置的冷热源选择、制冷装置的节能以及安装调试等。

本书由华中理工大学郑贤德教授主编。全书共计十一章，第一、二、三章由浙江大学陈光明教授编写，第四章至第六章由华中理工大学陈诒春副教授编写，第七、八章由上海交通大学丁国良教授编写，第九章由丁国良教授和郑贤德教授合编，绪论和第十、十一章由郑贤德教授编写。

本书由上海理工大学华泽钊教授主审。

本书在编写过程中，动力工程类专业教学指导委员会制冷与低温技术专业指导小组在1999年5月武汉会议时，曾听取过本书编写情况的汇报并进行了讨论，对本书编写工作及内容提出过宝贵的意见和建议，谨致以谢意。

本书内容涉及面广，以及由于引入了较多的新内容，如有不足之处，恳切希望读者批评指正。

编　者

目 录

绪论

从低于环境温度的空间或物体中吸取热量，并将其转移给环境介质的过程称为制冷。采用人工制冷的方法获得和保持所需要的低温的技术称为制冷技术。制冷技术是为适应人们对低于环境温度条件的需要而产生和发展起来的。

制冷包括了从环境温度到0K的整个热力学温标区间。普通制冷和低温这两个概念是以制取低温的温度来区分的，但并没有严格的范围。通常，从环境温度到120K的范围属于制冷，而从120K以下到绝对零度（0K）的范围属于低温。制冷与低温不仅体现在所获得的温度高低不同，还体现在所采用的工质以及获得低温的方法不同，但是亦有重叠交叉之处。本书主要涉及普通制冷（简称“制冷”）的技术领域。

实现制冷所必需的机器和设备，称为制冷机。例如，机械压缩式制冷机包括压缩机、蒸发器、冷凝器和节流机构；吸收式制冷机包括发生器、冷凝器、蒸发器、吸收器和节流机构等。在制冷机中，除压缩机、泵和风机等机器外，其余是换热器及各种辅助设备，统称为制冷设备。而将制冷机同消耗冷量的设备结合一起的装置称为制冷装置，如冰箱、冷库、空调机等。

除固态制冷以外，制冷机都依靠内部循环流动的工作介质来实现制冷过程。它不断地与外界产生能量交换，即不断地从被冷却对象中吸取热量，向环境介质排放热量。制冷机使用的工作介质称为制冷剂。制冷剂在制冷系统中所经历的一系列热力过程总称为制冷循环。为了实现制冷循环，必须消耗能量，该能量可以是电能、热能、机械能、太阳能及其他形式的能量。

与制冷的定义相似，从环境介质中吸取热量，并将其转移给高于环境温度的加热对象的过程，称为热泵供热。热泵循环和制冷循环的形式相同，而循环的目的、所使用的制冷剂和循环工作区间的温度不同，当然亦有采用相同制冷剂的。对于从环境介质中吸取热量而向高温处排出热量的制冷系统，可交替或同时实现制冷与供热两种功能的机器称为制冷与供热热泵。从能量利用的观点来看，这是一种有效利用能量的方法，既利用了冷量，又利用了热量。

由于制冷循环和热泵循环的原理和计算方法是相似的，因此本书中只着重分析制冷循环。书中的“制冷原理”部分主要从热力学的观点来分析和研究制冷循环的理论和应用，并扼要介绍制冷剂、制冷换热器工作原理、结构和传热计算；“制冷装置”部分主要介绍制冷装置的设计计算及实用制冷装置。

制冷在国民经济各部门及人民生活中应用很广。除了狭义的冷量（热量）输送外，在制冷、供热过程中还会涉及空气湿度的变化和环境参数的调节。制冷空调技术被评为20世纪20项对人类贡献最大的工程技术之一，制冷空调已经成为人类生产、生活和健康不可或缺的设施。

在人民生活中，家用冰箱、空调器的应用日益增多，发达国家早已普及了家用冰箱和家用空调器。在我国城镇和乡村，冰箱和空调器已广泛地进入家庭，以户为单位也已经基本实现了普及。

制冷技术在商业上的应用主要是对易腐食品（如鱼、肉、蛋、蔬菜、水果等）进行冷加工、冷藏及冷藏运输，以减少生产和分配中的食品损耗，保证各个季节市场的合理销售。现代化的食品工业，对于易腐食品，从生产到销售已形成一条完整的冷链。所采用的制冷装置有冻结设备、冷库、冷藏列车、冷藏船、冷藏汽车及冷藏集装箱等。另外，还有供食品零售的商用冷藏柜、冷柜以及消费者的家用冰箱等。而冷藏列车等运输式冷藏装置实际上就是可以高速移动的冷库，它是随着制冷技术和交通运输的发展而发展的，以满足食品冷链的需要。此外，与食品冷藏技术有关的是冷藏食品的包装化，即必须对肉类等采用分割加工工艺，然后进行冷却、冻结和包装冷藏，这样既能保证质量，又能提高冷库容量，并实现节能。

降温和空气调节在工矿企业、住宅和公共场所的应用也越来越广。空气调节分为舒适空调和工艺空调。舒适空调是用来满足人们舒适需要的空气调节，而工艺空调是为满足生产中工艺过程或设备的需要而进行的空气调节。空气调节对国民经济各部门的发展和对人民物质生活水平的提高有着重要的作用。这不仅意味着受控的空气环境对各种工业生产过程的稳定运行和保证产品的质量有重要作用，而且对提高劳动生产率、保护人体健康、创造舒适的工作和生活环境有重要意义。工业生产中的精密机械和仪器制造业及精密计量室要求高精度的恒温恒湿；电子工业要求高洁净度的空调；纺织业则要求保证湿度的空调。同时，在民用及公共建筑中，随着改革开放，旅游业的蓬勃发展，装有空调机的宾馆、酒店、商店、图书馆、会堂、医院、展览馆、游乐场所日益增多。此外，在运输工具如汽车、火车、飞机和轮船中，也不同程度地安装有空气调节设备。空气调节技术包括制冷降温、供暖、通风和除尘，其中制冷降温是空气调节的一项关键技术。

在工业生产过程中，制冷应用也很广。如机械制造中，对钢的低温处理，使金相组织内部的奥氏体转变为马氏体，改善钢的性能。在钢铁和铸造工业中，采用冷冻除湿送风技术，利用制冷机先将空气除湿，然后再送入高炉或冲天炉，保证冶炼及铸件质量。化学工业中，气体液化，混合气分离，盐类结晶，润滑油脱脂，某些化学反应过程的冷却、吸收反应热和控制反应速度等过程中，都需要应用制冷技术。此外，石油裂解、合成橡胶、合成树脂、化肥、天然气液化、储运也需要制冷。工业生产用制冷机的特点是容量比较大，蒸发温度范围广，一个工厂往往需要几千至几万千瓦的制冷量，所需的蒸发温度范围也大，有的生产过程只需要零度以上，有的需要-40℃以下，而天然气液化时蒸发温度低达-150℃以下。

在核工业中，制冷技术用来控制核反应堆的反应速度，吸收核反应过程放出的热量。在航天和国防工业中，航空仪表、火箭、导弹中的控制仪器，以及航空发动机，都需要在模拟高温低温条件下进行性能试验。在高寒地区使用的汽车、拖拉机、坦克、常规武器、铁路车辆、建筑机械等，也都需要在模拟寒冷气候条件下的低温实验室里进行试验。为此就需要建造各种类型的低温实验室，其所要求的蒸发温度一般比较低，大约在-40～-80℃范围。此外，有些科学试验要求建立人工气候室以模拟高温、高湿、低温、低湿及高空环境。这类宇宙空间特殊环境的创造和控制，对军事和宇航事业的发展具有重要作用。

在建筑工业中，用冻土法挖掘土方。在挖掘矿井、隧道，或在泥沼、砂水处掘进时，可采用冻土法使工作面不坍塌，保证施工安全。混凝土加冰搅拌也已经普遍采用。三峡工程大坝混凝土预冷系统就是采用综合措施，在胶带机上淋冷水冷却骨料，然后用冷风机风冷，再加片冰拌和混凝土。这是为防止坝体混凝土出现危害性的温度裂缝所必须采取的措施，这些大坝工程需要大冷量的制冷机和片冰机。

在农业方面，对农作物种子进行低温处理，人工配种时牲畜良种精液的低温保存，模拟阳光的日光型植物生长箱育秧等均需要制冷技术。

在医药卫生部门的冷冻手术，如心脏、外科、肿瘤、白内障、扁桃腺的切除手术，皮肤和眼球的移植手术及低温麻醉等，均需要制冷技术。医药工业中，还利用真空冷冻干燥技术保存如疫苗、菌种、毒种、血液制品等热敏性物质，以及制作各种动植物标本，低温干燥保存用于动物异种移植或同种移植的皮层、角膜、骨骼、主动脉、心瓣膜等组织。

近年来，随着互联网、云计算、大数据和人工智能等新一代信息通信技术的发展与应用，作为海量数据主要储存和运算处理实体的数据中心的冷却与节能，也需要依靠制冷技术。制冷技术是实现数据中心绿色发展的关键之一。与此同时，新能源汽车作为战略新兴产业，是解决能源环境问题、推动节能减排的有力举措，而由新能源汽车带来的动力电池热管理和整车热管理问题，也需要依靠制冷技术来解决。

此外，在微电子技术、光纤通信、能源、新型原材料、宇宙开发、生物工程技术这些尖端科学领域中，制冷技术也有重要的应用。

下面简单地介绍制冷技术的发展历史。

人类最早是将冬季自然界的天然冰雪，保存到夏季使用。这在我国、埃及和希腊等文化发展较早的国家的历史上都有记载。如《诗经》中就有“凿冰冲冲、纳于凌阴”的诗句，反映了当时人们储藏天然冰的情况。《周礼》中有“夏颁冰”的记载。可见我国的采冰、储冰技术早已采用。魏国曹植所写的《大暑赋》中亦有这样的诗句：“积素冰于幽馆，气飞结而为霜”。说明当时已懂得用冰作空调之用了。

意大利人马可·波罗在他的《马可·波罗游记》一书中，对中国的制冰和建冰窖的方法有详细记述。

古代的埃及和希腊很早就有利用冰的记载。埃及人将清水存于浅盘中，天冷通风时，由于蒸发吸热，使盘内剩余水结冰，这是较早的人工造冰。

以上列举的只是古代人对天然冰的收藏、利用和简单的人工制冰，还谈不上制冷技术。机械制冷技术是随着工业革命而开始的。1755 年爱丁堡的化学教授库仑（William Cullen）利用乙醚蒸发使水结冰。他的学生布拉克（Black）从本质上解释了熔化和汽化现象，导出了潜热的概念，并发明了冰量热器，标志了现代制冷技术的开始。

1834 年在伦敦工作的美国发明家珀金斯（Jacob Perkins）正式呈递了乙醚在封闭循环中膨胀制冷的英国专利申请（No. 6662）。这是蒸气压缩式制冷机的雏形。

空气制冷机的发明比蒸气压缩式制冷机稍晚。1844 年美国人戈里（John Gorrie）介绍了他发明的空气制冷机，这是世界上第一台制冷和空调用的空气制冷机。

1859 年法国人卡列（Ferdinand Carré）设计制造了第一台氨吸收式制冷机。

1910 年左右，马里斯（Maurice）发明了蒸气喷射式制冷系统。

在各种形式的制冷机中，压缩式制冷机发展较快。从 1872 年美国人波义耳（Boyle）发明了氨压缩机，1874 年德国人林德（Linde）建造第一台氨制冷机后，氨压缩式制冷机在工业上获得了较普遍的使用。随着制冷机形式的不断发展，制冷剂的种类也逐渐增多，从早期的空气、二氧化碳、乙醚到氯甲烷、二氧化硫、氨等。1929 年随着氟利昂制冷剂的出现，使得压缩式制冷机发展更快，并且在应用方面超过了氨制冷机。随后，于 20 世纪 50 年代开始使用了共沸混合制冷剂，20 世纪 60 年代又开始应用非共沸混合制冷剂。直至 20 世纪 80 年代关于淘汰消耗臭氧层物质 CFC 问题正式被公认以前，以各种卤代烃为主的制冷剂的发展几乎已达到相当完善的地步。

由于 CFCs 破坏大气臭氧层（ODP）问题，1987 年通过的《关于消耗臭氧层物质的蒙特利尔议定书》及其修正案规定在 2010 年全面淘汰 CFCs 物质的基础上，到 2030 年进一步淘汰破坏臭氧层的 HCFCs 物质，使制冷剂进入了一个以 HFCs 为主体的发展阶段；而全球温室效应的出现和 1997 年通过的《京都议定书》以及 2016 年通过的《〈关于消耗臭氧层物质的蒙特利尔议定书〉基加利修正案》明确将 HFCs 列为需要逐步削减的物质，这是由于 HFCs 对温室效应仍有较大的影响，从而促使制冷剂迈向无 ODP 和低 GWP 以及天然制冷剂发展的新阶段。欧洲一些科学家首先提出用自然物质作为替代物，例如 NH_3、CO_2、碳氢化合物 R290、R600a 等。这些物质既不破坏大气臭氧层，又不产生温室效应。到目前为止还没有找到一种可用于替代的理想制冷剂，各种研究仍然在努力进行中。与此同时，以热能作为动力、以水作为制冷剂的吸收式制冷机得到了极大的发展，使燃气空调的用量日益增多，这既有利于环境保护，又有利于能源的综合利用。

20 世纪制冷技术的发展还在于制冷范围的扩大，机器的种类和形式的增多，从小的家用电冰箱、空调器到大型冷库及大型建筑物空调，其设备规模扩大，国家颁布了制冷空调设备的新的能效限定值和能源效率等级，加强了节能措施。计算机及自动控制技术的发展，亦推动了制冷技术的进步，尤其是动态仿真优化、辅助设计、辅助测试、自动控制、集成制造和生产工艺、管理等方面计算机技术的应用。此外，随着家用电冰箱和空调器的绿色化、智能化、网络化、信息化等技术的应用，都预示着制冷技术更加美好的未来。

我国制冷机制造业是20世纪50年代末期才发展起来的。从20世纪50年代的仿制开始到60年代自行设计制造，并制定了比较系统的制冷空调产品系列和标准，以后又开发了各种形式的制冷空调产品。目前，制冷空调行业已具有品种比较齐全的大、中、小型制冷空调产品系列及相关技术标准，并已经形成有一定基础的科研、教学、设计、生产制造和营销管理体系，正在缩小与国外先进水平的差距。

随着我国加入世界贸易组织（WTO），国际国内市场的竞争日趋平等和激烈，从整体而言，这将会对我国经济发展起推动作用。对于电冰箱、家用空调器、溴化锂吸收式冷（热）水机组等在国内外市场已形成一定的竞争力。许多有自己特色的制冷空调产品的综合技术指标达到了世界先进水平，并逐步进入国际市场，受到国外用户的青睐。另外行业内与国际知名企业或跨国公司进行合资、合作的企业近百家，产品除电冰箱、空调器以外，还包括部分制冷压缩机、冷水机组、冷冻冷藏设备等，其产品的先进性和价格均具有市场竞争能力，一般不会受很大冲击。但是与跨国知名公司及其产品相比，我国企业在许多方面仍存在较大差距。我国虽已发展成为制冷空调产品的生产大国，但还不是制冷空调产品的强国。我国大规模的现代化建设，特别是基础设施建设和农业的产品结构调整及推进城市化进程等改革措施，都将会给我国制冷空调行业发展迎来新的机遇。目前，国家投入巨资对机场、地铁、铁路、高速公路的建设将会带动大型空调机组、列车空调、冷藏运输车辆等产品的生产和促进我国冷藏链建设；加大农业投入，加速农业产业结构调整，使得谷物冷却机、粮食种子库的建设，蔬菜、水果、养殖加工业的发展和花卉业的兴起等，都将导致冷冻、冷藏、气调储存设备产品的需求旺盛。国家这些政策的实施，亦为从事制冷空调业的设计、监理、咨询等服务业带来项目支持等。

我国生产了全球半数以上的房间空调器和电冰箱

我国加入WTO后，“中国制造”已经成为国际分工体系的重要组成部分，受到世界瞩目。在经济全球化日益深化的背景下，“中国制造”不仅受到国内环境的影响，同时亦受到世界经济各种因素的影响，中国制冷空调制造业为中国工业进入国际竞争起了典范和启示作用，尤其是电冰箱和空调器等家电制造业，无论是总体产业规模还是技术水平和管理水平都有了很大的进步。我国的企业能开发不同技术性能要求的产品，能参与到国际标准化组织并能将一些标准引入我国的标准，目前，国家标准中有些指标甚至高于先进国家的标准。对于围绕环保问题欧盟提出的WEEE（waste electrical and electronic equipment）废弃电子电器设备和ROHS（restriction of the use of certain hazardus substances）限制有害物质的技术方案和检测手段，我国也能与国际进行同步研究。当然，欧盟，紧接着就是日本、美国的WEEE和ROHS指令对我国制冷空调尤其是家电商品出口会产生影响。这就要求我国的研究机构和企业，在产品设计时就考虑到不仅是性能、能耗等指标，还应从废旧制冷设备回收等环保角度考虑。然而要采用新材料、新技术就可能涉及新一轮的知识产权等非关税的贸易保护、技术壁垒。我国企业应该树立正确的环境保护意识和资源优化意识，提高制冷空调产品的整体水平，与世界先进的生产力、科学技术同步，以增强国际竞争力。可以预言，21世纪我国制冷空调事业将会更飞速地发展。

第一章

制冷的热力学基础

从热力学的角度考虑，尽管各种制冷装置存在这样或那样的不同，但它们的基本原理是一样的，即利用某种物质状态变化，从较低温度的热源吸取一定的热量，通过一个消耗功（或热量）的补偿过程，向较高温度的热源放出热量。

为了实现上述能量转换，首先必须有使制冷机能达到比低温热源更低温度的过程，并连续不断地从被冷却物体吸取热量。在制冷技术范围内，实现这一过程有下述几种常用基本方法：

（1）相变制冷　利用液体在低温下的蒸发过程或固体在低温下的熔化或升华过程从被冷却物体吸取热量以制取冷量。

（2）气体绝热膨胀制冷　高压气体经绝热膨胀即可达到较低的温度，令低压气体复热即可制取冷量。

（3）气体涡流制冷　高压气体经涡流管膨胀后即可分离为热、冷两股气流，利用冷气流的复热过程即可制冷。

（4）热电制冷　令直流电通过半导体热电堆，即可在一端产生冷效应，在另一端产生热效应。

在这一章中只阐述相变制冷及气体绝热膨胀制冷，其他制冷方法将在第六章中讲述。

第一节　相变制冷

一、物质的相变特性

（一）液体汽化

物质从液态变为气态的过程称为汽化。任何液体汽化时都要吸收热量。在定压下，单位质量液体汽化时所吸收的热量称为汽化热 r(J/kg)。

$$r = h'' - h' = T(s'' - s') \tag{1-1}$$

式中，h 为比焓（J/kg）；s 为比熵［J/(kg · K)］；上标′表示液态；上标″表示气态。

对于任何一种液体，汽化热是随其汽化时的压力变化而变化的，汽化热随着压力的升高而降低，在临界压力时，汽化热为零；而在相同压力下，不同的液体其汽化热是不相同的。

在制冷机的工作过程中，在低温下蒸发的制冷剂液体一般都是令高压液体经节流降压而得到的。较高压力的饱和液体节流降压后即进入两相区，并闪发出一定的饱和蒸气。对于 1kg 制冷剂，若用 x 表示闪发后的干度，则当其余液体全部转变为饱和蒸气时吸收的热量为

$$q_0 = r(1-x) \tag{1-2}$$

式中，q_0 称为单位质量制冷量，简称单位制冷量。

分析式（1-2）可知，单位制冷量不仅与制冷剂的汽化热有关，还随节流后的干度而变。制冷剂液体在节流膨胀前后压力变化范围越大，则节流过程中闪发的气体量越多，因而单位制冷量就越小。

（二）固体的融化与升华

在制冷技术中常应用纯水冰或溶液冰的融化及干冰（固体二氧化碳）的升华过程来制冷。除

干冰可以由高压液体二氧化碳用降压法得到外，纯水冰和溶液冰都需用制冷机制备。无论纯水冰、干冰或溶液冰，因不具备流动性，所以都不能利用它们的融化或升华过程来组成制冷机的循环。

天然冰的来源是有限的，现代制冷技术中大量应用的纯水冰都来源于人工制冰厂。纯水冰的融化温度为0℃。所以，利用纯水冰融化只能使被冷却的物体保持0℃以上的温度。1kg纯水冰在0℃融化成同温度的水时，可以吸收335kJ的热量。

在水的三相点温度以下，冰可以直接升华为水蒸气，冰升华时的温度与相应的压力有关。表1-1列出了冰的升华压力和对应的升华温度之间的关系。

表1-1 冰的升华压力和对应的升华温度

温度/℃	0	−25	−50	−75
升华压力/kPa	0.61	63×10^{-3}	3.87×10^{-3}	0.116×10^{-3}

应用冰和盐混合物的融化过程可以达到0℃以下的低温。冰盐冷却的物理过程如下：首先是冰吸热而融化，即在冰的表面上蒙了一层水膜，此时的温度为0℃。接着盐便溶解于水膜中，吸收一定的溶解热，因而使温度降低。此后，冰在较低的温度下融化，热交换是通过冰块表面上的盐水膜进行。当冰全部融化、盐全部溶解后，便形成具有一定含量的盐水溶液。冰盐冷却所能达到的温度与盐的种类以及溶液的含量有关，见表1-2。

表1-2 冰盐混合时的温度

混合物的组成	盐或酸的质量分数	混合后的最低温度/℃	混合物的组成	盐或酸的质量分数	混合后的最低温度/℃
水和盐			$NaNO_3$	0.371	−18.5
NH_4Cl	0.231	−5.1	NaCl	0.248	−21.2
$NaNO_3$	0.429	−5.3	$CaCl_2\cdot6H_2O$	0.444	−21.5
$Na_2S_2O_3\cdot5H_2O$	0.524	−8.0	$CaCl_2\cdot6H_2O$	0.556	−40.3
$CaCl_2\cdot6H_2O$	0.714	−12.4	$CaCl_2\cdot6H_2O$	0.588	−55
NH_4NO_3	0.375	−13.6	雪或碎冰与双盐混合物		
NH_4SCN	0.571	−18.0	$Na_2SO_4\cdot10H_2O+K_2SO_4$	0.112+0.084	−3.1
KSCN	0.600	−23.7	$KCl+KNO_3$	0.190+0.035	−11.8
雪或碎冰和盐			$KCl+NH_4Cl$	0.091+0.148	−18.0
$CaCl_2\cdot6H_2O$	0.291	−9.0	$NaNO_3+KNO_3$	0.359+0.062	−19.4
$CaCl_2$	0.231	−11.0	$Na_2SO_4\cdot10H_2O+(NH_4)_2SO_4$	0.054+0.386	−20.0
KCl	0.281	−11.0	$NH_4Cl+NH_4NO_3$	0.115+0.270	−22.5
NH_4Cl	0.200	−15.8	$NH_4Cl+(NH_4)_2SO_4$	0.074+0.311	−22.5
NH_4NO_3	0.375	−17.3	$KNO_3+NH_4NO_3$	0.049+0.404	−25.0

溶液冰是指由共晶溶液冻结成的冰，也称共晶冰。将共晶溶液充灌在密封容器里，并将它冻结成固体，即得到溶液冰。然后把这种容器移到需要冷却的地方，依靠吸收热量使共晶固体融化，就可使冷却对象降温。在共晶固体未完全融化成液体之前，它的温度是不变的，称为共晶温度。共晶温度低于0℃的共晶冰，通常应用于无机械制冷的冷藏汽车中。共晶温度高于0℃的共晶冰，通常作为储能空调系统的储能介质。

表1-3列出了用于制冷目的的一些共晶溶液的物理性质。

干冰是固体二氧化碳的习惯叫法。干冰升华时需要吸收升华热，故可用来制冷。

干冰的三相点参数为：温度$t_{tr}=-56.6$℃，压力$p_{tr}=5.2\times10^2$kPa。在大气压下，干冰的升华热为573.6kJ/kg，升华温度为−78.5℃。

常压下干冰受热时直接升华为二氧化碳，它对食品无害，因此可用来冷却和保存食物，并且可直接与食物接触。

表 1-3　一些共晶溶液的物理性质

共晶溶液种类	盐在水溶液中的质量分数	冻结温度/℃	密度/(kg/m³)	比热容/[kJ/(kg·K)]		熔化热/(kJ/kg)	共晶溶液在冻结时的体积膨胀率（%）
				溶液	共晶冰		
$ZnSO_4$ 和 H_2O	0.272	−6.5	1.249×10^3	3.127	1.574	213.1	6.8
$BaCl_2$ 和 H_2O	0.225	−7.8	1.239×10^3	3.345	1.637	246.6	7.9
$Na_2S_2O_3$ 和 H_2O	0.300	−11.0	1.312×10^3	3.182	1.536	186.3	5.2
NH_4Cl 和 H_2O	0.193	−11.1	1.148×10^3	3.307	1.729	301.0	8.1
NH_4NO_3 和 H_2O	0.412	−17.35	1.188×10^3	2.972	1.557	286.3	5.8
$NaNO_3$ 和 H_2O	0.370	−18.5	1.29×10^3	3.059	1.565	215.6	5.6
$NaCl$ 和 H_2O	0.224	−21.2	1.17×10^3	3.336	2.005	236.1	7.9
$K_2SO_4+KNO_3$ 和 H_2O	0.045+0.08	−3.8	1.093×10^3	3.935	1.833	319.8	8.1
$KCl+KNO_3$ 和 H_2O	0.19+0.035	−11.8	1.15×10^3	3.182	1.666	265.8	7.7
$NaNO_3+KNO_3$ 和 H_2O	0.359+0.062	−19.4	1.34×10^3	3.014	—	217.9	6.1

二、压-焓图

相变制冷是利用制冷剂的状态变化实现的。制冷剂在不同状态时具有不同的特性。制冷剂的特性可用表格、函数公式或曲线图来表示。一些制冷设计手册（例如：ASHRAE Handbook，Fundamentals）都会给出常用制冷剂的热力性质表。随着计算机技术的迅速发展，函数公式的用途越来越大，在本书第二章中将详细介绍利用计算机和函数公式来求得制冷剂特性数据的方法。

制冷剂性质曲线图有多种形式，但在制冷行业中用处最大，用得最多的一种叫作压-焓（p-h）图。压-焓图的纵坐标表示压力，横坐标表示比焓值。通常纵坐标都以对数刻度分格表示。附录 B 给出了一些常用制冷剂压-焓图。压-焓图的基本构造线图如图 1-1 所示。

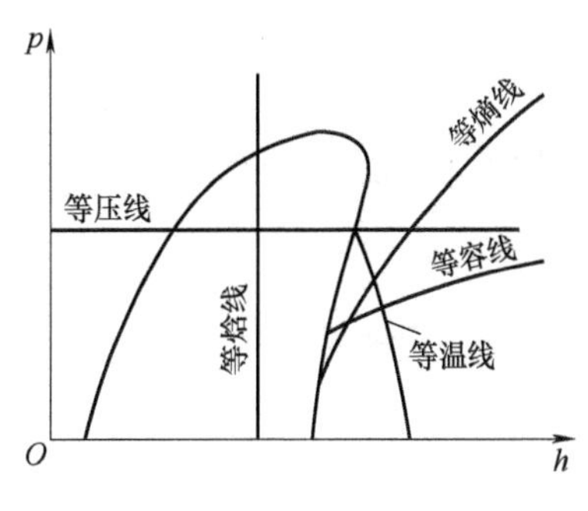

图 1-1　压-焓图

图中的拱状曲线代表制冷剂所有的饱和液体和饱和蒸气的状态，曲线上的最高点为临界点，它是饱和蒸气和饱和液体的分界点，在它左面的曲线为饱和液体线，在它右面的曲线为饱和蒸气线。拱状线内的区域为两相区，饱和液体线左边的区域为过冷液体区，饱和蒸气线右边为过热蒸气区，临界点以上为超临界区。

在压-焓图上，等压线和等焓线是最简单的，分别为水平线和垂直线。纯物质的等温线在两相区为水平线，在过冷液体区为略向左上方延伸的上凹曲线，非常接近于垂直线。这是因为压力对过冷液体比焓值的影响很小的缘故。有些图在该区域没有标出等温线，这时就用垂直线代替，不会导致很大的误差。在过热蒸气区，等温线是向右下方延伸的下凹曲线。温度较高的等温线在压力较低时也接近于垂直线，这是因为此时的制冷剂气体已接近于理想气体，因而比焓值与压力无关。在过热蒸气区，等容线和等熵线都是向右上方延伸的下凹曲线，但等熵线的斜率比等容线大。各种等值特性线已经在图 1-1 中给出。

利用压-焓图查取热力学参数是很方便的。

例 1-1　制冷剂 R134a 在压力为 0.3MPa 和比体积为 0.08m³/kg 时，其温度和比焓值为多少？

解　应用附录图 B-1 中 R134a 的压-焓图，状态点位于等压线和等容线的交点，由此可查出

$$t=38℃$$

$$h=432\text{kJ/kg}$$

还可以利用压-焓图来表示液体汽化制冷的全过程以及蒸气压缩式制冷循环，有关这一内容将在第三章中做详细介绍。

第二节　绝热膨胀制冷

气体制冷机是利用高压气体的绝热膨胀以达到低温，并利用膨胀后的气体在低压下的复热过程来制冷。气体绝热膨胀的特性随所使用的设备而变，一般有三种方式。第一种方式是令高压气体经膨胀机（活塞式或透平式）膨胀，此时有外功输出，因而气体的温降大，复热时制冷量也大；但要用膨胀机，系统结构比较复杂。在一般的气体制冷机中均采用这一膨胀方式。第二种方式是令气体经节流阀膨胀（通常称为节流），此时无外功输出，气体的温降小，制冷量也小，但系统结构比较简单，也便于进行气体流量的调节。值得指出的是，一些气体在某些状态时节流后并不一定降温，因此，在进入节流膨胀阀之前气体的温度一定要处在该气体节流后能降温的状态。第三种方式是绝热放气制冷，这种制冷方式在低温制冷机中大量使用，在普通制冷中很少使用，这里不予讨论。

一、有外功输出的膨胀过程

当气体实现有外功输出的绝热膨胀时，最理想的情况是可逆的绝热膨胀，即等熵膨胀。等熵膨胀中温度随微小压力变化而变化的关系可用下式表示为

$$a_s=\left(\frac{\partial T}{\partial p}\right)_s=\frac{T}{c_p}\left(\frac{\partial v}{\partial T}\right)_p \tag{1-3}$$

a_s 称为微分等熵效应。对于理想气体，$\left(\frac{\partial v}{\partial T}\right)_p=\frac{R}{p}$，故

$$a_{s,\text{id}}=\frac{\kappa-1}{\kappa}\frac{T}{p} \tag{1-4}$$

膨胀过程的全部温降称为积分等熵效应，有

$$\Delta T=\int_{p_1}^{p_2}a_s\text{d}p$$

对于理想气体经过演算以后可得

$$\Delta T=T_1-T_2=T_1\left[1-\left(\frac{p_2}{p_1}\right)^{\frac{\kappa-1}{\kappa}}\right] \tag{1-5}$$

$$\frac{T_2}{T_1}=\left(\frac{p_2}{p_1}\right)^{\frac{\kappa-1}{\kappa}} \tag{1-6}$$

在实际膨胀过程中，由于过程的不可逆，因此总是按多变过程膨胀。这时，理想气体的积分等熵效应由下式确定，即

$$\Delta T=T_1-T_2=T_1\left[1-\left(\frac{p_2}{p_1}\right)^{\frac{m-1}{m}}\right] \tag{1-7}$$

式中，m 为多变指数。

二、节流膨胀过程

在节流膨胀过程中没有外功的输出。如果在节流过程中气体与环境之间没有热量交换，则节流前后的比焓值保持不变。因此，如果在进入节流膨胀阀之前气体的温度处在该气体节流后能降温的状态，节流过程也只是一个降温而不制冷的过程；而且节流时有摩擦损失，是一个不可逆过程，其结果将导致熵的增加。

理想气体的比热力学能 u 和 pv 值仅是温度的函数。因此，理想气体节流时，$\Delta u=0$，$\Delta h=0$，$\Delta T=0$，这说明理想气体节流过程前后的比焓和温度均不变。

实际气体的比热力学能不仅与温度有关，而且还与压力有关，节流后的温度 T_2 可大于、等于或小于节流前的温度 T_1。实际气体节流膨胀时，温度随微小压力变化而变化的关系可用下式表示，即

$$a_{\mathrm{h}}=\left(\frac{\partial T}{\partial p}\right)_{\mathrm{h}} \tag{1-8}$$

式中，a_{h}称为微分节流效应，或称焦耳-汤姆逊效应，简称焦-汤效应。

由 a_{h}可求出积分节流效应为

$$\Delta T=T_2-T_1=\int_{p_1}^{p_2}\left(\frac{\partial T}{\partial p}\right)_{\mathrm{h}}\mathrm{d}p=\int_{p_1}^{p_2}a_{\mathrm{h}}\mathrm{d}p \tag{1-9}$$

微分节流效应也可表示成为

$$a_{\mathrm{h}}=\frac{T\left(\frac{\partial v}{\partial T}\right)_p-v}{c_p} \tag{1-10}$$

由式（1-10）可知，微分节流效应的符号取决于 $T\left(\frac{\partial v}{\partial T}\right)_p$ 与 v 的差值，而此差值与气体的种类及所处的状态有关。

纯物质在饱和区域内，在相同的压降下具有相同的温差 ΔT，因此有

$$a_s=a_{\mathrm{h}}=\frac{\mathrm{d}T}{\mathrm{d}p} \tag{1-11}$$

它可以按照克拉珀龙-克劳修斯方程式计算求得

$$\left(\frac{\partial T}{\partial p}\right)_s=\left(\frac{\partial T}{\partial p}\right)_{\mathrm{h}}=\frac{T}{r}(v''-v') \tag{1-12}$$

第三节　制冷热力学特性分析

在热力学里，循环可分为正向循环和逆向循环两种。动力循环，即把热量转化成机械功的循环，是正循环。所有的热力发动机都是按正向循环工作的。在温-熵图或压-焓图上，循环的各个过程都是依次按顺时针方向变化的。

逆向循环是一种消耗功的循环。所有的制冷机和热泵都是按逆向循环工作的。在温-熵图或压-焓图上，循环的各个过程都是依次按逆时针方向变化的。

循环又可以分为可逆循环和不可逆循环两种。在构成循环的各个过程中，只要包含有不可逆过程，则这个循环就是不可逆循环。在制冷循环里，各种形式的不可逆过程可分成两类：内部不可逆和外部不可逆。制冷剂在其流动或状态变化过程中因摩擦、扰动及内部不平衡而引起的损失，都属于内部不可逆过程；蒸发器、冷凝器及其他换热器中有温差时的传热损失，属于外部不可逆过程。

研究逆向可逆循环的目的，是要寻找热力学上最完善的制冷循环，作为评价实际循环效率高低的标准。

一、热源温度不变时的逆向可逆循环——逆卡诺循环

当高温热源和低温热源的温度不变时，具有两个可逆的等温过程和两个等熵过程的逆向循环，称为逆卡诺循环。在相同温度范围内，它是消耗功最小的循环，即效率最高的制冷循环，因为它没有任何不可逆损失。

图1-2为一般逆卡诺循环的T-s图。1-2为等熵压缩过程，3-4是等熵膨胀过程。2-3是等温放热过程，4-1是等温吸热过程。高温热源（例如环境介质）的温度为T，低温热源（即被冷却对象）的温度为T'_0，它们分别等于制冷剂放热时的温度T_k和吸热时的温度T_0。

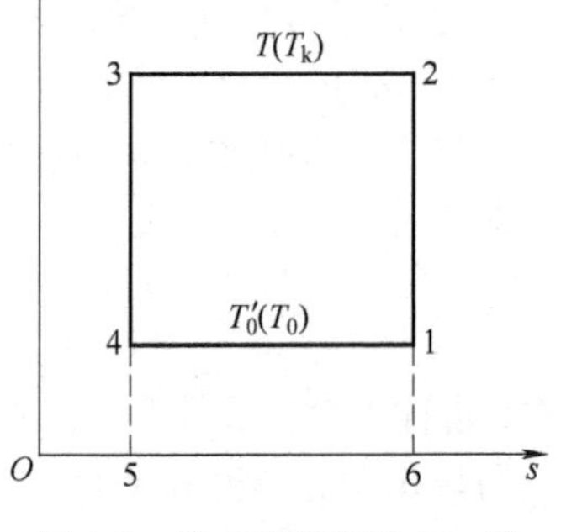

图1-2　逆卡诺循环的T-s图

现在对图中的循环1-2-3-4-1进行分析。制冷剂向高温热源放出的单位热量为

$$q=T(s_1-s_4) \tag{1-13}$$

在T-s图上以面积2-3-5-6-2表示。在1-4过程中，制冷剂从被冷却对象所吸取的单位热量（称为单位制冷量）为

$$q_0=T'_0(s_1-s_4) \tag{1-14}$$

循环所消耗的单位功w_0等于压缩过程（1-2和2-3）所消耗的功与膨胀过程（3-4和4-1)所获得的功之差，即

$$w_0=(T-T'_0)(s_1-s_4) \tag{1-15}$$

在T-s图上以面积1-2-3-4-1表示。

消耗单位功所获得的制冷量的值（用相同的能量单位），称为制冷系数，即

$$\varepsilon_c=\frac{q_0}{w_0} \tag{1-16}$$

将式（1-14）、式（1-15）代入式（1-16），得逆卡诺循环的制冷系数为

$$\varepsilon_c=\frac{T'_0}{T-T'_0}=\frac{1}{\dfrac{T}{T'_0}-1} \tag{1-17}$$

从式（1-17）可以看出，逆卡诺循环的制冷系数与T'_0成正比，与$T-T'_0$成反比，当T与T'_0越接近，ε_c的值迅速上升，即只用少量的功就可以把较多的热量从低温热源转移到高温热源。在一定的高温热源和低温热源下它是一定值。也就是说，逆卡诺循环的制冷系数只与高温热源和低温热源的温度有关，而与制冷剂的性质无关。需要特别注意，式（1-17）中的温度必须是热力学温度，而不是其他温标的温度。

由式（1-17）可得

$$\frac{\partial\varepsilon_c}{\partial T'_0}=\frac{T}{(T-T'_0)^2} \tag{1-18}$$

$$\frac{\partial\varepsilon_c}{\partial T}=-\frac{T'_0}{(T-T'_0)^2}$$

故

$$\left|\frac{\partial\varepsilon_c}{\partial T'_0}\right|>\left|\frac{\partial\varepsilon_c}{\partial T}\right| \tag{1-19}$$

由此可知，T升高和T'_0降低都将导致逆卡诺循环制冷系数的降低，而T'_0降低影响的程度更为显著，这意味着要实现温度较低的制冷具有更高的难度。

现在，让我们再来分析一下具有传热温差（外部不可逆）的循环，如图1-3所示。图中高温热源温度为T，制冷剂向高温热源放热时的温度为T_k；低温热源的温度为T'_0，制冷剂向低温热源吸热时的温度为T_0。很显然，如果1′-2′和3′-4′是可逆过程的话，则1′-2′-3′-4′的制冷系数为

$$\varepsilon=\frac{T_0}{T_k-T_0} \tag{1-20}$$

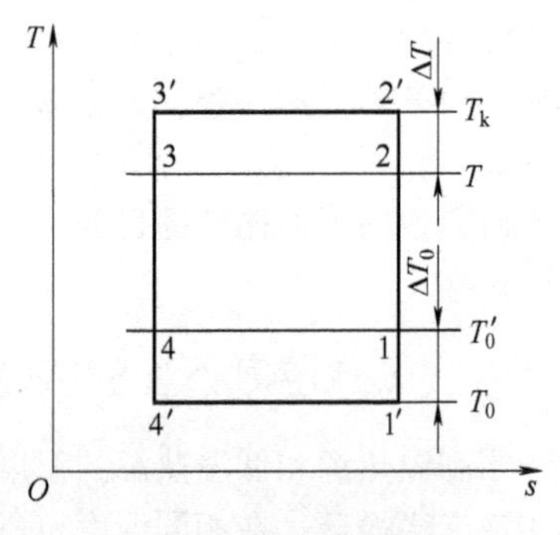

图1-3　有温差传热的不可逆制冷循环

它将小于按式（1-17）计算的 ε_c。

事实上，任何一个不可逆循环的制冷系数，总是小于相同热源温度时的逆卡诺循环的制冷系数。而一切实际的制冷循环都是不可逆循环，因此，一切实际循环的制冷系数 ε 总是小于相同热源时的逆卡诺循环的制冷系数 ε_c。

热力完善度 η 的定义为

$$\eta=\frac{\varepsilon}{\varepsilon_c} \tag{1-21}$$

式中，ε 为实际制冷循环的制冷系数；ε_c 为相同热源温度时的逆卡诺循环的制冷系数。

实际制冷循环的制冷系数随高温热源和低温热源的温度不同以及过程的不可逆程度而变化，其值可以大于 1，或小于等于 1。而热力完善度是表示实际循环的完善性接近逆卡诺循环的程度。热力完善度的数值恒小于 1。

二、变温热源时的逆向可逆循环——洛伦兹循环

制冷机在实际工作中，被冷却对象的温度和环境介质的温度往往是随着热交换过程的进行而变化的。例如，水在逆流式换热器中被冷却，随着冷却过程的进行，水的温度是逐渐降低的。

在这种热源温度变化的情况下，逆向可逆循环将是怎样呢？这需要具体进行分析。

图 1-4 表示了高温热源和低温热源温度是变化的情况。在这种情况下如果要运用一个由两个等熵和两个等温过程组成的制冷循环，则制冷剂向高温热源的放热过程应是 b-g，它的温度等于热源温度 T_b 至 T_c 之间的最高温度 T_b；制冷剂在蒸发过程中向被冷却物体吸热时的温度应该是 T_d，它等于被冷却物体温度由 T_d 至 T_a 之间的最低温度 T_d。点 e 的位置根据表示制冷量的面积 e-d-d'-e'-e 等于 a-d-d'-a'-a 而定。这个循环为了获得面积为 e-d-d'-e'-e 的制冷量，需要消耗面积为 f-g-d-e-f 的功。

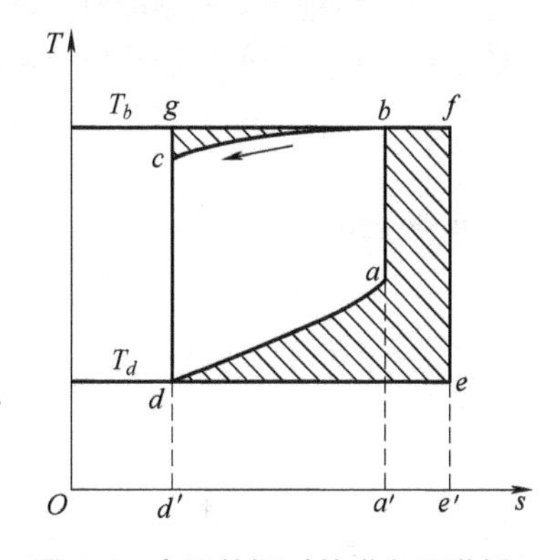

图 1-4　变温热源时的逆向可逆循环

如果使制冷机按可逆循环 b-c-d-a-b 工作，则它在制取面积为 a-d-d'-a'-a 的冷量时，只需要消耗面积为 b-c-d-a-b 的功。显然，可逆的逆向循环 b-c-d-a-b 是消耗功最小的循环，称为洛伦兹循环，它在制取相同的冷量时，比由两个等熵和两个等温过程组成的制冷循环 f-g-d-e-f 少消耗的功在图 1-4 中用阴影面积表示。

因此，可以得出这样的结论：在热源温度变化的条件下，由两个和热源之间无温差的热交换过程及两个等熵过程所组成的逆向可逆循环，是消耗功最小的循环，即制冷系数最高的循环。

在热源温度变化时，制冷循环的热力完善度可以表示为

$$\eta=\frac{\varepsilon}{\varepsilon_L} \tag{1-22}$$

式中，ε 是实际循环的制冷系数；ε_L 是制冷剂与热源之间不存在温差的并有两个等熵过程所组成的逆向可逆循环，即洛伦兹循环的制冷系数。

洛伦兹循环可以被分解成许多个微元循环来计算其制冷系数。如图 1-5 所示，每个微元循环可以看作逆卡诺循环，其制冷系数为

$$\varepsilon_i=\frac{dq_0}{dq_k-dq_0}=\frac{T_{0i}ds}{T_ids-T_{0i}ds}=\frac{T_{0i}}{T_i-T_{0i}} \tag{1-23}$$

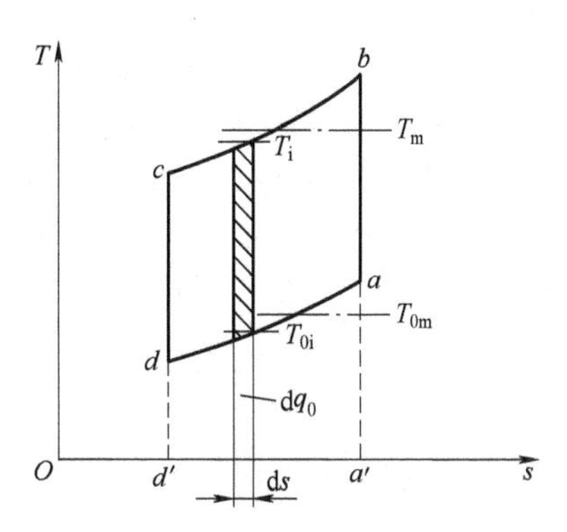

图 1-5　用微元循环来分析洛伦兹循环

而整个制冷循环 a-b-c-d-a 的制冷系数可表示为

$$\varepsilon_{\mathrm{i}}=\frac{q_0}{q_{\mathrm{k}}-q_0}=\frac{\int_d^a T_{0\mathrm{i}}\mathrm{d}s}{\int_c^b T_{\mathrm{i}}\mathrm{d}s-\int_d^a T_{0\mathrm{i}}\mathrm{d}s}=\frac{T_{0\mathrm{m}}}{T_{\mathrm{m}}-T_{0\mathrm{m}}} \tag{1-24}$$

式中，T_{m}为放热平均温度，即制冷剂放热时高温热源的平均温度；$T_{0\mathrm{m}}$为吸热平均温度，即吸热时低温热源的平均温度。它们是热力学意义上的平均温度，不是算术平均温度。

由此可见，洛伦兹循环的制冷系数等于一个以放热平均温度 T_{m}和吸热平均温度 $T_{0\mathrm{m}}$为高、低温热源温度的等效逆卡诺循环的制冷系数。

三、热能驱动制冷循环

以热能直接驱动的制冷循环，例如吸收制冷循环，实际上为三热源制冷循环，如图 1-6 所示。

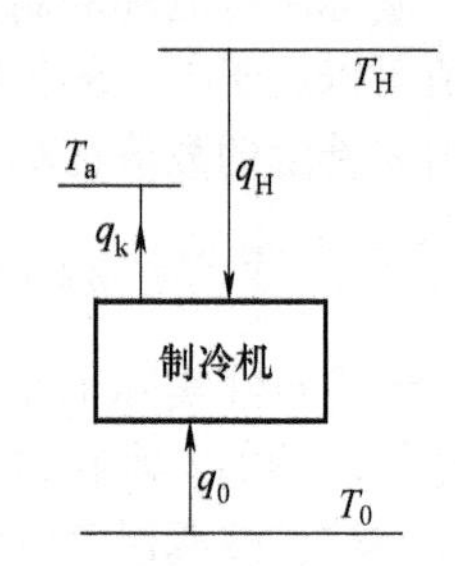

图 1-6　三热源制冷循环示意图

单位热量 q_0 取自低温的温度为 T_0 的被冷却物体，q_{H}来自高温蒸气、燃烧气体或其他热源，q_{k}是系统在 T_{a}温度下（通常是环境温度）放出的单位热量。

通过输入热量制冷的制冷机，其经济性是以热力系数作为评价指标的。热力系数是指获得的单位制冷量与消耗的单位热量之比，用 ζ 表示。

$$\zeta=\frac{q_0}{q_{\mathrm{H}}} \tag{1-25}$$

按热力学第一定律，有

$$q_{\mathrm{k}}=q_{\mathrm{H}}+q_0 \tag{1-26}$$

对于可逆制冷机，按热力学第二定律，在一个循环中熵增为零，即

$$\frac{q_{\mathrm{k}}}{T_{\mathrm{a}}}=\frac{q_{\mathrm{H}}}{T_{\mathrm{H}}}+\frac{q_0}{T_0} \tag{1-27}$$

从上述两个公式可以得到

$$\frac{q_0}{q_{\mathrm{H}}}=\left(\frac{T_0}{T_{\mathrm{a}}-T_0}\right)\left(\frac{T_{\mathrm{H}}-T_{\mathrm{a}}}{T_{\mathrm{H}}}\right) \tag{1-28}$$

根据式（1-25），得可逆制冷机的热力系数 ζ_0，即

$$\zeta_0=\left(\frac{T_0}{T_{\mathrm{a}}-T_0}\right)\left(\frac{T_{\mathrm{H}}-T_{\mathrm{a}}}{T_{\mathrm{H}}}\right) \tag{1-29}$$

式（1-29）表明，通过输入热量制冷的可逆制冷机，其热力系数等于工作在 T_{a}、T_0之间的逆卡诺循环制冷机的制冷系数 ε_{c} 与工作在 T_{H}、T_{a}之间的正卡诺循环的热效率 $(T_{\mathrm{H}}-T_{\mathrm{a}})/T_{\mathrm{H}}$的乘积，由于后者小于 1，因此，$\zeta_0$ 总是小于 ε_{c}。虽然 ζ_0 的数值总是小于 ε_{c}，但是 ζ_0 是由热能驱动制冷循环的热力系数，而 ε_{c} 是由功驱动制冷循环的制冷系数，前者的驱动能源是品位较低的能源，后者的驱动能源是高品位能源，直接将输入功制冷机的制冷系数与输入热量制冷机的制冷系数进行比较是不合理的。从式（1-29）还可以看出，输入热量制冷的制冷机，其热力系数随加热热源温度 T_{H}和被冷却物体的温度 T_0 的升高而增加。热驱动制冷循环的热力完善度可表示为

$$\eta=\frac{\zeta}{\zeta_0} \tag{1-30}$$

四、蒸气压缩式制冷循环

图 1-7 为一台单级蒸气压缩式制冷机的流程图。它由下列四个基本设备组成：

（1）压缩机　它的作用是将蒸发器中的制冷剂蒸气吸入，并将其压缩到冷凝压力，然后排至

冷凝器。常用的压缩机有往复活塞式、离心式、螺杆式、涡旋式、滚动转子式和滑片式等数种。

（2）冷凝器　它是一个换热器，它的作用是将来自压缩机的高温高压制冷剂蒸气冷却并冷凝成液体（有些制冷剂没有冷凝过程，例如二氧化碳）。在这一过程中，制冷剂蒸气放出热量，故需用其他物体或介质（例如：水、空气）来冷却。常用的冷凝器有列管式、套片式、套管式、板式等。

（3）节流部件　制冷剂液体流过节流部件时，压力由冷凝压力降低到蒸发压力，一部分液体转化为蒸气，温度也相应降低。常用节流部件有膨胀阀、毛细管等。

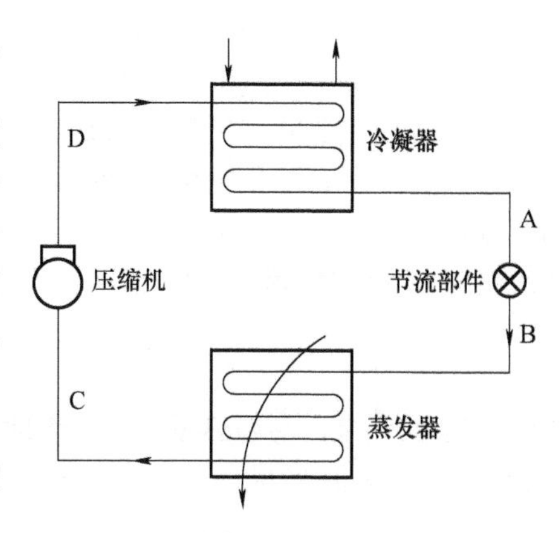

图 1-7　单级蒸气压缩式制冷机的流程图

（4）蒸发器　它也是一个换热器，它的作用是使经节流部件流入的制冷剂液体蒸发成蒸气，以吸收被冷却物体的热量。蒸发器是一个对外输出冷量的设备，输出的冷量可以冷却液体载冷剂，也可直接冷却空气或其他物体。按照制冷剂蒸发过程特点，蒸发器可分为满液式、干式、降膜式等，其结构形式有列管式、套片式、套管式、板式等。

从压缩机出来的高压高温制冷剂气体 D 进入冷凝器被冷却并进一步冷凝成液体 A 后，进入节流装置膨胀阀减压，部分液体闪发成蒸气，这些气液两相的混合物 B 进入蒸发器，在里面吸热蒸发成蒸气 C 后回到压缩机重新被压缩，从而完成一个循环。

在这个循环中，压缩机耗功 W，蒸发器吸热 Q_0，Q_0 称为制冷量。根据制冷系数的定义，蒸气压缩式制冷循环的制冷系数为

$$\varepsilon=\frac{Q_0}{W} \tag{1-31}$$

单位质量制冷剂在一次循环中所制取的冷量，称为单位质量制冷量（简称单位制冷量），用 q_0 表示。压缩机压缩单位质量的制冷剂所消耗的功，称为比功，用 w 表示。因此，制冷系数也可以由下式计算，即

$$\varepsilon=\frac{q_0}{w} \tag{1-32}$$

制冷量 Q_0 也可以通过下式计算，即

$$Q_0=q_m q_0=q_v q_V \tag{1-33}$$

式中，q_m 为流经压缩机的制冷剂质量流量；q_V 为压缩机吸入口处的制冷剂体积流量。

$$q_v=\frac{q_0}{v_1} \tag{1-34}$$

称为单位容积制冷量。它表示压缩机每吸入单位体积制冷剂蒸气（按吸气状态计的比体积 v_1）所制取的冷量，它仅与制冷剂及吸气状态有关。

五、热泵循环

热泵与制冷机在原理上是完全相同的，热泵就是以冷凝器或其他部件放出的热量来供热的制冷系统。如果要说这两者有什么区别的话，主要有两点：

（1）两者的目的不同　一台热泵（或制冷机）与周围环境在能量上的相互作用是从低温热源吸热，然后放热至高温热源，与此同时，按照热力学第二定律，必须消耗机械功。如果目的是为了获得高温（制热），也就是着眼于放热至高温热源，那就是热泵。如果目的是为了获得低温（制冷），也就是着眼于从低温热源吸热，那就是制冷机。

（2）两者的工作温区往往有所不同　上述所谓的高温热源和低温热源，只是它们彼此相对而

言的。由于两者目的不同，通常，热泵是将环境作为低温热源，而制冷机则是将环境作为高温热源。那么，对同一环境温度来说，热泵的工作温区就明显高于制冷机。

对于同时制热和制冷的联合机，既可以称之为热泵，也可以称之为制冷机。

原则上，凡是能用作制冷机的循环都可以用作热泵循环，凡是用于制冷机的分析方法都可以用于分析热泵。但是，由于目的的不同，热泵的经济性指标与制冷机有所不同。用于表示热泵效率的指标称为热泵系数，用 φ 表示，其定义为

$$\varphi=\frac{Q_{\mathrm{H}}}{W} \tag{1-35}$$

式中，Q_{H} 为热泵向高温热源输送的热量；W 为热泵机组消耗的外功。

由式（1-31）可得

$$\varphi=\frac{Q_{\mathrm{H}}}{W}=1+\varepsilon \tag{1-36}$$

上式给出了同一台机器，在相同工况下作热泵使用时的热泵系数与作制冷机使用时的制冷系数之间的关系。此外，上式还表明，热泵系数永远大于1，所以，从能量利用角度而言，热泵比直接消耗电能或燃料获取热量要节能。

第二章

制冷剂、载冷剂及润滑油

第一节　制冷剂概述

氟利昂、臭氧层破坏与《蒙特利尔议定书》

一、制冷剂的发展、应用与选用原则

制冷剂是制冷机中的工作介质，它在制冷机系统中循环流动，通过自身热力状态的变化与外界发生能量交换，从而达到制冷的目的。

蒸气压缩式制冷机中的制冷剂从低温热源中吸取热量，在低温下汽化，再在高温下凝结，向高温热源排放热量。所以，只有在工作温度范围内能够汽化和凝结的物质才有可能作为蒸气压缩式制冷机的制冷剂使用。多数制冷剂在大气压力和环境温度下呈气态。

乙醚是最早使用的制冷剂。它易燃、易爆，标准蒸发温度（沸点）为34.5℃。用乙醚制取低温时，蒸发压力低于大气压，因此，一旦空气渗入系统，就有引起爆炸的危险。后来，查尔斯·泰勒（Charles Tellier）采用二甲基乙醚作为制冷剂，其沸点为-23.6℃，蒸发压力也比乙醚高得多。1967年萨德修斯罗（Thadduslowe）提出使用CO_2作为制冷剂。1870年，卡特·林德（Cart Linde）对使用NH_3作为制冷剂做出了贡献，从此大型制冷机中广泛采用NH_3为制冷剂。1874年，拉乌尔·皮克特（Raul Pictel）采用SO_2作为制冷剂。SO_2和CO_2在历史上曾经是比较重要的制冷剂。SO_2的沸点为-10℃，毒性大，它作为重要的制冷剂曾有60年之久的历史，后逐渐被淘汰。CO_2的特点是在使用温度范围内工作压力特别高（例如，常温下冷凝压力高达8MPa），但CO_2无毒，使用安全，所以曾在船用冷藏装置中作为制冷剂，此历史也延续了50年之久，直到1955年才被氟利昂制冷剂所取代。近年来，由于CO_2对大气臭氧层无破坏作用，同时又具有良好的传热性能，因而重新引起人们的广泛研究并在一定场合得到了应用。

卤代烃也称氟利昂（Freon，美国杜邦公司过去曾长期使用的商标名称），是链状饱和碳氢化合物的氟、氯、溴衍生物的总称。在18世纪后期，人们就已经知道了这类化合物的化学组成，但当作制冷剂使用是汤姆斯·米杰里（Thomas Midgley）于1929—1930年间首先提出来的。氟利昂制冷剂的种类很多，它们之间的热力性质有很大区别，但在物理、化学性质上又有许多共同的优点，所以，得到迅速推广，成为制冷业发展的重要里程碑之一。

但是，1974年美国加利福尼亚大学的莫利纳（M. J. Molina）和罗兰（F. S. Rowland）教授首先撰文指出，卤代烃中的氯原子会破坏大气臭氧层。在卤代烃制冷剂中，R11、R12、R13、R14、R113、R114等都是全卤代烃，即在它们的分子中只有氯、氟、碳原子，这类氟利昂称氯氟烃，简称CFCs；如果分子中除了氯、氟、碳原子外，还有氢原子（如R22），称氢氯氟烃，简称HCFCs；如果分子中没有氯原子，而有氢原子、氟原子和碳原子，称氢氟烃，简称HFCs。根据莫利纳和罗兰的理论，CFCs对大气臭氧层的破坏性最大，这就是著名的CFCs问题。为此，瑞典皇家科学院将1995年的诺贝尔化学奖授予这两位教授，以表彰他们在大气化学特别是臭氧的形成和分解研究方面做出的杰出贡献。

大气平流层的臭氧层是人类及生物免遭短波紫外线伤害的天然保护伞。现已证实，大气臭氧层的耗减甚至出现空洞将会引起人们皮肤癌、白内障等发病率的上升；会减退人类的免疫功能；引起农产品（如大豆、玉米、棉花、甜菜等）减产；会杀死水中微生物而破坏水生物食物链，使渔业减产。此外，CFCs 的大量排放，还会助长温室效应，加速全球气候变暖。为此，联合国环保组织于 1987 年在加拿大的蒙特利尔市召开会议，36 个国家和 10 个国际组织共同签署了《关于消耗大气臭氧层物质的蒙特利尔议定书》，国际上正式规定了逐步削减 CFCs 生产与消费的日程表。中国政府已于 1992 年正式宣布加入修订后的《蒙特利尔议定书》，并于 1993 年批准了《中国消耗大气臭氧层物质逐步淘汰国家方案》。

从 20 世纪 80 年代后期开始，世界各国的科学家和技术专家就一直在寻找新的制冷剂。作为制冷剂应该符合如下要求：

1. 热力学性质方面

1）在工作温度范围内有合适的压力和压力比，即希望蒸发压力不低于大气压力，避免制冷系统的低压部分出现负压，使外界空气渗入系统，影响制冷剂的性质或加剧对设备材料的腐蚀或引起其他一些不良后果（如燃烧、爆炸等）；冷凝压力不要过高，以免设备过分笨重；冷凝压力与蒸发压力之比也不宜过大，以免压缩终了的温度过高或使往复活塞式压缩机的输气系数过低。

2）通常希望单位制冷量 q_0 和单位容积制冷量q_v比较大。因为对于总制冷量一定的装置，q_0大，可减少制冷剂的循环量；q_v大，可减少压缩机的输气量，故可缩小压缩机的尺寸。这对大型制冷装置是有意义的。但对于离心式压缩机，尺寸过小会带来制造上的困难，因此必须采用q_0和q_v稍小的制冷剂。

3）比功 w 和单位容积压缩功w_v小，循环效率高。

4）等熵压缩的终了温度 t_2 不太高，以免润滑条件恶化（润滑油黏性下降、结焦）或制冷剂自身在高温下分解。

2. 迁移性质方面

1）黏度、密度尽量小，这样可减少制冷剂在系统中的流动阻力以及制冷剂的充注量。

2）热导率大，这样可以提高热交换设备（如蒸发器、冷凝器、回热器等）的传热系数，减少传热面积，使系统结构紧凑。

3. 物理化学性质方面

1）无毒、不燃烧、不爆炸、使用安全。

2）化学稳定性和热稳定性好，制冷剂要经得起蒸发和冷凝的循环变化，使用中不变质，不与润滑油反应，不腐蚀制冷机构件，在压缩终了的高温下不分解。

3）对大气环境无破坏作用，即不破坏大气臭氧层，没有温室效应。

4. 其他

原料来源充足，制造工艺简单，价格便宜。

当然，完全满足上述要求的制冷剂尚未被发现。各种制冷剂总是在某些方面有其长处，另一些方面又有不足。使用要求、机器容量和使用条件不同，对制冷剂性质要求的侧重面就不同，应按主要要求选择相应的制冷剂。一旦选定制冷剂后，由于它本身性质上的特点，又反过来要求制冷系统在流程、结构设计及运行操作等方面与之相适应。这些都必须在充分掌握制冷剂性质的基础上恰当地加以处理。

最早较全面地进行 CFCs 替代物研究的是美国国家标准与技术研究院（简称 NIST）的麦克林顿（McLinden）等人。他们从制冷剂的基本要求出发，对 860 种纯物质用计算机进行全面的筛选，结果发现较有前途的替代物仍然是氟利昂家族中的 HFCs，从而提出用 HFC134a（即 R134a）替代 R12，用 HCFC123 替代 R11。由于 HCFCs 最终也要被禁止使用，因此，HCFC123 只能作为过渡性的替代物。

由于 HFC134a 对温室效应仍有较大影响，欧洲特别是德国、丹麦等国的一些科学家提出用自然物质作为替代物，例如 NH_3、CO_2、碳氢化合物等。这些物质既不破坏大气臭氧层，又没有温室效应，被称为自然制冷剂。

经过国际社会 30 余年的共同努力，保护臭氧层的工作取得了显著的成果。目前臭氧层已经在逐渐恢复，预计将在 21 世纪中期恢复到 20 世纪 80 年代初的水平。

另一方面，制冷剂的使用对于全球温室效应的影响则在近些年越来越受到广泛重视。政府间气候变化专门委员会（IPCC）的一份研究报告指出，自 1901 年至 2012 年，地表平均温度上升了 0.89℃，而且预计在 2016—2035 年间地表温度会继续上升 0.3~0.7℃。气候变化将从多个方面影响到人类社会，为避免最坏情况出现必须大大削减温室气体的排放以将本世纪内的全球温度上升控制在 2℃ 以内。由于用来替代臭氧层消耗物质的 HFCs 制冷剂均具有较大的温室效应潜能（GWP），在最新的环保形势和要求下，其同样属于需要被替代的范畴。

2016 年 10 月 15 日，在卢旺达首都基加利召开的《蒙特利尔议定书》第 28 次缔约方大会以协商一致的方式，达成了历史性的限控温室气体氢氟烃化合物（严格说应该是氢氟烷烃，即 HFCs）修正案——《基加利修正案》。该协议对所有 197 个缔约方具有法律约束力，于 2019 年 1 月 1 日正式生效。

《基加利修正案》的受控物质几乎涉及所有 HFCs 制冷剂，一些由 HFCs 物质组成的混合物，例如 R404A 和 R410A，都在《基加利修正案》的管控范围内。《基加利修正案》除了制定 HFCs 削减的具体时间表之外，还规定各缔约方应建立许可证管理制度等详细内容。依据该修正案的削减目标，预计将减少 88%的 HFCs 的排放，可防止 21 世纪末全球升温 0.5℃。

《基加利修正案》氢氟烃控制案如下：

1）发达国家。

基线：100% HFCs（2011—2013 三年均值）+ 15% HCFCs（1989 年的 HCFCs 总量+2.8%的 1989 年的 CFCs 量）。

削减时间表：①2019—2023：削减至基线 90%；②2024—2028：削减至基线 60%；③2029—2033：削减至基线 30%；④2034—2035：削减至基线 20%；⑤2036 之后：削减至基线 15%。

我国接受《基加利修正案》

2）包括中国在内的一般发展中国家。

基线：100%HFCs（2020—2022 三年均值）+65%HCFCs（2009—2010 两年均值）。

削减时间表：①2024—2028：冻结为基线 100%；②2029—2034：削减至基线 90%；③2035—2039：削减至基线 70%；④2040—2044：削减至基线 50%；⑤2045 之后：削减至基线 20%。

3）印度和中东等环境温度高的国家。

基线：100%HFCs（2024—2026 三年均值）+65%HCFCs（2009—2010 两年均值）。

削减时间表：①2028—2031：冻结为基线 100%；②2032—2036：削减至基线 90%；③2037—2041：削减至基线 80%；④2042—2046：削减至基线 70%；⑤2047 之后：削减至基线 15%。

此外，还有中东欧一些小国执行另外受控方案，由于它们的基数很小，影响较小，这里不做详细介绍。

值得指出的是，与以往蒙特利尔议定书修正案不同，这次给出的基加利氢氟烃控制案中的数值是指受控物质质量与该受控物质的 GWP 值（100 年）乘积，而不是仅仅指受控物质的质量。

总而言之，到目前为止还没有找到一种可用于替代的理想制冷剂，各种研究仍然在努力地进行中。

二、制冷剂命名

目前有下列制冷剂在使用：

无机化合物，例如 NH_3、CO_2 和 H_2O 等。

卤代烃，例如四氟乙烷（R134、R134a）、二氟一氯甲烷（R22）、三氟二氯乙烷（R123）、五氟丙烷（R245ca）、四氟丙烯（R1234yf、R1234ze）等。

碳氢化合物，例如甲烷、乙烷、丙烷、异丁烷、乙烯、丙烯等。

此外，某些环烷烃的卤代物也可作制冷剂使用，例如八氟环丁烷，但使用范围远不如上述制冷剂广泛。

上述制冷剂中，无机化合物和碳氢化合物为自然制冷剂，其余是人工合成制冷剂。

为了书写方便，国际上统一规定用字母“R”和它后面的一组数字或字母作为制冷剂的简写符号。字母“R”表示制冷剂，后面的数字或字母则根据制冷剂的分子组成按一定的规则编写。编写规则为：

1. 无机化合物

无机化合物的简写符号规定为R7（　　）。括号代表一组数字，这组数字是该无机物相对分子质量的整数部分。例如：

	NH_3，H_2O，CO_2
相对分子质量的整数部分分别为	17，　18，　44
符号表示为	R717，R718，R744

2. 卤代烃和其他烷烃类

烷烃类化合物的分子通式为C_mH_{2m+2}；卤代烃的分子通式为$C_mH_nF_xCl_yBr_z$（$n+x+y+z=2m+2$），它们的简写符号规定为$R(m-1)(n+1)(x)B(z)$，每个括号是一个数字，该数字数值为零时省去，同分异构体则在其最后加小写英文字母以示区别。表2-1为一些制冷剂的符号举例。

表2-1　制冷剂符号举例

化合物名称	分子式	m、n、x、z的值	简写符号
二氟一氯甲烷	CHF_2Cl	$m=1$，$n=1$，$x=2$	R22
二氟甲烷	CH_2F_2	$m=1$，$n=2$，$x=2$	R32
甲烷	CH_4	$m=1$，$n=4$，$x=0$	R50
三氟二氯乙烷	$C_2HF_3Cl_2$	$m=2$，$n=1$，$x=3$	R123
五氟乙烷	C_2HF_5	$m=2$，$n=1$，$x=5$	R125
四氟乙烷	$C_2H_2F_4$	$m=2$，$n=2$，$x=4$	R134a
五氟丙烷	$C_3H_3F_5$	$m=3$，$n=3$，$x=5$	R245ca
乙烷	C_2H_6	$m=2$，$n=6$，$x=0$	R170
丙烷	C_3H_8	$m=3$，$n=8$，$x=0$	R290
四氟丙烯	CF_3CFCH_2	$m=3$，$n=2$，$x=4$	R1234yf

值得指出的是，正丁烷和异丁烷例外，它们分别用R600和R600a表示。

3. 环烷烃、链烯烃、醚以及它们的卤代物

其简写符号规定：环烷烃及环烷烃的卤代物用字母“RC”开头，链烯烃及链烯烃的卤代物用字母“R1”开头，醚及醚的卤代物用字母“RE”开头，其后的数字排写规则与卤代烃及烷烃类符号表示中的数字排写规则相同，它们的同分异构体也是在数字后面添加小写字母，添加规则较为复杂，有兴趣的读者可参考国家标准（GB/T 7778—2017《制冷剂编号方法和安全性分类》）。

4. 非共沸混合制冷剂

非共沸混合制冷剂的简写符号为R4（　　）。括号代表一组数字，这组数字为该制冷剂命名的先后顺序号，从00开始。构成非共沸混合制冷剂的纯物质种类相同，但成分不同，则分别在最后加上大写英文字母以示区别。例如，最早命名的非共沸混合制冷剂写作R400，以后命名的按先后次序分别用R401、R402……R407A、R407B、R407C等表示。

5. 共沸混合制冷剂

共沸混合制冷剂的简写符号为 R5（　　）。括号代表一组数字，这组数字为该制冷剂命名的先后顺序号，从 00 开始。例如最早命名的共沸制冷剂写作 R500，以后命名的按先后次序分别用 R501、R502……R507 表示。

此外，有机氧化物、脂肪族胺，它们用 R6 开头，其后的数字是任选的。例如，甲胺为 R630，乙胺为 R631。详细的制冷剂标准符号可从表 2-2 中查出。

表 2-2 制冷剂标准符号

代号	化学名称	分子式	代号	化学名称	分子式
卤代烃			非共沸混合制冷剂		
R10	四氯化碳	CCl_4	R400	R22/114（80/20）	
R11	一氟三氯甲烷	$CFCl_3$	R401A	R22/152a/124（53/13/34）	
R12	二氟二氯甲烷	CF_2Cl_2	R401B	R22/152a/124（61/11/28）	
R13	三氟一氯甲烷	CF_3Cl	R401C	R22/152a/124（33/15/52）	
R13B1	三氟一溴甲烷	CF_3Br	R402A	R125/290/22（60/2/38）	
R14	四氟化碳	CF_4	R402B	R125/290/22（38/2/60）	
R20	氯仿	$CHCl_3$	R403A	R290/22/218（5/75/20）	
R21	一氟二氯甲烷	$CHFCl_2$	R403B	R290/22/218（5/56/39）	
R22	二氟一氯甲烷	CHF_2Cl	R404A	R125/143a/134a（44/52/4）	
R23	三氟甲烷	CHF_3	R405A	R22/152a/142b/C318（45/7/5.5/42.5）	
R30	二氯甲烷	CH_2Cl_2	R406A	R22/600a/142b（55/4/41）	
R31	一氟一氯甲烷	CH_2FCl	R407A	R32/125/134a（20/40/40）	
R32	二氟甲烷	CH_2F_2	R407B	R32/125/134a（10/70/20）	
R40	氯甲烷	CH_3Cl	R407C	R32/125/134a（23/25/52）	
R41	氟甲烷	CH_3F	R408A	R125/R143a/22（7/46/47）	
R50①	甲烷	CH_4	R409A	R22/124/142b（60/25/15）	
R110	六氯乙烷	CCl_3CCl_3	R410A	R32/125（50/50）	
R111	一氟五氯乙烷	CCl_3CFCl_2	R411A	R1270/22/152a（1.5/87.5/11）	
R112	二氟四氯乙烷	$CFCl_2CFCl_2$	R411B	R1270/22/152a（3/94/3）	
R112a	二氟四氯乙烷	CF_2ClCCl_3	R433C	R1270/290（25.0/75.0）	
R113	三氟三氯乙烷	$CF_2ClCFCl_2$	R434A	R125/143a/134a/600a（63.2/18.0/16.0/2.8）	
R113a	三氟三氯乙烷	CCl_3CF_3	R435A	RE170/152a（80.0/20.0）	
R114	四氟二氯乙烷	$CFCl_2CF_3$	R436A	R290/600a（56.0/44.0）	
R114a	四氟二氯乙烷	CF_2ClCF_3	R436B	R290/600a（52.0/48.0）	
R114B2	四氟二溴乙烷	CF_2BrCF_2Br	R437A	R125/134a/600/601（19.5/78.5/1.4/0.6）	
R115	五氟一氯乙烷	CF_2ClCF_3	R438A	R32/125/134a/600/601a（8.5/45.0/44.2/1.7/0.6）	
R116	六氟乙烷	CF_3CF_3	R439A	R32/125/600a（50.0/47.0/3.0）	
R120	五氯乙烷	$CHCl_2CCl_3$	R440A	R290/134a/152a（0.6/1.6/97.8）	
R123	三氟二氯乙烷	$CHCl_2CF_3$	R441A	R170/290/600a/600（3.1/54.8/6.0/36.1）	
R124	四氟一氯乙烷	$CHFClCF_3$	R442A	R32/125/134a/152a/227ea（31.0/31.0/30.0/3.0/5.0）	
R124a	四氟一氯乙烷	CHF_2CF_2Cl			
R125	五氟乙烷	CHF_2CF_3	R443A	R1270/290/600a（55.0/40.0/5.0）	
R133a	三氟一氯乙烷	CH_2ClCF_3	R444A	R32/152a/1234ze（E）（12.0/5.0/83.0）	
R134a	四氟乙烷	CH_2FCF_3	R444B	R32/1234ze（E）/152a（41.5/48.5/10）	
R140a	三氯乙烷	CH_3CCl_3	R445A	R744/134a/1234ze（E）（6.0/9.0/85.0）	
R142b	二氟一氯乙烷	CH_3CF_2Cl	R446A	R32/1234ze（E）/600（68.0/29.0/3.0）	
R143a	三氟乙烷	CH_3CF_3	R447A	R32/125/1234ze（E）（68.0/3.5/28.5）	
R150a	二氯乙烷	CH_3CHCl_2	R448A	R32/125/134a/1234yf/1234ze（E）（26/26/20/21/7）	
R152a	二氟乙烷	CH_3CHF_2			
R160	氯乙烷	CH_3CH_2Cl	R449A	R134a/125/1234yf/32（26/25/25/24）	
R170①	乙烷	CH_3CH_3	R450A	R1234ze（E）/134a（58/42）	
R218	八氟丙烷	$CF_3CF_2CF_3$	R451A	R1234yf/134a（89.8/10.2）	
R290①	丙烷	$CH_3CH_2CH_3$	R451B	R1234yf/134a（88.8/11.2）	

（续）

代号	化学名称	分子式
	非共沸混合制冷剂	
R452B	R32/125/1234yf（67.0/7.0/26.0）	
R452C	R32/125/1234yf（12.5/61.0/26.5）	
R453A	R32/125/134a/227ea/600/601a（20.0/20.0/53.8/5.0/0.6/0.6）	
R454A	R32/1234yf（35.0/65.0）	
R454B	R32/1234yf（68.9/31.1）	
R454C	R32/1234yf（21.5/78.5）	
R455A	R744/32/1234yf（3.0/21.5/75.5）	
R456A	R32/134a/1234ze（E）（6.0/45.0/49.0）	
R457A	R32/1234yf/152a（18.0/70.0/12.0）	
R458A	R32/125/134a/227ea/236fa（20.5/4.0/61.4/13.5/0.6）	
R459A	R32/1234yf/1234ze（E）（68.0/26.0/6.0）	
R459B	R32/1234yf/1234ze（E）（21.0/69.0/10.0）	
R460A	R32/125/134a/1234ze（E）（12.0/52.0/14.0/22.0）	
R460B	R32/125/134a/1234ze（E）（28.0/25.0/20.0/27.0）	
R460C	R32/125/134a/1234ze（E）（2.5/2.5/46.0/49.0）	
R461A	R125/143a/134a/227ea/600a（55.0/5.0/32.0/5.0/3.0）	
R462A	R32/125/143a/134a/600（9.0/42.0/2.0/44.0/3.0）	
R464A	R32/125/1234ze（E）/227ea（27.0/27.0/40.0/6.0）	
R465A	R32/290/1234yf（21.0/7.9/71.1）	
	共沸混合制冷剂	
R500	R12/152a（73.8/26.2）	
R501	R22/12（75/25）	
R502	R22/115（48.8/51.2）	
R503	R23/13（40.1/59.9）	
R504	R32/115（48.2/51.8）	
R505	R12/31（78.0/22.0）	
R506	R31/114（55.1/44.9）	
R507	R125/143a（50.0/50.0）	
R509A	R22/218（44.0/56.0）	
R510A	RE170/600a（88.0/12.0）	
R511A	R290/152a（95.0/5.0）	
R512A	R134a/152a（5.0/95.0）	
R513A	R1234yf/134a（56/44）	
	碳氢化合物	
R50	甲烷	CH_4

代号	化学名称	分子式
	碳氢化合物	
R170	乙烷	CH_3CH_3
R290	丙烷	$CH_3CH_2CH_3$
R600	丁烷	$CH_3CH_2CH_2CH_3$
R600a	异丁烷	$CH(CH_3)_3$
R1150[2]	乙烯	$CH_2=CH_2$
R1270[2]	丙烯	$CH_3CH=CH_2$
	有机氧化物	
R610	乙醚	$C_2H_5OC_2H_5$
R611	甲酸甲脂	$HCOCCH_3$
	无机物	
R702	氢（正氢和仲氢）	H_2
R704	氦	He
R717	氨	NH_3
R718	水	H_2O
R720	氖	Ne
R728	氮	N_2
R729	空气	$0.21O_2, 0.78N_2, 0.01Ar$
R732	氧	O_2
R740	氩	Ar
R744	二氧化碳	CO_2
R744a	一氧化二氮	N_2O
R764	二氧化硫	SO_2
	环状有机物	
RC316	六氟二氯环丁烷	$C_4F_6Cl_2$
RC317	七氟一氯环丁烷	C_4F_7Cl
RC318	八氟环丁烷	C_4F_8
	脂肪族胺	
R630	甲胺	CH_3NH_2
R631	乙胺	$C_2H_5NH_3$
	不饱和烃	
R1112a	二氟二氯乙烯	$CF_2=CCl_2$
R1113	三氟一氯乙烯	$CFCl=CF_2$
R1114	四氟乙烯	$CF_2=CF_2$
R1120	三氯乙烯	$CHCl=CCl_2$
R1130	二氯乙烯	$CHCl=CHCl$
R1132a	二氟乙烯	$CH_2=CF_2$
R1140	氯乙烯	$CH_2=CHCl$
R1141	氟乙烯	$CH_2=CHF$
R1150	乙烯	$CH_2=CH_2$
R1270	丙烯	$CH_2CH=CH_2$
R1234yf	四氟丙烯	$CF_3CF=CH_2$
R1234ze	四氟丙烯	$CHF_2CH=CF_2$
R1233zd	三氟氯丙烯	$CF_3CH=CHCl$
R1336mzz	六氟丁烯	$CF_3CH=CHCF_3$

① 甲烷、乙烷和丙烷按序号放在氟利昂类，但它们实际上属于碳氢化合物。

② 乙烯、丙烯放在碳氢化合物里，但它们实际上属于不饱和有机物。

在大气臭氧层问题出现以后，为了能较简单地定性判别制冷剂对大气臭氧层的破坏能力，氯氟烃类物质代号中的R可表示为CFC，氢氯氟烃类物质代号中的R可表示为HCFC，氢氟烃类物质代号中的 R 可表示为 HFC；为了与烷烃类卤代物区别开来，烯烃类卤代物有时也分别用 CFO、HCFO 和 HFO 表示氯氟烯烃、氢氯氟烯烃以及氢氟烯烃；碳氢化合物代号中的 R 可表示为 HC 等，数字编号不变。例如，R12 可表示为 CFC12，R134a 可表示为 HFC134a，R1233zd 也可表示为 HCFO1233zd，R1234yf 也可表示为 HFC1234yf，R290 可表示为 HC290。

第二节 制冷剂的热物性参数及其计算方法

一、热力学性质

制冷剂的常用热力学性质包括压力、温度、比体积、比热力学能、比焓、比熵、比热容、声速等，它们都是状态参数，彼此之间存在一定的函数关系。

制冷剂的热力学参数之间的关系是通过实验方法测定出来的，表 2-3 给出了一些制冷剂最基本的热力学性质数据。导出热力学量则是通过热力学关系式计算得到的。它们常被表示成两种形式：一种是热力学性质图和表，另一种是参数关系方程式。

表 2-3 一些制冷剂最基本的热力学性质

制冷剂	相对分子质量	正常沸点/℃	凝固点/℃	临界温度/℃	临界压力/kPa	临界比体积/(L/kg)
R704	4.0026	-268.9	—	-267.9	228.8	14.43
R702	2.0159	-252.8	-259.2	-239.9	1315	33.21
R720	20.183	-246.1	-248.6	-228.7	3397	2.070
R728	28.013	-198.8	-210	-146.9	3396	3.179
R729	28.97	-194.3	—	-140.7	3772	3.048
R740	39.948	-185.9	-189.3	-122.3	4895	1.867
R732	31.9988	-182.9	-218.8	-118.4	5077	2.341
R50	16.04	-161.5	-182.2	-82.5	4638	6.181
R14	88.01	-127.9	-184.9	-45.7	3741	1.598
R1150	28.05	-103.7	-169	9.3	5114	4.37
R503	87.5	-88.7	—	19.5	4182	2.035
R170	30.07	-88.8	-183	32.2	4891	5.182
R23	70.02	-82.1	-155	25.6	4833	1.942
R13	104.47	-81.4	-181	28.8	3865	1.729
R744	44.01	-78.4	-56.6	31.1	7372	2.135
R13B1	148.93	-57.75	-168	67.0	3962	1.342
R504	79.2	-57.2	—	66.4	4758	2.023
R32	52.02	-51.2	-78.4	78.3	5808	2.326
R125	120.02	-48.45	-103	60.1	3592	1.751
R1270	42.09	-47.7	-185	91.8	4618	4.495
R143a	84.04	-47.6	-111.3	73.1	3776	2.305
R502	111.64	-45.4	—	82.2	4075	1.785
R290	44.10	-42.07	-187.7	96.8	4254	4.545
R22	86.48	-40.76	-160	96	4974	1.907
R115	154.48	-39.1	-106	79.9	3153	1.629
R161	48.06	-37.6	-143.2	102.2	5090	3.472
R717	17.03	-33.3	-77.9	133	11417	4.245
R500	99.31	-33.5	—	105.5	4423	2.016
R12	120.93	-29.8	-158	112.0	4113	1.792
R1234yf	114	-29.5	—	94.7	3382	2.103

（续）

制冷剂	相对分子质量	正常沸点/℃	凝固点/℃	临界温度/℃	临界压力/kPa	临界比体积/(L/kg)
R134a	102.03	-26.26	-96.6	101.1	4067	1.81
R152a	66.05	-25.00	-117	113.5	4492	2.741
R1234ze	114	-19.28	—	109.4	3632	2.059
R600a	58.13	-11.73	-160	135.0	3645	4.526
R124	136.5	-10.95	-199	122.25	3614	1.770
R764	64.07	-10.0	-75.5	157.5	7875	1.910
R142b	100.5	-9.8	-131	137.1	4120	2.297
R630	31.06	-6.7	-92.5	156.9	7455	—
RC318	200.04	-5.8	-41.4	115.3	2781	1.611
R600	58.13	-0.5	-138.5	152.0	3794	4.383
R114	170.94	3.8	-94	145.7	3259	1.717
R21	102.93	8.9	-135	178.5	5168	1.917
R160	64.52	12.4	-138.3	187.2	5267	3.028
R631	45.08	16.6	-80.6	183.0	5619	—
R11	137.38	23.82	-111	198.0	4406	1.804
R245ca	134.05	25.4	-73.4	178.5	3855	1.890
R123	152.91	27.9	-107	184	3676	1.818
R611	60.05	31.8	-99	214	5994	2.866
R610	74.12	34.6	-116.3	194	3603	3.790
R216	220.93	35.69	-125.4	180	2753	1.742
R113	187.39	47.57	-35	214.1	3437	1.736
R1130	96.95	47.8	-50	243.3	5478	—
R1120	131.39	87.2	-73	271.1	5016	—
R718	18.02	100.0	0	374.2	22103	3.128

在使用热力性质图和表时，应当注意焓和熵等参数的基准值的选取。不同的图表由于基准值选取不同，使同一温度和压力下的焓、熵值不同。这一问题在几个图或表同时联用时需加以注意，需将读取的参数用基准值的差予以修正。本书附录B给出的基准为：在温度为0℃时的饱和液体比焓取为200kJ/kg，比熵取为1.00kJ/(kg·K)。

第一章已较详细地讨论了p-h图的特点和用法，本节主要讨论参数关系方程式。

1. 压缩性系数

对于制冷剂过热蒸气，如引入压缩性系数Z，也称因子，则其状态方程可表示为

$$p=\frac{ZRT}{v} \tag{2-1}$$

由该式可知，只要确定了Z值就可按上式计算过热蒸气的状态参数。

压缩性系数Z为量纲一的量，它是温度和压力的函数。可用实验测定，也可用状态方程计算。R为摩尔气体常数，有时也称通用气体常数或理想气体常数，它与气体的种类无关，采用不同单位，其值不同，见表2-4。

表2-4　理想气体常数与单位

R	单位	R	单位
8.317×10^{7}	erg/(mol·K)	82.06	cm^3·atm/(mol·K)
1.987	cal/(mol·K)	8.206×10^{-5}	m^3·atm/(mol·K)
8.314	J/(mol·K)	62.36	l·mmHg/(mol·K)
8.314	cm^3·MPa/(mol·K)	10.73	(lb/in) ft^3/(mol·K)

2. 饱和蒸气压

精确的蒸气压公式一般由实验数据拟合得到。下式是一个常用的蒸气压经验公式，即

$$\ln p_r = a_0 + [a_1(1-T_r) + a_2(1-T_r)^{1.5} + a_3(1-T_r)^3 + a_4(1-T_r)^7 + a_5(1-T_r)^9]/T_r \tag{2-2}$$

式中，p_r 是对比压力；T_r 是对比温度；a_0、a_1、a_2、a_3、a_4、a_5 是拟合所得到的常数，表2-5给出了部分制冷剂的蒸气压公式常数值。

表 2-5　部分制冷剂的蒸气压公式常数值

代号	a_0	a_1	a_2	a_3	a_4	a_5
R22	1.375437×10^{-2}	-7.387311	2.147872	-4.524213	51.362020	-192.922000
R23	5.585194×10^{-3}	-7.449594	1.686090	-3.101506	-3.294165	3.618438
R32	2.870500×10^{-2}	-9.171495	5.778137	-13.22130	495.4324	-2315.876
R123	6.341934×10^{-4}	-7.413754	1.596611	-3.968871	9.000544	-10.311230
R125	-4.70400×10^{-4}	-7.428255	1.303146	-2.838507	-241.045200	2156.969
R134a	-3.54600×10^{-3}	-7.468451	1.139870	-2.761836	-56.832190	254.810300
R290	6.227255×10^{-3}	-6.661327	1.194623	-1.900992	-33.577360	158.025700
R600a	-6.753445×10^{-3}	-6.947549	1.740707	-3.826073	15.51619	-48.9882
R717	0.2151775	-11.714860	10.615290	-15.732470	157.356500	-381.299300
R744	-1.19516×10^{-3}	-7.0260808	1.53615606	-6.54234624	4051.57931	-89401.0534

3. 汽化热

制冷工质的汽化热与单位质量制冷量有关系。汽化热大，则单位制冷量也大。制冷工质的汽化热可近似计算为

$$r = r_s\left(\frac{1-T_r}{1-T_{br}}\right)^{0.38} \tag{2-3}$$

式中，r_s 为正常沸点时的汽化热；T_{br}是正常沸点对比温度，$T_{br}=T_b/T_c$，T_b 为正常沸点温度（K），T_c 为临界温度（K）。

4. 比热容

制冷剂在理想气体状态下的比热容一般由实验测得，然后拟合成如下关系式，即

$$c_p^0 = d_0 + d_1T + d_2T^2 + d_3T^3 \tag{2-4}$$

式中，T 是温度（K）；c_p^0 是比定压热容[J/(mol · K)]；d_0、d_1、d_2、d_3 是常数，表 2-6 给出部分常用制冷剂的这些数值。

表 2-6　式（2-4）中常用制冷剂常数

制冷剂	R22	R23	R32	R123	R125	R134a	R290	R600a	R717	R744
d_0	18.636	28.189	36.79	6.021	23.602	-5.416	-4.0422	-1.390	26.18	13.623
d_1	0.14433	2.464×10^{-2}	6.294×10^{-2}	5.052×10^{-1}	0.28372	0.3438	0.3046	0.3847	0.0238	0.11604
d_2	-3.117×10^{-5}	2.641×10^{-4}	3.754×10^{-4}	-7.632×10^{-4}	-1.230×10^{-4}	-2.535×10^{-4}	-1.571×10^{-4}	-1.846×10^{-4}	1.707×10^{-5}	-1.546×10^{-4}
d_3	-6.665×10^{-8}	-3.010×10^{-7}	-3.216×10^{-7}	5.183×10^{-7}	-5.672×10^{-8}	6.654×10^{-8}	3.171×10^{-8}	2.895×10^{-8}	-1.185×10^{-8}	9.3642×10^{-8}

5. 液体的密度

由于液体可压缩性很小，可认为过冷液体的密度等于饱和液体的密度。饱和液体的密度 ρ_s 与

温度有关，计算式为

$$\rho_s=\rho_{cr}Z_{cr}^{-(1-T_r)^{\tau}} \tag{2-5}$$

其中

$$\tau=-\frac{\ln\left[\dfrac{\ln(\rho_{sb}/\rho_{cr})}{\ln Z_{cr}}\right]}{\ln(1-T_{br})}$$

式中，ρ_{cr}是临界密度；Z_{cr}是临界压缩因子；T_r是对比温度；ρ_{sb}是正常沸点时的密度；T_{br}是正常沸点对比温度。

二、热物性参数的计算机计算方法

随着计算机技术的飞速发展以及计算精度要求的不断提高，用计算机对制冷系统进行高精度的计算显得越来越重要。这一部分将着重介绍用计算机进行热物性参数的计算方法。

1. 气相热力性质计算

由马丁和侯虞钧教授提出的马丁-侯状态方程（简称MH方程）是一多参数的状态方程，将它用于制冷剂热力性质计算具有相当高的精度。马丁-侯状态方程的形式为

$$p=\frac{RT}{v-b}+\sum_{i=2}^{5}\frac{f_i(T)}{(v-b)^i} \tag{2-6}$$

式中，R为摩尔气体常数，$R=8.314$；$f_i(T)$为温度函数，由如下表达式计算，即

$$f_i(T)=A_i+B_iT+C_i e^{-kT_r} \tag{2-7}$$

这里，A_i、B_i、C_i称为方程常数，其中$k=5.475$，$B_i=0$，$C_i=0$，其余常数可通过制冷剂的临界参数及正常沸点计算得到。

有了精确的状态方程，就可以利用热力学关系式来计算导出热力性质，如比焓和比熵。由热力学的余函数理论可知，只要求得了亥姆霍兹自由能的余函数，其他余函数都可以从亥姆霍兹自由能的余函数经过简单求导或加减运算得到。由状态方程计算亥姆霍兹自由能的余函数公式为

$$a^*-a=\int_{\infty}^{v}\left(p-\frac{RT}{v}\right)dv+RT\ln Z \tag{2-8}$$

余熵则可通过余亥姆霍兹自由能微分得到，即

$$s^*-s=-\frac{\partial}{\partial T}(a^*-a) \tag{2-9}$$

余焓、余热力学能、余吉布斯自由能等均可通过余亥姆霍兹自由能和余熵得到，即

$$\begin{aligned}h^*-h&=(a^*-a)+T(s^*-s)+RT(1-Z)\\u^*-u&=(a^*-a)+T(s^*-s)\\g^*-g&=(a^*-a)+RT(1-Z)\end{aligned} \tag{2-10}$$

将马丁-侯状态方程代入式（2-8）可以得到用马丁-侯状态方程计算余亥姆霍兹自由能的表达式为

$$a^*-a=RT\ln\frac{v-b}{v}-\sum_{i=2}^{5}\frac{f_i(T)}{(i-1)(v-b)^{i-1}}+RT\ln Z \tag{2-11}$$

实际流体的性质$M_{p,T}$（如比焓、比熵）应等于假定流体为理想气体，但处于系统状态下的性质$M_{p,T}^*$与相应余函数M_r之差，即

$$M_{p,T}=M_{p,T}^*-M_r \tag{2-12}$$

$M_{p,T}^*$的计算方法与理想气体相同，例如

$$\begin{aligned}h_{p,T}^*&=\int c_p dT+h_0\\s_{p,T}^*&=\int\frac{c_p}{T}dT-R\ln p+s_0\end{aligned} \tag{2-13}$$

式中，h_0、s_0 是对基准态比焓和比熵值进行校正的常数，与基准态取定及制冷剂种类有关。因此，实际流体的比焓和比熵的计算式为

$$
\begin{aligned}
h &= \int c_p \mathrm{d}T + h_0 - (h^* - h) \\
s &= \int \frac{c_p}{T}\mathrm{d}T - R\ln p + s_0 - (s^* - s)
\end{aligned}
\tag{2-14}
$$

2. 液相热力性质计算

如果状态方程能适用于液相，则上述方法就可用于液相的热力性质计算。但遗憾的是到现在为止，除非是一些相当复杂的专用状态方程，一般状态方程对液相的计算精度都不是很高，达不到制冷系统性能计算的要求。因此，液相热力性质可采用一些简单的但又具有较高精度的经验公式进行计算。

实践证明，式（2-5）对饱和液体密度计算具有较高的精度，而且用于计算压力不是很高的过冷液体也具有相当的精度。

饱和液体的比焓等于饱和蒸气的比焓减去汽化热，饱和液体的比熵等于饱和蒸气的比熵减去汽化热与热力学温度的商，饱和蒸气的热力性质可通过上述介绍的状态方程法计算得到。

过冷液体的比焓和比熵可近似取与饱和液体相等的值，如果压力特别高或计算精度要求很高的话，则可用下述式子近似计算，即

$$
\begin{aligned}
h^{l} &= h_{s}^{l} - (p - p_s)v_s \\
s^{l} &= s_{s}^{l} - \frac{(p - p_s)v_s}{T}
\end{aligned}
\tag{2-15}
$$

式中，p 是系统实际压力，下标 s 表示在温度为系统温度时饱和液体的热力性质。

从上述可以看出，计算热力参数的方法似乎有点烦琐，如果仅为了一个或少数几个热力性质数据而去这样做，得不偿失，还不如查图表方便。但实际上，不管是制冷系统设计还是优化分析研究，都经常地反复地要查找大量的热力性质数据，而且，现在计算机技术非常发达，这时，采用上述方法并通过计算机计算就显得非常的方便。

目前市场上已经有一些计算流体热力学性质和迁移性质的商业软件可供选用，功能较强大的是美国国家标准与技术研究院（NIST）研制的软件 REFPROP，此外也有免费软件如丹麦技术大学研发的 COOLPACK（COOLPACK v1. 50）。

第三节　制冷剂的物理化学性质及其应用

在选用制冷剂时，除了要考虑热力性质外，还需要考虑制冷剂的物理化学性质，例如毒性、燃烧性、爆炸性、与金属材料的作用、与润滑油的作用、与大气环境的“友好性”等。有时这些因素可能是选择制冷剂时要考虑的主要因素。

一、安全性

安全性对操作人员是非常重要的，尤其是在制冷机长期连续运转的情况下，制冷剂的毒性、燃烧性和爆炸性都是评价制冷剂安全程度的指标，各国都规定了最低安全程度的标准，如我国国家标准《制冷剂编号方法和安全性分类》（GB/T 7778—2017）、《制冷系统及热泵 安全与环境要求》（GB/T 9237—2017）等。

1. 毒性

毒性通常是根据对动物的试验和对人的影响的资料来确定的，采用职业接触限定值（occupational exposure limit，OEL）作为制冷剂毒性分类的依据。职业接触限定值是指，对于一个普通的 8h 工作日和 40h 工作周时间来说，几乎所有的工人都可以多次接触而无不良反应的一个时

间加权平均浓度值，我国可参照中华人民共和国国家职业卫生标准 GBZ 2.1—2019 的相关规定来确定。制冷剂根据容许的接触量，毒性分为 A、B 两类：

A 类（低慢性毒性）：制冷剂的职业接触限定值 OEL≤400×10^{-6}；

B 类（高慢性毒性）：制冷剂的职业接触限定值 OEL>400×10^{-6}。

此外，制冷剂浓度极限（refrigerant concentration limit，RCL）也被作为制冷剂毒性的重要指标。它是指为了降低毒性、窒息和可燃性危害的风险而制定的空气中的最大制冷剂浓度，它与制冷剂的急性毒性接触极限（ATEL）、致死率、心脏敏感、麻醉效应或中枢神经系统效应、其他妨碍脱险的效应和永久性损伤、缺氧极限、可燃浓度极限等参数有关。RCL 数值越小，则对人的危害危险性越大。

2. 燃烧性和爆炸性

燃烧性和爆炸性是制冷剂安全性的另一重要指标。按制冷剂的可燃性危险程度，制冷剂的可燃性根据可燃下限（LFL）、燃烧热（HOC）和燃烧速度（Su）分为 1、2L、2 和 3 四类。

第 1 类（不可燃）：在 101kPa、60℃的实验条件下，未表现出火焰传播。

第 2L 类（弱可燃），应满足以下条件：

1）在 101kPa、60℃的实验条件下，有火焰传播。

2）制冷剂 LFL>3.5%（体积分数）。

3）燃烧热<19000kJ/kg。

4）在 101kPa、23℃的实验条件下测试时，制冷剂的最大燃烧速度 Su≤10cm/s。

第 2 类（可燃），应满足以下条件：

1）在 101kPa，60℃的实验条件下，有火焰传播。

2）制冷剂 LFL>3.5%（体积分数）。

3）燃烧热<19000kJ/kg。

4）在 101kPa、23℃的实验条件下测试时，制冷剂的最大燃烧速度 Su>10cm/s。

第 3 类（可燃易爆），应满足以下条件：

1）在 101kPa，60℃的实验条件下，有火焰传播。

2）制冷剂 LFL≤3.5%（体积分数）或者燃烧热≥19000kJ/kg。

3. 安全分类

表 2-7 给出了制冷剂 8 个等级的安全性分类。表 2-8 给出了典型制冷剂安全分类、毒性及可燃性的一些参数。值得指出是，虽然有些卤代烃制冷剂表现无毒或低毒，但是几乎所有卤代烃制冷剂在高温或燃烧时都会分解出有毒甚至剧毒的物质，操作时必须高度注意。

表 2-7　制冷剂的安全性分类

可燃性		低慢性毒性 OEL≤400×10^{-6}	高慢性毒性 OEL>400×10^{-6}
无火焰	不可燃	A1	B1
LFL>3.5%，HOC<19000kJ/kg，Su≤10cm/s	弱可燃	A2L	B2L
LFL>3.5%，HOC<19000kJ/kg，Su>10cm/s	可燃	A2	B2
LFL≤3.5%或 HOC≥19000kJ/kg	可燃易爆	A3	B3

表 2-8　典型制冷剂安全分类、毒性及可燃性的一些参数

制冷剂	安全分类	LFL（体积分数）/10^{-6}	ATEL（体积分数）/10^{-6}	RCL（体积分数）/10^{-6}
R32	A2L	144000	220000	29000
R152a	A2	48000	50000	9600

（续）

制冷剂	安全分类	LFL（体积分数）$/10^{-6}$	ATEL（体积分数）$/10^{-6}$	RCL（体积分数）$/10^{-6}$
R134a	A1		50000	50000
RE170	A3	34000	42000	6800
R290	A3	21000	50000	4200
R600a	A3	18000	25000	3600
R717	B2L	167000	320	320
R744	A1		40000	40000
R1234yf	A2L	62000	100000	12000
R1234ze	A2L	65000	59000	13000
R410A	A1/A1		170000	170000

二、热稳定性

通常，制冷剂因受热而发生化学分解的温度大大高于其工作温度，因此在正常运转条件下制冷剂是不会发生裂解的。但在温度较高又有油、钢铁、铜存在时，长时间使用会发生变质甚至热解。例如：

氨　当温度超过250℃时分解成氮和氢。

丙烷　当含有氧气时，在460℃时开始分解，660℃时分解43%，830℃时完全分解。

R22　在与铁相接触时550℃开始分解。

三、对材料的作用

碳氢化合物制冷剂对金属无腐蚀作用。

在正常情况下，卤素化合物制冷剂与大多数常用金属材料不起作用。但在某种情况下，一些材料将会和制冷剂发生作用，例如水解作用、分解作用等。制冷剂与金属材料接触时发生分解作用强弱程度的次序（从弱到强）是铬镍铁耐热合金、不锈钢、镍、纯铜、铝、青铜、锌、银（分解作用最大）。

镁的质量分数超过约2%的镁锌铝合金不能用在卤素化合物制冷剂的制冷机中，因为若有微量水分存在时就会引起腐蚀。有水分存在时，氟利昂水解成酸性物质，对金属有腐蚀作用。氟利昂与润滑油的混合物能够水解铜。所以当制冷剂在系统中与铜或铜合金部件接触时，铜便溶解到混合物中，当和钢或铸铁部件接触时，被溶解的铜离子又会析出，并沉浸在钢铁部件上，形成一层铜膜，这就是所谓的“镀铜”现象。这种现象对制冷机的运行极为不利，因此，制冷系统中应尽量避免有水分存在。

氨制冷机中不适合用黄铜、纯铜和其他铜合金，因为有水分时会引起腐蚀。但磷青铜与氨不起作用。

某些非金属材料，如一般的橡胶、塑料等，与氟利昂制冷剂会起作用。橡胶与氟利昂相接触时，会发生溶解；而对塑料等高分子化合物则会起“膨润”作用（变软、膨胀和起泡），在制冷系统中要选用特殊的橡胶或塑料。

四、对润滑油的互溶性

在大多数制冷机里，工质与润滑油相互接触是不可避免的。各种工质与润滑油之间的溶解程度不同。有的完全互溶，有的几乎不溶解，而有的是部分溶解。若制冷工质与油不相溶解，可以从冷凝器或贮液器中将油分离出来，避免将油带入蒸发器中，降低传热效果。制冷工质与油溶解会使润滑油变稀，影响润滑作用，且油会被带入蒸发器中，影响到传热效果。有关制冷系统与润滑油特性的详细内容将在本章第六节中进一步介绍。

五、对水的溶解性

不同制冷剂溶解水的能力不同。氨可以溶解比它本身多许多倍的水，生成的溶液冰点比水的冰点低。因此，在运转的制冷系统中不会引起结冰而堵塞管道通路，但会对金属材料起腐蚀作用。氟利昂很难与水溶解，烃类制冷剂也难于溶解于水。例如在25℃时，水在R134a液体中只能溶解0.11%（质量分数）。当制冷剂中水的含量超过0.11%时就会有纯水存在。当温度降到0℃以下时，水就会结成冰，堵塞节流阀或毛细管的通道，形成“冰堵”，致使制冷机不能正常工作。表2-9给出水分在一些制冷剂中的溶解度。

表2-9　水分在一些制冷剂中的溶解度（25℃）

制冷剂代号	溶解度质量分数（%）	制冷剂代号	溶解度质量分数（%）
R22	0.13	R134a	0.11
R23	0.15	R290	0.05
R32	0.12	R600a	0.18
R123	0.08	R717	100（互溶）
R125	0.07	R744	0.23

前面已经提到，水溶解制冷剂后会发生水解作用，生成酸性产物，腐蚀金属材料。含有氯原子的制冷剂会水解并生成盐酸，不但会腐蚀金属材料，而且还会降低电绝缘性能。因此，制冷系统中不允许有游离的水存在。

六、泄漏性

制冷机工作时不允许有制冷剂向系统外泄漏，因此需要经常在设备、管道的接合面处检查有无制冷剂漏出。

氨有强烈的臭气，人们依靠嗅觉就容易判别是否有泄漏。由于氨极易溶于水，因此不能用肥皂水检漏。通常用酚酞试剂和试纸检漏，如有泄漏，试剂或试纸会变成红色。

氟利昂是无色无臭的物质，泄漏时不易发觉。检漏的方法有卤素喷灯和电子检漏仪两种。卤素喷灯是通过燃烧酒精去加热一块纯铜，空气被吸入喷灯，当空气内含有氟利昂时气流与纯铜接触就会发生分解，并使燃烧的火焰变成黄绿色（当泄漏量小时）或紫色（当泄漏量大时）。

用电子检漏仪检漏是一种较精密的方法。仪器中有一对铂电极，空气由风机吸入并流过电极，当含有氟利昂时电极之间的电导率会发生变化，通过电流计可以反映出来。

七、制冷剂与大气环境

在本章第一节中已经指出，氟利昂类制冷剂中，凡分子内含有氯或溴原子的制冷剂对大气臭氧层有潜在的消耗能力。为描述对臭氧的消耗特征及其强度分布，通常使用ODP值。ODP值（ozone depletion potential）表示对大气臭氧层消耗的潜能值，以R11（CFC11）作为基准值，其值被人为地规定为1.0。表2-10给出了一些制冷剂的ODP值。

这类制冷剂不仅要破坏大气臭氧层，还具有全球变暖潜能（global warming potential，GWP）。具有全球变暖效应的气体称为温室气体。作为基准，人们用二氧化碳作为基准，规定二氧化碳的值为1.0，其符号为GWP。表2-10也给出了一些制冷剂的GWP值。

GWP值虽然反映了温室气体进入大气以后所直接造成的全球变暖效应，但它却不能反映由于这些气体而导致化石燃料能源消耗而引起的二氧化碳量排放增加所导致的间接全球变暖效应。考虑到这一因素，人们提出用“总等效温室效应（total equivalent warming impact，TEWI）”来描述温室气体的全球变暖效应。TEWI包括两部分：第一部分是直接温室效应（direct warming impact），它是指温室气体的排放、泄漏以及系统维修或报废时进入大气后对大气温室效应的影响，可以表示为温室气体的 GWP 值与排放总和的乘积；第二部分是间接温室效应（indirect warming impact），它是指使用这些温室气体（主要是制冷剂）的装置因耗能（主要指电能和燃烧化石燃料）引起的二氧化碳排放所带来的温室效应。由此可以看出，TEWI 是一个评价温室效应的综合指标，它不仅包括排放总量的影响，而且包括装置用能效率（例如 COP）、化石燃料转化为电能或机械能的效率对温室效应的间接影响。TEWI 不单是温室气体物性的函数，因此，无法给出某一温室气体的 TEWI 值。

表 2-10　一些制冷剂的 ODP 值和 GWP 值

制冷剂代号	GWP (CO_2=1.0)	ODP	制冷剂代号	GWP (CO_2=1.0)	ODP	制冷剂代号	GWP (CO_2=1.0)	ODP
R11	4700	1.0	R125	3500	0	R410A	2100	0
R12	10890	1.0	R134a	1430	0	R600a	≈20	0
R22	1810	0.055	R142b	2310	0.065	R717	<1	0
R23	14760	0	R143a	4470	0	R744	1	0
R32	670	0	R152a	1124	0	R1234yf	<1	0
R123	77	0.02	R161	12	0	R1234ze	<1	0
R124	609	0.022	R290	≈5	0	R1233zd	1	0

从上述讨论可以看出，传统制冷剂 R11、R12 不仅 ODP 值很高，而且 GWP 值也很高，是对大气环境极不友好的制冷剂。作为替代 R12 的新制冷剂 R134a，虽然其 ODP 值已经是 0，但仍有较高的 GWP 值，会造成全球变暖效应。一些自然制冷剂，如 R600a、R717、R290 等，它们既不破坏大气臭氧层，又不导致全球变暖，是环境“友好”的制冷剂。

第四节　常用制冷剂

一、无机物

1. R717（氨）

氨是应用较广的中温制冷剂。沸点-33.3℃，凝固点-77.9℃。

氨具有较好的热力学性质和热物理性质，在常温和普通低温范围内压力比较适中。单位容积制冷量大，黏性小，流动阻力小，传热性能好。

氨对人体有较大的毒性，也有一定的可燃性，安全分类为 B2。氨蒸气无色，具有强烈的刺激性臭味。它可以刺激人的眼睛及呼吸器官。氨液飞溅到皮肤上时会引起肿胀甚至冻伤。当氨蒸气在空气中的含量（体积分数）达到 0.5%~0.6%时，人在其中停留 0.5h 即可中毒。氨可以引起燃烧和爆炸，当空气中氨的含量达到 16%~25%时可引起爆炸。空气中氨的含量达到 11%~14%时即可点燃（燃烧时呈黄色火焰）。因此，车间内的工作区里氨蒸气的浓度不得超过 0.02mg/L。若系统中氨所分离的游离氢积累到一定程度，遇空气会引起强烈爆炸。

氨能以任意比例与水相互溶解，组成氨水溶液，在低温时水也不会从溶液中析出而冻结成冰。所以氨系统里不必设置干燥器。但氨系统中有水分时会加剧对金属的腐蚀，同时使制冷量减小。所以，一般限制氨中的含水量不得超过 0.2%。

氨在矿物油中的溶解度很小，因此氨制冷剂管道及换热器的传热表面上会积有油膜，影响传热效果。氨液的密度比矿物油小，在贮液筒和蒸发器中，油会沉积在下部，需要定期放出。

氨对钢铁不起腐蚀作用，但当含有水分时将要腐蚀锌、铜、青铜及其他铜合金。只有磷青铜不被腐蚀。因此，在氨制冷机中不用铜和铜合金（磷青铜除外）材料，只有那些连杆衬套、密封环等零件才允许使用高锡磷青铜。

目前氨用于蒸发温度在-65℃以上的大型或中型单级、双级往复活塞式及螺杆式制冷机中，也有应用于大容量离心式制冷机中。

2. R744（二氧化碳）

二氧化碳是一种古老的制冷工质，又是一种新兴的自然工质。干冰是固体二氧化碳的习惯叫法。干冰的三相点参数为：三相点温度-56.6℃，三相点压力520kPa。因此，在大气压下，二氧化碳为固态或气态，不存在液态。干冰在大气压力下的升华热为573.6kJ/kg，升华温度为-78.5℃。

自19世纪80年代至20世纪30年代，二氧化碳作为制冷剂被广泛地应用于制冷空调系统中，与氨制冷剂一样，是当时最为常用的制冷工质。卤代烃类制冷剂被广泛应用后，二氧化碳迅速被取代。作为一种已经使用过且已证明对环境无害的制冷工质，近几年二氧化碳又一次引起了人们的重视。在几种常用的自然工质中，可以说二氧化碳最具竞争力，在可燃性和毒性有严格限制的场合，二氧化碳是最理想的。

二氧化碳作为制冷工质有许多独特的优势。从对环境的影响来看，除水和空气以外，二氧化碳是与环境最为友善的制冷工质。除此以外，二氧化碳还具有下列特点：

1）良好的安全性和化学稳定性。二氧化碳安全无毒，不可燃，适应各种润滑油、常用机械零部件材料，即便在高温下也不产生有害气体。

2）具有与制冷循环和设备相适应的热物理性质，单位容积制冷量相当高，运动黏度低。

3）优良的流动和传热特性，可显著减小压缩机与系统的尺寸，使整个系统非常紧凑，而且运行维护也比较简单，具有良好的经济性能。

4）二氧化碳制冷循环的压缩比要比常规工质制冷循环的低，压缩机的容积效率可维持在较高的水平。二氧化碳由于其临界温度较低，所以用于夏季制冷工况时，宜采用跨临界循环的方式，排热过程在超临界工况下进行。相应于二氧化碳跨临界循环的运行工况，二氧化碳在超临界状态下具有优越的流动传热性能，用于排热的气体冷却器的结构可更为紧凑。由于工质的放热过程在超临界区进行，整个放热过程没有相变现象的产生。压缩机的排气温度较高（可达到100℃以上），并且放热过程为一变温过程，有较大的温度滑移。这种温度滑移可以被用于与所需的变温热源相匹配。作为热回收和热泵系统时，通过调整压缩机的排气压力可得到所需要的热源温度，并且具有较高的放热效率。对于二氧化碳跨临界循环，当蒸发温度一定时，循环效率主要受气体冷却器出口温度和排气压力的影响。当气体冷却器出口温度保持不变时，随着高压侧压力的变化，循环系统的COP存在最大值，对应于该点的压力，称为最优高压侧压力。就典型工况而言，最优压力一般为10MPa左右。二氧化碳作为制冷工质的主要缺点是运行压力较高和循环效率较低。理论分析和实验研究证实，二氧化碳单级压缩跨临界循环的COP要低于R22、R134a等传统工质的循环效率。

二氧化碳作为制冷工质可以应用于制冷空调系统的大部分领域，就目前发展现状而言，在汽车空调、热泵和复叠式循环等领域应用前景良好。二氧化碳跨临界循环由于排热温度高、气体冷却器的换热性能好，因此比较适合汽车空调这种恶劣的工作环境。除此以外，二氧化碳系统在热泵方面的特殊优越性，可以给车厢提供足够热量。二氧化碳跨临界循环气体冷却器所具有的较高排气温度和较大的温度滑移与冷却介质的温升过程相匹配，使其在热泵循环方面具有独特的优势。通过调整循环的排气压力，可使气体冷却器的排热过程较好地适应外部热源的温度和温升需要。用于热泵系统时可使被加热流体的温升从15~20℃直至30~40℃，甚至更高，因而可较好地满足采暖、空调和生活热水的加热要求。二氧化碳作为制冷剂的另一个较有前途的应用方式就是在复叠式制冷系统中用作低温级制冷剂。与其他低压制冷剂相比，即使处在低温，二氧化碳的黏度也非常小，传热性能良好。与NH_3两级压缩系统相比，低温级采用二氧化碳，其压缩机体积减小到原来的1/10，二氧化碳环路可达到-45~-50℃的低温，而且通过干冰粉末作用可降低到-80℃。

二、卤代烷烃

1. R134a

R134a（四氟乙烷，CH_2FCF_3）是被广泛应用的中温制冷剂，沸点为-26.26℃，凝固点为-96.6℃；应用于中等蒸发温度和低蒸发温度的制冷系统中。

R134a无色，毒性很小，不燃烧，不爆炸，是一种很安全的制冷剂。只有在空气中含量（体积分数）过大（超过80%）时才会使人窒息。它对大气臭氧层没有破坏作用，但全球变暖潜能值为1430。

R134a在温度达到370℃以上时，与明火接触会分解出氟化氢等有毒气体。

水在R134a中的溶解度很小，仅0.11%，且随温度的降低而减小。但是，即使少量水分存在，在润滑油等的一起作用下，将会产生酸、CO或CO_2，将对金属产生腐蚀作用，或产生“镀铜”现象。因此，R134a对系统的干燥和清洁性要求更高，而且，必须用与R134a相容的干燥剂，如XH-7或XH-9型分子筛。所以在R134a系统里应该严格限制水的含量，一般规定R134a中的水的含量（体积分数）不得超过0.001%。制冷系统、设备和管道在充灌R134a之前必须经过严格的干燥处理。

在常用温度范围内R134a与矿物油不相溶，但在温度较高时能完全溶解于多元烷基醇类（polyalkylene glycol，PAG）和多元醇酯类（polyol ester，POE）合成润滑油；在温度较低时，只能溶解于POE合成润滑油。

R134a对钢、铁、铜、铝等金属均未发现有相互化学反应的现象，仅对锌有轻微的作用。R134a对塑料无显著影响，除了对聚苯乙烯稍有影响外，其他的大多可用。和塑料相比，合成橡胶受R134a的影响略大，特别是氟橡胶。全封闭压缩机中的绕组导线要用耐氟绝缘漆。

R134a很容易通过机器的接合面的不严密处、铸件中的小孔及螺纹接合处泄漏。所以对铸件要求质量高，对机器的密封性要求良好。与其他HFC类制冷剂一样，R134a分子中不存在氯原子，不能用传统电子检漏仪检漏，而应该用专门适合于R134a的检漏仪检漏。

2. R22

R22（二氟一氯甲烷，CHF_2Cl）也是较常用的中温制冷剂，在相同的蒸发温度和冷凝温度下，R22比R134a的压力要高65%左右。R22的沸点为-40.8℃，凝固点-160℃。它在常温下的冷凝压力和单位容积制冷量与氨差不多，比R134a要大，压缩终温介于氨和R134a之间，能制取的最低蒸发温度约为-80℃。

R22无色，无味，不燃烧，不爆炸，毒性小，仍然是安全的制冷剂，安全分类为A1。它的传热性能与流动性能较好；它属于不溶于水的物质，制冷系统水的含量限制在0.001%以内。同时系统内应装设干燥器。

R22化学性质稳定，但它对有机物的膨润作用较强，密封材料可采用氯乙醇橡胶。

R22能够部分地与矿物油相互溶解，而且其溶解度随着矿物油的种类及温度而变。矿物油在R22制冷系统各部分中产生不同的影响。在冷凝器中，矿物油将溶解于R22液体中，不易在传热表面形成油膜而影响传热。在贮液器中，R22液体与油形成基本上是均匀的溶液而不会出现分层现象，因而不可能从贮液器中将油分离出来。矿物油与R22一同进入到蒸发器后，对于满液式蒸发器来说，随着R22的不断蒸发，矿物油在其中越积越多，使蒸发温度提高，传热系数降低。因此，在氟利昂制冷机中，一般采用蛇管式蒸发器（或管内蒸发的壳管式蒸发器），而且液体从上面进入，蒸气从下边引出，使矿物油与R22蒸气一同返回压缩机中。在压缩机的曲轴箱里，油会溶解R22。机器停用时，曲轴箱内压力升高，油中的R22溶解量增多。当压缩机起动时，曲轴箱内的压力降低到蒸发压力，油中的R22会大量蒸发出来，使油起泡，这将影响油泵的工作。所以，较大容量的R22制冷机在起动前需先对曲轴箱内的油加热，让R22先蒸发掉。

R22对金属与非金属基本不发生化学反应作用，其泄漏特性与R134a相似。

R22 属于 HCFC 类制冷剂，将要被限制和禁止使用。

三、碳氢化合物

1. R600a

常用的碳氢化合物制冷剂为 R600a。R600a（异丁烷，i-C_4H_{10}）的沸点为-11.73℃，凝固点为-160℃，曾在 1920—1930 年作为小型制冷装置的制冷剂，后由于可燃性等原因，被氟利昂制冷剂取代了。在 CFCs 制冷剂会破坏大气臭氧层的问题出来后，作为自然制冷剂的 R600a 又重新得到重视。尽管 R134a 在许多方面表现出作为 R12 替代制冷剂的优越性，但它仍有较高的 GWP 值，因此，许多人提倡在制冷温度较低场合（如电冰箱）用 R600a 作为 R12 的永久替代物。

R600a 的临界压力比 R12 低，临界温度及临界比体积均比 R12 高，标准沸点高于 R12 约 18℃，饱和蒸气压比 R12 低。在一般情况下，R600a 的压比要高于 R12 且容积制冷量要小于 R12。为了使制冷系统能达到与 R12 相近的制冷能力，应选用排气量较大的制冷压缩机。但它的排气温度比 R12 低，后者对压缩机工作更有利。两者的黏性相差不大。

R600a 的毒性非常低，但在空气中可燃，因此安全类别为 A3，在使用 R600a 的场合要注意防火防爆。当制冷温度较低（低于-11.7℃）时，制冷系统的低压侧处于负压状态，外界空气有可能要泄漏进去。因此，使用 R600a 作为制冷剂的系统，其电器绝缘要求较一般系统要高，以免产生电火花引起爆炸。

R600a 与矿物油能很好互溶，不需价格昂贵的合成润滑油。

除可燃外，R600a 与其他物质的化学相溶性很好，而与水的溶解性很差，这对制冷系统很有利。但为了防止“冰堵”现象，制冷剂允许含水量较低，对除水要求相对较高。此外，R600a 的检漏不能用传统的检漏仪检漏，而应该用专门适合于 R600a 的检漏仪检漏。

2. R290

R290 的标准沸点和临界温度与 R22 非常接近，临界压力比 R22 低，凝固点比 R22 低，其基本物理性质与 R22 相当，具备替代 R22 的基本条件。

在饱和液态时，R290 的密度比 R22 的小很多，所以在相同的容积下 R290 的充注量要小得多。试验证明，在相同系统体积下，R290 的充注量是 R22 的 43%左右。在相同温度下，R290 的汽化热比 R22 的汽化热大一倍左右，因此制冷系统的制冷剂循环量小。R290 的气态动力黏滞系数和饱和液态动力黏度都比 R22 的小。R290 的饱和液态热导率和饱和气态热导率都比 R22 的大。在实用性质方面，R290 可以与 R22 常用的矿物润滑油溶解，替代 R22 时无需像 R407C 或 R410A 那样必须更换润滑油。

R290 的最大缺点是具有可燃性和爆炸性。另外 R290 的蒸气比体积比 R22 的大，单位容积制冷量比 R22 小，这意味着压缩机的排气量相同时，R290 的制冷量有所减少。

四、混合制冷剂

混合制冷剂是由两种或两种以上的纯制冷剂以一定的比例混合而成的。按照混合后的溶液是否具有共沸的性质，分为共沸制冷剂和非共沸制冷剂两类。

（一）共沸混合制冷剂

表 2-11 列出了目前使用的几种共沸制冷剂的组成和沸点。

共沸制冷剂有下列特点：

1）在一定的蒸发压力下蒸发时，具有几乎不变的蒸发温度，而且蒸发温度一般比组成它的单组分的蒸发温度低。这里所指的几乎不变是指在偏离共沸点时，泡点温度和露点温度（泡点和露点的概念见下面“非共沸制冷剂”部分）虽有差别，但非常接近，而在共沸温度时则泡点和露点温度完全相等，表现出与纯制冷剂相同的恒沸性质，即在蒸发过程中，蒸发压力不变，蒸发温度也不变。

2）在一定的蒸发温度下，共沸制冷剂的单位容积制冷量比组成它的单一制冷剂的容积制冷量要大。这是因为在相同的蒸发温度和吸气温度下，共沸制冷剂比组成它的单一制冷剂的压力高、比体积小的缘故。

3）共沸制冷剂的化学稳定性较组成它的单一制冷剂好。

表 2-11　几种共沸制冷剂的组成和沸点

代号	组分	组成	分子量	沸点/℃
R502	R22/115	48.8/51.2	111.6	-45.4
R507A	R125/143a	50.0/50.0	98.9	-46.7
R508A	R23/116	39.0/61.0	100.1	-87.6
R508B	R-23/116	46.0/54.0	95.39	-87.6
R509A	R-22/218	44.0/56.0	123.96	-49.7
R510A	RE170/600a	88.0/12.0	47.2	-25.2
R511A	R290/152a	95.0/5.0	44.8	-42.1
R512A	R134a/152a	5.0/95.0	67.2	-24
R513A	R1234yf/134a	56/44	108.4	-29.2

（二）非共沸混合制冷剂

非共沸混合制冷剂没有共沸点。在定压下蒸发或凝结时，气相和液相的成分不同，温度也在不断变化。图 2-1 表示了非共沸制冷剂的 T-ξ（温度-含量）图。由图可见，在一定的压力下，当溶液加热时，首先到达饱和液体点 A，此时所对应的状态称为泡点，其温度称为泡点温度。若再加热到达点 B，即进入两相区，并分为饱和液体（点 B_1）和饱和蒸气（点 B_g）两部分，其含量分别为 ξ_{b1} 和 ξ_{bg}。继续加热到点 C 时，全部蒸发完，成为饱和蒸气，此时所对应的状态称为露点，其温度称为露点温度。泡点温度和露点温度的温差称之为温度滑移（temperature glide）。在露点时，若再加热即成为过热蒸气。

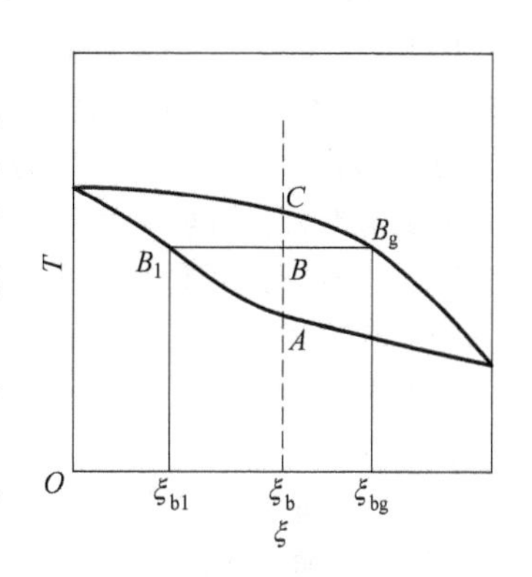

图 2-1　非共沸制冷剂的 T-ξ 图

从这里可以看出，非共沸混合制冷剂在定压相变时其温度要发生变化，定压蒸发时温度从泡点温度变化到露点温度，定压凝结则相反。非共沸混合制冷剂的这一特性被广泛用在变温热源的温差匹配场合，实现近似的洛伦兹循环，以达到节能的目的。

与其他混合物一样，混合制冷剂具有各纯质制冷剂性质近似和平均的性质。可以利用混合制冷剂的这一特性，实现各纯质制冷剂的优势互补。例如，有些纯质制冷剂，它们除了可燃性以外，其他性质都较好，可以在这一纯质制冷剂中加入一定量的不可燃制冷剂，构成混合制冷剂，使可燃性降低；又例如，有些纯质制冷剂制冷系数大，但容积制冷量太小，为了提高容积制冷量，可以在这一纯质制冷剂中加入一定量的容积制冷量大的制冷剂，构成混合制冷剂，使容积制冷量增大；此外，还可以利用混合制冷剂的特性，找到在一定的压力下具有所需要的相变温度的混合制冷剂。混合制冷剂所有这些特性，使得它们在传统制冷剂替代物的研究中扮演重要角色，大量非共沸制冷剂被提出和加以研究与应用，表 2-2 列出了数十种已经注册的非共沸混合制冷剂。

在实用上，使用非共沸制冷剂的麻烦是当制冷装置中发生制冷剂泄漏时，剩余在系统内的混合物的含量就会改变。因此，需要向系统中补充制冷剂使其达到原来的数量和含量，并需通过计算来确定两种制冷剂的充注量。这一特点在一定程度上限制了非共沸混合制冷剂的应用。

在文献中，还可能经常看到“近共沸制冷剂（near azeotropic mixture refrigerant）”这一术语，实际上它是指那些泡点温度与露点温度很接近的非共沸混合制冷剂，但到底接近到什么程度为近共沸和非共沸的分界点，还没有一个明确的规定，通常认为泡点与露点的温度差小于3℃的混合制冷剂称为近共沸混合制冷剂。

（三）常用混合制冷剂的特性

1. 共沸制冷剂R507

R507是一种新的制冷剂，是作为R502的替代物提出来的，其ODP值为零，沸点为-46.7℃。它不溶于矿物油，但能溶于聚酯类润滑油。

2. 非共沸混合制冷剂R407C

R407C是一种三元非共沸混合制冷剂，它是作为R22的替代物而提出的。在压力为标准大气压时，其泡点温度为-43.4℃，露点温度为-36.1℃，与R22的沸点较接近。与其他HFC制冷剂一样，R407C也不能与矿物油互溶，但能溶解于聚酯类合成润滑油。研究表明，在空调工况（蒸发温度约为7℃）下，R407C的容积制冷量以及制冷系数比R22略低（约5%）。因此，将R22的空调系统换成R407C的，只要将润滑油和制冷剂改换就可以了，而不需要更换制冷压缩机，这是R407C作为R22替代物的最大优点。但在低温工况（蒸发温度小于-30℃）下，虽然其制冷系数比R22低得不多，但它的容积制冷量比R22要低得多（约20%），这一点在使用时要特别注意。此外，由于R407C的泡点与露点温差较大，在使用时最好将热交换器做成逆流形式，以充分发挥非共沸混合制冷剂的优势。

3. 非共沸混合制冷剂R410A

R410A是一种两元混合制冷剂，它的泡点与露点温差仅0.2℃，可称之为近共沸混合制冷剂。与其他HFC制冷剂一样，R410A也不能与矿物油互溶，但能溶解于聚酯类合成润滑油。它也是作为R22的替代物提出来的。虽然在一定的温度下它的饱和蒸气压比R22和R407C的均要高一些，但它的其他性能比R407C的要优越。它具有与共沸混合制冷剂类似的优点，它的容积制冷量在低温工况时比R22还要高约60%，制冷系数也比R22高约5%；在空调工况时，容积制冷量和制冷系数均与R22差不多。与R407C相比较，尤其是在低温工况，使用R410A的制冷系统具有更小的体积（容积制冷量大），更高的能量利用率。但在R22的制冷系统里，R410A不能直接用来替换R22，在使用R410A时要用专门的制冷压缩机，而不能用R22的制冷压缩机。

第五节　载冷剂

一、载冷剂的作用及选用原则

在间接冷却的制冷装置中，被冷却物体或空间中的热量是通过一种中间介质传给制冷剂。这种中间介质在制冷工程中称之为载冷剂或第二制冷剂。

采用载冷剂的优点是可使制冷系统集中在较小的场所，因而可以减小制冷机系统的容积及制冷剂的充注量；且因载冷剂的热容量大，被冷却对象的温度易于保持恒定。其缺点是系统比不用载冷剂时复杂，且增大了被冷却物和制冷剂间的温差，需要较低的制冷机蒸发温度。

选择载冷剂时，应考虑下列一些因素：

1）载冷剂在工作温度下应处于液体状态；其凝固温度应低于工作温度，沸点应高于工作温度。

2）比热容要大。在传递一定的冷量时，可使流量减小，因而可以提高循环的经济性，或减少输送载冷剂的泵功率消耗和管道的材料消耗。

3）密度小。载冷剂的密度小可使循环泵的功率减小。

4）黏度小。采用黏度小的载冷剂可使流动阻力减小，因而循环泵功率减小。

5）化学稳定性好。载冷剂应在工作温度下不分解，不与空气中的氧气起化学变化，不发生物理化学性质的变化。

6）不腐蚀设备和管道。

7）载冷剂应不燃烧、不爆炸、无毒，对人体无害。

8）价格低廉，便于获得。

载冷剂的种类很多，常用的有下列三类：

1. 水

水可用来作为蒸发温度高于0℃的制冷装置中的载冷剂。由于水价格低廉，易于获得，传热性能较好，因此在空调装置及某些0℃以上的冷却过程中广泛地用作载冷剂。它的缺点是不能用于0℃以下的系统。

2. 盐水

盐类（如氯化钠、氯化钙等）的水溶液，称为盐水。盐水的冰点比纯水低，因此在蒸发温度低于0℃的制冷装置中可用作载冷剂。它的主要缺点是对一些金属材料会产生腐蚀。

3. 有机化合物及其水溶液

某些有机化合物及其水溶液，如乙二醇水溶液、二氯甲烷、三氯乙烯等，具有较低的凝固温度，可用作低温载冷剂。它们的主要缺点是相对于水而言比热容较小，某些化合物还有一定的毒性。

二、盐水

常用的载冷剂盐水是氯化钙水溶液，有时也使用氯化镁或氯化钠水溶液。这些溶液的共晶点是：氯化钙-55℃，氯化镁-17℃，氯化钠-21℃。所谓共晶点是指盐固体、冰和水同时存在时的状态，这时的温度称为共晶温度。盐水溶液实际上使用的温度应比共晶温度略高。例如，对氯化钙溶液，使用的最低温度希望不低于-40℃。

图2-2表示了盐水溶液的温度-含量图。如果盐水的含量ξ_a比共晶含量低，使其从常温冷却到固液平衡线上的点B时，开始有水析出，继而冻结成冰。此时的温度称为溶液的起始凝固温度。当盐水冷却到点C时，溶液中析出一定量的冰，而剩余的溶液含量增大，在图中用点C_1表示。在这样的混合物中，浓盐水和冰的质量之比等于l_1与l_2之比。当盐水继续被冷却到点D时，则变成m_1的共晶溶液和m_2的冰。再进一步冷却到更低温度时，m_1的共晶溶液即变成为固溶体。

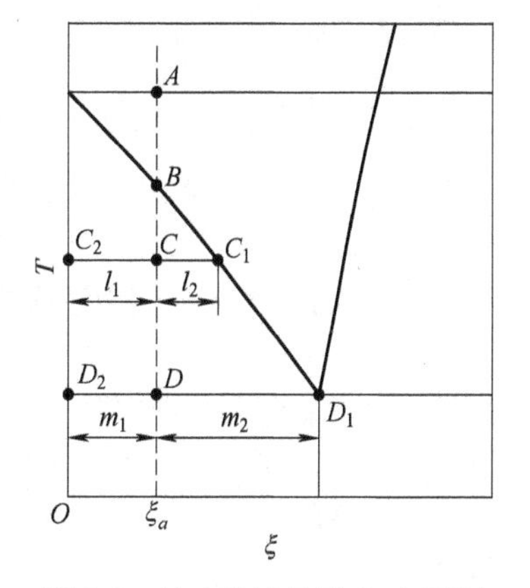

图2-2　盐水溶液的温度-含量图

如果盐水的初始含量大于共晶含量，则首先冻结成固体的是盐而不是水冰。当这样的盐水被冷却到共晶温度时，即变成为共晶溶液与固体盐的混合物。

由图2-2可见，对于低于共晶含量的溶液，随着含量的增加，起始凝固温度不断降低；对于高于共晶含量的溶液，随着含量的增加，起始凝固温度不断升高。因此，实用上总是使用低于共晶含量的溶液。通常是按照起始凝固温度比蒸发温度低5~8℃来确定溶液的含量。

氯化钙和氯化钠溶液对金属材料有腐蚀作用，因此在使用时应加缓蚀剂，调整溶液的pH值至7.0~8.5。

三、有机载冷剂

乙二醇、丙二醇、丙三醇的水溶液都是性能较好的低温载冷剂。这些水溶液的冰点都比水的冰点低，对管道、容器等金属材料无腐蚀作用。其中，乙二醇水溶液是使用最为广泛的有机载冷剂。

许多氟利昂可以作为低温载冷剂使用，它们具有凝固点低、黏度较小、不燃烧和化学稳定性好的特点。在选用它作为低温载冷剂时，应考虑管道的承压能力和密封要求。

三氯乙烯虽然是不燃烧的载冷剂，但它对金属、橡胶、有机物均有腐蚀作用，特别是在吸收水分后会水解出盐酸，会对不锈钢造成腐蚀。此外，三氯乙烯还会挥发出气体，对人体肝脏有影响并可能致癌，因此目前以尽量避免采用为好。由乙二醇（质量分数为40%）、乙醇（质量分数为20%）和水（质量分数为40%）组成的三元溶液（俗称不冻液）可以代替三氯乙烯使用。在上述配比下，这种三元溶液沸点为98℃，冰点为-64℃，密度为1kg/L，比热容为3.14kJ/(kg·K)，闪点为80℃。

第六节 润滑油

一、润滑油的功效

在制冷装置中，润滑油保证压缩机正常运转，对压缩机各个运动部件起润滑与冷却作用，在保证压缩机运行的可靠性和使用寿命中起着极其重要的作用。具体地说：

1）由油泵将油输送到各运动部件的摩擦面，形成一层油膜，降低压缩机的摩擦功和带走摩擦热，减少运动零件的摩擦量，提高压缩机的可靠性和延长机器的使用寿命。

2）由于润滑油带走摩擦热，不至于使摩擦面的温升太高，因而防止运动零件因发热而“卡死”。

3）对于开启式压缩机，在密封件的摩擦面间隙中充满润滑油，不仅起到润滑作用，而且还可防止制冷剂气体的泄漏。

4）润滑油流经润滑面时，可带走各种机械杂质和油污，起到清洗作用。

5）润滑油能在各零件表面形成油膜保护层，防止零件的锈蚀。

二、对润滑油的要求

在制冷系统中，制冷剂与润滑油直接接触，不可避免地有一部分润滑油与制冷剂一起在系统中流动，温度变化较大。因此，为了实现上述功效，润滑油应满足如下基本要求：

1）在运行状态下，润滑油应有适当的黏度。为了实现润滑，润滑油应有适当的黏度，黏度过小实现不了润滑的目的，黏度过大，摩擦阻力过大，压缩机功耗增大。由于制冷压缩机在工作中有高压排出的高温气，希望此时油的黏度不要降得过小；又有低压侧吸入的低温气，希望此时黏度不致过大。因此，对制冷用的润滑油还要求黏度随温度变化尽量小。一般情况下，低温冷冻范围使用低黏度的润滑油，空调高温范围使用高黏度的润滑油。有时也使用添加剂改善润滑油的黏度特性。

2）凝固点要低，在低温时有良好的流动性。

3）不含水分、不凝性气体和石蜡。冷冻机润滑油中含有水分时，易引起系统冰堵，降低油的热稳定性和化学稳定性以及引起电器绝缘性能的降低，应引起足够的重视。

与水分一样，油中溶解有空气等不凝性气体时将引起冷凝压力升高而使压缩机排气温度升高，降低制冷能力。在实际工作中，充灌润滑油时应采用小桶封装，拆封后应尽快用完。采用大桶油时应进行加热脱气和真空干燥处理，水的质量分数应在50×10^{-4}%以下。

在石蜡型润滑油中，低温下石蜡要分离析出，析出时的温度称为絮凝点。石蜡析出将引起制冷系统中的滤网和膨胀阀（或毛细管）堵塞，妨碍制冷剂流动，因此，絮凝点和凝固点一样，希望低一点好。

4）对制冷剂有良好的兼容性，本身应具有较好的热稳定性和化学稳定性。润滑油在制冷系统中经常与制冷剂接触，因此要求它们具有良好的兼容性。

与制冷剂一样，润滑油是在从高温到低温非常广泛的温度范围内工作的。在高温下，油分解产生积炭，这些堆积物会妨碍压缩机阀片等部件的运动，使制冷效率降低，因此要求润滑油分解产生积炭的温度越高越好。

化学稳定性一般不指其抗氧化能力，而是指其抵抗与制冷剂的反应以及与压缩机零、部件材料反应的能力。在制冷剂-油-金属的共存体系中，高温时润滑油易发生化学反应产生腐蚀性酸，而润滑油缓慢劣化易生成弱酸。这些反应生成物不仅腐蚀金属，还将侵蚀电动机漆包线的涂层，引起电动机烧坏或镀铜现象或产生积炭或生成焦油状物质。

5）绝缘耐电压要高。在封闭式压缩机中，冷冻机油与电动机一起装在封闭壳内，润滑油应有绝缘的特性。一般来说，制冷剂都具有优良的电器特性，然而，油与制冷剂成混合液后，其电器特性有降低的倾向。油的绝缘耐电压是重要指标，在我国 GB/T 16630—2012 标准中为不小于 25kV。

6）价格低廉，容易获得。

三、分类与特性

冷冻机润滑油按制造工艺可分成两大类：

（1）天然矿物油　天然矿物油简称矿物油，即从石油中提取的润滑油。作为石油的馏分，矿物油通常具有较小的极性，它们只能溶解在极性较弱或非极性的制冷剂中，如 R600a、R12 等。

（2）人工合成油　人工合成油简称合成油，即按照特定制冷剂的要求，用人工化学的方法合成的润滑油。合成油主要是为了弥补矿物油难以与极性制冷剂互溶的缺陷而提出的，因此，合成油通常都有较强的极性，它们能溶解在极性较强的制冷剂中，如 R134a、R717 等。人工合成润滑油主要有聚醇类、聚酯类等。

制冷系统润滑油的特性不仅受溶解在里面的制冷剂的影响，而且还受温度的影响。图 2-3 给出了一种多元聚酯类润滑油与制冷剂 R134a 混合物的性能曲线。从图中可以看出，随着温度的提高或制冷剂含量的增大，其黏度明显下降。因此，在高温下工作的制冷系统或制冷剂与润滑油互溶性较好的系统，宜选用黏度较大的润滑油。

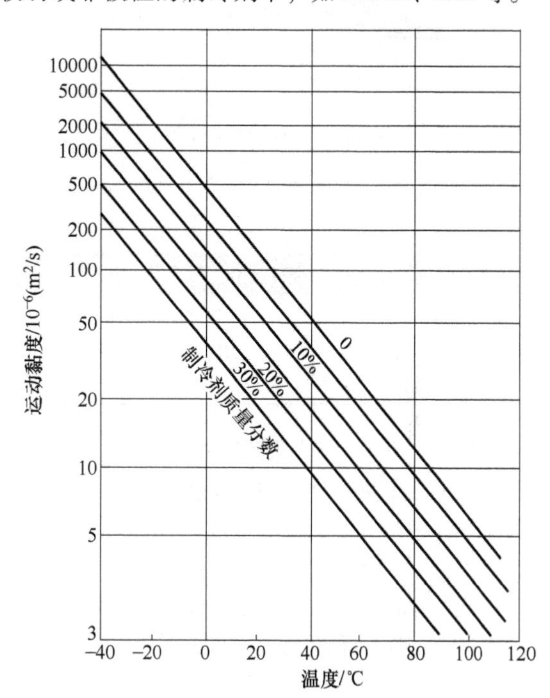

图 2-3　润滑油黏度随制冷剂质量分数和系统温度的变化关系

在制冷系统中，制冷剂不可避免地要混入一些润滑油，从而给制冷剂的性能带来较大的影响，进而影响整个系统的制冷性能。图 2-4 给出了润滑油（聚酯类）含量对制冷剂（R134a）饱和蒸气压的影响。由图可以看出，随着油含量的增加，制冷剂的饱和蒸气压大大降低。

四、润滑油的选择

润滑油的选择主要取决于制冷剂种类、压缩机形式和运转工况（蒸发温度、冷凝温度）等，一般是使用制冷机制造厂推荐的牌号。选择润滑油时，首先要考虑的是该润滑油的低温性能和对制冷剂的相溶性。从压缩机出来随制冷剂一起进入蒸发器的润滑油由于温度的降低，如果制冷剂对润滑油的溶解性能不好的话，则润滑油要在蒸发器传热管壁面上形成一层油膜，从而增加热阻，降低系统性能。图2-5给出了R22在蒸发器中管外表面传热系数受润滑油影响的情况。从图中可以看出，由于润滑油的存在，R22的表面传热系数明显比纯制冷剂的表面传热系数要低；此外，由于R22对矿物油的溶解能力大于酯类油，因此，酯类润滑油对R22的传热性能影响更大。从传热角度看，应该选取与制冷剂互溶性好的润滑油。按制冷剂与润滑油的互溶性可将润滑油分为三类：完全溶油、部分溶油和难溶或微溶油，见表2-12。

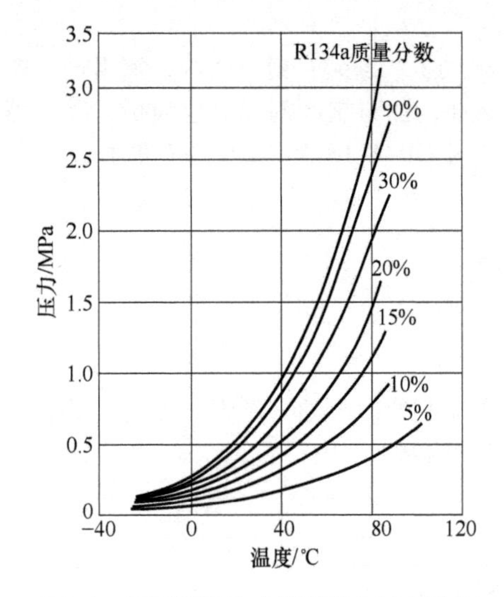

图2-4　不同润滑油含量时的制冷剂饱和蒸气压曲线

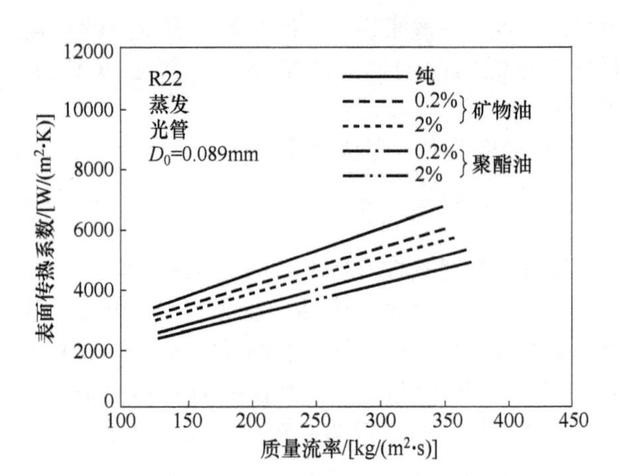

图2-5　润滑油含量对蒸发传热的影响

表2-12　制冷剂与润滑油互溶性

	完全溶油	部分溶油	难溶或微溶油
矿物油	R290，R600a	R22，R502	R717，R134a，R407C
聚酯类油	R134a，R407C	R22，R502	R290，R600a
聚醇类油	R717	R134a，R407C	R290，R600a

值得指出的是，极性润滑油如聚酯类油和聚醇类油都具有很强的吸水性，这一特性对制冷系统极其不利，在使用时要加以特别注意。极性合成碳氢化合物油，虽然对极性制冷剂的溶解性没有聚酯类油好，但由于在这些油里加入了一定的添加剂，使该类润滑油能溶于极性制冷剂但又不太吸收水分，可以避免因吸水而引起的一系列问题。

选择润滑油除了考虑与制冷剂的互溶性以外，还要考虑润滑油的黏度。一般来说，在较高温度范围工作的制冷系统选用黏度较高的润滑油；反之，选用较低黏度的润滑油。运动速度较高的压缩机选用黏度较低的润滑油；反之，选用黏度较高的润滑油。

第三章

单级蒸气压缩式制冷循环

蒸气压缩式制冷机（简称蒸气制冷机）是目前应用最广泛的一种制冷机。这类制冷机设备比较紧凑，可以制成大、中、小型，以适应不同场合的需要，能达到的制冷温度范围比较宽广，且在普通制冷温度范围内具有较高的循环效率。因此，它广泛用于国民经济各部门及人民生活的各个领域。在第一章中曾简单介绍过这种制冷循环，本章和第四章将对它进行更详细的讨论。

第一节　单级蒸气压缩式制冷机的理论循环

单级蒸气压缩式制冷机是指将制冷剂经过一级压缩从蒸发压力压缩到冷凝压力的制冷机。空调器和电冰箱以及中央空调用的冷水机组大都采用单级蒸气压缩式制冷机。单级蒸气压缩式制冷机一般可用来制取-40℃以上的低温。

一、理论循环

为了能应用热力学理论对单级蒸气压缩式制冷机的实际过程进行分析，先提出一种简化的循环，称为理论循环。理论循环忽略了制冷机在实际运转中的一些复杂因素，将循环加以抽象，以便于分析几个基本参数对循环的影响。这样的循环也将作为以后研究制冷机实际循环的基础。

单级蒸气压缩式制冷理论循环是建立在以下一些假设的基础上的：①压缩过程为等熵过程，即在压缩过程中不存在任何不可逆损失；②在冷凝器和蒸发器中，制冷剂的冷凝温度等于冷却介质的温度，蒸发温度等于被冷却介质的温度，且冷凝温度和蒸发温度都是定值；③离开蒸发器进入压缩机的制冷剂蒸气为蒸发压力下的饱和蒸气，离开冷凝器进入节流部件的液体为冷凝压力下的饱和液体；④制冷剂在管道内流动时，没有流动阻力损失，忽略动能变化，除了蒸发器和冷凝器内的管子外，制冷剂与管外介质之间没有热交换；⑤制冷剂在流过节流部件时，流速变化很小，可以忽略不计，且与外界环境没有热交换。

图 3-1 为上述理论循环在温-熵图和压-焓图上的表示。压缩机吸入的是以点 1 表示的饱和蒸气，1-2 表示制冷剂在压缩机中的等熵压缩过程。2-3-4 表示制冷剂在冷凝器中的冷却和冷凝过程，在冷却过程 2-3 中制冷剂与环境介质有温差，在冷凝过程 3-4 中制冷剂与环境介质无温差，在冷却和冷凝过程中制冷剂压力保持不变，且等于冷凝温度 T_k 下的饱和蒸气压力 p_k。4-5 表示节流过程。制冷剂在节流过程中压力和温度都降低，但焓值保持不变，且进入两相区。5-1 表示制冷剂在蒸发器中的蒸发过程，制冷剂在温度 T_0、饱和压力 p_0 保持不变的情况下蒸发，而被冷却物体或载冷剂的热量被制冷剂带走。制冷剂的蒸发温度与被冷却物体的温度间无温差。

按照热力学第一定律，对于在控制容积中进行的状态变化存在如下关系

$$\delta q = \mathrm{d}h - \delta w \tag{3-1}$$

这里，把自外界传入的功作为负值。对上式积分可以得到整个过程的表达式，即

$$q = \Delta h - w \tag{3-2}$$

按照式（3-1）和式（3-2），单级蒸气压缩式制冷机循环的各个过程有如下关系：

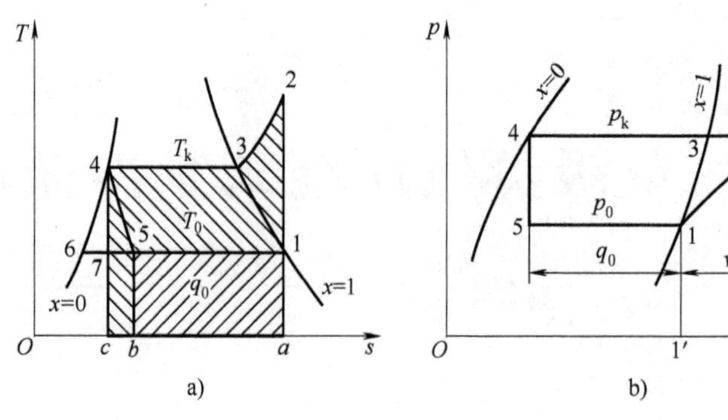

图 3-1　理论循环在 T-s 图和 p-h 图上的表示

单级蒸气压缩式制冷循环

（1）压缩过程　$\delta q=0$，因而

$$\delta w=\mathrm{d}h$$

$$w=h_2-h_1 \tag{3-3}$$

w 称为单位理论功，在 T-s 图上用面积 1-2-3-4-c-b-5-1 表示，而在 p-h 图上以横坐标轴上的线段 1′-2′的长度来表示。

（2）冷凝过程　$\delta w=0$，因而

$$\delta q=\mathrm{d}h$$

$$q_k=h_2-h_4 \tag{3-4}$$

q_k 称为单位冷凝热，在 T-s 图上用面积 a-2-3-4-c-a 代表，而在 p-h 图上是以线段长度 2-4 表示。

（3）节流过程　节流过程为一不可逆过程，不能用微分符号表示，但对整个节流过程前后可用积分式表示，即 $w=0$，$q=0$，因而

$$\Delta h=0$$

$$h_4=h_5 \tag{3-5}$$

这就是说节流过程前后焓值相等，4、5 两点在等焓线上。

（4）蒸发过程　$\delta w=0$，因而

$$\delta q=\mathrm{d}h$$

$$q_0=h_1-h_5=h_1-h_4 \tag{3-6}$$

q_0 称为单位制冷量，习惯上取为正值，在 T-s 图上用面积 1-5-b-a-1 代表，而在 p-h 图上则用线段 5-1 表示。

二、性能指标

为了说明单级蒸气压缩式制冷机理论循环的性能，采用下列一些性能指标，这些性能指标均可通过循环各点的状态参数计算出来。

1. 单位制冷量 q_0

单级蒸气压缩式制冷循环单位制冷量可按式（3-6）计算。单位制冷量也可以表示成汽化热 r_0 和节流后的干度 x_5 的函数（参见第一章第一节），即

$$q_0=r_0(1-x_5) \tag{3-7}$$

由式（3-7）可知，制冷剂的汽化热越大，或节流所形成的蒸气越少（x_5 越小），则循环的单位制冷量就越大。

2. 单位容积制冷量 q_v

根据式（1-34），得

$$q_v=\frac{q_0}{v_1}=\frac{h_1-h_4}{v_1} \tag{3-8}$$

为了制取一定的制冷量，若选用 q_v 大的制冷剂，则压缩机需要提供的输气量就小。

我们已经知道，循环的单位容积制冷量不仅随制冷剂的种类而变，而且还随压缩机的吸气状态而变。对某一具体的制冷剂来说，理论循环的蒸气比体积 v_1 随蒸发温度（或蒸发压力）的降低而增大，若冷凝温度已经确定，则单位容积制冷量 q_v 将随蒸发温度的降低而变小。

3. 理论比功 w_0

理论循环中制冷压缩机输送单位质量（1kg）制冷剂所消耗的功称为理论比功。由于制冷剂在节流过程中不做外功，因此，压缩机所消耗的理论比功即等于循环的理论比功。对于单级蒸气压缩式制冷机的理论循环来说，理论比功可表示为

$$w_0=h_2-h_1 \tag{3-9}$$

单级蒸气压缩式制冷机的理论比功也是随制冷剂的种类和制冷机循环的工作温度而变的。

4. 单位冷凝热 q_k

单位质量（1kg）制冷剂蒸气在冷凝器中放出的热量，称为单位冷凝热。单位冷凝热包括显热和潜热两部分

$$q_k=(h_2-h_3)+(h_3-h_4)=h_2-h_4 \tag{3-10}$$

比较式（3-6）、式（3-9）和式（3-10）可以看出，对于单级蒸气压缩式制冷机理论循环，存在关系式

$$q_k=q_0+w_0 \tag{3-11}$$

这和用热力学第一定律分析循环时得出的结论完全一致。

5. 制冷系数 ε_0

对于单级蒸气压缩式制冷机理论循环，制冷系数为

$$\varepsilon_0=\frac{q_0}{w_0}=\frac{h_1-h_4}{h_2-h_1} \tag{3-12}$$

在冷凝温度和蒸发温度给定的情况下，制冷系数越大，表示循环的经济性越好。由于 q_0 和 w_0 都随循环的工作温度而变，冷凝温度越高，蒸发温度越低，则制冷系数越小。

6. 热力完善度 η

单级蒸气压缩式制冷机理论循环的热力完善度按定义可表示为

$$\eta=\frac{\varepsilon_0}{\varepsilon_c}=\frac{h_1-h_4}{h_2-h_1}\frac{T_k-T_0}{T_0} \tag{3-13}$$

这里 ε_c 为在蒸发温度（T_0）和冷凝温度（T_k）之间工作的逆卡诺循环的制冷系数。热力完善度越大，说明该循环接近可逆循环的程度越大。

制冷系数和热力完善度都是用来评价制冷循环能源有效利用的指标，但是它们的意义是不同的。制冷系数是随循环的工作温度而变的，因此只能用来评定相同热源温度下循环的能源利用情况；而对于在不同热源温度下工作的制冷循环，需要通过热力完善度的数值大小（接近 1 的程度）来判断循环的能源有效利用程度。

例 3-1　一台单级蒸气压缩式制冷机工作在高温热源温度为 40℃、低温热源温度为-20℃下，试求分别用 R134a、R410A 和 R717 工作时理论循环的性能指标。

解　循环的 T-s 和 p-h 图如图 3-1 所示，各点参数根据附录 B 查图或用计算机计算得到，下表为用计算机软件 COOLPACK v1.5 计算得到的结果：

状态点	参数	单位	R134a	R410A	R717
1	p_1	kPa	132.7	404.1	190.1
	t_1	℃	-20	-20	-20
	v_1	m^3/kg	0.1472	0.06561	0.6232
	h_1	kJ/kg	384.70	415.3	1437.12

（续）

状态点	参数	单位	R134a	R410A	R717
2	t_2	℃	48.4	69.8	135.2
	p_2	kPa	1016.4	2048.7	1555.5
	h_2	kJ/kg	427.31	466.66	1757.03
4	t_4	℃	40	40	40
	p_4	kPa	1016.4	2408.7	1555.5
	h_4	kJ/kg	256.2	270.38	393.99
5	h_5	kJ/kg	256.2	270.38	393.99

按式（3-6）、式（3-8）、式（3-9）、式（3-10）、式（3-12）计算循环性能指标如下：

项目	计算公式	单位	R134a	R410A	R717
单位制冷量	$q_0=h_1-h_4$	kJ/kg	128.5	144.9	1043.1
单位容积制冷量	$q_v=\dfrac{q_0}{v_1}$	kJ/m³	872.9	2208.5	1673.9
单位理论功	$w_0=h_2-h_1$	kJ/kg	42.60	51.36	319.90
单位冷凝热	$q_k=h_2-h_4$	kJ/kg	171.10	196.28	1363.03
制冷系数	$\varepsilon_0=\dfrac{q_0}{w_0}$	—	3.016	2.821	3.261
逆卡诺循环制冷系数	$\varepsilon_c=\dfrac{T_0}{T_4-T_0}$	—	4.219	4.219	4.219
热力完善度	$\eta=\dfrac{\varepsilon_0}{\varepsilon_c}$	—	0.715	0.669	0.773

分析在相同工作条件下的计算结果可以看出：①R410A 的单位容积制冷量最大，R717 次之，而 R134a 的单位容积制冷量则小得多；②三种制冷剂的制冷系数及热力完善度从高到低的排序依次为：R717 最大，R134a 次之，R410A 最小。因此，制冷剂对制冷循环的性能影响还是比较大的。

三、液体过冷、吸气过热及回热循环

上面所述的循环，是单级蒸气压缩式制冷机的基本循环，也是最简单的循环。在实用上，根据实际条件对循环往往要做一些改进，以便提高循环的热力完善度。在单级制冷机循环中，这一改进主要有液体过冷、吸气过热及回热循环。在本节中仍是按理论循环进行分析。

（一）液体过冷

将节流前的制冷剂液体冷却到低于冷凝温度的状态，称为液体过冷。带有液体过冷过程的循环，叫作液体过冷循环。

由制冷剂的热力状态图可知，节流前液体的过冷度越大，则节流后的干度 x 就越小，循环的单位制冷量就越大。因此，采用液体过冷对提高制冷量和制冷系数都是有利的。图 3-2 表示了过冷循环 1-2-3-4-4′-5′-1 的 T-s 图和 p-h 图。图中 4-4′为制冷剂液体在过冷器中的过冷过程。过冷器实际上就是一个换热器，来自冷凝器

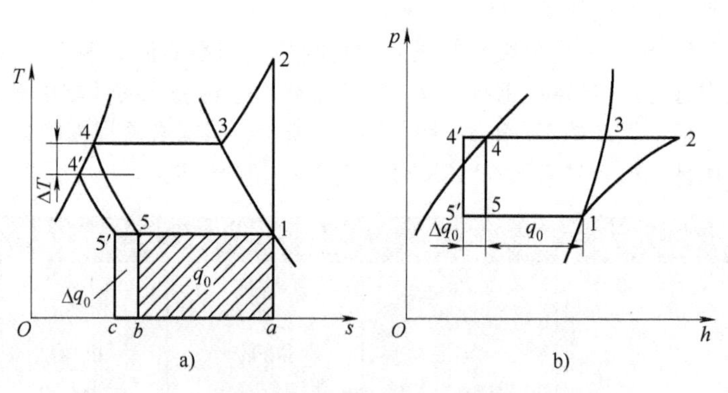

图 3-2　过冷循环在 T-s 图和 p-h 图上的表示

的饱和液体经过过冷器再放出热量给冷却介质，使自己成为过冷状态。4′-5′为节流过程，其余过程与基本循环相同。

与无过冷的循环 1-2-3-4-5-1 相比，过冷循环的单位制冷量的增加量为

$$\Delta q_0 = h_5 - h'_5 = h_4 - h'_4 \tag{3-14}$$

在图 3-2a 中，Δq_0 以面积 5′-5-b-c 表示，在图 3-2b 中，Δq_0 以线段 5′-5 表示。因两个循环的理论比功 w_0 相同，过冷循环的制冷系数 ε'比无过冷循环的制冷系数 ε_0 要大，即

$$\varepsilon' = \frac{(h_1 - h_4) + (h_4 - h'_4)}{h_2 - h_1} = \varepsilon_0 + \frac{c'\Delta t}{h_2 - h_1} \tag{3-15}$$

式中，c'为液体的平均比热容，Δt 为过冷度。

由式（3-15）可知，采用过冷循环可以使循环的制冷系数提高；提高的数值等于$\frac{c'}{h_2 - h_1}$和 Δt 的乘积。因此，过冷度越大，循环的制冷系数提高得越多。此外，一定的过冷度还可以防止进入节流部件前制冷剂处于两相状态，使节流机构工作稳定。

制冷剂液体的过冷过程一般是在过冷器中实现：当冷凝器用空气冷却时，过冷器中需用冷却水冷却，而当冷凝器用冷却水冷却时，过冷器需用深井水来冷却，总之，用于冷却过冷器的介质温度通常要比冷却冷凝器的介质温度要低。冷凝器如果采用蛇管式或逆流套管式，则冷凝器的尾部（即充满液体的部分）也可起过冷器的作用。当过冷器单独设置时，要增加冷却水或深井水设施，水泵还要消耗功，在这种情况下采用过冷循环在经济上是否有利，需经技术经济分析才能确定。

（二）吸气过热

压缩机吸入前的制冷剂蒸气的温度高于吸气压力下制冷剂的饱和温度时，称为吸气过热。具有吸气过热过程的循环，称为吸气过热循环。

图 3-3 示出了吸气过热循环 1-1′-2′-3-4-5-1 的 T-s 图和 p-h 图。图中 1-1′是吸气的过热过程，其余与基本循环相同。

如果吸入蒸气的过热发生在蒸发器的后部，或者发生在安装于被冷却空间内的吸气管道上，或者发生在两者皆有的情况下，那么由于过热而吸收的热量来自被冷却的空间，因而产生了有用的制冷效果。一般将这种过热称为有效过热。与无过热循环相比，有效过热循环的单位制冷量增大了 Δq_0，有

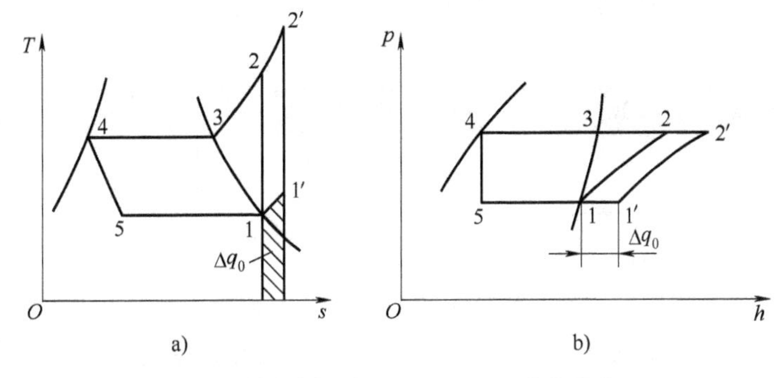

图 3-3 过热循环在 T-s 图和 p-h 图上的表示

$$\Delta q_0 = h_{1'} - h_1 \tag{3-16}$$

而循环的理论比功也增大了 Δw_0，有

$$\Delta w_0 = (h_{2'} - h_{1'}) - (h_2 - h_1) \tag{3-17}$$

因而有效过热循环的制冷系数可表示为

$$\varepsilon' = \frac{q'_0}{w'} = \frac{q_0 + \Delta q_0}{w_0 + \Delta w_0} \tag{3-18}$$

由制冷剂的 p-h 图可以得到，在过热区，过热度越大，其等熵线的斜率越小。根据式(3-17)，得

$$\Delta w_0 > 0 \tag{3-19}$$

因此，虽然有效过热的循环制冷量增大了，但耗功量也增大了。有效过热循环的制冷系数 ε'是大于还是小于无过热循环的制冷系数 $\varepsilon_0(=q_0/w_0)$，取决于比值 $\Delta q_0/\Delta w_0$ 是大于还是小于 ε_0。如果 $\Delta q_0/\Delta w_0 > \varepsilon_0$，则过热有利；如果 $\Delta q_0/\Delta w_0 < \varepsilon_0$，则过热不利。可以通过计算不同制冷剂在不同过热

度条件下制冷系数的变化情况来定量分析上述结论。图3-4是利用第二章的方法当蒸发温度为0℃、冷凝温度为40℃时，计算得到的结果。由该图可知，制冷系数的增加还是减少仅与制冷剂的种类有关，而改变量的绝对值几乎与过热度成正比。用同样的方法分析有效过热对容积制冷量的影响，会得到与图3-4非常相似的结果。

上述分析是将吸气过热时所吸收的热量 Δq_0 作为可以利用的制冷量，即有效过热。但也有另一种形式的蒸气过热，即制冷剂蒸气在被冷却空间以外吸取环境空气的热量而过热，这种过热称为无效过热。这时蒸气所吸收的热量不属于制冷量，由式（3-16）~式（3-19）可知，过热循环的制冷系数必然降低。因此，无效过热也称有害过热。制冷剂蒸气在吸气管中的过热一般为无效过热。蒸发温度越低，则无效过热的影响越大。为了减轻无效过热，吸气管需包绝热材料，但仍无法完全消除。

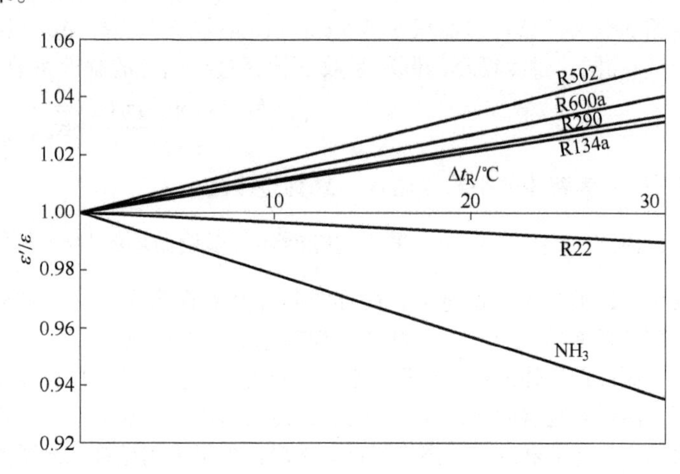

图3-4　有效过热的过热度对制冷系数的影响

此外，不管是有效过热还是无效过热，虽然一定的过热度对容积式压缩机的吸气效果会有所改善，也可避免吸入气体可能带液所导致的不利后果，但是，过热都将引起压缩机排气温度（$t_{2'}$）的增加，这一点对压缩机的工作是不利的。在实际操作过程中，即使采用排气温度较低的制冷剂，也不要使过热度太大。表3-1给出了蒸发温度为0℃、冷凝温度为40℃时，不同制冷剂在过热度分别为0℃和30℃时压缩机的排气温度计算结果。

表3-1　过热度对排气温度的影响　（单位：℃）

过热度	R600a	R290	R134a	R410A	NH_3
0	37.4	44.4	44.1	56.4	93.0
30	65.7	72.1	72.9	86.1	131.5

（三）回热

液体过冷对提高循环性能指标有好处，但要实现液体过冷需要有温度更低的冷却介质。利用回热使节流前的制冷剂液体与压缩机吸入前的制冷剂蒸气进行热交换，使液体过冷、蒸气过热，称之为回热。具有回热的制冷循环，称为回热循环。利用回热循环是实现较大回热要求的有效措施，这一措施在低温领域得到更广泛的应用。

回热循环的流程图如图3-5所示，其工作过程由图可以看出。制冷剂液体在回热器中被低压蒸气冷却，然后经节流部件进入蒸发器。从蒸发器流出的低压蒸气进入回热器，在其中被加热后再进入压缩机压缩，压缩后的制冷剂气体进入冷凝器中冷凝。

图3-6示出回热循环1′-2′-3-4-4′-5′-1-1′的 *T-s* 图和 *p-h* 图。图中1-1′是蒸气的过热过程，4-4′是液体的过冷过程。过热和过冷是在回热器内进行的。若不计回热器与外界环境之间的热交换，则液体过冷的热量等于使蒸气过热的热量，其热平衡关系为

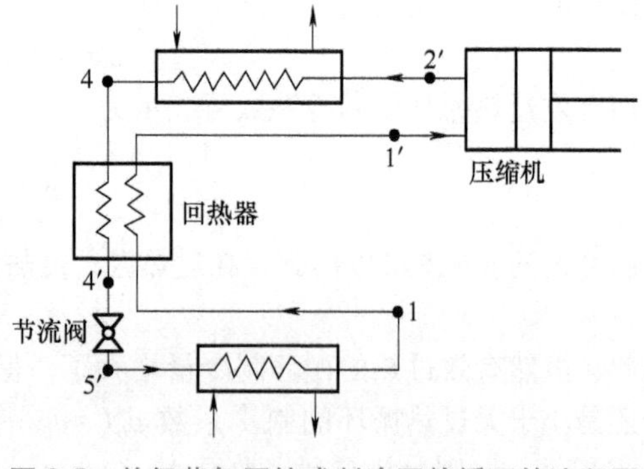

图3-5　单级蒸气压缩式制冷回热循环的流程图

$$h_4-h_{4'}=h_{1'}-h_1 \tag{3-20}$$

或写成

$$c'(t_k-t_{4'})=c_{p0}(t_{1'}-t_0) \tag{3-21}$$

式中，c'是液体的比热容；c_{p0}是低压蒸气的平均比定压热容。

由式（3-21）可以求出

$$t_{4'}=t_k-\frac{c_{p0}}{c'}(t_{1'}-t_0) \tag{3-22}$$

由于c_{p0}总是小于c'，因此永远是$t_{4'}>t_0$，即液体通过回热器不可能冷却到蒸发温度t_0。当选定$t_{1'}$之后即可由式（3-22）求出$t_{4'}$。

回热循环的性能指标为

单位制冷量
$$q_0'=h_1-h_{4'}=h_{1'}-h_4 \tag{3-23}$$

单位容积制冷量
$$q_v'=\frac{q_0'}{v_{1'}} \tag{3-24}$$

单位功
$$w'=h_{2'}-h_{1'} \tag{3-25}$$

制冷系数

$$\varepsilon'=\frac{q_0'}{w'}=\frac{h_1-h_{4'}}{h_{2'}-h_{1'}} \tag{3-26}$$

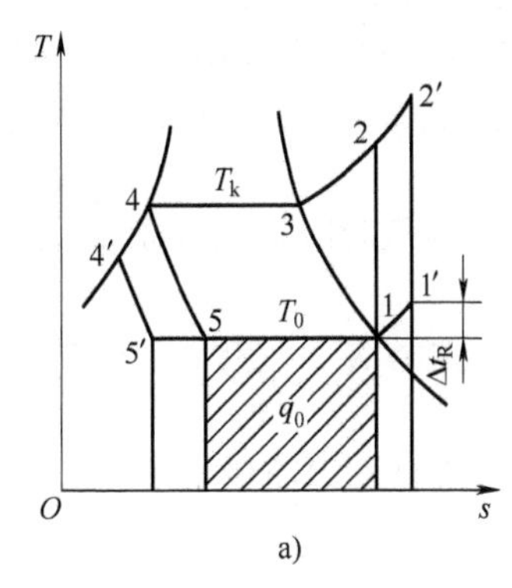

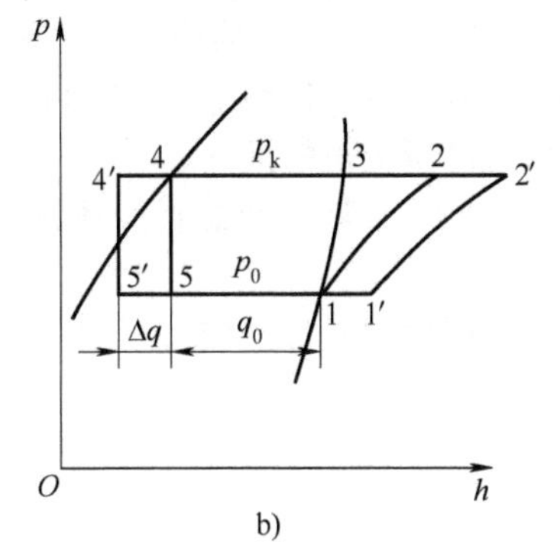

图 3-6　回热循环在 T-s 图和 p-h 图上的表示

单级蒸气压缩式制冷回热循环

由图 3-6 可知，与无回热循环 1-2-3-4-5-1 相比较，回热循环的单位制冷量增大了Δq_0，有

$$\Delta q_0=h_4-h_{4'}=h_{1'}-h_1=c_{p0}\Delta t_R \tag{3-27}$$

但单位功也增大了Δw_0，有

$$\Delta w_0=w'-w_0=(h_2'-h_1')-(h_2-h_1) \tag{3-28}$$

吸气比体积增大到$v_{1'}$。这样，自然要问，制冷系数及单位容积制冷量是增大还是减小呢？这需要具体加以分析才能作出回答。

回热循环的单位制冷量可表示成

$$q_0'=q_0+c_{p0}\Delta t_R$$

循环的单位功可近似地表示成

$$w'=w_0\frac{T_1'}{T_0}=w_0\left(1+\frac{\Delta t_R}{T_0}\right) \tag{3-29}$$

单位容积制冷量和制冷系数可表示成

$$q_v'=\frac{q_0'}{v_{1'}}=\frac{q_0+c_{p0}\Delta t_R}{v_1\left(1+\frac{\Delta t_R}{T_0}\right)}=q_v\frac{1+\frac{c_{p0}}{q_0}\Delta t_R}{1+\frac{\Delta t_R}{T_0}} \tag{3-30}$$

$$\varepsilon'=\frac{q_0+\Delta q_0}{w_0\left(1+\dfrac{\Delta t_R}{T_0}\right)}=\varepsilon_0\frac{1+\dfrac{c_{p0}}{q_0}\Delta t_R}{1+\dfrac{\Delta t_R}{T_0}} \tag{3-31}$$

由式（3-30）和式（3-31）可看出，回热循环的单位容积制冷量和制冷系数，相对于无回热循环变化的程度是相同的。如果要使回热循环的单位容积制冷量及制冷系数比无回热循环的高，其条件应是

$$1+\frac{c_{p0}}{q_0}\Delta t_R>1+\frac{\Delta t_R}{T_0}$$

即

$$c_{p0}T_0>q_0 \tag{3-32}$$

显然，对于一定的蒸发温度来说，式（3-32）是否成立，只取决于制冷剂的物性。凡是满足式（3-32）条件的制冷剂，采用回热循环后制冷系数可以提高，单位容积制冷量可以增大，因此是有利的，在实际应用中宜采用回热循环。而对于不满足式（3-32）条件的制冷剂，回热循环的制冷系数及单位容积制冷量比无回热循环低。

实际上，也可以通过与过热循环的比较来得到一些有用的结论。比较式（3-16）与式（3-27），以及式（3-17）与式（3-28）可知，回热循环制冷量以及制冷系数的改变量与有效过热循环一样，因此由图3-4和表3-1得出的结论同样适合于回热循环，即从单位容积制冷量和制冷系数角度看，R290、R600a、R134a等制冷剂采用回热循环有利，而R717采用回热循环不利。此外，回热循环还具有过冷循环由于制冷剂液体过冷所带来的优点。

因此，在实用上是否采用回热循环，除了考虑制冷系数及单位容积制冷量是否提高以外，还应考虑下列一些因素：

1）采用回热后，使节流前制冷剂成为过冷状态，可以在节流过程中减少气化，使节流部件工作稳定。

2）采用回热后，自蒸发器出来的气体流过回热器时压力有所降低，因而增大了压缩机的压比，引起压缩功的增大。

因此，究竟在什么情况下采用回热循环，要综合上述因素，具体分析后做出抉择。

还应指出，对于那些在 T-s 图上的饱和蒸气曲线向左下方倾斜的制冷剂，当压缩机吸入的是饱和蒸气时其等熵压缩过程线将进入两相区内，而压缩机在湿压缩区通常是不宜工作的。因此，应该提高压缩机吸气温度或采用回热循环。

四、非共沸混合制冷剂循环

在第二章中已经指出，对于变温热源，洛伦兹循环具有最高的效率。在工程应用中，大部分载冷剂（如空气、水、乙二醇等）都是利用显热携带热量。这种载冷剂的特点是，随着携带热量的变化，它们的温度要发生变化。这就是说，制冷系统的高低温热源大部分为变温热源。因此，如何在工程实际中实现洛伦兹循环，对于节约能源具有非常重要的意义。

当然，可以利用制冷剂的显热来吸收或释放热量，例如，空气制冷机。但是，一般说来，显热比潜热要小得多，即用显热制冷的制冷机其容积制冷量都很小，难以满足实际应用的要求。要实现相变制冷，同时又要实现定压吸热或放热时制冷剂温度要发生变化，来满足洛伦兹循环的要求，纯质制冷剂和共沸制冷剂都不行，人们自然想到了非共沸混合制冷剂。用非共沸混合制冷剂可以近似实现洛伦兹循环是非共沸混合制冷剂的一大优点。很多研究表明，利用非共沸混合制冷剂的特点，结合逆流式热交换器的采用，可以在制冷或热泵装置中取得显著的节能效果。

此外，用非共沸混合制冷剂还可以实现用单级压缩获得较低的蒸发温度，这种循环称为自行复叠循环也称自动复叠制冷循环。下面分别讨论非共沸混合制冷剂的基本循环和自行复叠循环。除非特别指明，有关理论循环的假设同样适用于这里的分析。

（一）基本循环

图 3-7 和图 3-8 分别为非共沸混合制冷剂基本循环的系统图和 *T-s* 图（图中未注数字为状态点，下同）。它同纯制冷剂循环基本一样，只是由于非共沸混合制冷剂在定压相变时温度会发生变化，为了充分利用这一优势，将蒸发器和冷凝器做成逆流，其工作原理由图可清楚看出，这里不再讨论。

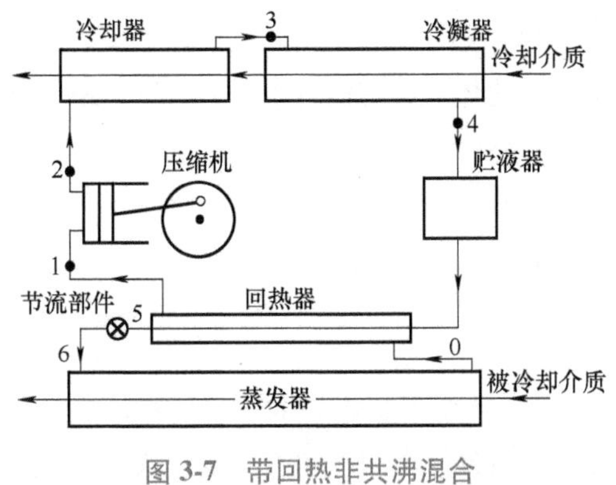

图 3-7　带回热非共沸混合制冷剂基本循环系统图

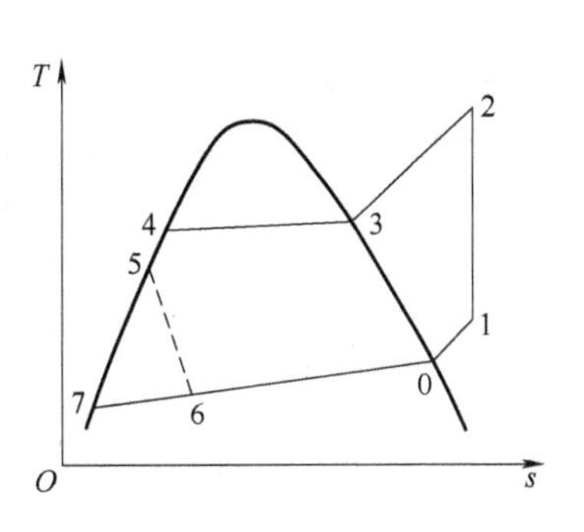

图 3-8　非共沸混合制冷剂循环的 *T-s* 图

非共沸混合制冷剂循环的工作参数选择较纯质制冷剂要复杂些。制冷剂的冷却冷凝过程可在 T-ξ 图上表示出来，如图 3-9 所示。压缩机出来的高压制冷剂气体，组成为 ξ'，温度为 T_2，进入冷却器被冷却成饱和蒸气（即露点，温度为 T_3）后再进入冷凝器，制冷剂在冷凝器里放热冷凝成为饱和液体（即泡点，温度为 T_4），然后进入节流部件节流降压。T_3 和 T_4 的选择是根据冷却介质的温度变化情况并考虑一定的传热温差而确定。选定 T_3 和 T_4 后，根据压缩机的排气压力实际情况，来确定混合制冷剂的组成 ξ'。这里的混合制冷剂组成确定仅考虑冷凝过程的泡、露点温度匹配因素，实际上，还必须考虑蒸发过程的温度匹配问题。蒸发过程在 T-ξ 图上的表示如图 3-10 所示。从节流部件里出来的制冷剂为两相状态（点 6），压力为蒸发压力，温度为 T_6，对应液相的组成为 $\xi_{6'}$，气相组成为 $\xi_{6''}$。这些两相的制冷剂在蒸发器里吸热蒸发到露点状态（点 0），此时温度为蒸发压力下的露点温度 T_0。然后，它们经回热器回热后，回到制冷压缩机。T_0 和 T_6 的选择是根据被冷却介质的温度变化情况同时考虑一定的传热温差而确定的。在 T_0 和 T_6 确定后，再根据蒸发压力来决定混合制冷剂的组成 ξ'。这里得到的 ξ' 仅考虑蒸发温度的匹配情况，它与根据冷凝过程温度匹配得到的 ξ' 通常是不一样的。最终是选择哪一个 ξ' 要综合考虑各方面的因素而最后确定。

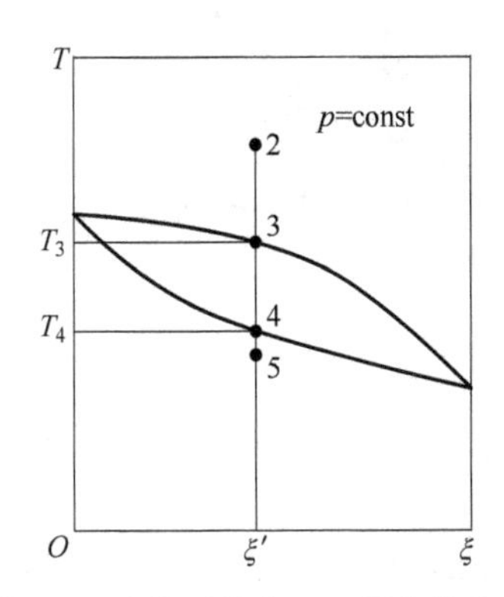

图 3-9　冷凝过程在 T-ξ 图上的表示

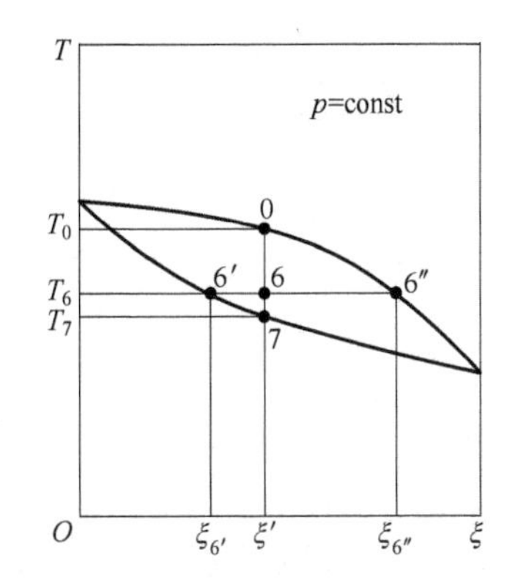

图 3-10　蒸发过程在 T-ξ 图上的表示

用于确定混合制冷剂的最佳组成的方法很多，最好的方法应该是用综合经济指标作为目标函数，用最优化的方法确定混合制冷剂的最佳组成。

混合制冷剂成分确定以后，第二个问题就是混合制冷剂状态参数的计算。混合制冷剂状态参数计算比纯质制冷剂要复杂，牵涉到混合物以及溶液热力学的有关知识，由于篇幅限制，不能对它们进行详细的介绍。但作为一种近似，这里简单介绍理想气体和理想溶液的模型，即把混合制冷剂气体看成是理想气体，把混合制冷剂液体看成是理想溶液。这样，混合制冷剂的比体积就可以通过下式计算，即

$$v = \sum_{i=1}^{n} v_i^0 \xi_i \tag{3-33}$$

式中，v_i^0 是第 i 组分纯质制冷剂在系统压力和温度下的比体积，它们可以用第二章介绍的方法进行计算或查图表得到；ξ_i 是第 i 组分纯质制冷剂的质量分数。

混合制冷剂的比焓和比熵可用下列式子计算，即

$$h = \sum_{i=1}^{n} h_i^0 \xi_i \tag{3-34}$$

$$s = \sum_{i=1}^{n} s_i^0 \xi_i \tag{3-35}$$

同 v_i^0 一样，h_i^0 和 s_i^0 分别是第 i 组分纯质制冷剂在系统压力和温度下的比焓和比熵，它们可以用第二章介绍的方法进行计算或查图表得到，ξ_i 是第 i 组分纯质制冷剂的质量分数。

在处于相平衡时，混合制冷剂的饱和蒸气压计算式为

$$p = \sum_{i=1}^{n} p_i^0 x_i \tag{3-36}$$

式中，p_i^0 是第 i 组分纯质制冷剂在系统温度下的饱和蒸气压，它们可以用第二章介绍的方法进行计算或查图表得到；x_i 是第 i 组分纯质制冷剂的摩尔分数。

在确定了各状态点的热力参数之后，就可对循环进行热力计算，计算方法与纯质制冷剂制冷循环相同，即使用式（3-7）至式（3-13）等进行计算，这里不再详细介绍。

（二）自行复叠循环

混合制冷剂单级压缩不仅可用于常规制冷，而且还可用于获取制冷温度较低的场合，这时，混合制冷剂中高沸点组分和低沸点组分的沸点差要足够大；其次，要采用自行复叠循环。图3-11是这种循环的流程示意图。

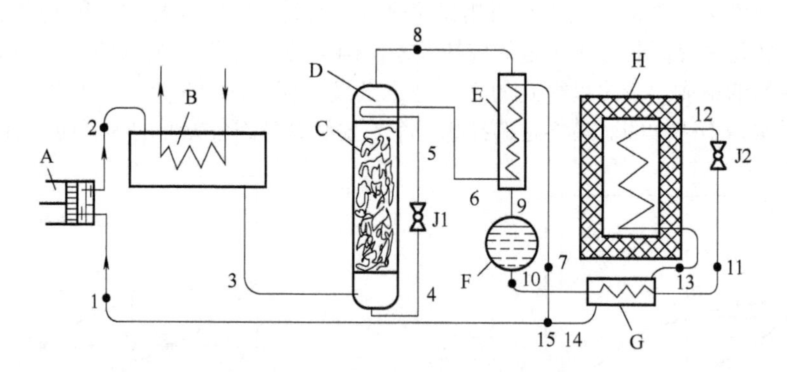

图3-11 单级压缩自行复叠循环流程

A—压缩机 B—冷凝器 C—精馏柱 D—换热器 E—冷凝蒸发器 F—气液分离器 G—回热器 H—蒸发器 J1、J2—节流阀

自行复叠循环工作原理为：压缩机A将气态混合制冷剂压缩为高压状态，经冷凝器B冷却且部分冷凝后进入精馏柱C底部，在精馏柱中混合制冷剂经热质交换分离成高沸点组分和低沸点组分两部分。在柱底的高沸点组分液体经J1节流降压降温后进入精馏柱顶部换热器D，在这里少量制冷剂液体吸热蒸发使管外的低沸点制冷剂少量冷凝成为液体，作为精馏柱的回流液。大部分高

沸点制冷剂在冷凝蒸发器 E 中吸热蒸发成为气态。另一方面，从精馏柱顶部出来的低沸点制冷剂蒸气在冷凝蒸发器 E 中被冷凝，经气液分离器 F、回热器 G 后进入节流阀 J2，在这里降压降温后进入蒸发器 H 吸热蒸发，从而产生制冷效果。从蒸发器出来的低温蒸气在回热器 G 中回热后，与高沸点制冷剂蒸气汇合后回到压缩机，从而完成一个循环。

从上述原理可以看出，在蒸发器里蒸发的是低沸点制冷剂液体，在相同的蒸发压力下，低沸点制冷剂将具有更低的蒸发温度，从而实现较低的制冷温度。如果采用单一低沸点制冷剂单级压缩循环，则所需的冷凝压力将非常高，通常难以实现。在自行复叠循环中，低沸点制冷剂的冷凝是由高沸点制冷剂的蒸发来实现的，因而无需很高的压力。自行复叠循环的这一优点为单级压缩实现较低的制冷温度提供了一条有效的途径。

五、跨临界蒸气压缩式制冷循环

跨临界制冷助力
2022 年北京冬奥会

有些制冷剂的临界温度较低，例如，R744（二氧化碳）的临界温度只有 31.1℃。这些制冷剂在向外界放热时，通常它的放热温度均高于它的临界温度，整个等压放热过程没有发生冷凝这样的相变过程，等压放热的压力也高于临界压力。但是，它们在吸热制冷时的温度又往往低于临界温度。这类放热温度高于临界温度、吸热温度低于临界温度的蒸气压缩式制冷循环称为跨临界蒸气压缩式制冷循环，图 3-12 给出了循环的压-焓图和温-熵图。图中，1-2 为等熵压缩过程，2-3 为等压冷却放热过程，3-4 为节流过程，4-0 为等压（等温）吸热蒸发过程，0-1 为等压吸热过程。从图中可以看出，这个循环与一般蒸气压缩式制冷循环的区别仅在于高压等压放热过程，在这里放热过程中没有冷凝发生，因此，也就没有等温冷凝过程，习惯上也就把用于冷却高压高温流体的换热器称为气体冷却器，而不称为冷凝器，以示区别。

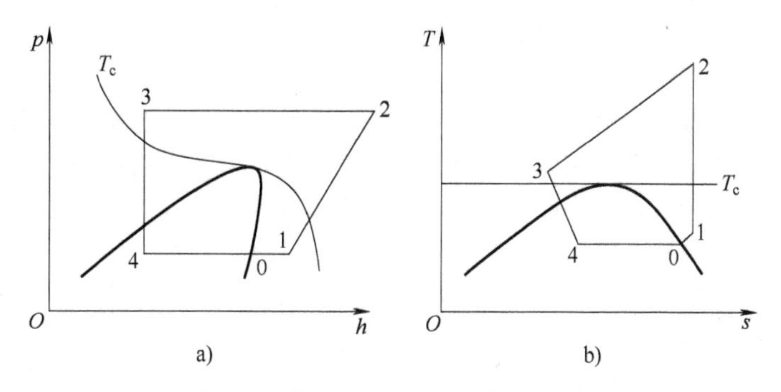

图 3-12　跨临界压缩蒸气制冷循环的压-焓图和温-熵图

通常，把温度高于临界温度、压力高于临界压力的流体称为稠密气体，把温度低于临界温度、压力高于所对应的饱和温度的流体称为过冷液体。如果从气体冷却器出来的流体温度高于临界温度，则属于稠密气体；如果从气体冷却器出来的流体温度低于临界温度，则属于过冷液体。值得指出的是，稠密气体和过冷液体没有明确的分界线，它们的物性变化都是连续的，不像常规气体和液体之间有跳跃性变化。

与常规蒸气压缩式制冷循环比较，跨临界制冷循环具有如下特点：

1）放热过程的温度是连续不断变化的，具有较大的温度滑移。如果用于加热变温热源，则能较好地实现和高温热源的温差匹配，有利于减小传热过程的不可逆损失。此外，它在温度较高时就能放出较多热量。这一点在制冷时有利于实现热回收，在用作热泵时，有利于制取温度较高的热量。

2）循环性能不仅取决于冷却器出口制冷剂的温度，而且还取决于高压压力。在常规相变放热过程中，高压压力取决于相变温度，而在跨临界循环中，高压压力是独立变量。研究结果表明，在其他参数不变的条件下，存在最佳高压压力，使得循环制冷系数最大。

3）对于通常的制冷剂，临界压力都较高，而蒸发温度所对应的压力通常都较低，因此，跨临界循环的高低压差较大，从而导致节流损失较大。

为了弥补上述第三点的缺点，产生许多改进的跨临界循环。第一个改进方法是将循环中的节流膨胀改为膨胀机膨胀以回收膨胀功。第二个改进是考虑膨胀机结构复杂，而且膨胀终了存在液体，给膨胀机制造带来一定困难，因此，也有研究者提出用引射器代替节流部件。第三个改进是降低节流前的流体温度，这也可以减少节流过程的不可逆损失，其实现方法是采用回热循环。

目前，跨临界循环所用工质大多为R744，而且主要作为热泵或汽车空调使用。

第二节　单级蒸气压缩式制冷实际循环

一、实际循环的特性

实际循环和理论循环有许多不同之处，除了压缩机中的工作过程以外，主要还有下列差别：

1）流动过程存在阻力，有压力损失。

2）制冷剂流经管道及阀门时同环境介质间有热交换，尤其是自节流部件以后，制冷剂温度降低，热量便会从环境介质传给制冷剂，导致漏热，引起冷量损失。

3）热交换器中存在温差，例如冷却水或空气的温度T低于冷凝温度T_k，且T是变化的（进口温度低，出口温度高）；载冷剂或冷却对象的温度T'_0高于蒸发温度T_0，通常载冷剂的温度也是变化的（进口温度高，出口温度低）。

热交换器中温差对系统性能的影响将在第三节中详细讨论。下面分别讨论阻力和漏热对循环特性的影响。

（一）流动过程阻力的影响

1. 吸入管道

从蒸发器出口到压缩机吸气入口之间的管道称为吸入管道。制冷剂从吸入管道中流过时必定存在流动阻力。这一阻力损失引起的压力降，直接造成压缩机吸气压力的降低，对实际循环的性能有重大影响。这种影响表现为压缩机吸入口的吸气比体积增大，压缩机的压比增大，单位容积制冷量减小，压缩机容积效率降低，比压缩功增大，制冷系数下降。

在实际工程中，可以通过降低流速的办法来降低阻力，即通过增大管径来降低压力降。但考虑到有些场合，为了确保润滑油能顺利地从蒸发器返回压缩机，这一流速又不能太低。此外，应尽量减少设置在吸入管道上的阀门、弯头等阻力部件，以减小吸入管道的阻力。

2. 排出管道

从压缩机出口到冷凝器入口之间的管道称为排出管道。同样地，排出管道上的压力降会导致压缩机的排气压力升高，从而使压缩机的压比增大，容积效率降低，制冷系数下降。在实际中，由于这一阻力降相对于压缩机的吸排气压力差要小得多，因此，它对系统性能的影响要比吸气管道阻力的影响要小。

3. 液体管道

从冷凝器出口到节流部件入口之间的管路称为液体管道。由于液体流速较气体要小得多，因而阻力相对较小。但在许多场合下，冷凝器出口与节流部件入口不在同一高度上，若前者的位置比后者低，由于静液柱的存在，高度差要导致压力降。该压力降对于具有足够过冷度的制冷系统，系统性能不会受其影响。但如果从冷凝器里出来的制冷剂为饱和状态或过冷度不大，则液体管道的压力降将导致管路内部的制冷剂汽化，从而使进入节流部件的制冷剂处于两相状态，这将增加节流过程的压力降，对系统性能产生不利的影响，同时，对系统的稳定运行也产生不利影响。为了避免这些影响，在设计制冷系统时，要注意冷凝器与节流部件的相对位置，同时，要降低节流前管路的阻力损失。

4. 两相管道

从节流部件到蒸发器之间的管道中流动着两相的制冷剂，称之为两相管道。通常这一管道的距离是较短的，而且，由它引起的阻力降对系统性能几乎没有影响。因为，对于给定的蒸发温度而言，制冷剂进入蒸发器之前压力必须降低到蒸发压力，这一压力的降低不管是发生在节流部件内还是发生在两相管道上都是无关紧要的。但是，如果系统中有多个蒸发器共用一个节流部件，则要尽量保证从液体分配器到各个蒸发器之间的阻力降相等，否则将出现分液不均匀现象，影响制冷效果。

5. 蒸发器

在讨论蒸发器中的压降对循环性能的影响时，必须注意到它的比较条件。假定不改变制冷剂出蒸发器时的状态，为了克服蒸发器中的流动阻力，必须提高制冷剂进蒸发器时的压力，即提高开始蒸发时的温度。由于节流前后焓值相等，又因为压缩机的吸入状态没有变化，故制冷系统的性能没受到什么影响。它仅使蒸发器中的传热温差减小，要求传热面积增大而已。假定不改变蒸发过程中的平均传热温差，那么出蒸发器时的制冷剂压力稍有降低，其结果与吸入管道阻力引起的结果一样。

6. 冷凝器

假定出冷凝器的压力不变，为克服冷凝器中的流动阻力，必须提高进冷凝器时的压力，其结果与排气管道阻力引起的结果一样。

（二）漏热的影响

无论是制冷系统的高温部分还是低温部分，它们与环境之间总存在温差，因而不可避免地要与环境进行热交换，产生漏热。除压缩机、排气管道、冷凝器和液体管道这些高温部分的漏热对于制冷系统无不利的影响外（对于热泵系统，这些漏热也是损失），其余漏热对系统性能都将产生不利的影响。显然，两相管道和蒸发器的漏热是制冷量的直接损失，使系统的制冷量降低，能耗提高，而吸入管道的漏热产生的后果与第一节讨论过的无效过热的后果一样。因此，在实际系统中，应该尽量减小这些漏热。

图 3-13 表示了实际循环的 T-s 图和 p-h 图。图中 5-6 为实际蒸发过程，它与被冷却物质之间存在温差。同时，由于热交换器中有流动损失，使制冷剂在蒸发器内有压力降，因此，5-6 是一条向右下方倾斜的直线。6-1_s 是蒸发器至压缩机开始压缩前这一过程中的压力和温度变化。为了表示清楚起见，把 6-1_s 过程看作制冷剂先由点 6 等压过热至状态点 a，然后等焓节流至 1_s。压缩过程 1_s-2_s 是在气缸内进行的，压缩终了的气体状态为 2_s。由气缸内的点 2_s 排到冷凝器时的过程，也是一个有压力降低和温度降低的过程。图中 2_s-b 表示排气过程的冷却情况，bc 表示排气管道中的压降。c-3-4 表示在冷凝器中的冷却及冷凝过程。在这一过程中由于有流动阻力损失，因此压力是渐渐降低的，冷凝温度 T_k 也是变化的，同时，与冷却介质（如水、空气）之间存在着变化的温差 ΔT。4-5 是实际的节流过程。它也是一个同环境介质有热交换的过程，过程前后焓值也稍有变化。

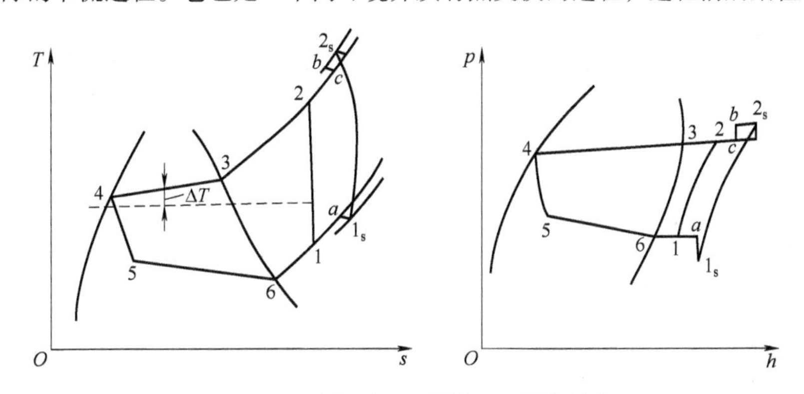

图 3-13 实际循环在 T-s 图和 p-h 图上的表示

二、实际循环的性能指标及热力计算

图 3-13 所示的循环，很难用手算法进行热力计算。因此，在工程设计中常常是对它做一些简化。简化的途径是：

1）忽略冷凝器及蒸发器中的微小压力变化，即以压缩机出口压力作为冷凝压力（在大型装置中，压缩机排气管道较长，应从排气压力减去这一段管道压力损失后作为冷凝压力），以压缩机进口压力作为蒸发压力（在大型装置中尚需加上吸气管道的压力损失），同时认为冷凝温度和蒸发温度均为定值。

2）将压缩机内部过程简化成一个从吸气压力到排气压力的有损失的简单压缩过程。

3）节流过程仍认为是前后焓相等的过程。

经过上述简化，则实际循环可表示为图3-14中的0-1-2-3-4-5-0，其中1-2是实际的压缩过程。经过这样的简化之后，即可直接利用 p-h 图进行循环的性能指标的计算，且由此而产生的误差也不会很大。

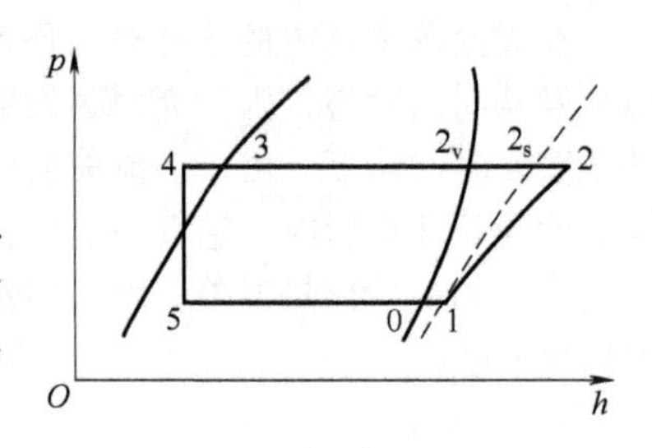

图3-14　简化后的实际循环在 p-h 图上的表示

下面是按照这样简化后的循环的性能指标的表达式，各下标对应于图3-14所示的状态点。

1）单位制冷量 q_0、单位容积制冷量 q_v 及单位理论功 w_0。有

$$
\begin{aligned}
q_0 &= h_1 - h_5 = h_1 - h_4 \\
q_v &= \frac{q_0}{v_1} \\
w_0 &= h_{2s} - h_1
\end{aligned}
\tag{3-37}
$$

这些同理论循环的计算完全一样。

2）单位冷凝热 q_k 为

$$q_k = h_2 - h_4 \tag{3-38}$$

上式中点2状态的焓值计算式为

$$h_2 = \frac{h_{2s} - h_1}{\eta_i} + h_1 \tag{3-39}$$

式中，η_i 为压缩机的指示效率，它被定义为等熵压缩过程耗功量与实际压缩过程耗功量之比。

3）制冷剂的循环流量 q_m 为

$$q_m = \frac{Q_0}{q_0} \tag{3-40}$$

式中，Q_0 为制冷量，通常由设计任务给出。

4）压缩机的理论功率 P_0 和指示功率 P_i 分别为

$$P_0 = q_m w_0 \tag{3-41}$$

$$P_i = \frac{P_0}{\eta_i} \tag{3-42}$$

5）实际制冷系数 ε_s 为

$$\varepsilon_s = \frac{Q_0}{P_i} \tag{3-43}$$

6）冷凝器的热负荷 Q_k 为

$$Q_k = q_m q_k \tag{3-44}$$

下面简要介绍实际制冷系统的总制冷量、净制冷量、制冷系统中的冷量损失等概念。

在制冷机的实际过程中，制冷剂除向被冷却物体直接或间接吸热外，还会伴随有环境介质或其他热源向制冷剂的传热。就是制冷剂在蒸发器中的制冷量，也会因跑冷而损失掉一部分。因此，就形成了制冷系统的总制冷量、净制冷量、制冷系统中的冷量损失等概念。

总制冷量的定义为：在规定工况下，制冷系统的蒸发器及低压管道在单位时间内从所有热源

移去的总热量。显然，它包括蒸发器的热负荷以及节流部件至蒸发器这一段供液管路和蒸发器出口至压缩机吸气口这一段吸气管路在单位时间内所吸收的热量。

$$Q_{0,sys}=q_m(h_1-h_4) \tag{3-45}$$

制冷系统的制冷量定义为：制冷剂在蒸发器出口处和进口处总焓之差所代表的制冷效果。制冷系统的制冷量也就是蒸发器的热负荷。

$$Q_{0,ev}=q_m\Delta h_{ev} \tag{3-46}$$

式中，Δh_{ev}是制冷剂出、进蒸发器的比焓差。$Q_{0,ev}$与$Q_{0,sys}$之差也就是蒸发器的供液管和压缩机的吸气管的跑冷损失。

制冷系统的净制冷量定义为：单位时间内，制冷剂从被冷却物体或载冷剂中移去的热量。净制冷量与制冷系统的制冷量之差，就是蒸发器及其系统的冷量损失，包括蒸发器本身的跑冷损失，载冷剂的跑冷损失以及泵或风机消耗的功率所转化的热量等。

三、计算举例

例 3-2　一台制冷量为 50kW 的往复活塞式制冷机，工作在高温热源温度 T_a 为 32℃、低温热源温度 t'_0 为-18℃的条件下，制冷剂为 R134a，采用回热循环，压缩机的吸气温度为 0℃，试进行循环的热力计算。

解　循环的 p-h 图如图 3-14 所示，取冷凝温度比高温热源高 8℃，蒸发温度比低温热源低 5℃，压缩机的指示效率为 0.75，压缩机的机械效率为 0.92，可确定循环各点的状态参数如下表所示。

状态点	参数	单位	数值	备注
0	p_0	kPa	116	$t_0=t'_0-5=-18-5=-23$
	t_0	℃	-23	
	h_0	kJ/kg	382.9	
1	p_1	kPa	116	
	t_1	℃	0	
	v_1	m^3/kg	0.185	
	h_1	kJ/kg	401.6	
2_s	p_2	kPa	1016	由图查得
	t_{2s}	℃	71.5	
	h_{2s}	kJ/kg	452.1	
3	p_3	kPa	1016	$t_3=t_a+8=32+8=40$
	t_3	℃	40	
	h_3	kJ/kg	256.2	
4	p_4	kPa	1016	根据 p_4、h_4 查图由热平衡式算出
	t_4	℃	27.3	
	h_4	kJ/kg	237.5	

循环的热力计算如下：

1）点 1 状态的确定。

根据回热器的热平衡，有

$$h_3-h_4=h_1-h_0$$

$$h_4=h_3-(h_1-h_0)=[256.2-(401.6-382.9)]\text{kJ/kg}=237.5\text{kJ/kg}$$

由 R134a 的 p-h 图查得 $t_4=27.3$℃。

2）单位质量制冷量 q_0、单位容积制冷量 q_v 及单位理论功 w_0 的计算。

$$q_0 = h_1 - h_3 = (401.6 - 256.2)\text{kJ/kg} = 145.4\text{kJ/kg}$$

$$q_v = \frac{q_0}{v_1} = \frac{145.4}{0.185}\text{kJ/m}^3 = 785.9\text{kJ/m}^3$$

$$w_0 = h_{2s} - h_1 = (452.1 - 401.6)\text{kJ/kg} = 50.5\text{kJ/kg}$$

3）制冷剂质量流量 q_m 的计算。

$$q_m = \frac{Q_0}{q_0} = \frac{50}{145.4}\text{kg/s} = 0.344\text{kg/s}$$

4）压缩机理论功率 P_0 的计算。

$$P_0 = q_m w_0 = 0.344 \times 50.5\text{kW} = 17.372\text{kW}$$

压缩机的指示功率为

$$P_i = \frac{P_0}{\eta_i} = \frac{17.372}{0.75}\text{kW} = 23.163\text{kW}$$

压缩机的轴功率为

$$P_e = \frac{P_i}{\eta_m} = \frac{23.163}{0.92}\text{kW} = 25.177\text{kW}$$

5）制冷系数 ε_0 及热力完善度 η 的计算。

$$\varepsilon_0 = \frac{q_0}{w_0} = \frac{145.4}{50.5} = 2.879$$

$$\varepsilon_s = \frac{Q_0}{P_e} = \frac{50}{25.177} = 1.986$$

卡诺循环的制冷系数 ε_c 为

$$\varepsilon_c = \frac{T'_0}{T' - T'_0} = \frac{255.15}{305.15 - 255.15} = 5.103$$

故热力完善度 η 为

$$\eta = \frac{\varepsilon_s}{\varepsilon_c} = \frac{1.986}{5.103} = 0.389$$

6）冷凝器热负荷 Q_k 的计算。

由式(3-39)得

$$h_2 = h_1 + \frac{h_{2s} - h_1}{\eta_i} = \left(401.6 + \frac{452.1 - 401.6}{0.75}\right)\text{kJ/kg} = 468.9\text{kJ/kg}$$

故
$$Q_k = q_m(h_2 - h_3) = 0.344 \times (468.9 - 256.2)\text{kW} = 73.17\text{kW}$$

7）回热器热负荷 Q_R 的计算。

$$Q_R = q_m(h_1 - h_0) = 0.344 \times (401.6 - 382.9)\text{kW} = 6.433\text{kW}$$

第三节　单级蒸气压缩式制冷循环性能的计算机计算

利用计算机进行制冷剂的热力性质计算，不仅可以避免查阅热力性质图表的麻烦，而且可以对实际制冷系统性能进行模拟分析，以减轻甚至取代制冷系统性能分析的试验研究工作。这方面的研究是当今制冷界科学研究的热门课题之一。有关这方面的知识将在第八章中介绍，本节主要介绍利用计算机进行单级蒸气压缩式制冷循环热力性能方面计算的有关内容，而且假设实际循环可简化为如图3-14所示的循环。

一般说来，制冷温度 t'_0 由设计任务书给出，高温热源温度 T_a 由环境温度决定，环境温度取决于当地的气候条件，因此高温热源温度也为已知参数。设计者的任务之一是根据实际情况选定蒸

发器传热温差 Δt_0 和冷凝器传热温差 Δt_k、吸气温度 t_1、液体温度 t_4、压缩机的指示效率 η_i 和机械效率 η_e。

有了上述这些参数，就可以进行热力计算。步骤如下：

1）计算蒸发温度 t_0 和冷凝温度 t_k。

$$t_0 = t_0' - \Delta t_0$$

$$t_k = t_a + \Delta t_k$$

2）由饱和蒸气压计算公式［如式（2-2）］计算蒸发压力 p_0 和冷凝压力 p_k。

3）由（t_0，p_0）和（t_k，p_k）通过状态方程式（2-6）的比焓计算公式（2-14）计算饱和蒸气（0）和（2_v）的比焓 h_0、h_{2v}；通过汽化热的计算公式（2-3）以及饱和蒸气点（2_v）的比焓 h_{2v} 计算饱和液体点（3）的比焓 h_3；通过过冷液体比焓计算公式（2-15）计算过冷液体点（4）的比焓 h_4。

4）由（t_1，p_0）通过状态方程（2-6）及其比焓、比熵计算公式（2-14）计算状态点（1）的比体积 v_1、比焓 h_1 和比熵 s_1。

5）给定点 2_s 的温度初值为

$$t_{2s} = (t_1 + 273.15)\left(\frac{p_k}{p_0}\right)^{\frac{\kappa-1}{\kappa}} - 273.15$$

式中，κ 为等熵指数，可取 1.1 左右。

6）由(t_{2s},p_k)通过比熵计算公式（2-14）计算点 2_s 的比熵 s_{2s}，判断 $\| s_{2s} - s_1 \|$ 是否足够小。若否，调整 t_{2s}值，重新执行该步，直到满意为止。

7）由第 6 步求得的 t_{2s}以及 p_k 计算点 2_s 的比焓 h_{2s}。

8）由压缩机的指示效率 η_i 通过式（3-39）计算点 2 的比焓 h_2。

9）由式（3-37）至式（3-44）计算循环的各性能指标。

常用制冷剂的循环计算，可采用免费软件 COOLPACK 进行计算。

第四节　单级蒸气压缩式制冷循环的特性分析

在前面几节中对单级蒸气压缩式制冷循环的分析和计算，是针对给定的冷却对象温度 T_0' 和给定的环境温度 T_a 的情况。在这种情况下循环的蒸发温度 T_0 及冷凝温度 T_k 都可以看作定值。在制冷机及制冷装置的设计中，针对设计工况所进行的计算即属这种情况。而本节所要研究的问题，是对于一台已经在运行的制冷机，当它的运转条件变化时，制冷机的性能发生怎样的变化？因此，在本节中，讨论的前提是制冷压缩机的结构尺寸、转速、制冷剂都已给定，而变化的条件是制冷机的蒸发温度 T_0 及冷凝温度 T_k。

为了分析方便起见，本节着重讨论纯质制冷剂单级压缩、有过冷的制冷理论循环。

一、冷凝温度变化时制冷机的性能

可以计算当蒸发温度 T_0 不变、冷凝温度 T_k 变化时，循环状态参数的变化情形，如图 3-15 所示。若冷凝温度由 T_k 升高到 T_k'，则 1-2-3-4-5-6-1 变化为 1-2′-3′-4′-5′-6′-1。比较这两个循环可知，其性能指标发生了下列的变化：

1）单位制冷量由 q_0 减小到 q_0'。

2）单位压缩功由 w_0 增大到 w_0'。

3）吸入状态的比体积 v_1 不变。若忽略压缩机输气系数 λ 的变化，则制冷剂的质量流量不变。

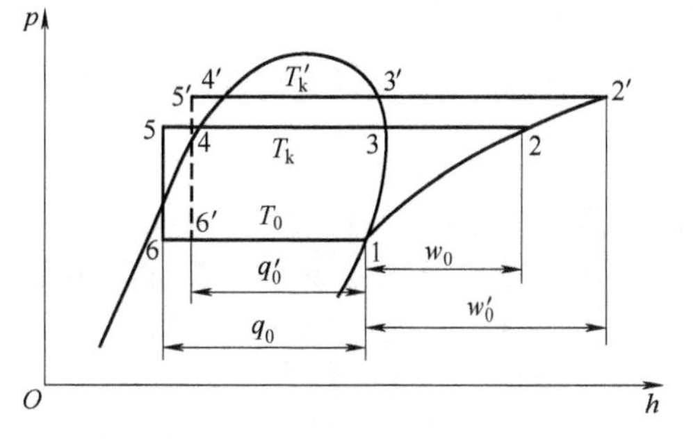

图 3-15　冷凝温度变化循环时循环状态参数的变化情形

4）由于 q_m 不变，q_0 减小到 q'_0，w_0 增大到 w'_0，因而制冷机的制冷量由 Q_0 减小到 Q'_0，而理论功率将由 P_a 增大到 P'_a。

5）由于 q_0 减小至 q'_0，而 v_1 不变，因此 q_v 将减小到 q'_v。

由此可得出结论，当蒸发温度 T_0 不变而冷凝温度 T_k 升高时，对于同一台制冷机来说，它的制冷量将要减小，而消耗的功率将要增大。因此，制冷系数将要降低。

当 T_0 不变而 T_k 降低时，对于同一台制冷机来说，其变化的情况正好相反。

二、蒸发温度变化时制冷机的性能

同样地，可以计算当冷凝温度 T_k 不变、蒸发温度 T_0 变化时，循环状态参数的变化情形，结果如图3-16所示。由图3-16可以看出，当冷凝温度 T_k 不变而蒸发温度由 T_0 降低到 T'_0 时，制冷循环由1-2-3-4-5-6-1变为1′-2′-3-4-5-6′-1′，蒸发压力相应地由 p_0 降低到 p'_0。这时，两个理论循环的性能发生了下列变化：

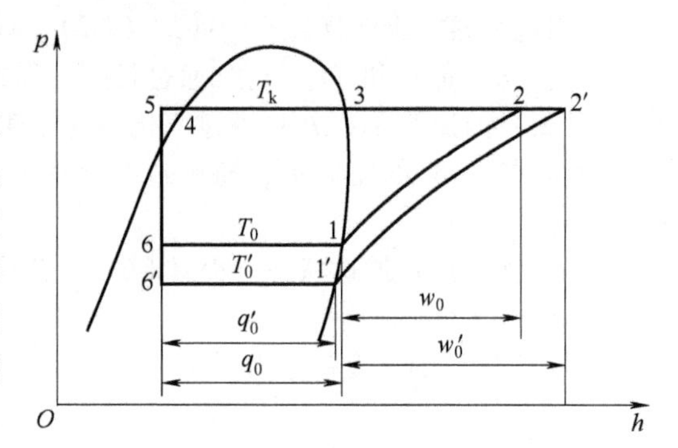

图3-16 蒸发温度变化时循环状态参数的变化情形

1）单位制冷量由 q_0 降低到 q'_0。

2）吸气比体积由 v_1 增大到 v'_1，流过制冷机的制冷剂流量由 q_m 减小到 q'_m，因而制冷量由 Q_0 减小到 Q'_0。

3）单位压缩功由 w_0 增大到 w'_0，但由于制冷剂的循环量减小，因此不能直接看出制冷机的功率 P_a 是增大还是减小。为了分析这一情况，可把制冷剂看作理想气体，因而其理论压缩功率可表示为

$$P_a = V_k \frac{\kappa}{\kappa - 1} p_0 \left[\left(\frac{p_k}{p_0} \right)^{\frac{\kappa-1}{\kappa}} - 1 \right] \tag{3-47}$$

式中，V_k 为压缩机排气量。

由式（3-47）可以看出，当 $p_0=p_k$ 及 $p_0=0$ 时，P_a 都等于零，因此当蒸发压力 p_0 由 p_k 变化到零时，P_a 必然存在一个最大值。将式（3-47）对 p_0 求导，并令其偏导数等于零，可以求出理论功率为极大值时的压比为

$$\left(\frac{p_k}{p_0} \right)_{P_a=\max} = \kappa^{\frac{\kappa}{\kappa-1}} \tag{3-48}$$

式中，κ 为制冷剂气体的等熵指数。

4）随着 T_0 的降低，循环的制冷系数必然减小，这一点是无需多作说明的。

由上述分析可知，当 T_k 不变而 T_0 降低时，制冷机的制冷量、制冷剂流量及制冷系数都是降低的，而压缩机的功率是增大还是减小，与变化前后的压比值有关。当 T_0 由 T_k 开始逐渐降低时，压缩机的功率有一最大值。这一情况会出现在压缩机的起动过程中。

值得注意的是：对不同的制冷剂来说，$\left(\frac{p_k}{p_0} \right)_{P_a=\max} = \kappa^{\frac{\kappa}{\kappa-1}}$ 的数值大致相等为3左右。由此可见，对于大多数制冷剂而言，当其压比大约等于3时，制冷机的功率最大。

图3-17表示当 T_0 不变而 T_k 变化时制冷机的特性。

图3-18表示当 T_k 不变而 T_0 变化时制冷机的特性。

图3-19表示制冷机实际制冷量 Q_0、轴功率 P_a 随蒸发温度 T_0 和冷凝温度 T_k 变化的情况。从这些图可以看出，其变化的规律和理论循环是一致的。这样的图通常是根据试验数据绘制的，称为制冷机的性能曲线图。

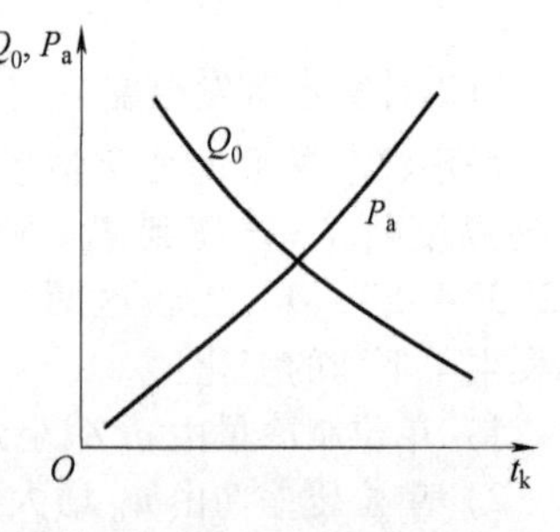

图3-17 T_0 不变 T_k 变化时制冷机的特性

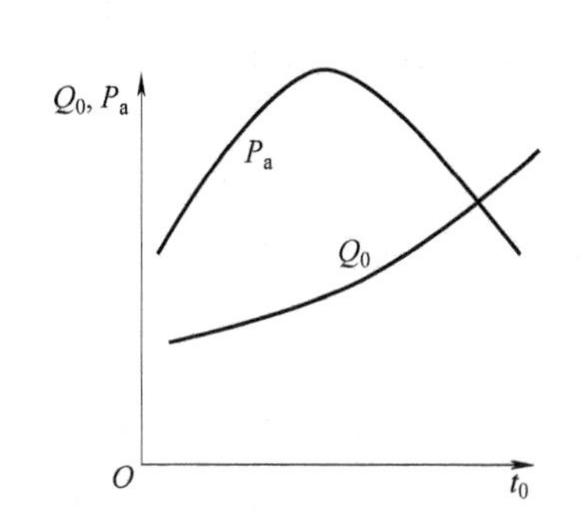

图 3-18 T_k 不变 T_0 变化时制冷机的特性

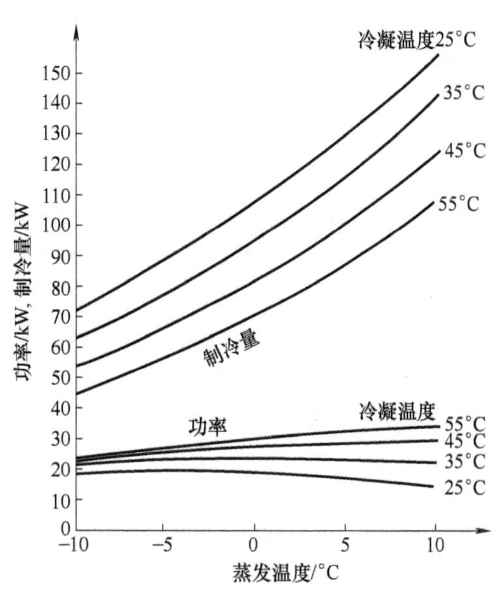

图 3-19 制冷机的性能曲线

三、单级压缩式制冷机的工况

由于制冷机的制冷量随蒸发温度和冷凝温度而变，故在说明一台制冷机的制冷量时，必须同时说明使用什么制冷剂和在怎样的冷凝温度和蒸发温度下工作。

在实用上，制冷机或制冷压缩机在试制定型之后，要进行性能测试（称为型式试验），以便能标定名义制冷量和功率，因此需要有一个公共约定的工况条件。另一方面，对制冷机的使用者来说，在比较和评价制冷机或制冷压缩机的容量及其他性能指标时，也需要有一个共同的比较条件。因此，对制冷机规定了几种“工况”，以作为比较制冷机性能指标的基础。这些“工况”的具体的温度数值根据各国的具体情况而定，同时也随制冷剂的种类而定。

所谓工况，是指制冷系统的工作条件。用来作为比较制冷机性能参考状态的工况一般应包括制冷机的蒸发温度、冷凝器温度、过冷温度、吸气过热温度等。与名义参数（通常规定在有关标准、产品铭牌或样本上）相应的温度条件称为名义工况。

不同国家或行业协会所规定的名义工况通常是不同的，因此在进行制冷机性能比较的时候必须明确所采用的名义工况的相关参数。例如，我国国家标准 GB/T 10079—2018《活塞式单级制冷剂压缩机（组）》就规定了有机制冷剂压缩机（组）的名义工况，见表 3-2。该表仅适用于有机制冷剂的活塞式单级制冷剂压缩机，不适用于无机制冷剂如 R717、R718、R744 等活塞式单级制冷剂压缩机。从表中还可以看出，用于制冷和用于热泵，名义工况是不一样的；用于制冷时，不同制冷温度，其名义工况也是不一样的。

表 3-2 有机制冷剂压缩机（组）的名义工况

应用		吸气饱和（蒸发）温度/℃	排气饱和（冷凝）温度/℃	吸气温度/℃	过冷度/K
制冷	高温	10	46	21	8.5
		7.0	54.5	18.5	8.5
	中温	-6.5	43.5	4.5/18.5	0
	低温	-31.5	40.5	4.5/-20.5	0
热泵		-15	35	-4	8.5

第五节　制冷循环的热力学第二定律分析

一、意义

热力学第二定律不仅可以判断过程的发展方向、能量的品质，而且还可以用来分析系统内部的各种损失。一个实际过程或循环，总是存在着各种不可逆过程，单级蒸气压缩式制冷机的实际循环也不例外。从分析循环损失着手，可以知道一个实际循环偏离理想可逆循环的程度、循环各部分损失的大小，从而可以指明提高循环经济性的途径。

目前在制冷工程中用来分析损失的方法，除了热力学第一定律分析能量在数量上的损失外，还经常采用基于热力学第二定律的熵分析法和㶲分析法两种。下面分别简单介绍这两种方法。

二、熵分析法

由热力学理论可知，对于一个由制冷机及其环境（包括被冷却物体及冷却介质）所构成的孤立系统，当其中进行的过程完全可逆时系统的熵保持不变。若过程不可逆，则系统的熵要增大，即

$$\Delta S_{sys}=\sum\Delta S_i\geqslant 0 \tag{3-49}$$

式中，ΔS_i 表示系统各部分由于发生不可逆过程导致的熵的增量。

对于逆向循环，不可逆过程将导致循环多消耗一部分附加功。由古伊-斯托多拉定理（斯托道拉原理）可知，不可逆过程引起的附加功等于大气环境的温度 T_a 与系统由于发生不可逆过程导致熵的增量的乘积。若某一不可逆过程引起的系统的熵增为 ΔS_i，则它多消耗的附加功 W_i 可表示为

$$W_i=T_a\Delta S_i \tag{3-50}$$

而循环的各个不可逆过程引起的总的附加功应等于各个过程的附加功的总和 $\sum W_i$。

若制冷循环所消耗的功为 W，它比完全可逆循环所消耗的功 W_{min} 要大 $\sum W_i$，因此

$$W=W_{min}+\sum W_i \tag{3-51}$$

由此，实际循环的热力完善度可表示为

$$\eta=\frac{\varepsilon}{\varepsilon_c}=\frac{Q_0/W}{Q_0/W_{min}}=\frac{W_{min}}{W}=1-\frac{\sum W_i}{W}=1-\sum\beta_i \tag{3-52}$$

式中，β_i 为某一不可逆过程的附加功在实际循环耗功中所占的百分数。根据 β_i 值，可以知道这一制冷系统中各个不可逆过程对系统的影响程度，从而为改进系统的经济性提供理论依据。

例 3-3　试用熵分析法分析例 3-2 循环的损失。参考例 3-2 的计算结果，得循环各点的状态参数如下表所示，其 p-h 图如图 3-14 所示，相应的 T-s 图如图 3-20 所示。

状态点	参数	单位	数值	备注
0	p_0	kPa	116	$t_0=t'_0-5=-18-5=-23$
	t_0	℃	-23	
	h_0	kJ/kg	382.9	
	s_0	kJ/(kg·K)	1.7376	
1	p_1	kPa	116	
	t_1	℃	0	
	h_1	kJ/kg	401.6	
	s_1	kJ/(kg·K)	1.8091	
2_s	p_{2s}	kPa	1016	由图查得
	t_{2s}	℃	71.5	
	h_{2s}	kJ/kg	452.1	
	s_{2s}	kJ/(kg·K)	1.8091	

（续）

状态点	参数	单位	数值	备注
2	p_2	kPa	1016	由图查得
	t_2	℃	87.4	
	h_2	kJ/kg	468.9	
	s_2	kJ/(kg·K)	1.8567	
3	p_3	kPa	1016	$t_3=t_a+8=32+8=40$
	t_3	℃	40	
	h_3	kJ/kg	256.2	
	s_3	kJ/(kg·K)	1.1886	
4	p_4	kPa	1016	根据 p_4、h_4 查图由热平衡式算出
	t_4	℃	27.3	
	h_4	kJ/kg	237.5	
	s_4	kJ/(kg·K)	1.1284	
5	p_5	kPa	116	
	t_5	℃	-23	
	h_5	kJ/kg	237.5	
	s_5	kJ/(kg·K)	1.1568	

解　由例3-2循环的热力计算结果可知，实际循环输入功 W 为

$$W=23.163\text{kW}$$

逆卡诺循环消耗的功 W_{min} 为

$$W_{min}=\frac{Q_0}{\varepsilon_c}=\frac{50}{5.103}\text{kW}=9.798\text{kW}$$

故实际循环比逆卡诺循环所多消耗的理论功为

$$\Delta W=W-W_{min}=(23.163-9.798)\text{kW}=13.365\text{kW}$$

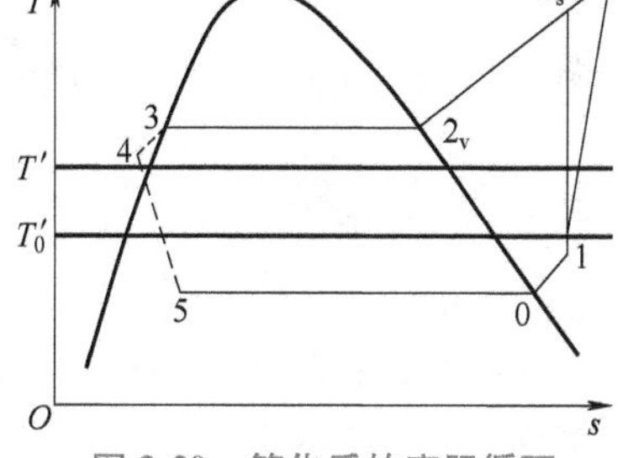

图3-20　简化后的实际循环在 T-s 图上的表示

下面用熵增来计算多消耗的功。在制冷系统中，制冷剂经过循环变化之后其熵值不变，因此，孤立系统的熵增可根据被冷却物体及环境介质熵的变化来计算。

被冷却物体熵的变化是

$$\Delta S_R=-\frac{Q_0}{T'_0}=-\frac{50}{255.15}\text{kW/K}=-0.1960\text{kW/K}$$

高温热源熵的变化是

$$\Delta S_a=\frac{Q_k}{T_a}=\frac{73.17}{305.15}\text{kW/K}=0.2398\text{kW/K}$$

故，孤立系统的熵增为

$$\Delta S_{sy}=\Delta S_R+\Delta S_a=(-0.1960+0.2398)\text{kW/K}=0.0438\text{kW/K}$$

制冷循环总的多消耗的功为

$$\Delta W=T_a\Delta S_{sy}=305.15\times0.0438\text{kW}=13.365\text{kW}$$

此值与上面算出的结果完全相符。

现在再来分析循环的各个过程因不可逆而引起的损失。

压缩过程的损失为

$$W_{comp}=T_a(s_2-s_1)q_m=305.15\times(1.8567-1.8091)\times0.344\text{kW}=4.9966\text{kW}$$

冷凝过程的损失为

$$W_{cond}=T_a\left[\frac{Q_k}{T_a}-(s_2-s_3)q_m\right]$$

$$=305.15\left[\frac{73.17}{305.15}-(1.8567-1.1886)\times 0.344\right]\text{kW}=3.0185\text{kW}$$

节流过程的损失为

$$W_{\text{exp}}=T_{\text{a}}(s_5-s_4)q_m=305.15\times(1.1568-1.1284)\times 0.344\text{kW}=2.9812\text{kW}$$

蒸发过程的损失为

$$W_{\text{evap}}=T_{\text{a}}\left[(s_0-s_5)q_m-\frac{Q_0}{T'_0}\right]$$

$$=305.15\left[(1.7376-1.1568)\times 0.344-\frac{50}{255.15}\right]\text{kW}=1.1693\text{kW}$$

回热过程的损失为

$$W_{\text{rec}}=T_{\text{a}}[(s_1-s_0)-(s_3-s_4)]q_m=305.15\times[(1.8091-1.7376)-(1.1886-1.1284)]\times 0.344\text{kW}=1.1862\text{kW}$$

各部分损失之和

$$\sum W_i=W_{\text{comp}}+W_{\text{cond}}+W_{\text{exp}}+W_{\text{evap}}+W_{\text{rec}}=(4.9966+3.0185+2.9812+1.1693+1.1862)\text{kW}=13.3518\text{kW}$$

由此求得的$\sum W_i$与ΔW相等（相对计算误差小于0.1%，这一误差是由数值计算误差累积所致）。

循环热力完善度为

$$\eta=\frac{\varepsilon}{\varepsilon_{\text{c}}}=1-\frac{\sum W_i}{W}=1-\frac{13.3518}{23.163}=0.4236$$

三、㶲分析法

（一）㶲的概念

根据热力学第二定律，一种形式的能量并不总是可以完全转换为功。从这一角度出发，可以把能量看成由两个部分组成：可转换的部分与不可转换的部分，前者称为㶲，后者称为𬌗。机械能（动能、位能和机械功）、电能，由于它们原则上可以全部转变为功，因此全为㶲。热力学能和热能则既包含㶲，又包含𬌗，只有环境状态下的热力学能和环境温度下的热能全为𬌗。能量中㶲比例越大，表示它能转化为有用功（也叫技术功）的部分越大，它的品质也就越高。

热力学中对㶲所下的定义随能量的形式及过程特性而异。下面仅介绍制冷工程中常用的热量（冷量）㶲和制冷剂的焓㶲。

1. 热量（冷量）㶲

热量是过程量，按照㶲的定义，热源在温度T时放出的$\mathrm{d}Q$热量中可转换成有用功的部分就是它的㶲。若设想在一个可逆的卡诺循环机中转换，此时环境温度为T_{a}，则它的㶲可写成

$$\mathrm{d}E_{\text{q}}=\left(1-\frac{T_{\text{a}}}{T}\right)\mathrm{d}Q \tag{3-53}$$

如果热源在放热过程中温度由T_1降至T_2，放出的热量为Q，则Q的㶲可表示为

$$E_{\text{q}}=\int_{T_2}^{T_1}\left(1-\frac{T_{\text{a}}}{T}\right)\mathrm{d}Q \tag{3-54}$$

由式（3-54）可以看出，热量㶲是一与过程有关的量。如果热源放热时温度T保持不变，则

$$E_{\text{q}}=\left(1-\frac{T_{\text{a}}}{T}\right)Q \tag{3-55}$$

上式对于$T<T_{\text{a}}$、$T=T_{\text{a}}$和$T>T_{\text{a}}$都成立。若$T>T_{\text{a}}$，则E_{q}和Q的符号相同，表示从一定的热量Q中可得到最大功E_{q}。若$T<T_{\text{a}}$，则E_{q}表示为从低于环境温度的热源中取出热量Q（冷量）所需要消耗的最小功；若取制冷剂吸收的热量Q为正，则E_{q}是负值，即表示系统消耗功。当$T=T_{\text{a}}$时$E_{\text{q}}=0$，即在环境温度下热量的㶲为零，因而没有做功能力。

2. 焓㶲

流动的流体所具有的㶲称为焓㶲，其定义是

$$E_x = H - H_a - T_a(S - S_a) \tag{3-56}$$

单位质量流体的焓㶲称为比焓㶲，可表示为

$$e_x = h - h_a - T_a(s - s_a) \tag{3-57}$$

由式（3-57）可以看出，比焓㶲在环境状态确定后是一状态参数，与所经历的过程无关。

除了上述关于㶲的定义外，㶲效率也是一个很重要的概念。㶲效率可用来衡量一个技术过程的热力学完善程度，它的定义是

$$\eta_E = \frac{E_{out}}{E_{in}} \tag{3-58}$$

式中，E_{in}和E_{out}代表外界提供给系统的㶲和系统输出给外界的㶲。对于压缩蒸气式制冷循环来说，有

$$\eta_E = E_{q0}/W \tag{3-59}$$

式中，E_{q0}表示冷量Q_0的㶲，即系统输出给低温物体的㶲，W表示压缩机所消耗的功。比较式（3-59）和式（3-52）可以看出，制冷循环的㶲效率实际上就是循环的热力完善度。

（二）制冷循环中各个过程的㶲分析

下面以单级蒸气压缩式制冷回热循环为例，介绍制冷循环中各过程㶲损失值的计算，循环在 p-h 图上的表示如图 3-14 所示，制冷剂在各状态点的㶲值可通过式（3-57）计算。要计算过程㶲损失，只要列出该过程的㶲平衡方程就可以了。

1. 压缩过程（1-2）

外界向压缩机提供的㶲就是压缩功（$w = h_2 - h_1$），因此，压缩过程㶲平衡方程为

$$w + e_1 = e_2 + \Delta e_{com} \tag{3-60}$$

压缩过程的㶲损失为

$$\Delta e_{com} = w + e_1 - e_2 \tag{3-61}$$

如果压缩过程为可逆过程，则 $s_1 = s_2$，由上述各式和式（3-58）可知，Δe_{com}为 0。

2. 冷凝器中的冷却冷凝过程（2-3）

冷却冷凝过程是把制冷剂的热量传给环境，环境得到的㶲为 0，因此，冷却冷凝过程㶲平衡方程为

$$e_2 = e_3 + \Delta e_{con} \tag{3-62}$$

冷却冷凝过程的㶲损失为

$$\Delta e_{con} = e_2 - e_3 \tag{3-63}$$

3. 回热过程（3-4，0-1）

回热过程是有温差的换热过程，忽略回热过程向外界的漏热，则其㶲平衡方程为

$$e_3 + e_0 = e_4 + e_1 + \Delta e_{rec} \tag{3-64}$$

回热过程的㶲损失为

$$\Delta e_{rec} = (e_3 - e_4) - (e_1 - e_0) \tag{3-65}$$

4. 节流过程（4-5）

假设节流过程为绝热过程，则其㶲平衡方程为

$$e_4 = e_5 + \Delta e_{thr} \tag{3-66}$$

节流过程的㶲损失为

$$\Delta e_{thr} = e_4 - e_5 \tag{3-67}$$

5. 蒸发过程（5-0）

蒸发过程也是有温差的换热过程，忽略蒸发过程向外界的漏冷，则其㶲平衡方程为

$$e_5 + \frac{E_{q0}}{q_m} = e_0 + \Delta e_{eva} \tag{3-68}$$

其中，E_{q0}为制冷剂从低温冷源吸热所带入的热量㶲，它由式（3-54）计算得到，q_m 为制冷剂的质量流量。因此，蒸发过程的㶲损失为

$$\Delta e_{eva}=e_5-e_0+\frac{E_{q0}}{q_m} \tag{3-69}$$

值得指出的是，根据式（3-54），E_{q0}为一负值。这意味着制冷剂在吸热蒸发时，㶲是减小的，其减小量的绝对值就是低温冷源所得到的㶲的绝对值，后者就是所谓的冷量㶲。

例 3-4　试用㶲分析法分析例3-2循环的损失。各状态点参数见例3-3的表格。

解　由于制冷剂的焓㶲在环境状态一定时为状态参数，因此可以任意取定参考零点，本例中取状态点3为参考零点，按式（3-57）计算得到各状态点制冷剂的比㶲值，列表如下：

状态点	0	1	2_s	2	3	4	5
e/(kJ/kg)	-40. 829	-43. 946	6. 554	8. 828	0	-0. 331	-8. 998

下面再分析压缩、冷凝、回热、节流和蒸发等过程的㶲损失。

压缩过程的㶲损失为

$$\Delta e_{com}=w+e_1-e_2=[67.3+(-43.946)-8.828]\text{kJ/kg}=14.526\text{kJ/kg}$$

冷却冷凝过程的㶲损失为

$$\Delta e_{con}=e_2-e_3=(8.828-0)\text{kJ/kg}=8.828\text{kJ/kg}$$

回热过程的㶲损失为

$$\begin{aligned}\Delta e_{rec}&=(e_3-e_4)-(e_1-e_0)=[0-(-0.331)]\text{kJ/kg}\\&\quad-[(-43.946)-(-40.829)]\text{kJ/kg}=3.448\text{kJ/kg}\end{aligned}$$

节流过程的㶲损失为

$$\Delta e_{thr}=e_4-e_5=[-0.331-(-8.998)]\text{kJ/kg}=8.667\text{kJ/kg}$$

冷量㶲的计算式为

$$E_{q0}=\left(1-\frac{T_a}{T}\right)Q_0=\left(1-\frac{305.15}{255.15}\right)\times 50\text{kW}=-9.798\text{kW}$$

蒸发过程的㶲损失为

$$\begin{aligned}\Delta e_{eva}&=e_5-e_0+\frac{E_{q0}}{q_m}=\left[-8.998-(-40.829)-\frac{-9.798}{0.344}\right]\text{kJ/kg}\\&=3.348\text{kJ/kg}\end{aligned}$$

总的㶲损失为

$$\Delta e_{total}=[14.526+8.828+3.448+8.667+3.348]\text{kJ/kg}=38.817\text{kJ/kg}$$

各部分㶲损失占压缩机消耗功的百分数为：压缩机21. 58%，冷凝器13. 12%，回热器5. 12%，节流部件12. 88%，蒸发器4. 97%。

循环总㶲效率为

$$\begin{aligned}\eta_e&=1-\sum\eta_D=1-(0.2158+0.1312+0.0512+0.1288+0.0497)\\&=0.4233=42.33\%\end{aligned}$$

由例3-3循环的计算结果可知，该循环的热力完善度为0. 4236，与上述结果仅差0. 07%，而且该误差是由数值计算所引起的。

从上面的分析可以看出，最大的㶲损失发生在压缩机中，因此提高压缩机的效率可以减少㶲损失。此外，减少冷凝器、回热器和蒸发器等传热设备的平均传热温差也是减少㶲损失的有效途径。

第四章

两级压缩和复叠制冷循环

第一节 概述

为获得-40℃以下的低温往往需要采取两级压缩或复叠制冷循环，主要有两方面原因：

1. 单级蒸气压缩式制冷循环压比的限制

由于蒸气压缩式制冷循环的冷凝温度受到环境条件的限制，在常温冷却条件下，采用单级压缩式制冷循环能够获得的低温程度有限。制约因素是单级压比和排气温度。由前述单级蒸气压缩式制冷循环特性分析可知，在冷凝温度 t_k 一定的条件下，蒸发温度 t_0 越低，其循环的压比 p_k/p_0 越大。对于容积式压缩机，压比升高，压缩机的容积效率下降，压缩过程不可逆损失增加，压缩机效率降低，引起制冷量和 COP 明显下降，压缩机排气温度也会上升，甚至会超过允许的限制值；对于离心式压缩机，单级叶轮可以达到的压比取决于轮周速度和制冷剂的相对分子质量，通常单级压缩的压比只能达到3~4，轮周速度相同时，轻分子制冷剂的单级压比更小。单级蒸气压缩式制冷循环压比一般不超过10。在通常的环境条件下，在允许压比范围的最大值时，常用的中温制冷剂一般只能获得-20~-40℃的低温。如果为得到更低温度而进行超压比运行，则会使实际压缩过程更偏离等熵压缩过程，引起压缩机排温升高、效率降低、功耗增大。甚至造成系统内制冷剂和润滑油分解，运转条件恶化，危害压缩机的正常工作。因此，可以实行分级压缩，从而避免压比过大和排气温度过高带来的危害，获得较低的蒸发温度。

2. 制冷剂热物理特性的限制

由于制冷剂有高温制冷剂、中温制冷剂和低温制冷剂之分，各种制冷剂又具有不同的热物理特性。当蒸发温度很低时，蒸发压力也相应很低。当蒸发压力低于大气压时，一方面使空气渗漏入制冷系统内的可能性增大，不利于制冷机的正常工作；另一方面由于输气系数降低及蒸气比容积增大，使压缩机气缸尺寸增大，运行经济性降低。对于容积式压缩机，因阀门自动启闭特性，当吸气压力降低到16kPa以下时，压缩机已难以正常工作。因此，中温制冷剂的多级压缩制冷机的蒸发温度也不可能很低。例如，如果采用R134a及R22等中温制冷剂，当 t_0=-80℃ 时，蒸发压力已在10Pa以下，而氨在-77.7℃时已经凝固。因此，为了获得更低的温度，采用单一中温制冷剂的多级压缩循环，将受到蒸发压力过低或制冷剂凝固点的限制。如果采用低温制冷剂，如R23时，其沸点 t_s=-82.1℃、凝固点 t_f=-155℃、临界点 t_c=25.6℃、p_c=4.833MPa，虽然不存在蒸发压力过低和制冷剂凝固等问题，但对于通常以环境水和空气为冷却介质的制冷循环，势必会造成R23超临界循环，这样对于低温制冷剂，又受到临界温度过低的限制。因此，制取比两级压缩制冷循环更低的温度时，往往选用复叠式制冷循环。

由此可以得出结论：要获取-60℃以上的低温，采用中温制冷剂的两级压缩制冷循环，可使压缩机压比减小，工作效率提高。当需要获取-60℃以下的低温时，应采用中温制冷剂与低温制冷剂复叠的制冷循环。一般，两个单级压缩制冷循环复叠用于获取-60~-80℃低温；三个单级压缩制冷循环复叠用于获得-80~-120℃的低温。

第二节　两级压缩制冷循环及热力计算

所谓两级压缩制冷循环，就是制冷剂气体从蒸发压力提高到冷凝压力的过程分两个阶段（先经低压级压缩到中间压力，中间压力下的气体经过中间冷却后再到高压级进一步压缩到冷凝压力）的制冷循环。

根据中间压力下低压压缩机排气的冷却程度不同，中间冷却可分为中间完全冷却和中间不完全冷却。中间完全冷却就是使低压级的排气完全降低到中间压力下的饱和温度（即高压级压缩机吸入的是中间压力下的饱和蒸气）；中间不完全冷却则是低压级的排气并没有降低到中间压力下的饱和温度，此时高压级压缩机吸入的是中间压力下的过热蒸气。

根据制冷剂从冷凝压力节流到蒸发压力所需要的节流次数，可分为一级节流和两级节流。一级节流是将冷凝压力 p_k 下的制冷剂液体，直接节流到蒸发压力 p_0，而两级节流则是先从冷凝压力节流到中间压力，再从中间压力节流到蒸发压力。

因此，根据中间冷却过程和节流次数的不同，两级压缩制冷循环主要可以分为：一级节流中间完全冷却循环，一级节流中间不完全冷却循环；两级节流中间完全冷却循环，两级节流中间不完全冷却循环；某些特殊情况下，为简化机组，还可采用一级节流中间不冷却循环。选用哪种循环形式应根据具体情况来决定。

中间冷却程度的选择取决于制冷剂的性质。一般情况下，在单级制冷循环中，适宜采用回热循环的制冷剂（如大多数氟利昂制冷剂），在两级压缩制冷循环中就适宜采用中间不完全冷却循环；而在单级制冷循环中，采用回热循环不利的制冷剂（如氨等），在两级压缩制冷循环中就适宜采用中间完全冷却循环。

节流方式的选择则应该根据实际系统来决定。由于一级节流循环存在中间冷却器冷端温差，而两级节流循环的第二次节流前的制冷剂液体温度为中间压力下的饱和温度，在其他条件相同的情况下，一级节流循环节流后的闪发蒸气多，进蒸发器的制冷剂干度较大，故单位制冷量和COP均比两级节流循环小。因此，就循环的经济性而言，两级节流优于一级节流。但是一级节流循环在实际应用上具有以下好处：供液压差大，系统简化，并且由于节流阀前后的压差大，节流阀的尺寸小，节流前液体的过冷度大，不易闪蒸。而两级节流的每级节流阀上的压降要小许多，相同流量下要求用大口径的节流阀，同时还要保证两只节流阀的流量调节相协调。再则，由于第二级节流阀前制冷剂液体为饱和状态，且温度较低又无过冷，很容易出现节流阀前的闪蒸问题。所以，从简化系统和便于操作及控制角度方面考虑，两级压缩制冷循环大多采用一级节流循环。

一、两级压缩一级节流循环

（一）两级压缩一级节流中间不完全冷却循环

两级压缩一级节流中间不完全冷却循环由低压级压缩机A、高压级压缩机B、水冷冷凝器C、节流阀D、中间冷却器E、回热器F和蒸发器G组成。如图4-1所示，从冷凝器出来的高压液体被分成两部分：一部分经中间冷却器、节流阀节流，其压力降到中间压力，在中间冷却器中蒸发；另一部分在盘管内流经中间冷却器，通过盘管与管

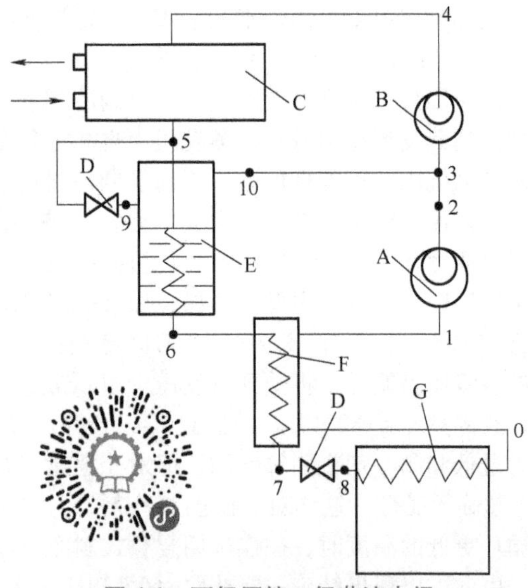

图4-1　两级压缩一级节流中间不完全冷却循环系统图

A—低压级压缩机　B—高压级压缩机　C—水冷冷凝器　D—节流阀　E—中间冷却器　F—回热器　G—蒸发器

外中间压力下蒸发的制冷剂蒸气进行热交换，达到过冷的目的。然后再进入回热器进一步过冷，并由节流阀节流，使其从冷凝压力降到蒸发压力后在蒸发器内蒸发制冷。由蒸发器出来的制冷剂饱和蒸气经回热器复热后，被低压级压缩机吸入，并被压缩到中间压力，排送到高压级压缩机的吸气管内，与中间冷却器出来的饱和蒸气混合后进入高压级压缩机压缩到冷凝压力，在水冷冷凝器中冷凝成为高压液体，然后再次进行循环。

与图 4-1 相对应，图 4-2 为两级压缩一级节流中间不完全冷却循环的 *p-h* 图和 *T-s* 图。其中 1-2 和 3-4 过程分别表示低压级和高压级压缩机的压缩过程。2-3 和 10-3 表示低压级排气与从中间冷却器出来的制冷剂蒸气的混合过程。点 3 为中间压力下的过热状态，即高压级压缩机的吸气状态。4-5 为冷凝器的冷凝过程。5-6 为流出冷凝器的部分高压液体在中间冷却器的过冷过程。5-9 为出冷凝器的另一部分高压液体进中间冷却器前的节流过程。9-10 为中间冷却器内制冷剂的蒸发过程。6-7 为出中间冷却器的高压液体在回热器的过冷过程。7-8 表示由回热器出来的有一定过冷度的制冷剂液体进入蒸发器前的节流过程。8-0 表示制冷剂在蒸发器内的蒸发（制冷）过程。0-1 表示从蒸发器出来的制冷剂蒸气在回热器中的复热过程。点 1 为低压级压缩机的吸气状态。对于等熵指数 κ 较小的氟利昂来说，采用这种不完全冷却循环方式，虽然高压级压缩机吸入的是过热蒸气，其高压级压缩机的排气温度也不会很高，整个循环的各项性能指标可以达到较好水平。因此，绝大多数氟利昂中温制冷剂，对于此循环是适合的。

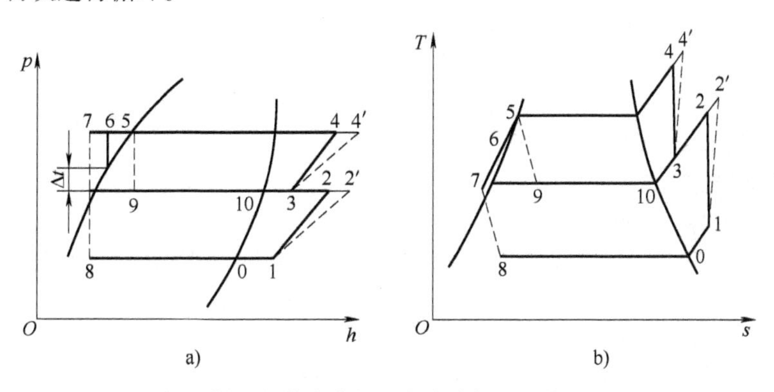

图 4-2　两级压缩一级节流中间不完全冷却循环的 *p-h* 图和 *T-s* 图

（二）两级压缩一级节流中间完全冷却循环

两级压缩一级节流中间完全冷却循环与不完全冷却循环的区别在于高压级压缩机吸入的制冷剂蒸气为饱和状态而非过热状态。它是将低压级压缩机的排气引入中间冷却器，引起中间冷却器中中压液体制冷剂蒸发而放出其过热量，变成饱和蒸气。这样，既可增加高压级压缩机制冷剂流量，又不致造成排气温度过高。这种循环对于等熵指数较大的制冷剂（如 R717）是有利的。

图 4-3 示出了两级压缩一级节流中间完全冷却循环的系统图。由蒸发器出来的低压蒸气被低压级压缩机吸入，压缩至中间压力后送入中间冷却器，与其中的中压液体制冷剂进行热交换，温度降低到中间压力对应的饱和温度。然后由高压级压缩机压缩到冷凝压力，并在冷凝器中冷凝成为液体。从冷凝器出来的液体分成两路：一路进入中间冷却器的盘管中降低温度，变成过冷液体，经节流阀降压后到蒸发器蒸发制冷；另一路经节流阀降压后进入中间冷却器蒸发，为冷却低压级压缩机排送到中间冷却器的过热蒸气和盘管内的制冷剂提供冷量。所产生的制冷剂饱和蒸气随即被高压级压缩机吸入。

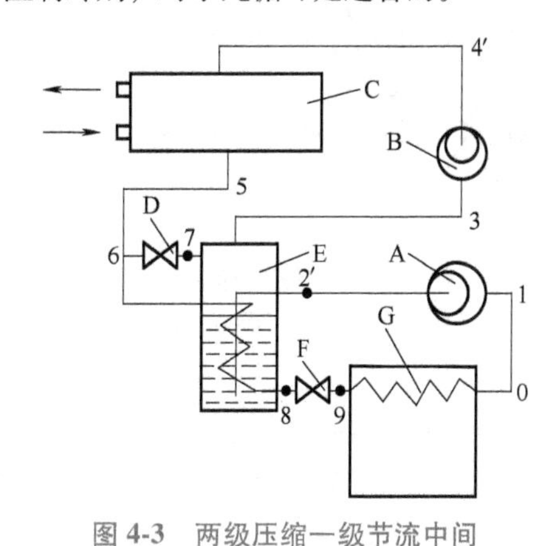

图 4-3　两级压缩一级节流中间完全冷却循环的系统图

A—低压级压缩机　B—高压级压缩机
C—冷凝器　D、F—节流阀
E—中间冷却器　G—蒸发器

与图 4-3 相对应，图 4-4 为两级压缩一级节流中间完全冷却循环的 *p-h* 图和 *T-s* 图。图中 1-2 和

3-4 为低压级和高压级的压缩机压缩过程。2-3 为低压级压缩机排气在中间冷却器内的冷却过程。4-5 为高压级压缩机排气在冷凝器内的冷却和冷凝过程。5-7 为中间冷却器节流阀的节流过程。7-3 为部分制冷剂液体在中间冷却器内的蒸发过程。点 3 为中间压力下的饱和状态。5-8 为另一部分制冷剂液体在中间冷却盘管内过冷的过程。8-9 为过冷液体的节流过程。9-0 为制冷剂液体在蒸发器内的蒸发过程。0-1 为制冷剂蒸气在低压级压缩机吸气管中的过热过程。中间冷却器盘管中高压液体过冷后的温度 t_8 一般应较中间冷却器温度 t_m 高 3~5℃。

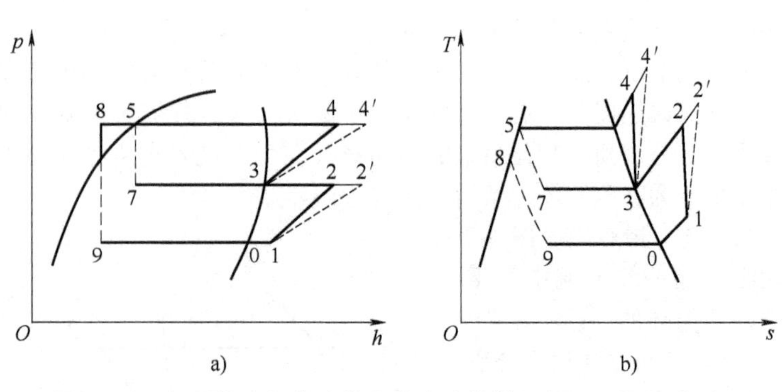

图 4-4　两级压缩一级节流中间完全冷却循环的 *p-h* 图和 *T-s* 图

（三）两级压缩一级节流制冷循环的性能指标计算

与单级压缩蒸气制冷循环一样，两级压缩制冷循环性能指标计算需要借助 *p-h* 图（或 *T-s* 图）。在制冷量 Q_0 已知的情况下，首先应根据给定的使用条件确定冷凝温度 t_k 和蒸发温度 t_0，以及压缩机吸气温度 t_1 和高压液体的过冷温度 t_b。再在 *p-h* 图上找出相应的冷凝压力 p_k 和蒸发压力 p_0，并按上述温度参数找到各相应的状态点。同时选择并确定中间压力 p_m 和中间温度 t_m。最后按这些反映在 *p-h* 图（或 *T-s* 图）上的状态点，查出其状态参数就可以进行循环性能指标计算。计算按先低压级后高压级的顺序进行，直到求得整个循环的冷凝热负荷、理论和实际的制冷系数。

1. 一级节流中间不完全冷却循环性能指标计算

1）蒸发器中的单位制冷量 q_0（kJ/kg）。

$$q_0 = h_0 - h_8 \tag{4-1}$$

2）低压级压缩机单位理论功 w_d（kJ/kg）。

$$w_d = h_2 - h_1 \tag{4-2}$$

3）低压级压缩机流量 q_{md}（kg/s）。

$$q_{md} = \frac{Q_0}{q_0} = \frac{Q_0}{h_0 - h_8} \tag{4-3}$$

式中，Q_0 为制冷机的设计冷量（kW 或 kJ/s）。

4）低压级压缩机体积流量 q_{Vd}（m^3/s）。

$$q_{Vd} = q_{md} v_1 \tag{4-4}$$

式中，v_1 为压缩机吸气状态的比体积（m^3/kg）。

5）低压级压缩机所需的实际功率（轴功率）P_{ed}（kW）。

$$P_{ed} = \frac{q_{md} w_d}{\eta_d} = \frac{Q_0}{h_0 - h_8} \frac{h_2 - h_1}{\eta_d} \tag{4-5}$$

式中，η_d 为低压级压缩机轴效率，$\eta_d = \eta_{id}\eta_{md}$；其中 η_{id} 为低压级压缩机指示效率，η_{md} 为低压级压缩机机械效率。

6）低压级压缩机理论排量（体积流量）q_{Vhd}（m^3/h）。

$$q_{Vhd} = 3600 \frac{q_{Vd}}{\lambda_d} = 3600 \frac{Q_0}{h_0 - h_8} \frac{v_1}{\lambda_d} \tag{4-6}$$

式中，λ_d 为低压级压缩机输气系数。在数值上可近似地按相同压比时的单级蒸气压缩式制冷循环的压缩机输气系数的 90% 计算。

为了得到高压级压缩机的流量，可利用中间冷却器的热平衡关系求出。由图 4-1 的系统可知，

一级节流中间不完全冷却循环的中间冷却器热平衡关系为

$$(q_{mg}-q_{md})h_5+q_{md}(h_5-h_6)=(q_{mg}-q_{md})h_{10}$$

7）由热平衡关系式得高压级压缩机流量 q_{mg}（kg/s）。

$$q_{mg}=q_{md}\frac{h_{10}-h_6}{h_{10}-h_5}=\frac{Q_0}{h_0-h_8}\frac{h_{10}-h_6}{h_{10}-h_5} \tag{4-7}$$

确定 h_6 时，可取 t_6 比中间压力下的饱和温度高 3～5℃。

高温级压缩机的吸气状态与中间冷却器出来的制冷剂蒸气状态以及低压级压缩机排气状态有关，这两部分蒸气混合过程的热平衡关系为

$$(q_{mg}-q_{md})h_{10}+q_{md}h_{2'}=q_{mg}h_3$$

则得混合点 3 的比焓 h_3（kJ/kg）为

$$h_3=\frac{q_{mg}h_{10}+q_{md}(h_{2'}-h_{10})}{q_{mg}}=h_{10}+\frac{h_{10}-h_5}{h_{10}-h_6}(h_{2'}-h_{10}) \tag{4-8}$$

8）高压级压缩机单位理论功 w_g（kJ/kg）。

$$w_g=h_4-h_3 \tag{4-9}$$

9）高压级压缩机所需的实际功率 P_{eg}（kW）。

$$P_{eg}=\frac{q_{mg}w_g}{\eta_g}=\frac{Q_0}{h_0-h_8}\frac{h_{10}-h_6}{h_{10}-h_5}\frac{h_4-h_3}{\eta_g} \tag{4-10}$$

式中，η_g 为高压级压缩机轴效率，$\eta_g=\eta_{ig}\eta_{mg}$。

10）高压级压缩机理论排气量 q_{Vhg}（m^3/h）。

$$q_{Vhg}=3600\frac{q_{Vg}}{\lambda_g}=3600\frac{q_{mg}v_3}{\lambda_g}$$

$$=3600\frac{Q_0}{h_0-h_8}\frac{h_{10}-h_6}{h_{10}-h_5}\frac{v_3}{\lambda_g} \tag{4-11}$$

式中，λ_g 为高压级压缩机输气系数；v_3 为高压级压缩机吸气状态的制冷剂蒸气比体积（m^3/kg）。

11）循环的冷凝热负荷 Q_k（kJ/s）。

$$Q_k=q_{mg}(h_{4'}-h_5) \tag{4-12}$$

12）循环的理论制冷系数 ε_0。

$$\varepsilon_0=\frac{Q_0}{q_{md}w_d+q_{mg}w_g}=\frac{h_0-h_8}{(h_2-h_1)+\dfrac{h_{10}-h_6}{h_{10}-h_5}(h_4-h_3)} \tag{4-13}$$

13）循环的实际制冷系数 ε_{sr}。

$$\varepsilon_{sr}=\frac{Q_0}{q_{md}\dfrac{w_d}{\eta_d}+q_{mg}\dfrac{w_g}{\eta_g}} \tag{4-14}$$

2. 一级节流中间完全冷却循环的性能指标计算

中间完全冷却循环性能指标的计算方法，与中间不完全冷却循环基本相同。但由于中间冷却器结构有所不同，引起高压级流量及其吸气状态的计算方法存在一定差异。

高压级流量由完全冷却中间冷却器的热平衡关系确定，根据图 4-3 可得

$$q_{md}h_{2'}+q_{md}(h_5-h_8)+(q_{mg}-q_{md})h_5=q_{mg}h_3$$

则

$$q_{mg}=q_{md}\frac{h_{2'}-h_8}{h_3-h_5} \tag{4-15}$$

式中，$h_{2'}$ 为低压级压缩机实际排气比焓，$h_{2'}=h_1+\dfrac{h_2-h_1}{\eta_{id}}$。

由此，高压级压缩机的实际功率为

$$P_{eg}=\frac{q_{mg}w_g}{\eta_g}=\frac{Q_0}{h_0-h_9}\frac{h_{2'}-h_8}{h_3-h_5}\frac{h_4-h_3}{\eta_g} \tag{4-16}$$

同时，高压级压缩机的理论排量为

$$q_{Vhg}=3600\times\frac{q_{mg}v_3}{\lambda_g}=3600\times\frac{Q_0}{h_0-h_9}\frac{h_{2'}-h_8}{h_3-h_5}\frac{v_3}{\lambda_g} \tag{4-17}$$

式中，λ_g 为高压级压缩机输气系数；η_g 为高压级压缩机绝热效率；v_3 为高压级压缩机吸气比体积。

最后，循环的冷凝热负荷为

$$Q_k=q_{mg}(h_{4'}-h_5) \tag{4-18}$$

式中，$h_{4'}$为高压级压缩机实际排气比焓，$h_{4'}=h_4+\frac{h_4-h_3}{\eta_{ig}}$；$\eta_{ig}$为高压级压缩机指示效率。

例 4-1 某冷库需要建设一套两级压缩制冷装置，拟采用 R22 为制冷剂。设计条件为 $Q_0=150\text{kW}$，$t_k=40℃$（不采用水过冷），$t_0=-40℃$，使用有回热器的中间不完全冷却循环，中间冷却器冷端温差 $\Delta t_1=4℃$，回热器热端温差 $\Delta t_2=8℃$，假定循环的中间温度 $t_m=-5℃$。试进行循环性能指标计算，并选配合适的制冷压缩机。

解 1）画出设计条件所要求的两级压缩一级节流中间不完全冷却循环系统图，如图 4-1 所示。

2）作出 R22 循环的 p-h 图，如图 4-2 所示。

3）根据回热器热平衡确定状态点。因为 $h_1-h_0=h_6-h_7$；$c_p(t_1-t_0)=c(t_6-t_7)$；$t_6=t_m+\Delta t_1$ 即 $t_6=-5℃+4℃=-1℃$；$t_1=t_6-\Delta t_2=-1℃-8℃=-9℃$。又由 R22 热物性表查出 $h_6=198.8\text{kJ/kg}$、$h_1=408\text{kJ/kg}$、$h_0=388.6\text{kJ/kg}$，所以有 $h_7=h_6-h_1+h_0=(198.8-408+388.6)\text{kJ/kg}=179.4\text{kJ/kg}$。

4）列出循环各状态点热力参数表，见表 4-1。

表 4-1 循环各状态点热力参数表

项目名称	p_k /kPa（绝对）	p_m /kPa（绝对）	p_0 /kPa（绝对）	t_1 /℃	t_2 /℃	t_3 /℃	t_4 /℃	t_6 /℃	t_5 /℃	t_0 /℃	$t_9=t_m$ /℃
参数值	1533.5	421.35	104.95	-9	55	40	108	-1	40	-40	-5
项目名称	h_1 /(kJ/kg)	h_2 /(kJ/kg)	h_3[①] /(kJ/kg)	h_4 /(kJ/kg)	h_6 /(kJ/kg)	h_7 /(kJ/kg)	h_0 /(kJ/kg)	h_9 /(kJ/kg)	h_{10} /(kJ/kg)	v_1 /(m³/kg)	v_3 /(m³/kg)
参数值	408	445	434.6	475	198.8	179.4	388.6	249.7	403.5	0.24	0.069

① h_3 由式（4-8）求得。

根据 3 点混合过程热平衡，h_3 由式（4-8）计算。t_3 由 h_3 和 p_m 在图上查得。

5）循环性能参数计算内容及结果见下表。

序号	项目	计算公式	结果	备注
1	单位质量制冷量/(kJ/kg)	$q_0=h_0-h_8$	209.2	
2	低压级压缩机流量/(kg/s)	$q_{md}=\frac{Q_0}{q_0}$	0.717	
3	低压级压缩机体积流量/(m³/s)	$q_{Vd}=q_{md}v_1$	0.173	
4	低压级压缩机理论排量/(m³/s)	$q_{Vhd}=\frac{q_{Vd}}{\lambda_d}$	0.229	$\lambda_d=0.753$
5	低压级压缩机理论功率/kW	$P_{ad}=q_{md}(h_2-h_1)$	26.677	
6	高压级压缩机质量流量/(kg/s)	$q_{mg}=q_{md}\frac{h_{10}-h_6}{h_{10}-h_5}$	0.957	

（续）

序号	项目	计算公式	结果	备注
7	高压级压缩机理论排量/(m^3/s)	$q_{Vhg}=\frac{q_{mg}v_3}{\lambda_g}$	0.083	$\lambda_g=0.792$
8	高压级压缩机理论功率/kW	$P_{ag}=q_{mg}(h_4-h_3)$	38.542	
9	循环的冷凝热负荷/kW	$Q_k=q_{mg}(h_4-h_5)$	214.936	
10	循环的理论制冷系数	$\varepsilon_a=\frac{Q_0}{P_{ad}+P_{eg}}$	2.31	
11	循环的高低压级理论排量比	$\xi=\frac{q_{Vhg}}{q_{Vhd}}$	0.362	

例 4-2 现有 210A 和 610A 制冷压缩机各一台，需要配制成 R717 的工况条件为 $t_k=40$℃、$t_0=-40$℃的两级压缩制冷循环系统。已知 100 系列活塞式制冷压缩机结构参数为缸径 $D=100$mm，活塞行程 $s=70$mm，转速 $n=960$r/min。循环的中间温度 $t_m=-5$℃，压缩机吸气过热度 $\Delta t_r=5$℃。试计算循环的制冷量 Q_0、冷凝热负荷 Q_k 及制冷系数 ε_a。

解 1）画出两级压缩一级节流中间完全冷却循环系统图，如图 4-3 所示。

2）作出 R717 两级压缩一级节流中间完全冷却循环的 p-h 图，如图 4-4a 所示。图中所示各状态点与图 4-3 一一对应。

3）查出各状态点比焓值及其他参数，列于表 4-2 中。

表 4-2 循环各状态点热力参数表

项目名称	p_k /kPa（绝对）	p_m /kPa（绝对）	p_0 /kPa（绝对）		t_5 /℃	t_1 /℃	t_2 /℃	t_3 /℃	t_4 /℃	t_8 /℃	t_9 /℃
参数值	1554.89	355	71.71		40	-35	75	-5	110	-2	-40
项目名称	h_0 /(kJ/kg)	h_1 /(kJ/kg)	h_2 /(kJ/kg)	h_3 /(kJ/kg)	h_4 /(kJ/kg)	h_5 /(kJ/kg)	h_8 /(kJ/kg)		v_1 /(m^3/kg)	v_3 /(m^3/kg)	ξ
参数值	1407.25	1420	1640	1455.15	1650	386.43	190.9		1.58	0.347	0.333

4）计算内容及其计算结果见下表。

序号	项目	计算公式	结果	备注
1	低压级(610A)压缩机理论排量/(m^3/h)	$q_{Vhd}=60\times\frac{\pi}{4}D^2szn$	190	气缸数 $z=6$
2	高压级(210A)压缩机理论排量/(m^3/h)	$q_{Vhg}=\frac{\pi}{4}D^2szn$	63.27	$z=2$
3	循环的中间温度/℃	设定值	-5	
4	循环的中间压力/kPa	t_m 对应的饱和压力	355	
5	循环的单位制冷量/(kJ/kg)	$q_0=h_0-h_9$	1216.35	
6	低压级压缩机理论压缩功/(kJ/kg)	$w_d=h_2-h_1$	220	
7	高压级压缩机理论压缩功/(kJ/kg)	$w_g=h_4-h_3$	194.8	
8	低压级质量流量/(kg/h)	$q_{md}=\frac{q_{Vhd}\lambda_d}{v_1}$	78.77	$\lambda_d=0.655$
9	高压级质量流量/(kg/h)	$q_{mg}=q_{md}\frac{h_{2'}-h_8}{h_3-h_5}$	110.12	$h_{2'}=h_1+\frac{h_2-h_1}{\eta_{id}}$ =1617kJ/kg

（续）

序号	项目	计算公式	结果	备注
10	低压级指示功率/kW	$P_{id}=q_{md}\dfrac{w_d}{\eta_{id}}$	5.795	$\eta_{id}=0.83$
11	高压级指示功率/kW	$P_{ig}=q_{mg}\dfrac{w_g}{\eta_{ig}}$	7.012	
12	循环的制冷量/kW	$Q_0=q_{md}q_0$	26.61	
13	循环的冷凝热负荷/kW	$Q_k=q_{mg}(h_{4'}-h_5)$	39.7	$h_{4'}=h_3+\dfrac{h_4-h_3}{\eta_{ig}}$ =1633.8kJ/kg
14	循环的制冷系数	$\varepsilon_s=\dfrac{Q_0}{P_{id}+P_{ig}}$	2.08	$\eta_{ig}=0.85$

（四）带氨泵的两级压缩一级节流中间完全冷却循环

在大中型冷库及工业制冷装置中，往往需要对远程或高层库房供液制冷而采用氨泵供液的冷却系统。图4-5示出了带氨泵的两级压缩一级节流中间完全冷却循环的系统图和 p-h 图。它是将中间冷却器过冷的液体节流、降压到低压贮液器中变成压力为 p_0 的饱和液体和饱和蒸气两部分，饱和液体被氨泵加压经电磁阀进入蒸发器制冷。然后返回低压贮液器进行气液分离。其中液体将通过氨泵进行再循环；蒸气则由回气管进入低压级压缩机，并逐级压缩到冷凝压力。该过热蒸气被冷凝成为液体后，送入中间冷却器过冷再继续进行氨泵部分的循环。由于氨泵的压头取决于氨泵与低压贮液器之间管道、阀门及热交换设备的阻力和位差的大小，应合理选择氨泵扬程，以进行远程和高层低压氨液输送，满足冷库工程的实际需要。

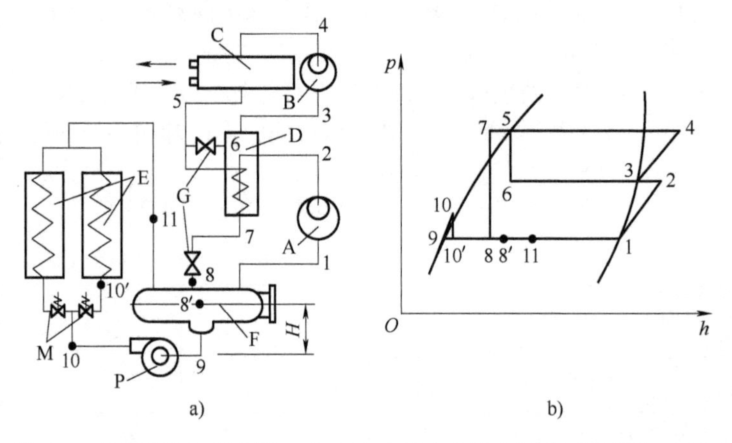

图4-5　带氨泵的两级压缩一级节流中间完全冷却循环系统图和 p-h 图

A—低压级压缩机　B—高压级压缩机　C—水冷冷凝器　D—中间冷却器　E—蒸发器　F—低压贮液器　G—节流阀　M—电磁阀　P—氨泵　H—低压贮液器与氨泵的位差

氨泵循环部分的热力过程如图4-5b所示。其中，点9为低压贮液器中饱和液体状态，点1为其中的饱和蒸气状态。9-10为氨泵对饱和液体的加压过程，10-10′为低压饱和液体进入蒸发器的闪发过程，10′-1为 $1/n$ 低压液体在蒸发器内的吸热制冷过程，n 是氨液的循环倍率。

循环的计算方法与前述基本相同。但由于有氨泵循环，低压级的流量比无氨泵循环的要大，所增加部分与泵功（$h_{10}-h_9$）有关。对工况稳定的下进上出供液系统，$n=3\sim4$。其氨泵功率 P_p（kW）为

$$P_p=q_{mA}(h_{10}-h_9) \tag{4-19}$$

式中，q_{mA} 为氨泵流量（kg/s），$q_{mA}=nq_{md}$。

若考虑氨泵效率 η_A，则

$$P_p=\frac{q_{mA}(h_{10}-h_9)}{\eta_A}$$

h_{10} 由氨泵压头确定。

根据低压贮液器的热平衡关系

$$q_{md}(h_1-h_8)=q_{mA}(h_{11}-h_9)$$

或
$$q_{md}(h_1-h_8)=nq_{md}(h_{11}-h_9) \tag{4-20}$$
得
$$h_{11}=h_9+\frac{h_1-h_8}{n} \tag{4-21}$$

又蒸发器的制冷量 Q_0（kW）为
$$Q_0 = q_{mA}(h_{11} - h_{10}) \quad 或 \quad Q_0 = nq_{md}(h_{11} - h_{10}) \tag{4-22}$$

将式（4-21）代入式（4-22）得
$$Q_0 = q_{md}(h_1 - h_8) - nq_{md}(h_{10} - h_9)$$
即
$$Q_0 = q_{md}(h_1 - h_8) - P_p$$
所以
$$q_{md} = \frac{Q_0 + P_p}{h_1 - h_8} \tag{4-23}$$

这样将氨泵功率 P_p 计入制冷量中，可按无泵循环进行计算。同时高压级流量 q_{mg}（kg/s）可由中间冷却器的热平衡关系求得，即
$$q_{md}h_{2'} + q_{md}(h_5 - h_7) + (q_{mg} - q_{md})h_5 = q_{mg}h_3$$
所以
$$q_{mg} = q_{md}\frac{h_{2'} - h_7}{h_3 - h_5} \tag{4-24}$$

式中，$h_{2'}$是低压级压缩机实际排气比焓。

其余项目计算方法见两级压缩一级节流循环性能指标的计算。

二、两级压缩两级节流循环

1. 两级节流中间完全冷却循环

图 4-6 表示了两级压缩两级节流中间完全冷却制冷循环的流程图和 p-h 图。进入蒸发器的制冷剂先由节流阀 D 节流到状态 7，再由节流阀 F 节流到状态 9。进入高压级压缩机的制冷剂蒸气（状态 3），是中间冷却器出来的饱和蒸气。

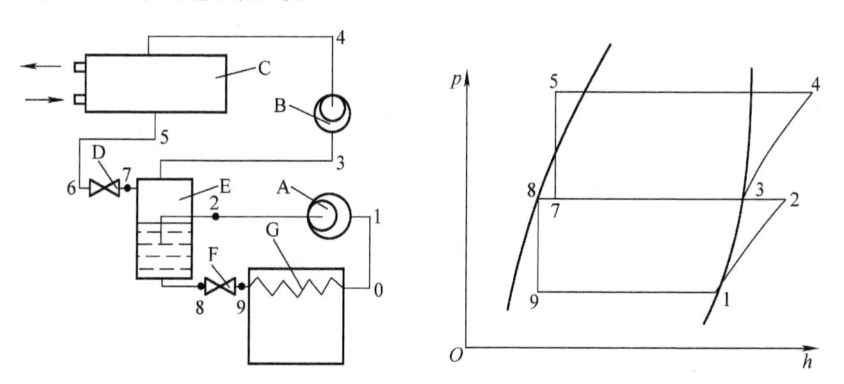

图 4-6　两级压缩两级节流中间完全冷却制冷循环的流程图和 p-h 图

A—低压级压缩机　B—高压级压缩机　C—冷凝器　D、F—节流阀　E—中间冷却器　G—蒸发器

2. 两级节流中间不完全冷却循环

图 4-7 表示了两级压缩两级节流中间不完全冷却制冷循环的流程图和 p-h 图。进入蒸发器的制冷剂先由节流阀 D 节流到状态 7，再由节流阀 F 节流到状态 9。进入高压级压缩机的制冷剂蒸气（状态 3），是由中间冷却器出来的饱和蒸气和低压级压缩机排出的（状态 2）过热蒸气相混合的，是中间压力下的过热蒸气。

两级压缩两级节流循环的性能计算基本上与两级压缩一级节流循环的性能计算相同，所不同的就是中间冷却器的热量平衡方程式。其计算过程这里不再推导。

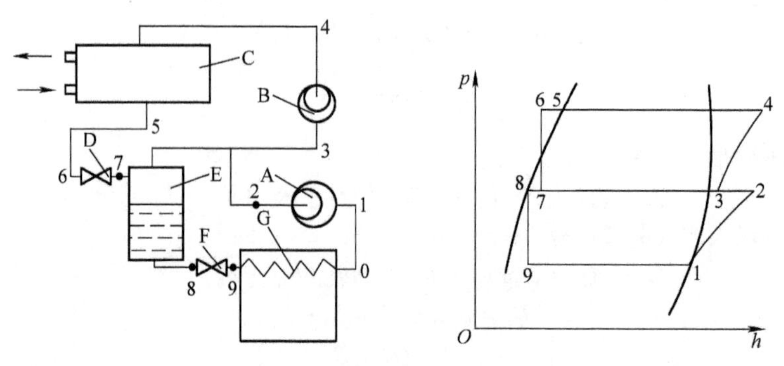

图 4-7　两级压缩两级节流中间不完全冷却制冷循环的流程图和 *p-h* 图

A—低压级压缩机　B—高压级压缩机　C—冷凝器　D、F—节流阀

E—中间冷却器　G—蒸发器

三、两级压缩双温制冷循环

由于上述两级压缩制冷循环中均必须设置一个中间冷却器，因此，可以将中间冷却器中的部分制冷剂液体引入一个中温蒸发器，实现中温制冷，图 4-8 为两级压缩一级节流中间不完全冷却的双温制冷循环流程图。这种两级压缩制冷循环可以同时制取两种蒸发温度下的制冷量。当应用于冷库系统时，一套系统可同时提供冷藏间和冻结间的冷量。但需要注意的是，采用这种循环时，低压级的计算不变，高压压缩机的计算则必须计入中温蒸发器的制冷剂流量。

四、多温两级压缩热泵空调循环

随着新能源汽车的发展，冬季供热需要采用热泵循环。由于全球气候变暖的影响，在一些传统的寒冷地区，夏季仍然需要制冷。这样一来，在寒冷地区的新能源汽车不仅在冬季需要两级压缩热泵制热，而且在夏季还需要单级压缩制冷循环。一种利用两级压缩制冷循环的多温两级压缩热泵空调循环，可以实现夏季单级压缩制冷，冬季温度不是很低时可以采用单级压缩热泵，冬季低温环境时又可以采用两级压缩热泵，满足多温度需求，如图 4-9 所示。

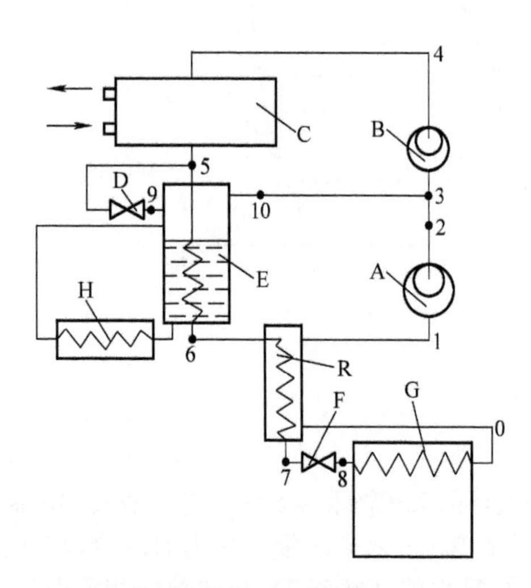

图 4-8　两级压缩一级节流中间不完全冷却的双温制冷循环

A—低压级压缩机　B—高压级压缩机　C—冷凝器

D、F—节流阀　E—中间冷却器

G—蒸发器　R—回热器　H—中温蒸发器

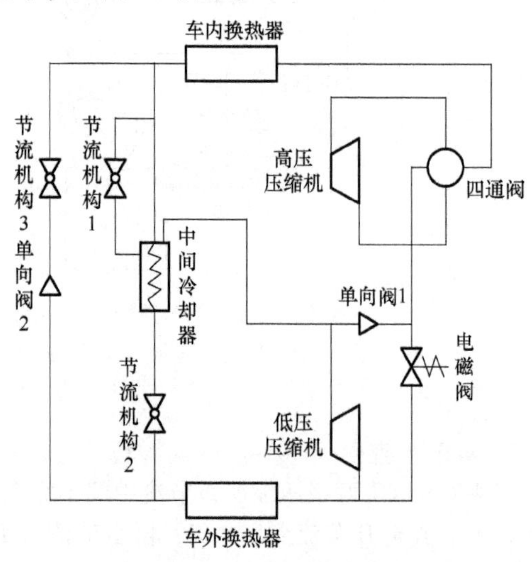

图 4-9　多温两级压缩热泵空调循环

第三节　两级压缩制冷循环运行特性分析

一、中间压力的确定

两级压缩制冷循环的中间压力，是两级压缩制冷系统优化设计的重要参数。一般情况下，将制冷系数最大的两级压缩制冷循环所具有的中间压力，称作最佳中间压力。它可由以下方法确定。

1. 利用热力图表取数法

利用热力图表取数确定中间压力的步骤为：

1）根据已知制冷剂的 p_k、p_0，按 $p_m=\sqrt{p_k p_0}$ 求得一个中间压力近似值。并在饱和蒸气表中查出对应的中间温度 t_m。

2）在 t_m 值的上方和下方，按1~2℃的间隔取若干个（一般取5~6个）中间温度值，并根据各温度值在 p-h 图（或 T-s 图）上查出其对应的两级压缩循环各主要状态点物性参数。

3）按热力计算中计算制冷系数的公式，代入所需要的各参数进行制冷系数的计算。

4）将制冷系数的计算结果绘制成 ε-t_m 曲线，其曲线的顶点所对应的中间温度即为最佳中间温度 t_{mopt}，与它对应的中间压力称为最佳中间压力 p_{mopt}。

2. 计算法

要得到精确的最佳中间压力 p_{mopt}，可由计算机计算不同中间温度设定值时的制冷系数。经过比较自动地取最大制冷系数时所对应的循环的中间压力为设计所需要的最佳中间压力 p_{mopt}。计算机的计算程序由制冷剂的热力学性质子程序编制而成，程序框图如图 4-10 所示。例如，例 4-1 的一级节流中间不完全冷却的两级压缩循环的最佳中间压力的确定，可由计算机计算其实际制冷系数

$$\varepsilon_s=\frac{h_0-h_8}{h_{2'}-h_1+\dfrac{h_{10}-h_6}{h_{10}-h_5}(h_{4'}-h_3)}$$

的最大值，并自动选取最佳中间压力 p_{mopt}。

3. 经验公式法

有的学者在对两级压缩制冷循环的研究中，总结出了在一定范围内具有足够精确性的经验公式，来进行最佳中间温度计算，大大简化了热力计算过程。拉塞提出的 R717 两级压缩制冷循环的最佳中间温度 t_m（℃）的经验公式是

$$t_m=0.4t_k+0.6t_0+3℃ \tag{4-25}$$

其所对应的 p_m，即为所要求的 p_{mopt}。在−40~40℃范围内，能得到满意的结果。

以上各种确定最佳中间压力的方法，适用于对两级压缩制冷循环系统及其机器设备进行全新设计的情况。特别是系统中的制冷压缩机设计，要遵照循环热力计算的要求进行。然而，实际工程建设中，由于制冷压缩机生产的系列化，往往是通过在已有的系列压缩机产品中进行选配来组成两级压缩制冷循环。一般有以下两种情况：

1）在现有系列产品中选配合适的高压级和低压级制冷压缩机。

2）用一台多缸制冷压缩机配成两级压缩制冷循环，确定高压级和低压级应有的气缸数目。这种压缩机通常称作单机双级制冷压缩机。

对于第一种情况，采用制冷系数最大的原则，求取最佳中间压力。然后按所求得的循环热力计算结果，在已有的产品系列中，选择合适的压缩机。这样只能选到一些容量与计算结果相近的产品。因而实际的循环参数将会因此而发生变化，使选配得到的中间压力偏离最佳中间压力，造成制冷系数降低。不过由于制冷系数变化不大，其选配给循环性能带来的影响不会很大。

第二种情况是多缸制冷压缩机作单机双级循环使用时，其高低压级理论排量比 ξ 值是可知的，关键是要确定一个满足该 ξ 值要求的中间压力。方法是根据在 t_k、t_0 一定时，ξ 值越大，实际中间

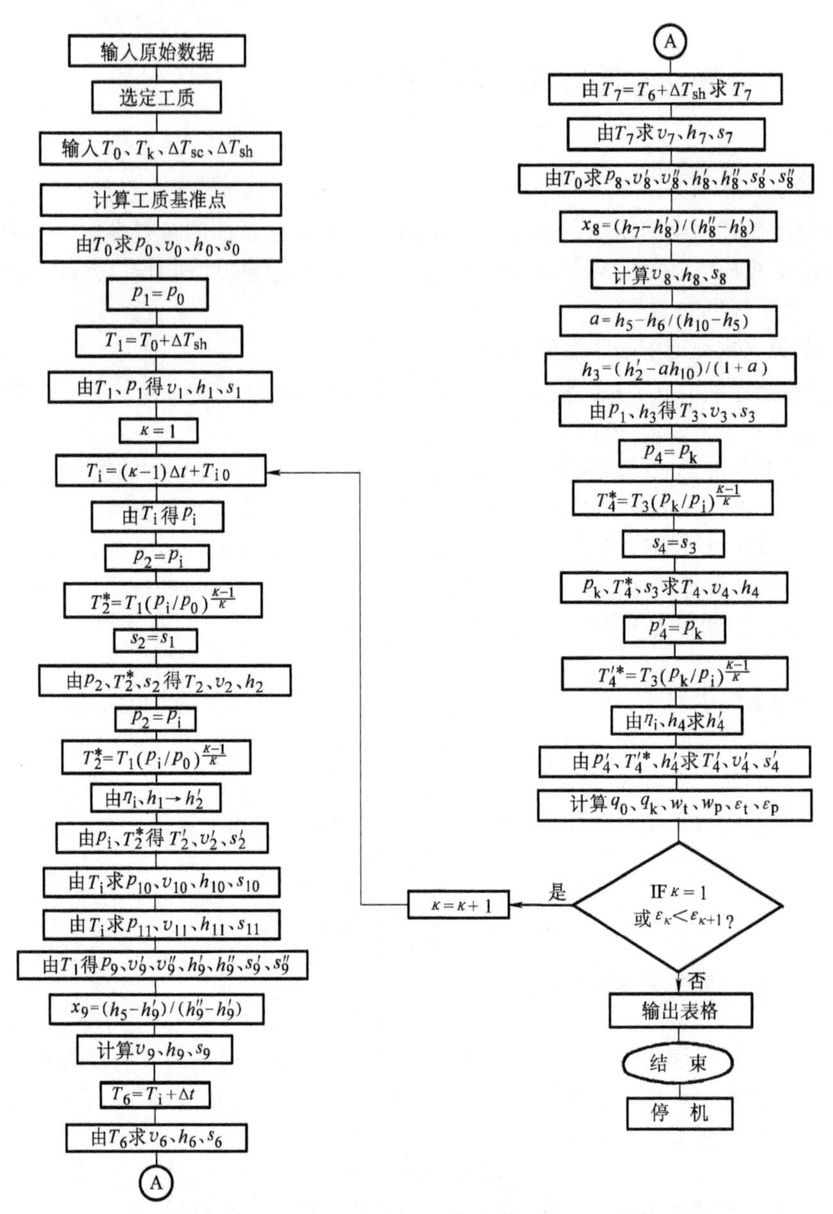

图 4-10 两级压缩最佳中间压力的计算程序框图

温度越低的规律，结合实际设计经验，确定几个初选中间温度，并用各初选值进行循环的热力计算，求出不同初选中间温度下的高低压级排量比$\xi=q_{Vhg}/q_{Vhd}$。然后按照这一计算结果绘制出ξ-t_m曲线。同时在曲线上找出满足压缩机给定排量比ξ值的点。该点所对应的温度（t_m轴）坐标读数，即为所要求的满足ξ值要求的单机双级循环的中间温度（压力）。最后按此中间温度进行循环的热力计算，得出各项性能指标。

例 4-3 根据例 4-2 给出的工况条件，计算循环的最佳中间压力p_{mopt}。

解 1）根据例 4-2 所给的 R717 两级压缩制冷循环及 p-h 图，查得如下表所示的有关主要热力参数。

p_k/kPa	p_0/kPa	h_0/(kJ/kg)	h_1/(kJ/kg)	h_5/(kJ/kg)	v_1/(m^3/kg)
1554.89	71.71	1407.25	1420	386.43	1.58

2）根据初选中间压力p'_m（kPa）的计算公式，初选中间温度。

$$p'_m=\sqrt{p_k p_0}=334.1\text{kPa}$$

对应的中间温度初选值 t'_m = -6.5℃。

3）取-2℃、-4℃、-6℃、-8℃作为中间温度，查出相应循环中与各温度有关的状态点参数，并按 $\varepsilon = \dfrac{h_0 - h_8}{(h_2 - h_1) + \dfrac{h_2 - h_8}{h_3 - h_5}(h_4 - h_3)}$ 计算各相应循环的制冷系数。计算结果见下表。

t_{mi}/℃	p_{mi}/kPa	h_3/(kJ/kg)	h_8/(kJ/kg)	h_2/(kJ/kg)	h_4/(kJ/kg)	ε
-2	398.22	1458.51	204.57	1662	1655	2.362
-4	368.83	1456.29	195.34	1648	1665	2.370
-6	341.17	1454.01	186.32	1634	1675	2.377
-8	315.17	1451.68	177.21	1620	1685	2.384
-10	290.75	1449.29	168.12	1608	1695	2.379

4）根据上表中结果作 t_m-ε 曲线，找出制冷系数最大时的中间温度 t_{mopt}。由图可以看出，所要求的 t_{mopt} = -8℃。对应的 p_{mopt} = 315.17kPa，即为所求之结果。如图 4-11 所示 t_m-ε 曲线。

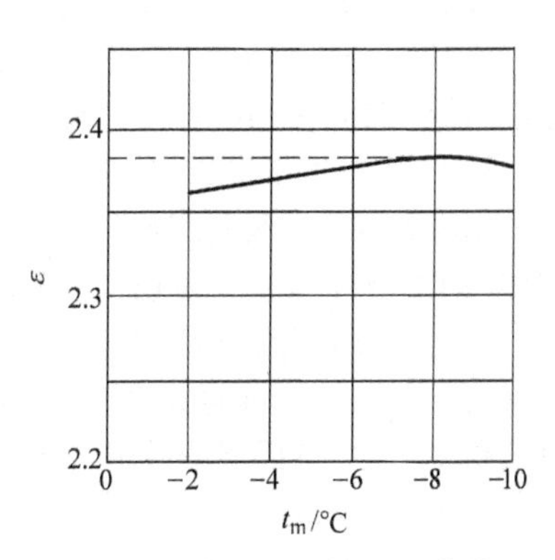

图 4-11　查取 t_{mopt} 的 t_m-ε 曲线

二、运行特性分析

一个两级压缩制冷装置有其固定的 ξ 值，不论它的压缩机是原设计的还是由已有系列的压缩机产品组配而成的，只要它们的运行工况（t_k、t_0）与设计工况相同，都会按照设计的性能参数工作，其性能指标（如制冷量 Q_0，轴功率 P_{eg}、P_{ed}，制冷系数 ε 以及中间压力 p_m）均将与设计指标一致。然而，制冷装置的运行工况条件是经常变化的，例如用户在装置使用中的实际运行工况偏离设计工况，装置起动过程存在的蒸发温度 t_0 从环境温度逐渐降低到实际使用工况的蒸发温度等。这些偏离原设计工况的运行条件，对两级压缩制冷装置的性能将带来一定的影响。

1. 变工况特性

如上所述，两级压缩制冷装置的变工况特性，通常表现为 t_k 基本不变，t_0 升高或降低。当 t_0 上升时，中间压力 p_m 上升，低压级吸气比体积 v_1 减小，单位制冷量 q_0 增大，制冷系数提高。反之，上述各项指标变化趋势正好相反。由于工况变化时，中间压力也随之变化，当 $p_k/p_m \approx 3$ 时，P_{eg} 达到最大值。对于低压级 p_m/p_0，因 p_m 和 p_0 均在变化，其 P_{ed} 的变化完全取决于两者的变化关系，但一般不会出现 $p_m/p_0 \approx 3$ 的情况。p_m 与 p_0 的变化关系与制冷剂的种类和循环方式有关。图 4-12 示出了 R717 两级压缩一级节流中间完全冷却循环中，由 812.5A 压缩机改制的制冷装置，在 t_k = 35℃、ξ = 0.334 条件下运行的工作压力与 t_0 之间的关系。对于一般两级压缩制冷循环的变工况特性具有一定的代表性。从图中可以证实以下特性：

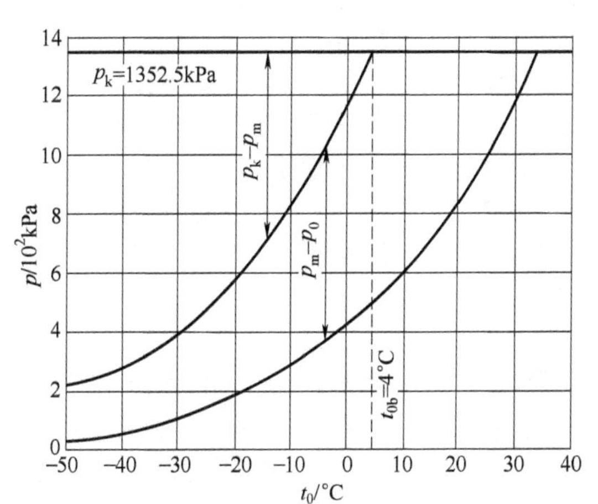

图 4-12　R717 两级压缩一级节流中间完全冷却循环

1）当 t_0 上升时，p_m 和 p_0 随之上升，而且 p_m 的升高率大于 p_0 升高率。在 t_0 升达某一边界值 t_{0b}

（图中 $t_{0b}=4℃$）时，$p_m=p_k$。从这一温度开始高压级压缩机将不起压缩作用。

2）当 t_0 上升时，p_k-p_m 值逐渐减小，而 p_m-p_0 值先逐渐增大，到 $t_0=t_{0b}$ 时，$p_k-p_m=0$，p_m-p_0 达到最大值，然后又逐渐减小。在 $p_m/p_0\approx3$ 时，低压级压缩机出现最大功率值。

3）当 $t_0=-27℃$ 时，$p_k/p_m\approx3$，高压级压缩机出现最大功率，由此可以确定高压级压缩机的电动机功率配备问题。

2. 压缩机电动机功率的配备

两级压缩制冷装置高压级压缩机电动机功率，可按最大功率工况所规定最高冷凝温度下 $p_k/p_m=3$ 时的 P_{eg} 来配备，也可按常用工况下的 P_{eg} 来配备，但需要在装置起动时，对高压级采取相应的卸载或吸气节流措施，以保证其顺利起动。

对于低压级压缩机应按其运行温度范围内的最大功率要求来确定电动机所需要配备的功率。一般情况下，低压级压缩机在起动时需要的电动机功率最大。因为此时它所承受的压差最大，吸入蒸气的比体积最小，制冷剂流量最大。进入正常运行后上述情况将逐渐恢复正常。

以上两级压缩制冷装置高低压级压缩机电动机功率配备的原则，是按高低压级压缩机的具体工作情况分别予以考虑，根据各自的运行特点来配备电动机功率。但作为整机运行的要求，需要考虑高低压级压缩机在起动过程中具有一定的协调能力。

3. 两级压缩制冷装置的起动问题

制冷装置首次起动或长时间停机后起动运行，蒸发温度 t_0 都是从环境温度逐渐降低，直到达到使用工况所需要的蒸发温度。如图4-12所示，当 t_0 尚未达到 t_{0b} 之前，高压级压缩机不起压缩作用。因此，采取高低压级同时起动，必然产生能量的浪费。应先起动高压级压缩机，等到某一数值（即低压级压缩机的电动机配用功率）后，再起动低压级压缩机。以保证高低压级压缩机电动机的功率配备得到合理的利用。对于单机两级制冷压缩机和小型两级压缩制冷装置，为操作方便起见，可两级同时起动。

第四节　复叠式制冷循环

如前所述，要获得-60℃以下的低温，采用单一制冷剂的多级压缩已经难以实现，此时应该采用复叠式制冷循环。所谓复叠式制冷循环，就是将所要求达到低温的总温差分割成两段或若干段，每段选用性质相宜的制冷剂循环，即：用中温制冷剂循环承担高温段的制冷，采用低温制冷剂循环承担低温区段的制冷。将它们叠加起来，用中温制冷剂循环的制冷来抵消低温制冷剂循环的冷凝负荷，从而达到最终要求的制冷温度的制冷循环。

复叠式循环也有多种形式，如两个单级循环复叠、单级压缩循环与两级压缩循环的复叠、三个单级循环的复叠等。了解复叠式制冷循环的特点及变工况特性和相关的技术问题，是设计和应用复叠式制冷循环的关键。

一、复叠式制冷循环的类型及其组成

常用的两级复叠制冷装置，由高温级和低温级两部分组成。高温级中使用中温制冷剂，低温级中使用低温制冷剂，形成两个单级压缩制冷系统复叠工作的循环。两系统之间采用一个冷凝蒸发器衔接起来，高温级的中温制冷剂在其中蒸发制冷，使低温级的低温制冷剂在其中放出热量，与蒸发的中温制冷剂进行热交换后，被冷凝成为液体。从冷凝蒸发器出来的中温制冷剂蒸气带走低温制冷剂的冷凝热量，经过高温级循环将热量传递给环境介质（水或空气）。而从冷凝蒸发器出来的低温制冷剂液体，经低温级节流阀降压后，进入蒸发器吸取被冷却物的热量而蒸发制冷，获得所需要的低温。

1. 两级复叠制冷循环

图4-13示出了两级复叠制冷循环系统图和 p-h 图。该循环系统高温级制冷剂为R22，低温级制冷剂为R23。高温级和低温级工况分别为 $t_{kg}=+35℃$、$t_{0g}=-35℃$ 和 $t_{kd}=-30℃$、$t_{0d}=-85℃$。蒸发器

工作的低温室内得到的低温为-80℃。高温级制冷循环为 0′-1′-2′-3′-4′-5′-0′，低温级制冷循环为 0-1-2-3-4-5-0，冷凝蒸发器作为 R23 冷凝和 R22 蒸发的热交换设备，传热温差的选取范围为 5~10℃，一般取 $\Delta t=5$℃。高低温级分别设回热器目的在于增大循环的单位制冷量和提高压缩机吸气温度，改善压缩机的工作条件。低温级压缩机排气管设置套管式水冷却器，旨在降低其排气温度，减少冷凝蒸发器中的冷凝热负荷（即减少高温级循环的制冷量）。同时，膨胀容器的设置，对保证低温级系统避免超压和安全顺利的起动运行有重要意义。两部分分设的油分离器，可以有效地防止润滑油进入热交换器，减小传热热阻。电磁阀用于阻止系统停止运行时两部分系统中的高压制冷剂液体窜入蒸发器，造成系统在起动过程中，大量液体进入压缩机发生液击事故。

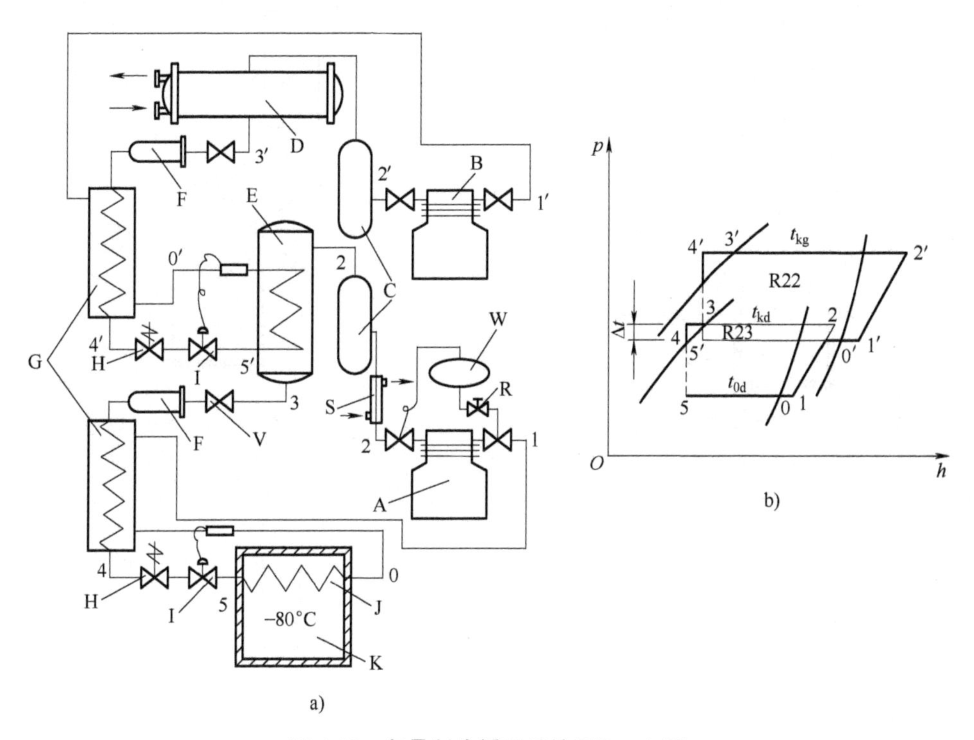

图 4-13　复叠制冷循环系统图和 *p-h* 图

A—低温级压缩机　B—高温级压缩机　C—油分离器　D—水冷冷凝器　E—冷凝蒸发器
F—过滤器　G—回热器　H—电磁阀　I—热力膨胀阀　J—蒸发器　K—低温室
W—膨胀容器　V—截止阀　R—减压阀　S—低温级排气冷却器

2. 三级复叠制冷循环

一般情况下两级复叠制冷循环的有效工作范围在-80℃以上。为了获得更低的温度，需要用三级复叠制冷循环，最低蒸发温度可达-110~-140℃，三级复叠制冷循环的工作原理如图 4-14 所示。该系统采用 R22、R23、R14 三种制冷剂。冷凝温度 $t_k=35$℃，首级冷凝蒸发器中 R22 蒸发温度为-35℃、R23 冷凝温度为-30℃；次级冷凝蒸发器中 R23 蒸发温度为-80℃、R14 冷凝温度为-75℃，系统蒸发温度为 $t_0=-130$℃，在低温室内可获取-120℃的低温。

在实际工程应用中，有根据这一原理设计的不同用途的-120℃低温环境试验装置，这一原理也曾经是一种主要的逐级降温的天然气液化装置的制冷流程。

复叠式制冷装置，为了既能获取-100℃以下的低温，又要减少制冷剂的种类，采用了两级压缩与单级压缩复叠的制冷循环。它的优点是蒸发温度调节范围比较宽，其上限可以达到-60℃，具有良好的变工况特性。图 4-15 所示为-100℃两级和单级复叠制冷循环的工作原理。作为高温级的两级压缩循环以 R22 为制冷剂，低温级以 R23 为制冷剂。高温级为两级压缩一级节流中间不完全冷却循环系统，由冷凝蒸发器将 R23 单级循环连接起来，构成一个完全可以取代三级复叠制冷装置。其工况条件为 $t_k=30℃$、$t_{mg}=-36℃$、$t_{0g}=-66℃$、$t_{kd}=-59℃$、$t_{0d}=-102℃$。最后得到低温环境室-100℃的低温。

实际应用中复叠式制冷循环，尤其是多级复叠的制冷循环有多种多样的组合方案，设计时可以灵活地选择两级压缩循环作为高温级或低温级，以利于提高复叠式制冷机的工作性能。

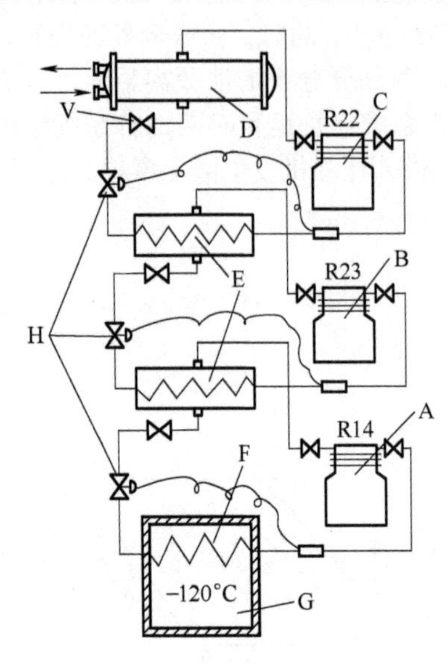

图4-14　三级复叠制冷循环的工作原理

A—第二级低温级压缩机　B—第一级低温级压缩机　C—高温级压缩机　D—水冷冷凝器　E—冷凝蒸发器　F—蒸发器　G—低温室　H—热力膨胀阀　V—截止阀

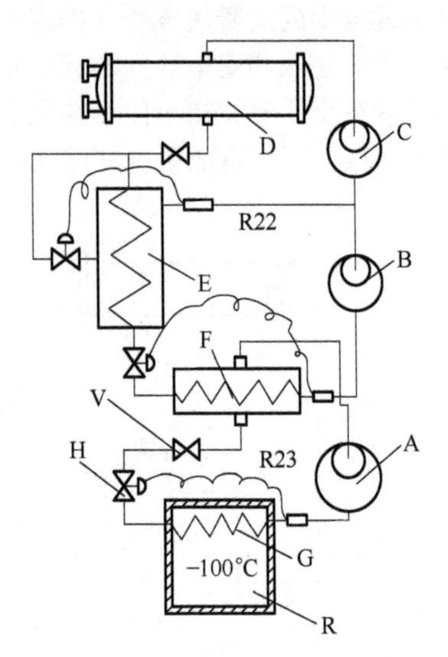

图4-15　两级和单级复叠制冷循环的工作原理

A—低温级（R23）压缩机　B—高温级中低压级压缩机　C—高温级中高压级压缩机　D—水冷冷凝器　E—高温级中的中间冷却器　F—冷凝蒸发器　V—截止阀　H—热力膨胀阀　G—蒸发器　R—低温环境室

二、复叠式制冷循环性能指标计算

由于复叠式制冷循环以不同制冷剂的单级压缩制冷循环，或配以不同作用的两级压缩制冷循环所组成。其循环性能指标的计算，与单级压缩或两级压缩制冷循环计算方法基本相同。仅仅是在高温级和低温级制冷剂循环量的计算中应考虑换热器及其连接管道的冷损失 ΔQ_{0d} 和 ΔQ_{0g} 造成的影响，例如低温级制冷剂循环流量 q_{md}（kg/s）为

$$q_{md}=\frac{Q_{0d}+\Delta Q_{0d}}{q_{0d}} \tag{4-26}$$

式中，Q_{0d} 为低温级设计冷负荷（kW）；ΔQ_{0d} 为蒸发器、回热器及连接管道等的冷损失（kW）。

同理，高温级制冷剂循环流量 q_{mg}（kg/s）为

$$q_{mg}=\frac{Q_{0g}+\Delta Q_{0g}}{q_{0g}} \tag{4-27}$$

式中，Q_{0g} 为高温级制冷剂蒸发热负荷（kW），在数值上应有 $Q_{0g}=Q_{kd}$；ΔQ_{0g} 为冷凝蒸发器及其连接管道冷损失（kW）。

其他类同的计算内容不再重复。

三、复叠式制冷循环系统运行特性

（一）两级复叠制冷循环中间温度的确定

两级复叠制冷循环中间温度的确定，实际意义在于选定冷凝蒸发器的工作参数，原则上有两

个方面的考虑：①使循环的制冷系数最大；②各级压缩机的压比大致相等。前者体现了设计参数的经济性原则，后者涉及压缩机气缸容积利用率的提高。

（二）复叠式制冷循环的应用温度范围

确定某种形式的循环系统的使用温度范围，通常有两条原则：①它所能达到的最低温度；②循环的经济性如何？例如要想得到-80℃以下的低温，仅使用单一制冷剂的循环显然难以实现。必须要采用复叠式循环系统。然而在-60～-80℃的范围，两级压缩和复叠循环，到底采用哪种循环合适呢？从理论循环分析，复叠式制冷装置的冷凝蒸发器存在着由传热温差引起的不可逆损失，使循环的经济性有所降低。其次温度调节范围偏小，系统也比较复杂。但是，系统中各压缩机工作压力范围比较适中，压比相近，使低温级压缩机输气量减少，输气系数及指示效率均得以提高，尤其是摩擦功率大为减小，实际的制冷系数比相同工况下两级压缩循环的要高。系统内也能保持正压运行，利于防止空气渗入系统，保证装置能稳定运行。因此，对于大型的低温环境试验装置和工业用低温装置，从经济性和工作可靠性考虑，宜采用复叠式制冷循环。而温度调节范围较宽的小型低温装置，采用两级压缩制冷循环为好。

（三）制冷剂的选择与使用

复叠式制冷循环需要中温和低温制冷剂配合使用。高温级使用的中温制冷剂，除已规定禁用的外，现阶段可使用的有 R22、C_3H_8、C_3H_6 和 R13B1、R134a、R407C、R410A 等。低温级使用的低温制冷剂有 R23、R14 和 C_2H_4、C_2H_6 等。其在装置中具体的配组方式，取决于制冷装置的用途。例如，R23 适用于蒸发温度-70～-110℃的范围；R14 的适用范围是-110～-140℃。C_2H_6 的应用范围与 R23 相似，但它具有可燃性和爆炸性。C_2H_4 的应用范围介于 R23 和 R14 之间。因此，一般情况下，R22 用于高温级，R23 用于低温级。三级复叠的低温装置则采用 R22、R23、R14 的配组方式。在采取严格的安全防护措施的情况下，可用 C_3H_8 或 C_3H_6 作为高温级制冷剂，与 C_2H_4 或 C_2H_6 等低温制冷剂配组，在石油化工等工业低温装置中使用。

（四）循环形式、工作参数与变工况特性

循环形式是指复叠式制冷循环的组成方式。在两级或三级复叠循环中，有两个单级压缩或三个单级压缩复叠组成的循环；高温级为两级压缩、低温级为单级压缩组成的循环；以及高温级为单级压缩、低温级为两级压缩组成的循环等。在确定具体使用何种循环形式时，主要考虑所要达到的温度、使用场所、制冷剂种类、特性及效率等因素。

蒸发温度在-60～-80℃的范围时，一般采用两个单级压缩组成的-80℃复叠制冷循环，其蒸发温度上限可以调节到-60℃。若需要-80～-110℃的蒸发温度，以氟利昂作为制冷剂时，可以两级压缩作为高温级，以便使高压级、低压级的压比与低温级压比相近，压缩机的效率提高，循环的制冷系数达到最大。而且在变工况条件下，蒸发温度上限可达到-60℃。与两个单级压缩组成的复叠循环系统相比较，因其蒸发温度低达-110℃，使蒸发温度的调节范围增加一倍。若采用低温级为两级压缩的复叠式循环，虽然蒸发温度也可以低达-110℃，但其蒸发温度上限只能达到-90℃，相比之下的变工况特性不及前者。只有在压缩机具有输气量调节机构的情况下，蒸发温度的可调范围才会有所增大。

（五）提高复叠制冷循环性能指标的措施

1. 合理的温差取值

复叠制冷循环由于需要获取低温，其不可逆损失必然会随着蒸发温度的降低而增大。所以低温下传热温差对循环性能的影响尤其重要。因此，蒸发器的传热温差一般不大于 5℃。冷凝蒸发器的传热温差一般为 5～10℃，通常取 $\Delta t=5$℃。

2. 设置低温级排气冷却器

设置低温级排气冷却器的目的在于减少冷凝蒸发器热负荷，提高循环效率。按低温级排气冷却器蒸发温度和制冷剂的不同，循环的制冷系数可提高 7%～18%，压缩机总容量可减少 6%～12%。

3. 设置气-气热交换器

气-气热交换器主要是通过低温级压缩机排出的过热蒸气加热蒸发器出来的低温饱和蒸气，以达到提高低温级压缩机的吸气温度，减少低温冷损，改善压缩机工作条件，减小冷凝蒸发器热负荷的目的。

4. 设置气-液热交换器（回热器）

气-液热交换器是用蒸发器出来的低温蒸气过冷节流阀前的制冷剂液体，使循环的单位制冷量增加，同时增加压缩机的吸气过热，改善压缩机工作条件。一般在循环系统的高温级和低温级都需要设置交换器。压缩机吸入蒸气的过热度应控制在12~63℃的范围内。蒸发温度高时取小值，低时取大值。在使用气-液热交换器尚不能达到上述过热度要求时，可加一个气-气换热器配合使用。

5. 低温级设置膨胀容器

低温级由于低温制冷剂临界温度低，常温下饱和压力较高。停机时系统内温度逐渐回升到环境温度，低温制冷剂全部汽化成为过热蒸气，往往使系统内压力超过最大工作压力。因此，常在低温级系统中设置膨胀容器，以便于系统停机后大部分低温制冷剂进入膨胀容器，避免系统内压力过度升高。膨胀容器的容积 V_p（m^3）可由式（4-28）求得

$$V_p=(m_x v_p-V_{xt})\frac{v_x}{v_x-v_p} \tag{4-28}$$

式中，m_x 为低温级系统中（不包括膨胀容器的）制冷剂总充注量（kg）；V_{xt}为低温级系统（不包括膨胀容器）总容积（m^3）；v_p 为在环境温度下，平衡压力时的制冷剂气体比体积（m^3/kg）；v_x 为在环境温度下，工作时吸气状态的制冷剂气体比体积（m^3/kg）。

系统停机后，系统内的平衡压力应不大于系统的气压试验压力，一般取 10×10^2~15×10^2kPa。

增加膨胀容器后，低温制冷剂的总充注量 m_z（kg）为

$$m_z=m_x+\frac{V_p}{v_x} \tag{4-29}$$

由式（4-29）可以看出，当 m_z 一定时，m_x 的值随 v_x（即随吸气压力）而变。对于蒸发温度需要调节的系统，若 m_z 较小，在 t_0 上升（即 v_x 减小）时，膨胀容器中的制冷剂量增多，使系统中工质循环量显得不足。因此，有这种情况的低温级系统，应按蒸发温度调节范围的上限来确定 m_z 和膨胀容器的容积。采用图4-13中的连接方式，可以实现在系统运行中调节 m_z 的数值。

6. 复叠式制冷系统的起动特性

鉴于低温级系统停机时，制冷剂处于超临界状态的特点。装置起动时，应先起动高温级，使低温级制冷剂在冷凝蒸发器内得以冷凝，促使低温级系统内平衡压力逐渐降低。当其冷凝压力不超过 16×10^2kPa 时，可起动低温级，保证系统安全投入运行。在低温级系统设置了膨胀容器的情况下，高温级和低温级可以同时起动。因膨胀容器具有防止起动时低温级系统超压的功能，当起动时低温级系统的压缩机排气压力一旦超过安全限定值，接在膨胀容器上的减压阀立即自动开启，使排气一部分流到膨胀容器中去，消除其系统的超压现象。在完成低温级起动过程投入正常运行后，膨胀容器内的低温制冷剂又将通过接在压缩机吸气管上的毛细管，利用压差的作用回到系统循环。小型复叠式制冷装置通常是采用同时起动的方式。

第五章 吸收式制冷循环与喷射式制冷技术

吸收式制冷机是利用工质（溶液）的特性完成工作循环，而获得冷量的制冷装置。

第一节 吸收式制冷机溶液循环的热力特性

在吸收式制冷机中，工质是由两种及以上单纯物质组成的溶液。其中至少有一种物质作为吸收剂，至少有一种作为制冷剂。吸收式制冷机就是利用工质中的吸收剂在低温低压下吸收大量的低压制冷剂蒸气，而又在高温高压下将其析出这一溶液热力特性来完成相当于压缩式制冷循环中的蒸气压缩过程。溶液的这一热力特性是与其温度、压力以及吸收剂中含有制冷剂的量（即溶液的浓度）等参数有关的，溶液处于何种状态可以吸收制冷剂蒸气？又处于何种状态析出？吸收与发生过程溶液状态的变化又是怎样？要弄清这些问题首先需要讨论溶液的相平衡。

一、溶液的相平衡

所谓溶液气液两相平衡，就是在气液两相共存的系统中由于分子的热运动，一些分子通过溶液表面，从液相转移到气相，同时也有一些分子从气相返回到液相，在气液两相之间产生能量和质量的交换。当单位时间内相互转移的分子数目相等时，系统中各状态值都保持不变，这种状态称为相平衡。对于两个组分组成的二元溶液来说，气液两相平衡的状态是由温度、压力、含量三者中任意两者所决定。例如，溴化锂与水组成的溴化锂水溶液，当溴化锂的体积分数为40%时，一个大气压下的饱和温度为113℃，当溴化锂的体积分数为50%时，同样在一个大气压下饱和压力则为130℃。溴化锂水溶液的饱和温度不仅根据压力而且还要根据溴化锂的体积分数来确定。

人们发现在两相平衡的系统中，二元溶液的性质与纯粹物质的性质是有所不同的。对于纯物质来说，压力和温度两参数只需确定其中一个，另一个便完全确定。例如，在一定的温度下，纯物质有一定的饱和蒸气压。因此，这里只有一个状态参数可以独立改变，在二元溶液的系统中，则有两个参数可以独立改变，只有在两个参数确定以后其他参数才能完全确定。例如，在温度、压力这两个参数确定后，含量才为定值。这一事实说明，系统中可以独立变化的参数的数目是与系统中物质组分数目有关，同时还与存在的相数有关。这一规律可用相律表示，它的数学表达式为：

$$V = C - P + 2$$

式中，C 为系统中的组分数；P 为系统中的相数；V 为自由度数。

自由度数就是上面所述的可以独立变化的参数数目，即在一定范围内当这些参数发生变化时，不会使系统中原有的相消失，也不会产生新的相。

可以冰、水和水蒸气组成的单组分系统为例。当三相达到平衡时，按照相律

$$V = 1 - 3 + 2$$

所得结果可知，该系统没有自由度或者说系统无独立变量。即只有在温度、压力等参数都完全确定的条件下，三相才能同时稳定存在，有任何参数改变时都将使其中一相消失。水只有在压力为

637.27Pa、温度为0.098℃，固、液、气三相才能同时稳定存在，达到三相平衡。如果压力或温度任何一项有所改变，其中一相就会立即消失，三相平衡也就不存在。

二、溶液的可吸收态与可解析态

系统中一定的相只有在一定的条件下才能存在。如果这些条件有所改变，系统的平衡便被破坏，而发生相的移动或物质由一种状态转入另一种状态。

处于饱和状态的溴化锂水溶液，如果它的状态参数受外界影响发生变化，那么这一平衡状态将遭到破坏。例如，溴化锂水溶液原来压力为p_1、温度为t_1，对应溶液的饱和含量为ξ_1。如果这时降低溶液的温度到t_2，而与温度t_2相对应的溶液的饱和含量为ξ_2，那么在尚未到达这个新含量值ξ_2时，溶液是处于非平衡状态。它具有吸收水分达到ξ_2含量的趋势，这种状态称之为可吸收态。因而可以知道将溶液过冷即可吸收水蒸气。而且过冷度越大，吸收水蒸气的能力越强，吸收过程也就进行得越剧烈。在吸收器里就利用这种性能来达到吸收水蒸气的目的。

与吸收过程相反，将溶液中的水蒸气自溶液中析出的过程称为解析。在吸收式制冷机中称为发生过程。发生过程与吸收过程一样，实际上也是在溶液处于非平衡状态的情况下进行的。在溶液处于饱和状态时，若提高溶液的温度，这时与温度相对应的溶液含量值就变大，因此溶液中一部分水分就要析出。如果不断提高溶液温度，对应的含量值不断增大，水蒸气也就不断析出。

处于可吸收状态的溶液吸收制冷剂蒸气的现象还可用分子运动理论进一步说明。仍以溴化锂溶液为例。如图5-1所示，A为纯水在封闭容器内蒸发的情况（当管路上阀门关闭时），B为溴化锂水溶液蒸发的情况，如果两个容器中液体均处于相同温度之下，由于溴化锂溶液中的溴化锂分子对水分子的吸引力要比水分子间的吸引力大得多，因此，容器B中从溶液的液面跑到水蒸气空间去的分子数就没有容器A中的那样多。当液面上部空间的水蒸气达到饱和状态时，单位时间内从液面跑出的水蒸气分子数和由水蒸气空间回到液面的分子数目相等，也就是说在压力一定时饱和状态下单位容积内的水蒸气分子数不变。所以溶液面上水蒸气分子的数目也就要少于单纯水面上水蒸气分子数目，而水蒸气空间中压力的大小则取决于空间水蒸气分子数目的多少，分子数目多压力就高，分子数目少，压力就低。因而在相同温度下，溶液面上水蒸气压力要小于单纯的水面上的水蒸气压力，即$p_A>p_B$（对溴化锂溶液而言，溶液的水蒸气总压就等于水蒸气分压）。

如果将连通管上的阀门打开，则由于$\Delta p=p_A-p_B$这一压差的存在，A中的水蒸气分子就要向B中扩散，并向液面跑去，以扩散方式进行的吸收过程便开始了，这时紧贴溶液液面上方空间的压力p_B虽然是与溶液状态（温度、含量）相平衡的压力，但容器内的压力p_A则不是溶液的平衡压力，这使溶液成为可吸收状态。而且压差Δp越大，分子扩散速度越快，吸收过程也就越强烈。压差Δp的大小与溶液本身的性质有关。在同一温度下，如果溶液中被吸收组分的饱和蒸汽分压与其纯粹组分的饱和蒸汽压相差大，吸收过程就易进行。

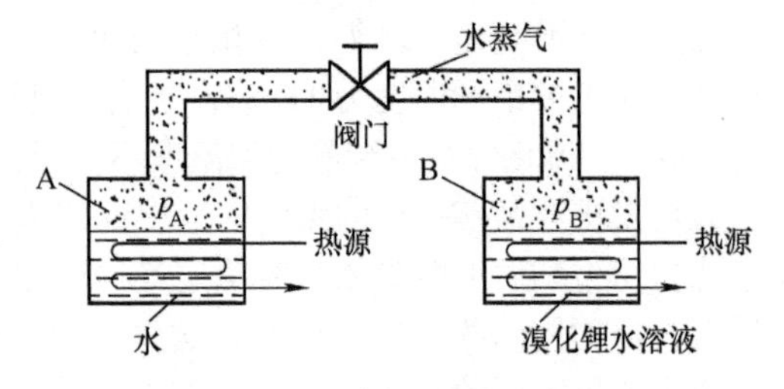

图5-1 吸收气体的原理示意图

三、溶液的蒸发过程

溶液在恒定压力下蒸发，低沸点组分含量不断下降，对应的蒸发温度不断升高。因此，在发生器里的发生过程其温度不是恒定的。同理，吸收过程的温度也不是恒定的。例如，将氨水溶液放在一定压力的密闭容器中蒸发。溶液最初为过冷状态，其含量为ξ_1。在恒定的压力下逐渐加热。随着温度的升高，过冷度逐渐消失。当温度升至t_2时，溶液到达饱和并开始沸腾，这时蒸气的含量与溶液在这瞬间的液相含量相适应，可用ξ_2''来表示。当温度继续升高时，溶液量逐渐减小，蒸气量逐渐增加，液相中氨的含量逐渐下降，而与这个含量相平衡的蒸气含量也逐渐下降。但是液相

与气相中总的平均含量还是不变。它们的关系可用下式表示，即

$$G'\xi' + G''\xi'' = G\xi$$

式中，G'、G''为液相、气相中氨水溶液的质量流量；G 为总质量流量，$G=G'+G''$；ξ'、ξ''为液相、气相中氨的含量；ξ 为溶液的平均含量。

在温度到达 t_3 时，蒸气的含量为 ξ''_3，液相的含量为 ξ'_3。温度继续上升最后全部变为蒸气，这时蒸气的含量几乎等于溶液开始时的含量 ξ_1，而与这个蒸气含量相平衡的液相含量为 ξ'_4。最后可以得出氨水在各个温度下的液相含量和气相含量。把这些含量点连接起来可以得出两条曲线，如图 5-2 所示，下面一条为液相饱和线，上面一条为气相饱和线，它们在含量等于 0 和 1 的纵坐标上交于一点，这点代表纯组分在该压力下的饱和温度。这两条曲线将 t-ξ 图分成三个区域。曲线下面部分为液相区，上面部分为过热蒸气区，而由两根曲线包围的部分为两相区。处于两相区内的溶液，存在下列关系，即

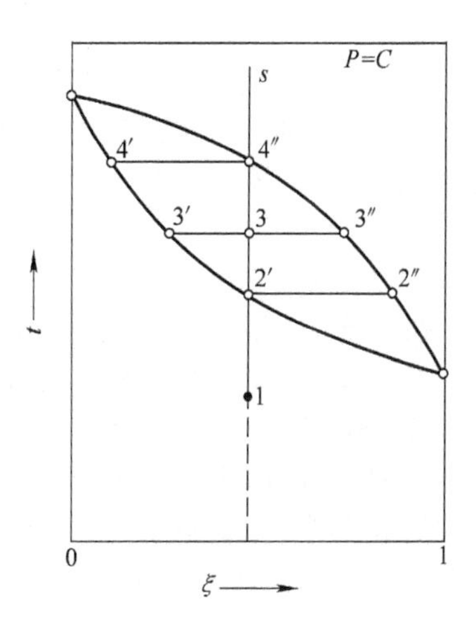

图 5-2　溶液蒸发过程在温度—含量图上的表示

$$G'\xi' + G''\xi'' = G'\xi + G''\xi$$

$$\frac{\xi'' - \xi}{\xi - \xi'} = \frac{G'}{G''}$$

第二节　吸收式制冷机的基本原理与工质

要掌握吸收式制冷机的设计方法及其运行特性，还要了解其工作原理及工质的热物理和化学性质。

一、吸收式制冷机工作原理

与蒸气压缩式制冷循环一样，吸收式制冷循环也是利用相变过程伴随的吸、放热特性来获取低温的。然而，不同的是它有不同的补偿过程。前者以消耗机械功为代价、后者则以热能为动力。如图 5-3 所示，吸收式制冷机由发生器、吸收器、冷凝器、蒸发器、节流阀和溶液泵等设备组成。它利用热源（水蒸气、热水或油、天然气燃烧）在发生器中加热具有一定含量的溶液，使其中作为制冷剂的低沸点组分部分被蒸发出来。然后送入冷凝器冷凝成为液体，由节流阀降压到蒸发压力，在蒸发器中蒸发制冷。蒸发器出来的制冷剂蒸气被发生器中完成发生过程后剩下的溶液吸收，使溶液重新恢复到原有含量，再由发生泵送到发生器中循环使用。

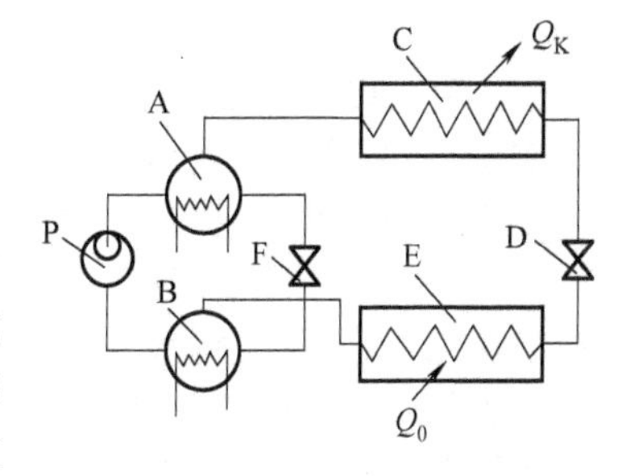

图 5-3　吸收式制冷机工作原理
A—发生器　B—吸收器
C—冷凝器　D、F—节流阀
E—蒸发器　P—溶液泵

从上述工作过程可以看出，吸收式制冷机循环包括了高压制冷剂蒸气的冷凝过程、冷剂液体的节流过程和其在低压下的蒸发过程。这些过程与压缩式制冷机循环的相应过程完全一样。所不同的是后者是依靠压缩机将低压蒸气复原为高压蒸气，而吸收式制冷机则是依靠溶液在发生器-吸收器回路中循环来实现的。显然它们起着替代压缩机的作用，故称发生器-吸收器为热化学压缩器。

二、吸收式制冷机的工质

吸收式制冷机的工质，通常是采用两种不同沸点的物质组成的二元溶液，以低沸点（或易挥

发）组分为制冷剂，高沸点组分为吸收剂，两组分统称“工质对”。最常用的工质对有溴化锂水溶液和氨水溶液。为使吸收式制冷机具有良好的性能和较高的工作效率，工质对必须具有良好的性质。其中制冷剂的性质和要求与压缩蒸气制冷循环相同，而吸收剂则必须具有强烈吸收制冷剂的能力。此能力越强，系统中所需要的吸收剂循环量就越少，可以节省发生器加热量，同时减少吸收器冷却负荷和溶液泵功率等。

1. 工质对的分类

按工质对中制冷剂的不同大致可分为四类：

（1）以水作为制冷剂的工质对　因水的冻结点为0℃，它们只能适用于工作温度在0℃以上的吸收式制冷机。其中以水-溴化锂（H_2O-LiBr）的应用最为广泛。除此之外还有水-氯化锂（H_2O-LiCl）、水-碘化锂（H_2O-LiI），它们对设备的腐蚀性较小，而且 H_2O-LiI 适合于低品位热源。不足之处是它们的溶解度小，使制冷机的工作范围偏小。因此，又提出了三元工质系，如 H_2O-LiCl-LiBr，既具有 H_2O-LiCl 的优越性能，又因加入了 LiBr 而改善了工作范围过窄的缺点。而 H_2O-LiBr-LiSCN 对太阳能吸收式制冷机比较适合。

（2）以氨作为制冷剂的工质对　该溶液以水为吸收剂，具有很强的吸收氨的性质，适用于工作温度在0℃以下的吸收式制冷机。由于氨与水沸点相差不大，在发生器中发生出的氨蒸气中含有一定数量的水蒸气，需要采取精馏措施，提高氨蒸气纯度，因而机组变得复杂且昂贵。为了解决这一缺陷，可采用 NH_3-NaSCN（氨-硫氰酸钠），它具有比热容和黏度小，热导率和汽化热较高等特点。尤其 NaSCN 挥发性差，作为吸收剂可不需要精馏设备。而且用于太阳能吸收式制冷机时性能较好，造价也不高。另外，$C_2H_5NH_2$-H_2O 和 CH_3NH_2-H_2O 中乙胺和甲胺能减轻氨固有的毒性和爆炸性。乙胺因其气压较低，利于在吸收式热泵机组中使用。

（3）以醇为制冷剂的工质对　甲醇类工质对具有化学性质稳定，热物性好，对金属无腐蚀等优点。但是其溶液密度小，蒸气压力高，在气相中混有吸收剂，可燃，黏度大，工作范围窄。乙醇类工质对的性能较甲醇的差，但发生温度低，适用于太阳能吸收式制冷机。醇类工质具有0℃以下的蒸发温度，吸收能力强，不需要精馏，但工作中易发生结晶现象。

（4）以氟利昂为制冷剂的工质对　它们适用于工作温度在0℃以下的太阳能吸收式制冷机。在高发生温度、低冷凝温度下采用 R22-DMF（三甲替甲酰胺）有利。相反的条件下采用 R22-DEGDME（四甘醇二甲醚）为好。它们无毒、无腐蚀，化学性质稳定。

2. 常用的吸收式制冷机工质对

（1）溴化锂水溶液　溴化锂由碱金属元素锂（Li）和卤族元素（Br）组成。其化学性质稳定，在大气中不挥发，不分解变质，极易溶于水。常温下呈无色粒状晶体，无毒无臭有咸苦味。

溴化锂水溶液在不同的温度下，具有不同的溶解度。一定温度下的溴化锂水饱和溶液，溶解度随温度降低而减小。溴化锂水溶液的结晶温度与溴化锂的质量分数有着密切的关系。溴化锂的质量分数的微小变化，都会导致结晶温度的大幅度波动。设计中一般控制溴化锂的质量分数不超过65%。

由于溴化锂的沸点1265℃比水的沸点高出很多，在溴化锂水溶液达到平衡时的气相中，全部为水蒸气，以至于溴化锂水溶液的蒸气压力（其实就是水蒸气压力）随浓度的增加而降低。当溴化锂的质量分数为50%时，25℃的溴化锂水溶液水蒸气压力仅为0.8kPa，而此条件下的饱和水蒸气压力为3.16kPa。这一压差证明溴化锂水溶液具有很强的吸湿能力。因而使用溴化锂水溶液的吸收式制冷机，不需要精馏设备，是一种性能较优越的工质对。

在化学性质方面，溴化锂水溶液对金属材料的腐蚀性较 NaCl 和 $CaCl_2$ 溶液要小。但仍属一种有较强腐蚀性的介质。在常压下，其腐蚀性随溴化锂的质量分数的降低而加剧。在低压下溴化锂水溶液对金属的腐蚀性几乎与溴化锂的质量分数无关。温度低于165℃时，温度对腐蚀率的影响不大。溴化锂水溶液的腐蚀性对机组的运行效率、安全和寿命有重要影响。其防腐措施有：①保持系统内高度真空，不允许空气渗入系统；②向系统内加入缓蚀剂如铬酸锂（Li_2CrO_4）、钼酸锂

（$Li_2M_OO_4$）、氧化铅（PbO）、三氧化二砷（As_2O_3）等。

与蒸气压缩式制冷循环通常表示在制冷剂的 p-h 图上不同，吸收式制冷循环通常表示在焓-含量（h-ξ）上。溴化锂水溶液的 h-ξ 图如图 5-4 所示。因为在溴化锂水溶液的气相区只有水蒸气，表示水蒸气状态的点都处于 $\xi=0$ 的纵坐标线上，所以在 h-ξ 图的气相区有一组辅助等压线，用于确定与各个质量分数的溶液所对应的水蒸气状态。如要确定与饱和溶液点 A 相平衡的水蒸气状态，可由点 A 向上作垂直线，与相应的压力下的等压线相交于点 B，从点 B 作水平线，与 $\xi=0$ 的纵坐标交于点 C，点 C 即为所求的水蒸气状态。

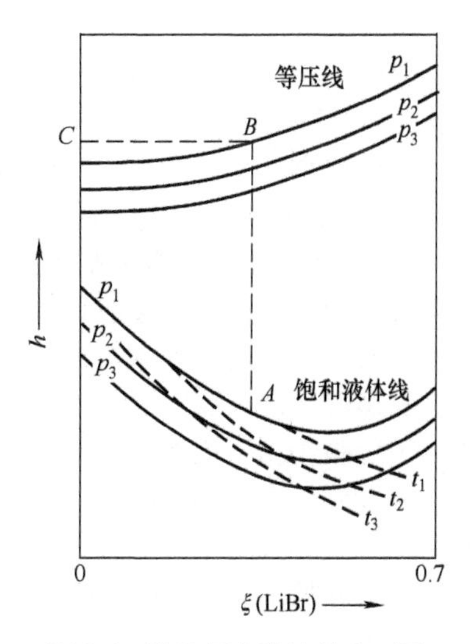

图 5-4　溴化锂水溶液的 h-ξ 图

（2）氨水溶液　氨水溶液是一种在较高工作温度下工作的工质对。它以氨作为制冷剂。作为氨水溶液，氨具有极大的溶水性。常温下 1 个体积的水，甚至可以溶解 700 倍于自身体积的氨。氨水溶液中氨大部分以分子状态存在，很容易从溶液中逸出。少量的氨分子与水结合生成氢氧化铵，并电离为铵离子和氢氧根离子。氨水溶液呈弱碱性。

氨水溶液在低温下容易析出结晶。根据氨含量不同，在-79℃时会析出 $NH_3 \cdot H_2O$ 或 $2NH_3 \cdot H_2O$ 等纯水冰、纯氨冰或氨的水合物。因此，氨水溶液在吸收式制冷机中所能达到的最低温度，将受到这一性质的限制。

氨水溶液中氨与水的沸点相差不大，使水相对于氨存在一定的挥发性。氨水在发生器中被加热时，有部分水会随氨一起蒸发出来。因而必须采用精馏设备，用以提高进入冷凝器的氨蒸气含量（一般可达 99.8%）。

氨水溶液的 h-ξ 图如图 5-5 所示。图的下半部分为液态区，给出了不同压力下的等压饱和液体线和不同温度下的液体等温线。图上的每一个点表示一个状态。例如，图上的点 A 表示温度为 t_A、压力为 p_2 的饱和液体状态，它的比焓和氨的质量分数可从纵坐标和横坐标上读取。对于某一压力下的过冷液体，它在 h-ξ 图上的位置处于该压力的饱和液体线以下。

图 5-5 的上半部分为气体区，只画出了等压饱和蒸气线，没有画出等温线，因为气体的等温线随压力而变，全部画在 h-ξ 图上反而影响图的实用性。为了求得气体的温度，在图上画了一组平衡辅助线，利用辅助线可以求出等压饱和气体线上各点的温度。以图 5-5 上的点 A 为例，从点 A 向上作垂直线，与对应的 p_2 辅助线交于点 B，从点 B 作水平线，与压力为 p_2 的饱和气体线交于点 C，点 C 就是与点 A 相对应的饱和蒸气点，它们的温度和压力是相同的。

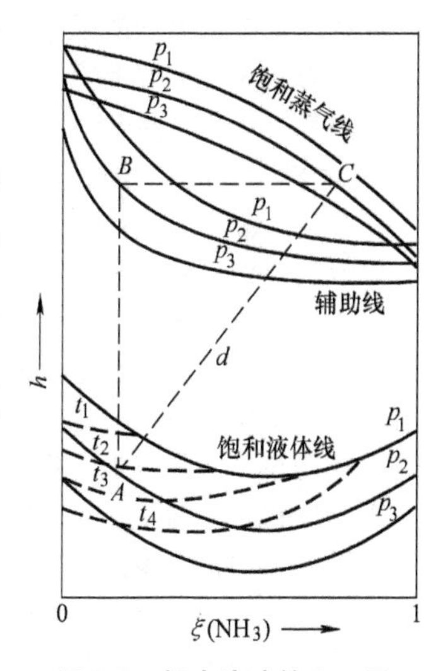

图 5-5　氨水溶液的 h-ξ 图

第三节　溴化锂吸收式制冷机的工作循环与热工计算

采用溴化锂水溶液的吸收式制冷机，以水为制冷剂，整个装置需要在一定的真空度下运转。为了保证各功能设备密封性好，结构紧凑，往往将主要设备安置在一个、两个或三个筒体内。从整机的工作循环分析，有单效、两效、两级吸收等溴化锂吸收式制冷机；从热源供给方式看，有蒸汽型（或热水型）、直燃型（燃气型或燃油型）机组及吸收式热泵等。

一、单效溴化锂吸收式制冷机的工作循环

单效溴化锂吸收式制冷机是吸收式制冷机的基本形式。通常以0.03~0.15MPa（表压）的饱和蒸汽（或85~150℃热水）为热源。热力系数约为0.65~0.7。在有余热、废热或工艺性排热的条件下，或在冷、热、电联产中配套使用，有明显的节能效果。

（一）单效溴化锂吸收式制冷机工作流程

图5-6示出了单效溴化锂吸收式制冷机工作流程。从吸收器出来的稀溶液经溶液泵 P_1 提升，通过溶液热交换器D被来自发生器B的高温浓溶液加热升温后，进入发生器B被工作蒸汽（或热水）加热浓缩成为浓溶液。浓溶液在压差和液位差作用下流经溶液热交换器D，向来自吸收器F的稀溶液放热后，在引射器E的作用下进入吸收器F喷淋，吸收蒸发器出来的冷剂蒸汽稀释成稀溶液，同时向冷却水释放溶液的吸收热。这样，就完成了单效溴化锂吸收式制冷机的溶液回路。

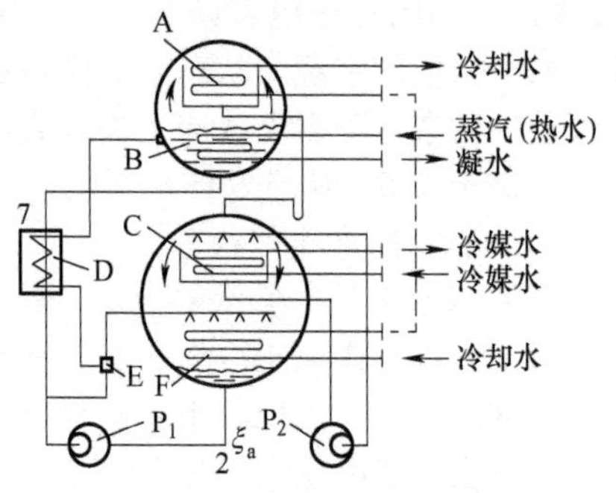

图5-6　单效溴化锂吸收式制冷机工作流程

A—冷凝器　B—发生器　C—蒸发器　D—溶液热交换器　E—引射器　F—吸收器　P_1—溶液泵　P_2—冷剂泵

在发生器中，因稀溶液被加热而蒸发出来的冷剂水蒸气，向上通过挡水板分离液滴后进入冷凝器A，向冷却水放热并凝结成冷剂水，聚集在下部的水盘内。在压差和重力作用下沿U形管进入蒸发器C，一部分水被蒸发，另一部分水流入蒸发器下部的水盘。再由冷剂泵提高到上部的喷淋管，均匀地喷淋到通有冷媒水的管簇外表面，吸收管内冷媒水热量，使之降温获得制冷效果。蒸发器C中产生的水蒸气进入吸收器F进行循环。这样，就实现了单效溴化锂吸收式制冷机的制冷剂回路。

若将冷剂蒸汽流动的阻力损失忽略不计，可以近似地认定冷凝器中的冷凝压力 p_k 与发生器中的工作压力 p_g 相等；吸收器中的工作压力 p_a 与蒸发器中的压力 p_0 相等。一般约为p_k : p_0 = 10 : 1。例如：当冷凝压力 p_k = 9580Pa（对应 t_k = 45℃）则应有 p_0 = 872Pa（对应 t_0 = 5℃）。由此形成了单效溴化锂吸收式制冷机的工作工况。

（二）单效溴化锂吸收式制冷机工作循环的 *h*-*ξ* 图

单效溴化锂吸收式制冷机工作循环在 *h*-*ξ* 图上所表现的各个热力过程，是进行其循环热力计算的基础。如图5-7所示，2点为稀溶液出吸收器时的状态，含量为 ξ_a，压力为 p_0，温度为 t_2。2-7为稀溶液在溶液热交换器中的升温过程。温度上升而含量不变。溶液热交换器的功能在于回收热量，提高机组的热效率。由于发生器出来的浓溶液温度较高，为了能在吸收器中吸收冷剂蒸汽，必须降温。而从吸收器出来的稀溶液温度较低，为了让其在发生器中产生冷剂蒸汽，必须将其加热升温，以减少发生器的热能耗量。通过溶液热交换器让浓溶液和稀溶液进行热交换，减少吸收器中的冷却负荷，使机组效率得到提高。7-5-4为发生器中的发生过程。其中7-5为稀溶液在发生器中的预热过程。来自溶液热交换器的稀溶液在发生器中被热源（蒸汽或热水）加热升温，并在 p_k 压力下达到气液平衡状态（点5）。5-4为稀溶液的发生过程。稀溶液在发生器中被热源加热，在 p_k 压力下，溶液温度、含量不断提高，最后达到点4状态。过程中发生出的冷剂蒸汽温度也随之不断变化。与此过程起、终状态对应的冷剂蒸汽状态分别为点5′和点4′。通常用 t_5 和 t_4 的平均值t_3'作为发生出来的冷剂蒸汽温度。即3′点表示 p_k 压力下发生器中发生出来的冷剂蒸汽状态。4-8为溶液在溶液热交换器中的冷却降温过程，其含量不变，过程沿 ξ_r 等含量线进行。8点为浓溶液出热交换器的状态，此时压力较前有所下降，温度相应降

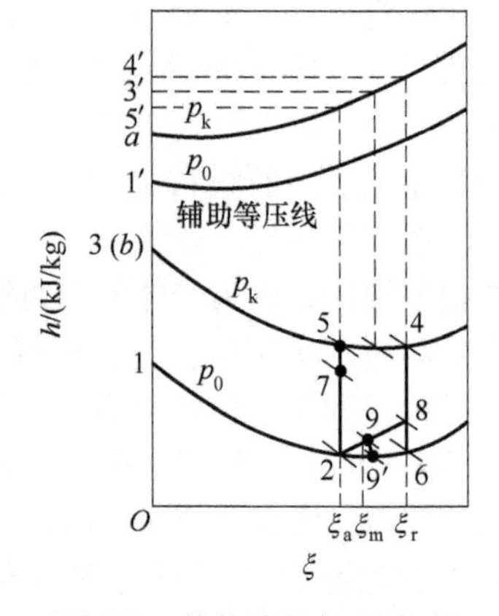

图5-7　单效溴化锂吸收式制冷机工作循环的 *h*-*ξ* 图

低更多。浓溶液进吸收器后，本应按 8-6-2 进行冷却和吸收过程。而实际上为了满足吸收器中吸收溶液需要一定的喷淋量的要求，浓溶液进入吸收器前被混入了一部分稀溶液，使溶液的状态实际上变成点 9，即点 2 状态的稀溶液与点 8 状态的浓溶液按一定比例混合的状态。其位置处于 2 点和 8 点的连线上，含量为 ξ_m。这种混合溶液称作中间溶液。9-9′为中间溶液进入吸收器后的闪发过程，点 9′为闪发终了状态点。在 p_0 压力下该状态的溶液吸收来自蒸发器的冷剂蒸汽直到点 2 状态。因此，9′-2 为溶液在吸收器中的吸收过程。

在冷剂回路中，由于 h-ξ 图上表示冷剂蒸汽和冷剂水的状态均在纵坐标轴上，其 3′-3 表示冷凝器中的冷凝过程（包括 3′-a 冷却过程和 a-3 冷凝过程）。3-1′为冷剂水在蒸发器中的蒸发过程（包括冷剂水从冷凝器到蒸发器的节流闪发过程 3-b 和蒸发过程 b-1′）。由于等焓节流，图中点 3 与点 b 重合，但其压力不同。

（三）单效溴化锂吸收式制冷机的热负荷计算

溴化锂吸收式制冷机的热负荷计算的任务是根据用户提出的制冷量、工作温度，以及加热介质和冷却介质的条件，确定机组的运行参数，计算出各换热设备的热负荷、各工作介质的流量和机组的热能耗量、热力系数等，为机组的传热计算、结构设计和泵的选择提供必要的数据。它以合理的循环工作参数、热源条件、冷媒水的温度要求和冷却水情况等设计条件为前提。

1. 循环工作参数的确定

根据我国机械行业标准 JB/T 7247—1994 合理地确定如表 5-1 所列的各项工作参数。

表 5-1　循环工作参数的确定

参数名称	确定原则
制冷量 Q_0	根据用户要求或产品系列规格确定
冷水进、出口温度 t''_s、t'_s	根据生产工艺或空调要求确定，一般 $t''_s-t'_s=5$℃ 或 $t''_s=20$℃，$t'_s=13$℃。我国 JB/T 7247—1994 有 7℃、10℃、13℃三种工况
冷却水进口温度 t_{w1}	按用户供水条件确定。JB/T 7247—1994 规定，名义工况时 $t_{w1}=32$℃
热源参数	0.1MPa（表压）的饱和蒸汽
冷却水出口温度 t_{w2}	在冷却水串联通过吸收器和冷凝器的情况下，冷却水总温升 $\Delta t=8\sim9$℃。要根据吸收器和冷凝器热负荷的比例来确定 t_{w1}，则 $t_{w2}=t_{w1}+\Delta t$
冷凝温度 t_k	一般冷凝温度比冷却水出口温度高 $\Delta t_k=2.5\sim5$℃，即 $t_k=t_{w2}+\Delta t_k$
蒸发温度 t_0	蒸发温度一般较冷媒水出口温度低 $\Delta t_0=2\sim3$℃，$t_0=t'_s-\Delta t_0$
吸收器内溶液的最低温度 t_2	一般比冷却水出口温度 t_{w2} 高 3～5℃，$t_2=t_{w2}+(3\sim5)$℃
溶液的含量 ξ_r 和 ξ_a	稀溶液 ξ_a 可按 t_2 时的饱和溶液确定。浓溶液 ξ_r 可以根据放汽范围选取。一般（$\xi_r-\xi_a$）取 3.5～6 较为合适。当放气范围（$\xi_r-\xi_a$）<3.5 时耗气量增加，（$\xi_r-\xi_a$）>6 时蒸汽量减少不多反易结晶，因此，一般取 $\xi_a=58\%\sim60\%$，取（$\xi_r-\xi_a$）$=4\sim4.5$ 时，$\xi_r=62\%\sim64\%$
发生器内溶液最高温度 t_4	可根据 ξ_r 和 p_k 在 h-ξ 图上查取
浓溶液出热交换器的温度 t_8	此温度选取较低，则传热温差减小，制冷机组效率提高，但热负荷增加，传热面积增大。t_8 取值涉及技术经济问题。为防止结晶发生，t_8 取大于 t_2，一般为 $t_8=t_2+(15\sim25)$℃

2. 各设备的热负荷计算及热平衡

1）机组中制冷剂的循环量 q_{mD}（kg/h）。

$$q_{mD}=\frac{Q_0}{q_0} \tag{5-1}$$

式中，q_0 为冷剂水在蒸发器中的单位制冷量（kJ/kg），$q_0=h_1'-h_3$；Q_0 为制冷量。

2）发生器热负荷 Q_g（kJ/h）。

$$Q_g=q_{mD}q_g \tag{5-2}$$

式中，q_g 为发生器的单位质量热负荷（kJ/kg）。

发生器的热平衡关系为

$$Q_g+q_{ma}h_7=q_{mD}h_3'+(q_{ma}-q_{mD})h_4$$

式中，q_{ma}为进入发生器的稀溶液流量；（$q_{ma}-q_{mD}$）为流出发生器浓溶液流量；h_3' 为离开发生器冷剂蒸汽的比焓；h_4 为流出发生器浓溶液的比焓。

用 q_{mD}同除热平衡关系式两边，并令 $a=\dfrac{q_{ma}}{q_{mD}}$和 $q_g=\dfrac{Q_g}{q_{mD}}$，代入上述关系式中得

$$q_g=h_3'+(a-1)h_4-ah_7$$

该式中 a 称作溶液的循环倍率。由于进出发生器的溴化锂质量平衡，有 $q_{ma}\xi_a=(q_{ma}-D)\xi_r$，两边同除以 q_{mD}并代入 $a=\dfrac{q_{ma}}{q_{mD}}$，得

$$a=\frac{\xi_r}{\xi_r-\xi_a} \tag{5-3}$$

式中，$\xi_r-\xi_a$ 为浓溶液和稀溶液含量差，一般称为发生器的放气范围。

3）冷凝器热负荷 Q_k（kJ/h）。

$$Q_k=q_{mD}q_k \tag{5-4}$$

式中，q_k 为冷凝器单位热负荷（kJ/kg），由稳定工况下冷凝器热平衡关系 $Q_k+q_{mD}h_3=q_{mD}h_3'$得 $q_k=h_3'-h_3$。

4）蒸发器热负荷 Q_0（kJ/h）。

$$Q_0=q_{mD}q_0 \tag{5-5}$$

式中，q_0 为蒸发器单位热负荷（kJ/kg），由其热平衡关系 $Q_0+q_{mD}h_3=q_{mD}h_1'$ 得 $q_0=h_1'-h_3$。

5）吸收器热负荷 Q_a（kJ/h）。

$$Q_a=q_{mD}q_a \tag{5-6}$$

式中，q_a 为吸收器单位热负荷（kJ/kg），由其热平衡关系 $Q_a+q_{ma}h_2=q_{mD}h_1'+$（$q_{ma}-q_{mD}$）$h_8$ 得 $q_a=h_1'+$（$a-1$）h_8-ah_2。

在吸收器中混合溶液喷淋，其目的在于强化吸收过程。由于吸收器中浓溶液量（$q_{ma}-q_{mD}$）较小，需要混入f_aq_{mD}的稀溶液，以满足喷淋的需要。这种混合溶液称作中间溶液，其含量为 ξ_m。f_a 是吸收器再循环倍率，定义为吸收器吸收 1kg/h 冷剂蒸汽，与浓溶液混合所需要的稀溶液量。混合后的稀溶液（即中间溶液）为点 9 状态，其比焓为 h_9，此状态下的热量和质量平衡关系为

$$(q_{ma}-q_{mD})h_8+f_aq_{mD}h_2=[(q_{ma}-q_{mD})+f_aq_{mD}]h_9$$

$$(q_{ma}-q_{mD})\xi_r+f_aq_{mD}\xi_a=[(q_{ma}-q_{mD})+f_aq_{mD}]\xi_m$$

整理得

$$h_9=\frac{f_ah_2+(a-1)h_8}{f_a+a-1} \tag{5-7}$$

$$\xi_m=\frac{f_a\xi_a+(a-1)\xi_r}{f_a+a-1} \tag{5-8}$$

式（5-7）和式（5-8）表明，中间溶液的比焓值和含量与吸收器的f_a 有关。f_a 的取值取决于喷淋量、喷嘴结构形式和吸收器泵功率等因素。一般取$f_a=20$左右。若采用浓溶液直接喷淋，则$f_a=0$。

6）溶液热交换器热负荷 Q_t（kJ/h）。在溶液热交换器中，来自发生器的浓溶液（流量为 $q_{ma}-q_{mD}$，比焓为 h_4），与来自吸收器的稀溶液（流量为 q_{ma}，比焓为 h_2）进行热交换，有热平衡关系，即

$$(q_{ma}-q_{mD})(h_4-h_8)=q_{ma}(h_7-h_2)$$

浓溶液侧有 $$Q_t=(q_{ma}-q_{mD})(h_4-h_8) \tag{5-9a}$$

稀溶液侧有 $$Q_t=q_{ma}(h_7-h_2) \tag{5-9b}$$

令 $\dfrac{Q_t}{q_{mD}}=q_t$ 则

浓溶液侧有 $$q_t=(a-1)(h_4-h_8) \tag{5-10a}$$

稀溶液侧有 $$q_t=a(h_7-h_2) \tag{5-10b}$$

式中，q_t 为溶液热交换器单位热负荷，它表示产生 1kg 冷剂蒸汽时，溶液热交换回收的热量。

7）循环系统的热平衡关系、热力系数及热源单耗。在稳定工况下，溴化锂吸收式制冷机各设备工作过程热平衡关系所确定的热负荷，应满足整机吸热量与放热量平衡的要求，即

$$Q_g+Q_0=Q_a+Q_k \tag{5-11a}$$

或 $$q_g+q_0=q_a+q_k \tag{5-11b}$$

上述关系可用于考核各设备热负荷计算的合理性。若等号两边数值相差太大，则说明设计计算有误或设计参数选取不当。

一般设计时应保证计算相对误差满足

$$\frac{|(q_g+q_0)-(q_k+q_a)|}{q_g+q_0}\leqslant 1\% \tag{5-12a}$$

或运行时测量的热负荷满足 $$\frac{|(Q_g+Q_0)-(Q_k+Q_a)|}{Q_g+Q_0}\leqslant 7.5\% \tag{5-12b}$$

所谓溴化锂吸收式制冷机的热力系数，是指溴化锂吸收式制冷机运行时，所得到的冷量 Q_0 与所消耗的热量 Q_g 之比，通常用 ζ 表示，即

$$\zeta=\frac{Q_0}{Q_g}=\frac{q_0}{q_g} \tag{5-13}$$

由此可见，在给定条件下，机组 ζ 值越大，表示获得所需要的冷量，消耗的热能就越少，其经济性越好。

所谓热源单耗，是表示制取单位冷量（1kW）所消耗的加热量，用 d 表示，单位为 kg/(kW・h)。

$$d=\frac{q_{mg}}{Q_0} \tag{5-14}$$

式中，q_{mg} 为发生器中的加热蒸汽流量或加热热水流量（kg/h）。

d 值在热水加热的溴化锂机组来说称作加热水单耗。它与热力系数一样是衡量和比较机组热经济性的主要指标。在给定条件下其值越小，机组的热经济性越好。

二、两效溴化锂吸收式制冷机工作循环

两效吸收式制冷循环中，设置有高压和低压两个发生器。工作蒸汽一般在 0.25～0.8MPa，也可用 150℃以上的高温水。直接以燃油或燃气作为驱动热源。使溴化锂吸收式制冷机得到更大范围的推广与应用。

蒸汽（或热水）型两效溴化锂吸收式制冷机，与单效机相比除多设了一个高压发生器外，还设有与之配套的高温溶液热交换器和凝水热交换器。循环系统由热源回路、溶液回路、冷剂回路、冷却水回路和冷水回路组成。

溶液回路中的高、低压发生器的连接方式分为串联、并联和串并联三种形式，构成有三种不同结构的流程。

1. 串联流程的蒸汽型两效溴化锂吸收式制冷循环

如图 5-8 所示，吸收器出来的稀溶液由泵输送先后经过低温和高温溶液热交换器，而后进入高压发生器被工作蒸汽加热，产生部分冷剂蒸汽，使溶液含量提高并离开高压发生器，经高温溶液热交换器冷却后，进入低压发生器被从高压发生器引入冷剂蒸汽加热，溶液含量再次提高，又产

生新的冷剂蒸汽送到冷凝器中冷却和冷凝成冷剂水，与高压发生器出来在低压发生器中冷却和冷凝后进入冷凝器的冷剂水混合，然后送入蒸发器蒸发制冷，再变成冷剂蒸汽，到吸收器中被低压发生器送来的浓溶液吸收。如此不断进行循环。

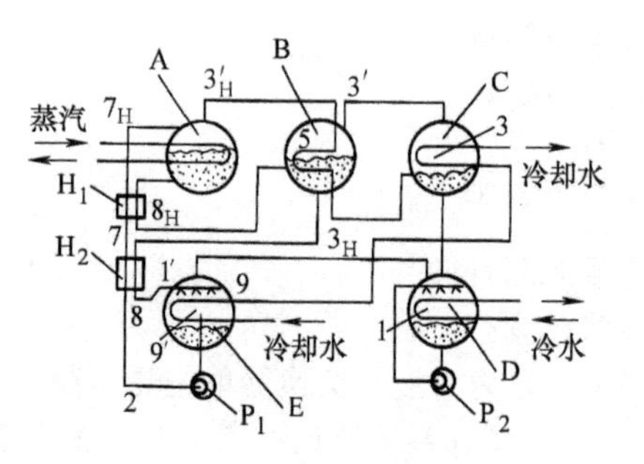

图 5-8　两效溴化锂吸收式制冷循环串联流程工作原理

A—高压发生器　B—低压发生器　C—冷凝器　D—蒸发器　E—吸收器　H_1—高温溶液热交换器　H_2—低温溶液热交换器　P_1—溶液泵　P_2—冷剂泵

图 5-9 示出了两效溴化锂吸收式制冷循环串联流程系统工作的各热力过程。即 2-7-7_H 过程为吸收器出来的点 2 状态稀溶液，由溶液泵输送先后在低温和高温溶液热交换器，受低压发生器和高压发生器出来的浓溶液加热的过程，溶液温度提高，其含量 ξ_a 不变。

7_H-5_H-4_H 过程为 ξ_a 含量的溶液在高压发生器中的发生过程。7_H-5_H 为其中的加热过程，在 5_H 点溶液达到饱和状态开始沸腾，发生出冷剂水蒸气。过程沿 p_r 等压线进行，直到 4_H 状态终止。

4_H-8_H 过程为高压发生器出来的溶液在高温溶液热交换器中的冷却过程。其含量 ξ_0 不变，温度降低。4_H 状态的溶液称作中间溶液。

8_H-5-4 过程为 8_H 状态的溶液进入低压发生器被来自高压发生器的 $3'_H$ 状态的冷剂蒸汽加热，以及在 p_k 压力下点 5 状态发生出点 3′状态冷剂蒸汽的过程，直到点 4 状态，发生过程结束。

4-8 为低压发生器中流出的浓溶液在低温溶液热交换器中的冷却过程。溶液的温度降低到 t_8，含量不变。

2+8_H-9 和 2+8-9 分别为点 8_H 和点 8 状态的浓溶液与吸收器中点 2 状态的稀溶液混合的过程。其混合溶液最后达到点 9 状态。若直接喷淋浓溶液，则无此过程。

9-9′为混合溶液在吸收器中的闪发过程。

9′-2 为混合液在吸收器中的冷却、吸收过程。9′状态的混合溶液在吸收器管内冷却水的作用下，吸收来自蒸发器点 1′状态的蒸汽，成为点 2 状态的稀溶液。

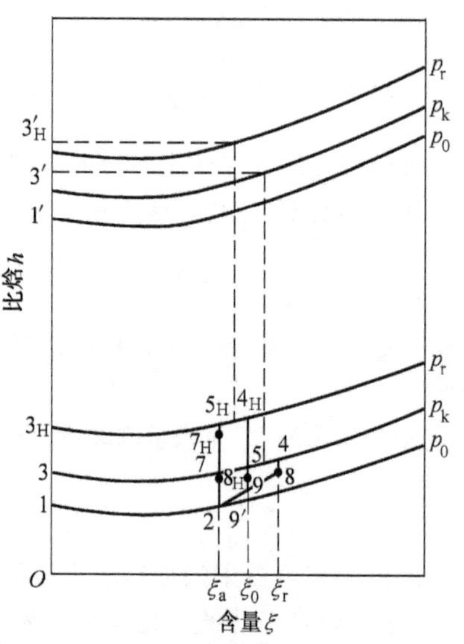

图 5-9　两效溴化锂吸收式制冷循环串联流程系统工作的各热力过程

$3'_H$-3_H 为高压发生器的冷剂蒸汽在低压发生器管簇内的冷凝放热过程。

3_H-3 为低压发生器管内冷剂水进入冷凝器的节流、冷却过程。压力由 p_r 降到 p_k，冷剂水的最终状态达到点 3 状态。

3′-3 为低压发生器的冷剂蒸汽在冷凝器中的冷凝过程。在冷凝器管内冷却水的作用下，凝结成点 3 状态的冷剂水。

3-1′为冷凝器中的冷剂水进入蒸发器的节流、蒸发过程。点 3 状态的冷剂水节流进入蒸发器后，压力降至 p_0 但焓值不变，蒸发器吸取管束内冷水的热量而制冷。成为点 1′状态的冷剂蒸汽。

2. 并联流程的蒸汽型两效溴化锂吸收式制冷循环

所谓并联流程，是指从吸收器出来的稀溶液，经溶液泵升压后分流，分别进入高、低压发生器的两效吸收式制冷循环流程。不同于串联流程的稀溶液按先后顺序进入高、低压发生器的特点，具有较高的热力系数。

图 5-10 示出了两效溴化锂吸收式制冷循环并联流程工作原理。

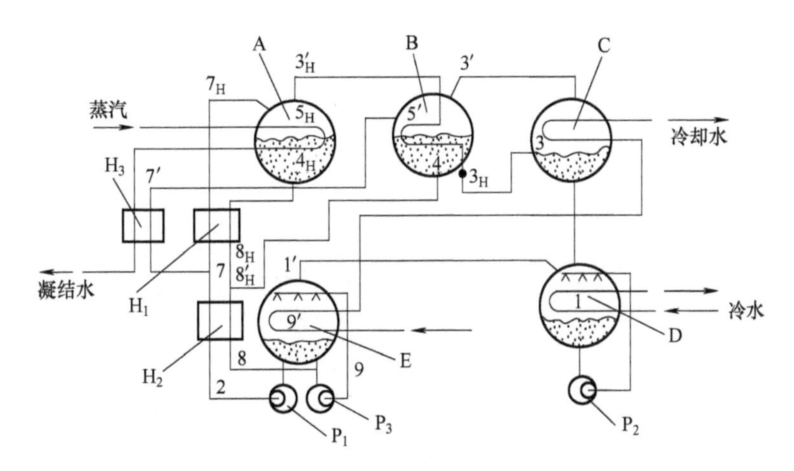

图 5-10　两效溴化锂吸收式制冷循环并联流程工作原理

A—高压发生器　B—低压发生器　C—冷凝器　D—蒸发器　E—吸收器　P_1、P_3—溶液泵

P_2—冷剂泵　H_1—高温溶液热交换器　H_2—低温溶液热交换器　H_3—凝水热交换器

由图 5-11 所示的两效溴化锂吸收式制冷循环并联流程工作的各热力过程可知：

2-7 为吸收器出来的稀溶液经溶液泵输送，全部进入低温溶液热交换器中的加热过程。

$7\text{-}7_H$ 为分流后的稀溶液一部分进入高温溶液热交换器的加热过程。

$7\text{-}7'$ 为分流后的另一部分稀溶液进入凝水热交换器中的加热过程。

$7_H\text{-}5_H$ 为稀溶液在高压发生器中的加热过程。

$5_H\text{-}4_H$ 为高压发生器中的发生过程。

$4_H\text{-}8_H$ 为高压发生器出来的浓溶液在高温溶液热交换器中的冷却过程。

$8_H+4\text{-}8'_H$ 为高温溶液热交换器出来的点 8_H 状态的浓溶液，与低压发生器出来的点 4 状态的浓溶液混合成为点 $8'_H$ 状态浓溶液的混合过程。

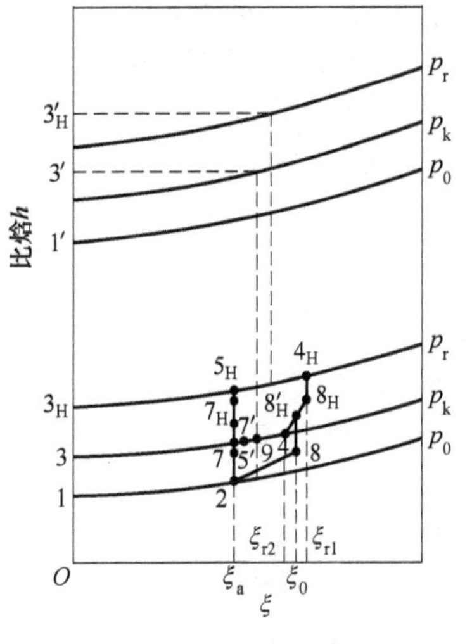

图 5-11　两效溴化锂吸收式制冷循环并联流程工作的各热力过程

$7'\text{-}5'$ 为稀溶液在低压发生器中的闪发过程。点 $7'$ 状态的稀溶液闪发出部分冷剂蒸汽，温度降低到 t'_5，含量则略有上升。

$5'\text{-}4$ 为低压发生器中的发生过程。溶液含量达到点 4 状态的 ξ_{r2}，温度达到 t_4。

$8'_H\text{-}8$ 为点 $8'_H$ 状态的浓溶液在低温溶液热交换器中的冷却过程。

2+8-9 为点 8 状态的浓溶液与吸收器中的点 2 状态的稀溶液混合成为点 9 状态混合溶液的混合过程。若将用浓溶液直接喷淋，则无此过程。

低温溶液热交换器出来的浓溶液进入吸收器的吸收过程以及制冷剂（水）的循环过程，与串联流程相同，不再重复。

3. 两效溴化锂吸收式制冷循环热负荷计算

从热负荷计算的原理分析，两效溴化锂吸收式制冷循环热负荷计算与单效溴化吸收式制冷循环热负荷计算都是基于设备的热平衡，其计算方法基本相同。但两效制冷循环流程形式较多，不同流程的换热设备热平衡内容各不相同，计算方法也各有特点。下面以串联流程为例分析说明。

根据图 5-9 所示的串联流程的理论制冷循环，由各热交换设备的热平衡关系，可得到相应设备的热负荷计算方法。

1）蒸发器热负荷。单位热负荷为

$$q_0=h_1'-h_3 \tag{5-15}$$

总制冷剂流量为

$$q_m=\frac{Q_0}{q_0}$$

2）高压发生器热负荷。单位热负荷为

$$q_{g1}=(a_1-1)h_{4_H}-a_1h_{7_H}+h_3' \tag{5-16}$$

总热负荷为

$$Q_{g1}=q_{m1}q_{g1} \tag{5-17a}$$

$$a_1=\frac{q_{ma}}{q_{m1}}=\frac{\xi_0}{\xi_0-\xi_a} \tag{5-17b}$$

$$q_{m1}\approx\frac{\xi_0-\xi_a}{(\xi_0-\xi_a)+(\xi_r-\xi_0)}q_m \tag{5-17c}$$

式中，a_1 为高压发生器循环倍率，由式（5-17b）计算；q_{ma}为高压发生器进口的稀溶液循环流量；ξ_0 为高压发生器进口的中间溶液的含量；h_{4_H}和 h_{7_H}为溴化锂溶液在循环中 4_H 点和 7_H 点的比焓，由式 $h_\xi^{x℃}=h_\xi^{70℃}+c_{p\xi}^{x℃}$（$x$−70℃）计算，其 $c_{p\xi}^{x℃}$为 ξ 含量下 x 温度时溴化锂溶液的比定压热容［kJ/(kg·K)］，以 $c_{p\xi}^{x℃}$作为（x−70℃）的平均值；q_{m1}为高压发生器中产生的冷剂流量，由式（5-17c）计算。

3）低压发生器热负荷。单位热负荷为

$$q_{g2}=(a_2-1)h_4-a_2h_{8_H}+h_3' \tag{5-18}$$

总热负荷为

$$Q_{g2}=q_{m2}q_{g2} \tag{5-19a}$$

$$a_2=\frac{\xi_r}{\xi_r-\xi_0} \tag{5-19b}$$

$$q_{m2}=q_m-q_{m1}$$

式中，a_2 为低压发生器循环倍率，由式（5-19b）计算。

4）吸收器热负荷。单位热负荷为

$$q_a=h_1'+(a-1)h_8-ah_2 \tag{5-20}$$

总热负荷为

$$Q_a=q_{mD}q_a$$

5）高温溶液热交换器负荷。

稀溶液侧有

$$Q_{t1}=q_{ma}(h_{7_H}-h_7) \tag{5-21}$$

浓溶液侧有

$$Q_{t1}=(q_{ma}-q_{mD1})(h_{4_H}-h_{8_H}) \tag{5-22}$$

6）低温溶液热交换器负荷。

稀溶液侧有

$$Q_{t2}=q_{ma}(h_7-h_2) \tag{5-23}$$

浓溶液侧有

$$Q_{t2}=(q_{ma}-q_{mD1}-q_{mD2})(h_{8_H'}-h_8) \tag{5-24}$$

7）循环系统的热平衡。

无凝水热交换器时

$$Q_{g1}+Q_0=Q_k+Q_a \tag{5-25}$$

有凝水热交换器时

$$Q_{g1}+Q_0+Q_{t3}=Q_k+Q_a \tag{5-26a}$$

$$Q_{t3}=q_{ma}(h_7'-h_7) \tag{5-26b}$$

式中，Q_{t3}为凝水热交换器热负荷。

8）循环系统热力系数。

$$\zeta=\frac{Q_0}{Q_{g1}+Q_{t3}} \tag{5-27}$$

9）热源单耗（对蒸气热源）。

$$d=\frac{q_{mg1}}{Q_0} \tag{5-28}$$

式中，q_{mg1} 为高压发生器所需的加热蒸气流量（kg/h）；Q_k 为冷凝热负荷，即高、低压发生器所产生冷剂蒸气热负荷之和［$Q_{k1}+Q_{k2}=q_{mD1}(h'_{3_H}-h_3)+q_{mD2}(h'_3-h_3)-Q_{g2}$］。

三、直燃型溴化锂吸收式制冷循环

采用直燃型溴化锂吸收式制冷循环的冷、热水机组，以燃气或燃油产生高温烟气作为热源。用以取代普通两效溴化锂吸收式制冷机组采用的水蒸气（或热水）热源。具有热源温度高，传热损失小，对环境污染少，机组结构紧凑，可用于夏季供冷、冬季采暖和供应生活热水等优点，在国内外发展很快。

直燃型机组由于热源温度高，适用于两效溴化锂吸收式制冷机，其溶液回路亦有串联和并联之分。通常有三种方式构成热水回路提供热水：①冷却水回路切换成热水回路；②热水和冷水采用同一回路；③专用热水回路。

下面以串联流程热水和冷水采用同一回路的系统为例，讨论如下：

该机组以蒸发器构成热水回路。在机组蒸发器中，冷水盘管兼用作热水盘管，冷水泵兼用作热水泵。制热时，热水在原来的冷水回路中流动。这样，热水和冷水采用同一回路，可以通过工况的变换交替地制取冷水和热水。

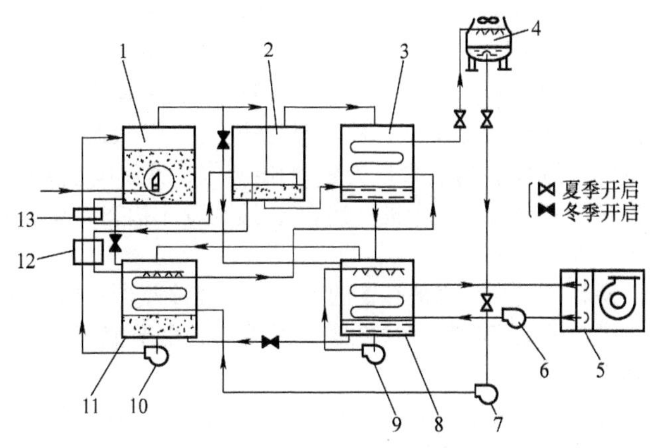

图 5-12　热水和冷水采用同一回路的机组工作原理图

1—高压发生器　2—低压发生器　3—冷凝器　4—冷却塔　5—冷水（热水）盘管　6—冷水（热水）泵　7—冷却水泵　8—蒸发器　9—冷剂泵　10—溶液泵　11—吸收器　12—低温溶液换热器　13—高温溶液换热器

图 5-12 为冷却水回路切换成热水回路的机组循环系统工作原理。机组以燃油（或燃气）高温烟气为高压发生器热源，溶液在高、低压发生器和吸收器间串联流动。夏季制冷水时，冬季开启阀关闭，此时其工作原理与普通两效机组相同。冬季制热水时，冬季开启阀打开，夏季开启阀关闭，冷水回路即为热水回路，向采暖环境提供热量。此时冷却水回路和吸收器、冷凝器、低压发生器、高低温换热器停止工作。从高压发生器流出的冷剂蒸汽直接流进蒸发器，在蒸发器管簇上冷凝放热，管内的热水被加热升温，而冷凝下来的冷剂水则流入吸收器，使浓溶液稀释成稀溶液，完成溶液的循环。机组的工况变换是通过高压发生器的冷剂蒸汽通向蒸发器的阀门切换，以及浓溶液旁通溶液换热器的阀门切换，蒸发器的液囊与吸收器直接连通而实现。

直燃型溴化锂吸收式制冷循环工作原理与两效溴化锂吸收式制冷循环工作原理基本相同，唯一的差别在于前者采用直接燃烧燃料作为高压发生器的热源，在热力计算中除高压发生器要考虑直燃特点外，其他部分计算也基本相同。

第四节　氨水吸收式制冷循环

采用氨水吸收式制冷循环的制冷机，以氨为制冷剂，水为吸收剂，可以获得0℃以下的低温。工作原理与溴化锂吸收式制冷机基本相似。但是，由于氨与水在相同压力下，蒸发温度比较接近，使发生器蒸发出来的冷剂氨蒸气中，带有较多的水分。所以在其循环系统中必须采用分凝和精馏措施，以提高冷剂氨蒸气含量及机组运行的经济性。

一、氨水吸收式制冷机的工作原理

1. 氨水吸收式制冷机的工作循环

图5-13为单级氨水吸收式制冷机组循环系统图。其中特别设有一个包含有发生器的结构较为复杂的氨精馏塔。它通过溶液在塔内反复蒸发和冷凝，使气相和液相分别以饱和蒸气和饱和液体进行温度变化，即液相温度上升，气相温度逐渐下降，最后形成纯水和纯冷剂氨蒸气。精馏塔结构以进料口为界面，下部的热质交换区称为提馏段，上方的热质交换区称为精馏段。提馏段下方设有发生段（即再沸段），用于加热浓溶液产生氨和水的蒸气，供进一步提馏用。

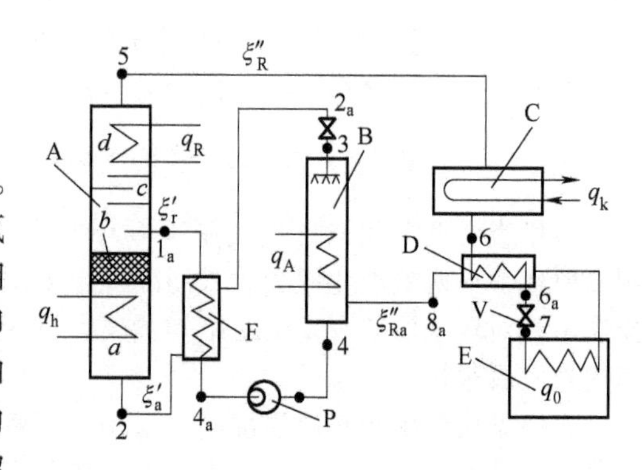

图5-13 单级氨水吸收式制冷机组循环系统图
A—精馏塔（a—发生段 b—提馏段 c—精馏段 d—分凝段） B—吸收器 C—冷凝器 D—氨液过冷器 E—蒸发器 F—溶液热交换器 P—氨水泵 V—节流阀

当含量为ξ'_r（点1_a状态）的f kg浓溶液进入精馏塔后，与精馏段下流的液体一起沿提馏段下流到发生段（再沸段）a，途中与从发生段蒸发出来向上流动的氨蒸气进行热交换，将溶液加热到沸腾状态点1，形成（1+R）kg、含量为ξ''_a的氨蒸气，并继续上升经过精馏段c与分凝段d的回流液进行热质交换，溶液含量进一步提高到ξ''_R，达到点5状态。在分凝段d中冷凝R kg回流液，其所放出的热量被冷却水带走。

从精馏塔顶出来的点5的纯氨气，在冷凝器中放出q_k的热量后，凝结成为氨液，q_k热量由冷却水带走。液氨经过氨液过冷器D过冷后，由节流阀节流到蒸发压力p_0下的点7状态，在蒸发器E中蒸发制冷。

蒸发器出来的点8状态氨气，经过过冷器加热后，进入吸收器B被从发生段a底部引出含量为ξ'_a的（f−1）kg液体，经溶液热交换器F冷却达到p_a压力的溶液所吸收，变为点4，含量为ξ_r的f kg浓溶液。在吸收过程中浓溶液放出的热量q_a被冷却水带走。该浓溶液然后由溶液泵输送，经溶液热交换器加热，再次进入精馏塔发生并精馏，如此不断循环。

2. 氨水吸收式制冷机工作循环的热力过程

如图5-14所示，氨水吸收式制冷循环由如下的热力过程组成：

1_a-1为进入精馏塔的浓溶液在提馏段被加热的过程。

1-2为浓溶液在发生段的加热汽化过程。该过程中大量氨气和部分水蒸气被蒸发出来，溶液含量由ξ'_r降低为ξ'_a。其开始蒸发出的蒸气状态和蒸发终了的蒸气状态分别为点1″和点2″的状态。因此，在发生段内蒸气状态为点1″和点2″的平均状态点3″，其含量为ξ''_m。

3″-1″为提馏段的热质交换过程。点3″状态的蒸气上升与点1_a状态的溶液进行热质交换，使溶液中的氨蒸发。点3″状态的氨蒸气含量由ξ''_m提高到ξ''_d，达到点1″状态。

1″-5″为精馏段和分凝段热质交换过程。浓溶液含量进一步提高到ξ''_R。

5″-6为冷剂氨蒸气在冷凝器中的冷凝过程。

6-6_a为冷剂氨蒸气在过冷器中的过冷过程。

6_a-7为6_a点状态的过冷液体经节流阀节流到p_0压力，其湿蒸气达到点7状态的节流过程。由于该过程焓值不变，含量

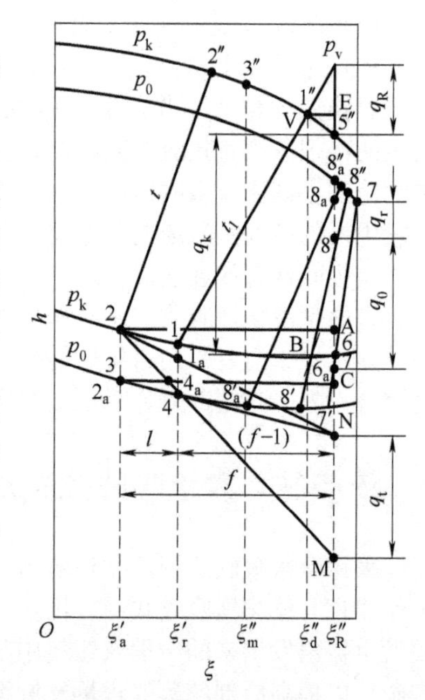

图5-14 氨水吸收式制冷机工作循环的各热力过程

不变，故两点重合。

7-8 为蒸发器中的蒸发过程。点 8 通常为湿蒸气状态，以利于限制蒸发温度的波动范围。

此外，点 2 状态的饱和稀溶液，由发生段引出后要经历如下热力过程：

$2\text{-}2_a$ 为发生段底部引出液在溶液热交换器中的降温过程。

$2_a\text{-}3$ 为降温后的引出液的节流过程（因前述原因点 3 与点 2_a 重合）。

$3\text{-}8'_a$ 为稀溶液进入吸收器后的吸收过程。3 点状态的饱和液体吸收经过过冷器的蒸气（温度从点 8 状态上升到点 8_a 状态的蒸气），最后形成点 4 状态的浓溶液。

点 4 状态的浓溶液经溶液泵提升到 p_k 压力，达到点 4_a 状态。升压过程其含量和焓值均不变，点 4_a 与点 4 重合。经溶液热交换器后达到点 1_a，再回到精馏塔的发生段，重新投入循环。

二、单级氨水吸收式制冷循环的热力计算

在已知制冷量 Q_0、冷凝温度 t_k 和蒸发温度 t_0 的情况下，可根据氨水溶液的 $h\text{-}\xi$ 图进行热力计算。

1）蒸发器单位制冷量 q_0（kJ/kg）。

$$q_0 = h_8 - h_7 \tag{5-29}$$

2）冷凝器单位热负荷 q_k（kJ/kg）。

$$q_k = h''_5 - h_6 \tag{5-30}$$

3）发生段单位热负荷 q_h（kJ/kg）。

由精馏塔的热平衡关系可得

$$q_h = h''_5 + f(h_2 - h_{1a}) + q_R - h_2 \tag{5-31}$$

$$f = \frac{\xi''_R - \xi'_a}{\xi'_r - \xi'_a} \tag{5-32}$$

$$q_R = h''_1 - h''_5 + \frac{\xi''_R - \xi''_d}{\xi''_d - \xi''_r}(h''_1 - h_1) \tag{5-33}$$

式中，f 为溶液的循环倍率，即产生 1kg 氨蒸气所需的浓溶液量，可根据精馏塔的质量平衡计算 f；q_R 为分凝器热负荷，用式（5-33）计算。

式（5-32）中，令 $\Delta\xi = \xi'_r - \xi'_a$，称作放气范围。

4）吸收器单位热负荷 q_a（kJ/kg）。

根据吸收器热平衡关系可得

$$\begin{aligned} q_a &= h_{8a} + (f-1)h_3 - fh_4 \\ &= h_{8a} - h_3 + f(h_3 - h_4) \end{aligned} \tag{5-34}$$

5）溶液热交换器热负荷。

由浓溶液侧计算有 $$q_{Tw1} = f(h_{1a} - h_{4a}) \tag{5-35}$$

由稀溶液侧计算有 $$q_{Tw2} = (f-1)(h_2 - h_{2a}) \tag{5-36}$$

式中，h_{2a}通过 t_{2a}和 ξ'_a在 $h\text{-}\xi$ 图上查到，其中 $t_{2a} = t_4 +$（$5\sim8$）℃，而 $t_4 = t_{w1} +$（$4\sim8$）℃。

热交换器出口溶液比焓 h_{1a}由式（5-37）确定，即

$$h_{1a} = 0.95\frac{f-1}{f}(h_2 - h_{2a}) + h_{4a} \tag{5-37}$$

式中，0.95 为溶液热交换器热损失系数。

6）分凝器单位热负荷 q_R（kJ/kg）。

根据精馏段氨的质量平衡关系可得分凝器中冷凝回流液数量，即

$$R = \frac{\xi''_R - \xi''_1}{\xi''_1 - \xi_{L1}} \tag{5-38}$$

式中，ξ_{L1}为塔板回流液含量。假定在理想情况下塔板数无穷多时，蒸气呈平衡状态，使 L_1 与点 1

重合，则式（5-38）可改写为

$$R=\frac{\xi''_R-\xi''_d}{\xi''_1-\xi''_r}$$

又根据分凝器的热平衡关系

$$(1+R)h''_1=h''_5+Rh_{L1}+q_R$$

得

$$q_R=h''_1-h''_5+\frac{\xi''_R-\xi''_d}{\xi''_d-\xi''_r}(h''_1-h_1) \tag{5-39}$$

7）过冷器单位热负荷 q_g（kJ/kg）。

$$q_g=h_1-h_{6a}=h_{8a}-h_8 \tag{5-40}$$

式中，h_{6a}和 h_{8a}的确定应先选定一个端部温差后，在 h-ξ 图上查出其中一个比焓值，然后根据过冷器的热平衡关系求出另一个比焓值。

8）循环系统的热平衡关系。

$$q_0+q_h=q_k+q_a+q_R \tag{5-41}$$

9）循环的热力系数。

$$\zeta=\frac{q_0}{q_h} \tag{5-42}$$

一般 ζ 在 0.3~0.4 范围。

三、吸收-扩散式制冷循环

（一）概述

吸收-扩散式制冷循环主要用于小型氨水吸收式制冷机。因其制冷量较小，一般作为吸收式家用冰箱和医用冰箱的制冷系统。

吸收-扩散式制冷机采用三元工质循环。除氨作为制冷剂，水作为吸收剂外，还有氢气（或氦气）作为辅助工质。因它们密度小，化学性质稳定，在系统中不发生相变，使系统内压力易于平衡。同时因其强烈的扩散渗透作用，可使系统省去溶液泵和膨胀阀。利用热虹吸作用使整个系统在无机械原动力推动的情况下连续运行。整个循环的热力过程比一般吸收式和压缩式制冷循环复杂。整个装置无压缩机、泵等动力机械。冷凝器和吸收器均以空气为冷却介质。通过向吸收器和蒸发器导入在其温区内为不凝性气体的氢（或氦）气，使系统总压力平衡而氢（或氦）分压力不平衡，由于蒸发器中的总压力大于蒸发温度下氨的饱和蒸气压力，从而造成蒸发器中氨不能沸腾。但当氢（或氦）气中的氨未达到饱和时，则会有液氨汽化、扩散进入氢（或氦）气中，以此在系统内平衡压力下实现吸收、扩散、吸热制冷。由于系统内压力是平衡的，系统中工质完全依靠密度的差异、位置的高低、管路的倾斜以及分压力的不同而流动扩散，所以对各设备的相对位置及管道的倾斜度均有严格要求，否则将影响制冷效果，甚至丧失制冷能力。

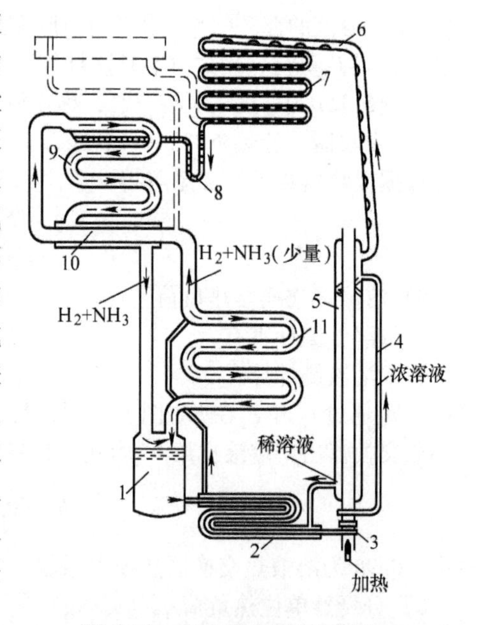

图 5-15　吸收-扩散式制冷循环

1—贮液器　2—溶液热交换器　3—气泡泵　4—上升管　5—发生器　6—精馏器　7—冷凝器　8—液氨密封管　9—蒸发器　10—气体热交换器　11—吸收器

（二）吸收-（氢气）扩散式制冷循环的工作过程

如图 5-15 所示，吸收扩散式制冷循环由发生器、精馏器、蒸发器、吸收器、贮液器、热交换器和加热装置组成。其中发生器通过燃油、燃气或电加热获得热量，产生氨蒸气和稀溶液。其工作过程可分为两个回路说明。

1. 氨水溶液循环回路

在发生器中氨水溶液被加热后，一部分氨蒸气从溶液中蒸发出来，蒸气形成的气泡将液柱推向提升管的泵管中，因被加热溶液密度小，以致形成热虹吸推动力，加上贮液器静压压头的作用，使泵管底部的溶液流向顶部。液柱流出泵管后，在发生器外套管中向下流动，同时被进一步加热，温度继续上升，更多的氨气从溶液中逸出，剩余溶液的含量进一步降低，并且在发生器顶部与吸收器间液位差的作用下，进入吸收器上端。同时通过套管式液-液热交换器，将热量传给由贮液器出来的浓溶液，使其预热并进入发生器。吸收器下端与贮液器连通，从贮液器中出来并沿连接管逆流向上的氢氨混合物与吸收器上端下来的稀溶液汇合，使混合气中的氨气被吸收，溶液浓度继续提高，最后流回贮液器，重新经液-液热交换器升温后送入发生器。剩下的氢气继续沿吸收器管逆向上扩散，进入氨氢循环回路。

2. 氨氢气循环回路

由提升管出来的氨蒸气因氨、水沸点相近的原因而含有较多的水蒸气。在精馏器内，氨蒸气和水蒸气在上升时因温度逐渐降低而使水蒸气从氨蒸气中析出凝结为水滴，在重力作用下回流到发生器。分馏出来的较高浓度氨蒸气，离开精馏器后，随即进入冷凝器。在空气自然对流换热的条件下凝结为氨液，再进入蒸发器。在蒸发器入口处氨液与由吸收器上行的氢气相遇而混合。由于氢气密度小，氨气密度大，氨液在蒸发器中迅速向氢气中扩散，吸收周围的热量，产生制冷效果。蒸发器中形成的氨、氢混合物因氨的密度较大而下行到气-气热交换器吸热后进入贮液器 1 中，然后沿吸收器 11 的管道上升。混合气体上升时，与来自溶液热交换器 2 的稀溶液接触，大部分氨蒸气被稀溶液吸收，稀溶液流出吸收器 11 时已成为浓溶液，吸收器 11 顶部的混合气体中只含少量的氨蒸气，混合气体因含氢量增加而密度下降，产生向上的浮力，使混合气体在吸收器中有足够的流速。这股气体在气体热交换器 10 内冷却后进入蒸发器 9，重新进行氨、氢气循环。

由此可见，在吸收-扩散式制冷系统中，氨流经整个管路系统，在不同的热力过程中产生相变，进行放热冷凝和蒸发制冷。水则只在发生器和吸收器中循环进行氨的释放和吸收，保证氨在不同热力过程所需要的含量。氢起着携带氨蒸气在蒸发器和吸收器中循环，保证系统压力平衡的作用，为氨的扩散、吸热蒸发（制冷）顺利进行创造条件。上述三种工质各有其循环流程，任何一种工质流动受阻，制冷循环都无法进行。由于工质的运动完全取决于其在系统中的密度差、位差、分压力差及管路布置方式等，所以采用吸收-扩散循环的制冷机具有运转无噪声、使用寿命长、可利用多种能源等优点。其不足之处是热效率较低，热力系数一般为 0.2~0.4。若采用双层套管式蒸发器，合理安排蒸发器高温部分和低温部分的传热面积，低温部分置于顶部的液氨入口，此处氨气分压最低，蒸发温度也最低。高温部分在蒸发器尾部，氨蒸气在其中过热，用以保证套管中流向蒸发器入口氨液过冷，有利于提高系统的热力系数。

第五节　吸收式热泵

吸收式热泵是一种利用低品位热源，实现将热量从低温热源向高温热源泵送的循环系统，与吸收式制冷的结构基本相同，但工作温区和工作目的不同。吸收式热泵是回收利用低品位热能尤其是各种类型的废热能的有效装置，具有节约能源、保护环境的双重作用，在一些有废热排放的企业具有显著的节能减排作用。

根据吸收式热泵驱动热源温度和供热温度的不同，可以将其分为第一类吸收式热泵和第二类吸收式热泵。

1. 第一类吸收式热泵

也称增热型热泵，是利用少量的高温热源（如蒸汽、高温热水、可燃性气体燃烧热等）为驱动热源，产生大量的中温有用热能。即利用高温热能驱动，把低温热源的热能提高到中温，从而提高了热能的利用效率。第一类吸收式热泵的性能系数大于1，一般为1.5~2.5。

第一类吸收式热泵系统如图5-16所示，该系统采用溴化锂-水为工质对。由图可见，此类热泵机组主要由四部分构成——蒸发器、吸收器、发生器和冷凝器。其中，溴化锂溶液只在吸收器和发生器中循环，而蒸发器和冷凝器中只有冷剂水和冷剂水蒸气循环。

第一类吸收式热泵循环的四个过程如下：

(1) 发生过程 发生器是以高温烟气或蒸汽为驱动热源的动力装置，在这一过程中，来自吸收器的溴化锂稀溶液被高温蒸汽加热并分离出过热冷剂蒸汽后变为浓溶液，并最终返回吸收器。

(2) 冷凝过程 由发生器产生的过热冷剂蒸汽将送往冷凝器中冷凝并对热水加热升温到目标温度，变为冷凝水后经过节流降压进入蒸发器。

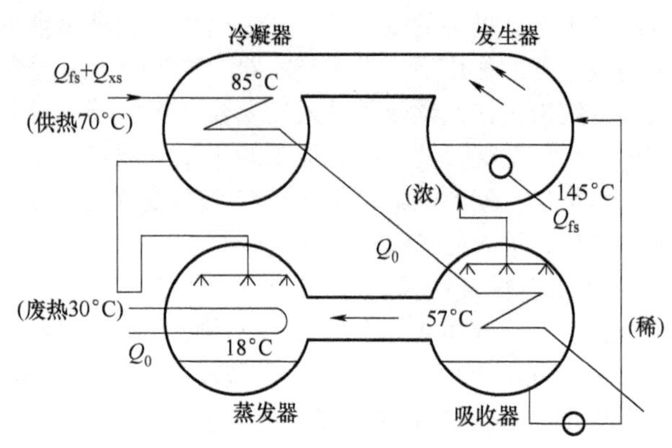

图5-16 第一类吸收式热泵系统

(3) 蒸发过程 压力骤降的冷剂凝水进入蒸发器中会迅速地膨胀蒸发，同时吸收来自低温热源的能量，这一过程实现了低温余热能量的回收利用，产生的低温低压蒸汽会导入吸收器中。

(4) 吸收过程 由发生器产生并最终回到吸收器的溴化锂浓溶液会吸收来自蒸发器提供的低温低压蒸汽，同时将低温冷剂蒸汽冷凝放出的热量传送给初进机组的热水回水，这一过程是对热水进行（机组内部）的第一次加热升温。

从上述过程可以看出，第一类吸收式热泵的运行完全按照吸收式制冷机的工作循环进行，只是此时的蒸发器不是从被冷却对象吸收热量以获得并维持被冷却对象处于低温状态，而是从具有一定温度的低品位热源（如废热等）吸收热量；而蒸发器产生的低温冷剂蒸汽进入到吸收器后被自发生器的高温的溴化锂浓溶液吸收，同时放出热量对被加热对象进行加热升温；发生器产生的高温冷剂蒸汽送到冷凝器后被冷凝成水同时进一步对被加热对象进行加热升温。吸收器产生的溴化锂稀溶液被溶液泵升压后送至发生器重新进行循环，而被加热对象相继在吸收器和冷凝器中进行了两次加热升温。当不考虑换热损失的条件下，满足热力学第一定律，有

$$Q_g+Q_0=Q_a+Q_k$$

式中，Q_g 为发生器负荷；Q_0 为蒸发器负荷；Q_a 为吸收器负荷；Q_k 为冷凝器负荷。

第一类吸收式热泵机组的能效可以表达为

$$COP=(Q_a+Q_k)/Q_g$$

由此可见，第一类吸收式热泵的制热系数大于1，它能提供的热量大于发生器消耗的热量。但是，所得的热水温度低于发生器加热源的温度。

2. 第二类吸收式热泵

也称升温型热泵，是利用大量的中温热源产生少量的高温有用热能。即利用中低温热能驱动，用大量中温热源和低温热源的热势差，制取热量少于但温度高于中温热源的热能，将部分中低热能转移到更高温位，从而提高了热源的利用品位和利用价值。

第二类吸收式热泵系统如图5-17所示。它的特点是发生器、蒸发器所需的热量均由70℃的余热水提供。这样，发生器由于热源温度低，产生的蒸汽压力也低，约为1220Pa，而蒸发器中由于热源温度高，产生的蒸汽压力也高，可达19900Pa。因此，这种热泵的蒸发器和吸收器内的压力高于发生器和冷凝器内的压力。由于供至吸收器的蒸汽温度达60℃，吸收后的稀液温度可升高到108℃，这样，从吸收器就有可能获得100℃的热水。

第二类吸收式热泵仍然满足热力学第一定律，即 $Q_g+Q_0=Q_a+Q_k$。其制热系数为从吸收器获得的热量 Q_a 与发生器、蒸发器中消耗的热量总和之比，即

$$COP=Q_a/(Q_g+Q_0)$$

由此可见，第二类吸收式热泵的制热系数将小于 1，多在 0.5 以下，一般为 0.4~0.5。温度的提高幅度越大，制热系数越小。但是，由于它并没有消耗其他热能，而提高了余热的使用价值，因此仍是有价值的。

第二类吸收式热泵的另一个特点是：由于冷凝器的工作压力低，相应的冷凝温度也低，所需的冷却水要求是低温水（如 6℃ 的水），才能维持低压，以保证正常工作。

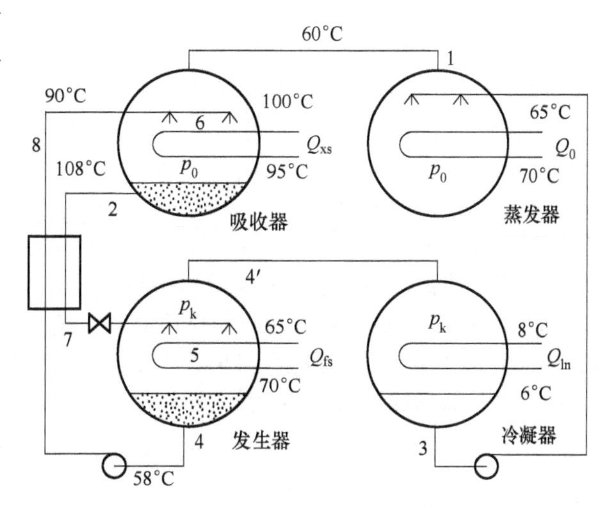

图 5-17　第二类吸收式热泵系统

两类热泵应用目的不同，工作方式亦不同，但都是工作于三热源之间。三个热源温度的变化对热泵循环会产生直接影响，升温能力增大，性能系数下降。

目前，吸收式热泵使用的工质为 LiBr-H_2O 或 NH_3-H_2O，其输出的最高温度不超过 150℃。升温能力 ΔT 一般为 30~50℃。制冷性能系数为 0.8~1.6，增热性能系数为 1.2~2.5，升温性能系数为 0.4~0.5。

第六节　蒸汽喷射式制冷循环

蒸汽喷射式制冷机也是一种以热能为动力、以液体制冷剂在低压下蒸发吸热来制取冷量的制冷机。在蒸汽喷射式制冷机中，使低压蒸汽由蒸发器压力 p_0 提高到冷凝器压力 p_k 的过程是利用高压蒸汽的喷射、吸引及扩压作用来实现的。喷射器的动力源是高压蒸汽，而不是压缩机所消耗的机械能。如果类比于机械压缩式制冷机，蒸汽喷射式制冷机主要是以喷射器代替了压缩机。目前，蒸汽喷射式制冷机主要是以水作为制冷工质，产生高压水蒸气的方式主要是通过锅炉加热。

一、蒸汽喷射式制冷循环的工作过程

蒸汽喷射式制冷机由蒸汽喷射器、冷凝器、蒸发器以及节流阀和水泵等组成，其工作蒸汽由锅炉（或热电厂的汽轮机抽汽）供给。图 5-18 所示为蒸汽喷射式制冷机系统。它的工作过程是这样的：从锅炉 1 来的压力为 p_1 的工作蒸汽进入喷射器 2 的喷嘴，在喷嘴中迅速膨胀，并在喷嘴出口处达到很大速度，形成真空状态，由于高速气流的引射作用，因而吸引了与喷射器相连接的蒸发器 6 内的冷蒸汽，以维持蒸发

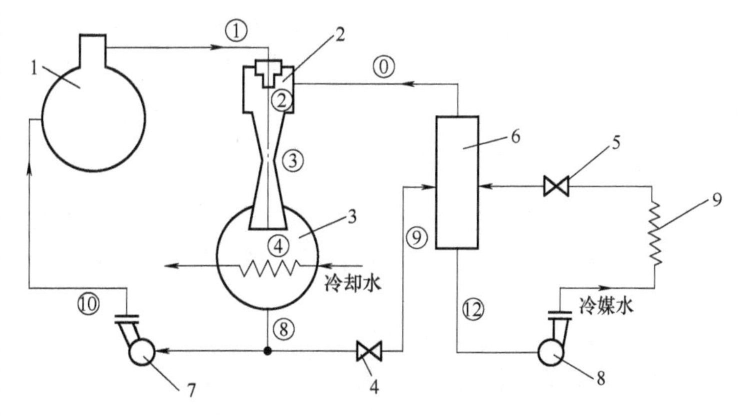

图 5-18　蒸汽喷射式制冷机系统

1—锅炉　2—蒸汽喷射器　3—冷凝器　4、5—节流阀　6—蒸发器　7—凝结水泵　8—冷媒水泵　9—用户

注：图中圈内的数字表示状态点。

器内的真空。工作蒸汽与被引射的蒸汽在扩压器内进行充分混合后，一起被压缩到冷凝压力 p_k，然后进入冷凝器 3 被冷凝成液体，即凝结水，凝结水从冷凝器引出后分为两路，一路用凝结水泵 7 送回锅炉，作为锅炉的给水，以制取工作蒸汽，另一路经节流阀 4 减压到蒸发压力 p_0 后进入蒸发器 6。凝结水经节流减压后成为过热水，因此其中部分水自行蒸发，由于水蒸发所需要的热量只能从其余未汽化的水中吸取，结果使其余部分的水温降低，这部分被冷却了的水（冷媒水）用冷媒水泵 8 输送到使用冷量的用户 9，经吸热温度升高后，再通过节流阀 5 返回蒸发器 6。同样，一部分因节流降压而成的过热水自行蒸发吸热，其热量取自过热水本身，于是其余未汽化的过热水因热量被吸走而降温成饱和水，重新得到冷却。如上所述蒸发器 6 实质上只是一个汽水分离器，它将来自节流阀 4 和 5 的汽水混合物分离开来，由于节流过程所引起的水的自行蒸发，只是在工质内部进行，因此严格地说，应把 6 与 9 两个设备综合起来才能组成通常称谓的蒸发器。由于工质自行蒸发所产生的低温低压蒸汽不断被引射到喷射器中，所以蒸发器内的真空度能维持不变。

二、蒸汽喷射式制冷的理论循环及热力计算

理论循环的假设：①工作蒸汽在喷嘴中进行等熵膨胀；②混合蒸汽在扩压器中进行等熵压缩；③凝结水在泵中进行等熵压缩；④蒸汽在流动过程中均不考虑有阻力损失；⑤理想的等压混合过程无能量损失，遵循动量守恒和能量守恒定律；⑥系统中无空气漏入。

蒸汽喷射式制冷机理论循环的工作过程可以表示在温-熵图上，如图 5-19 所示。图中各状态点与图 5-18 所示的状态点相对应。图中 1-2 表示工作蒸汽在喷嘴中的等熵膨胀过程，其压力从锅炉压力 p_1 降至蒸发器压力 p_0，状态 2 的工作蒸汽与从蒸发器引射出来的状态 0 的低压低温蒸汽相混合，2-3 和 0-3 表示等压混合过程，在扩压器中混合蒸汽自状态 3 等熵压缩到状态 4，压力由 p_0 提高到 p_k，然后在冷凝器中冷凝成状态 8 的凝结水，它分成两部分，一部分经凝结水泵等熵压缩至状态 10，进入锅炉重新被加热汽化为工作蒸汽，该过程用 8-10-11-1 表示；另一部分经节流阀减压到蒸发器压力，成为过热水，然后在蒸发器中，部分水自行蒸发至状态 0 的蒸汽，其余部分水冷却至状态 12 的饱和水，状态 9 的水汽混合物在蒸发器内进行分离，该过程可以用 8-9-0-12 表示。

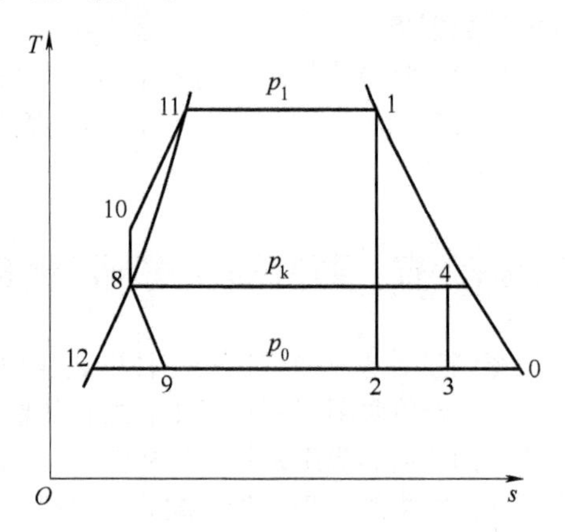

图 5-19　蒸汽喷射式制冷机理论循环

由上述分析可知，蒸汽喷射式制冷机的循环是由两个循环组成的，一个是工作蒸汽所完成的动力循环，另一个是制冷工质所完成的制冷循环，在理论循环中动力循环所产生的功正好补偿了制冷循环所消耗的功。

三、蒸汽喷射式制冷的实际循环过程

蒸汽喷射式制冷的实际循环过程与理想循环过程是有差别的，表现在以下几个方面：

1）工作蒸汽在喷嘴中的膨胀过程不是等熵的，而且由于阻力损失要膨胀到比蒸发压力 p_0 更低的压力 p_2'。

2）混合蒸汽在扩压器中的压缩过程不是等熵的。

3）由于流动阻力损失，被引射蒸汽从蒸发器流入喷射器的混合室时，压力稍许降低到 p_2'。

4）工作蒸汽与被引射蒸汽在等压混合过程中有能量损失。

5）由于系统处在真空下工作，因此空气经常会漏入系统，锅炉给水、冷却水和冷媒水中所溶解的不凝性气体会随蒸汽进入系统。

6）流动阻力损失以及不凝性气体漏入系统，引起蒸发压力和冷凝压力的提高。

7）泵内压缩过程也不是等熵的。

总之，由于蒸汽喷射式制冷机的实际循环与理论循环之间存在差别，给循环带来的总的影响是使喷射系数降低，即工作蒸汽消耗量增加，喷射器出口蒸汽的焓值提高，制冷效率下降。

蒸汽喷射式制冷机具有下述特点：热能为补偿能量形式；结构简单；加工方便；没有运动部件；使用寿命长，故具有一定的使用价值，例如用于制取空调所需的冷水。但这种制冷机所需的工作蒸汽的压力高，喷射器的流动损失大，因而效率较低。因此与同样要求系统真空度高和只能制取0℃以上的低温的溴化锂吸收式制冷机相比，在空调冷水机中的应用中，蒸汽喷射式制冷机显示出劣势。

第七节　喷射式制冷技术

从蒸汽喷射式制冷循环可以看出，喷射器是利用高压蒸汽（工质）在喷嘴中膨胀加速为超音速状态，引射低压流体，并在混合腔内进行动量和能量交换，然后采用渐扩的流道降低流体速度，从而将工质的动能转化为势能，并由此提高工质的静压，起到了类似压缩机的作用，实现高压工质膨胀降压过程中的膨胀功回收。将喷射器应用到需要膨胀降压的地方（如制冷循环）就可以起到回收膨胀功、提高循环效率的作用。喷射器按照其进口状态可分为气体喷射器、液体喷射器、冷凝喷射器和两相喷射器等。

一、蒸气压缩式制冷循环中的喷射增效技术

蒸气压缩式制冷系统中，节流机构主要起到将冷凝器出来的高压制冷剂液体节流降压到低温低压的作用，这个过程会产生较大的节流损失。利用喷射器代替蒸气压缩式制冷系统中的节流机构，就可以回收节流过程的膨胀功，进一步提高系统制冷效率。由于喷射器的驱动力来源于高压蒸汽（工质），因此喷射增效技术对于节流压差很大的制冷系统（如 CO_2 跨临界制冷系统）和节流压比较大制冷系统（如冰箱和冷柜系统）的节能具有明显的优势。

典型的背压分流式喷射器增效制冷系统的循环流程如图 5-20 所示。从冷凝器出来的高压液体进入喷射器降压膨胀，并引射从蒸发器出来压力较低的制冷剂蒸气，经过喷射器扩压段升压后进入气液分离器，升压后的压力较高的制冷剂蒸气被压缩机吸入压缩后排入冷凝器，而压力较高的制冷剂液体经过节流阀减压后获得更低压力和温度的制冷剂气液两相混合物，进入蒸发器吸热汽化为制冷剂蒸气后被喷射器引射并升压。这样喷射器回收膨胀功，实现压缩机吸气压力的提升，提高了压缩机效率和系统性能。

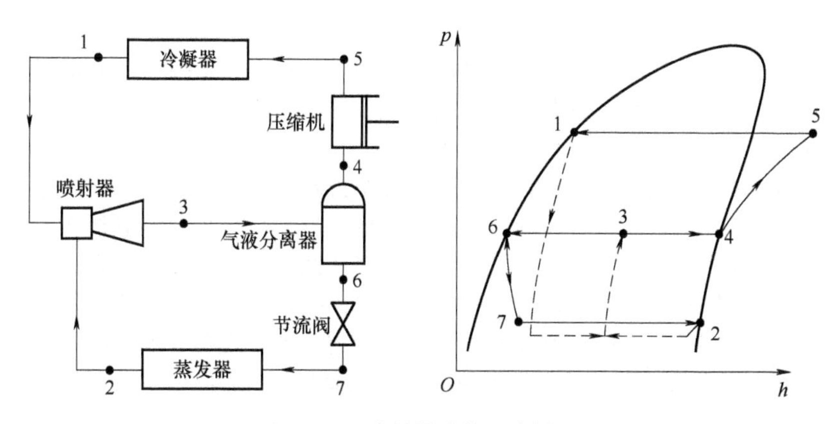

图 5-20　喷射器增效制冷循环

喷射器增效的双高效双温二氧化碳跨临界制冷制热循环如图 5-21 所示。由于二氧化碳热泵制热效果优异而制冷性能很差，喷射器主要用于改善制冷循环的性能。在制冷模式下，电磁阀打开，

压缩机将二氧化碳压缩至高温高压后经四通换向阀进入室外换热器，在室外换热器冷却后进入回热器，与回流的低温二氧化碳气体进行热量交换，冷却为液体后，经单向阀进入喷射器降压膨胀，并引射从第二室内换热器蒸发制冷后的低压二氧化碳蒸气，经喷射器扩压段升压后经单向阀进入第一室内换热器蒸发吸热制冷，进入气液分离器，在气液分离器8中，未能在第一室内换热器中完全蒸发的二氧化碳液体从气液分离器的液体出口流出，经节流机构节流降压降温后进入第二室内换热器中蒸发吸热，并经电磁阀喷射器引射，而气液分离器中的二氧化碳蒸气经回热器进一步吸热后经单向阀、四通换向阀，进入压缩机完成制冷循环。在此过程中，第二室内换热器的二氧化碳蒸发压力和温度均低于第一室内换热器，实际上喷射器回收了高压二氧化碳液体的膨胀功，用于将第二室内换热器产生的更低压力的二氧化碳蒸气提升到第一室内换热器的蒸发压力，提高了压缩机的吸气压力，减少了压缩机的功耗，提高了压缩机的效率，同时第二室内换热器和第一室内换热器形成蒸发温度差，实现了双温蒸发，减少了传热温差损失，提升了整个系统的制冷效率。

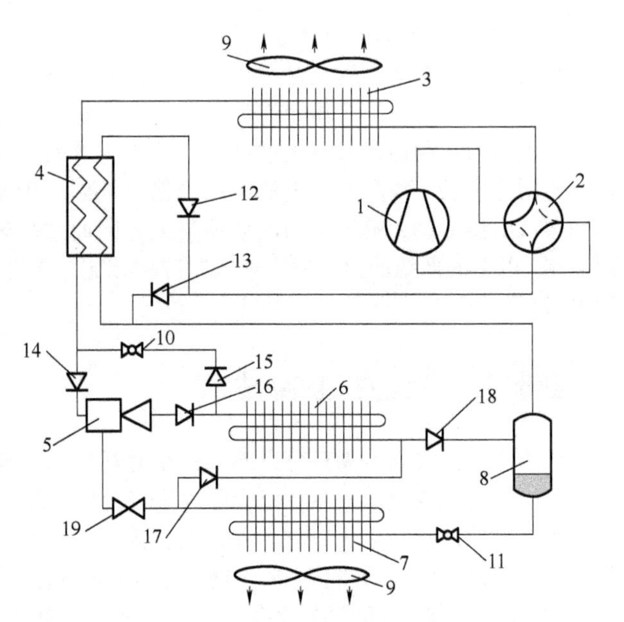

图 5-21 喷射器增效的双高效双温二氧化碳跨临界制冷制热循环

1—压缩机 2—四通换向阀 3—室外换热器 4—回热器 5—喷射器 6—第一室内换热器 7—第二室内换热器 8—气液分离器 9—风机 10、11—节流机构 12~18—单向阀 19—电磁阀

而在制热模式下，电磁阀关闭，压缩机将二氧化碳压缩至高温高压后，经四通换向阀、单向阀、气液分离器、第一节流机构（此时第一节流机构全开）后进入第二室内换热器放热，对流经该换热器的空气进行加热，并经单向阀进入第一室内换热器进一步放热并对流经该换热器的空气进行加热后流出，经单向阀进入第二节流机构节流降压降温后经回热器进入室外换热器，低温低压二氧化碳在室外换热器内吸热蒸发后经四通换向阀被压缩机吸气口吸入，完成制热循环。

二、吸收式制冷循环中的喷射增效技术

制约吸收式制冷机性能的主要因素是吸收器的性能。在吸收器结构一定的情况下，要提高吸收器的吸收能力就需要降低吸收器的温度或者提高吸收器的压力。而吸收器的温度受到吸收器冷却介质温度的限制，即受到环境条件的限制，而吸收器的压力则受到蒸发器的蒸发压力的限制，即受到被冷却介质温度的限制。采用喷射器可以提高吸收器的压力，如图 5-22 所示。该循环用一个喷射器取代了溶液节流阀，同时蒸发器产生的制冷机蒸汽不直接与吸收器相连，而是连接到溶液喷射器的引射口。工作时，发生器出来的高温高压溶液经过溶液热交换器降温后，直接进入溶液喷射器，降压膨胀并引射蒸发器出来的制冷机蒸汽后，一起经过喷射器扩压段升压后进入吸收器，从而既引入了蒸发器的制冷机蒸汽又提高了吸收器的压力，改善了吸收器的性能。由于液体喷射器不适用于水-溴化锂吸收式制冷循环中使用的低密度蒸汽，因此该系统只能使用高密度制冷剂蒸汽进行操作，如氨水吸收式制冷机等。

图 5-23 所示的喷射-吸收式制冷循环由两个子循环组成：蒸汽喷射循环和溴化锂-水单效吸收循环。喷射器循环由吸收循环的发生器产生的水蒸气驱动。由于蒸汽喷射器利用了在常规吸收循环中损失的能量，以增强这种新型循环中的汽化过程，在 5℃冷媒水温度下，该循环的实验测量

COP 范围为 0.8~1.04。然而，这个循环需要至少 200℃的发生温度，这可能导致腐蚀速率的增加，这是该循环的问题所在。

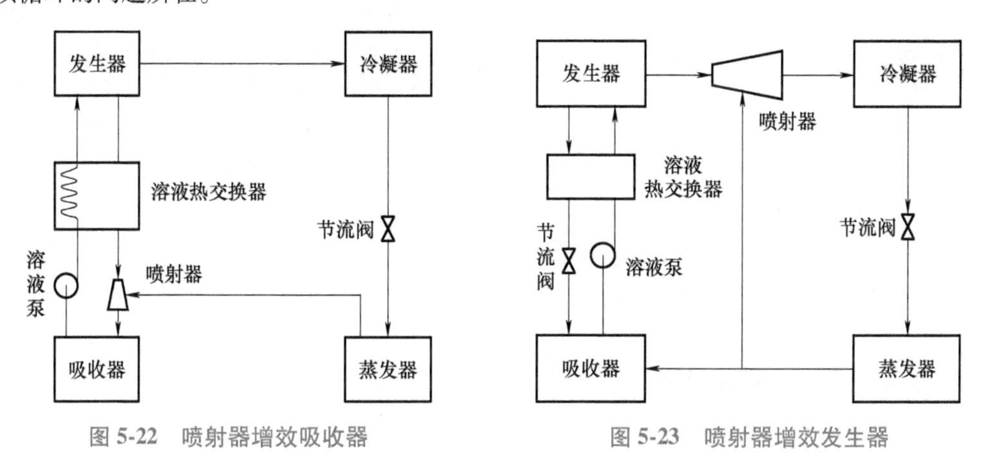

图 5-22　喷射器增效吸收器　　　　图 5-23　喷射器增效发生器

三、喷射器的调节

固定结构的喷射器具有一定的工况适应范围，而系统在实际运行过程中涉及起动、间歇运行和变负荷等非稳态过程，喷射器性能变化剧烈。因此，喷射器调控是适应系统变工况、变负荷最佳运行的有效手段。一种方式是通过调节阀针位置调节喷嘴喉部面积，从而改变喷嘴出口状态参数和喷射器的性能，适应系统工况和负荷的变化。

另一种调节方式是通过并联布置多个结构尺寸不同的喷射器，根据工况的不同通过电磁阀开启或关闭进行的组合，可以实现不同工况下性能的调节。该方式无运动部件，工作可靠，结构简单，也是较为理想的喷射器调节方式之一。

随着当前能源战略的实施，喷射器增效制冷技术得到了广泛重视。未来喷射器增效技术将向低温制冷、冷库、高温热泵、轻型商用以及家用制冷设备等领域发展，呈现出良好的发展态势。

第六章

气体制冷及其他制冷方法

第一节　压缩式气体制冷循环

气体制冷机以气体为工质。压缩式气体制冷机的工作过程也是包括压缩、冷却、膨胀和吸热四个过程。但是它的特点是工质在循环过程中不发生集态变化。根据循环是否运用回热原理，分为无回热气体制冷机循环、等压回热气体制冷机循环和等容回热气体制冷机循环。

一、无回热气体制冷机循环

如图6-1所示，气体在冷箱中吸热制冷后被压缩机吸入、压缩到较高的压力进入冷却器。气体在冷却器中被冷却介质（水或循环空气）冷却，放出热量 Q_c，同时温度降低，随后进入膨胀机，经历做外功的绝热膨胀过程，使其达到很低的温度，再到冷箱于低温下吸热制冷，如此循环。

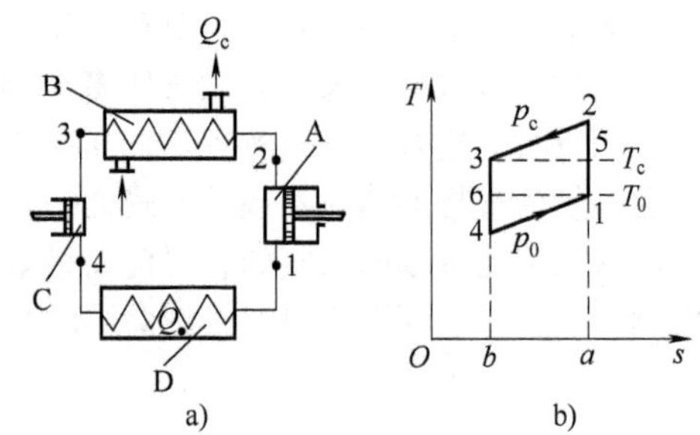

图6-1　无回热气体制冷机系统图及循环的 *T-s* 图

A—压缩机　B—冷却器　C—膨胀机　D—冷箱

在理想条件下，即假设压缩过程和膨胀过程均为等熵过程，吸热和放热过程均为等压过程（无压力损失），且热交换器出口处设有端部温差，所组成的气体制冷循环称作气体制冷机的理论循环。循环的 *T-s* 图中冷箱温度为 T_0；环境介质温度为 T_c；1-2为等熵压缩；2-3为等压冷却过程；3-4为等熵膨胀过程；4-1为等压吸热过程。其循环的性能参数计算与蒸气压缩式制冷循环计算方法基本相同。

单位制冷量与单位冷却热负荷分别为

$$q_0=h_1-h_4=c_p(T_1-T_4) \tag{6-1}$$

$$q_c=h_2-h_3=c_p(T_2-T_3) \tag{6-2}$$

单位压缩功和单位膨胀功分别为

$$w_0=h_2-h_1=c_p(T_2-T_1) \tag{6-3}$$

$$w_e=h_3-h_4=c_p(T_3-T_4) \tag{6-4}$$

循环所消耗的单位功与制冷系数为

$$w=w_0-w_e=c_p(T_2-T_1)-c_p(T_3-T_4) \tag{6-5}$$

$$\varepsilon=\frac{q_0}{w}=\frac{c_p(T_1-T_4)}{c_p(T_2-T_1)-c_p(T_3-T_4)} \tag{6-6}$$

若不计比热容随温度的变化，并注意到

$$\frac{T_2}{T_1}=\frac{T_3}{T_4}=\left(\frac{p_c}{p_0}\right)^{\frac{\kappa-1}{\kappa}}$$

则式(6-6)可简化为

$$\varepsilon=\frac{1}{\left(\frac{p_c}{p_0}\right)^{\frac{\kappa-1}{\kappa}}-1}=\frac{T_1}{T_2-T_1}=\frac{T_4}{T_3-T_4} \tag{6-7}$$

由此可见，无回热气体制冷机理论循环的制冷系数与循环的压力比，或压缩机的温度比和膨胀机的温度比有关。压力比或温度比越大，循环的制冷系数越低。因此，要提高循环的经济性，必须采用较小的压力比。

在图 6-1b 中循环 1-5-3-6-1 为同温限下的逆卡诺循环，其制冷系数为 $\varepsilon_c=\frac{T_1}{T_3-T_1}$，以上无回热气体制冷机循环的热力完善度为

$$\eta=\frac{\varepsilon}{\varepsilon_c}=\frac{T_1}{T_2-T_1}\frac{T_3-T_1}{T_1}=\frac{T_c-T_0}{T_2-T_0} \tag{6-8}$$

式中，T_c 永远小于 T_2，有 $\varepsilon<\varepsilon_c$，即无回热气体制冷机理论循环的制冷系数小于同温限下逆卡诺循环的制冷系数。循环的经济性比逆卡诺循环差。

在实际的气体压缩制冷循环中，压缩机和膨胀机中并非等熵过程，换热器中也存在着传热温差和流动阻力损失。因此，实际循环的单位制冷量减小，单位功增大，制冷系数和热力完善度降低，同时伴随有某些循环特性的变化。如图 6-2 所示的 1-2_s-3-4_s-1 循环。在确定了循环的压力比，各关节点温度，压缩机和膨胀机的绝热效率 η_{s0}、η_{se}之后，可参照前述公式进行实际循环的性能指标计算。

二、等压回热气体制冷机循环

所谓回热循环，就是将冷箱返回的冷气流引入回热器，用以冷却来自冷却器的高压常温气流，使其温度进一步降低，达到膨胀机进气温度的目的。同时冷箱的返回气流被加热，使压缩机吸气温度升高。其循环工作参数和特性都发生了一些变化。

图 6-3 示出了等压回热气体制冷机循环系统图及 *T-s* 图。其循环系统由透平压缩机、冷却器、透平膨胀机、冷箱和回热器等设备组成。*T-s* 图中的 1-2 为压缩过程，2-3 为冷却过程，3-4 和 6-1 为回热器中的回热过程，4-5 为膨胀过程，5-6 为冷箱中的吸热（制冷）过程。图中的 6-7-8-5-6 循环为相同温度范围的相同制冷量的无回热气体制冷循环。与等压回热循环 1-2-3-4-5-6-1 相比，后者的循环压力比、单位压缩功和单位膨胀功均小得多。循环性能指标的计算：

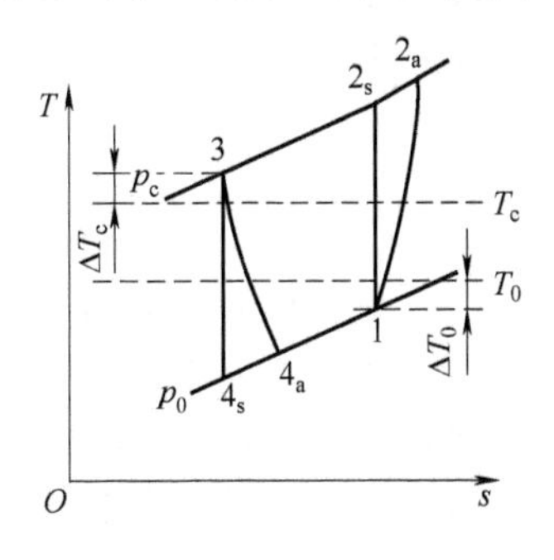

图 6-2　无回热气体制冷机实际循环

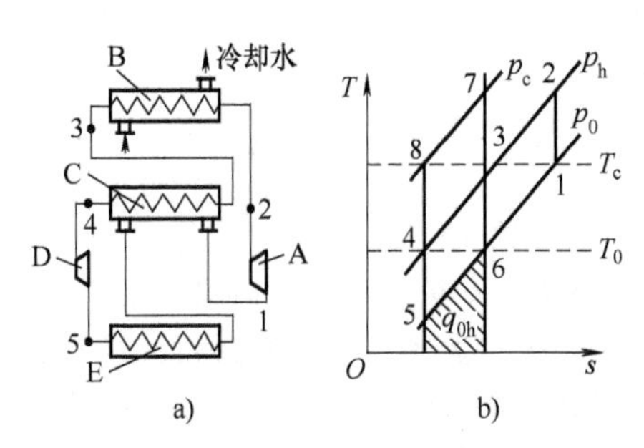

图 6-3　等压回热气体制冷机循环系统图及 *T-s* 图

A—透平压缩机　B—冷却器

C—回热器　D—透平膨胀机　E—冷箱

单位制冷量和冷却器单位热负荷为

$$q_{0h}=c_p(T_6-T_5) \tag{6-9}$$

$$q_{ch}=c_p(T_2-T_3) \tag{6-10}$$

回热器单位热负荷为

$$q_h=c_p(T_3-T_4)=c_p(T_1-T_6) \tag{6-11}$$

压缩机单位耗功和膨胀机单位功为

$$w_{0h}=c_p(T_2-T_1) \tag{6-12}$$

$$w_{eh}=c_p(T_4-T_5) \tag{6-13}$$

理论循环消耗的单位功和制冷系数为

$$w_h=c_p(T_2-T_1)-c_p(T_4-T_5) \tag{6-14}$$

$$\varepsilon_h=\frac{q_{0h}}{w_h}=\frac{T_6-T_5}{(T_2-T_1)-(T_4-T_5)}=\frac{1}{\dfrac{T_2-T_1}{T_4-T_5}-1} \tag{6-15}$$

由于

$$\frac{T_2}{T_1}=\frac{T_4}{T_5}=\left(\frac{p_h}{p_0}\right)^{\frac{\kappa-1}{\kappa}}$$

故

$$\frac{T_2-T_1}{T_4-T_5}=\frac{T_1\left(\dfrac{T_2}{T_1}-1\right)}{T_5\left(\dfrac{T_4}{T_5}-1\right)}=\frac{T_1}{T_5}=\frac{T_1}{T_4}\frac{T_4}{T_5}=\frac{T_c}{T_0}\left(\frac{p_h}{p_0}\right)^{\frac{\kappa-1}{\kappa}}$$

所以理论回热循环的制冷系数可表示为

$$\varepsilon_h=\frac{1}{\dfrac{T_1}{T_5}-1}=\frac{T_5}{T_1-T_5}=\frac{T_4}{T_2-T_4} \tag{6-16}$$

或

$$\varepsilon_h=\frac{1}{\dfrac{T_c}{T_0}\left(\dfrac{p_h}{p_0}\right)^{\frac{\kappa-1}{\kappa}}-1}=\frac{1}{\left(\dfrac{p_c}{p_0}\right)^{\frac{\kappa-1}{\kappa}}-1} \tag{6-17}$$

由式（6-16）的结论可以看出，在相同工作范围、相同单位制冷量，而且有相同的理论制冷系数的回热与无回热气体制冷循环，并不能说明两循环是等效的。因为回热循环压力比小，以致压缩机和膨胀机单位功也小，其功率也小，因而大大减少了压缩过程、膨胀过程以及热交换过程的不可逆损失，所以回热循环的制冷系数比无回热循环的要大。当系统采用了高效透平机械后，制冷机的经济性会大大提高。在制取-80℃以下低温时，等压气体制冷机的热力完善度超过了各种形式的蒸气制冷机。

三、等容回热气体制冷机循环

等容回热气体制冷机循环由两个等温过程和两个等容过程组成。因最早由斯特林提出，所以又称作斯特林循环。图6-4为等容回热气体制冷机的工作过程及p-V图。该机在一个气缸内有两个活塞，即压缩活塞A和膨胀活塞B，两活塞之间设置回热器R。当气体流过回热器时，其温度即发生变化（由T_E升高到T_c或由T_c降低到T_E）。两活塞由一特殊机构控制它们进行跳跃式运行来完成循环。

1-2为等温压缩过程：压缩过程开始，B活塞不动，A活塞向下运动。气体由p_1、v_1变到p_2、v_2，并向冷却介质放出热量Q_C。

2-3为等容放热过程，两活塞同步向下运动，气体被等容推移到E腔，经回热器R时被冷却，放出热量Q_R，气体状态变为p_3、v_3。

3-4 为等温膨胀过程：A 活塞不动，B 活塞继续向下运动，气体膨胀做外功降压降温，在低温下制取冷量 Q_E。

4-1 为等容吸热过程：两活塞同步向上运动，气体被等容推至 C 腔，经回热器时吸收 Q_R 热量，气体重新恢复到 p_1、v_1 状态。

由上述分析可知，等容回热气体制冷机循环为一封闭循环，循环中气体的单位制冷量为

$$q_E = RT_E \ln \frac{v_1}{v_2} \tag{6-18}$$

循环中单位放热量和回热器单位热负荷为

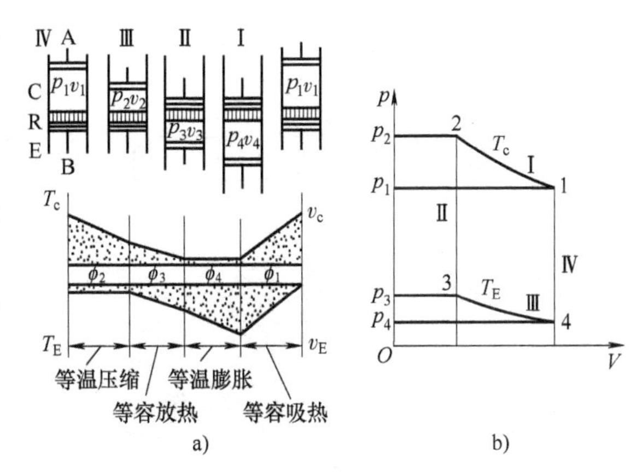

图 6-4　等容回热气体制冷机的工作过程及 *p-V* 图
a）循环过程分解图　b）*p-V* 图
A、B—活塞　C、E—腔　R—回热器

$$q_c = RT_c \ln \frac{v_1}{v_2} \tag{6-19}$$

$$q_R = c_V(T_c - T_E) \tag{6-20}$$

由于回热过程属循环内部的热交换，与循环的耗能无关。循环所消耗的单位功，等于等温压缩功与等温膨胀功之差，即

$$w = RT_c \ln \frac{v_1}{v_2} - RT_E \ln \frac{v_1}{v_2} = R(T_c - T_E) \ln \frac{v_1}{v_2} \tag{6-21}$$

其循环的制冷系数为

$$\varepsilon = \frac{q_E}{w} = \frac{T_E}{T_c - T_E} = \frac{T_0}{T_c - T_0} = \varepsilon_c \tag{6-22}$$

式中，T_E 即为 T_0。可见斯特林理论循环与同温限的逆卡诺循环制冷系数相同，是一种很有效的制冷循环。荷兰菲利浦公司于 1954 年近似地实现了这一循环，研制的小型气体制冷机，可达 77K 的低温。现在这一循环在小型制冷机中得到广泛应用。

第二节　气体涡流制冷

一、气体涡流制冷原理

气体涡流制冷是一种借助涡流管的作用使高速气流产生旋涡分离出冷、热两股气流，而利用冷气流获得冷量的方法。

涡流管是一种结构极为简单的制冷装置，它由喷嘴、涡流室、分离孔板及冷、热两端管子组成。如图 6-5 所示，高速气流由进气导管导入喷嘴，膨胀降压后沿切线方向高速进入阿基米德螺线涡流室，形成自由涡流，经过动能交换分离成温度不等的两部分。其中心部分动能降低变为冷气流，边缘部分动能增大成为热气流流向涡流管的另一端。这样涡流管可以同时获得冷热两种效应，通过流量控制阀调节冷热气流比例相应改变气流温度，可以得到最佳制冷效应或制热效应。

图 6-6 示出了涡流管内部工作过程的 *T-s* 图。图中点 4 为气体压缩前的状态。

4-5 为工作气体的等熵压缩过程。

5-1 为压缩气体的等压冷却过程。点 1 表示高压气体进入喷嘴前的状态，在理想条件下绝热膨胀到 p_2 压力，随之温度降低到 T_s，即点 2_a 状态。点 2 为涡流管流出的冷气流状态，其温度为 T_c。点 3 为分离出的热气流状态，其温度为 T_h。

1-2 和 1-3 为冷、热气流的分离过程。

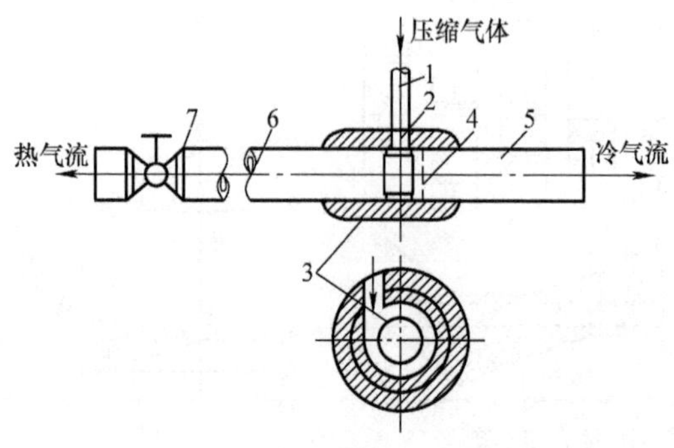

图6-5　涡流管结构及工作过程
1—进气管　2—喷嘴　3—涡流室　4—孔板
5—冷端管子　6—热端管子　7—流量控制阀

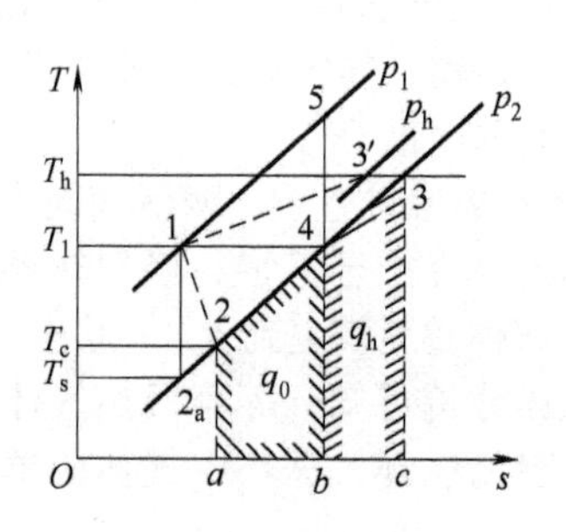

图6-6　涡流管内部工作过程的 T-s 图

3-3′为热气流经流量控制阀的节流过程，节流前后比焓值不变。

由于整个工作过程中，气流在喷嘴中不可能做等熵膨胀；涡流室内外层气体之间的动能交换存在一定的损失；以及涡流室内存在的向心热传递过程，使气流在1-2过程偏离绝热膨胀过程，造成涡流管分离出来的冷气流温度 T_c 总高于绝热膨胀条件下的冷气流温度 T_s。

二、气体涡流制冷的性能指标计算

1. 涡流管的冷却效应与加热效应

涡流管在工作过程中使温度 T_1 的气体分离为温度为 T_c 的冷气流和温度为 T_h 的热气流。因此，$\Delta T_c=T_1-T_c$ 被称作涡流管的冷却效应，$\Delta T_h=T_h-T_1$ 被称作涡流管的加热效应。将 $\Delta T_s=T_1-T_s$ 定义为等熵膨胀效应，以标志涡流管的理论冷却效应。因此，涡流管制冷的有效性，可用冷却效率 η_c 表示，即

$$\eta_c=\frac{\Delta T_c}{\Delta T_s}=\frac{T_1-T_c}{T_1\left[1-\left(\frac{p_2}{p_1}\right)^{\frac{\kappa-1}{\kappa}}\right]} \tag{6-23}$$

2. 涡流管工作过程的流量及热量平衡

若以 q_{m1}、q_{mc} 和 q_{mh}（kg/s）分别表示进入涡流管的高速气流、冷端气流和热端气流的流量，则

$$q_{m1}=q_{mc}+q_{mh} \tag{6-24}$$

若以 h_1、h_c 和 h_h（kJ/kg）分别表示它们的比焓，忽略气体流出时的动能，则

$$q_{m1}h_1=q_{mc}h_c+q_{mh}h_h \tag{6-25}$$

又根据气体焓值与温度的对应关系，以及冷气流量比

$$\mu_c=\frac{q_{mc}}{q_{m1}}=\frac{q_{mc}}{q_{mc}+q_{mh}}$$

式（6-25）可简化为

$$T_1=\mu_c T_c+(1-\mu_c)T_h \tag{6-26}$$

得

$$\mu_c=\frac{T_h-T_1}{T_h-T_c}=\frac{\Delta T_h}{\Delta T_h+\Delta T_c} \tag{6-27}$$

3. 涡流管制冷量

涡流管制冷量 Q_0(kW) 为

$$Q_0=q_{mc}c_p(T_1-T_c)=\mu_c q_{m1}c_p\Delta T_c \tag{6-28}$$

每1kg冷气流的制冷量为

$$q_0=\frac{Q_0}{q_{mc}}=c_p\Delta T_c \tag{6-29}$$

其数值在图6-6中用p_2等压线下方的面积2-a-b-4-2表示。若对于每1kg高压气体而言，其单位制冷量可表示为q'_0

$$q'_0=\frac{Q_0}{q_{m1}}=\mu_c c_p\Delta T_c=\mu_c q_0 \tag{6-30}$$

4. 涡流管的制热量 Q_h

涡流管的制热量Q_h（kW）

$$Q_h=q_{mh}c_p(T_h-T_1)=(1-\mu_c)q_{m1}c_p\Delta T_h \tag{6-31}$$

其单位制热量为q_h

$$q_h=\frac{Q_h}{q_{mh}}=c_p\Delta T_h \tag{6-32}$$

同理，对高压气体而言其单位制热量为q'_h

$$q'_h=\frac{Q_h}{q_{m1}}=(1-\mu_c)c_p\Delta T_h \tag{6-33}$$

式（6-32）中的q_h同样可以用图6-6中p_2等压线下方的面积4-b-c-3-4表示。若将式（6-27）和式（6-28）代入式（6-30）中，即可得到与式（6-33）相同的结果。由此证明涡流管的制冷量Q_0与制热量Q_h在数量上是相等的。

三、涡流管的特性及其应用

涡流管的性能指标冷却效应ΔT_c和单位制冷量q_0与以下因素有关：

（1）冷气流分量μ_c　当μ_c值变化时ΔT_c和q_0均会相应变化，而且在$\mu_c=0\sim1$的范围内有最大值存在。当$\mu_c=0.3\sim0.35$时ΔT_c有最大值；而当$\mu_c=0.6\sim0.7$时q_0达到最大值。同时，加热效应也随μ_c值变化而改变，当μ_c增大时ΔT_h不断增大，且无极限存在。

（2）进口工作压力p_1　当p_1增大时ΔT_c和q_0均增大。但p_1增大时ΔT_c的最大值向μ_c减小的方向移动，q_0的最大值则向μ_c增大的方向移动。

（3）气体的种类　绝热指数大的气体，绝热膨胀时ΔT_s大，因而可得到较大的冷却效应。

（4）气体的温度　气体潮湿时，冷气流中水汽要凝结放热，故制冷温度上升，冷却效应降低；热气流中水蒸气比热气流要吸收较多热量，故热气流温升减小，加热效应降低。

（5）涡流管的结构　涡流管各部分的尺寸、喷嘴与涡流管的连接方式、涡流管的制造质量对其性能有重要影响，因此不同结构尺寸的涡流管，其性能参数将不同。

涡流管具有结构简单、起动快、维护方便、工作极为可靠、一次性投资和运行费用低等优点。尽管其效率较低，但在国外仍然得到广泛的应用。如美国NASA研制成功了以风洞排气为工作介质的涡流管空调系统（制冷量达281.35kW）。苏联和美国均成功地把涡流管制冷用于天然气和石油伴生气的烃类分离和回收。我国也在进行采用涡流管制冷的天然气井口脱水装置，对于保证天然气输送管网的正常工作、改善井场工作和生活环境将发挥重要作用。应用回热原理及喷射器来降低涡流管冷气流压力，不仅可以获得更低的温度，还可以提高涡流管的经济性。根据此原理制成的涡流管冰箱已能获得-70℃以下的低温。若采用多级涡流管还可以获得更低的温度。

第三节　固体吸附制冷

为了节省能源，人们对余热及太阳能利用的研究不断深入，除了目前已经成熟的太阳能氨水吸收式和太阳能溴化锂吸收式制冷装置外，还有吸附制冷，即某些固体物质在一定的温度及压力下，能吸附某种气体或水蒸气，在另一温度及压力下，又能将它释放出来。这种吸附与解吸的过程引起的压力变化，相当于制冷压缩机的作用。固体吸附制冷就是根据这一原理来实现的。

一、吸附剂

许多固体都具有吸附气体或液体的能力，但适宜于工业应用的吸附剂，应具有以下性质：①对吸附质有高的吸附能力；②能再生和多次使用；③有足够的机械强度；④化学性质稳定；⑤容易制取且价格便宜。

目前，用于吸附制冷的固体吸附剂有：

1. 硅胶

它是一种硬的玻璃状物体，具有较大的孔隙率。一般分粗孔和细孔两种。粒状硅胶直径约为0.2~7mm，其化学稳定性和热稳定性较高，吸附水蒸气的能力特别好。

2. 活性氧化铝

它是一种部分水化的多孔无定形氧化铝，粒度一般为3~7mm。化学稳定性和机械强度较高。

3. 沸石分子筛

它的种类很多，有不下50种，目前国内主要有3A、4A、5A、13X、10X、丝光沸石等。它们作为吸附剂，具有以下特点：

1）有极强的吸附选择性，由于其孔径大小均匀，只吸附小于其孔径的分子，是一种离子型的极性吸附剂，对极性分子，特别是水分子（分子直径2.8×10^{-10}m）有极大的亲和力，易于吸附。

2）在气体组分含量低（即分压力低）的情况下具有较大的吸附能力，因为其表面积大于一般吸附剂，可达800~1000m^2/g。

4. 活性炭

活性炭是将各种原材料如煤炭、木材、果壳或合成高分子材料经过高温（750~950℃）炭化热解、活化后制成的多孔吸附材料，有着广泛的工业与民用背景。活性炭具有大量的微孔，但其直径分布不如分子筛均匀。活性炭对氨、甲醇都有较好的吸附能力。循环解吸量一般情况下在10%到20%之间，好于分子筛系统。活性炭的比表面积可达到600~2000m^2/g，而制成的活性炭纤维比表面积可达1000~3000m^2/g，吸附性能也有很大的提高。

活性炭具有非极性的表面，为疏水性、亲有机物质的吸附剂。活性炭对有机溶剂的吸附性能较强，因而吸附剂中与之配对的以甲醇为最佳，其次可以用氨作为制冷剂。活性炭纤维比表面积发达，孔径分布均匀，因而目前已逐步成为吸附式制冷研究的一个热点，越来越受到吸附式制冷行业的青睐。

二、吸附制冷循环

吸附制冷循环是利用水汽化吸热制冷，也属相变制冷循环。制冷过程中蒸发的水蒸气由吸附剂吸附，吸附达到饱和的吸附剂用余热或太阳能烘干再生，重复使用。吸附制冷有开式循环和闭式循环两种。

1. 开式吸附制冷循环

开式吸附制冷循环是利用吸附剂吸附空气中的水蒸气而使空气得以干燥；然后再向空气中喷水，水迅速汽化，使空气降温，供空调室空调使用。它要求吸附剂对人体无害，一般采用硅胶；工业用低温空气干燥装置使用活性氧化铝。开式吸附制冷循环系统结构复杂，用电量大，成本高。开式吸附制冷循环一般只能降温10℃左右，吸附和再生不在同一条件下进行时，可以连续工作。

2. 闭式吸附制冷循环

闭式吸附制冷循环是吸附剂的吸附和解吸通过阀门的控制可以在一个完全密封的系统内进行。图6-7所示的闭式沸石吸附制冷系统，由沸石筒、冷凝器及设置在冰箱内的水罐三部分组成。吸附质水密封于其中。系统工作时用余热或太阳能加热沸石筒，使沸石温度升高，沸石中含有的水分吸热蒸发，到冷凝器中凝结为水（其冷却介质可为水也可为空气），流入水罐中贮存。然后移去沸石筒的热源，使沸石筒在大气中冷却，造成系统内的压力和温度下降，则水罐中的水汽化、吸热制冷。在降温幅度大时甚至可以制冰。但是由于解吸的需要，系统只能间歇式运行。若利用太阳能制冷，可在白天对沸石筒加热，使沸石解吸出水蒸气，并冷凝后贮存于水罐中，其温度与环境温度相同。到夜间随着环境温度的逐渐降低，沸石又不断吸附水蒸气，并造成系统内的真空状态，以使水在0℃以下蒸发，吸收被冷却空间内的热量，使其降温达到制冷的目的。

沸石分子筛的吸附特性与一般吸附剂不同，它的吸附水蒸气等温线与水蒸气分压呈非线性关系。在低分压下吸附水分的数量几乎与分压无关，所以沸石在高低温之间的范围内能吸附大量水分，用于制冷时可达到较高的效率。沸石分子筛吸附制冷理论循环如图6-8所示。其吸附制冷循环A-B-C-D-A的工作过程为：A-B是加热解吸过程。沸石筒在常温状态（A点）吸收余热或太阳能，沸石温度升高脱水，解吸出的水量为$W_1=G_A-G_B$，经冷凝器冷凝后存于水罐中。B-C是在关闭沸石筒与冷凝器之间截止阀条件下，沸石筒的降温冷却过程，筒内压力下降达到C点状态。C-D是吸附制冷过程。在打开截止阀的条件下，置于被冷却空间的水罐中的水吸热蒸发，降温制冷。水罐中的温度与对应的饱和压力同时逐渐下降。沸石则由于吸附水蒸气，温度不断上升，沸石筒中的饱和压力不断提高，最后在D点达到平衡，蒸发制冷停止。D点的具体位置由被冷却空间的热负荷确定，一般在大气温度以下。D-A是复原过程。循环达到平衡后，制冷停止，被冷却空间温度回升，使沸石进一步充分吸附并恢复到原来状态，完成一个循环。

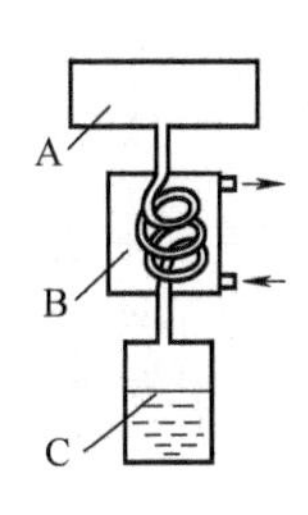

图6-7　闭式沸石吸附制冷系统
A—沸石筒　B—冷凝器　C—水罐

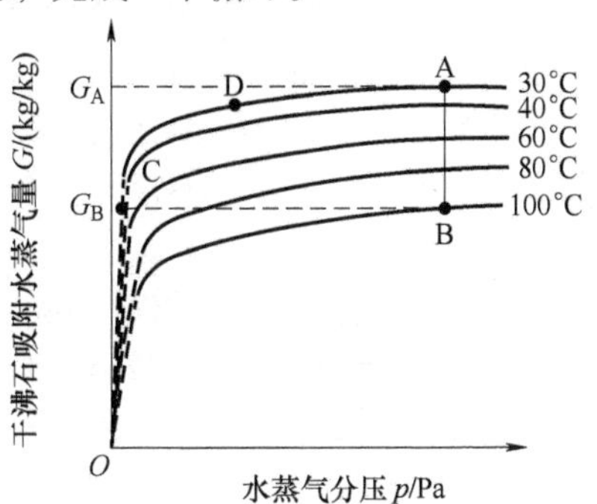

图6-8　沸石13X-H_2O吸附制冷循环

三、吸附制冷循环的应用

目前吸附制冷循环的应用多以开发太阳能的利用为目的。美国沸石动力公司研制了容积为1.12×0.78×1.22m^3的太阳能沸石吸附制冷冰箱，集热器面积为0.7m^2，每天可制冰10kg，充分表现沸石吸附制冷的高效率。该冰箱的吸附制冷系统如图6-9所示。其运行过程是打开截止阀2，同时让沸石筒加热进入解吸过程，沸石解吸出的水蒸气流入冷凝器3，同时被冷凝成水。然后关闭截止阀2，移去沸石筒的加热热源，让其冷却降温后打开截止阀4，将冷凝器中的凝结水放入水罐，再关闭截止阀4打开截止阀7，水罐中的水在低分压下蒸发制冷。水蒸气上升至沸石筒再被沸石吸附。当水罐降温达到结冰状态时关闭截止阀7打开截止阀2，沸石筒加热重新投入解吸过程。在解吸和冷却过程中，冰箱温度可利用水罐中的冰融化吸热维持。这种制冷循环系统无噪声、无污染，不需维修，能充分利用余热和太阳能，是洁净制冷技术的发展方向之一。

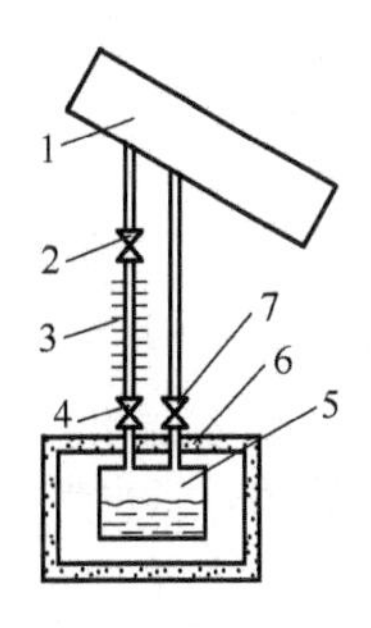

图6-9　太阳能沸石吸附制冷冰箱系统
1—能受太阳能加热的沸石筒　2、4、7—截止阀　3—冷凝器　5—水罐　6—冰箱保温层

然而基本型吸附式制冷循环效率较低，因为在循环过程中，没有采用回热措施，吸附床的冷却放热及吸附放热白白流失了，且循环中，制冷过程是不连续的。典型连续回热循环的吸附制冷系统图如图6-10所示。

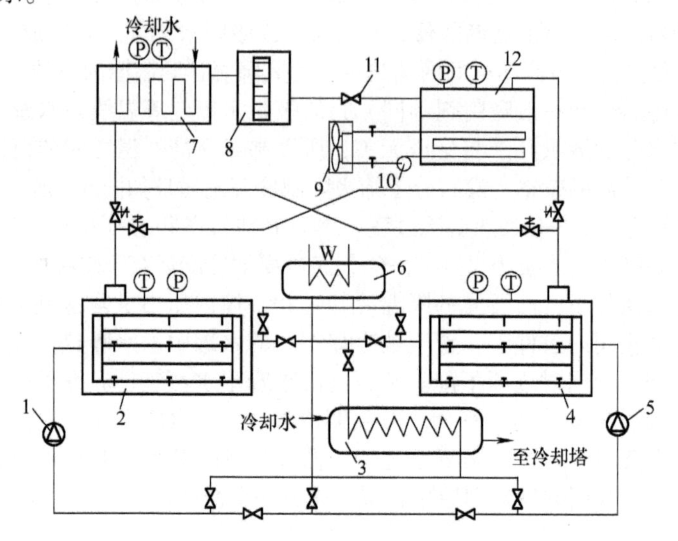

图6-10 典型连续回热循环的吸附制冷系统图

1、5—泵 2、4—吸附器 3—冷却器 6—加热器 7—冷凝器
8—贮液器 9—风机盘管 10—水泵 11—节流阀 12—蒸发器

假定对吸附器2加热，对吸附器4冷却，当吸附器2充分解吸，吸附器4吸附饱和后，使吸附器2冷却，吸附器4加热，吸附器2、4交替运行组成了一个完整的连续制冷循环。同时，为了提高能量的利用率，在两过程切换中，利用高温吸附器冷却时放出的显热和吸附热来加热另一个吸附器，即进行回热，可减少系统的能量输入，提高COP，达到连续回热的目的。

第四节 热电制冷

一、热电效应

在无外磁场存在的情况下，固体的热电效应包括五个方面：导热、焦耳热、塞贝克效应、珀尔帖效应和汤姆逊效应。其中前两个效应我们在物理电学中已经熟知，下面介绍后三个效应的概念。

（1）塞贝克效应 由两种不同导体组成的回路中，如果导体的两个结点存在温度差，则回路中将产生电动势E，这种现象称为塞贝克效应或温差电效应。这个电动势称为塞贝克电动势或温差电动势。塞贝克效应是热电偶测温的理论基础。

（2）珀尔帖效应 当直流电通过两种不同导体组成的回路时，结点上将产生吸热或放热现象，这就是珀尔帖效应。由珀尔帖效应产生的热流量称为珀尔帖热。珀尔帖效应是热电制冷的理论基础。

（3）汤姆逊效应 电流通过具有温度梯度的导体时，导体将吸收或放出热量，这就是汤姆逊效应。由汤姆逊效应产生的热流量称为汤姆逊热。

珀尔帖效应和塞贝克效应都是温差电效应，两者有密切联系，实际上它们互为反效应。而汤姆逊效应是一种二级效应，在电路的热分析中处于次要地位。因此，在进行热电制冷的分析中，通常忽略汤姆逊效应的影响。

二、热电制冷原理

热电制冷的热电效应主要是珀尔贴效应在制冷技术方面的应用。实用的热电制冷装置是由热电效应比较显著、热电制冷效率比较高的半导体电偶构成的。

像金属这样的材料都有自由电子分布着，这些电子由于温度梯度或电场的作用而运动。若对金属棒的一端加热，自由电子的动能将增加，致使纯电子流流向冷端。电荷是与每个电子相联系着，所以由热能引起的电子流动也是电流。在导体或温度场中，载流子的浓度关系实际上是塞贝克效应。

若把载流子从一种材料到另一种材料的迁移当作电流来看，则每种材料载流子的势能不同。因此，为满足能量守恒的要求，载流子通过结点时，必然与其周围环境进行能量交换，这就是珀尔帖效应。

在半导体材料中，N 型材料有多余的电子，有负温差电势。P 型材料电子不足，有正温差电势。当电子从 P 型材料穿过结点至 N 型材料时，其能量必然增加，而且增加的能量相当于结点所消耗的能量。这一点可由温度降低来证明。相反，当电子从 N 型材料流至 P 型材料时，结点的温度就升高。根据试验证明，在温差电路中引入第三种材料（连接片和导线）不会改变电路的特性。这样，半导体元件可以各种不同的连接方式来满足使用要求。

如图 6-11 所示，把一只 P 型半导体元件和一只 N 型半导体元件连接成热电偶，接上直流电源后，在接头处就会产生温差和热量的转移。在上面的一个接头处，电流方向是 N→P，温度下降并且吸热，这就是冷端；而在下面的一个接头处，电流方向是 P→N，温度上升并且放热，因此是热端。

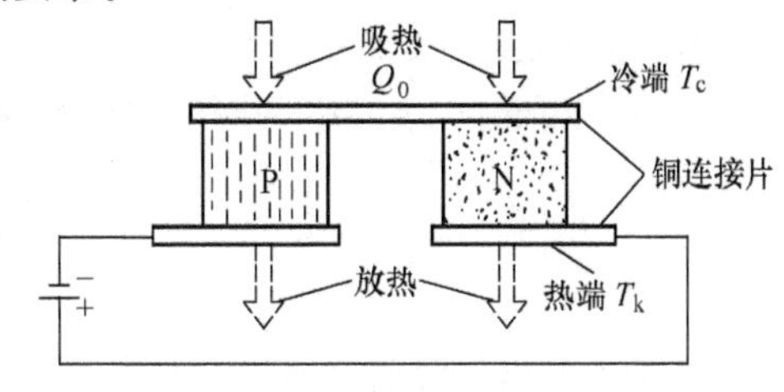

图 6-11　热电制冷基本原理

按图 6-11 把若干对半导体热电偶在电路上串联起来，而在传热方面则是并联的，这就构成了一个常见的制冷热电堆。按图示接上直流电源后，这个热电堆的上面是冷堆，下端是热堆，借助热交换器等各种传热手段，使热电堆的热端不断散热并且保持一定的温度，把热电堆的冷端放到工作环境中去吸热降温，这就是热电制冷器的工作原理。

三、热电制冷与机械压缩式制冷比较

热电制冷器是一种不用制冷剂、没有运动件的电器。它的热电堆起着普通制冷压缩机的作用，冷端及其热交换器相当于普通制冷装置的蒸发器，而热端及其热交换器则相当于冷凝器。通电时，自由电子和空穴在外电场的作用下，离开热电堆的冷端向热端运动，相当于制冷剂在制冷压缩机中的压缩过程。在热电堆的冷端，通过热交换器吸热，同时产生电子-空穴对，这相当于制冷剂在蒸发器中的吸热和蒸发。在热电堆的热端，发生电子-空穴对的复合，同时通过热交换器散热，相当于制冷剂在冷凝器的放热和凝结。

机械压缩式制冷系统与热电制冷系统间存在着类似的地方，各对应部位如图 6-12 所示。

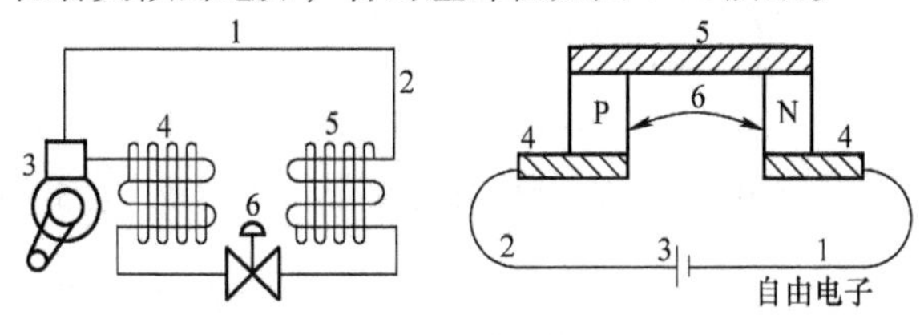

图 6-12　系统间的类似

每个系统中，最重要的是热边和冷边热力学能改变的方法。对于蒸气压缩循环，节流阀是使能量变化的设备。当制冷剂离开冷凝器时，它是处在高压和中等温度下的饱和液体，当制冷剂通过节流阀时，它绝热等焓膨胀。因此，制冷剂是作为低压、低温的蒸气-液体混合物而离开节流阀，而且处于最低的能级状态。这使制冷剂在蒸发过程中能吸收大量的热。没有节流阀，压力就不变，制冷剂的焓就不变，也就不会出现“抽热”。在热电制冷系统中的类似部分是P型和N型半导体材料中电子能量的差，假若整个系统电子能级相同，也就不会出现“抽热”。

四、热电制冷的制冷量计算

根据珀尔帖效应，电偶对通以直流电流 I 时，其冷端产生的吸热量与电流 I 成正比。即珀尔帖热 Q_π(W) 为

$$Q_\pi = \pi I \tag{6-34}$$

式中，π 为珀尔帖系数。

若以 α_P、α_N 分别表示P型和N型半导体材料的温差电系数（V/℃），T_c 为冷端温度，则

$$\pi = (\alpha_P - \alpha_N) T_c$$

实际上热电制冷回路中冷端所吸收的热量(即制冷量)，要小于珀尔帖热。因为：①电流通过半导体电偶臂时要产生焦耳热 Q_j，约50%的 Q_j 产生在电热元件的冷端，引起制冷量减少；②热端的热量 Q_λ 要通过电偶臂传向冷端。因此，热电制冷回路的制冷量 Q_0(W)为

$$Q_0 = Q_\pi - \frac{1}{2} Q_j - Q_\lambda \tag{6-35}$$

其中

$$Q_j = I^2 R$$

式中，R 为电热元件电阻。

若以 L 为电偶臂长度，ρ_1、ρ_2 为两电偶臂的电阻率，S_1、S_2 为两电偶臂的截面积，则

$$R = L\left(\frac{\rho_1}{S_1} + \frac{\rho_2}{S_2}\right)$$

$$Q_\lambda = K(T_h - T_c)$$

式中，K 为 L 的电偶臂总热导率，因此

$$K = \frac{1}{L}(\lambda_1 S_1 + \lambda_2 S_2)$$

而 λ_1、λ_2 分别为两电偶臂热导率。

将上述计算公式代入式（6-35）得制冷量 Q_0(W) 为

$$Q_0 = (\alpha_P - \alpha_N) I T_c - \frac{1}{2} I^2 R - K(T_h - T_c) \tag{6-36}$$

五、热电制冷的耗功及制冷系数

电偶对工作时，电源要对电阻做功，同时还要克服热电势做功，则回路所消耗的功率 P(W)为

$$P = I^2 R + (\alpha_P - \alpha_N)(T_h - T_c) I \tag{6-37}$$

由此得制冷系数为

$$\varepsilon = \frac{Q_0}{P} = \frac{(\alpha_P - \alpha_N) I T_c - 0.5 I^2 R - K(T_h - T_c)}{I^2 R + (\alpha_P - \alpha_N)(T_h - T_c) I} \tag{6-38}$$

六、热电制冷的特性分析

由式（6-36）可以看出，热电制冷回路在无外部热负荷时（即 $Q_0 = 0$），电偶臂上建立的温差 $T_h - T_c$ 达到最大，冷端温度可达到最低。则令 $Q_0 = 0$ 可得

$$T_h - T_c = \frac{1}{K}\left[(\alpha_P - \alpha_N) I T_c - 0.5 I^2 R\right] \tag{6-39}$$

即最大温差值的大小与电流大小有关。由式（6-39）对电流 I 取偏导数，并令 $\frac{\partial(T_h - T_c)}{\partial I} = 0$，即最大温降对应的最佳电流值为

$$I_{opt}=\frac{(\alpha_P-\alpha_N)T_c}{R} \tag{6-40}$$

又将式（6-40）代入式（6-39），可求得最大温差，即

$$(T_h-T_c)_{max}=\frac{(\alpha_P-\alpha_N)^2T_c^2}{2RK} \tag{6-41}$$

再将 $R=L\left(\frac{\rho_1}{S_1}+\frac{\rho_2}{S_2}\right)$ 和 $K=\frac{1}{L}$（$\lambda_1S_1+\lambda_2S_2$）代入式（6-41），得

$$(T_h-T_c)_{max}=\frac{1}{2}\frac{(\alpha_P-\alpha_N)^2T_c^2}{(\lambda_1S_1+\lambda_2S_2)\left(\frac{\rho_1}{S_1}+\frac{\rho_2}{S_2}\right)} \tag{6-42}$$

在两电偶几何尺寸相同（$S_1=S_2$）、热导率相同（$\lambda_1=\lambda_2=\lambda$）及电阻率相同（$\rho_1=\rho_2=\rho$）时，则式（6-42)为

$$(T_h-T_c)_{max}=\frac{1}{2}\frac{(\alpha_P-\alpha_N)^2T_c^2}{2\lambda S\left(\frac{2\rho}{S}\right)}=\frac{1}{2}\frac{(\alpha_P-\alpha_N)^2T_c^2}{4\lambda\rho}=\frac{1}{2}\frac{(\alpha_P-\alpha_N)^2\gamma T_c^2}{4\lambda} \tag{6-43}$$

式中，$\gamma=\frac{1}{\rho}$，即为热电元件材料的电导率。

若 $\alpha_P=-\alpha_N=\alpha$，则

$$(T_h-T_c)_{max}=\frac{1}{2}\frac{\alpha^2\gamma}{\lambda}T_c^2 \tag{6-44}$$

可见热电制冷的最大温差取决于材料的 α、γ、λ 组成的一个综合参数及冷端温度 T_c。该综合参数称为制造电偶对材料的优质系数 z，即

$$z=\frac{\alpha^2\gamma}{\lambda} \tag{6-45}$$

从物理意义分析，式（6-45）中 α、γ、λ 之间既互相依存又互相矛盾，在选择材料的优质系数 z 时，应综合考虑。通常半导体材料的优质系数 z 越大，其所能获得的最大温差也越大。我国制成的半导体元件优质系数一般在 $z=(2\sim3.5)\times10^{-3}$ 范围。所以，寻求和研制新的半导体材料，提高 z 值，是发展热电制冷技术的重要任务之一。

以上讨论了 $Q_0=0$ 时热电堆最大温降的变化情况。下面将分析电堆的制冷系数与供给热电堆的电流值的关系。将 $V=IR$ 代入式（6-38），得

$$\varepsilon=\frac{2\alpha T_c-\frac{1}{2}V-KR(T_h-T_c)/V}{V+2\alpha(T_h-T_c)} \tag{6-46}$$

在保证其 KR 具有最小值的前提下，制冷系数 ε 的大小受电阻压降 V 的影响。令 $\frac{\partial\varepsilon}{\partial V}=0$ 则可求得最大制冷系数 ε_{opt} 时的最佳电压值 $V_{\varepsilon opt}$，即

$$V_{\varepsilon opt}=\frac{2\alpha(T_h-T_c)}{\sqrt{1+zT_m}-1} \tag{6-47}$$

其中

$$T_m=\frac{1}{2}(T_h+T_c)$$

若令 $M=\sqrt{1+zT_m}$，则

$$V_{\varepsilon opt}=\frac{2\alpha(T_h-T_c)}{M-1} \tag{6-48}$$

所以与之对应的最佳电流值 $I_{\varepsilon\text{opt}}$ 为

$$I_{\varepsilon\text{opt}}=\frac{V_{\varepsilon\text{opt}}}{R}=\frac{2\alpha(T_h-T_c)}{R(M-1)} \tag{6-49}$$

将式（6-47）代入式（6-46）得热电制冷回路可能达到的最大制冷系数 ε_{opt}，即

$$\varepsilon_{\text{opt}}=\frac{T_c}{T_h-T_c}\ \frac{M-\dfrac{T_h}{T_c}}{M+1} \tag{6-50}$$

式中的结果由左边部分的相同工作温度范围的逆卡诺循环制冷系数和右边部分的实际热电制冷循环的效率组成。当工作温度一定时，循环效率由 z 值确定，z 值越高电偶对热电性能越好，制冷效率越高。

七、多级热电制冷循环

通常单级热电堆可以获得大约50℃的温差。为了获得更大的温差（或更低的温度），往往需要采用由单级热电堆联结而成的多级热电堆热电制冷系统，采用较高温度级的冷端联结较低温度级的热端的叠联方式构成。最末一级热电堆冷端的吸热量即为多级热电制冷循环的制冷量。最初一级热电堆热端的散热量，即为循环的散热量。各级热电堆耗功之和为循环的总耗功。其多级热电制冷循环的电堆联结方式如图6-13所示。其中串联型多级热电堆的特点是各级的工作电流相同，级与级之间需设置一层电绝缘导热板。上面一级和下面一级热电堆要求在同温度层联结，以减少温差损失。并联型多级热电堆的特点是工作电流较大，级间无需电绝缘导热层，级间无有害温差。当达到同一温差或承受同一负荷时，比串联型耗电少，但线路设计比较复杂。

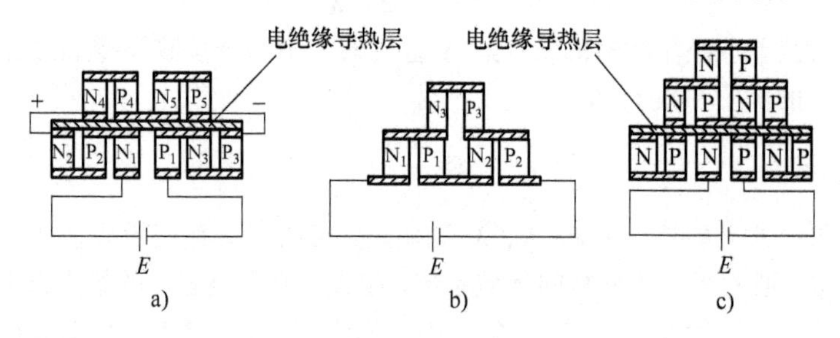

图6-13 多级热电制冷循环的电堆联结方式

a）串联型二级热电堆 b）并联型二级热电堆 c）串并联三级热电堆

八、热电制冷装置的特点及其应用

与压缩式和吸收式制冷机相比，热电制冷装置具有非常突出的特点：

1）它不需要制冷剂，无泄漏，无污染。

2）没有机械传动部件和设备，无噪声，无磨损，可靠性高，寿命长，维修方便。

3）可以通过改变工作电流的大小来控制制冷温度和冷却速度，调节控制灵活方便。

4）操作具有可逆性。只要改变电流的极性就可以实现冷、热端互换，特别适合于作为高低温恒温器。

在大容量情况下，其耗能大，效率低，但在温差小于50℃、制冷功率在20W以下时，效率可高于压缩式制冷循环。因此，特别在小冷量、小体积场合下，起着机械制冷装置无法替代的作用。

热电制冷技术在工业、国防、医疗和畜牧业等方面得到广泛应用。如无线电电子元件生产过程需要的热电制冷恒温箱、半导体人工零点仪、高真空度扩散泵冷阱、半导体低温医疗手术器械、半导体电冰箱、空调器和除湿机等，在国民经济建设中发挥着重要作用。

第五节 弹热制冷技术

弹热效应是指当对一种固体材料进行拉伸时会产生向外界放热而恢复原状时又会从外界吸热的现象，如图 6-14 所示。弹热制冷就是利用这种由应力场驱动弹热材料相变而产生制冷效应的固态制冷技术，即当拉伸某一种具有弹性的固体材料时，固体材料就会释放热量，当恢复原状时就会吸收热量，从而产生降温效果。需要指出的是在该技术中，所谓的相变并不是指物质相态之间的变化，而是指材料的金相变化，即当对弹热材料施加轴向载荷，材料在应力的作用下由奥氏体转变为马氏体，熵减小并向外放热，撤除载荷时，逆向的相变导致熵增大，从外界吸热，产生制冷效应。

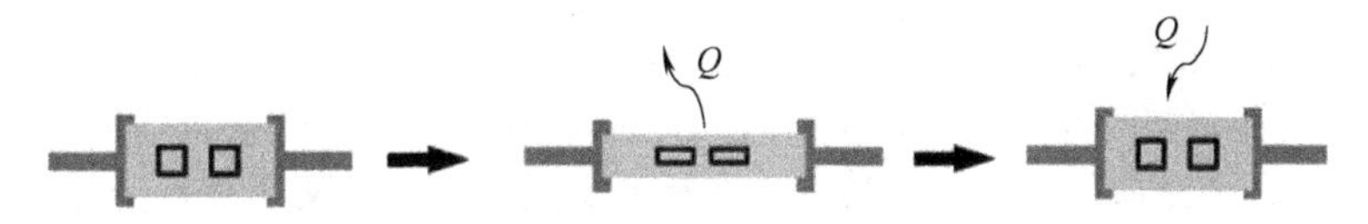

图 6-14 弹热效应示意图

这种技术和传统制冷技术相比较其优点是无任何环境破坏作用，所以说弹热制冷技术是一种绿色环保的制冷技术。利用该制冷效应的主动回热式固态制冷循环是弹热制冷系统的基本原理。

使用固态接触直接制冷的周期性运行弹热制冷系统原理如图 6-15 所示，该系统的特征在于直线驱动电动机驱动方向与形状记忆合金单轴相变方向存在夹角，且固态热汇需做成上凸结构，保证形状记忆合金在与热汇接触时被其表面型线约束进而由驱动电动机以一定夹角驱动相变。直接接触制冷避免了额外的传热流体、管网及水泵，在小型电子元器件冷却方向有一定应用价值。

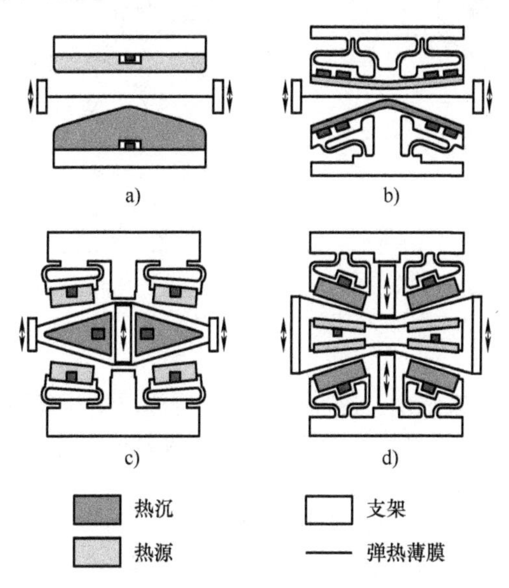

图 6-15 周期性运行的固态接触直接制冷型弹热制冷系统原理图

使用传热流体的周期性单级弹热制冷循环以逆布雷顿循环最为直观，如图 6-16 所示。这也是目前弹热制冷原型机的主流系统方案。图 6-16 所示的水冷型弹热制冷系统，其工作过程是循环从低应力状态 1 开始，由驱动装置绝热加载弹热材料，该可逆绝热加载过程为等熵升温过程。在应力增加的前半段，材料保持奥氏体单相，直至施加的应力达到材料在该温度下的临界应力（参考图 6-16）后逐步转变为马氏体。当材料由应力驱动下完全转化为马氏体后，保持外界施加的应力，同时使弹热材料向环境散热，使弹热材料的温度由状态 2 下降至状态 3，在传热理想的情况下，状态3的温度即为制冷循环中热汇 T_h 的温度。3-4的过程为等应力回热过程，理想的回热过程将使弹热材料从热汇温度 T_h 下降到热源温度 T_c。当回热过程结束后，在绝热的条件下撤去外界施加的应力，对应4-4′-5等熵降温过程。当弹热材料变回奥氏体后，温度降低后的弹热材料从需要制冷的空间或需要冷却流体中吸热，实现制冷目的，同时自身的温度升高至热源温度 T_c。随后经历第二个回热过程，该过程对应了材料自身温度从状态6升高至状态1。

上述单级布雷顿循环可以用图6-17所示的弹热制冷系统实现。在图6-17中，采用记忆合金作为弹热材料，共有两组共线组装的记忆合金组，两组记忆合金组由一个往复运动的驱动装置同时驱动。当驱动装置不工作时，两组记忆合金各自处于50%最大形变（应力）的平衡状态，使得当其中任意一组记忆合金被加载至完全相变时，另一组记忆合金则正好处于完全卸载状态。在该系统设计中，使用了液态热交换流体网络进行周期性传热及回热。当驱动装置加载#1记忆合金时，经历了图6-16中的1-2过程，与此同时，另一组记忆合金被卸载，经历了图6-16中的4-5过程。加载和卸载过程迅速且无传热流体流动，因此近似绝热。开通阀门 V_1、V_3、V_6、V_8，并开启液体泵1和液体泵2，使得排热环路中的流体从#1记忆合金将相变产生的热量送到热汇排走，制冷环路中的流体被#2记忆合金冷却，从而带走其中的冷量去实现制冷，这两个过程分别对应了图6-16中2-3和5-6过程。最后，仅开启阀门HRV和液体泵3，利用两组记忆合金的温差驱动回热过程，使#1记忆合金被冷却，#2记忆合金被预热，同时实现图6-16中的两个回热过程。理论表明，如果设计得当，可以利用瞬态传热的匹配关系达到近似理想100%回热效率的回热过程。

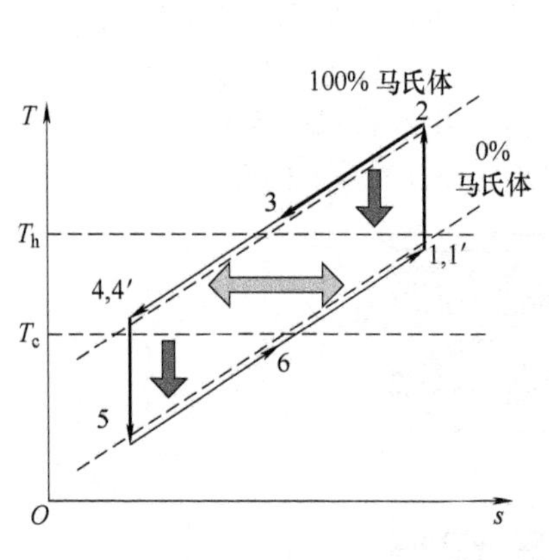

图6-16　周期性运行的弹热制冷系统的逆布雷顿循环 T-s 图

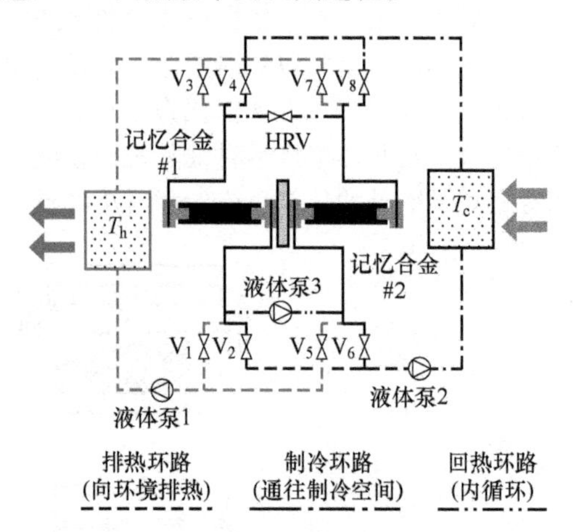

图6-17　周期性运行的弹热制冷系统原理图

在图6-17所示的弹热制冷系统中，通过调节传热流体流动与驱动装置的同步性、流体流量、系统运行频率等条件，还可实现逆埃里克森循环（两个等温相变过程、两个等应力回热过程）、混合循环等单级制冷循环。

弹热制冷的关键是弹热材料，一方面必须具有冷效应，另一方面其相变温度必须低于环境温度或低于制冷温区。早期也有使用橡胶等高分子材料作为弹热制冷材料，从目前的研究来看，形状记忆合金作为弹热制冷材料具有较高的理论制冷效率和制冷功率密度，因此目前弹热制冷普遍使用形状记忆合金。理想的弹热制冷工质应具有潜热大即热重比大（相同制冷量情况下材料消耗少）、驱动应力小（耗功少）、热力完善度大以及使用寿命长等特点。

弹热制冷技术现处在实验室原型机研发阶段，其性能与家用空调、冰箱的制冷性能参数还有一定差距。在材料层面，需要重点解决相变潜热不下降前提下降低驱动应力和相变回滞以提高循环效率及使用寿命的新材料和新工艺。在系统层面，应开发具有大驱动力、小位移特性的直线和扭转驱动装置。在现有回热器结构的基础上，更先进的热处理及增材制造工艺流程有望在未来应用于制备微通道结构的形状记忆合金回热器，以实现更优的力学及传热性能。除此之外，高效、简易的卸载功回收和动能回收设计及回热器内传热强化结构都是未来提升系统能效的重要发展方向。

第六节　电卡制冷技术

电卡效应（electrocaloric effect，在部分学科称为电热效应）是指在极性材料中因外电场的改变从而导致极化状态发生改变而产生的温度或熵的变化。电卡制冷的基本原理是对极性材料加载/卸载电场，使材料中的电偶极子取向从高自由度状态（无序）变为低自由度状态（有序），材料系统发生熵减，在绝热条件下获得相应的温升，同时对外放热；换热结束后，对电介质卸载/加载电场，材料中的偶极取向由有序态转变为无序态，材料发生熵增，绝热条件下材料温度下降，并从外界吸热。如图6-18所示，电卡制冷循环由两个等电场过程和两个绝热过程构成。其中1-2为绝热极化过程，此时电卡材料被加载电场，材料内偶极子有序排列，自由度降低，材料获得熵减同时温度升高；2-3为等电场焓转移过程，在固定电场下与外界进行热交换，将热量散出；3-4为绝热退极化过程，材料内偶极子恢复无序状态，自由度提高，材料发生熵增，同时温度降低；4-1为等电场焓转移过程，在固定电场下与外界进行热交换，在低温下从外界吸热，实现制冷。

对于一个理想的制冷循环，电场移去时电卡材料能从接触的负载吸收热量（等温熵变）。然后电卡材料与负载分开，此时，若对电卡材料施加电场，材料的温度将会升高（绝热温变）。将电卡材料与散热片接触，多余的热量将要释放出去，使得电卡材料的温度与室温一致。然后，电卡材料与散热片断开，并与负载相接触。移去电场，电卡材料的温度降低，并从负载处吸收热量。重复整个过程，负载的温度会不断降低。由于在制冷循环过程中，电卡材料的熵变和温变都起到了作用，两者对热循环都是非常重要的。

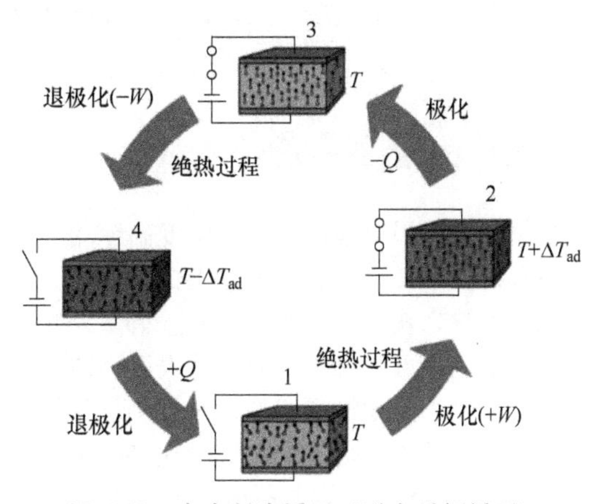

图 6-18　电卡制冷循环（逆布雷顿循环）原理示意图

在电场的加载-卸载循环中，配合工质传热-传质过程，完成一个热力学循环。电卡制冷常用的热力学循环过程除了图6-19所示的由两个等电场过程与两个等熵过程构成的逆布雷顿电卡制冷循环外，还常采用由两个等电场过程和两个等温过程构成的逆埃里克森电卡制冷循环，其温熵图如图6-20所示。

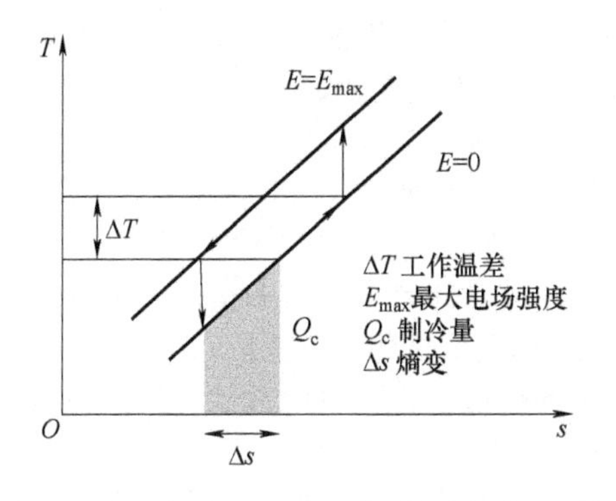

图 6-19　电卡制冷原理（逆布雷顿循环）温熵图

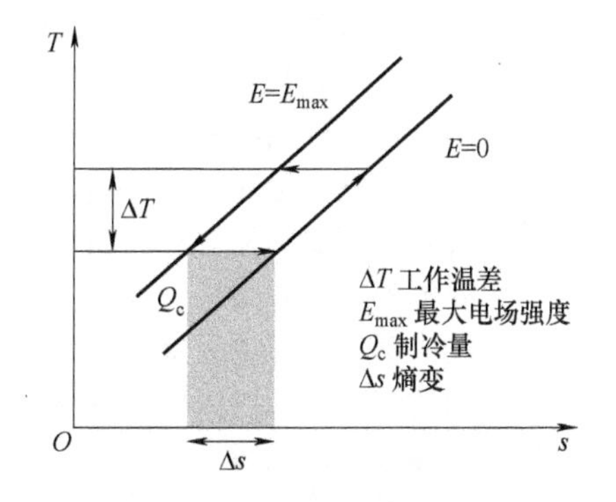

图 6-20　逆埃里克森电卡制冷循环温熵图

由于固态工质可通过驱动完成空间循环，电卡制冷系统可以“间歇式”制冷，也可设计为“连续式”制冷。

电卡效应中材料的相变焓低于气体制冷剂，且材料比热容远大于气体制冷剂，电卡效应制冷循环一般使用回热、蓄冷的方式提高器件零负载温宽。在固态电卡制冷循环中增加回热过程可以有效扩展电卡制冷循环工作温宽。

电卡制冷的关键还在于电卡材料。电卡效应直接与电卡材料极化强度的变化相关，因而强极性的铁电材料能产生较大的电卡效应。电卡材料主要有铁电和反铁电体，包含陶瓷、薄膜、厚膜和有机铁电聚合物等。目前电卡材料的综合性能（如弹性模量、热导率等）还有待提高，综合性能中的一些短板限制了电卡制冷工质核心模块的规模化生产，而且目前最优的制冷电介质仍需极高外加电场，才能产生工业化可用的降温效果。高电场在实际样机工作过程中，极易造成材料老化与击穿，因而如何提升材料在低电场下的电致熵变是应用领域亟需攻克的难题。

但是由于电卡制冷技术直接使用电能驱动热力学循环，在制冷性能上具有极低的不可逆能量损失，电能损耗小、能效高，具有零温室效应潜能（GWP）；在结构上，具有集成度高、易维护、体积大小可控、易于小型化/轻量化等优点；在使用上具有无振动、无噪声、可靠性高、使用寿命长等优点，所以具有广阔的应用前景，如高热流密度的5G通信基站/云服务器热管理、航空级近空间高超音速飞行器热防护、单兵可穿戴微气候系统、火场中的消防员、新能源汽车电池/电机/电器及乘员舱高效集中热管理系统，以及人体局部精准温控治疗等都可以采用电卡制冷技术。尤其是随着近年巨电卡效应的发现，电卡制冷迅速获得了广泛关注，被认为是一种极有前景的新型制冷方式。

第七节 辐射制冷技术

根据经典热辐射理论，一切温度高于绝对零度的物体都会以电磁波的形式向外发射能，而物体的热辐射功率又与其热力学温度的四次方成正比。因此，物体可以通过与高温热源或低温冷源间的辐射换热来获得热量或者冷量。外太空的背景温度接近绝对零度（约3K），是一个巨大的冷源，其辐射基本可以忽略。而地球表面物体的典型温度约为300K，因此实际上对地球而言，低温的外太空是一个长期被忽视的冷源（新能源资源）。

然而，地球表面被一层大气所包裹，大气中的水蒸气、甲烷、二氧化碳以及尘埃等在中红外辐射波段（3~25μm）内与电磁波会产生明显的相互作用，包括强烈的吸收、反射和散射，从而一定程度上阻碍了地球表面的热辐射向低温外太空逃逸。但是，在某些特殊波段内，比如8~13μm波段，大气层对电磁波具有很高的透过率，所以这些波段具有明显的热力学利用价值，通常被称为“大气窗口”波段。

根据维恩位移定律，典型温度约为300K的地球表面物体的光谱发射功率的峰值正好在10μm附近，与“大气窗口”波段完美匹配。因此，地面上的物体可以将热量以热辐射的形式，利用“大气窗口”波段的高透过特性，散失于低温外太空，从而达到被动制冷的效果。

辐射制冷指的就是一种辐射表面利用大气对于电磁波一部分波长范围的高透射窗口，避开大气保温效应直接向宇宙空间传递能量的过程。在特定环境下，该能量输运的结果是导致该表面获得降温的能力，且降温不需要任何外界能量驱动，是一种自然友好的冷却增强形式。

如果没有主要的外来热源太阳，实际上的辐射制冷的散热效果在夜间的实现较为容易。但是在白天有太阳光能入射和高环境温度的情境下，实现表面温度低于环境温度是困难的。

当然利用雪白的屋顶来反射太阳光从而为室内降温的做法从古希腊时期就开始了。然而，并没有天然材料，既能够反射太阳波长又能够辐射适当波长的热。

近年来超材料的发展使人们对于电磁波等波动形式的调制更加得心应手。利用周期性堆叠的一维人工带隙材料，在室温附近实现了可见光高反射、红外大气透明窗口高发射率的人工材料。图6-21所示为使用聚合物微球复合材料并可以大规模生产的辐射-反射复合制冷薄膜。这种薄膜将随机定位的SiO_2微球封装在由聚甲基戊烯聚合物制成的可见透明基质中。在合适的微球尺寸下，嵌入微球的表面声子-极化子共振的聚合物激发导致很高的近红外发射率，在大气窗口的 8~13μm 波长范围内发射率超过 90%，散热功率密度接近 100W/m²。当在下面涂上银镜（图 6-21）时，柔性超材料薄膜在中午达到 8℃ 温差，如图 6-22 所示，当没有阳光直射到超材料表面时，温差可高达 15℃。

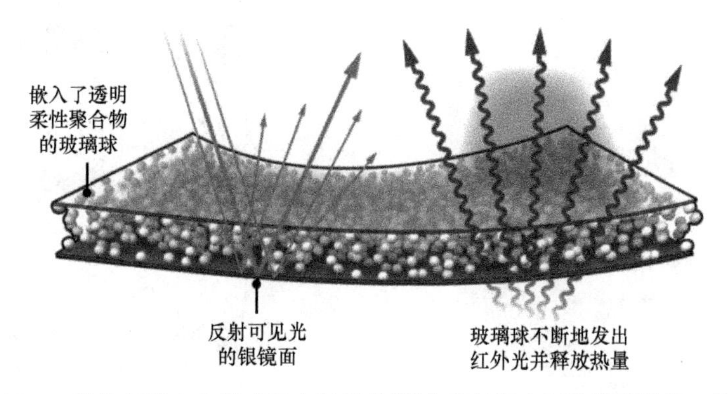

图 6-21　一种使用聚合物微球复合材料的辐射-反射复合制冷薄膜及其工作原理

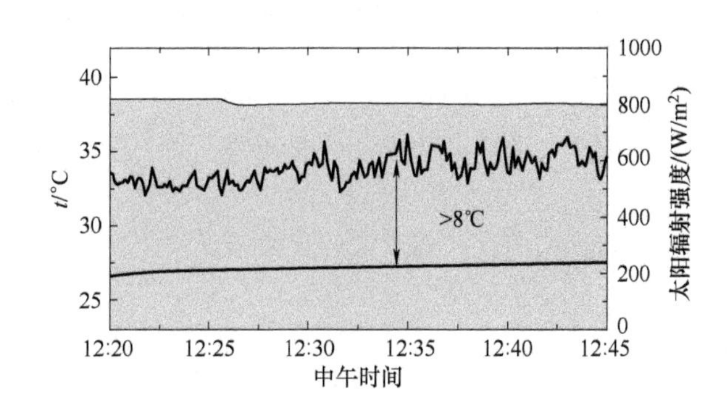

图 6-22　使用聚合物微球复合材料的制冷薄膜降温效果

由于聚合物的引入大大提高了辐射冷却材料的可制造性和适用性，因此聚合物基辐射冷却材料受到了越来越多的关注。

致密辐射冷却结构材料可由脱木素天然木材制成。木材作为重要的建筑材料已经使用了数千年，其由于经济和环境优势，已经成为一种重要的可持续建筑材料，并有可能取代钢铁和混凝土。一种具有辐射制冷作用的冷却木材如图 6-23 所示。这种木材由纤维素纳米纤维经过机械压制而成，并呈现多尺度纤维素。这些纤维并不吸收可见光。多尺度纤维及其构成的通道作为随机和无序散射元件，在所有可见波长下具有强宽带反射作用。同时，冷却木材中纤维素的分子振动和拉伸促进了红外发射，如图 6-24 所示。冷却木材释放的热通量超过吸收的太阳辐照度，导致白天和夜间的被动辐射冷却。这种经过去木质素处理和机械压制的冷却木材，其机械强度和韧性分别超过天然木材 8 倍和 10 倍，并可能为提高建筑物的能源效率提供了一种有效途径。

当在宽带发射器上应用气凝胶时，组合结构表现出强烈的亚环境冷却效果，因为高孔隙率使气凝胶具有极高的太阳反射性和超低的热导率，提供了极好的热隔离，可以减少发射器表面的热损失，同时气凝胶在红外光谱上是透明的，即允许红外热辐射通过。这样的材料在太阳波长下光谱反射，在红外波段透明，具有优异的日间辐射制冷能力，对实现高效的户外个人热管理具有重要意义，因此被用于生产用于个人热管理的冷却纺织品。

辐射制冷技术作为一种不使用电能，甚至是不使用任何外来能源的被动制冷技术，目前已经能够全天候在室外完成对于环境温度 5~10℃ 的制冷效果，在太阳能电池、空气源热泵、空调散热器、飞行器高空热管理、智能建筑、可穿戴温度调节等应用领域也有较大的潜力。在改善材料发射率、反射率的同时，合理设计隔热层、导热层，控制环境对流等将更好地促进辐射制冷技术与现有应用需求相结合，更好地满足节能减排的要求。

图 6-23　具有辐射制冷作用的冷却木材

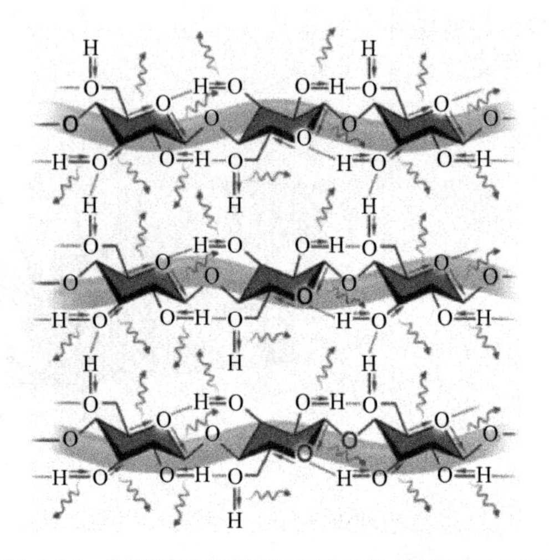

图 6-24　纤维素官能团分子振动红外发射示意图

第七章 制冷设备

第一节 概述

一、制冷设备概况

制冷机中除了压缩机等机器外，还包括具备各种功能的热交换器和一些用于改善制冷机运行条件、提高运行效率的部件，统称为制冷设备。这些制冷设备在体积、重量上在制冷机中占据较大比例，如氨制冷机中的换热器重量约占整个制冷机重量的90%，在氟利昂制冷机中，虽然换热器多数使用薄壁铜管，其重量也要占整个装置的50%以上，而且它们的特性对制冷机的性能有着直接的影响。

制冷设备可分为主要设备和辅助设备两部分。主要设备包括冷凝器、节流机构、蒸发器、冷凝-蒸发器和中间冷却器以及发生器、吸收器等，是制冷机中不可或缺的部件。辅助设备则有各种分离器、贮液器、回热器、过冷器以及膨胀容器等，是制冷机正常、稳定、可靠和高效工作的重要保证。

在制冷设备中，制冷换热器以表面式居多，其结构形式多样，应用较为普遍的有壳管式、蛇管式、螺管式、翅片管式、板式等。其结构形式的选择取决于用途、传热介质（包括制冷剂、载冷剂和冷却介质）的种类特性及流动方式。不同结构形式换热器的传热能力、不同单位金属耗量，对制冷装置的制造成本和运行经济性带来直接影响。因此，提高换热器的经济性，强化传热过程，寻求新的结构形式，是制冷装置设计和制造中的重要研究课题。

制冷设备使用的材料随介质不同而异。氨对黑色金属无侵蚀作用，而对铜及其合金的侵蚀性强烈，所以氨制冷装置中的设备都用钢材制成。而氟利昂对一般金属材料无侵蚀作用，制冷装置可以使用铜或铜合金制造。为了节省有色金属，大型氟利昂制冷装置仅在热交换器的传热部分采用铜管。对于以海水作为冷却介质的冷凝器仍然可采用铜管或铜镍合金管，而氨冷凝器采用钢管时，必须采取加厚和增加镀锌保护等措施。以盐水作为载冷剂的氟利昂蒸发器，铜管上也应增加锌保护层，以延长使用寿命。

为防止因工作温度引起的热应力危害制冷设备的安全运行，可根据设备工作温度的不同，选用不同的金属材料。如换热器在30℃以上工作时可采用普通低碳钢；在30～-80℃范围工作时，应采用高碳优质钢；在-80℃以下工作时，需采用铜或镍铬合金。

制冷装置中的设备需要承受一定的工作压力。作为受压容器，必须考虑其压力条件，正确选择强度计算时的设计压力，以及制造完结时的强度试验（液压试验）及气密性试验（气压试验）。气密性试验时的压力标准非常重要，它直接关系到制冷装置的寿命和操作人员的生命安全。表7-1为JB/T 4750—2003《制冷装置用压力容器》规定的制冷设备、容器的压力试验标准。

随着制冷技术应用范围的不断扩大，研制高效节能换热设备、发展新的热交换元器件和新形式的换热器，是当今制冷技术发展的重要内容。例如：蒸发器表面多孔管（即超流E管）、干式蒸发器螺旋槽管、空冷冷凝器的波纹形和条缝形翅片、水冷冷凝器表面锯齿形管（即超流C管）、高翅化系数低螺纹管、利于提高管内蒸气流速的扁椭圆管、外焊钻孔间断翅片的异型换热管、全铝冷凝器等的开发，以及工艺先进、结构紧凑、效率高的板式和板翅式换热器在制冷装置中的大量应用，全面展示了当代制冷科技进步的新成就，反映了现代制冷装置发展的新水平。

表7-1 JB/T 4750—2003标准规定的制冷设备、容器的试验压力

工质名称	设计压力 p /MPa		试验压力			
			液压试验	气压试验	气密试验	真空试验
R717	高压侧	2.6	试验压力 $p_T=1.25p$ 该试验用的液体一般为洁净水，其温度应不低于5℃	$p_T=1.15p$ 试验用气体应为干燥洁净的空气、氮气或惰性气体。严禁用氧气或其他可燃性气体。试验时气体温度应不低于5℃	试验压力等于设计压力 该试验应在液压试验合格后进行。试验用气要求与气压试验相同。若采用制冷剂试验时，环温应在25℃±10℃范围	制冷机组运行时，R717的容器压力低于40kPa（绝对压力），其他制冷剂的容器低于60kPa（绝对压力）时，应进行真空试验。试验压力为8kPa（绝对压力）或为低于使用状态压力 达到试验压力后，将容器各部分处于密封状态，放置4h以上，容器各部分应无变形，且压力上升值在0.68kPa以下
	低压侧	1.4				
R22	高压侧	2.4				
	低压侧	1.4				
R134a	高压侧	1.6				
	低压侧	0.9				

二、制冷换热器的传热基础与计算

在制冷设备中，各种制冷换热器是制冷装置不可或缺的关键设备或能够改善其性能的重要设备。制冷换热器的主要作用是传递热量。

（一）翅片管的传热特性

1. 翅片管的形式

在制冷换热器中翅片管用得很广泛。翅片管的形式较多，大体可分为绕片管、套片管和轧片管三种，其结构示意图如图7-1~图7-3所示。

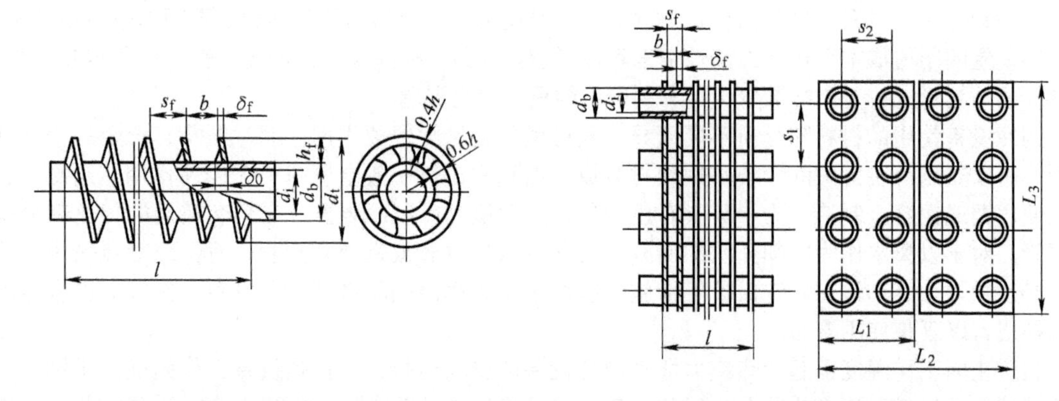

图7-1 绕片管结构示意图　　图7-2 套片管结构示意图

（1）绕片管 常用的绕片管如图7-1所示，它是在管子外表面按螺旋状绕一条金属带。金属带在绕制前先要在轧片机上将一侧轧成皱折，然后再用专用机床绕在管子上。绕片管现主要用于氨制冷机。氨用绕片管常用 ϕ25mm×2.5mm~ϕ38mm×3.0mm的无缝钢管制成，管外绕厚约1mm的钢翅片，绕好后再进行热镀锌，以减小接触热阻和防止腐蚀。这种绕片管的优点是传热系数较高，缺点是翅片侧阻力较大，同时由于折皱的存在，妨碍了翅片节距的进一步缩小。

绕片管单位管长的翅片面积 f_f（m^2/m）为

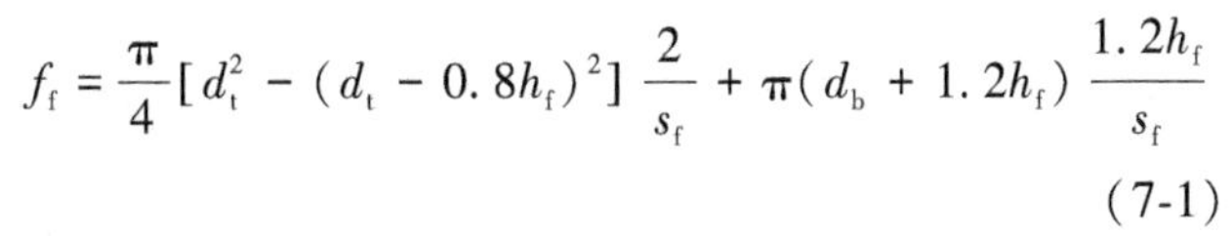

$$f_f = \frac{\pi}{4}[d_t^2 - (d_t - 0.8h_f)^2]\frac{2}{s_f} + \pi(d_b + 1.2h_f)\frac{1.2h_f}{s_f} \tag{7-1}$$

翅片间管子单位管长的外表面积f_b（m^2/m）为

$$f_b = \pi\left(d_b - \frac{d_b\delta_f}{s_f}\right) \tag{7-2}$$

翅化系数为

$$\beta = \frac{f_t}{f_i} = 6 \sim 12$$

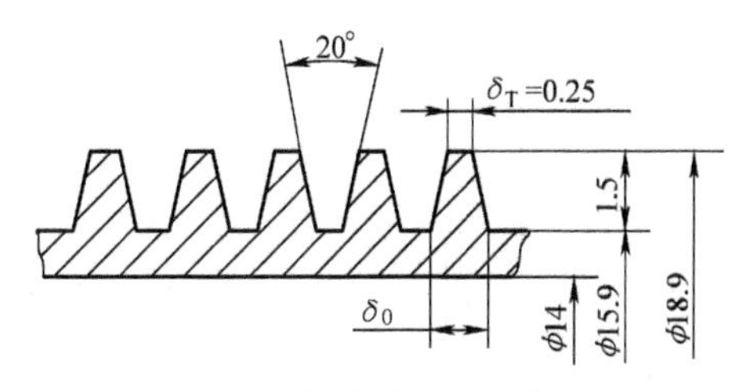

图 7-3　轧片管结构示意图

（2）套片管　套片管现已广泛应用于氟利昂制冷机的空冷式冷凝器和直接蒸发的空气冷却器，它是用0.12~0.4mm厚的铝片套在ϕ5~ϕ16mm的纯铜管上组成，如图7-2所示。翅片上的管孔系冲压而成，且带有翻边，以增加翅片与管子间的接触面积，还可起保证翅距的作用。翅片可做成整张，也可由几块拼制而成。翅片先用专用设备套在管子上，待套片管组装成后，再用机械胀管方式胀管，使管径胀大约0.2~0.4mm，与翅片保持紧密接触。

近年来，为了强化空气侧的换热，出现了各种强化传热翅片，如波纹片、百叶窗片、开缝片等，约可提高空气侧传热系数20%~60%。

套片管单位管长的翅片面积f_f(m^2/m）为

$$f_f = \frac{2\left(s_1s_2 - \frac{\pi}{4}d_b^2\right)}{s_f} \tag{7-3}$$

翅片间管子单位管长的外表面积f_b(m^2/m）为

$$f_b = \pi d_b\left(1 - \frac{\delta_f}{s_f}\right) \tag{7-4}$$

空调用翅片管套片节距较小，其翅化系数较大，约为β=10~25。

（3）轧片管　用于氟利昂冷凝器的轧片管是用薄壁（壁厚约1.5mm）纯铜管在常温下滚轧而成的，轧出的翅高（1.2~2.0mm）较小，因而通常称为低肋螺纹管。图7-3示出低肋螺纹管的一例，其坯管为ϕ19mm×1.5mm的纯铜管，翅片密度为每英寸[⊖]23翅。低肋螺纹管的表面积约为同直径光管外表面积的三倍以上。

轧片管单位管长的翅片面积f_f(m^2/m）为

$$f_f = \frac{\pi}{4}(d_t^2 - d_b^2)\frac{1}{\cos\frac{\theta}{2}}\frac{2}{s_f} \tag{7-5}$$

翅片间管子单位管长的外表面积f_b(m^2/m）为

$$f_b = \pi d_b\left(1 - \frac{\delta_0}{s_f}\right) \tag{7-6}$$

2. 翅片管的传热特性

（1）翅片管的翅片效率　每米管长翅片管的传热面积包括两部分：翅片面积f_f和翅片间的管子表面积f_b。这两部分表面积的传热特性是不同的。如管子表面温度为t_0，周围介质温度为t_a，翅片表面的平均温度为t_f，管子外表面传热系数为α_0，则通过每米管长翅片表面的传热量（W/m）为

$$q_f = \alpha_0 f_f(t_f - t_a) = \alpha_0 f_f \theta_f \tag{7-7}$$

⊖　1in=0.0254m。

或

$$q_{\mathrm{f}} = \alpha_0 f_{\mathrm{f}}(t_0 - t_{\mathrm{a}})\eta_{\mathrm{f}} = \alpha_0 f_{\mathrm{f}}\theta_0\eta_{\mathrm{f}} \tag{7-8}$$

其中

$$\eta_{\mathrm{f}} = \frac{t_{\mathrm{f}} - t_{\mathrm{a}}}{t_0 - t_{\mathrm{a}}} = \frac{\theta_{\mathrm{f}}}{\theta_0} \tag{7-9}$$

称为翅片效率。翅片效率的物理意义是翅片平均温度与周围介质的温差同根部温度与周围介质温差的比值。在翅片导热能力极高的情况下翅片效率 η_{f} 可达到 1.0，但在一般情况下，$\eta_{\mathrm{f}}<1$。

翅片效率 η_{f} 的大小与很多因素有关，不仅随基础传热面及翅片的形状和尺寸而异，还随翅片的热导率和翅片表面换热情况而变。对于简单形状的翅片，例如对平壁上的等厚度平直翅片，根据传热学理论可导出

$$\eta_{\mathrm{f}} = \frac{\tanh(mh_{\mathrm{f}})}{mh_{\mathrm{f}}} \tag{7-10}$$

式中，m 为翅片参数（m^{-1}）。

$$m = \sqrt{\frac{2a_0}{\lambda_{\mathrm{f}}\delta_{\mathrm{f}}}} \tag{7-11}$$

对于基础面为圆管的情况，也可以通过较复杂的数学演算推导出翅片效率 η_{f} 的表达式。

由于这些公式比较复杂，不便于工程应用，施密特将其简化为与式（7-10）相同的形式，即

$$\eta_{\mathrm{f}} = \frac{\tanh(mh')}{mh'} \tag{7-12}$$

式中，h'称为当量翅高。

对于圆管上的等厚度圆翅片，有

$$h' = h_{\mathrm{f}}(1 + 0.35\ln\rho) \tag{7-13}$$

其中

$$\rho = \frac{d_{\mathrm{t}}}{d_{\mathrm{b}}}$$

对于套片管，管簇顺排时翅片为长方形，叉排时翅片为六角形。长方形翅片的当量翅高为

$$h' = \frac{d_{\mathrm{b}}}{2}(\rho' - 1)(1 + 0.35\ln\rho') \tag{7-14}$$

其中

$$\rho' = 1.28\rho\sqrt{\frac{L}{B} - 0.2}, \quad \rho = \frac{B}{d_{\mathrm{b}}} \tag{7-15}$$

L 和 B 分别为长方形的长边和短边。六角形翅片的当量翅高也是按式（7-14）计算，不过 L 和 B 分别表示六角形的长对边距离和短对边距离，且 ρ'按式（7-16）计算。

$$\rho' = 1.27\rho\sqrt{\frac{L}{B} - 0.3} \tag{7-16}$$

工程上为了使用方便，常将计算所得的翅片效率随 mh_{f} 的变化关系描绘成曲线。

（2）翅片管的表面效率 η_{s}　每米管长翅片管的换热面积可分为 f_{f} 和 f_{b} 两部分。设在这两部分面积上的传热系数相同，则总的换热量（W/m）为

$$q_l = \eta_{\mathrm{s}}(f_{\mathrm{f}} + f_{\mathrm{b}})\alpha_0\theta_0 = \eta_{\mathrm{s}} f_{\mathrm{t}}\alpha_0\theta_0 \tag{7-17}$$

式中，η_{s} 称为翅片管的表面效率；f_{t} 为每米翅片管的总外表面积（$\mathrm{m^2/m}$）。根据翅片效率 η_{f} 的定义，可导得

$$q_l = q_{\mathrm{f}} + q_{\mathrm{b}} = \alpha_0 f_{\mathrm{f}}\eta_{\mathrm{f}}\theta_0 + \alpha_0 f_{\mathrm{b}}\theta_0 \tag{7-18}$$

比较式（7-17）和式（7-18），得

$$\eta_{\mathrm{s}} = \frac{f_{\mathrm{f}}\eta_{\mathrm{f}} + f_{\mathrm{b}}}{f_{\mathrm{t}}} = \frac{f_{\mathrm{f}}\eta_{\mathrm{f}} + f_{\mathrm{t}} - f_{\mathrm{f}}}{f_{\mathrm{t}}} = 1 - \frac{f_{\mathrm{f}}}{f_{\mathrm{t}}}(1 - \eta_{\mathrm{f}}) \tag{7-19}$$

由式（7-19）可以看出，表面效率 η_{s} 总是大于翅片效率 η_{f}，同时翅片面积占总表面积的比例

f_f/f_t 越小，则表面效率 η_s 越高。

工程上有时为了计算方便起见，还可将式（7-17）改写为

$$q_l = \eta_s f_t \alpha_0 \theta_0 = \alpha_{eq} f_t \theta_0 \tag{7-20}$$

式中，α_{eq}为当量传热系数，显然

$$\alpha_{eq} = \eta_s \alpha_0 \tag{7-21}$$

（二）制冷换热器的计算

制冷热交换器的计算主要是传热计算。它分为两种情况：一种是给定两传热介质流量及其进出口温度，计算所需要的传热面积和结构尺寸，称之为设计计算；另一种是对已知热交换器在给定两种介质流量和进口温度的情况下，计算两传热介质的出口温度，叫作校核计算。其计算方法通常是采用传热方程计算法。

热交换器传热的影响因素及过程的热平衡分析：换热器的传热方程 $Q=KA\Delta t_m$，表明热交换器的传热量与其平均传热温差 Δt_m、传热面积 A 和传热系数 K 有关，而传热系数 K 随传热管的形式、介质的换热条件、管内外热阻的大小不同而变化。其中介质的换热条件包括介质的种类、管壁温度 t_w 和面积热流量 q 等。根据热交换器管内外传热量平衡的原则，有

$$Q = K_0 A_0 \Delta t_m = K_i A_i \Delta t_m \tag{7-22}$$

式中，K_0、K_i 分别为以外表面、内表面为基准的传热系数［W/(m² · K)］。
因此，K_0 与 K_i 的关系为

$$K_i = \frac{K_0 A_0}{A_i} = \frac{K_0 f_0}{f_i} = \frac{K_0 d_0}{d_i} \tag{7-23}$$

式中，f_0、f_i 分别是单位管长的管外面积、管内面积（m²/m）；d_0、d_i 分别是管外径和管内径（m）。

由传热系数 K 的定义得

$$K_i = \frac{1}{\dfrac{1}{\alpha_i} + r_i + \dfrac{\delta}{\lambda}\dfrac{f_i}{f_m} + \left(r_0 + \dfrac{1}{\alpha_0}\right)\dfrac{f_i}{f_0}} \tag{7-24}$$

$$K_0 = \frac{1}{\dfrac{1}{\alpha_0} + r_0 + \dfrac{\delta}{\lambda}\dfrac{f_0}{f_m} + \left(r_i + \dfrac{1}{\alpha_i}\right)\dfrac{f_0}{f_i}} \tag{7-25}$$

式中，α_0、α_i 分别为管外、管内介质表面传热系数［W/(m² · K)］；其计算的有关准则式见附录 D；δ 为管壁厚度（m）；λ 为管子的热导率［W/(m · K)］；f_m 为按管子平均直径计算的单位面积（m²/m）；r_0、r_i 分别为管外表面和管内表面传热热阻［(m² · K)/W］。

由于 α_0、α_i 与管壁温度 t_w 有关，而 t_w 又属传热过程的未知量，需通过热平衡关系求得，因此式（7-22）改写为

$$q_0 = \alpha_0 \Delta t_0 \tag{7-26}$$

$$q_0 = \frac{\Delta t_m - \Delta t_0}{\left(\dfrac{1}{\alpha_i} + r_i\right)\dfrac{f_0}{f_i} + \dfrac{\delta f_0}{\lambda f_m} + r_0} \tag{7-27}$$

式中，Δt_0 为管外流体平均温度与外壁温度 t_{w0}之差（℃）。

因式（7-26）与式（7-27）相等，可由图解法作出以 q_0 为纵坐标、温度 t 为横坐标的坐标系内的两方程的曲线，该两曲线的交点即为同时满足上两式的 q_0，如图 7-4 所示。最后根据设计参数的总制冷量 Q_0 和 q_0 解，计算出热交热器所需的传热面积。

同理，对于强化管外传热的肋片管热交换器的传热面积，可将其简化成管外径为 d_b 的光管，然后计算其传热系数 K。肋片管按单位管长总管外表面积 f_t 计算 K_{0f}的值为

$$K_{0f}=\frac{K_0 f_0}{f_t}=\frac{1}{\left(\dfrac{1}{\alpha_i}+r_i\right)\dfrac{f_t}{f_i}+\dfrac{\delta f_t}{\lambda f_m}+\left(r_0+\dfrac{1}{\alpha_0}\right)\dfrac{f_t}{f_0}} \tag{7-28}$$

式中，r_0 为折合光管的污垢热阻；α_0 为管外的表面传热系数。

它们与肋片管的外表面污垢热阻 r_{0f} 和表面传热系数 α_{0f} 存在以下关系，即

$$r_0=\frac{r_{0f} f_0}{\eta_s f_t} \tag{7-29}$$

$$\frac{1}{\alpha_0}=\frac{f_0}{\alpha_{0f}\eta_s f_t} \tag{7-30}$$

$$\eta_s=\frac{f_f\eta_f+f_b}{f_t}=1-\frac{f_f}{f_t}(1-\eta_f) \tag{7-31}$$

图 7-4 图解法求解热交换器（冷凝器）的 q_0

$$\eta_f=\frac{\tanh(mh')}{mh'} \tag{7-32}$$

式中，η_s 为肋片管表面效率，用式（7-31）计算；η_f 为肋片效率，用式（7-32）计算；m 为肋片参数，$m=\sqrt{\dfrac{2\alpha_0}{\lambda_f\delta_f}}$；$h'$是肋片当量高度。

因此，由式（7-28）和式（7-31）可得到肋片管以管外表面积为基准的传热系数 K_{0f}

$$K_{0f}=\frac{1}{\left(\dfrac{1}{\alpha_i}+r_i\right)\dfrac{f_t}{f_i}+\dfrac{\delta f_t}{\lambda f_m}+\left(r_{0f}+\dfrac{1}{\alpha_{0f}}\right)\dfrac{1}{\eta_s}} \tag{7-33}$$

当按管内表面积进行传热计算时，同样可得到以管内表面积为基准的传热系数 K_{if}，即

$$K_{if}=\frac{1}{\dfrac{1}{\alpha_i}+r_i+\dfrac{\delta}{\lambda}\dfrac{f_i}{f_m}+\left(r_0+\dfrac{1}{\alpha_{0f}}\right)\dfrac{f_i}{\eta_s f_0}} \tag{7-34}$$

再按式（7-26）和式（7-27）用试凑法或图解法，求出 t_{w0} 和 q_{0f}，最后求得所需要的传热面积。

第二节 冷凝器

冷凝器是制冷装置的主要热交换设备之一。它的任务是通过环境介质（水或空气）将压缩机排出的高压过热制冷剂蒸气冷却、冷凝成为饱和液体，甚至过冷液体。在大型制冷机中，有的设置专用过冷器与冷凝器配合使用，使制冷剂液体过冷，以增大制冷机的制冷量，提高其经济性。

一、冷凝器的结构

冷凝器按冷却方式可分为三类：水冷式冷凝器，空气冷却式冷凝器，蒸发式冷凝器。

1. 水冷式冷凝器

这种形式的冷凝器是用水作为冷却介质带走制冷剂冷凝时放出的热量。冷却水可以一次性使用，也可以循环使用。用循环水时，必须配有冷却塔或冷水池，保证水不断得到冷却。水冷式冷凝器主要有壳管式和套管式两种结构形式。

（1）壳管式冷凝器　壳管式冷凝器分为卧式和立式两大类。采用哪一种类型与制冷机使用的制冷剂有关。一般立式壳管式冷凝器适用于大型氨制冷装置，而卧式壳管式冷凝器则普遍用于大、中型氨或氟利昂制冷装置中。图7-5示出了卧式和立式壳管式冷凝器结构。其壳内管外为制冷剂，管内为冷却水。壳体的两端管板上穿有传热管。壳体一般用钢板卷制（或直接采用无缝钢管）焊接而成。管板与传热管的固定方式可采用胀接法和焊接法，一般胀接法更便于修理和更换传热管。

1）卧式壳管式冷凝器。除上述壳管式冷凝器的一般结构特点外，卧式壳管式冷凝器在管板外侧设有左右端盖，端盖的内侧具有满足水流程需要的隔腔，保证冷却水在管程中往返流动，使冷却水从一侧端盖的下部进入冷凝器，经过若干个流程后由同侧端盖的上部流出。冷却水在冷凝器内流过一次称作一个流程。采用多流程设计主要是为了减小水的流通面积，提高冷却水流速，增强水侧换热效果。国产卧式壳管式冷凝器一般为4~10个流程。若流程数过多，会增大水侧流动阻力，加大水泵功耗。在端盖的上部和下部设有排气和放水阀，以便装置起动运行时排出水侧空气，或在停止运行时排出管内存水，防止冬季时冻裂传热管。

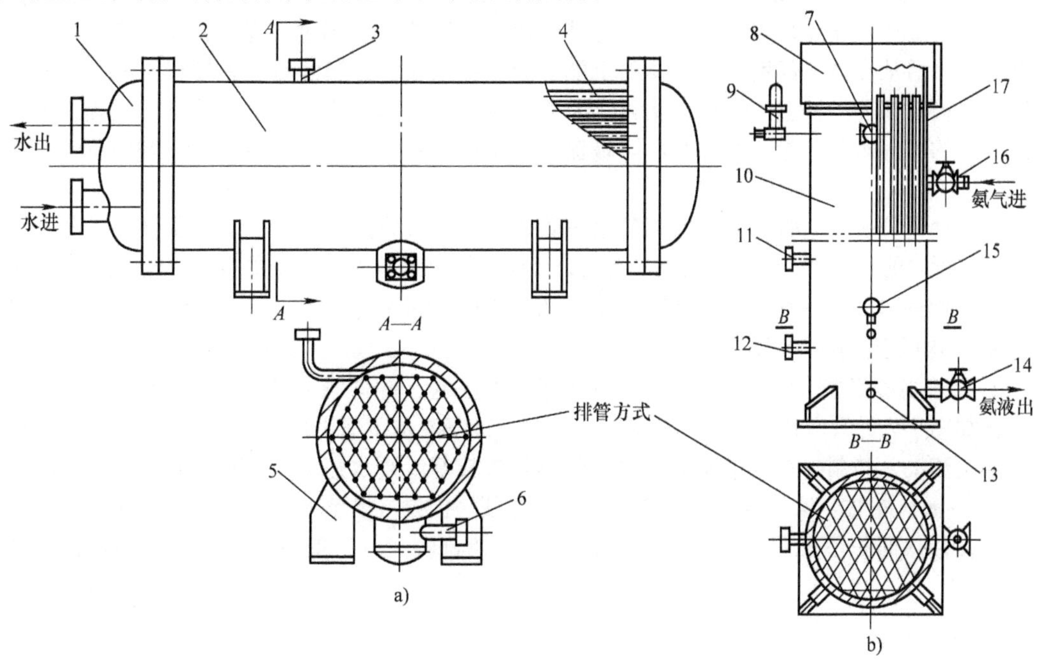

图 7-5 壳管式冷凝器结构

a）卧式壳管式冷凝器 b）立式壳管式冷凝器

1—端盖 2、10—壳体 3—进气管 4、17—传热管 5—支架 6—出液管 7—放空气管 8—水槽 9—安全阀 11—平衡管 12—混合管 13—放油阀 14—出液阀 15—压力表 16—进气阀

氨制冷装置配用的卧式壳管式冷凝器通常采用$\phi25$~$\phi32$mm无缝钢管传热管。壳体下部设有集污包，以便集存润滑油或机械杂质，集污包上还设有放油管接头，壳体上方有压力表、安全阀、均压管、放空气接头等。试验证明，其传热系数不受面积热流量变化的影响，而是取决于冷却水流速和污垢热阻的大小。一般卧式壳管式氨冷凝器在水速w=0.8~1.5m/s时，传热系数K在930~1160W/($m^2 \cdot K$)范围，其面积热流量为q_F=4071~5234W/m^2。

卧式壳管式氟利昂冷凝器，其结构与氨用卧式壳管式冷凝器相似。传热管可采用钢管，也可采用铜管。采用铜管时传热系数可提高10%左右。铜管易于在管外加工肋片，以利于氟利昂侧的传热，一般在采用铜质肋片管以后，其氟利昂侧传热系数较相同规格光管大1.5~2倍。铜质滚轧低肋管剖面尺寸及结构如图7-6所示。不仅如此，污垢热阻对冷凝器换热效果有重要影响，当冷却介质为海、井、湖水时为$(0.086\sim0.172)\times10^{-3}m^2 \cdot K/W$（铜管）和

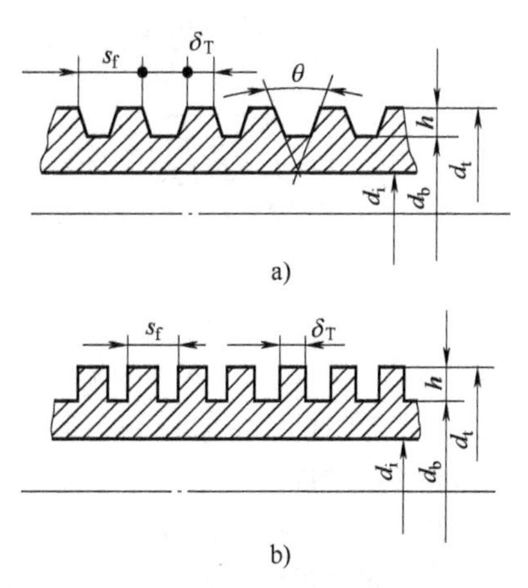

图 7-6 滚轧低肋管剖面尺寸及结构

a）梯形肋片传热管 b）矩形肋片传热管

$(0.172\sim0.344)\times10^{-3}m^2\cdot K/W$（钢管），而用硬水、含泥水时为 $(0.516\sim0.344)\times10^{-3}m^2\cdot K/W$（铜管）和 $(0.688\sim0.516)\times10^{-3}m^2\cdot K/W$（钢管）。铜管污垢热阻仅为钢管的50%，而且冷却水流速可提高到2.5m/s以上，传热系数则随流速提高而增大。R22在水速1.6~2.8m/s时传热系数可达1360~1600W/$(m^2\cdot K)$。此外，减少传热管壁厚、降低肋片节距、缩小肋片张角，甚至采用矩形肋片，均可强化冷凝传热过程，提高冷凝换热能力和整个装置的性能。目前滚轧低肋管和新型锯齿形高效冷凝管已在大、中型氟利昂制冷装置的冷凝器中得到广泛应用。

2）立式壳管式冷凝器。立式壳管式冷凝器以适合立式安装而得名。与卧式壳管式冷凝器的不同点在于它的壳体两端无端盖，制冷剂过热蒸气由竖直壳体的上部进入壳内，在竖直管簇外冷凝成为液体，然后从壳体下部引出。壳体的上端口设有配水槽，管簇的每一根管口装有一个水分配器，冷却水通过该分配器上的斜分水槽进入管内，并沿内表面形成液膜向下流动，以提高表面传热系数，节约冷却水循环量。冷却水由下端流出并集中到水池内，再用泵送到冷却塔降温后，可循环使用。

从传热理论分析，立管的换热性能较水平管差得多。其原因在于立管上冷凝液膜的流动路线较短，而且管内的水较难保证完全为膜层流动，因此在传热系数方面，立式冷凝器低于卧式冷凝器。在平均传热温差 $\Delta t_m=4\sim6$℃时，传热系数 K 约为698~814W/$(m^2\cdot K)$，面积热流量 $q_F=4071\sim4652$W/m^2，均低于卧式冷凝器。

（2）套管式冷凝器　它是由不同直径的管子套在一起，并弯制成螺旋形或蛇形的一种水冷式冷凝器。如图7-7所示，制冷剂蒸气在套管间冷凝，冷凝液从下面引出，冷却水在直径较小的管道内自下而上流动，与制冷剂成逆流式，因此传热效果较好。当水速为1~2m/s时，传热系数 K 在930W/$(m^2\cdot K)$ 左右。该冷凝器结构简单、制作方便。但是在套管长度较大时，下部管间易被液体充斥，使传热面积不能得到充分利用，而且金属耗量较大，一般只在小型氟利昂制冷装置中使用。

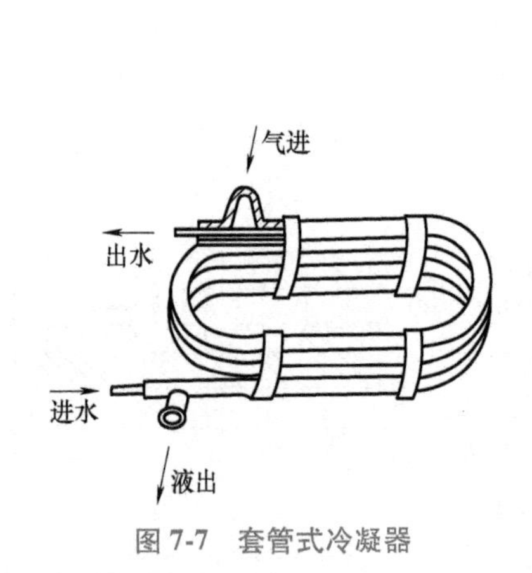

图7-7　套管式冷凝器

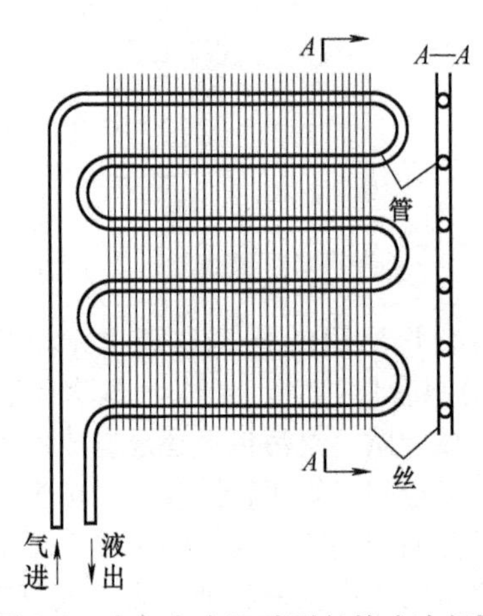

图7-8　空气自由运动型丝管式冷凝器

2. 空气冷却式冷凝器

这种冷凝器以空气为冷却介质，制冷剂在管内冷凝，空气在管外流动，吸收管内制冷剂蒸气放出的热量。由于空气的传热系数较小，管外（空气侧）常常要设置肋片，以强化管外换热。

按空气流动的方式不同，此类冷凝器分为空气自由运动和空气强制运动两种形式。

（1）空气自由运动的空冷冷凝器　该冷凝器利用空气在管外流动时吸收制冷剂排放的热量后，密度发生变化引起空气的自由流动而不断地带走制冷剂蒸气的凝结热。它不需要风机，没有噪声，多用于小型制冷装置。目前应用非常普遍的是丝管式结构的空气自由运动型冷凝器，如图7-8所示。在蛇形传热管的两侧焊有 $\phi1.4\sim\phi1.6$mm的钢丝，旨在加大管外传热面积，提高空气侧表面的传热系数。钢丝间距离可以根据需要进行调节，一般为4~10mm范围。传热管一般采用ϕ4~ϕ6mm复合钢管（管外镀铜，又称作帮迪管），以保证其与钢丝的良好焊接性能。由于钢丝竖直焊接在水平蛇管外，与热空气升力方向一致，使空气具有良好的流动性，获得最佳的传热效果，一般传热系数可达15~17.5W/(m^2·K)。

（2）空气强制流动的空冷冷凝器　如图7-9所示，它由一组或几组带有肋片的蛇管组成。制冷剂蒸气从上部集管进入蛇管，其管外肋片用以强化空气侧换热，补偿空气表面传热系数过低的缺陷。肋片一般采用δ=0.1~0.4mm的铝片制成，套在ϕ5~ϕ16mm的铜管外，由弯头连接成蛇管管组。肋片根部用二次翻边与管外壁接触，经机械或液压胀管后，两者紧密接触以减少其传热热阻。一般肋片距离在1.2~4mm范围。由低噪声轴流式通风机迫使空气流过肋片间隙，通过肋片及管外壁与管内制冷剂蒸气进行热交换，将其冷凝成为液体。这种冷凝器的传热系数较空气自由流动型冷凝器的高，约为25~50W/(m^2·K)。适用于中、小型氟利昂制冷装置。它具有结构紧凑、换热效果好、制造简单等优点。纯铜管铝肋片空气强制流动热交换器的典型结构参数：一般60kW以下的装置多采用ϕ10mm纯铜管，管间距25mm；或ϕ12mm纯铜管，管间距35mm，管壁厚度为δ_t=0.35~1.0mm；其肋管排列方式可顺排，也可叉排；肋片间距在1.2~2.5mm范围。其空气强制流动速度，从经济实用考虑一般将其迎面风速控制在1.5~3.5m/s范围内。冷凝温度t_k和空气进出冷凝器的温差，对冷凝器的性能具有不可小视的影响。一般t_k越高，传热温差会越大，传热面积将随传热温差增大而减小。由此会引起压缩机功耗增大，排气温度上升。所以综合各方面影响因素考虑，t_k与进风口温度之差应控制在15℃左右；空气进出冷凝器的温差一般取6~10℃。在结构方面，沿空气流动方向的管排数越多，则后面排管的传热量越小，使换热能力不能得到充分利用。为提高换热面积的利用率，管排数以取2~6排为好。

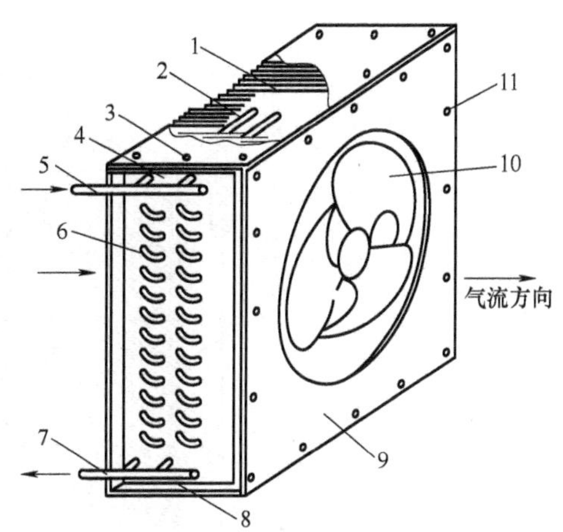

图7-9　空气强制流动的空冷冷凝器
1—肋片　2—传热管　3—上封板　4—左端板
5—进气集管　6—弯头　7—出液集管
8—下封板　9—前封板　10—通风机
11—装配螺钉

在汽车空调系统中，则广泛采用全铝制管带式冷凝器，这种冷凝器将铝制扁椭圆管弯成蛇形，铝翅片弯成波形（或锯齿形）后焊接而成。为适应汽车空调的使用要求，更好地实现换热功能，目前一种新型的平流式冷凝器在汽车空调冷凝器中受到广泛的关注，这种冷凝器从气体进到液体出，其流程通道数逐渐减少，如图7-10所示。

3. 蒸发式冷凝器

蒸发式冷凝器以水和空气作为冷却介质。它利用水蒸发时吸收热量使管内制冷剂蒸气凝结。水经水泵提升再由喷嘴喷淋到传热管的外表面，形成水膜吸热蒸发变成水蒸气，然后被进入冷凝器的空气带走。未被蒸发的水滴则落到下部的水池内。箱体上方设有挡水栅，用于阻挡空气中的水滴散失。蒸发式冷凝器结构原理如图7-11所示。该冷凝器空气流量不大，耗水量也很少。对于循环水量在60~80L/h的蒸发式冷凝器，其空气流量约为100~200m^3/h，补水量约3~5L/h。为防止传热管外壁面结垢，对循环水应进行软化处理后使用。

从工作特点分析，这种冷凝器的热流量与进口空气的湿球温度关系很大，湿球温度越高，则空气相对湿度越大，若要保持一定的蒸发量，就必须提高冷凝温度，会对装置的正常运行造成不利影响。因此，蒸发式冷凝器设计参数的选择应注意以下问题：

1）进口空气的湿球温度t_{s1}与当地气象条件有关。其参数选择可参照JB/T 7658.5—2006《氨制冷装置用辅助设备　第5部分：蒸发式冷凝器》。

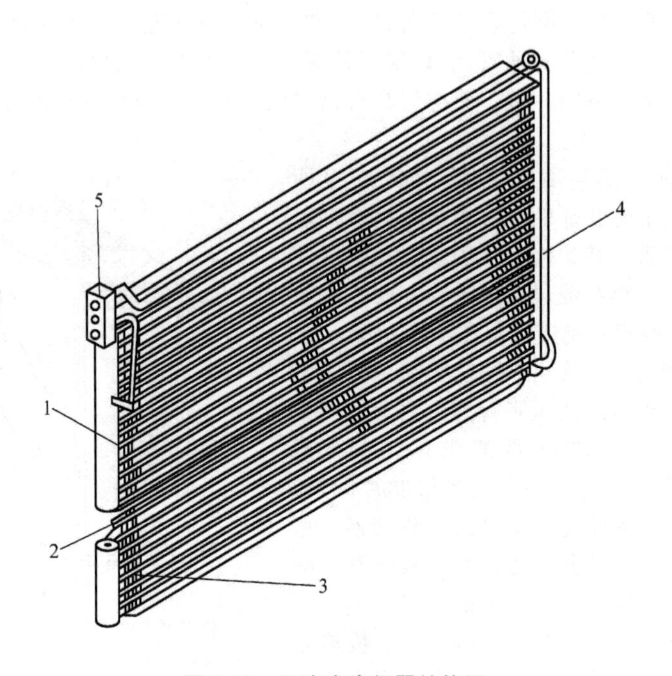

图 7-10　平流式冷凝器结构图

1—圆筒集管　2—铝制内肋扁管　3—波形散热翅片　4—连接管　5—接头

2）风量配备与 t_{s1} 有关。t_{s1} 越高则所要求的送风量就越大，送风耗能也越多。所以送风量的配备应从节能和性能要求两方面综合考虑。

3）水量配备应以保证润湿全部换热表面为原则。随意增大配水量会造成水泵功耗上升，水的飞散损失增大，运行成本提高。

此外，与蒸发式冷凝器结构和工作原理相似的一种仅靠水在管外喷淋，使管内制冷剂蒸气凝结的冷凝器，称作淋水式冷凝器。一般应用于大、中型氨制冷装置。其形式、性能参数及技术要求可参照 JB/T 7658.1—2006《氨制冷装置用辅助设备　第1部分：淋水式冷凝器》。

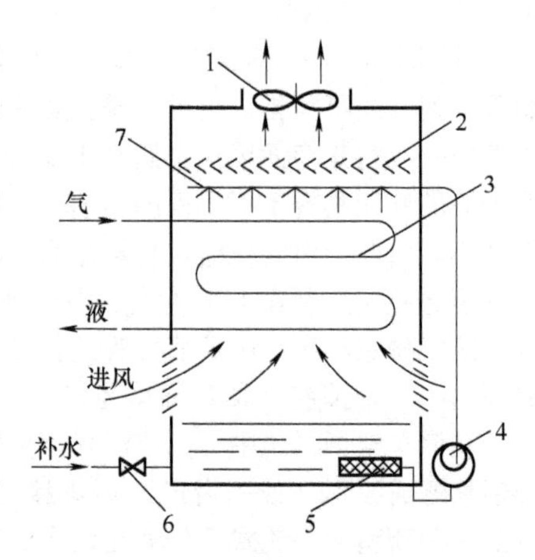

图 7-11　蒸发式冷凝器结构原理

1—通风机　2—挡水栅　3—传热管组　4—水泵　5—滤网　6—补水阀　7—喷水嘴

二、冷凝器的计算示例

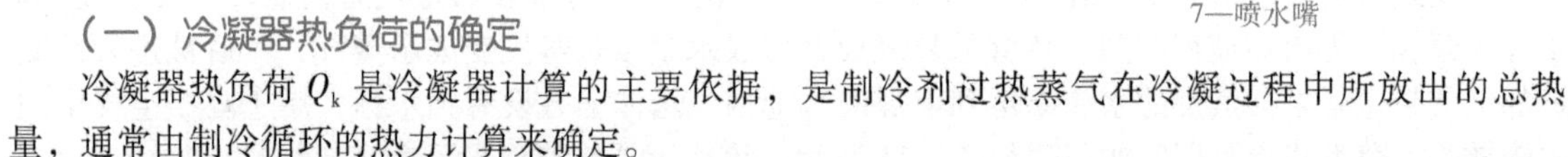

（一）冷凝器热负荷的确定

冷凝器热负荷 Q_k 是冷凝器计算的主要依据，是制冷剂过热蒸气在冷凝过程中所放出的总热量，通常由制冷循环的热力计算来确定。

（二）卧式壳管式冷凝器的计算

（1）设计计算参数的选择　参见表 7-2、表 7-3。

（2）卧式壳管式冷凝器设计计算举例　通过设计计算举例和步骤，旨在说明其设计计算的方法和步骤。

下面举例说明冷凝器的设计计算与校核。

例 7-1　一卧式壳管式冷凝器，制冷剂为 R134a，冷凝温度 $t_k = 41℃$，冷凝热负荷 $Q_k = 305\text{kW}$，试进行该卧式壳管式冷凝器的设计计算。

解 1. 冷凝器传热管的选择及参数计算

表 7-2 卧式壳管式冷凝器设计计算参数的选择

形式	制冷剂	冷凝温度/℃	进水温度/℃	进出水温差/℃	冷却水量/[m^3/(kW·h)]	冷却水流速/(m/s)	水压损失/MPa	污垢热阻/(m^2·k/W)			附注
								制冷剂侧	水侧		
									钢管	铜管	
水冷式冷凝器	R717	40	32	—	—	1	≤0.1	0.00	0.17	—	引用标准：JB/T 7658.18—2006
	氟利昂	40	32/30	5	—	2	<0.1	0.00	0.17	0.08	引用标准：JB/T 7659.2—2006

表 7-3 常用冷凝器的传热系数 K 及面积热流量

介质	制冷剂	冷凝器形式	传热系数/[W/(m^2·K)]	面积热流量 q_F/(W/m^2)	相应条件
水冷	R717	立式	372~870	1870~4360	温差 Δt=2~3℃，单位面积水量 G_u=0.6~1.1m^3/(m^2·h)
		卧式	1097~1145	~4652	Δt=4~6℃，G_u=0.8~0.9m^3/(m^2·h)，水速 w=1.01m/s，肋化系数 $\beta \geq 3.5$
	R22	壳管式	930~1160	~8141	w=1.5~2.5m/s，Δt=7~9℃，$\beta \geq 3.5$
			1200~1600		w=1.5~2.5m/s，Δt=7~9℃，低肋
		套管式	1050~1450	~11630	w=2~3.0m/s，Δt=8~11℃，$\beta \geq 3.5$
	R134a	壳管式	645~830		同 R22 壳管式，$\beta \geq 3.5$
			780~1300	~5815	同 R22 壳管式，低肋
		套管式	780~1080	~8722	同 R22 壳管式，$\beta \geq 3.5$
空冷	R22	强制对流	35		迎面风速 w_f=1.5~3.5m/s，室外干球温度 t=35℃，冷凝温度与进风温度差 $\Delta t \geq 15$℃
		自然对流	6~9.3		
	R134a	强制对流	29		同 R22 强制对流
		自然对流	6~9.3		

根据生产工艺条件，拟采用每英寸 19 片的滚轧低肋管作为传热管，其基本参数为：d_f=18.75mm，d_b=15.85mm，δ_T=0.25mm，s_f=1.34mm，d_i=14mm，φ=20°，则每 1m 肋管长的肋片数为

$$n = \frac{1000}{s_f} = \frac{1000}{1.34} = 746$$

每 1m 管长肋顶面积为

$$f_r = \pi d_f \delta_T n = \pi \times 0.01875 \times 0.25 \times 10^{-3} \times 746 \mathrm{m^2/m} = 0.011 \mathrm{m^2/m}$$

每 1m 管长肋片面积为

$$f_f = \frac{n\pi(d_f^2 - d_b^2)}{2\cos(\varphi/2)} = \frac{746 \times (0.01875^2 - 0.01585^2)\pi}{2\cos(20°/2)} \mathrm{m^2/m} = 0.119 \mathrm{m^2/m}$$

每 1m 管长肋间基管面积为

$$f_b = \pi d_b n(s_f - \delta_0) = \pi d_b n \{s_f - [\delta_T + (d_f - d_b)\tan 10°]\}$$

$$= \pi \times 0.01585 \times 746 \times \{1.34 - [0.25 + (18.75 - 15.85) \times 0.1763]\} \times 10^{-3} \mathrm{m^2/m}$$
$$= 0.022 \mathrm{m^2/m}$$

每1m肋片管外表面积为

$$f_t = f_f + f_b + f_r = (0.119 + 0.022 + 0.011) \mathrm{m^2/m} = 0.152 \mathrm{m^2/m}$$

每1m管长内表面积为

$$f_i = \pi d_i = \pi \times 0.014 \mathrm{m^2/m} = 0.044 \mathrm{m^2/m}$$

肋片当量高度为

$$H = \frac{\pi(d_f^2 - d_b^2)}{4d_f} = \frac{\pi(18.75^2 - 15.85^2)}{4 \times 18.75} \mathrm{mm} = 4.2 \mathrm{mm}$$

2. 冷凝器热负荷及冷却水流量

冷却水的定性温度为

$$t_f = \frac{t_{w2} + t_{w1}}{2} = \frac{37 + 32}{2} ℃ = 34.5℃$$

查水的物性比定压热容 $c_{pw} = 4.179\mathrm{kJ/(kg \cdot K)}$，密度 $\rho_w = 994.3\mathrm{kg/m^3}$，运动黏度 $\nu_f = 0.75 \times 10^{-6}\mathrm{m^2/s}$，所以，冷却水流量为

$$q_{mw} = \frac{3600 Q_k}{c_{pw} \Delta t_w} = \frac{3600 \times 305}{4.179 \times 5} \mathrm{kg/h} = 52548.5 \mathrm{kg/h}$$

3. 冷凝器结构的初步规划

根据一般经验，由于低肋螺纹管传热效率高，故初取管外表面面积热负荷 $q_f = 5700\ \mathrm{W/m^2}$。则初步规划的所需冷凝器外表面积为

$$A_0^* = \frac{Q_k}{q_f} = \frac{305 \times 10^3}{5700} \mathrm{m^2} = 53.51 \mathrm{m^2}$$

所需上述规格低肋管管长为

$$L = \frac{A_0^*}{f_t} = \frac{53.51}{0.152} \mathrm{m} = 352.0 \mathrm{m}$$

设管内水速为 $w = 2.0\mathrm{m/s}$，则每流程管数为

$$n = \frac{4q_{mw}}{\pi d_i^2 \rho_w w} = \frac{4 \times 52548.5}{3600\pi \times 0.014^2 \times 994.3 \times 2} = 47.7（取48根）$$

若设流程数为 i，冷凝管有效长度为 L_e，必有

$$A_0^* = iL_e f_t n \quad 或 \quad iL_e = \frac{A_0^*}{f_t n} = \frac{53.51}{0.152 \times 48} = 7.334$$

不同流程数 i 和有效管长 L_e 的组合情况见表7-4。当长径比为4~10时，换热器有较好的换热性能和经济性，因此这里选择如下参数：流程数 $i=4$，则

$$L_e = \frac{7.334}{i} \mathrm{m} = \frac{7.334}{4} \mathrm{m} = 1.834 \mathrm{m}$$

考虑与蒸发器尺寸相匹配，取

$$L_e = 1.9 \mathrm{m}$$

表7-4　不同流程数 i 和有效管长 L_e 的组合情况

i	L_e/m	in	壳内径 D_i/m	长径比 L_e/D_i
2	3.667	96	0.38	9.66
4	1.834	192	0.424	4.32
6	1.22	288	0.48	2.54

传热管的排列情况如图7-12所示。每流程管数依次为46、50、50、46。

4. 管内水侧表面传热系数

由图 7-12 可知，实际每流程的平均管数 $n_m=(192/4)$ 根=48 根，则管内冷却水平均流速为

$$w_m=\frac{4q_{mw}}{3600\pi d_i^2\rho_w n_m}=\frac{4\times52548.5}{3600\pi\times0.014^2\times994.3\times48}\text{m/s}=2\text{m/s}$$

所以 $Re_f=\frac{w_m d_i}{\nu_f}=\frac{2\times0.014}{0.75\times10^{-6}}=37333>10^4$

即水在管内为湍流运动。

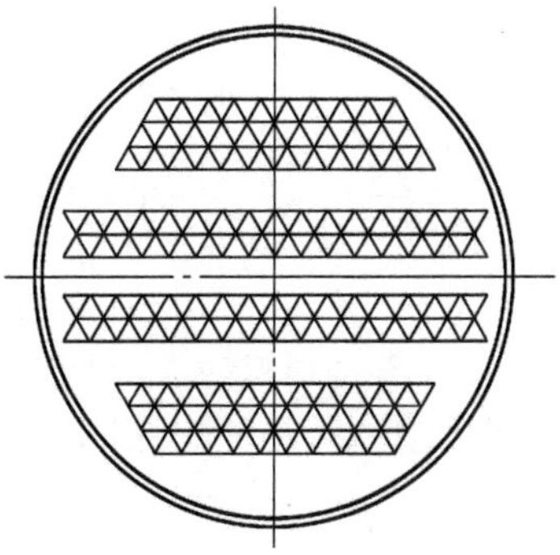

流体在管内受迫运动放热的湍流区换热计算式为

$$\alpha_i=B_f\frac{w_{fw}^{0.8}}{d_i^{0.2}}$$

在定性温度下 $B_f=1396+23.26t_f=1396+23.26\times34.5=2198.47$。

所以有

$$\alpha_i=B_f\frac{w_{fw}^{0.8}}{d_i^{0.2}}=2198.47\times\frac{2^{0.8}}{0.014^{0.2}}\text{W/(m}^2\cdot\text{K)}=8989.2\text{W/(m}^2\cdot\text{K)}$$

总管数 192 根，壳径 424mm

33 列，14 排

图 7-12 冷凝器传热管的排列

5. 计算管外 R134a 蒸气冷凝表面传热系数

如图 7-12 所示传热管排列方式，有管簇修正系数 ε_n，其中平均管排数为

$$n_m=\left(\frac{N}{\sum n_j^{3/4}}\right)^4=\left(\frac{192}{4\times2^{3/4}+6\times4^{3/4}+12\times6^{3/4}+11\times8^{3/4}}\right)^4=6.13$$

故

$$\varepsilon_n=\frac{1}{n_m^{0.167}}=\frac{1}{6.13^{0.167}}=0.74$$

低肋螺纹管的增强系数（取 $\eta_f=1$）为

$$\psi_f=\frac{f_b}{f_t}+1.1\times\frac{(f_r+f_f)}{f_t}\eta_f^{3/4}\left(\frac{d_b}{H}\right)^{1/4}=\frac{0.022}{0.152}+1.1\times\frac{0.011\times0.119}{0.152}\times1\times\left(\frac{0.01585}{0.0042}\right)^{1/4}=1.453$$

设壁面温度 $t_w=39℃$，则冷凝液膜平均温度为

$$t_m=\frac{t_w+t_k}{2}=\frac{39+41}{2}℃=40℃$$

查制冷剂蒸气冷凝时 R134a 的 $r_s^{1/4}$ 和 B_m 值，$t_m=40℃$时，有

汽化热 $r_s=163020\text{J/kg}$

液相密度 $\rho=1146.7\text{kg/m}^3$

液态运动黏度 $\nu_f=0.14079\times10^{-6}\text{m}^2/\text{s}$

热导率 $\lambda=74.716\times10^{-3}\text{W/(m}\cdot\text{K)}$

则有 $r_s^{1/4}=20.1$

$$B_m=\left(\frac{9.81\rho\lambda^3}{\nu_f}\right)^{1/4}=\left(\frac{9.81\times1146.7\times0.074716^3}{0.14079\times10^{-6}}\right)^{1/4}=76.0。$$

因此

$$\begin{aligned}\alpha_0 &= 0.72 r_s^{1/4} B_m (t_k - t_w)^{-1/4} d_b^{-1/4} \psi_f \varepsilon_n \\ &= 0.72 \times 20.1 \times 76.0 \times \left(\frac{1}{0.01585\Delta t_0}\right)^{1/4} \times 1.453 \times 0.74 \\ &= 3332.98 \Delta t_0^{-1/4} \mathrm{W/(m^2 \cdot K)}\end{aligned}$$

6. 计算传热系数 K_0 和面积热流量 q_{f0}

根据管内外热平衡关系，管外面积热流量 q_{f0} 为

$$q_{f0} = \alpha_0 \Delta t_0 = 3332.98 \Delta t_0^{3/4}$$

取水侧垢层热阻 $r_i = 0.000086\mathrm{m^2 \cdot K/W}$，查金属材料性质得纯铜管热导率 $\lambda_r = 384\mathrm{W/(m \cdot K)}$。低螺纹管壁厚为 $\delta_r = 0.925\mathrm{mm}$，则管外表面面积热流量为

$$q_{f0}^* = \frac{\Delta t_m - \Delta t_0}{\left(\dfrac{1}{\alpha_i} + r_i\right)\dfrac{f_t}{f_i} + \dfrac{\delta_r}{\lambda_r}\dfrac{f_t}{f_m}}$$

式中，Δt_m 为蒸气与冷却水之间的传热温差。

$$\Delta t_m = \frac{t_{w2} - t_{w1}}{\ln \dfrac{t_k - t_{w1}}{t_k - t_{w2}}} = \frac{37 - 32}{\ln \dfrac{41 - 32}{41 - 37}} ℃ = 6.166℃$$

f_m 为管内外平均直径处单位面积，有

$$f_m = \pi d_m = \frac{\pi \times (0.01585 + 0.014)}{2} \mathrm{m^2/m} = 0.047\mathrm{m^2/m}$$

所以有

$$q_{f0}^* = \frac{6.166 - \Delta t_0}{\left(\dfrac{1}{8989.2} + 0.000086\right) \times \dfrac{0.152}{0.044} + \dfrac{0.000925}{384} \times \dfrac{0.152}{0.047}} = \frac{7.21 - \Delta t_0}{6.9 \times 10^{-4}}$$

将计算 q_{f0} 和 q_{f0}^* 的两式联立得

$$3341.75 \Delta t_0^{3/4} = \frac{7.21 - \Delta t_0}{6.9 \times 10^{-4}}$$

用试凑法解方程，得 $\Delta t_0 = 2.12℃$，因此管外表面温度为

$$t_w = t_k - \Delta t_0 = (41 - 2.12)℃ = 38.88℃$$

与假设值基本相符。

将 $\Delta t_0 = 2.12℃$ 代入 q_{f0} 计算式中，得

$$q_{f0} = 3332.98 \Delta t_0^{3/4} = 3332.98 \times 2.12^{3/4} \mathrm{W/m^2} = 5855.78\mathrm{W/m^2}$$

以管外表面积为基准的传热系数 K_0 为

$$K_0 = \frac{q_{f0}}{\Delta t_m} = \frac{5855.78}{6.166} \mathrm{W/(m^2 \cdot K)} = 949.7\mathrm{W/(m^2 \cdot K)}$$

7. 计算所需要的传热面积

$$A_0 = \frac{Q_k}{q_{f0}} = \frac{305 \times 10^3}{5855.7} \mathrm{m^2} = 52.1\mathrm{m^2} < A_0^* = 53.51\mathrm{m^2}$$

表明结构设计面积能满足传热要求，设计合理。

在图7-12中，总管数 $N = 192$ 根，则有效冷凝管长为

$$L_e = \frac{53.51\mathrm{m^2}}{N f_t} = \frac{53.51}{192 \times 0.152} \mathrm{m} = 1.834\mathrm{m}，取 L_e = 1.9\mathrm{m}$$

8. 计算冷却水侧流动阻力

管内摩擦阻力系数为

$$\xi = \frac{0.3164}{R_{ef}^{1/4}} = \frac{0.3164}{37333^{1/4}} = 0.0228$$

取冷凝器两侧管板厚 $\delta_p = 50\text{mm}$，其实际冷凝管长度为

$$L_t = L_e + 2\delta_p = (1.9 + 2 \times 0.05)\text{m} = 2.0\text{m}$$

冷却水在管内的质量流速为

$$g = \rho_w w_m = 994.3 \times 2\text{kg}/(\text{m}^2 \cdot \text{s}) = 1988.6\text{kg}/(\text{m}^2 \cdot \text{s})$$

故冷却水在冷凝器内总的压力损失为

$$\Delta p = \frac{1}{2} g^2 v_w \left[\frac{\xi i L_t}{d_i} + 1.5(i+1)\right]$$

$$= \frac{1}{2} \times 1988.6^2 \times 0.001054 \times \left[\frac{0.0228 \times 4 \times 2.0}{0.014} + 1.5 \times (4+1)\right] \text{Pa}$$

$$= 42782\text{Pa}$$

9. 应用电子计算机进行卧式壳管式冷凝器传热计算

根据设计的已知条件和要求的计算结果，按照所建立的数学模型，用计算机语言编制计算程序，由计算机完成计算任务，并打印计算结果。这样不仅快捷方便，而且还可以输入给定的数据，让计算机得出可供分析研究的计算结果，以便进行不同设计方案的技术经济比较或根据相应的目标函数进行优化设计。卧式壳管式水冷冷凝器的计算程序框图如图 7-13 所示。

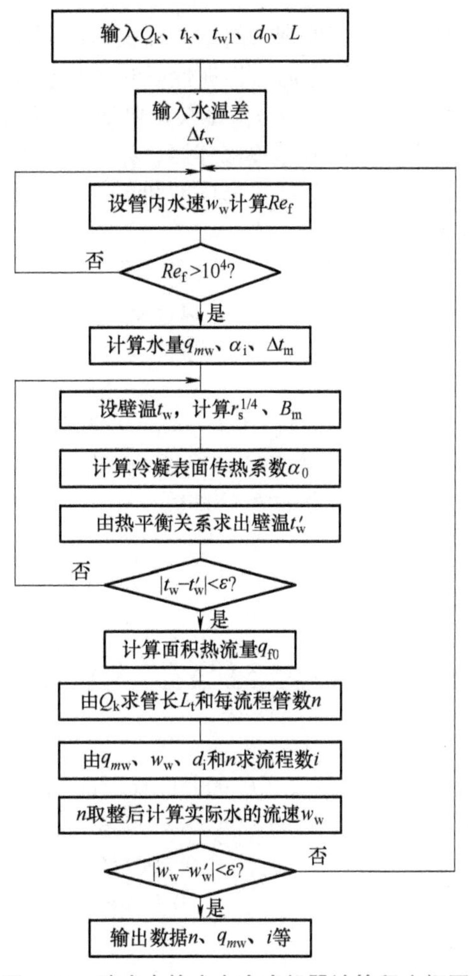

图 7-13 卧式壳管式水冷冷凝器计算程序框图

（三）空冷式冷凝器的计算

（1）设计计算参数的选择　参见表7-5。

空气自由运动空冷式冷凝器一般用于500W以下的小型制冷装置，以丝管式居多。其增加传热效果的设计措施主要是：

1）提高冷凝温度，采用全封闭式压缩机时，可取 $t_k=50\sim55℃$，以加大传热温差。

2）将垂直排列的管子改为横向排列，以减少表面传热系数 α_a 沿管子垂直方向的衰减。

3）增加钢丝肋片数量，在不妨碍空气自由对流的情况下，尽可能增大管外换热面积。

4）对外表面进行涂黑处理，以加强辐射换热。

表7-5　空冷式冷凝器设计计算参数的选择

项目	选择原则
肋片的几何参数	国产纯铜管铝套片换热器的典型结构参数：纯铜管 $\phi5\sim\phi12$mm，管间距19.5~30mm管壁厚 $\delta_t=0.2\sim1.0$mm。对于60kW以上机组可选用 $\phi16$mm 纯铜管，间距35mm，管壁厚 $\delta_t=1.0\sim1.5$mm，肋距 $s_f=1.2\sim3.5$mm。可取顺排，也可叉排
迎面风速 w_f	一般，w_f 高则传热系数高，但阻力增大，风机耗功增大。综合考虑 w_f 应取1.5~3.5m/s为宜
冷凝温度和空气进出口温差	t_k 高，冷凝器换热面积小，但压缩机排温和功耗均增大。t_k 应按装置使用条件和技术经济比较确定。一般 t_k 与进风温度控制在15℃左右为好。当外界气温为30~35℃时，t_k 可取43~50℃，空气进出口温差一般取6~10℃
冷凝器管排数	沿空气流动方向的管排数越多，则后几排的传热量越少。一般取2~6排为好

（2）空冷式冷凝器设计计算举例　制冷剂蒸气在空冷式冷凝器中要经历状态变化的过热蒸气区、饱和区、过冷液体区。此三个区域制冷剂的物理性质和换热机理有所不同，其表面传热系数也不一样。其在过热蒸气区的表面传热系数比饱和蒸气区要低，但传热温差却比饱和蒸气区要大，以致该两区内面积热流量 q_F 几近相等。而在过冷液体区，q_F 要低一些，不到总传热量的10%。所以，在设计时将制冷剂在空冷器内换热的全过程都按饱和蒸气区对待，以简化设计计算。下面仅以例题说明设计计算的方法和步骤。

例7-2　一台移动式空调器，采用R22为制冷剂，冷凝温度 $t_k=50℃$，进风温度 $t_{a1}=35℃$，出风温度 $t_{a2}=45℃$，由制冷循环的热力计算可知其冷凝热负荷 $Q_k=2500$W，试进行该移动式空调器的冷凝器设计计算。

解　**1. 冷凝器结构规划及有关参数**

传热管选用 $\phi7\text{mm}\times0.32\text{mm}$ 的纯铜管，$d_0=0.007$m，$d_i=0.00636$m，肋片选用平直翅片（铝片），片厚 $\delta_f=0.115\times10^{-3}$m。管排方式采用正三角形排列，管间距 $s_1=0.02$m，排间距 $s_2=0.01732$m，肋片节距 $s_f=0.0014$m，沿气流方向的管排数 $n=5$，片宽 $L=0.0866$m。

管外肋片单位面积 f_f 为

$$f_f=\frac{2(s_1s_2-\pi d_b^2/4)}{s_f}$$

$$=\frac{2\times[0.02\times0.01732-3.14\times(0.007+2\times0.000115)^2/4]}{0.0014}\text{m}^2/\text{m}$$

$$=0.4363\text{m}^2/\text{m}$$

由

$$d_b=d_0+2\delta_f=(0.007+2\times0.000115)\text{m}^2/\text{m}=0.00723\text{m}^2/\text{m}$$

得肋间管外单位表面积 f_b 为

$$f_b=\pi d_b\left(1-\frac{\delta_f}{s_f}\right)=3.14\times0.00723\left(1-\frac{0.000115}{0.0014}\right)\text{m}^2/\text{m}=0.02084\text{m}^2/\text{m}$$

管外总单位表面积 f_t 为

$$f_t=f_f+f_b=(0.4363+0.02084)\text{m}^2/\text{m}=0.45714\text{m}^2/\text{m}$$

管内单位表面积 f_i 为

$$f_i = \pi d_i = 3.14 \times (0.007 - 2 \times 0.00032)\mathrm{m^2/m} = 0.01998\mathrm{m^2/m}$$

肋化系数β为

$$\beta = \frac{f_t}{f_i} = \frac{0.45714}{0.01998} = 22.88$$

2. 空气侧传热系数计算

1）空气进出冷凝器的温差及风量。

温差 $$\Delta t_a = t_{a2} - t_{a1} = (45 - 35)℃ = 10℃$$

平均温度 $$t_{am} = \frac{t_{a2} + t_{a1}}{2} = \frac{45 + 35}{2}℃ = 40℃$$

风量 $$q_{Va} = \frac{Q_k}{\rho_m c_{pa} \Delta t_a} = \frac{2500}{1.128 \times 1.005 \times 10 \times 10^3}\mathrm{m^3/s} = 0.2203\mathrm{m^3/s}$$

平均温度下空气物性参数为：密度$\rho_m = 1.128\mathrm{kg/m^3}$；比定压热容$c_{pa} = 1.005\mathrm{kJ/(kg \cdot K)}$；运动黏度$\nu_m = 16.96 \times 10^{-6}\mathrm{m^2/s}$，热导率$\lambda_m = 0.0276\mathrm{W/(m \cdot K)}$。

2）肋片效率及空气侧传热系数。根据肋片参数，冷凝器的空气最窄流通面积与迎风面积之比σ为

$$\sigma = \frac{(s_f - \delta_f)(s_1 - d_b)}{s_1 s_f} = \frac{(1.4 - 0.115) \times (20 - 7.23)}{20 \times 1.4} = 0.586$$

取迎面风速$w_f = 2.5\mathrm{m/s}$，则最小流通面的风速

$$w_{max} = \frac{w_f}{\sigma} = \frac{2.5}{0.586}\mathrm{m/s} = 4.27\mathrm{m/s}$$

当量直径

$$d_{eq} = \frac{2(s_1 - d_b)(s_f - \delta_f)}{s_1 - d_b + s_f - \delta_f} = \frac{2 \times (20 - 7.23) \times (1.4 - 0.115)}{20 - 7.23 + 1.4 - 0.115}\mathrm{mm} = 2.335\mathrm{mm}$$

空气的雷诺数

$$Re_f = \frac{w_{max} d_{eq}}{\nu_m} = \frac{4.27 \times 0.002335}{16.96 \times 10^{-6}} = 586.5$$

单元空气流道长径比

$$\frac{L}{d_{eq}} = \frac{0.0866}{0.002335} = 37.09$$

根据表 D-1 中流体流过整张平套片管管簇时的换热公式，有

$$A = 0.518 - 0.02315\frac{L}{d_{eq}} + 0.000425\left(\frac{L}{d_{eq}}\right)^2 - 3 \times 10^{-6}\left(\frac{L}{d_{eq}}\right)^3 = 0.090955$$

$$C = A\left(1.36 - \frac{0.24Re_f}{1000}\right) = 0.1101$$

$$n = 0.45 + 0.0066\frac{L}{d_{eq}} = 0.6948$$

$$m = -0.28 + 0.08\frac{Re_f}{1000} = -0.2331$$

平直翅片的管外表面传热系数为

$$\alpha_0' = 1.1\frac{\lambda_m}{d_{eq}} C Re_f^n \left(\frac{L}{d_{eq}}\right)^m = 51.7\mathrm{W/(m^2 \cdot K)}$$

对于叉排管有 $$\rho' = 1.27 \times \rho \times \sqrt{1 - 0.3}$$

其中 $$\rho = \frac{s_1}{d_b} = \frac{0.02}{0.00723} = 2.766$$

所以 $\rho'=2.939$。

肋片当量高度
$$h'=\frac{d_b}{2}(\rho'-1)(1+0.35\ln\rho')=0.009654\text{m}$$

肋片特性参数
$$m=\sqrt{\frac{2\alpha_0}{\lambda_f\delta_f}}=\sqrt{\frac{2\times51.7}{203\times0.115\times10^{-3}}}\text{m}^{-1}=66.55\text{m}^{-1}$$

其中
$$\lambda_f=203\text{W/(m·K)}$$

肋片效率
$$\eta_f=\frac{\tanh(mh')}{mh'}=0.88$$

冷凝器外表面效率
$$\eta_s=\frac{f_f\eta_f+f_b}{f_t}=\frac{0.4363\times0.88+0.02084}{0.45714}=0.89$$

当量表面传热系数
$$\alpha_j=\eta_s\alpha_0=0.89\times51.7\text{W/(m}^2\cdot\text{K)}=46.01\text{W/(m}^2\cdot\text{K)}$$

3. 管内R22冷凝时表面传热系数计算

首先设管壁的温度 $t_w=47.0℃$，则平均温度

$$t_m=\frac{t_w+t_k}{2}=\frac{47.0+50}{2}℃=48.5℃$$

根据R22管内冷凝换热有关计算公式

$$\alpha_i=0.683r_s^{1/4}B_m d_i^{-1/4}(t_k-t_w)^{-1/4}$$

其中，$r_s^{1/4}=19.87$，$B_m=67.56$，代入上式中，则

$$\alpha_i=0.683\times19.87\times67.56\times(0.00636)^{-1/4}(t_k-t_w)^{-1/4}$$
$$=3246.71(t_k-t_w)^{-1/4}$$

由热平衡可得管壁温度平衡方程

$$\alpha_i\pi d_i(t_k-t_w)=\alpha_j f_t(t_w-t_{am})$$

$$3246.71(t_k-t_w)^{-\frac{1}{4}}\times\pi\times0.00636\times(t_k-t_w)=46.01\times0.45714\times(t_w-40)$$

整理得
$$64.84\times(50-t_w)^{\frac{3}{4}}=21.03(t_w-40)$$

由试凑法得 $t_w^*=47.02℃$ 时，等式成立。与设定值近似相等，证明合适。

得 $\alpha_i=3246.71(50-t_w)^{-\frac{1}{4}}=3246.71\times(50-47.02)^{-\frac{1}{4}}\text{W/(m}^2\cdot\text{K)}=2471.1\text{W/(m}^2\cdot\text{K)}$

4. 计算所需传热面积

考虑到传热管为纯铜管，取传热管导热热阻、接触热阻和污垢热阻之和 $r_0=0.0048\ \text{m}^2\cdot\text{K/W}$。

以管外面积为基准的传热系数为

$$K_{0f}=\frac{1}{\frac{1}{\alpha_i}\beta+r_0+\frac{1}{\alpha_j}}$$
$$=\frac{1}{\frac{22.88}{2471.1}+0.0048+\frac{1}{46.01}}\text{W/(m}^2\cdot\text{K)}$$
$$=27.94\text{W/(m}^2\cdot\text{K)}$$

平均温差为
$$\Delta t_m=\frac{t_2-t_1}{\ln\frac{t_k-t_1}{t_k-t_2}}=\frac{45-35}{\ln\frac{50-35}{50-45}}℃=9.1℃$$

所需管外面积及结构参数：

管外面积
$$A_{0f}=\frac{Q_k}{K_{0f}\Delta t_m}=\frac{2500}{27.94\times 9.1}\text{m}^2=9.83\text{m}^2$$

所需的肋片管总长度
$$L=\frac{A_{0f}}{f_t}=\frac{9.83}{0.45714}\text{m}=21.50\text{m}$$

冷凝器每列管数 14 根，总管数为 70 根，单管有效长度 0.31m，总有效管长为 $70\times0.31=21.7\text{m}$，裕度为 1.0%。冷凝器高度为 $H=14.5\times0.02\text{m}=0.29\text{m}$，实际迎面面积 $A=0.31\times0.29\text{m}^2=0.0899\text{m}^2$，实际迎面风速 $w=\frac{V_a}{A}=\frac{0.2203}{0.0899}=2.451\text{m/s}$，与初取值接近，设计合理。

5. 风侧阻力计算

顺排时
$$\Delta p_d=9.81A\left(\frac{L}{d_{eq}}\right)(\rho_m w_{max})^{1.7},\qquad 系数\ A=0.0113$$
$$\Delta p_d=9.81\times0.0113\times37.09\times(1.128\times4.27)^{1.7}\text{Pa}=59.52\text{Pa}$$

叉排时
$$\Delta p_w=1.2\Delta p_d=1.2\times59.52\text{Pa}=71.42\text{Pa}$$

电子计算机进行空冷式冷凝器的传热计算：由于设计空冷式冷凝器时要先设定迎面风速 w_f，然后进行传热计算和确定其结构尺寸的步骤，最后通过结构尺寸对迎面风速进行校核，有时设定参数需要调整时，计算过程要反复进行，既繁琐又复杂。应用计算机可以加快计算速度和提高准确性。空冷式冷凝器的计算机设计计算框图如图 7-14 所示。

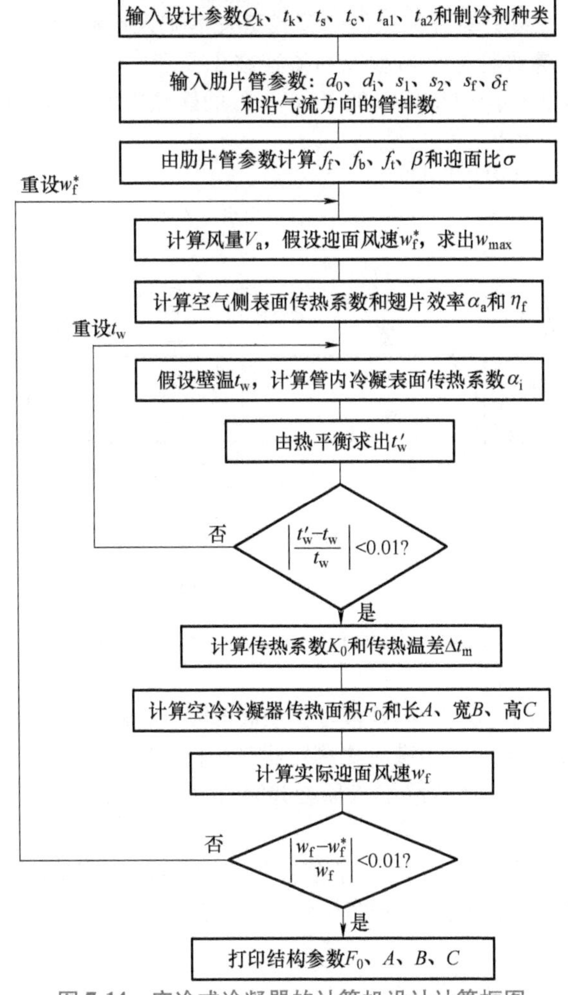

图 7-14　空冷式冷凝器的计算机设计计算框图

第三节　蒸发器

一、蒸发器的结构

蒸发器按其冷却的介质不同分为冷却液体载冷剂的蒸发器和冷却空气的蒸发器。根据供液方式的不同，有满液式、干式、循环式和喷淋式等。

（一）满液式蒸发器

满液式蒸发器按其结构分为壳管式、直管式、螺旋管式等几种结构形式。它们的共同特点是在蒸发器内充满了液态制冷剂，运行中吸热蒸发产生的制冷剂蒸气不断地从液体中分离出来。由于制冷剂与传热面充分接触，具有较大的传热系数。但不足之处是制冷剂充注量大，液柱静压会给蒸发温度造成不良影响。

（1）壳管式满液式蒸发器　壳管式满液式蒸发器一般为卧式结构，如图7-15所示。制冷剂在壳内管外蒸发；载冷剂在管内流动，一般为多流程式。载冷剂的进出口设在端盖上，取下进上出走向。制冷剂液体从壳体底部或下侧面进入壳内，蒸气由上部引出后返回到压缩机。壳内制冷剂始终保持约为壳径70%~80%的液面高度。为防止液滴被抽回压缩机而产生“液击”，一般在壳体上方留出一定的空间，或在壳体上焊制一个气包，以便对蒸发器中出来的制冷剂蒸气进行气液分离。对于氨用壳管式蒸发器，还在其壳体下部专门设置集污包，便于由此排出油及沉积物。壳体长径比一般在4~8范围内。

氨壳管式蒸发器采用无缝钢管，氟利昂壳管式蒸发器则采用铜管，为节省有色金属，一般在管外加工出肋片，如低肋螺纹管等。当载冷剂流速在1.0~1.5m/s时，其传热系数K可达460~520W/(m^2·K)，面积热流量q_f=2300~2600W/m^2。低肋螺纹管的水速可取2~2.5m/s，则K能达到512~797W/(m^2·K)的水平。

采用壳管式蒸发器应注意以下问题：

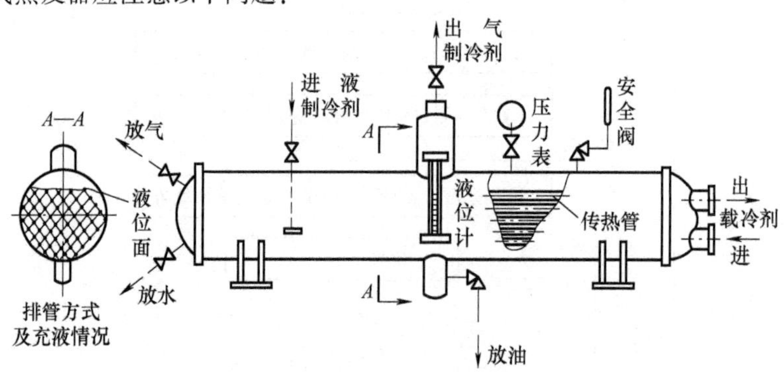

图7-15　卧式满液式蒸发器结构

1）以水为载冷剂，其蒸发温度降低到0℃以下时，管内可能会结冰，严重时会导致传热管胀裂。

2）低蒸发压力时，液体在壳体内的静液柱会使底部温度升高，传热温差减小。

3）与润滑油互溶的制冷剂，使用满液式蒸发器存在着回油困难。

4）制冷剂充注量较大。同时不适于机器在运动条件下工作，液面摇晃会导致压缩机冲缸事故。

（2）立式蒸发器　立式蒸发器可由平行直管或螺旋管组成。它们均沉浸在液体载冷剂中工作，由于搅拌器的作用，液体载冷剂在容器内循环流动，以增强传热效果。制冷剂液体在管内蒸发吸热，使管外载冷剂降温。

图 7-16 示出了直管式和螺旋管式蒸发器结构及其制冷剂在其中的流动情况。

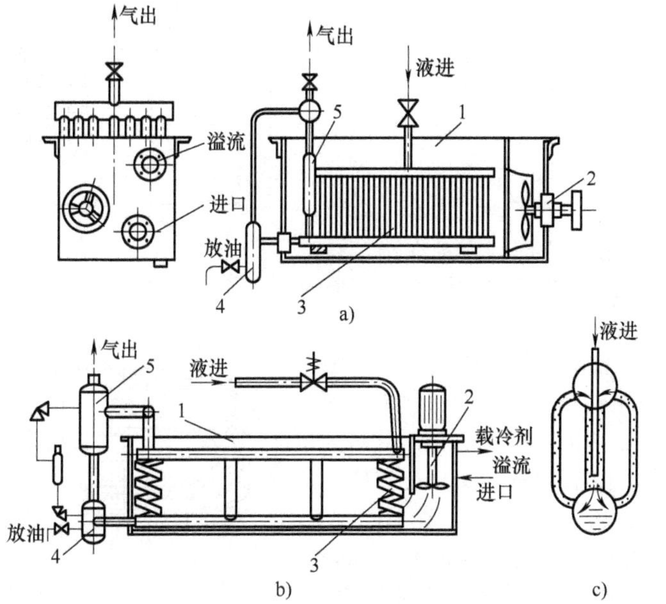

图 7-16 直管式、螺旋管式蒸发器及其制冷剂的循环流动情况

a）直管式蒸发器结构 b）螺旋管式蒸发器结构 c）制冷剂循环流动情况

1—载冷剂容器 2—搅拌器 3—直管式（或螺旋管式）蒸发器 4—集油器 5—气液分离器

图 7-16a 所示的氨直管式蒸发器，全部采用无缝钢管制成。每一个管组均有上、下两个水平集管。立管沿两集管的轴线方向焊接，其管径较集管要小。进液管设置在一个较粗的立管中。上集管的一端焊接有一个气液分离器，下集管的一端与集油器连通。制冷剂液体从设置中间部位的进液管进入蒸发器中（图 7-16c），由于进液管一直伸到靠近下集管，使其可利用氨液的冲力，促使制冷剂在立管内循环流动。制冷剂在蒸发过程中产生的氨气沿上集管进入气液分离器中，因流动方向的改变和速度的降低，将氨气中携带的液滴分离出来。蒸气由上方引出，液体则返回到下集管投入新一轮的循环。在集油器中沉积的润滑油通过放油阀可定时排放。沉浸在载冷剂容器中的蒸发器管组，可以是一组，也可以多组并列安装。组数的多少由热负荷大小确定。

直管式蒸发器制造过程中，直管与上下集管连接的焊接工作量很大，为此其泄漏的机会也增多。为了降低成本，提高产品质量，制造厂商将直管改变为螺旋管（图 7-16b），使同样传热面积的蒸发器的焊接工作量大为减少，而且其传热系数还有所提高。一般情况下，直管式用于冷却淡水时，水速若为 0.5~0.7m/s 时，则传热系数 K 值在 520~580W/(m^2·K) 范围。当传热温差为 5℃时，q_f 约为 2600~2900W/m^2。而螺旋管式蒸发器在 t_0 = −5~0℃、水速 0.16m/s 时，K 值在 280~450W/(m^2·K) 范围。如果水速提高到 0.35m/s 时，K 值可增大到 430~580W/(m^2·K)。制造时还可省工 75%，钢材耗量减少 15%。

直管式和螺旋管式蒸发器的特点是在蒸发温度降低时也不会发生传热管冻裂。由于蒸发器管数多，载冷剂系统一般为开式循环系统，在使用盐水作为载冷剂时，因其与空气接触易造成传热管严重腐蚀，因此应注意加强系统与空气隔离的措施。从传热性能和经济性分析，宜采用螺旋管式蒸发器取代直管式蒸发器。

（二）干式蒸发器

干式蒸发器是一种制冷剂液体在传热管内能够完全汽化的蒸发器。其传热管外侧的被冷却介质是载冷剂（水）或空气，制冷剂则在管内吸热蒸发，其填充量约为传热管内容积的 20%~30%。增加制冷剂的质量流量，可增加制冷剂液体在管内的湿润面积。同时，其进出口处的压差随流动阻力增大而增加，以至使制冷系数降低。

干式蒸发器按其被冷却介质的不同分为冷却液体介质型和冷却空气介质型两类。

(1) 冷却液体介质的干式蒸发器 图7-17示出了壳管式干式蒸发器的直管式和U形管式的结构形式。它们的共同特点是壳内装有多块圆缺形折流板，目的在于提高管外载冷剂流速，增强换热效果。折流板的数量取决于流速的大小。折流板穿装在传热管簇上，用拉杆将其固定在确定位置。除此之外，直管式和U形管式在结构上还有许多相异之处。

1) 直管式壳管式干式蒸发器。它采用光管或内肋管作为传热管。由于载冷剂侧表面传热系数较高，所以管外不设肋片。内肋片管的采用，其目的是为了提高管内制冷剂的表面传热系数。节流后的制冷剂液体从一侧端盖的下部进入（图7-17a），经过几个流程后，变成蒸气从同侧端盖的上部管口流出。整个蒸发过程中制冷剂蒸气逐渐增多，蒸气体积不断增大，所以一般后一流程的管数总要比前一流程的多，形成各流程管数不等，以满足蒸气比容逐渐增大的需要。

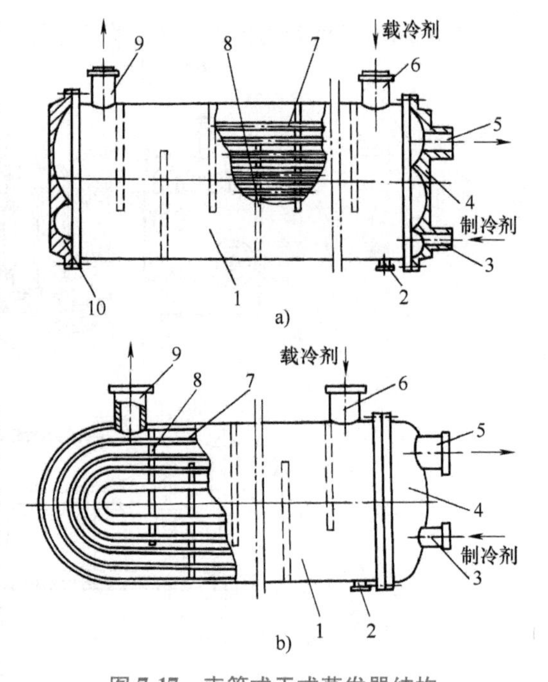

图7-17 壳管式干式蒸发器结构

a) 直管式 b) U形管式

1—管壳 2—放水管 3—制冷剂进口管 4—右端盖 5—制冷剂蒸气出口管 6—载冷剂进口管 7—传热管 8—折流板 9—载冷剂出口管 10—右端盖

2) U形管式壳管式干式蒸发器。如图7-17b所示，U形管作为传热管，一个管口为进液端，另一管口为出气端，由此构成了制冷剂为二流程的壳管式结构。它只需要一个将制冷剂进出口分隔开的端盖，这有利于消除材料因温度变化而引起的内应力，延长其使用寿命，而且传热效果较好，但不宜使用内肋管。

干式壳管式蒸发器的特点是：①能保证进入制冷系统的润滑油顺利返回压缩机；②所需要的制冷剂充注量较小，仅为同能力满液式蒸发器的1/3；③用于冷却水时，即使蒸发温度达到0℃，也不会发生冻结事故；④可采用热力膨胀阀供液，这比满液式蒸发器的浮球阀供液更加可靠。此外，对于多程式干式蒸发器，可能会发生同流程的传热管气液分配不均的情况。这与端盖内制冷剂转向时产生的气液分层现象有关。所以应注意将转向室内侧制成弧形，同时制冷剂的进出口制成“喇叭口”形，以利于转向和减少流动阻力。还有需要引起重视的是折流板外缘与壳体内表面之间的泄漏，往往会导致水侧传热系数降低达20%~30%。应加强密封措施，尽量减少损失。

(2) 冷却空气的干式蒸发器 这类蒸发器按空气的运动状态分有冷却自由运动空气的蒸发器和冷却强制流动空气的蒸发器两种形式。

1) 冷却自由运动空气的蒸发器。由于被冷却空气呈自由运动状态，其传热系数较低，所以这种蒸发器被制成光管蛇形管管组，通常称作冷却排管。一般用于冷藏库和低温试验装置中。在食品冷藏装置中使用该设备，将有利于降低食品干耗，提高冷藏食品的品质。

冷却排管结构简单，但形式多样。按排管在冷库中的安装位置可分为墙排管、顶排管和管架式排管。一般墙排管靠壁安装，顶排管安装在库房天花板下方，管架式排管安装在库房内可作为存放被冻食品的搁架。

图7-18示出了三种冷却排管的结构布置情况。它们均适用于热力膨胀阀供液的小型氟利昂冷冻冷藏及低温试验装置。当改用氨节流装置时，可作为氨冷却排管，其结构以立式排管居多。这种氨冷却排管由于存在一定的液柱高度，使排管下部蒸发温度升高，传热温差减小，所以它不适于在-40℃以下的蒸发温度的冷藏库中使用。

冷却排管具有存液量少（其充液量约为排管内容积的40%左右）、操作维护方便等优点。但存在管内制冷剂流动阻力大、蒸发后的蒸气不易排出等缺点。同时，由于管外空气为自由运动，传热系数较低，一般在6.3~8.1 W/(m^2·K)的范围。

2）冷却强制流动空气的蒸发器（又称冷风机）。由于光管式空气冷却器传热系数K很低，为加强空气侧的换热，往往需要在管外设置肋片以提高传热系数值。但是在一般情况下，设置肋管后因片距较小会引起较大的流动阻力，必须采取措施强制空气以一定的流速通过肋片管簇，以便获得较好的换热效果。这种蒸发器多用于空气调节装置、大型冷藏库，以及大型低温环境试验场合。

图7-19为冷却强制流动空气的蒸发器及其肋片管形式。由肋片管组成的立方体蛇形管组，四周围有挡板，所围成的肋片管空间为空气流道，在通风机作用下，空气以一定速度流经肋片管外肋片间隙，将热量传给管内流动的制冷剂而降温。因空气为强制运动，传热系数较冷却排管高，当空气流速为3~8m/s时，传热系数K值为18~35W/(m^2·K)。冷却强制流动空气的氨蒸发器一般采用ϕ25~ϕ38mm无缝钢管外绕厚度为1mm的钢片，片距约10mm左右，以防止空气中的水分在低温下冻成冰霜附着在肋片管外表面，影响空气流通。同样用途的氟利昂蒸发器常采用ϕ10~ϕ18mm的铜管，外套厚度为0.15~0.2mm的铝片（或铜片），肋片间距为2~4mm。若用于0℃以下的蒸发温度，其片距适当加大约为6~15mm。蒸发器沿气流方向的管排数在用于空气调节时，其传热系数较大，管排数在4~8排的范围；用于冷库或低温试验装置时因蒸发温度低，传热系数小，一般在10~16排的范围。总之，这种蒸发器具有结构紧凑、传热效果好、可以改变空气的含湿量、应用范围广等优点。但从制造工艺要求分析，肋片与传热管的紧密接触是提高其传热效果的关键。

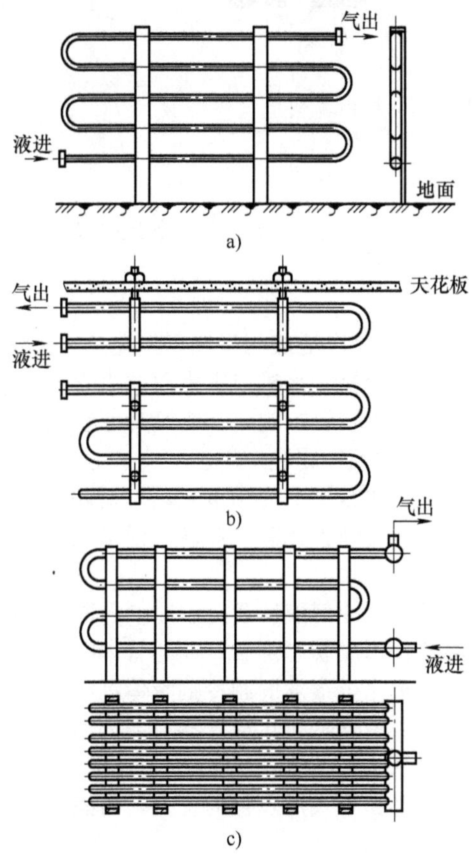

图7-18 冷却自由运动空气的干式蒸发器
a）墙排管 b）顶排管 c）管架式排管

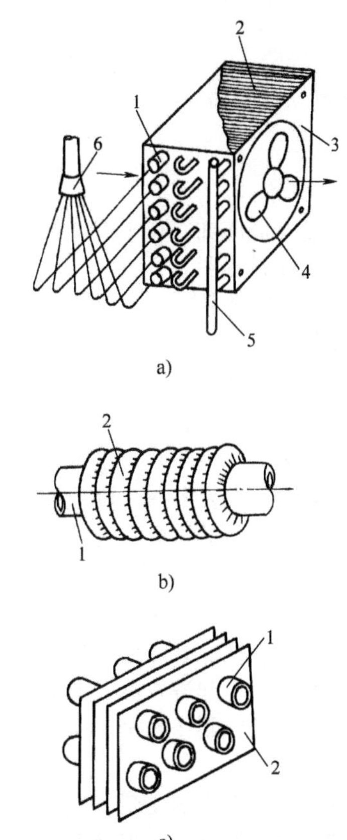

图7-19 冷却强制流动空气的蒸发器及其肋片管形式
a）蒸发器 b）绕片管 c）套片管
1—传热管 2—肋片 3—挡板 4—通风机
5—集气管 6—分液器

除上述两种干式蒸发器外，许多小型制冷装置也配用干式蒸发器，使用场合不同，其结构形式也不同。如电冰箱的吹胀式通道板蒸发器、冷板冷藏运输车中冷板充冷蒸发器以及食品陈列展示柜货架式干式蒸发器等。

（三）循环式蒸发器

这种蒸发器中，制冷剂在其管内反复循环吸热蒸发直至完全汽化，故称作循环式蒸发器。循环式蒸发器多应用于大型的液泵供液和重力供液冷库系统或低温环境试验装置。

图7-20为该两种供液系统中循环式蒸发器的工作情况。它们的进口和出口都与气液分离器相连接形成制冷剂循环回路。传热管可用光管，也可以用蛇形肋片管组，制冷剂依靠重力作用或液泵输送在管内循环吸热制冷。液体所占的管内空间约为蒸发器整个管内空间的50%，其传热面积可以得到较为充分的利用。

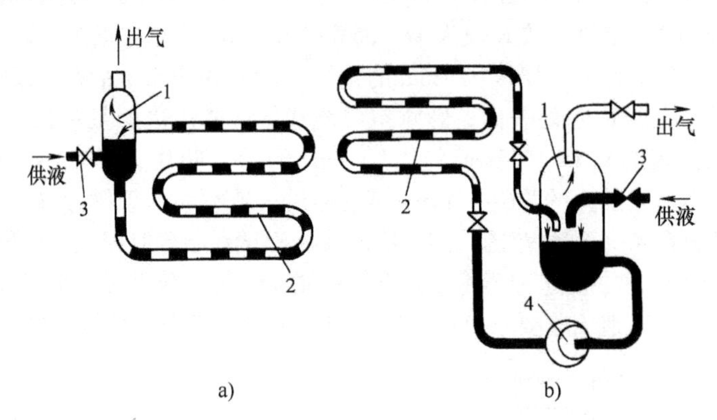

图7-20　循环式蒸发器的工作情况

a）重力供液系统　b）液泵供液系统

1—气液分离器　2—循环式蒸发器　3—供液阀　4—液泵

循环式蒸发器的优点在于蒸发器管道内表面能始终完全润湿，表面传热系数很高。但体积较大，制冷剂充注量较多。

（四）水平管降膜式蒸发器

水平管降膜蒸发是一项高效节能的蒸发换热技术，已经广泛应用于制药、化工、海水淡化、石油冶炼及吸收式冷水机组等领域。在制冷空调领域，大冷量冷水机组中常用的壳管式蒸发器主要以满液式蒸发器为主。近年来随着节能环保意识不断提高，要求进一步提高冷水机组能效、减小制冷剂充注量，水平管降膜式蒸发器逐渐在大冷量冷水机组中得到应用。

水平管降膜式蒸发器属于卧式壳管式换热器的范畴，在结构上与满液式蒸发器相似，主要差别在于壳体内传热管的排列、进液方式和回油方法。水平管降膜式蒸发器横截面示意图如图7-21所示。图7-22所示为水平管降膜式蒸发器管束液体流动模型。

经过节流的制冷剂从制冷剂入口进入制冷剂分配器，制冷剂液体通过制冷剂分配器均匀分配到换热管表面，在换热管表面形成一层向下流动的薄膜，形成膜态沸腾，并与管内被冷却介质进行换热。随制冷剂一起进入蒸发器的润滑油与少量最终未完全蒸发的制冷剂液体沉积在换热器底部，经由回油系统回到压缩机。而蒸发的制冷剂蒸气经水平管降膜式蒸发器顶部的出口进入压缩机的吸气口。

水平管降膜式蒸发器实际上充分发挥了满液式蒸发器和干式蒸发器的优点。与满液式蒸发器相比，降膜式蒸发器具有如下优点：

1）传热性能更高。制冷剂液体在传热管外呈膜态沸腾且液膜薄、扰动大，传热效果比池沸腾好，即同样的蒸发温度条件下，可以减少换热管的数量，结构更紧凑，成本更低。

2）制冷剂充注量大幅降低。通常比满液式蒸发器少30%~40%，既满足了制冷剂减排的要求，又降低了制冷剂的成本。

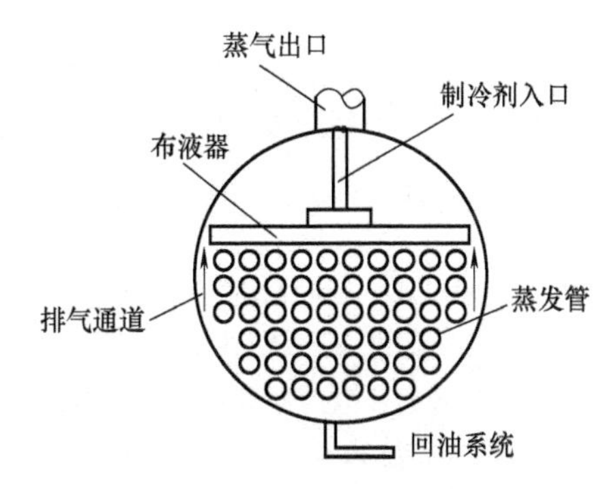

图 7-21 水平管降膜式蒸发器横截面示意图

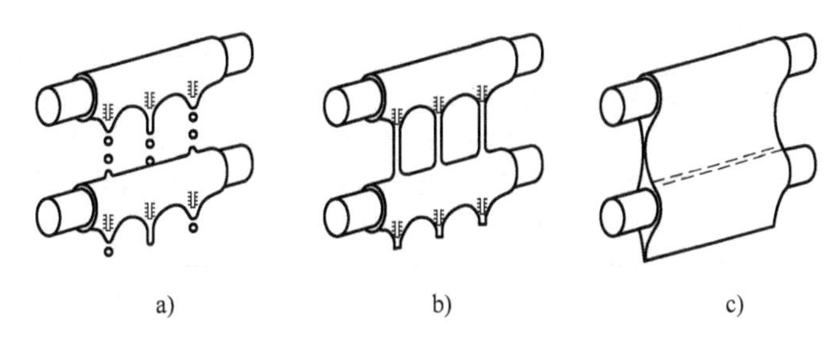

图 7-22 水平管降膜式蒸发器管束液体流动模型
a）滴状 b）柱状 c）膜状

3）没有制冷剂液体静压头对蒸发温度的影响，传热温差损失小。

4）回油方便，彻底解决了满液式蒸发器回油困难的问题。

水平管降膜式蒸发器的难点是：

1）如何保证制冷剂液体在蒸发管外表面沿管长、管周方向均匀分布，避免局部干涸现象的发生。

2）如何及时导出蒸发器产生的制冷剂蒸气，保证管束内部液体流动不受由于蒸发产生的大量蒸气流动的影响而偏移。

二、蒸发器的计算示例

制冷装置中，蒸发器的结构形式、应用场合对其技术性能有重要影响，直接关系到装置工作效率、设备投资和运行经济性。它是制冷装置研究与开发的重要内容之一。制冷装置的用途不同，蒸发器的结构形式也不同，设计计算的方法也有所不同。尽管如此，它们在传热过程中所遵循的热平衡原理是不变的。下面仅以干式蒸发器和肋片式（表面式）蒸发器的设计计算举例，作为学习蒸发器设计计算方法的一个引导。

（一）干式蒸发器的计算

1. 设计参数选择

干式蒸发器设计参数的选择见表 7-6。

表 7-6 干式蒸发器设计参数的选择

项目	选择原则
传热管形式	可选小直径光管（如 ϕ12mm×1.0mm）、纯铜管（ϕ10mm×1.0mm）、肋片管等形式
制冷剂在管内的质量流速 g	即指制冷剂在管内蒸发时的“最佳质量流速”，此流速下蒸发器面积热流量 q_{f0} 达到最大值。理论分析和试验结果均证明“最佳质量流速”与蒸发管的形式和管外水侧表面传热系数 α_w 有关

（续）

项目	选择原则
制冷剂侧流程数 i	对于采用内肋片管者，制冷剂侧可选用两流程，并采用U形管结构，以防止转向时产生气液分离现象 对于小直径光管，可选择4或6个流程。对于多流程，必须改进端盖内型线，以减轻气液分离
载冷剂侧污垢热阻 r_0	根据干式蒸发器的用途和载冷剂的性质而定：用于冷却盐水时，盐水 $r_0=(0.86\sim1.72)\times10^{-4}$ $(m^2\cdot K)/W$，加缓蚀剂的盐水 $r_0=(1.72\sim3.44)\times10^{-4}$ $(m^2\cdot K)/W$ 用于水冷却时，密闭式循环水 $r_0=(0.86\sim1.72)\times10^{-4}$ $(m^2\cdot K)/W$，开式循环水 $r_0=(1.72\sim3.44)\times10^{-4}$ $(m^2\cdot K)/W$
折流板的形式和数量	折流板有弓形和环盘形两种。环盘形因阻力较大应用较少。折流板的数量 N 应保证载冷剂横向流过管簇时的流速 w_0 在 0.5~1.5m/s 范围。弓形折流板缺口尺寸对载冷剂侧换热效果影响很大。缺口越小，载冷剂横向流过的管排数越多，换热效果增强，但流动阻力会增大。一般缺口高度 $H=D/5$ 时，换热和阻力的综合效果较好

2. 设计计算举例

例7-3　一干式蒸发器，制冷剂为R134a，蒸发温度为 $t_0=2℃$，由制冷循环的热力计算可得如下参数：制冷量 $Q_0=233kW$，制冷剂流量 $q_{mr}=1.5kg/s$，单位制冷量 $q_{0m}=h_1-h_4=155kJ/kg$，制冷剂进蒸发器干度 $x_1=0.22$，制冷剂出蒸发器干度 $x_2=1.0$。试对该干式蒸发器进行设计计算。

解　(1) 初步结构设计

采用内微肋管，外径 $d_0=16mm$，内径 $d_i=14.66mm$，翅高 $f=0.17mm$，翅数 $N_n=68$。设内微肋管的面积热流量 $q_{f0}=10000W/m^2$，则其所需的外表面传热面积 $A_0^*=Q_0/q_{f0}=(233\times10^3/10000)m^2=23.3m^2$。拟采用四流程的直管结构，每根蒸发管直管段全长为 $L=1800mm$，减去 N 块折流板厚和两块管板厚度，内微肋管的实际传热长度 $L_t=1672mm$。故所需的管数为

$$n_t=\frac{A_0^*}{\pi d_0 L_t}=\frac{23.3}{3.14\times0.016\times1.672}=277.4\quad 取278根$$

设管子中心距 $s=1.3d_0=1.3\times0.016mm=20.8mm$，则干式蒸发器的具体结构尺寸如下：

壳体外径及壁厚	$D_0\times\delta=420mm\times6mm$
管侧流程数	$i=4$
管子总数	$n_t=278$
管板厚度	$\delta_B=30mm$
折流板厚度	$\delta_b=4.0mm$
折流板数目	$N_b=17$
折流板间距	$s_1=100mm$，$s_2=92mm$
折流板上下缺口高	$H=80mm$
缺口内管子数	$n_b=40$
冷媒水横向流过管排数	$N_c=20$
靠近壳体中心一排的管数	$n_c=19$

初步规划结构所得到的有效传热面积为

$$A_0=\pi d_0 n_t L_t=\pi\times0.016\times278\times1.672m^2=23.35m^2$$

干式蒸发器的布置与总体结构如图7-23所示。

（2）管内 R134a 的表面传热系数

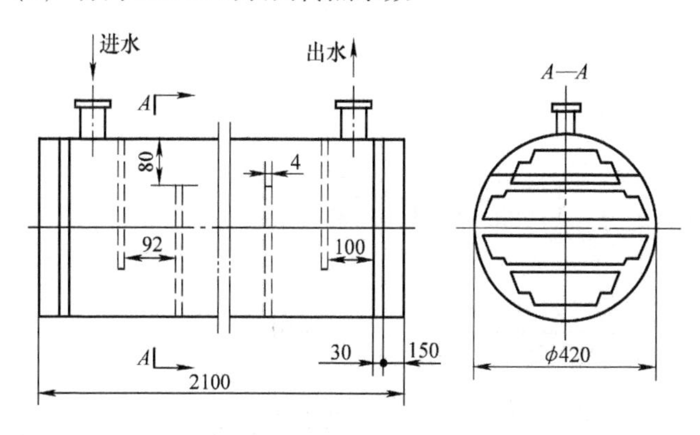

图 7-23 干式蒸发器的布置与总体结构

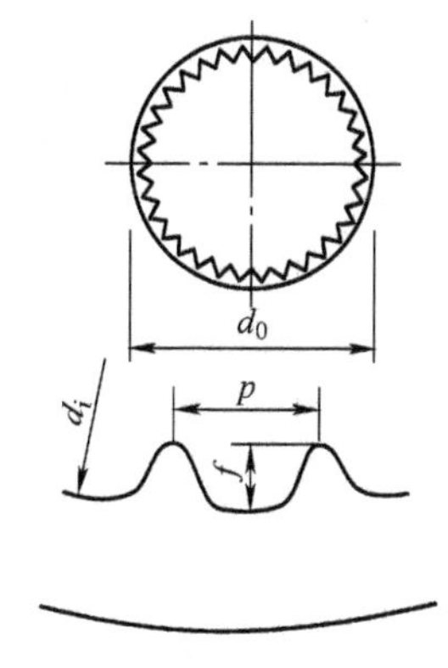

图 7-24 内肋片管结构

根据图 7-24 计算内肋片管的流道面积为

$$A=\frac{\pi}{4}d_i^2-\frac{1}{2}\times f\frac{\pi\times d_i}{2}$$

$$=\left(\frac{\pi}{4}\times 14.66^2-\frac{1}{2}\times 0.17\times\frac{\pi\times 14.66}{2}\right)\text{mm}^2$$

$$=166.7434\text{mm}^2$$

$$f_0=\pi d_0=\pi\times 0.016\text{m}^2/\text{m}=0.05024\text{m}^2/\text{m}$$

$$f_i=\frac{\pi d_i}{2}+2N_n\sqrt{\left(\frac{\pi d_i}{4N_n}\right)^2+f^2}$$

$$=\left[\frac{\pi\times 0.01466}{2}+2\times 68\times\sqrt{\left(\frac{\pi\times 0.01466}{4\times 68}\right)^2+0.00017^2}\right]\text{m}^2/\text{m}$$

$$=0.05564\text{m}^2/\text{m}$$

$$f_m=\frac{f_0+f_i}{2}=\frac{0.05024+0.05564}{2}\text{m}^2/\text{m}=0.05294\text{m}^2/\text{m}$$

管内 R134a 的质量流速为

$$g=\frac{4q_{mr}}{n_t A}=\frac{4\times 1.5}{278\times 166.7434\times 10^{-6}}\text{kg}/(\text{m}^2\cdot\text{s})=129.44\text{kg}/(\text{m}^2\cdot\text{s})$$

由蒸发温度 $t_0=2℃$，由 REFPROP10 计算得 R134a 的热物性参数如下：$p_0=314.62\text{kPa}$，$\rho_L=1288.1\text{kg/m}^3$，$\rho_v=15.466\text{kg/m}^3$，$\mu_L=259.81\times10^{-6}\text{Pa}\cdot\text{s}$，$\mu_v=10.80\times10^{-6}\text{Pa}\cdot\text{s}$，$\lambda_L=91.128\times10^{-2}\text{W/(m}\cdot\text{s)}$，$\lambda_v=11.69\times10^{-2}\text{W/(m}\cdot\text{s)}$，$c_p=1346.6\text{J/(kg}\cdot\text{K)}$，$c_V=881.59\text{J/(kg}\cdot\text{K)}$，$\sigma=11.147\times10^{-3}\text{N/m}$，$r=197.08\text{kJ/kg}$，由已知条件可以在 R134a 压焓图中查出节流后的低压蒸气干度 $x_1=0.22$。若设定蒸发器出口处蒸气的干度 $x_2=1.0$，则蒸发器内 R134a 蒸气的平均干度为

$$\bar{x}=\frac{x_1+x_2}{2}=\frac{0.22+1.0}{2}=0.61$$

根据 R134a 在内微肋管中沸腾的表面传热系数计算公式（附录中表 D-2），有管内表面传热系数 α_i 为

$$\frac{\alpha_i}{\alpha_1}=\left[c_1Bo^{c_2}\left(\frac{p_0d_i}{\sigma}\right)^{c_3}+c_4\left(\frac{1}{X_{tt}}\right)^{c_5}\left(\frac{gf}{\mu_l}\right)^{c_6}\right]Re_1^{c_7}Rr_1^{c_8}\left(\frac{\delta}{f}\right)^{c_9}$$

其中 $c_1=0.009622$，$c_2=0.1106$，$c_3=0.3814$，$c_4=7.6850$，$c_5=0.5100$

$c_6=-0.7360$，$c_7=0.2045$，$c_8=0.7452$，$c_9=-0.1302$

$$Bo=\frac{q_i}{gr}=\frac{q_i}{129.44\times197.08\times10^3}=3.92\times10^{-8}q_i$$

$$X_{tt}=\left(\frac{1-\bar{x}}{\bar{x}}\right)^{0.9}\left(\frac{\rho_v}{\rho_L}\right)^{0.5}\left(\frac{\mu_L}{\mu_v}\right)^{0.1}$$

$$=\left(\frac{1-(0.22+1.0)/2}{(0.22+1.0)/2}\right)^{0.9}\left(\frac{15.466}{1288.1}\right)^{0.5}\left(\frac{259.81\times10^{-6}}{10.80\times10^{-6}}\right)^{0.1}$$

$$=0.101$$

$$Pr_1=\frac{\mu_L\times c_p}{\lambda_L}=\frac{259.81\times10^{-6}\times1346.6}{91.128\times10^{-3}}=3.839$$

$$Re_1=\frac{(1-\bar{x})gd_i}{\mu_L}=\frac{(1-0.61)\times129.44\times0.01466}{259.81\times10^{-6}}=2848.5$$

$$\alpha_1=0.023Re_1^{0.8}Pr_1^{0.4}\frac{\lambda_L}{d_i}$$

$$=0.023\times2848.5^{0.8}\times3.839^{0.4}\times\frac{91.128\times10^{-3}}{0.01466}\text{W/(m·K)}$$

$$=142.11\text{W/(m}^2\text{·K)}$$

对于液膜厚度与翅高的比值δ/f，研究表明对于低翅片高度可视为1。于是将上述数据代入内微肋管中沸腾的表面传热系数计算公式可得

$$\alpha_i=399.13q_i^{0.1106}+1857.75$$

（3）水侧表面传热系数的计算

一般取蒸发器的进水温度为$t_{w1}=12℃$，出水温度为$t_{w2}=7℃$。由冷水的定性温度$t_{fw}=\frac{t_{w1}+t_{w2}}{2}=\frac{12+7}{2}℃=9.5℃$，查水的物性参数有$c_{pw}=4.195\text{kJ/(kg·K)}$，$\lambda_w=0.579\text{W/(m·K)}$，$Pr_w=9.66$，$\rho_w=999.75\text{kg/m}^3$，$\nu_w=1.332\times10^{-6}\text{m}^2/\text{s}$。

冷水的流量为

$$q_{mw}=\frac{Q_0}{c_{pw}(t_{w1}-t_{w2})}=\frac{233}{4.195\times(12-7)}\text{kg/s}=11.1\text{kg/s}$$

折流板间横向流通面积为

$$A_{c2}=s_2(D_i-n_cd_0)=0.092\times(0.408-19\times0.016)\text{m}^2=0.009568\text{m}^2$$

管板端横向流通面积为

$$A_{c1}=s_1(D_i-n_cd_0)=0.1\times(0.408-19\times0.016)\text{m}^2=0.0104\text{m}^2$$

水横向流过管簇的平均面积为

$$A_c=\frac{2s_1A_{c1}+s_2(N_b-1)A_{c2}}{2s_1+s_2(N_b-1)}$$

$$=\frac{2\times0.1\times0.0104+0.092\times(17-1)\times0.009568}{2\times0.1+0.092\times(17-1)}\text{m}^2=0.00967\text{m}^2$$

由$\frac{H}{D_i}=\frac{80}{408}=0.196$查表7-7，得$K_b=0.109$。由结构规划得折流板缺口内管数$n_b=40$，则缺口内水流通面积为

$$A_b=A_{b1}=A_{b2}=K_bD_i^2-\frac{n_b\pi d_0^2}{4}$$

$$= \left(0.109 \times 0.408^2 - \frac{\pi}{4} \times 40 \times 0.016^2\right) \mathrm{m}^2 = 0.01011\mathrm{m}^2$$

表 7-7 折流板缺口面积比 K_b 值

H/D_i	0.15	0.20	0.25	0.30	0.35	0.40	0.45
K_b	0.0739	0.112	0.154	0.198	0.245	0.293	0.343

则水横向流过管簇的流速为

$$w_c = \frac{q_{mw}}{\rho_w A_c} = \frac{11.1}{999.75 \times 0.00967}\mathrm{m/s} = 1.148\mathrm{m/s}$$

水流过缺口时的流速为

$$w_b = \frac{q_{mw}}{\rho_w A_b} = \frac{11.1}{999.75 \times 0.01011}\mathrm{m/s} = 1.099\mathrm{m/s}$$

水侧平均流速为

$$w_m = (w_c w_b)^{1/2} = (1.148 \times 1.099)^{1/2}\mathrm{m/s} = 1.123\mathrm{m/s}$$

故水侧雷诺数为

$$Re_w = \frac{w_m d_0}{\nu_w} = \frac{1.123 \times 0.016}{1.332 \times 10^{-6}} = 13489.5$$

根据流体交错流过光管管簇的传热系数计算公式，水侧表面传热系数为

$$\alpha_0 = 0.22 Re_w^{0.6} P_{rw}^{1/3} \frac{\lambda_w}{d_0}$$

$$= 0.22 \times 13489.5^{0.6} \times 9.66^{1/3} \times \frac{0.579}{0.016}\mathrm{W/(m^2 \cdot K)} = 5096.88\mathrm{W/(m^2 \cdot K)}$$

考虑折流板周边密封不严，取

$$\alpha_0' = 0.9\alpha_0 = 0.9 \times 5096.88\mathrm{W/(m^2 \cdot K)} = 4587.19\mathrm{W/(m^2 \cdot K)}$$

（4）传热系数的计算

取水侧污垢热阻 $r_0 = 0.000172$（$\mathrm{m^2 \cdot K}$）/W，R134a 侧污垢热阻 $r_i = 0$，查金属材料性质得纯铜管热导率 $\lambda = 384\mathrm{W/(m \cdot K)}$，则以管外面积为基准的传热系数为

$$K_0 = \frac{1}{\left(\frac{1}{\alpha_i} + r_i\right)\frac{f_0}{f_i} + \frac{\delta f_0}{\lambda f_m} + r_0 + \frac{1}{\alpha_0'}}$$

$$= \frac{1}{\frac{0.05024}{0.05564 \times (399.13 q_i^{0.1106} + 1857.75)} + \frac{0.00067 \times 0.05024}{384 \times 0.05294} + 0.000172 + \frac{1}{4587.19}}\mathrm{W/(m^2 \cdot K)}$$

$$= \frac{1}{\frac{1}{442.036 q_i^{0.1106} + 2057.13} + 3.90 \times 10^{-4}}\mathrm{W/(m^2 \cdot K)}$$

（5）管内流动阻力和平均传热温差的计算

R134a 在四流程的管长中流过的管程长 $L' = 4L = 4 \times 1.8\mathrm{m} = 7.2\mathrm{m}$。所以内肋片管的阻力系数为

$$\xi_1 = \frac{50}{\left(\frac{g d_i \bar{x}}{\mu_v}\right)^{0.6}} = \frac{50}{\left(\frac{129.44 \times 0.01466 \times 0.61}{10.80 \times 10^{-6}}\right)^{0.6}} = 0.048$$

忽略端盖内转向室的阻力，则氟利昂在内肋片管内蒸发时的阻力为

$$\Delta p_0=\frac{\xi_1 L' g^2 \bar{x}^2}{2d_i\rho_v}=\frac{0.048\times7.2\times129.44^2\times0.61^2}{2\times0.01466\times15.466}\text{Pa}=4751.5\text{Pa}$$

为克服氟利昂在内肋片管内蒸发时的流动阻力，则制冷剂进蒸发器的压力为

$$p_{01}=p_0+\Delta p_0=(314620+4751.5)\text{Pa}=319371.5\text{Pa}$$

对应得蒸发温度为 $t_{01}=2.41℃$

平均传热温差为

$$\Delta t_m=\frac{(t_{w1}-t_{01})-(t_{w2}-t_0)}{\ln\dfrac{t_{w1}-t_{01}}{t_{w2}-t_0}}=\frac{(12-2.41)-(7-2)}{\ln\dfrac{12-2.41}{7-2}}℃=7.05℃$$

（6）面积热流量 q_{f0} 及传热面积 A_0 的计算

$$q_{f0}=K_0\Delta t_m=\frac{7.05}{\dfrac{1}{442.03q_i^{0.1106}+2057.13}+3.90\times10^{-4}}$$

或

$$q_{f0}=\frac{q_i f_i}{f_0}=\frac{0.05564}{0.05024}q_i=1.1075q_i$$

联立两个 q_{f0} 的式子，有

$$\frac{7.05}{\dfrac{1}{442.03q_i^{0.1106}+2057.13}+3.90\times10^{-4}}=1.1075q_i$$

用试凑法进行方程的求解，得 $q_i=9200\text{W/m}^2$，代入

$$q_{f0}=1.1075q_i=1.1075\times9200\text{W/m}^2=10189\text{W/m}^2>10000\text{W/m}^2$$

需要的传热面积为 $$A_{01}=\frac{Q_0}{q_{f0}}=\frac{233\times10^3}{10189}\text{m}^2=22.87\text{m}^2<A_0=23.35\text{m}^2$$

裕度为

$$\frac{A_0-A_{01}}{A_{01}}\times100\%=\frac{23.35-22.87}{22.87}\times100\%=2.1\%$$

（7）冷水侧流动阻力计算

冷水流过折流板缺口的局部阻力为

$$\Delta p_0=0.103\rho_w w_b^2=0.103\times999.75\times1.099^2\text{Pa}=124.37\text{Pa}$$

冷水横向流过光管管簇时的阻力，由于

$$Re_w=13573.6>10^4$$

又 $$\xi=\frac{0.75}{\left(Re_w\dfrac{s-d_0}{d_0}\right)^{0.2}}=\frac{0.75}{\left(13573.6\times\dfrac{20.8-16}{16}\right)^{0.2}}=0.1423$$

所以，水横掠过管簇时的阻力为

$$\Delta p_c=2N_c\xi\rho_w w_c^2=2\times20\times0.1423\times999.75\times1.148^2\text{Pa}=7662.5\text{Pa}$$

冷水在折流板缺口间平行流动时的阻力：

因为

$$d_{eq}=\frac{4A}{U}=\frac{4\left(s^2\sin60°-\dfrac{\pi d_0^2}{4}\right)}{\pi d_0}$$

$$=\frac{4\times\left(0.0208^2\times0.866-\dfrac{\pi\times0.016^2}{4}\right)}{\pi\times0.016}\text{m}=0.0138\text{m}$$

式中，U 为湿润周长。

同时

$$Re_w=\frac{w_b d_{eq}}{v_w}=\frac{1.099\times 0.0138}{1.332\times 10^{-6}}=11386.0$$

$$\xi=\frac{0.3164}{Re^{0.25}}=\frac{0.3164}{11386^{0.25}}=0.0306$$

则阻力

$$\Delta p_p=\frac{\xi\rho_w(L-2\delta_B)w_b^2}{2d_{eq}}$$

$$=\frac{0.0306\times 999.75\times(1.8-2\times 0.03)\times 1.099^2}{2\times 0.0138}\text{Pa}=2329.4\text{Pa}$$

所以冷冻水侧总流动阻力为

$$\Delta p=N_b\Delta p_0+(N_b+1)\Delta p_c+\Delta p_p$$

$$=[17\times 124.37+(17+1)\times 7662.5+2329.4]\text{Pa}=142368.6\text{Pa}$$

（二）表面式干式蒸发器的计算

1. 设计参数的选择

该类型蒸发器是一种制冷剂直接蒸发的空气冷却设备。由于体积小，结构紧凑，效率高，而得到广泛应用。其设计参数的选择见表 7-8。

表 7-8 设计参数的选择

项 目	选择的原则					
	使用目的	冷却器前空气参数			室内热湿比 ε /(kJ/kg)	析湿形式
		温度 t_1/℃	相对湿度 ϕ_1 (%)	露点 t_1/℃		
工作范围	舒适性空调	20~30	40~60	6~21	8400~16700	结露
	工艺性空调	10~15	70~90	5~13	2100~10500	结露
	冷藏库房	-5~+5	80~90	-8~+3	4200~24400	结霜
	冷冻库房	-15~-30	85~95	—	12500~29300	结霜
	低温装置	-50~-80	—	—	8400~16700	

2. 设计计算举例

例 7-4 一表面式蒸发器，已知进口空气的干球温度 $t_1=27$℃，湿球温度 $t_{s1}=19.5$℃，制冷剂为 R32，蒸发温度 $t_0=7.2$℃，当地大气压力 $p_B=101.32$kPa，蒸发器制冷量 $Q_0=6000$W，由热力循环计算可知蒸发器进口干度 $x_1=0.248$，出口干度 $x_2=1.0$，试进行该表面式蒸发器设计计算。

解 （1）进行初步的结构规划

传热管选用 Φ7mm×0.25mm 的纯铜管，肋片选用缝隙式 $\delta_f=0.105$mm 铝片，肋片节距 $s_f=1.4$mm。条缝高度 $s_h=0.99$mm，条缝宽度 $s_s=1.32$mm。管簇为叉排排列，管间距 $s_1=21$mm，排间距 $s_2=12.7$mm；沿气流方向的管排数 $N=2$ 排，则肋片宽度 $L=2\times s_2=25.4$mm。$d_b=d_0+2\delta_f=(7+2\times 0.105)mm=7.21$mm。

（2）肋片管各部分传热面积的计算

沿气流方向套片的长度为

$$L=2s_2=2\times 12.7\text{mm}=25.4\text{mm}$$

管外肋片面积为

$$f_f=\frac{2\left(s_1s_2-\frac{\pi\cdot d_b^2}{4}\right)}{s_f}=\frac{2\times\left(21\times 12.7-\frac{\pi\times 7.21^2}{4}\right)}{1000\times 1.4}\text{m}^2/\text{m}=0.3227\text{m}^2/\text{m}$$

肋间管外表面积为

$$f_b=\pi d_b\left(1-\frac{\delta_f}{s_f}\right)=\pi\times7.21\times\left(1-\frac{0.105}{1.4}\right)\times10^{-3}\text{m}^2/\text{m}=0.0210\text{m}^2/\text{m}$$

管外总外表面积为

$$f_t=f_f+f_b=(0.3227+0.0210)\text{m}^2/\text{m}=0.3437\text{m}^2/\text{m}$$

管内表面积为

$$f_i=\pi d_i=\pi\times(7.00-0.25\times2)\times10^{-3}\text{m}^2/\text{m}=0.0204\text{m}^2/\text{m}$$

肋化系数为

$$\beta=\frac{f_t}{f_i}=\frac{0.3437}{0.0204}=16.8$$

当量直径为

$$d_{eq}=\frac{2(s_1-d_b)(s_f-\delta_f)}{s_1-d_b+s_f-\delta_f}=\frac{2\times(21-7.21)\times(1.4-0.105)}{21-7.21+1.4-0.105}\text{mm}=2.368\text{mm}$$

最窄通流面积与迎风面积之比 σ 为

$$\sigma=\frac{(s_f-\delta_f)(s_1-d_b)}{s_1s_f}=\frac{(1.4-0.105)\times(21-7.21)}{21\times1.4}=0.6074$$

（3）确定空气流经蒸发器时的状态变化过程（图7-25）

由给定的进风参数查 h-d 图，得 $h_1=55.2\text{kJ/kg}$，$d_1=10.95\text{g/kg}$。依照风量选择原则取设计风量，由$\frac{V}{Q_0}=0.86\times(0.18\sim0.25)$可知

$$V_a=0.86\times Q_0\times0.25=0.86\times6000\times0.25\text{m}^3/\text{h}=1290\text{m}^3/\text{h}$$

进入湿空气的比体积 v_1 为

$$v_1=\frac{R_aT_1(1+0.0016d_1)}{p_B}=\frac{287.4\times(273.15+27)\times(1+0.0016\times10.95)}{101320}\text{m}^3/\text{kg}=0.866\text{m}^3/\text{kg}$$

空气的质量流量 G_a 为

$$G_a=\frac{V_a}{v_1}=\frac{1290}{0.866}\text{kg/h}=1489.6\text{kg/h}$$

进出口空气的比焓差 Δh 为

$$\Delta h=\frac{Q_0}{G_a}=\frac{6000\times3.6}{1489.6}\text{kJ/kg}=14.5\text{kJ/kg}$$

出口空气的比焓 h_2 为

$$h_2=h_1-\Delta h=(55.2-14.5)\text{kJ/kg}=40.7\text{kJ/kg}$$

假设传热管壁面温度 $t_w=11℃$，$d_w=8.3\text{g/kg}$，查得 $h_w=32\text{kJ/kg}$。（取 $\varphi_w=100\%$）得空气处理饱和过程的饱和状态点 w，连接 1-w 与 h_2线交于2点，得到蒸发器出口空气状态干球温度 $t_2=17℃$，含湿量 $d_2=9.5\text{g/kg}$。

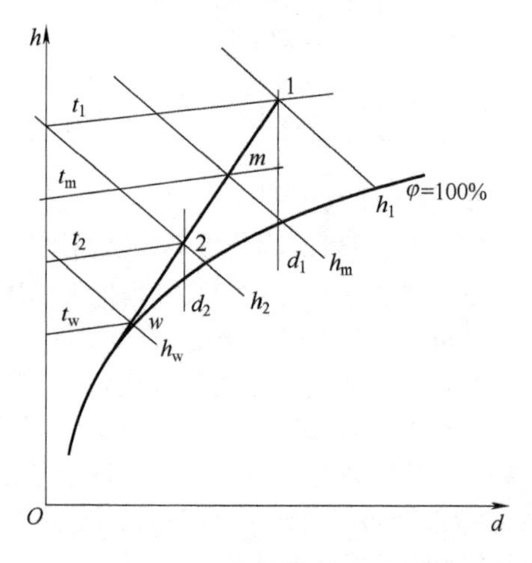

图7-25　空气处理过程 h-d 图

空气的平均温度：$t_{am}=\frac{t_1+t_2}{2}=\frac{27+17}{2}℃=22.0℃$

空气在此温度下的物性为：$\rho_{am}=1.1966\text{kg/m}^3$，$c_{pa}=1005\text{J/(kg·K)}$，$Pr_a=0.7026$，$\nu_{am}=15.7\times10^{-6}\text{m}^2/\text{s}$。

蒸发器中空气的平均比焓 h_m 为

$$h_m=h_w+\frac{h_1-h_2}{\ln\frac{h_1-h_w}{h_2-h_w}}=\left(\frac{55.2-40.7}{\ln\frac{55.2-32}{40.7-32}}+32\right)\text{kJ/kg}=46.78\text{kJ/kg}$$

则 h_m 线与 1-w 线相交于 m 点，同时查得空气的平均状态参数：$t_m=20.5℃$，$d_m=10.1\text{g/kg}$。

（4）计算空气侧传热系数

取蒸发器迎面风速为 $w_g=1.20\text{m/s}$，单管有效长度为 $B=0.86\text{m}$，蒸发器的高度为

$$H=\frac{V_a}{w_g B}=\frac{1290}{1.2\times0.86\times3600}\text{m}=0.3472\text{m}$$

由此可得蒸发器的列数为

$$N_H=\frac{H}{s_1}-0.5=\frac{0.3472}{0.021}-0.5=16.03 \quad \text{取 16 根}$$

最窄通风面风速为 $w_{max}=\dfrac{w_g}{\sigma}=\dfrac{1.2}{0.6074}\text{m/s}=1.98\text{m/s}$

雷诺数为 $Re_f=\dfrac{w_{max}d_b}{v_{am}}=\dfrac{1.98\times7.21\times10^{-3}}{15.7\times10^{-6}}=909.3$

管外空气表面传热系数计算，按附录 D 计算公式，由于 $Re_f>700$，则

$$j=1.0691Re_f^{j_4}\left(\frac{s_f-\delta_f}{d_b}\right)^{j_5}\left(\frac{s_s}{s_h}\right)^{j_6}N^{j_7}$$

式中

$$j_4=-0.535+0.017\frac{s_1}{s_2}-0.0107N=-0.5368$$

$$j_5=0.4115+5.5756\sqrt{\frac{N}{Re_f}}\ln\frac{N}{Re_f}+24.2028\sqrt{\frac{N}{Re_f}}=-0.05361$$

$$j_6=0.2646+1.0491\frac{s_s}{s_h}\ln\frac{s_s}{s_h}-0.216\left(\frac{s_s}{s_h}\right)^3=0.155$$

$$j_7=0.3749+0.0046\sqrt{Re_f}\ln Re_f-0.0433\sqrt{Re_f}=0.0142$$

于是

$$j=1.0691Re_f^{j_4}\left(\frac{s_f-\delta_f}{d_b}\right)^{j_5}\left(\frac{s_s}{s_h}\right)^{j_6}N^{j_7}=0.03194$$

$$\alpha_0=\frac{j\rho_{am}w_{max}c_{pa}}{Pr_a^{2/3}}=96.23\text{W/(m}^2\cdot℃)$$

析湿系数为

$$\xi=1+2.46\frac{d_m-d_w}{t_m-t_w}=1+2.46\times\frac{10.1-8.3}{20.5-11}=1.466$$

肋片效率为

$$\eta_f=\frac{\tanh(mh')}{mh'}$$

其中 $m=\sqrt{\dfrac{2\alpha_0\xi}{\lambda_f\delta_f}}=\sqrt{\dfrac{2\times96.23\times1.466}{203\times0.105\times10^{-3}}}\text{m}^{-1}=115.05\text{m}^{-1}$；$h'=\dfrac{d_b}{2}(\rho'-1)(1+0.35\ln\rho')$

其中

$$\rho'=1.27\rho\sqrt{\frac{A}{B}-0.3}=1.27\times2.29\sqrt{1.274-0.3}=2.87 \quad \left(\text{又 }\rho=\frac{B}{d_b}=\frac{16.48}{7.21}=2.29\right)$$

其中 A、B 分别为长对边距离和短对边距离。

所以

$$h'=\frac{7.21}{2}\times(2.87-1)\times(1+0.35\ln2.87)\text{mm}=9.23\text{mm}$$

故

$$\eta_f=\frac{\tanh(115.05\times9.23\times10^{-3})}{115.05\times9.23\times10^{-3}}=0.741$$

空气侧当量表面传热系数 α_j 为

$$\alpha_j=\xi\alpha_0\left(\frac{\eta_f f_f+f_b}{f_t}\right)=1.466\times96.23\times\left(\frac{0.741\times0.3227+0.0210}{0.3437}\right)\mathrm{W/(m^2\cdot K)}=106.78\mathrm{W/(m^2\cdot K)}$$

（5）计算制冷剂管内表面传热系数

R32 在 $t_0=7.2$℃时的物性通过附录和查表计算得：

饱和液体的密度　　$\rho_L=1029.9\mathrm{kg/m^3}$

饱和蒸气的密度　　$\rho_g=27.73\mathrm{kg/m^3}$

汽化热　　$r_0=303.66\mathrm{kJ/kg}$

液体的动力黏度　　$\mu_L=138.9\times10^{-6}\mathrm{Pa\cdot s}$

液体的热导率　　$\lambda_L=139.59\times10^{-3}\mathrm{W/(m\cdot K)}$

液体的普朗特常数　　$Pr_L=1.7782$

平均干度　　$\bar{x}=(x_1+x_2)/2=0.624$

制冷剂质量流量 q_m 为

$$q_m=\frac{Q_0}{r_0(x_2-x_1)}=\frac{6}{303.66\times(1.0-0.248)}\mathrm{kg/s}=0.02628\mathrm{kg/s}$$

每根管子的有效流通横截面积为

$$A=\pi d_i^2/4=\frac{\pi\times0.0065^2}{4}\mathrm{m^2}=3.317\times10^{-5}\mathrm{m^2}$$

蒸发器的分路数取 $Z=4$，设热流密度为 $12\mathrm{kW/m^2}$，则 R32 的质量流速为

$$g_i=\frac{q_m}{ZA}=\frac{0.02628}{4\times3.317\times10^{-5}}\mathrm{kg/(m^2\cdot s)}=198.07\mathrm{kg/(m^2\cdot s)}$$

选用附录 D 中 R32 在管内沸腾换热公式计算：

$$\alpha_i=2.7794q_i^{0.6}\frac{g_i^{0.2}}{d_i^{0.2}}\left(\frac{p_0}{p_{cr}}\right)^{0.343}$$

$$=2.7794\times12000^{0.6}\times\frac{198.07^{0.2}}{0.0065^{0.2}}\times\left(\frac{1.0177}{5.808}\right)^{0.343}\mathrm{W/(m^2\cdot s)}=3379.04\mathrm{W/(m^2\cdot s)}$$

（6）计算管内传热面积 A_i

取管内传热污垢热阻 $r_i=0$，管外污垢热阻、接触热阻以及导热热阻之和为 $r_0=0.0048\mathrm{m^2\cdot K/W}$，则管外面积为基准的传热系数 K_0 为

$$K_0=\frac{1}{\dfrac{\beta}{\alpha_i}+r_0+\dfrac{1}{\alpha_j}}=\frac{1}{\dfrac{16.8}{3379.04}+0.0048+\dfrac{1}{106.78}}\mathrm{W/(m^2\cdot K)}$$

$$=52.26\mathrm{W/(m^2\cdot K)}$$

平均传热温差为

$$\Delta t_m=\frac{t_1-t_2}{\ln\dfrac{t_1-t_0}{t_2-t_0}}=\frac{27-17}{\ln\dfrac{27-7.2}{17-7.2}}℃=14.22℃$$

管内热流密度

$$q_i=\beta K_0\Delta t_m=16.8\times52.26\times14.22\mathrm{W/m^2}=12484.7\mathrm{W/m^2}>12\mathrm{kW/m^2}$$

故

$$A_i=\frac{Q_0}{q_i}=\frac{6000}{12484.7}\mathrm{m^2}=0.481\mathrm{m^2}$$

（7）求所需传热管的长度 L

$$L=\frac{A_i}{f_i}=\frac{0.481}{0.0204}\mathrm{m}=23.58\mathrm{m}$$

有效管长　　$L'=\frac{L}{2\times16}=\frac{23.58}{32}\text{m}=0.7369\text{m}<0.86\text{m}$

实际总管长　　$L=32\times B=32\times0.86\text{m}=27.52\text{m}$

裕度　　$\frac{B-L'}{B}=\left(1-\frac{0.7369}{0.86}\right)\times100\%=14.31\%$

满足换热条件。

（8）壁温校核

由　　$\Delta t_i=\frac{q_i}{\alpha_i}=\frac{12484.7}{3379.04}℃=3.695℃$

得 $t_w=t_0+\Delta t_i=(7.2+3.695)℃=10.895℃$，比设定的壁温11℃略低，设计合理。

（9）风侧阻力

干工况阻力为：

顺排时　$\Delta p_d=9.81A\left(\frac{L}{d_{eq}}\right)(\rho_{am}w_{max})^{1.7}$，系数 $A=0.0113$，故

$$\Delta p_d=9.81\times0.0113\times\frac{25.4}{2.368}\times(1.1966\times1.98)^{1.7}\text{Pa}=5.15\text{Pa}$$

故湿工况下　　$\Delta p_d=\psi\Delta p_d=(1.2\times5.15)\text{Pa}=6.18\text{Pa}$（湿工况空气阻力增加20%）

叉排时　　$\Delta p_w=1.2\Delta p_d=1.2\times6.18\text{Pa}=7.42\text{Pa}$（叉排空气阻力增加20%）

第四节　其他制冷换热器及辅助设备

一、其他制冷换热器

这是指两种传热介质都是制冷剂，用于提高制冷装置工作效率并使其达到所需要的低温的重要换热设备，其中包括中间冷却器、冷凝-蒸发器、回热器（即气-液热交换器和气-气热交换器）等。

1. 中间冷却器

中间冷却器是两级压缩制冷装置的关键设备，用于同时冷却低压级压缩机的排气和高压制冷剂液体，使之获得较大的过冷度。中间冷却器内具有的压力称作中间压力，该压力下制冷剂液体保持一定的液面高度。其结构如图7-26所示。低压压缩机低压级排气经顶部的进气管直接通入氨液中，被冷却后与所蒸发的氨气由上侧面接管送到压缩机高压缸的吸气侧。用于冷却高压氨液的盘管置于中冷器底部的氨液中，其进出口一般经过下封头伸到壳外。进气管上部开有一个平衡孔，以防止中冷器内氨液在停机后压力升高时进入低压级压缩机排气管。氨中间冷却器中蒸气流速一般取0.5m/s，盘管内的高压氨液流速取0.4~0.7m/s，端部温差取3~5℃，此时，传热系数为580~700W/(m^2·K)。

氟利昂两级压缩制冷装置的中间冷却器，因系统常以中间不完全冷却循环工作，中间冷却器仅用于高压液体的过冷，结构较氨中冷器简单。它的供液量由其配用的热力膨胀阀控制。盘管内的液体过冷为单相流动，管外（壳内）制冷剂的蒸发属大空间内的蒸发，按相应的放热准则式计算即可。

2. 回热器

回热器一般是指氟利昂制冷装置中的气-液热交换器，它的主要作用是使进入热力膨胀阀前的液体得到必要的过冷，以减少闪发气体产生，保证节流效果的正常发挥。同时，还可使回气达到过热状态后进入压缩机，以防止出现压缩机液击故障。由于回热器中是相同介质的气-液进行热交换，根据制冷装置的容量大小不同，有盘管式、套管式、液管与回气管焊接式几种结构形式。一般大、中型装置多采用盘管式结构；0.5~15kW容量的装置可采用套管式；液管与回气管焊接式适用于电冰箱等小型制冷装置。

盘管式回热器均采用壳内盘管结构，如图7-27所示。其外壳采用无缝钢管，盘管用铜管绕制而成，制冷剂液体在管内流动，蒸气在管外横掠流过盘管螺线管簇。管簇有单层或多层，每层由一根或两根管子绕成。管簇中心装有芯管，以防制冷剂蒸气旁流影响热交换效果。一般盘管内液体的流速控制在0.1~0.75m/s范围，管外蒸气在最窄断面处的流速取8~10m/s。

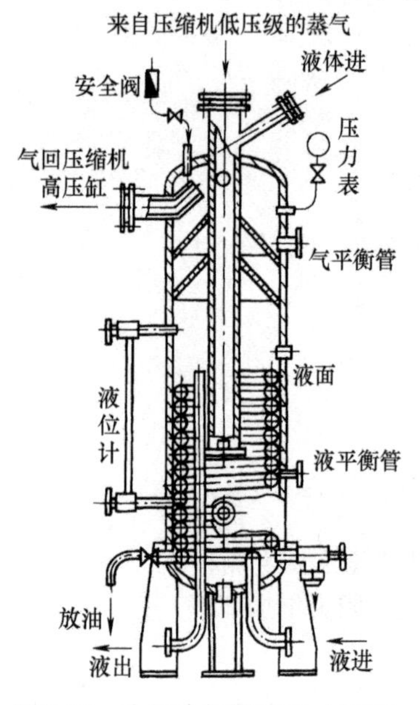

图7-26　中间冷却器结构（氨用）

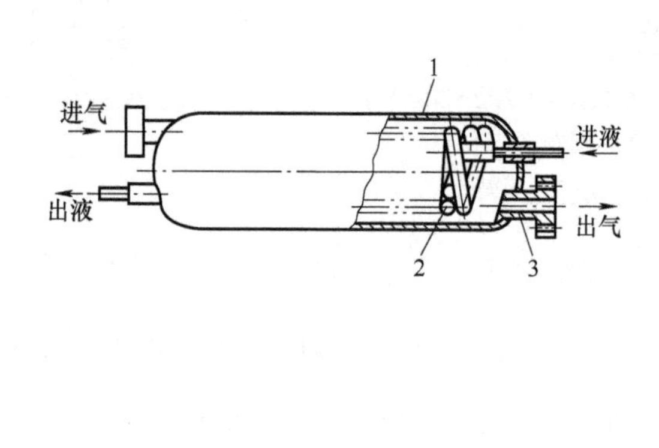

图7-27　盘管式回热器结构
1—壳体　2—盘管
3—进、出气接管及法兰

液管与回气管焊在一起的回热器不需增加任何其他条件，将液管和回气管壁靠壁焊在一起即成。一般用于家用电冰箱之类的制冷量小且管道较长的系统，用以消除液管中的闪发气体。此外，电冰箱系统中也有将节流毛细管穿入吸气管的处理办法，可以收到同样的回热效果。

3. 冷凝-蒸发器

它既是装置中低温级循环的冷凝器，又是高温级循环的蒸发器。常见的结构形式有绕管式、直管式和套管式三种。

（1）绕管式冷凝-蒸发器　其结构如图7-28所示，它是将一个四头螺旋形盘管绕在一个管芯上放置在一圆筒形壳体内。一般用于氟利昂复叠式（即R22/R23）系统，R22由盘管上方管口进入管内蒸发吸热，产生的蒸气由下方管口导出，R23在盘管外表面冷凝后由壳体底部排出。这种冷凝-蒸发器结构及制造工艺较其他形式的复杂，但它传热效果好，制冷剂充注量也较小，根据实际需要，尺寸可以做得大一些。由于其壳筒内容积较大，必要时还可以起到膨胀容器的作用。

（2）直管式冷凝-蒸发器　它在结构上是将直管管簇设置在壳筒内，以取代盘管式中的螺旋盘管，其形式与壳管式冷凝器基本相同。它可以设计成立式安装型，高温级制冷剂（R22）液体从下部进入管内蒸发，蒸气由上部集管引出到高温级压缩机；低温级制冷剂（R23）蒸气由上封头的接管进入壳内，在管外冷凝成液体后由下封头的接管引出去节流阀。这种结构形式传热效果好，但需要的R22充注量较大。此外，它也可以设计成卧式安装型，其工作原理与卧式蒸发器相似，其结构较立式安装型复杂一些。但传热效果好，可做成大型的，以满足大容量的复叠式制冷装置的配套需要。

（3）套管式冷凝-蒸发器　它结构简单，易于制造。但当为蛇形套管管组结构时，外形尺寸较大，所以它仅适用于小型复叠式制冷装置。

二、辅助设备

蒸气压缩式制冷装置中，除制冷压缩机及各种用途的换热器和节流机构外，还需要一些辅助设备来完善其技术性能，并保证其可靠的运行。它们是制冷剂的贮存、净化和分离设备，润滑油的分离及收集设备，各设备之间的连接管道，以及低温设备和低温管道的保温隔热材料等。

（一）制冷剂的贮存、分离和净化设备

1. 贮液器

贮液器俗称贮液筒，用于贮存制冷剂液体。按其功能分高压贮液器和低压贮液器两种。

（1）高压贮液器　其用途是贮存高压液体，设置在冷凝器之后，保证制冷系统在冷负荷变化时制冷剂供液量调节的需要。也有利于减少定期检修时向系统补充制冷剂的次数。其结构一般为卧式圆筒形，基本结构参数在JB/T 7658.8—2006和JB/T 7659.1—2013中有明确规定。图7-29示出了氨用高压贮液器结构。其与冷凝器之间除连接有液体管道外，还设有气体平衡管来保证两者压力平衡，保证冷凝器中的液体顺利流入贮液器。

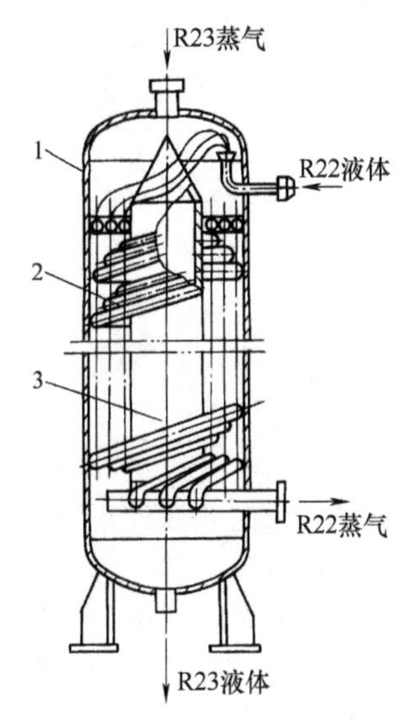

图7-28　绕管式冷凝-蒸发器结构

1—圆筒形壳体　2—盘管　3—管芯

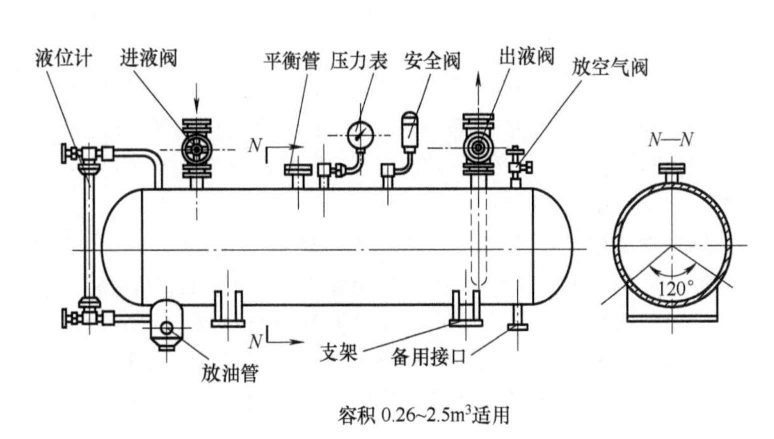

图7-29　高压贮液器

设计高压贮液器时，其容量应按系统小时循环量的1/3~1/2计算，最大充满度不超过筒体直径的80%。对于小型氟利昂机组，因气密性较好，容量可小一些或直接将贮液器设计到冷凝器下部。小型制冷设备不单独设置高压贮液器，如电冰箱、空调器等。

（2）低压贮液器　这种设置在低压侧的贮液器，一般用于大型氨制冷装置中，如氨泵循环的冷藏库等。结构与高压贮液器基本相同，仅仅是工作压力较低。其用途除氨泵供液系统中贮存进入蒸发器前的低压液体之外，还有专供蒸发器融霜或检修时用于排液；或用于贮存低压回气经气液分离器分离出来的氨液。用于后两种情况的低压贮液器还可以在存液量增多时，通过引入高压氨蒸气，提高其压力将氨液压入系统的供液管中，节流后供入蒸发器制冷。

2. 空气分离器

空气分离器用于清除制冷系统中的空气及其他不凝性气体，起净化制冷剂的作用。制冷系统中往往由于抽真空未达标，系统密封不严，充注制冷剂时排空操作不规范，甚至运行工况恶化，引起制冷剂和润滑油在高温下分解，形成不凝性气体聚集在冷凝器或高压贮液器中，使冷凝压力升高，制冷量减少，耗功增加，运行经济性降低。因此，系统中存在的空气及不凝性气体必须通过空气分离器予以排除。空气分离器的结构分为卧式和立式两种。

（1）卧式空气分离器　它是一种横卧的四重套管式空气分离设备。它的最内层与第三层空间连通，并带有吸气压力下蒸发的制冷剂，同时最外层与第二层连通。带有排气压力下冷凝的高压混合气体，由管壁的换热形成冷凝作用，使混合气体中的不凝性气体得以分离，并通过设在第二

层的放气管排放到系统外。卧式空气分离器适用于中、大型氨制冷系统。氨及不凝性气体的排放会造成环境污染，排放时应将所排放的气体通入水池中，让混杂在空气中的氨溶于水中，以保护环境不受污染。当接受排放的水池中无气泡出现时，表明系统中的空气及不凝性气体已经排放完毕，可以关闭排放阀终止排放操作。

（2）立式空气分离器　如图7-30所示，它由钢管壳体和一组蒸发盘管组成。冷凝器出来的制冷剂液体节流后送入盘管内蒸发，将盘管外来自冷凝器上部的高压过热蒸气冷却和冷凝。凝结下来的高压液体通过壳体底部的排液管回到贮液器，或者通过膨胀阀送入盘管重新利用。在壳体顶部还设有测温装置，用以监测高压混合液体温度，并通过自控装置控制放空气的电磁阀，实现连续工作的自动化操作。

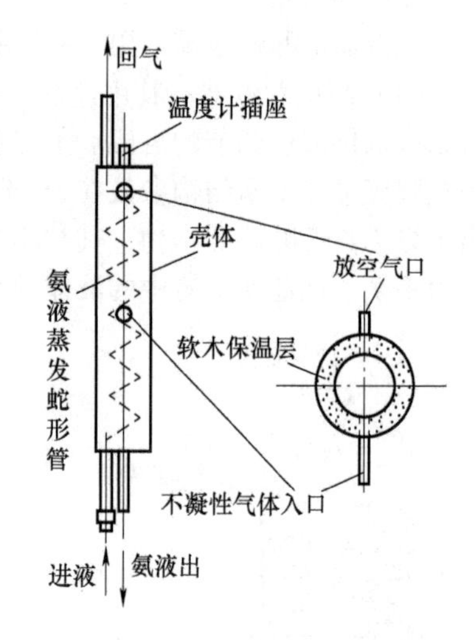

图7-30　立式空气分离器

3. 气液分离器

其作用是分离来自蒸发器的低压蒸气中的液滴，以保证压缩机吸入干饱和蒸气。而氨用气液分离器除上述作用外，还可令经节流阀供给的气液混合物分离，只让液氨进入蒸发器中。现有JB/T 7658.14—2006标准规范了氨制冷装置用氨液分离器的形式、参数和技术要求等。图7-31示出了氨液分离器的结构。工作时氨气流动方向与氨液沉降方向相反，以保证分离效果。

小型空调用氟利昂制冷装置［包括热泵空调器（机）］所采用的气液分离器有管道型和筒体型两种，如图7-32所示。一般的小型氟利昂系统内部容积较小又不设贮液器。为防止压缩机产生液击，而在压缩机机壳外吸气管处设置气液分离器。其结构与压缩机吸气管道融为一体，称为管道型气液分离器（图7-32a）。它可以让制冷剂在进入压缩机机壳之前减速、转向，将其中的液滴分离出来形成干饱和蒸气回到压缩机。与此同时，分离出来的润滑油则由下端的小孔 a 随干饱和蒸气一起返回压缩机。然而，对于制冷剂循环量稍大一些的制冷系统需要使用独立于压缩机外的筒体型气液分离器（图7-32b），其U形管的进气口位于容器上方，与含液气流管的出口形成一定高度差，以利于改变气流方向。U形管底部的小孔 b 的作用是保证一定量的油随吸入气体一起返回压缩机。小孔 c 则是为在压缩机停车时防止分离器内的油从小孔 b 返回压缩机而起平衡均压作用的。

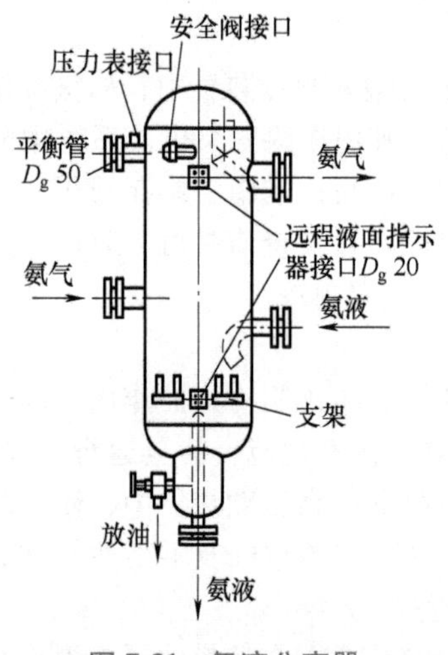

图7-31　氨液分离器

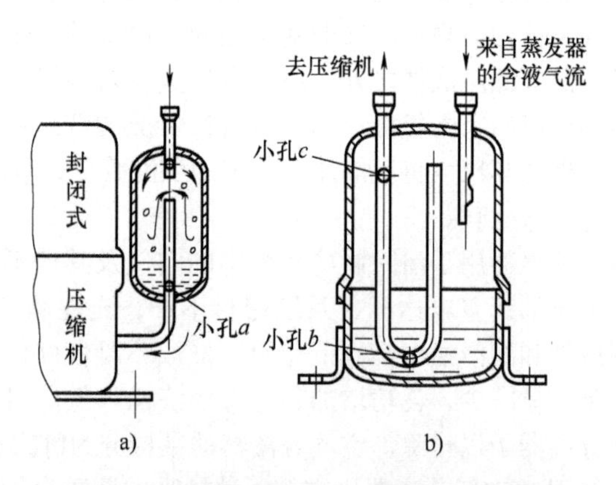

图7-32　小型氟利昂制冷装置用气液分离器
a）管道型气液分离器　b）筒体型气液分离器

4. 过滤器和干燥器

过滤器用于清除系统内的机械杂质、金属屑、氧化皮等。在氨制冷系统中专门设置有氨液过滤器和氨气过滤器，其基本参数和技术要求见 JB/T 7658.16—2006 和 JB/T 7658.15—2006 标准。它们的结构如图 7-33 所示。它们一般用 2~3 层 0.4mm 网孔的钢丝网制作。氨液过滤器一般设置在浮球节流阀或手动节流阀之前的液体管路中，流速一般为 0.07~0.1m/s。氨气过滤器一般安装在回气管路上，防止氨气中的杂质带入压缩机，氨气通过的流速为 1~1.5m/s。

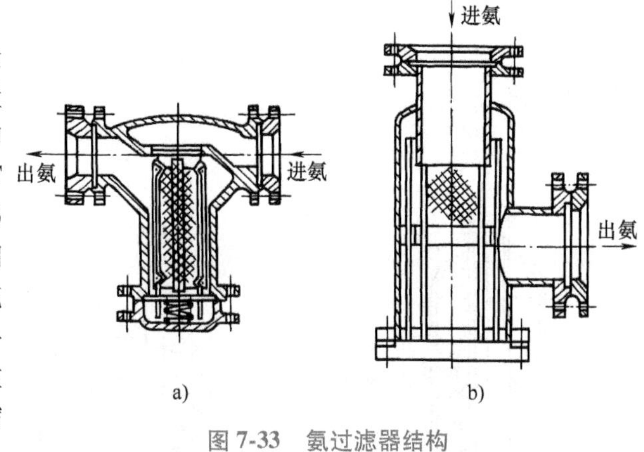

图 7-33 氨过滤器结构
a）氨液过滤器 b）氨气过滤器

氟利昂液体过滤器结构如图 7-34 所示。它采用无缝钢管作为壳体，内装 0.1~0.2mm 网孔的黄铜丝网或不锈钢丝网，两端盖用螺纹与筒体联接并用锡焊焊牢。一般安装在液管段的供液电磁阀前的管道中。同时，在筒体上标有流向指示符号，避免发生安装错误。在实际的氟利昂系统中常常将过滤器筒体内填充干燥剂，使过滤和干燥功能合二为一，叫作过滤干燥器。干燥剂一般采用无水氯化钙、硅胶、活性氧化铝和分子筛等，以吸收制冷剂液体中的水分，如图 7-35 所示。

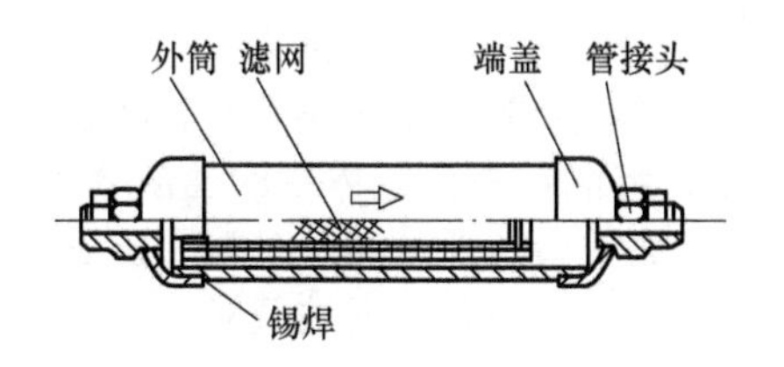

图 7-34 氟利昂液体过滤器

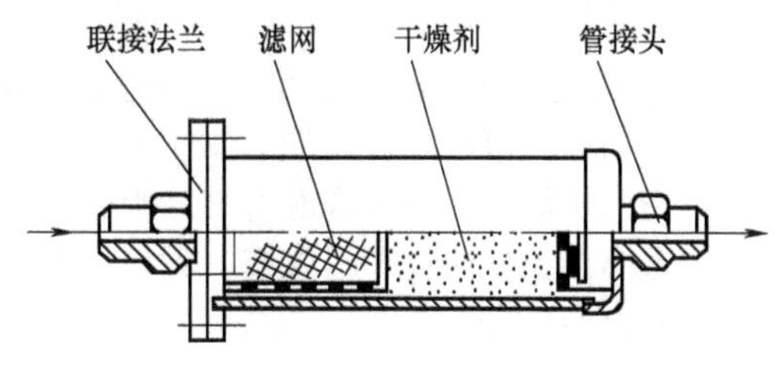

图 7-35 过滤干燥器

（二）润滑油的分离及收集设备

制冷机工作时需要润滑油在机内起润滑、冷却和密封作用。系统在运行过程中润滑油往往随压缩机排气进入冷凝器甚至蒸发器，使它们的传热效果降低，影响整个制冷装置技术性能的发挥。

1. 油分离器

油分离器将制冷压缩机排出的高压蒸气中的润滑油进行分离，以保证装置安全高效地运行。根据降低气流速度和改变气流方向的分油原理，高压蒸气中的油粒在重力作用下得以分离。一般气流速度在 1m/s 以下，就可将蒸气中所含直径在 0.2mm 以上的油粒分离出来。通常使用的油分离器有洗涤式、离心式、填料式和过滤式四种。

（1）洗涤式油分离器　如图 7-36 所示，该油分离器适用于氨制冷系统。在其下部有来自冷凝器的并保持有一定液面高度的氨液，高压氨蒸气引至液面以下经液氨洗涤，将所含的润滑油分离后，从侧上方氨气出口进入冷凝器。经洗涤而分离的油沉积于壳底，并通过放油阀定期放出。该油分离器在安装时，应保证其氨液面较冷凝器出液管低 150~200mm，使油分离器的供液通畅。设计和选用该油分离器时，氨蒸气流速应在 1m/s 以下。

（2）离心式油分离器　该油分离器适用于较大型的制冷装置。它利用气流在油分离器内呈螺旋形流动产生离心力来达到分油目的。如图 7-37 所示，压缩机的排气通过进气管进入导流片，并沿叶片间的螺旋流道作螺旋形流动，在离心力的作用下，将油滴分离出来，使其沿壳体内壁下流，存于壳底，待放油时放出。分油后的蒸气则经过滤网，由中间出气管导出。

（3）填料式油分离器　如图 7-38 所示，该油分离器在壳内设置多组填料，材质一般为金属丝网、毛毡、陶瓷环或金属屑等，在壳内形成过滤式分油，填料的组数越多其分油效果越好。壳内气流速度一般应在0.5m/s以下。由于该油分离器结构简单，工作可靠，广泛应用于大、中型螺杆式制冷机组中。

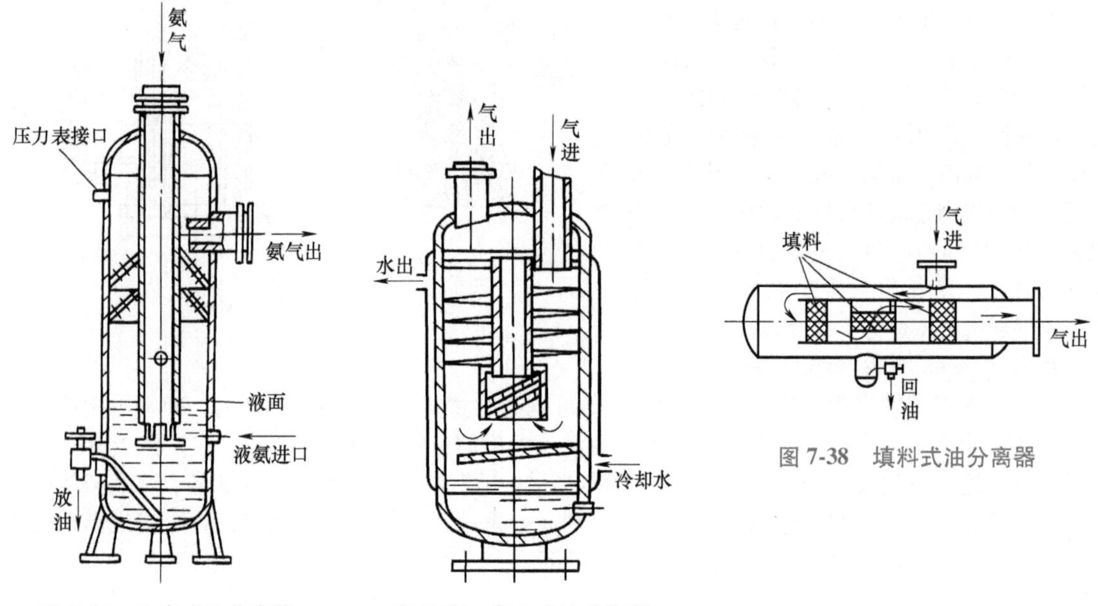

图7-36　洗涤式油分离器　　图7-37　离心式油分离器　　图7-38　填料式油分离器

（4）过滤式油分离器　如图7-39所示，压缩机排出的高压气体进入油分离器后，在过滤网处突然改变流向和大幅度降低流速，加上过滤网的过滤作用，将混在高压气体中的油滴分离出来。分油后的蒸气从筒体上侧部管道引出。所分离出的油积于壳底并通过浮球阀及时放回压缩机曲轴箱。该油分离器虽分油效果不如前三种好，但因其结构简单，制造方便，回油及时，在小型制冷装置中应用相当广泛。

2. 集油器

集油器是氨制冷装置中收集制冷设备中放出的润滑油的容器。其结构如图7-40所示，在向各制冷设备收集润滑油时，开启在容器顶部的抽气阀，利用制冷压缩机的吸气使集油器内压力降低，达到规定压力值后关闭抽气阀。然后，打开进油阀将相应设备中的油放入集油器，当其中的存油达到内容积的70%时应及时排油。排油时先打开抽气阀利用压缩机吸气，将溶于油中的氨蒸发并抽回压缩机。抽完氨气后关闭抽气阀，再打开放油阀放油，直到放完为止。

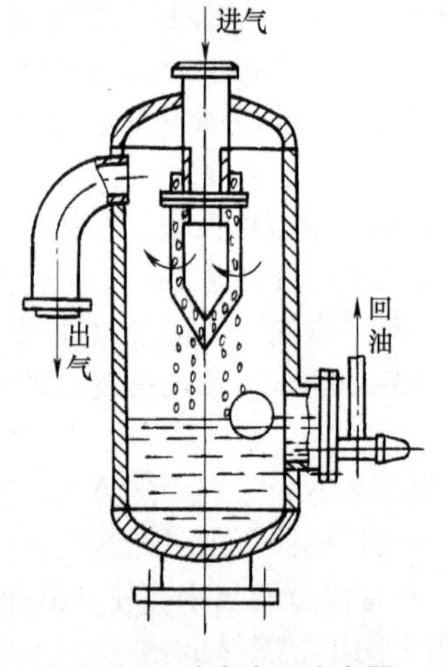

图7-39　过滤式油分离器

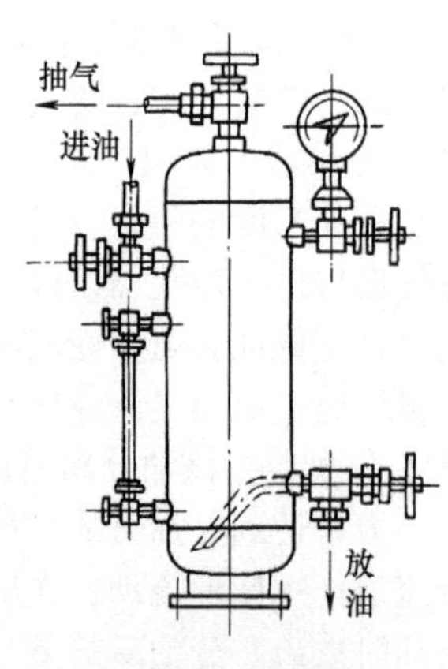

图7-40　集油器

第五节 新型制冷换热器及强化换热方法

制冷换热器在制冷机中具有重要地位，不仅影响制冷机的性能，还在体积、重量上占有很大比例，要改善制冷换热器的换热性能，减小其重量体积，采用新型高效换热器以及强化制冷换热器是其重要途径。

一、板式换热器

这种换热器早在100多年前就已问世，但长期以来一直是组装式结构，由于受到密封垫片耐温、承压能力的限制，始终未能在制冷机中得到应用，直到近几年随着加工工艺水平的提高，出现了无垫片全焊接的板式换热器，才使得这种高效换热器在制冷装置中得以应用。

图7-41示出了板式换热器传热板片的组合结构及传热板片的形式。它由许多金属板片贯叠连接而成，片与片之间采用焊接密封，形成传热板两侧的冷、热流体通道，在流动过程中通过板壁进行热交换。两种流体在流道内呈逆流式换热态势，加之板片表面制成的瘤形、波纹形、人字形等各种形状有利于破坏流体的层流膜层，在低速下产生漩涡，形成旺盛湍流，强化了传热作用。同时，由于板片各种形状造就了板片间的许多支撑点，使得可以承受约3MPa左右压力的换热器板片厚度可减少到0.5mm左右（其板距一般为2~5mm），使其在相同负荷的情况下，体积仅为壳管式的1/3~1/6，重量只有壳管式重量的1/2~1/5，所需的制冷剂充注量仅为其1/7。就水的换热而言，在相同负荷同样水速的条件下，传热系数可达2000~4650W/(m^2·K)，为壳管式传热系数的2~5倍。

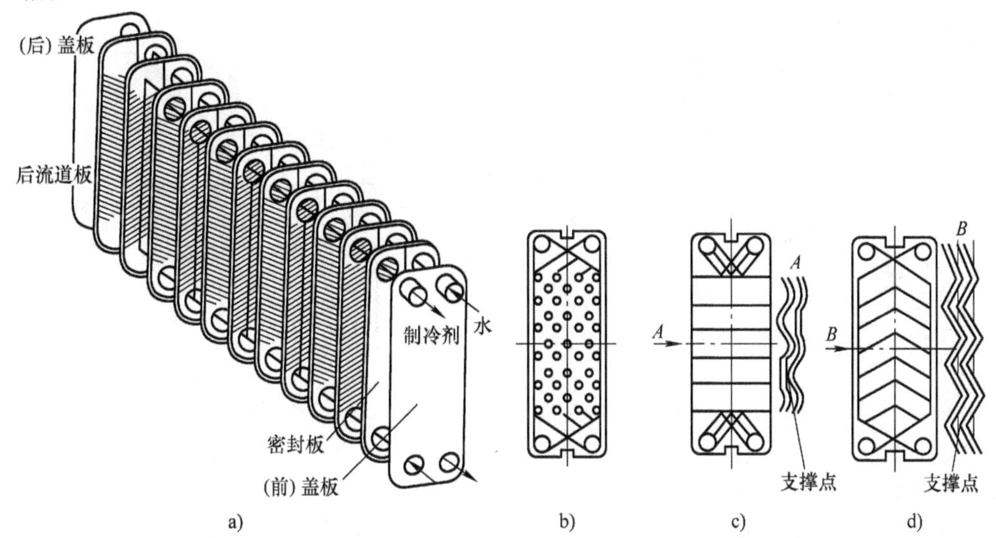

图7-41 板式换热器传热板片的组合结构及传热板片的形式

a）板式换热器 b）瘤形板片 c）水平平直波纹板片 d）人字形板片

在上述几种形式的板片中，瘤形板片是在板上交错排列一些半球形或平头形突起，流体在板间呈网状流动，流阻较小，其传热系数可达4650W/(m^2·K)。水平平直波纹形板片，其断面呈梯形，传热系数可达5800W/(m^2·K)。人字形板片属典型网状流板片，它将波纹布置成人字形，不仅刚性好，且传热性能良好，传热系数也可达5800W/(m^2·K) 左右，是目前制冷用板式换热器中应用最为广泛的一种。

由于板式换热器具有体积小、重量轻、传热效率高、制冷剂充注量小、防冻结性能好、可靠性高、工艺过程简单、适合于批量生产等优点，很受国内各制冷设备厂商的重视。目前它已在国产模块化空调冷水机组和空气-水热泵机组等装置上批量使用，对我国制冷、空调事业的发展将起到重要的促进作用。

板式换热器在制冷机中可以作为冷凝器、蒸发器等，由于板式换热器流通通道小，不允许换热介质中存在固体杂质，要求换热流体比较纯净，因此非常适合作为冷凝-蒸发器和蒸发器使用，作为冷凝器使用时必须对冷却水进行处理。由于板式换热器的板片形式多种多样，且不同的板片结构尺寸也对其换热有重要影响，因此在对板式换热器进行选型时，应该采用制造厂提供的换热公式进行计算，附录D-2给出了制冷剂在人字形板片的板式换热器中流动沸腾换热时的传热系数的计算式。

二、制冷换热器的强化传热

根据传热学基本理论，强化传热应从换热器中热阻较大的一侧入手，提高这一侧对流换热的表面传热系数。出于技术经济考虑，并非所有可以提高传热系数的方法都可取。实际选用时应考虑以下要求：

1）采用强化传热措施后，应使系统效率提高、设备体积减小、系统总功耗降低。

2）强化措施应能降低生产成本，采用强化传热措施的设备易于批量生产。

3）要考虑强化方法与传热介质的相容性，保证强化效果持久有效。

制冷换热器强化传热可主要归结为对流换热的强化。应当指出，制冷系统的性能系数明显地受制冷剂蒸发温度与冷凝温度的影响，其中蒸发温度的影响更为显著，特别是低蒸发温度的系统。因而选择制冷系统强化传热方式时还应考虑到工质压力降对性能系数的影响。

目前，制冷换热器强化传热主要通过换热表面加工处理实现。对制冷剂沸腾与凝结换热强化，主要通过各种高效传热管实现。对空气侧对流换热强化，主要围绕肋片的形状、换热器表面的物理化学处理等展开研究。

1. 制冷剂凝结与沸腾换热强化

高效传热管是各种类型的低肋管（或微肋管）、多孔表面管的总称。对制冷剂与水热交换的氟利昂制冷系统，由于沸腾及凝结表面传热系数低于水强迫对流表面传热系数，强化表面一般主要考虑制冷剂侧。目前，常用的高效传热管有以下几类：

（1）内肋管　近年来内微肋管在氟利昂制冷装置的蒸发器中被广泛采用。图7-42所示为几种内微肋管的结构。

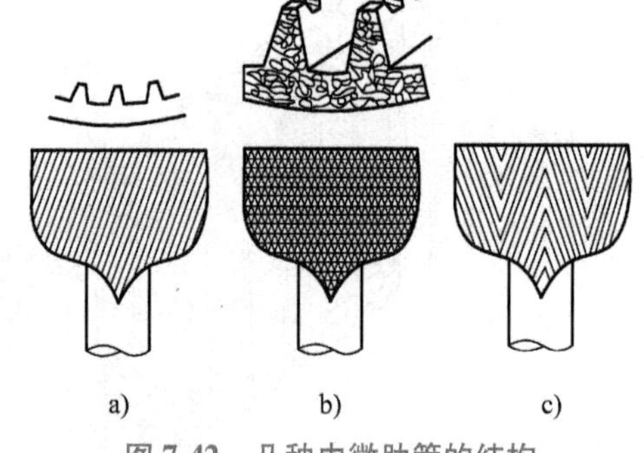

图7-42　几种内微肋管的结构

a）螺纹管　b）交叉槽管　c）人字槽管

在内微肋管结构参数中，对传热性能和流动阻力影响最大的是肋高。对于流动沸腾，内微肋管的作用在于提供汽化核心、增加表面张力的作用并增大传热面积；对于流动凝结，内微肋管的作用是在表面张力的作用下使凝结液膜变薄并增大换热面积。与其他形式管内强化措施相比，内微肋管的突出优点为：

1）与光管相比可以使管传热系数增加2~3倍（以等长度光管面积为基准计算），而压力损失的增加却只有1~2倍，强化传热明显大于压力损失的增加，如图7-43所示。

2）与光管相比，单位长度管材的质量增加很少，成本低。内微肋管在管壳式干式蒸发器中被大量应用，也可用来强化表面式蒸发器、空冷冷凝器的传热。

（2）强化管外凝结换热的低肋管及横纹管　氟利昂制冷系统的卧式壳管式冷凝器多采用低螺纹管和锯齿形翅片管来强化管外凝结换热，目前尤以锯齿形翅片管应用最为广泛。

氨冷凝器目前常采用横纹管。该管采用变截面的机械滚轧方法加工成形，氨在管外表面凝结，水在管内流动。成形后的横纹管外表面有许多横向沟槽，管内相应地呈凸肋状。氨在横纹管外的冷凝情况与管子节距有关。节距合适的横纹管，表面张力对凝结液起控制作用，使凝结液全由沟

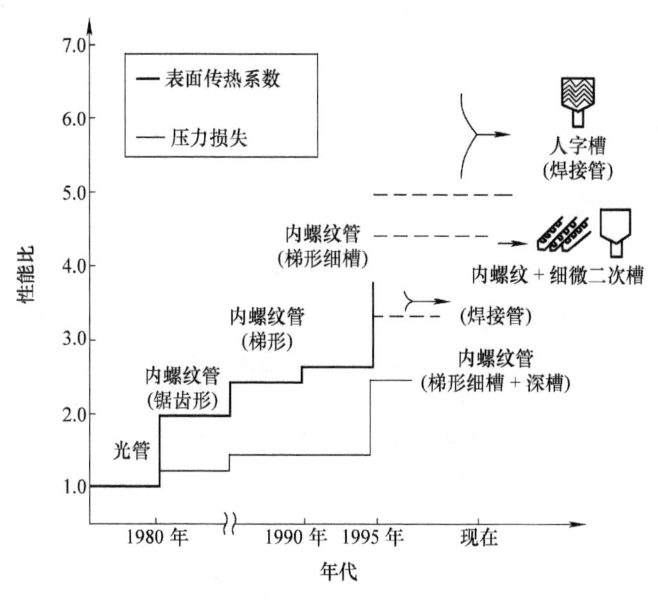

图 7-43 各种传热管的换热性能与流动压力损失比较

槽下方滴落，光滑段液膜薄，换热效果好。节距太大的横纹管，重力起控制作用，冷凝液不是从沟槽处滴落，而是从光滑段中间滴落，液膜很厚。采用横纹管，因管内有凸肋，水的强迫对流换热也有所增强。节距合适的横纹管，当水流速为 1.0m/s 时，其总传热系数是光滑管的 1.6 倍，而冷凝器中水的总压力损失的是光滑管冷凝器的 1.9 倍。

（3）管外沸腾换热强化管　强化管外沸腾换热的典型表面有图 7-44 所示的四种。其中，图 7-44a 所示为 T 形肋片管，这种管子滚轧成形，管外表面具有一系列带螺旋结构状的 T 字形肋片，肋片表面之间是宽度只有 0.2~0.25mm 的狭窄小缝，小缝下面是螺旋形槽道。蒸气泡在 T 形管槽道内运动，不断冲刷着壁面上还在生长的气泡，使加热面上气泡脱离频率增加，从而强化了沸腾换热。由于进行 T 形表面机械加工时管子内表面也形成螺旋，故可同时强化管内对流换热。

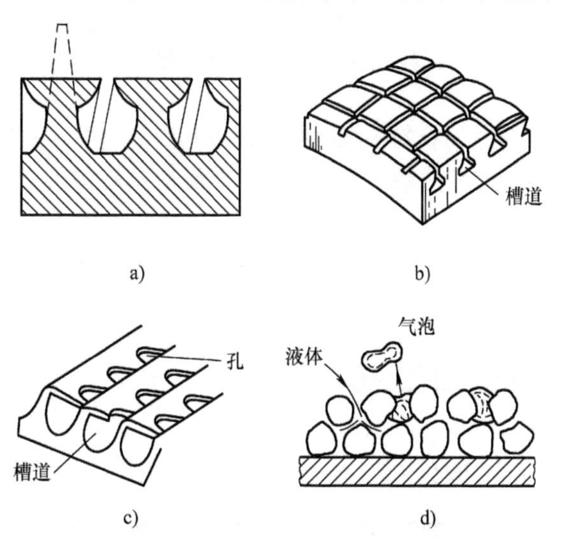

图 7-44 管外沸腾换热强化表面

a）GEWA-T　b）TURBO-B　c）THERMOEXCEL-HE　d）HIGHFLUX

图 7-44b、c 所示为机械加工复杂结构表面，其基本结构形式为表面环形微小槽道，上面开缝

或孔，小孔的密度可达每平方厘米300~400个。图7-44d为铜颗粒烧结表面多孔结构。制冷剂在这三种形式强化表面沸腾的机理如图7-44d所示，由于表面小孔/缝与槽道相通，制冷剂能经槽道循环加热。槽道中一部分液体汽化后，蒸气泡由小孔/缝脱离，液体由其他孔/缝流入。表面结构既提供了大量稳定的汽化核心，还在沸腾过程组织起气液频繁进出槽道的局部循环，从而有效地强化了沸腾传热。单管试验表明，单位面积热负荷相同的条件下，多孔管的沸腾过热度可降低到光滑管的约1/10；工业现场试验表明，多孔管单位面积热负荷比低肋管高约36%，可比低肋管节省约26%的换热面积。

2. 空气侧换热的强化

空气在风冷冷凝器和表面式蒸发器管外流动，其表面传热系数远低于管内制冷剂凝结或沸腾的表面传热系数，必须进行强化。强化措施很多，包括改进肋片形状、增加管子排列密度、对蒸发器肋片表面处理、减少肋片与管子的接触热阻等。

（1）肋片形状改进　平直肋片结构简单，易于加工，空气流动阻力小，但空气流经肋片时产生的边界层较厚，因而表面传热系数较低。为了克服此缺点，开发出不同几何形状的肋片，常见的有波纹肋片、条缝肋片以及百叶窗肋片等。波纹肋片可使气流沿其表面曲折流动，增强气流扰动，从而强化对流换热。条缝肋片和百叶窗肋片属中断型肋片，中断型肋片的裂缝能破坏边界层，增强换热。波纹肋片比平肋片可提高表面传热系数约20%，条缝肋片比平肋片提高约80%，百叶窗肋片比平肋片高1~2倍。采用强化传热肋片后，空气侧流动阻力将增加。波纹肋片和条缝肋片的阻力较平肋片高出50%~70%，百叶窗肋片比波纹肋片阻力高出30%~40%。

（2）肋片间距　蒸发器表面结露、结霜均将导致热阻增大，风量减少，从而使表面传热系数下降。蒸发器表面的积水情况与肋片间距有关。大间距可减少肋片上的积水，但使换热面积减少。试验表明，空调器用蒸发器的肋片间距宜取1.7~2mm。对于表面结霜的蒸发器，如冷库用冷风机，前几排管子结霜较严重，可以采用沿空气流向变间距的肋片。通常将管子分成2~4组，每组的肋片间距不等，前排间距比后面间距大，最大间距可达22mm。

（3）空调用蒸发器的表面处理　因肋片间距小，湿空气在蒸发器表面结露时，凝水积聚会形成所谓“液桥”，使空气阻力增加，风量减少，传热恶化。国外从20世纪80年代起，发展了亲水镀膜技术。利用化学方法在肋片上形成稳定的高亲水薄膜，使凝水易于沿肋片表面流下。

制造亲水膜的方法以“有机树脂-二氧化硅法”较先进，采用的材料由超微粒状胶体二氧化硅、有机树脂及表面活性剂构成。采用亲水性膜后，由于凝结水迅速排除，即使风速较高，水也不会飞溅。

（4）减少接触热阻　铝片与铜管间接触热阻约占总热阻的10%，与胀管率有关，胀管率减少时接触热阻增加。接触热阻还与翅片翻边方式有关，双翻边虽然加工困难，但热阻较低，有利于套片和控制片间距的布置。

（5）管径细化　由于小直径管可以使换热器结构更紧凑，强化换热效果更明显，目前有向更小管径发展的趋势。

第六节　制冷装置的节流机构

一、制冷剂液体膨胀过程分析

在蒸气压缩制冷装置中，制冷剂液体的膨胀过程是通过节流机构来完成的。其原因在于制冷剂液体的膨胀功很小，而且体积比很大，采用液体膨胀机在技术方面存在着较大的困难，同时经济性比较差。

一般情况下，制冷剂液体在膨胀之前，应呈饱和状态或过冷状态。膨胀之后到达两相区，变成气液混合物。制冷剂液体的膨胀特性随节流装置的通道形态不同而异。例如，喷管（渐缩管或拉瓦尔管）内膨胀是接近等熵过程，而通过节流孔的膨胀则属于接近等焓过程，制冷剂通过其他通道（如毛细管）的膨胀过程介于二者之间。如图 7-45 所示，$1\text{-}2_s$ 为接近等熵过程，$1\text{-}2_h$ 为接近等焓过程，$1\text{-}2_t$ 为介于二者之间的过程。由此分析可知制冷剂液体膨胀具有以下特点：

1）液体通过膨胀后，温度必然降低。其膨胀过程的压差（$\Delta p = p_1 - p_2$）越大，则温度降低（$\Delta T = T_1 - T_2$）也越大，而且温差 ΔT 同过程无关。其原因在于两相区内饱和温度与饱和压力呈对应关系。

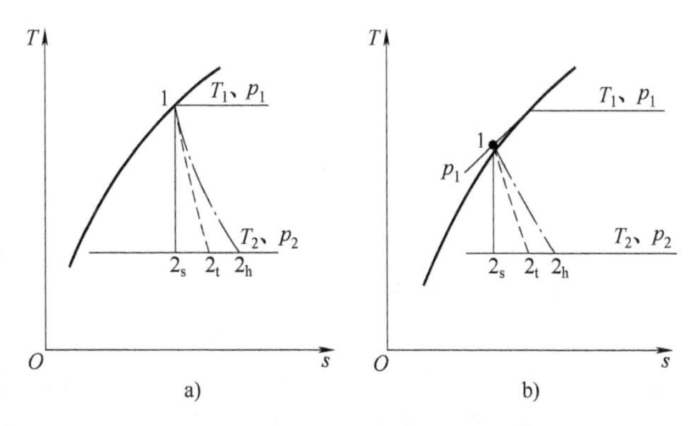

图 7-45 制冷剂液体膨胀过程分析

a）膨胀前为饱和液体 b）膨胀前为过冷液体

2）膨胀过程具有尽可能大的比体积比$\left(\frac{v_2}{v_1}\right)$，且随压比$\left(\frac{p_1}{p_2}\right)$的增大而增大。从而使比体积比有限的膨胀机难以实现。

3）膨胀过程的等熵焓降很小（可利用的膨胀功很小），不加以利用损失也不会很大。因此，在制冷装置中均采用小孔或管道节流机构，来实现液体制冷剂的膨胀制冷。

二、节流机构的种类

制冷装置的节流机构在实现制冷剂液体膨胀过程的同时，还具有以下两方面的作用：一是将制冷机的高压部分和低压部分分隔开，防止高压蒸气串流到蒸发器中；二是对蒸发器的供液量进行控制，使其中保持适量的液体，使蒸发器换热面积全面发挥作用。因其节流机构无外功输出，即无效率的概念可言。一般仅根据上述两方面的功能来判断其特性。

按照节流机构的供液量调节方式可分为以下五种类型：

（1）手动调节的节流机构　它一般称作手动节流阀。以手动方式调整阀孔的流通面积来改变向蒸发器的供液量，其结构与一般手动阀门相似，多用于氨制冷装置。

（2）用液位调节的节流机构　它通常称作浮球调节阀。它利用浮球位置随液面高度变化而变化的特性控制阀芯开闭，达到稳定蒸发器内制冷剂的液量的目的。它可作为单独的节流机构使用，也可作为感应元件与其他执行元件配合使用，适用中型及大型氨制冷装置。

（3）用蒸气过热度调节的节流机构　这种节流机构包括热力膨胀阀和电热膨胀阀。它通过蒸发器出口蒸气过热度的大小调整热负荷与供液量的匹配关系，以此控制节流孔的开度大小，实现蒸发器供液量随热负荷变化而改变的调节机制。它主要用于氟利昂制冷系统及中间冷却器的供液量调节。

（4）用电子脉冲进行调节的节流机构　在现代舒适性空调装置中，有一种以数字化测检空调舒适度（如房间内的温度、湿度、气流状况、人员增减、人体衣着条件等）作为房间空气调节控制基础的新型舒适节能型空调装置。它根据检测到的房间舒适度（即 *PMV* 值大小），相应改变压缩机转速，产生最佳舒适状态所需要的制冷（制热）量，从而有效地避免了开停调节式空调器因开停温差产生的能量浪费。电子脉冲式膨胀阀就是由压缩机变频脉冲控制阀孔开度，向蒸发器提供与压缩机变频条件相适应的制冷剂量，时刻保持在蒸发器和压缩机之间的能量和质量的平衡性，满足高舒适性空气调节的要求。它是制冷技术中出现的机电一体化的产物。

（5）不进行调节的节流机构　这类节流机构如节流管（俗称毛细管）、恒压膨胀阀、节流短管及节流孔等，一般在工况比较稳定的小型制冷装置（如家用电冰箱、空调器等）中使用。它具有结构简单、维护方便的特点。

三、节流机构的工作原理及特性分析

节流机构中手动节流阀因需要频繁操作，工况稳定性差，发生故障概率较大。浮球式节流机构因受工作压力影响有高压浮球阀和低压浮球阀两种：高压浮球阀安装在高压液体管路上用来保持冷凝器或贮液器的液位，从而间接地调节蒸发器的供液量；低压浮球阀则宜用于大容量制冷装置。而大量的中小型氟利昂制冷装置普遍使用热力膨胀阀、电子脉冲式膨胀阀和毛细管等。现将其工作原理及特性分别介绍如下。

（一）热力膨胀阀

热力膨胀阀属于一种自动膨胀阀，又称热力调节阀或感温调节阀，是应用最广的一类节流机构。它是利用蒸发器出口制冷剂蒸气的过热度调节阀孔开度以调节供液量的，故适用于没有自由液面的蒸发器，如干式蒸发器、蛇管式蒸发器和蛇管式中间冷却器等。热力膨胀阀现主要用于氟利昂制冷机中，对于氨制冷机也可使用，但其结构材料不能用有色金属。

1. 热力膨胀阀的工作原理

如图 7-46 所示，热力膨胀阀由感应机构（由压力腔、毛细管、感温包等组成）、执行机构（包括膜片、顶杆、阀芯）、调整机构（含调整杆、弹簧）和阀体组成。感应机构中充注有工质，感温包设置在蒸发器出口处的管外壁上。由于过热度的影响，其出口处温度 $t_{1'}$ 与蒸发温度 t_0 之间存在着温差 Δt_g，通常称作过热度。感温包感受到 $t_{1'}$ 后，使整个感应系统处于 $t_{1'}$ 对应的饱和压力 p_b。如图 7-46 所示，该压力将通过膜片传给顶杆直到阀芯。在压力腔下部的膜片上仅有 p_b 存在，其下侧面施有调整弹簧的弹簧力 p_T 和蒸发压力 p_0，三者处于平衡时有 $p_b=p_T+p_0$。若蒸发器出口过热度 Δt_g 增大，即表示 $t_{1'}$ 提高，使对应的 p_b 随之增大，则形成 $p_b>p_T+p_0$，通过膜片到顶杆传递这一增大的压力信号，使阀芯下移，阀孔通道面积增大，故进入蒸发器的制冷剂流量增大。蒸发器的制冷量也随之增大。倘若在进入蒸发器的制冷剂量增大到一定程度时，蒸发器的热负荷还不能使之完全变成 $t_{1'}$ 的过热蒸气，造成 Δt_g 减小，$t_{1'}$ 温度降低导致对应的感应机构内压力 p_b 减少，形成 $p_b<p_T+p_0$。因而膜片回缩，阀芯上移，阀孔通道面积减小，使进入蒸发器的制冷剂量相应减少，形成热力膨胀阀的以蒸发器过热度为动力的供液量比例调节模式。

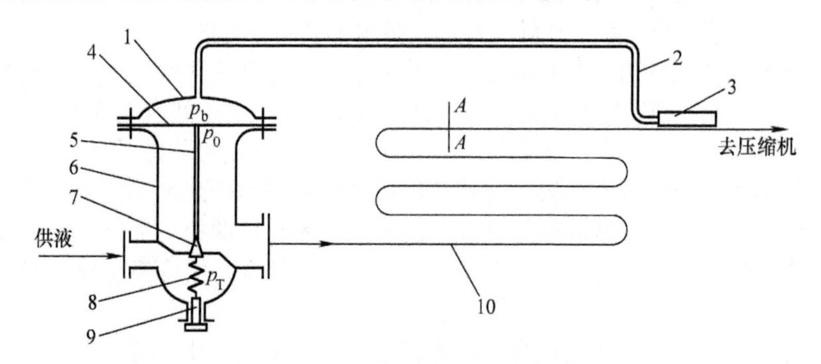

图 7-46　内平衡式热力膨胀阀结构示意及工作系统图

1—阀盖　2—毛细管　3—感温包　4—膜片　5—推杆
6—阀体　7—阀芯　8—弹簧　9—调整杆　10—蒸发器

从以上热力膨胀阀的工作原理可以看出，其阀芯的调节动作来源于 $p_b=p_T+p_0$。这一压力存在于热力膨胀阀内部由不平衡到平衡的全过程。因此，在膜片上下侧的压力平衡以蒸发器内压力 p_0 作为稳定条件，所以称之为内平衡式热力膨胀阀。

在许多制冷装置中，蒸发器的管组长度较大，从进口到出口存在着较大的压降 Δp_0，造成蒸发器进出口温度各不相同。在这种情况下若使用上述内平衡式热力膨胀阀，则会因蒸发器出口温度过低而造成 $p_b \ll p_T+p_0$，造成热力膨胀阀的过度关闭，以至丧失对蒸发器实施供液量调节的能力。而采用外平衡式热力膨胀阀则可以避免产生过度关闭的情况，保证有压降（Δp_0）的蒸发器得到正常的供液。外平衡式热力膨胀阀的结构原理如图 7-47 所示。图 7-47 示出了它的主要特征，它是将内平衡式热力膨胀阀膜片驱动力系中的蒸发压力 p_0，改为由外平衡管接头引入的蒸发器出口压力 p_w 取代，以此来消除由蒸发器管组内的压降 Δp_0 所造成的膜片力系失衡，而带来的使膨胀阀失去调节能力的不利影响。由于$p_w=p_0-\Delta p_0$，尽管蒸发器出口过热度偏低，但膜片力系变成为 $p_b=p_T+(p_0-\Delta p_0)$，即 $p_b=p_T+p_w$，仍然能保证在允许的装配过热度范围内达到平衡。在这个范围内，当 $p_b>p_T+p_w$ 时，表示蒸发器热负荷偏大，出口过热度偏高，膨胀阀流通面积增大，使制冷剂供液量按比例增大，反之按比例减小。

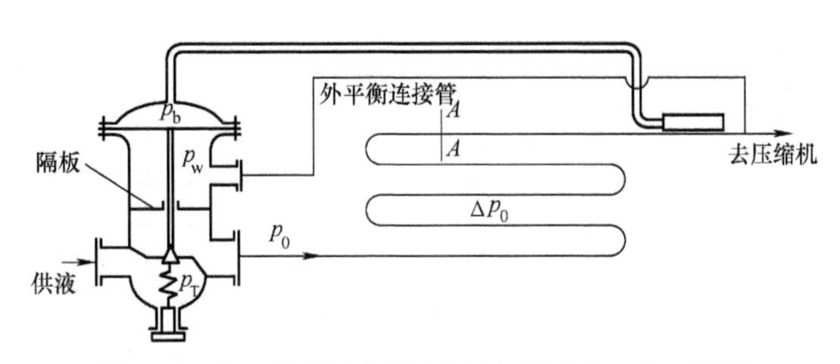

图 7-47 外平衡式热力膨胀阀结构示意及工作系统图

一般情况下，R22 蒸发器内压降 Δp_0 达到表 7-9 所规定的值时，应采用外平衡式热力膨胀阀。此外，使用带分液器的蒸发器时，也应使用外平衡式热力膨胀阀，即将分液器引起的压降按 Δp_0 处理，才能保证蒸发器的工作能力得以正常发挥。

表 7-9 使用外平衡式热力膨胀阀（R22）的 Δp_0 值

蒸发温度 t_0/℃	+10	0	-10	-20	-30	-40	-50
$\Delta p_0/10^5$Pa	0.42	0.33	0.26	0.19	0.14	0.10	0.07

2. 热力膨胀阀的选择与使用

正常情况下，热力膨胀阀应控制进入蒸发器中的液态制冷剂量刚好等于在蒸发器中吸热蒸发的制冷剂量。使之在工作温度下蒸发器出口过热度适中，蒸发器的传热面积得到充分利用。同时，在工作过程中能随着蒸发器热负荷的变化，迅速地改变向蒸发器的供液量，使之随时保持系统的平衡。实际中的热力膨胀阀感温系统存在着一定的热惰性，形成信号传递滞后，往往使蒸发器产生供液量过大或过小的超调现象。为了削弱这种超调，稳定蒸发器的工作，在确定热力膨胀阀容量时，一般应取蒸发器热负荷的 1.2~1.3 倍。

为了保证感温包采样信号的准确性，当蒸发器出口管径小于 22mm 时，感温包可水平安装在管的顶部；当管径大于 22mm 时，则应将感温包水平安装在管的下侧方 45°的位置，然后外包绝热材料。绝对不可随意安装在管的底部，也要注意避免在立管或多个蒸发器的公共回气管上安装感温包。外平衡式热力膨胀阀的外平衡管应接于感温包后约 100mm 处，接口一般位于水平管顶部，以保证调节动作的可靠性。

为了使热力膨胀阀节流后的制冷剂液体均匀地分配到蒸发器的各个管组，通常是在膨胀阀的出口管和蒸发器的进口管之间设置一种分液接头。它仅有一个进液口，却有几个甚至十几个出液口，将膨胀阀节流后的制冷剂均匀地分配到各个管组中（或各蒸发器中）。分液接头的形式很多，以压降型分液接头的使用效果最好。图 7-48 示出了几种压降型分液头的结构，它们的特点是通道尺寸较小，制冷剂液体流过时要发生节流，产生约 50kPa 压差，同时在分液管中也约有相等的压差，以致使蒸发器各通路管组总压差大致相等，使制冷剂均匀分配到蒸发器中，各部分传热面积得到充分利用。在安装分液头时各分液管必须具有相同的管径和长度，以保证各路管组压降相等。

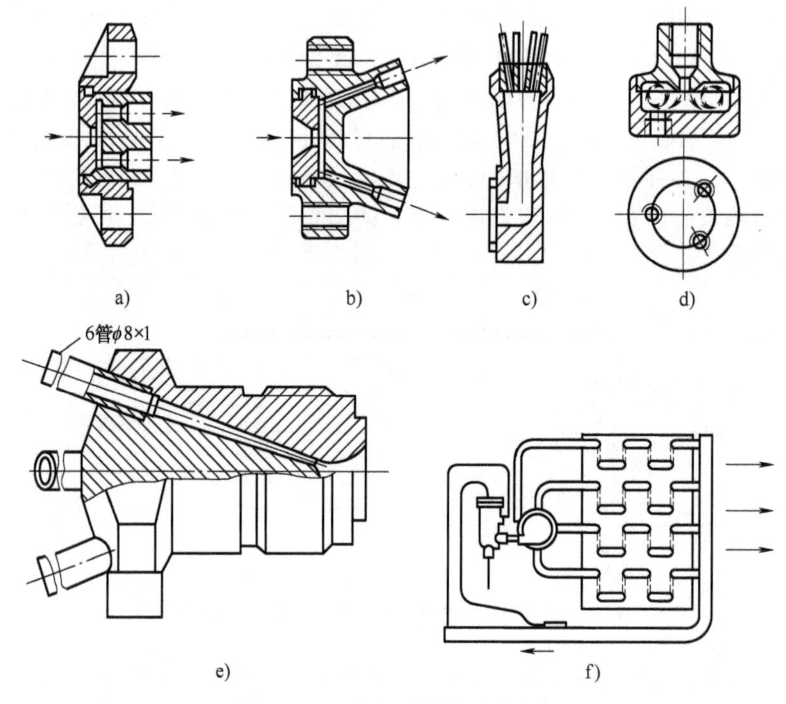

图 7-48 几种压降型分液头结构

（二）电子脉冲式膨胀阀

热力膨胀阀目前在氟利昂系统中应用广泛，但热力膨胀阀以蒸发器出口处温度为控制信号，通过感温包，将此信号转换成感温包内蒸气的压力，进而控制膨胀阀阀针的开度，达到反馈调节之目的，这样热力膨胀阀存在以下明显的不足：

（1）信号的反馈有较大的滞后 蒸发器处的高温气体首先要加热感温包外壳。感温包外壳有较大的热惯性，导致反应的滞后。感温包外壳对感温包内工质的加热引起进一步的滞后。信号反馈的滞后容易导致被调参数的周期性振荡。

（2）控制精度低 感温包中的工质通过薄膜将压力传递给阀针，而薄膜的加工精度及安装均会影响它受压产生的变形及变形的敏感度，故难以达到高的控制精度。

（3）调节范围有限 因薄膜的变形量有限，使阀针开度的变化范围较小，故流量的调节范围较小。在要求有大的流量调节范围时（例如在使用变频压缩机时），热力膨胀阀无法满足要求。

电子膨胀阀利用被调节参数产生的电信号，控制施加于膨胀阀上的电压或电流，进而达到调节之目的。电子膨胀阀克服了热力膨胀阀的上述缺点，并为制冷装置的智能化提供了条件。但是电子膨胀阀的控制系统复杂，价格较高。

电子膨胀阀流量调节系统如图 7-49 所示。调节装置由检测过热度信号的传感器、电子调节器和电子膨胀阀（执行器）组成。它们之间用导线连接，以标准电量进行信号传输，调节规律由电子调节器设定。

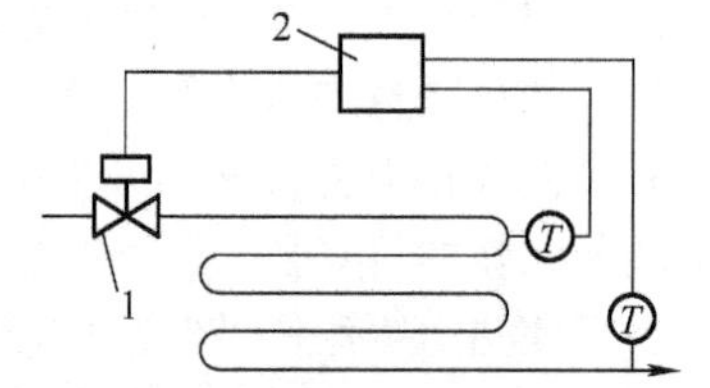

图 7-49 电子膨胀阀流量调节系统

1—电子膨胀阀（执行器）

2—电子调节器

过热度信号的检测是在蒸发器的两相区域段管外和蒸发器出口外管各贴有热敏电阻一片，分别检测蒸发器入口和出口处的温度，由于管壁热阻很小，故热敏电阻感受的温度即该两处制冷剂的温度。两片热敏电阻反映的温度之差，即蒸发器出口的过热度，调节器根据温差过热度信号进行调节。这样测定过热度的方法，远比热力膨胀阀测得的过热度准确。

电子膨胀阀按阀执行器的驱动方式可分为热动式、电磁式和电动式三类。

（1）热动式电子膨胀阀　热动式电子膨胀阀利用阀头电加热产生的热力提供阀杆运动的驱动力。调节器根据检测过热度信号与设定值之间的偏差量变化，按给定的调节规律向阀头电加热元件输出不同脉宽的电脉冲信号，调节热力的变化，从而改变阀的开度。

图 7-50 所示为 TQ 型热动式电子膨胀阀的结构。来自调节器的电信号通过电线 5 输入，作用到膜头 15 内的 PTC 加热元件 17 上，在膜头中产生热驱动力，使膜头下方的膜片发生弯曲变形，推动节流组件中的阀杆运动而进行调节。

（2）电磁式电子膨胀阀　这种膨胀阀的结构如图 7-51 所示。被调参数先转化为电压，施加在膨胀阀的电磁线圈上。电磁线圈通电前，阀针 6 处于全开的位置。通电后，受磁力的作用，阀针的开度减小。开度减小的程度取决于施加在线圈上的控制电压。电压越高，开度越小，流经膨胀阀的制冷剂流量也越小。电磁式电子膨胀阀开度特性如图 7-52 所示。电磁式电子膨胀阀的结构简单，对信号变化的响应快。但在制冷机工作时，需要一直向它提供控制电压。

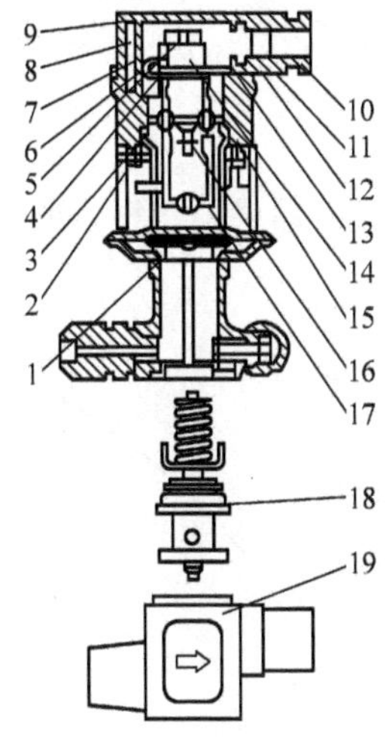

图 7-50　TQ 型热动式电子膨胀阀结构
1—阀头　2—止动螺钉　3—O 形圈　4—电线套管
5—电线　6、8—螺钉　7、12、13—垫片　9—上盖
10—电线旋入口　11—密封圈　14—端板　15—膜头
16—NTC 传感元件　17—PTC 加热元件　18—节流组件
（包括阀杆、阀芯等）　19—阀体

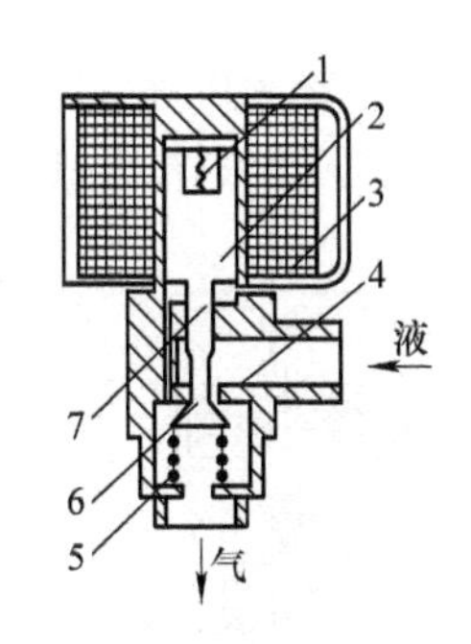

图 7-51　电磁式电子膨胀阀
1、5—弹簧　2—柱塞　3—线圈
4—阀座　6—阀针　7—阀杆

（3）电动式电子膨胀阀　电动式电子膨胀阀广泛使用步进电动机驱动阀针，一般可分为直动型和减速型两种。

1）直动型。其结构如图 7-53 所示。直动型电动式电子膨胀阀用步进电动机直接驱动阀针。当控制电路产生的步进电压作用到电动机定子上时，永久磁铁制成的电动机转子 1 转动，通过螺纹的作用，转子的旋转运动变为阀杆 4 的上、下运动，从而调节阀针 3 的开度，进而调节制冷剂的流量。直动型电动式电子膨胀阀的开度特性如图 7-54 所示。

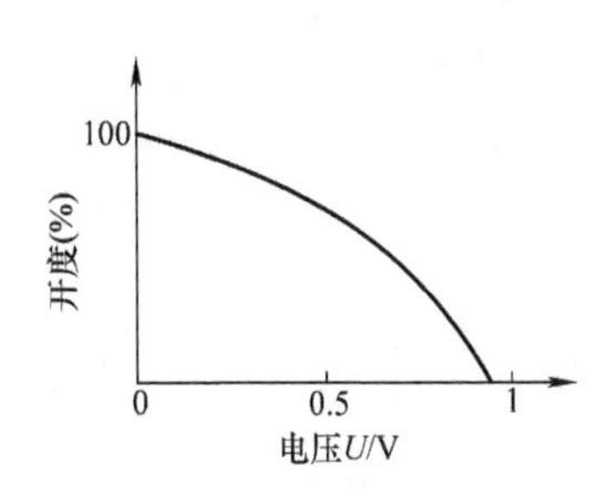

图 7-52　电磁式电子膨胀阀的开度特性

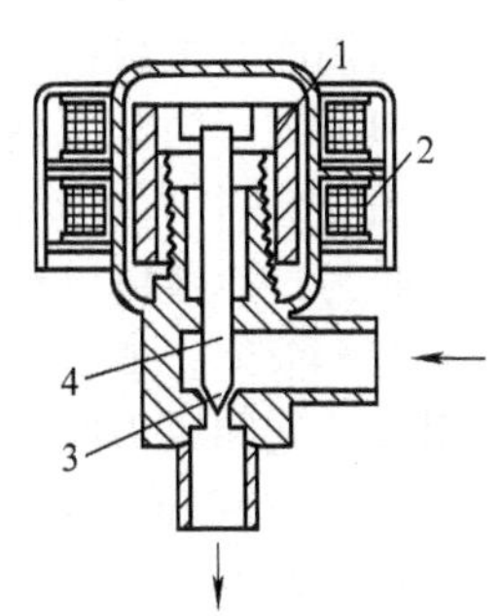

图 7-53　直动型电动式电子膨胀阀
1—转子　2—线圈　3—阀针　4—阀杆

在直动型电动式电子膨胀阀中，驱动阀针的力矩直接来自定子线圈的磁力矩。由于电动机的尺寸有限，故这个力矩较小。为了获得较大的力矩，开发了减速型电动式电子膨胀阀。

2）减速型。其结构如图7-55所示。减速型电动式电子膨胀阀内装有减速齿轮组。步进电动机通过减速齿轮组5将其磁力矩传递给阀针4。减速齿轮组起放大磁力矩的作用，因而配有减速齿轮组的步进电动机可以方便地与不同规格的阀体配合，满足不同调节范围的需要。减速型电动式电子膨胀阀的开度特性如图7-56所示。

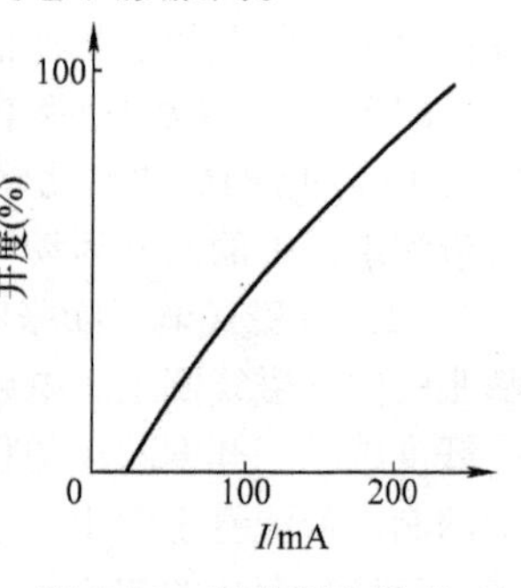

图7-54 直动型电动式电子膨胀阀的开度特性

制冷系统同时使用变频压缩机及电子膨胀阀时，因变频压缩机受主计算机指令的控制，电子膨胀阀的开度也随之受该指令的控制。由于制冷系统的蒸发器和冷凝器已给定，其传热面积是定值，因此阀的开度并不完全与频率成固定的比例。试验表明，在不同频率下存在一个能效比最佳的流量，因此，在膨胀阀开度的控制指令中，应包含压缩机频率和蒸发器温度诸因素。

（三）毛细管

毛细管又叫节流管，其内径常为0.5~5mm，长度不等，材料为铜或不锈钢。由于它不具备自身流量调节能力，被看作一种流量恒定的节流设备。

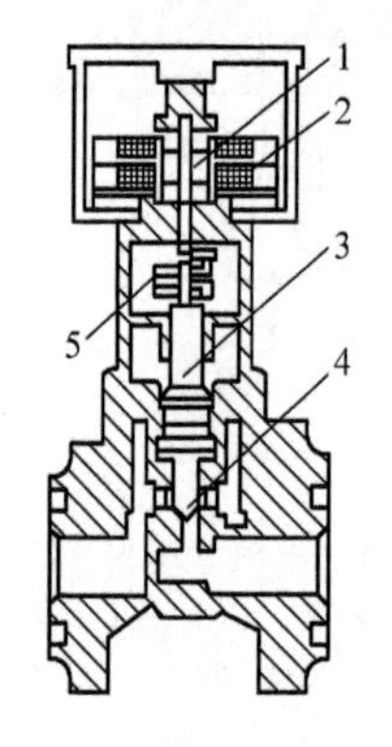

图7-55 减速型电动式电子膨胀阀

1—转子 2—线圈 3—阀杆

4—阀针 5—减速齿轮组

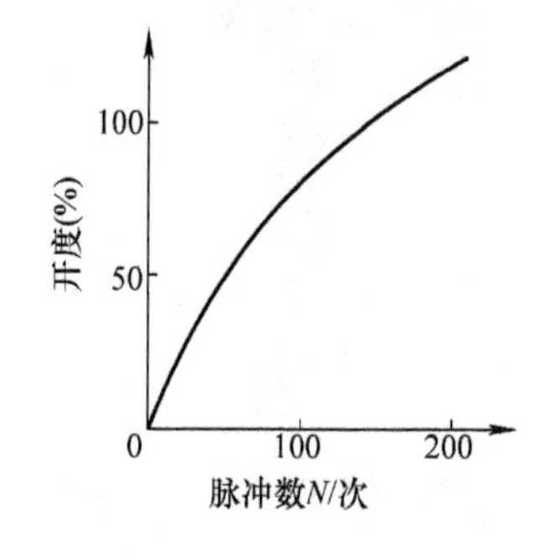

图7-56 减速型电动式电子膨胀阀的开度特性

毛细管节流是根据流体在一定几何尺寸的管道内流动产生摩阻压降改变其流量的原理，当管径一定时，流体通过的管道短，则压降小，流量大；反之，压降大且流量小。毛细管在制冷系统中取代膨胀阀作为节流机构。

根据毛细管进口处制冷剂的状态分为过冷液体、饱和液体和稍有汽化等情况。从毛细管的安装方式考虑，制冷剂在其进口的状态按毛细管是否与吸气管存在热交换而分为回热型和无回热型两种。回热型即毛细管内制冷剂在膨胀过程对外放热，无回热型即毛细管内制冷剂的膨胀过程为绝热膨胀。图7-57中曲线所表示的就是绝热膨胀过程中，沿管长方向的压力和温度分布情况。进入毛细管时为过冷液体的绝热膨胀，前一段为液体，随着压力的降低液体过冷度不断减小，并最后变成饱和液体，如图7-57中1-a段所示。当制冷剂压力达到点a，也就是压力相当于制冷剂入口温度的饱和压力时，开始汽化，变为两相流动。随着压力不断降低，液体不断汽化，气液混合物的比体积和流速相应增大，且比焓值逐渐减小。同时，由于管内阻力影响，一部分动能消耗于克服摩擦，并转化为热能被制冷剂吸收，使其比焓值有所回升。因而这种膨胀过程不可能等熵，制冷剂的比焓值将不断增大。所以，该过程只能是介于等焓及等熵之间的膨胀过程，如图7-57中，a-2段所示。2-3段为管外自由膨胀，点3以后为蒸发器内的过程，制冷剂在蒸发器的状态为 t_0、p_0。

当毛细管进口为饱和液体或是已具有一定干度的气液混合物时，在节流管内仅为气液两相流动过程，无液体段。即图 7-57 中的曲线点 a 与点 1 重合，其流动过程相当于图中的a-2-3曲线所表示的情况。

在毛细管的管径 d、长度 l 和制冷剂进口前的状态均给定的条件下，制冷剂的质量流速 g、出口压力 p_2'，将随蒸发器内的蒸发压力（俗称背压）p_0 变化而改变。当 p_0 较高时，g 随 p_0 降低而不断增大，而 p_2'始终与 p_0 相等。这是因为 p_0 降低到某一数值时，毛细管出口出现了“临界出口状态”，其出口流速达到当地声速，制冷剂的质量流速 g 达到最大值，压力 $p_c>p_0$。“临界状态点”以后将作自由膨胀直到 p_0 进入蒸发器等压吸热蒸发。

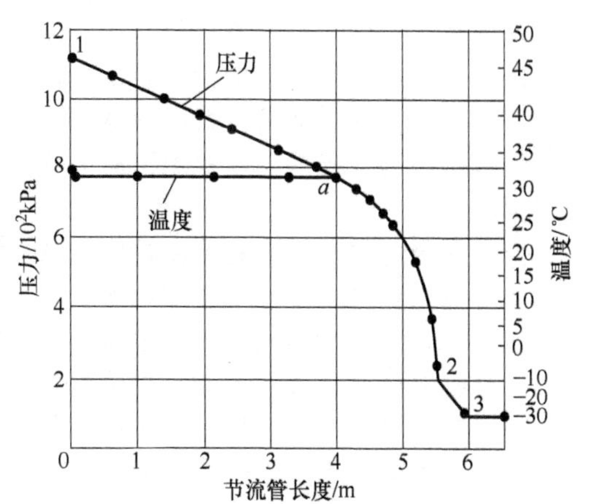

图 7-57 制冷剂（氟利昂）在毛细管中流动时的压力与温度分布特性

制冷装置中毛细管的选配有计算法和图表法两种。无论是哪种方法得到的结果，均只能是参考值。

理论计算的方法是建立在毛细管内有一定管长的亚稳态流存在，其长度受亚稳态流的影响仅仅反映在摩阻压降中相应管长流速的平均值 u_m 上；毛细管内蒸气的干度随管长的变化规律按等焓过程进行；以及管内摩擦因数按工业光滑管考虑等假设条件下，其毛细管长度可由式（7-35）计算得到，即

$$\Delta p_i = -\frac{q_m}{A}\Delta u_i - \frac{q_m}{2Ad_i}\xi u_{mi}\Delta L_i \tag{7-35}$$

式中，q_m 为每根毛细管的供液量（kg/s）；A 为毛细管通道截面积（m^2）；Δu_i 为所求管段进出口截面流速差（m/s）；d_i 为毛细管内径（m）；u_{mi}为所求管段进出口截面流速平均值（m/s）；ξ 为摩阻系数，管内为液相流动时，$\xi_L = 0.0055[1 + (20000e/d_i + 10^6/Re)^{1/3}]$，其中 e/d_i 为管内表面相对粗糙度，$e/d_i=3.8\times10^{-4}$，$Re=ud_i/\nu$，管内为两相流动时，$\xi_T=0.95\xi_L$。

考虑在管内的流动过程存在干度 x 的变化应对毛细管按压差分段（即 Δp_i）计算各管长 ΔL_i，最后 $\sum\Delta L_i$ 即是理论计算的毛细管长度。

在工程设计中也有采用在某稳定工况下，对不同管径和长度的毛细管进行实际运行试验，并将试验结果整理成线图。在选配时根据已知条件通过线图近似地选择毛细管参数，即图表法。图 7-58所示为 R22、R12 毛细管初步选择曲线图。若已知一 R22 制冷装置制冷量 $Q_0 = 600\times1.163\text{W} = 697.8\text{W}$，在图中可以有 A、B、C 三个反映毛细管参数的点，即得到三种长度和内径的毛细管，即 d_i 为 0.8mm、0.9mm 和 1.0mm，长度 L 为 0.9m、1.5m 和 2.8m，可从此三个结果中选取一种作为初选毛细管尺寸。

设计用毛细管节流的制冷系统时应注意：

1）系统的高压侧不要设置贮液器，以减少停机时制冷剂迁移量，防止起动时发生“液击”。

2）制冷剂的充注量应尽量与蒸发容量相匹配。必要时可在压缩机吸气管路上加装气液分离器。

3）对初选毛细管进行试验修正时，应保证毛细管的管径和长度与装置的制冷能力相吻合，以保证装置能达到规定的技术性能要求。

4）毛细管内径必须均匀。其进口处应设置干燥过滤器，防止水分和污物堵塞毛细管。

（四）浮球调节阀

浮球调节阀简称浮球阀，是用液位调节的自动节流机构，它适用于具有自由液面的蒸发器（如壳管式、立管式及螺旋管式等）和中间冷却器等，浮球阀现在主要用于氨制冷装置中。

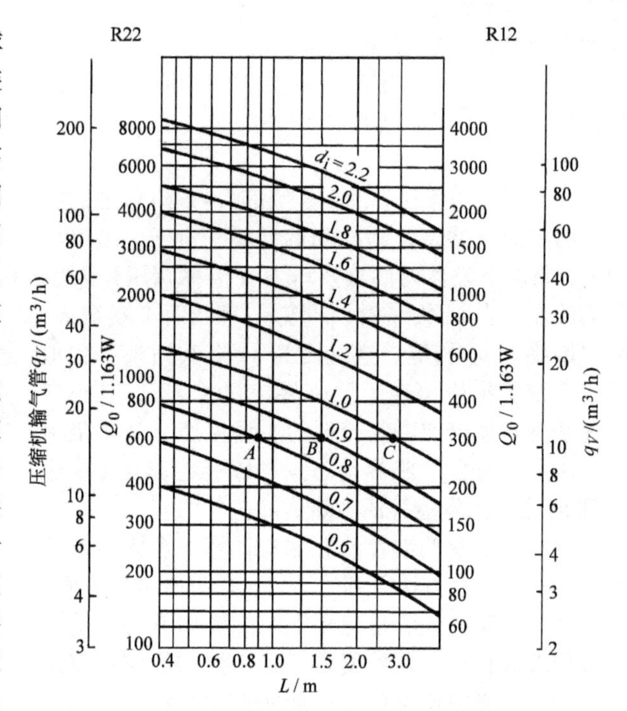

图 7-58　R22、R12 毛细管初步选择曲线图

试验条件：进口温度 46.1℃，蒸发压力远小于临界压力

浮球阀按其工作压力可分为低压浮球阀和高压浮球阀两类。低压浮球阀是安装在蒸发器或中间冷却器的供液管路上，用来保持蒸发器或中间冷却器中的液位。高压浮球阀则是安装在高压液体管路上，用来保持冷凝器或贮液器中的液位，从而间接地调节蒸发器的供液量，高压浮球阀只适于具有一个蒸发器的制冷机组，故现在已很少使用。

低压浮球阀按制冷剂液体在其中的流通方式可分为直通式及非直通式两种，在图 7-59 中示出它们的结构示意图及管路系统图。浮球阀是用液体连接管及气体连接管分别与蒸发器或中间冷却器的液体部分及蒸气部分连通，因而浮球阀与蒸发器或中间冷却器中具有相同的液位。当蒸发器或中间冷却器内的液面下降时阀体内的液面也随之下降，浮球落下，针阀便将阀孔开大，于是供液量增大。反之，当液面上升时浮球上升，阀孔开度减小，供液量减小；而当液面升高到一定的限度时阀孔被关死，即停止供液，所以浮球阀对供液量的调节属比例调节。

直通式及非直通式浮球阀中液体的流通方式是不同的。在直通式浮球阀中液体经阀孔节流后先流入壳体内，再经液体连接管进入蒸发器或中间冷却器中。而节流时产生的蒸气则经气体连接管进入蒸发器或中间冷却器中。在非直通式浮球阀中液体不进入阀体，而是用一单独的管路送入蒸发器或中间冷却器中。直通式浮球阀结构比较简单，但阀体内液面波动较大（由进入液体的冲击作用引起），使浮球阀的工作不稳定；而且液体从阀体流入蒸发器或中间冷却器是依靠液位差，因此只能供液到液面以下。而非直通式浮球阀则工作较稳定，可以供液到任何地点（因节流后的压力高于蒸发器或中间冷却器中的压力），例如氨立式蒸发器及中间冷却器即是用这种浮球阀从顶部供液。

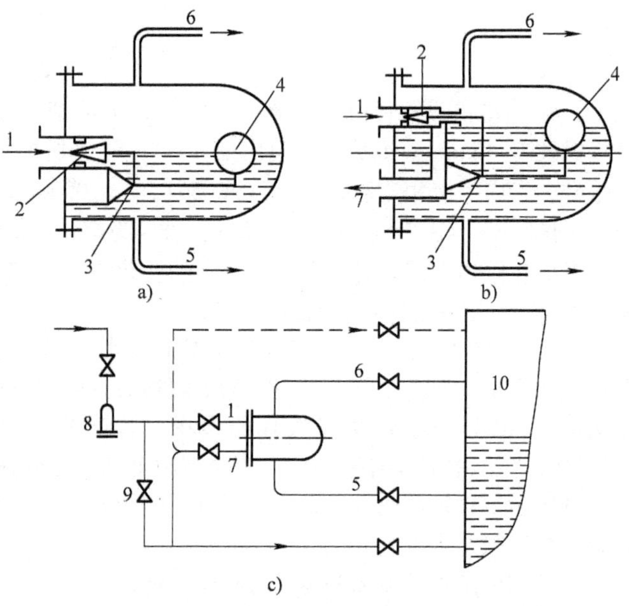

图 7-59　低压浮球阀的结构示意及管路系统图

a）直通式　b）非直通式　c）非直通式的管路系统

1—液体进口　2—针阀　3—支点　4—浮球　5—液体连接管　6—气体连接管　7—液体出口　8—过滤器　9—手动节流阀　10—蒸发器或中间冷却器

图 7- 59 所示是将低压浮球阀单独用来调节供液量。在大型制冷装置中还可将非直通式浮球阀用作感应机构，用气动式主阀作为执行机构，共同实现对供液量的调节。

在实际应用中，当蒸发器的热负荷大时，由于制冷剂液体沸腾而在蒸发器中形成气液混合物，平均密度显著减小，因而使蒸发器中的液面远高于浮球阀壳体中的液面。而且浮球阀的液体连接管的垂直长度越长，则这一液位差越大。因此，当将低压浮球阀安装到蒸发器上时浮球阀应适当放低一些，而且液体连接管的垂直尺寸应尽可能小一些。

第七节 蒸气压缩式制冷装置的管路系统及隔热

一、制冷装置的管道系统

制冷装置的管道系统应能保证向蒸发器均匀供液，管路压降不超过允许值，不发生液击、失油、振动、噪声，以及润滑系统能正常工作等。

（一）制冷装置的管径选择

为了让装置中各种管道流速和阻力损失对系统回油能力和耗功的影响达到最佳，必须对各种管道的管径进行合理选择。工程上常采用线算图法选择管径，即根据制冷量、蒸发温度和当量总长度在线算图上查出其最小管径。此法虽有误差，但可以满足工程计算的精度要求。

1. 氟利昂系统的管径选择

（1）回气管管径的确定　回气管压降对压缩机制冷能力有直接影响。一般氟利昂回气管的允许压降控制在相当于饱和蒸发温度差1℃，合适的管内流速为8~15m/s。当管道较长，阻力增大时，应降低流速，增大管径，保持其压降不变，以保证压缩机制冷量不受影响。对于上升回气立管有带油速度要求，应以便于回油为前提选择管径。R22系统回气管最小管径线算图如图7-60所示。其查图方法举例如下：

例7-5　已知R22回气管道有直管20m各种管件的当量直径总数$\sum L_e/d_i=400$，制冷负荷为58.15kW，蒸发温度$t_0=-30$℃，计算铜管回气管内径。

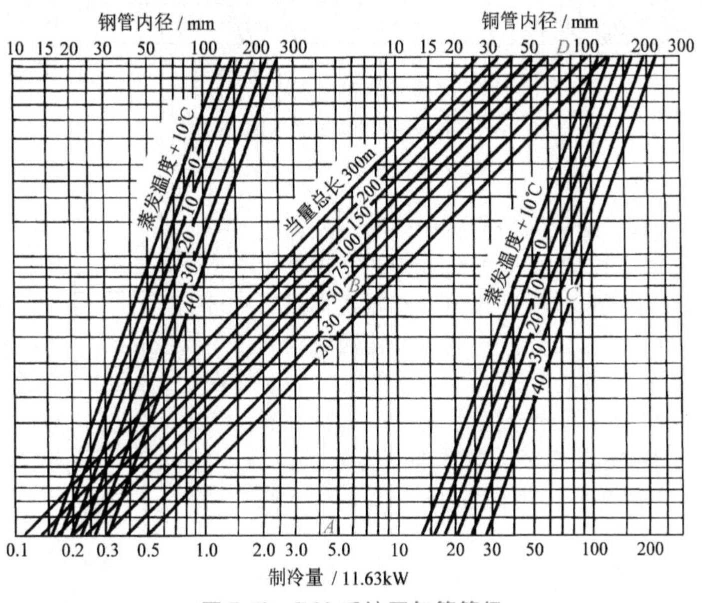

图7-60　R22系统回气管管径

（饱和蒸发温度差1℃；膨胀阀前液温40℃）

解　先假定当量总长为50m。在图7-60上，从制冷量横坐标上的A点，向上作垂线交斜线当量总长为50m于B点，再由B点水平向右交$t_0=-30$℃斜线于C点，然后向上作垂线与右侧铜管内径横坐标于D点，即读出需用铜管内径$d_i=70$mm。

若采用这一铜管，则管件当量长度$L_e=400\times0.07\text{m}=28\text{m}$，则管路当量总长$\sum L_e=20\text{m}+28\text{m}=48\text{m}$，则回气管中的饱和蒸发温度差为$\frac{48}{50}\times1.0℃=0.96℃$。若此温降是合适的，就可以采用$d_i=$

70mm 的管子，否则应改用较大管径。

（2）排气管的管径选择　排气管径大小对压缩机耗功大小有重要影响。由于其排出的高压气体的比体积较低压回气的小，所以排气管径较吸气管径要小。一般排气管内压降相当的饱和冷凝温度差为 0.5℃。例如，R22 的排气管压降值为 20kPa，相应的管内流速为10~18m/s。上升排气管则应以合适的带油速度为准来选择管径。R22 排气管最小管径线算图如图 7-61 所示。使用方法与吸气管相同。

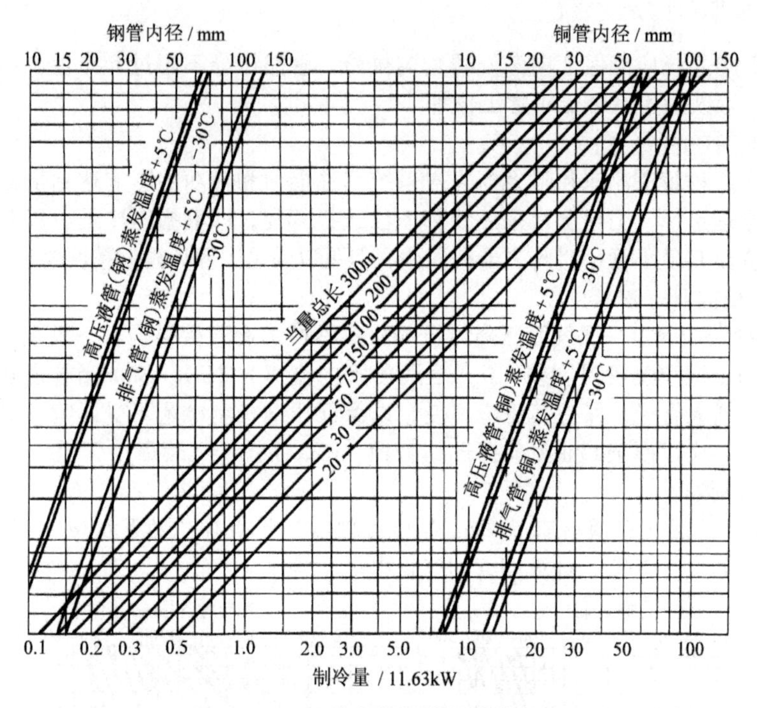

图 7-61　R22 排气管与高压液管管径

（饱和冷凝温度差为 0.5℃；冷凝温度为 40℃）

（3）液管的管径选择　液管为冷凝器出口到蒸发器进口的管段。由冷凝器出口到贮液器间的泄液管、贮液器出口到膨胀阀进口间的高压液管和膨胀阀出口到蒸发器进口间的低压液管三部分组成。对无分液头的蒸发器液管仅是前两部分，对无贮液器系统的液管则只有后两部分。

1）泄液管。一般限定其管内流速为 0.5m/s。在设有均压管时流速可提高 50%。其管径线算图如图 7-62 所示。图中曲线计算条件为液温 40℃，蒸发温度−20℃，对于其他常用温度可以大致通用。

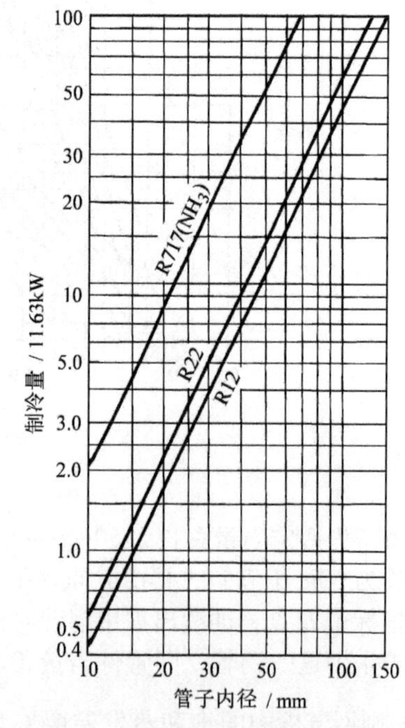

图 7-62　冷凝器至贮液器间泄液管管径

2）高压液管。其要求是该管段压降不致引起膨胀阀前产生闪发气体。压降应控制在不超过相当于饱和冷凝温度差 0.5℃，其相应压降值为 20kPa（R22）。计算压降时还应将管路两端的液位差计入。计算该管段的线算图如图 7-61 所示。

3）低压液管。该管段中易产生闪发气体，是液体经膨胀阀节流后压力降低的必然结果，其中两相流管道压降较高压液管有较大增加。R22 随温度而定的压降相当于高压液管压降的倍数见表 7-10。按表中推荐值估算出低压液管压降后再确定所需管径。此外，还可以按膨胀阀出口管径或蒸发盘管入口管径进行选择。

表 7-10 随温度而定的 R22 低压供液管相当于高压输液管的压降倍数

膨胀阀前液温/℃	30					40				
蒸发温度/℃	10	0	-10	-20	-30	10	0	-10	-20	-30
压降倍数	12	18.5	28.5	43.5	64	17	24.5	35.5	51	77

2. R134a 系统的管径选择

Theodore Atwood 对 R134a 的管道尺寸和压降进行研究，结果表明，R134a 吸气管尺寸选择可与 R12 完全相同，仅有的区别是相同制冷量时质量流量约为 R12 的 80%。在高蒸发温度下吸气管中的压降较采用 R12 时要低一些。而在-40℃以下的蒸发温度时两者的压降相等。在排气管和液管中，正常应用范围内 R134a 压降同样较 R12 要低，其管内流速较 R12 低 10%，以致在相同尺寸情况下，R134a 压降要降低 25%~30%。对于液管，R134a 的流速和黏度均低于 R12，所以相同条件下 R134a 液管压降也较 R12 约低 25%。

在上述研究的基础上，Theodore Atwood 提出了在冷凝温度 48.9℃条件下的 R134a 系统管径选择表，见表 7-11。

3. 氨系统的管径选择

氨单位制冷量较大，黏度和密度均较氟利昂小，在相同循环量时氨循环所产生的压降要小。因而管径选择时压降可取小些。对回气管一般控制在相当于饱和蒸发温度差 0.5℃，低于氟利昂的饱和蒸发温度差 1℃的范围。各种饱和温度下相当于饱和温度差 0.5℃氨压力降的各对应值见表 7-12。

表 7-11 HFC-134a 系统管径选择表（铜管）

蒸发器制冷量/3.51685kW	等效 1℃饱和蒸发温度差压降时吸气管管径/25.4mm									等效饱和冷凝温度差 0.5℃的排气管管径/25.4mm			等效饱和冷凝温度差 0.5℃的液管管径/25.4mm		
	蒸发温度：t_0=-40℃			t_0=-17.8℃			t_0=4.4℃								
	等效管长度/0.3048m														
	25	50	100	25	50	100	25	50	100	25	50	100	25	50	100
1/4	3/4	7/8	$1\frac{1}{8}$	$\frac{1}{2}$	$\frac{5}{8}$	$\frac{3}{4}$	$\frac{3}{8}$	$\frac{1}{2}$	$\frac{1}{2}$	$\frac{3}{8}$	$\frac{3}{8}$	$\frac{3}{8}$	$\frac{3}{8}$	$\frac{3}{8}$	$\frac{3}{8}$
1/2	$1\frac{1}{8}$	$1\frac{1}{8}$	$1\frac{3}{8}$	$\frac{5}{8}$	$\frac{3}{4}$	$\frac{7}{8}$	$\frac{1}{2}$	$\frac{5}{8}$	$\frac{5}{8}$	$\frac{3}{8}$	$\frac{1}{2}$	$\frac{1}{2}$	$\frac{3}{8}$	$\frac{3}{8}$	$\frac{3}{8}$
3/4	$1\frac{3}{8}$	$1\frac{3}{8}$	$1\frac{5}{8}$	$\frac{3}{4}$	$\frac{7}{8}$	$1\frac{1}{8}$	$\frac{5}{8}$	$\frac{5}{8}$	$\frac{3}{4}$	$\frac{1}{2}$	$\frac{1}{2}$	$\frac{5}{8}$	$\frac{3}{8}$	$\frac{3}{8}$	$\frac{3}{8}$
1	$1\frac{3}{8}$	$1\frac{3}{8}$	$1\frac{5}{8}$	$\frac{7}{8}$	$1\frac{1}{8}$	$1\frac{1}{8}$	$\frac{5}{8}$	$\frac{3}{4}$	$\frac{3}{4}$	$\frac{1}{2}$	$\frac{5}{8}$	$\frac{5}{8}$	$\frac{3}{8}$	$\frac{3}{8}$	$\frac{3}{8}$
$1\frac{1}{2}$	$1\frac{3}{8}$	$1\frac{5}{8}$	$2\frac{1}{8}$	$1\frac{1}{8}$	$1\frac{1}{8}$	$1\frac{3}{8}$	$\frac{3}{4}$	$\frac{7}{8}$	$\frac{7}{8}$	$\frac{5}{8}$	$\frac{5}{8}$	$\frac{3}{4}$	$\frac{3}{8}$	$\frac{3}{8}$	$\frac{1}{2}$
2	$1\frac{5}{8}$	$2\frac{1}{8}$	$2\frac{1}{8}$	$1\frac{1}{8}$	$1\frac{3}{8}$	$1\frac{5}{8}$	$\frac{3}{4}$	$\frac{7}{8}$	$1\frac{1}{8}$	$\frac{5}{8}$	$\frac{3}{4}$	$\frac{7}{8}$	$\frac{3}{8}$	$\frac{3}{8}$	$\frac{1}{2}$
3	$2\frac{1}{8}$	$2\frac{1}{8}$	$2\frac{5}{8}$	$1\frac{3}{8}$	$1\frac{3}{8}$	$1\frac{5}{8}$	$\frac{7}{8}$	$1\frac{1}{8}$	$1\frac{1}{8}$	$\frac{3}{4}$	$\frac{7}{8}$	$\frac{7}{8}$	$\frac{1}{2}$	$\frac{1}{2}$	$\frac{5}{8}$
5	$2\frac{1}{8}$	$2\frac{5}{8}$	$3\frac{1}{8}$	$1\frac{5}{8}$	$1\frac{5}{8}$	$2\frac{1}{8}$	$1\frac{1}{8}$	$1\frac{3}{8}$	$1\frac{3}{8}$	$\frac{7}{8}$	$1\frac{1}{8}$	$1\frac{1}{8}$	$\frac{1}{2}$	$\frac{5}{8}$	$\frac{3}{4}$
$7\frac{1}{2}$	$2\frac{5}{8}$	$3\frac{1}{8}$	$3\frac{5}{8}$	$1\frac{5}{8}$	$2\frac{1}{8}$	$2\frac{5}{8}$	$1\frac{3}{8}$	$1\frac{3}{8}$	$1\frac{5}{8}$	$1\frac{1}{8}$	$1\frac{1}{8}$	$1\frac{3}{8}$	$\frac{5}{8}$	$\frac{3}{4}$	$\frac{3}{4}$
10	$3\frac{1}{8}$	$3\frac{1}{8}$	$3\frac{5}{8}$	$2\frac{1}{8}$	$2\frac{1}{8}$	$2\frac{5}{8}$	$1\frac{3}{8}$	$1\frac{5}{8}$	$2\frac{1}{8}$	$1\frac{1}{8}$	$1\frac{3}{8}$	$1\frac{3}{8}$	$\frac{5}{8}$	$\frac{3}{4}$	$\frac{7}{8}$
15	$3\frac{5}{8}$	$3\frac{5}{8}$	$5\frac{1}{8}$	$2\frac{1}{8}$	$2\frac{5}{8}$	$3\frac{1}{8}$	$1\frac{5}{8}$	$2\frac{1}{8}$	$2\frac{1}{8}$	$1\frac{3}{8}$	$1\frac{3}{8}$	$1\frac{5}{8}$	$\frac{3}{4}$	$\frac{7}{8}$	$1\frac{1}{8}$

（续）

蒸发器制冷量/3.51685kW	等效1℃饱和蒸发温度差压降时吸气管管径/25.4mm									等效饱和冷凝温度差0.5℃的排气管管径/25.4mm			等效饱和冷凝温度差0.5℃的液管管径/25.4mm		
	蒸发温度: t_0=-40℃			t_0=-17.8℃			t_0=4.4℃								
	等效管长度/0.3048m														
	25	50	100	25	50	100	25	50	100	25	50	100	25	50	100
20	$3\frac{5}{8}$	$4\frac{1}{8}$	$5\frac{1}{8}$	$2\frac{5}{8}$	$3\frac{1}{8}$	$3\frac{1}{8}$	$2\frac{1}{8}$	$2\frac{1}{8}$	$2\frac{5}{8}$	$1\frac{3}{8}$	$1\frac{5}{8}$	$2\frac{1}{8}$	$\frac{7}{8}$	$1\frac{1}{8}$	$1\frac{1}{8}$
25	$4\frac{1}{8}$	$5\frac{1}{8}$	$5\frac{1}{8}$	$2\frac{5}{8}$	$3\frac{1}{8}$	$3\frac{5}{8}$	$2\frac{1}{8}$	$2\frac{1}{8}$	$2\frac{5}{8}$	$1\frac{5}{8}$	$2\frac{1}{8}$	$2\frac{1}{8}$	$\frac{7}{8}$	$1\frac{1}{8}$	$1\frac{1}{8}$
30	$4\frac{1}{8}$	$5\frac{1}{8}$	$6\frac{1}{8}$	$3\frac{1}{8}$	$3\frac{1}{8}$	$3\frac{5}{8}$	$2\frac{1}{8}$	$2\frac{5}{8}$	$2\frac{5}{8}$	$1\frac{5}{8}$	$2\frac{1}{8}$	$2\frac{1}{8}$	$1\frac{1}{8}$	$1\frac{1}{8}$	$1\frac{3}{8}$
40	$5\frac{1}{8}$	$6\frac{1}{8}$	$6\frac{1}{8}$	$3\frac{1}{8}$	$3\frac{5}{8}$	$4\frac{1}{8}$	$2\frac{5}{8}$	$2\frac{5}{8}$	$3\frac{1}{8}$	$2\frac{1}{8}$	$2\frac{5}{8}$	$2\frac{5}{8}$	$2\frac{5}{8}$	$1\frac{3}{8}$	$1\frac{3}{8}$

注：表中所注的管径为铜管外径，管型为L型（类别），转换为m制可作参考。

表7-12　相当于饱和温度差0.5℃的氨压力降

饱和温度/℃	-40	-30	-20	-10	0	10	40
氨压力降/kPa	1.96	2.94	3.92	5.88	7.85	10.79	21.58

氨系统排气管和液管也以控制在相当于饱和冷凝温度差0.5℃为宜，因氨与油不互溶，无需考虑带油速度问题。冷凝后的泄液管内流速不超过0.5m/s即可。氨管管径线算图如图7-63所示。图左侧部分适用于单级压缩氨制冷系统和两级压缩系统的高压级，右侧部分适用于其低压级。

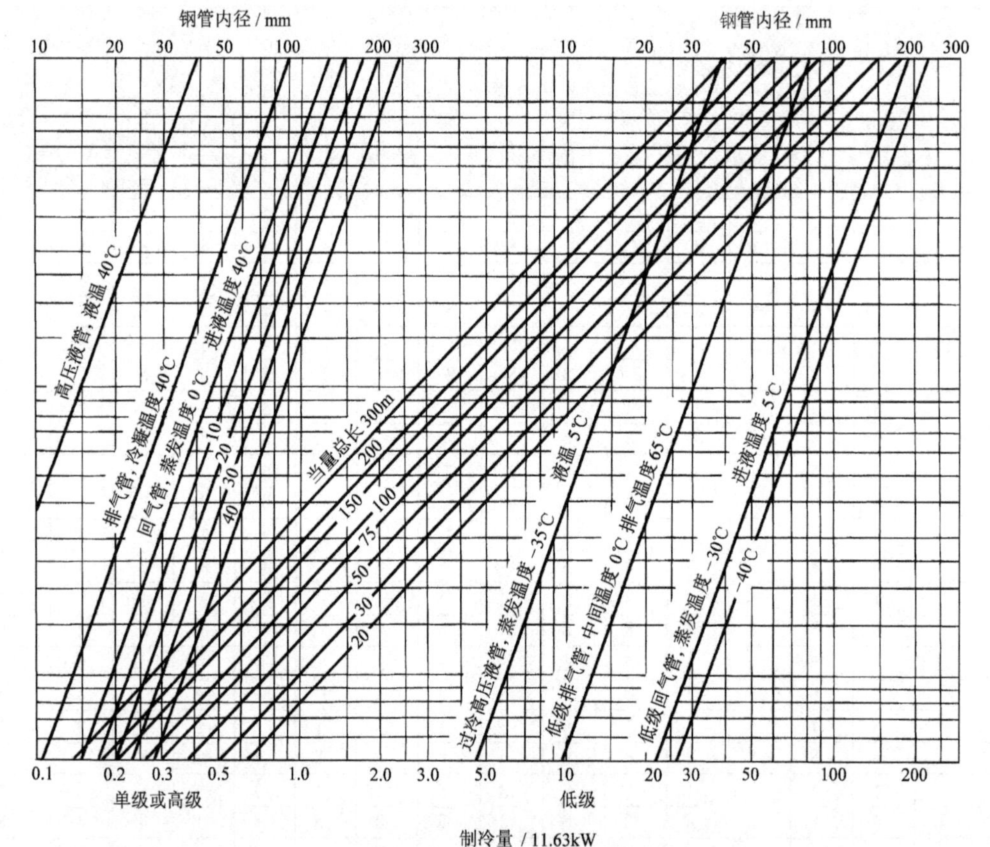

图7-63　氨系统各种管径线算图

（回气管：饱和蒸发温度差0.5℃；排气管和高压液管：饱和冷凝温度差0.5℃）

4. 水系统的管径选择

水管管径的选择主要取决于水泵或载冷剂泵压头所允许的压降。其最小管径不应小于 25mm，管径在 100mm 以下者管内流速不要超过 1m/s，管径大时流速可以偏高一些，但不宜超过 2m/s，以免磨损。

（二）管道系统的阻力计算

制冷装置的管道系统中有单相流和两相流两种形式。例如冷却水、载冷剂、润滑油、制冷剂液体、排气管中的过热蒸气，均属单相流。而制冷剂在低压供液管、蒸发盘管等的管内流动属两相流，其流动特性与传热特性有着密切的联系，现分别介绍如下。

1. 单相流管道阻力计算

单相流在直管段会因管壁摩擦而产生摩阻压降；而在弯头、阀门、三通和其他附属设备处会因局部流道变化而产生局部阻力损失。它们的计算可按下式进行。

1）管道摩阻压降 Δp_m(Pa)为

$$\Delta p_m = \lambda_e \frac{l}{d_i} \frac{\rho w^2}{2} \tag{7-36}$$

式中，Δp_m 为管内摩阻压降；λ_e 为管内摩阻系数，层流时 $\lambda_e = 64/Re$，湍流时 $\lambda_e = 0.0055[1+(20000e/d_i+10^6/Re)^{\frac{1}{3}}]$，其中$\frac{e}{d_i}$是管内表面相对粗糙度，$e$ 为绝对粗糙度，各种管子的绝对粗糙度见表 7-13；l 为管长度（m）；d_i 为管内径（m）；w 为管内流速（m/s）；ρ 为流体密度（kg/m^3）。

表 7-13　各种管子的绝对粗糙度 e

管子类型	e/mm	管子类型	e/mm
新无缝铜管或黄铜管	0.0~0.0015	使用若干年后的钢管：蒸气及非腐蚀性气体通过	0.10
新的钢管	0.05~0.10	非腐蚀性液体通过	0.30
新的铸铁管	0.26~0.30	弱腐蚀性液体通过	0.50
新的镀锌钢管	0.15	强腐蚀性液体通过	0.80

工程中氟利昂系统采用铜管，表面无腐蚀也不产生污垢，其表面粗糙度极小，可忽略不计，钢管内表面绝对粗糙度在 e=0.012~1mm 范围，一般取 e=0.06mm。

2）管内局部阻力损失 Δp_j（Pa）为

$$\Delta p_j = \xi \frac{\rho w^2}{2} \tag{7-37}$$

式中，ξ 为局部阻力系数。

工程中常采用“当量管长”法将各种弯头、阀门、三通及附件的阻力损失与该流体相同管径的直管段某长度内产生摩阻压降等效计算，即将式（7-37）变成为

$$\Delta p_j = \lambda_e \frac{L_e}{d_i} \frac{\rho w^2}{2} \tag{7-38}$$

式中，λ_e 为摩阻系数，按相同管径和流速的直管取用。L_e/d_i 为当量直径，即当量长度为其直径的倍数，各种管件的当量直径见表 7-14。

表 7-14 各种常用管件的当量直径（L_e/d_i）

阀和管件名称		L_e/d_i	阀和管件名称		L_e/d_i
球形阀（全开）		340	管弯 90° 方弯 90°	$R\geqslant 1\frac{1}{2}d$	15
角 阀（全开）		170	管径突扩	$d/D=\frac{1}{4}$	30
闸门阀（全开）		8		$d/D=\frac{1}{2}$	20
止回阀（全开）		80			
标准弯头	90° 45°	40 25	管径突扩	$d/D=3/4$	17
三通	主管直通 主管道支管 或直管直通	20 60	管径突缩	$d/D=\frac{1}{4}$	15
				$d/D=\frac{1}{2}$	11
弯管 90°	$R=1d$	20		$d/D=\frac{3}{4}$	7

3）管系总阻力计算。对于封闭系统总阻力 Δp_{zb}（Pa），有

$$\Delta p_{zb}=\sum\Delta p_m+\sum\Delta p_j=\sum\lambda_e\left(\frac{L+L_e}{d_i}\right)\frac{\rho w^2}{2} \tag{7-39}$$

对于开启系统总阻力 Δp_{zk}（Pa），有

$$\Delta p_{zk}=\sum\Delta p_m+\sum\Delta p_j+(Z_1-Z_2)\rho g \tag{7-40}$$

式中，Z_1、Z_2 分别为入口与出口的液柱（m）；g 为重力加速度，$g=9.806\text{m/s}^2$。

2. 两相流管道阻力计算

气液两相流是一种复杂的流动现象。它的气液界面复杂多变，且流型不易精确判别。尤其管内存在相变过程的两相流，随着热出入量的变化，各相的数量、分布状态和流型随之变化。众多学者只能采用适当假设简化的均相流动模型和分相流动模型，从两相流基本方程得出两相流动过程的函数形式，再由试验得出方程中的经验系数，所计算的两相流压降梯度包含有摩阻、重位和加速压降三个部分。现介绍以下计算方法：

（1）直通管段的两相流压降计算 根据马蒂内里-纳尔逊计算摩阻压降的方法，两相流摩阻压降计算式为

$$\Delta p''_{Tm}=\phi_L^2\ (1-X)^{1.75}\Delta p_{Te}l \tag{7-41}$$

式中，$\Delta p''_{Tm}$ 为两相流摩阻压降（Pa）；ϕ_L^2 为分液相折算系数，$\phi_L^2=1+C/x+1/x^2$，其中 C 为系数；X 为马蒂内里参数。

按两相流流态不同 C 和 X 有四种情况：

1）液相和气相都是湍流（tt），即（$Re_L\geqslant2000$，$Re_g\geqslant2000$）。

取 $C=20$

$$X_{tt}=\left[\left(\frac{1-x}{x}\right)^{1.8}\frac{\rho_g}{\rho_L}\left(\frac{\mu_L}{\mu_g}\right)^{0.2}\right]^{0.5} \tag{7-42}$$

2）液相层流（$Re_L\leqslant1000$），气相湍流（$Re_g\geqslant2000$）（vt）。

取 $C=12$

$$X_{vt}=\left[\left(\frac{1500}{Re_g}\right)^{0.8}\left(\frac{1-x}{x}\right)\frac{\rho_g\mu_L}{\rho_L\mu_g}\right]^{0.5} \tag{7-43}$$

3）液相湍流（$Re_L\geqslant2000$），气相层流（$Re_g\leqslant1000$）（tv）。

取 $C=10$

$$X_{tv}=\left[\left(\frac{Re_L}{1500}\right)^{0.8}\left(\frac{1-x}{x}\right)\frac{\rho_g\mu_L}{\rho_L\mu_g}\right]^{0.5} \tag{7-44}$$

4）液相和气相都是层流（$Re_L\leqslant1000$，$Re_g\leqslant1000$）（vv）。

取 $C=5$

$$X_{vv}=\left[\left(\frac{1-x}{x}\right)\frac{\rho_g\mu_L}{\rho_L\mu_g}\right]^{0.5} \tag{7-45}$$

式中，x 为流体干度；Re_L、Re_g分别为液相和气相雷诺数；ρ_L、ρ_g 分别为液相和气相密度（kg/m^3）；μ_L、μ_g 分别为液相和气相动力黏度（Pa·s）。

因为 $Re_L=\frac{w_{Lo}\rho_L d_i}{\mu_L}$、$Re_g=\frac{w_{go}\rho_g d_i}{\mu_g}$，式中的 w_{Lo}和 w_{go}分别为液相和气相的折算流速（m/s）。$w_{Lo}=\frac{q_{VL}}{A}$和 $w_{go}=\frac{q_{Vg}}{A}$，q_{VL}、q_{Vg}分别为液相和气相的体积流量（m^3/s）；A 为管道横截面积（m^2）。

若考虑质量流量对两相流摩阻折算系数 ϕ_L^2 的影响，可按下式求出 C 值，即

$$C=\left[0.75+\left(\frac{200}{g}-0.75\right)\left(1-\frac{\rho_g}{\rho_L}\right)\right]\left[\left(\frac{\rho_L}{\rho_g}\right)^{0.5}+\left(\frac{\rho_g}{\rho_L}\right)^{0.5}\right] \tag{7-46}$$

式中，g 为质量流速 [$kg/(m^2\cdot s)$]。

为了方便计算，图 7-64 示出了 R22 在不同蒸发温度下的$\frac{\rho_g}{\rho_L}\left(\frac{\mu_L}{\mu_g}\right)^{0.2}$值，以及图 7-65 示出的$\frac{\rho_g\mu_L}{\rho_L\mu_g}$值可直接查取所需参数，并按式(7-40)中的分液相系数公式计算 ϕ_L，再由该式求出摩阻压降 Δp_{Tm}。

由于流动过程压力不断变化，制冷剂的特性参数也在变化，因此需要分段计算。采用每小段的进出口平均参数，虽麻烦但较精确。

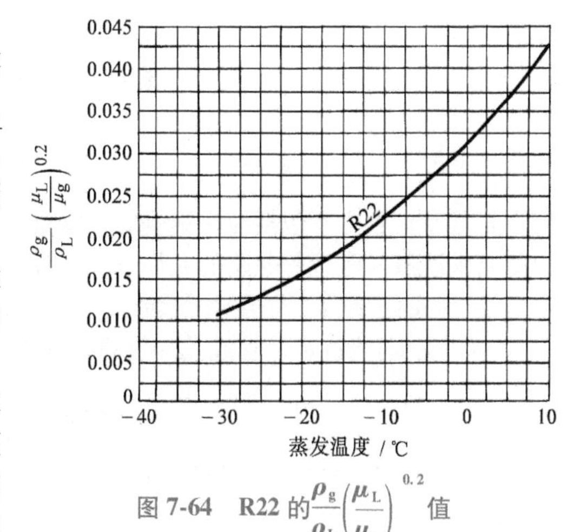

图 7-64 R22 的$\frac{\rho_g}{\rho_L}\left(\frac{\mu_L}{\mu_g}\right)^{0.2}$值

(2) 加速压降的计算 根据 Andeen G. B 的水汽混合试验结果，按均相流模型计算加速压降更符合实际。例如，制冷剂在蒸发盘管内流动，气相不断增加，液相逐渐减少，比体积不断增大，流速不断提高，势必引起加速压降，按均相流模型可有

$$\Delta p''_w=g^2\{[x_2^2 v_{g2}+(1-x_2)v_{L2}]-[(x_1 v_{g1}+(1-x_1)v_{L1}]\} \tag{7-47}$$

式中，$\Delta p''_w$ 为加速压降（Pa）；g 为质量流速 [$kg/(m^2\cdot s)$]；x_1、x_2 分别为进、出口干度；v_{g1}、v_{g2}分别为进、出口气相比体积（m^3/kg）；v_{L1}、v_{L2}分别为液相比体积（m^3/kg）。当压降不大时其物性参数变化不大，可以假定 $v_{L1}=v_{L2}$；$v_{g1}=v_{g2}$，则式（7-47）可化简为

$$\Delta p''_w=(x_2-x_1)(v_g-v_L)g^2 \tag{7-48}$$

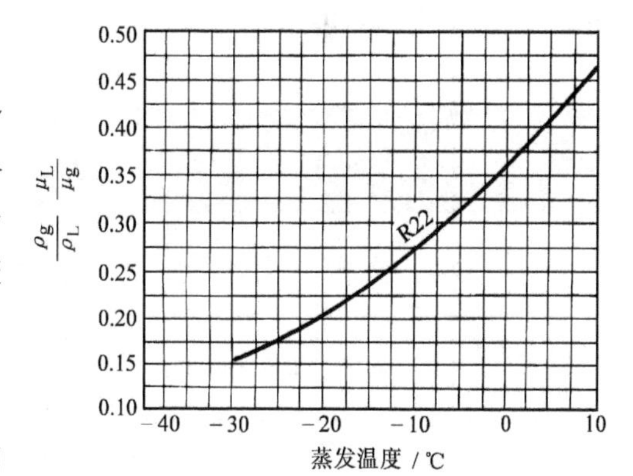

图 7-65 R22 的$\frac{\rho_g\mu_L}{\rho_L\mu_g}$值

(3) 管道或蒸发盘管中的压降为摩阻压降和加速压降之和

$$\Delta p''_Z=\Delta p''_{Tm}+\Delta p''_w \tag{7-49}$$

式中，$\Delta p''_Z$ 为管道内两相流总压降（Pa）；$\Delta p''_{Tm}$ 为管道内两相流摩阻压降（Pa）；$\Delta p''_w$ 为管道内两相流加速压降。

3. 蒸发器管道内的压降计算

1）氟利昂在蛇形管内流动蒸发时的阻力计算。A·A Гоголин（俄）在试验基础上得出经验公式

$$\Delta p_Z=5.986\times10^{-5}(q_i g)^{0.91}\frac{L}{d_i} \tag{7-50}$$

式中，Δp_Z 为蛇形管内蒸发时的流动阻力（Pa）；L 为蛇形管总长（m）；q_i 为热流密度（W/m^2）；g 为制冷剂质量流速［$kg/(m^2 \cdot s)$］；d_i 为蛇形管内径（m）。式（7-50）的使用范围为R22在 $\phi8 \sim \phi14$mm 的纯铜管内蒸发，$L/d_i=170\sim650$、$q_i g$ 数值为 $29\times10^4\sim110\times10^6$、弯头之间的直管段长度 $L=0.4\sim0.5$m；当 $L=1.5$m 时按下式计算 Δp_Z：

$$\Delta p_Z=0.3164\times0.9(l+1.5L_e)\frac{\psi_m g^2 v''}{2R_e^{0.25}d_i}+g^2v''-\rho gh\psi_s \tag{7-51}$$

式中，l 为直管段长度（m）；L_e 为弯头的当量长度（m）；v''为制冷剂蒸气比体积（m^3/kg）；h 为蒸发器进出口高度差（m）；ψ_m 为考虑两相流动时的摩阻修正系数；ψ_s 为蒸发器内的制冷剂液体充满度。

2）氨泵供液循环蒸发盘管的阻力计算。氨泵供液系统中，进入氨泵的是单相氨液，忽略其管路及氨泵产生的闪发气体，即盘管进口干度 $x_1=0$，盘管出口干度是氨液再循环倍率的倒数，即

$$x_2=\frac{1}{n},\qquad n=\frac{\text{循环量}}{\text{所需的蒸发量}}$$

则平均干度为

$$x_m=\frac{1}{2n}$$

在氨蒸发盘管中不包括液柱影响的压降推荐值，不应超过相当于饱和蒸发温度差1℃。按此计算出氨泵供液蒸发盘管每通路的允许管长。计算程序与氟利昂蒸发盘管相同。

4. 肋片式换热器管外空气流动阻力的计算

1）空气横向流过绕片管或扎片管簇时的阻力损失（Pa）计算式为

$$\Delta p=cN_e\rho w_{max}^2\left(\frac{h_f}{d_b}\right)^{n_1}\left(\frac{s_f}{d_b}\right)^{n_2}Re^{n_3} \tag{7-52}$$

式中，N_e 为沿气流方向的管排数；w_{max}为最窄流通截面风速（m/s）；Re 为雷诺数，$Re=w_{max}d_b/\nu$；c 和指数 n_1、n_2、n_3 值见表7-15。

式（7-52）的适用范围为：s_1/d_b 和$s_2/d_b=1.6\sim3.0$，$(s_f-\delta_f)/d_b=0.15\sim0.23$，$\delta_f/d_b=0.035\sim0.08$，$h_f/d_b=0.25\sim0.50$。

表7-15　式（7-52）中的系数 c 和指数 n 值

	顺排管簇				叉排管簇				
	c	n_1	n_2	n_3	c	n_1	n_2	n_3	Re 范围
$s_2/d_b=2$	0.094	0.5	−0.58	0	1.35	0.45	−0.72	−0.24	$10^4\leqslant Re\leqslant6\times10^4$
					0.098	0.45	0.72	0	$6\times10^4\leqslant Re\leqslant10^5$
管子紧密排列肋片相接	0.085	0.3	−0.58	0	0.99	0	−0.72	−0.24	$10^4\leqslant Re\leqslant6\times10^4$
					0.085	0.2	−0.72	0	$6\times10^4\leqslant Re\leqslant10^5$

2）空气横向流过整套片顺排管簇时的阻力（Pa）计算式为

$$\Delta p_c=9.81A\frac{L}{d_{eq}}\rho(w_{max})^{1.7} \tag{7-53}$$

式中，A 为肋片表面粗糙度系数，粗糙肋片 $A=0.0113$，光滑肋片 $A=0.007$；d_{eq}为当量直径，$d_{eq}=\dfrac{2(s_1-d_b)(s_f-\delta_f)}{(s_1-d_b)+(s_f-\delta_f)}$；$L$ 为沿气流方向的肋片长度（m）。

对于叉排肋片管簇阻力较顺排增大20%，即

$$\Delta p_{tZ}=1.2\Delta p_c \tag{7-54}$$

二、制冷装置的隔热

1. 制冷装置隔热的目的

制冷装置中凡需要保持低温的场合如冷库库房、电冰箱、冷藏及空调车辆、低温条件下工作的设备（中间冷却器、气液分离器、低压贮液器等），以及低温下工作的管道、阀门等都需要进行隔热处理。其目的在于减少环境介质向这些低温场合以及低温设备、管道的热量传入量，提高制冷装置运行的经济性。同时，还要通过隔热设施使制冷装置的外表面温度高于环境空气的露点，防止出现凝露甚至结霜，提高装置的使用寿命。

2. 对隔热材料的要求

隔热材料应具有密度小，热导率小，吸湿性小，抗冻性强，耐火性强，机械强度及抗振性好，耐用，比热容小，无毒、无臭味，不污染食品，不怕虫蛀、鼠咬等优良性能。

3. 常用隔热材料的特性

制冷装置可使用的隔热材料很多，性能也各不相同，所以隔热结构形式也不同。常用隔热材料的特性见表 7-16。

表 7-16 常用隔热材料的特性指标

材料名称	密度 ρ/(kg/m³)	热导率 λ/[W/(m·K)]	比热容 c/[kJ/(kg·K)]	蒸汽渗透系数 μ/[kg/(m·h·Pa)]
膨胀珍珠岩混凝土	600	0.17	0.84	3×10^{-7}
石灰砂浆	1600	0.81	0.84	1.2×10^{-7}
松和云杉（垂直木纹）	550	0.17	2.5	6×10^{-8}
松和云杉（顺木纹）	550	0.35	2.5	3.2×10^{-7}
水泥纤维板（木丝板）	300	0.14	2.1	3×10^{-7}
软木板	250	0.07	2.1	3.75×10^{-8}
玻璃棉	100	0.06	0.75	4.9×10^{-7}
膨胀珍珠岩	90	0.08	0.67	
聚氨脂泡沫塑料	40~50	0.028		
聚苯乙烯泡沫塑料	30	0.038	1.46	6×10^{-8}
稻壳	135~160	0.15	1.88	4.5×10^{-7}
石油沥青	1050	0.17	1.67	7.5×10^{-9}

4. 隔热结构的防潮隔气

制冷装置的隔热结构是由隔热材料及其他辅助材料组成的结构层，通常与装置的围护结构或容器壁、管壁结合在一起。要求隔热层有足够的厚度来保证设计所要求的隔热性能；应能防止空气渗入或在某些部位形成冷桥；还要能防潮，不会因受潮而降低隔热性能，且坚固而不易损坏。隔热结构防潮十分必要，因为制冷装置的隔热结构处于低温下工作。当温度降低时材料孔隙中的空气水蒸气分压降低，当低于室外大气的水蒸气分压时，大气中的水蒸气就会渗入隔热材料，并在其气孔中凝结为水或冻结成冰。由于空气的热导率小，水和冰的热导率大，使隔热层隔热性能降低，易发霉腐烂，使整个结构遭到破坏。所以，做好防潮隔气是隔热结构施工中的重要内容。防潮层一般设置在隔热结构的高温侧，也可两侧均设防潮（隔气）层。但必须注意同侧的防潮层连成一个整体无漏缝。采用油毡防潮材料应相互搭接，接缝处应涂石油沥青密封。

在低温场合（或冷藏库）隔热结构中若其内部的水蒸气分压力大于同温度下空气的饱和水蒸气分压力 p_{qb} 时会出现凝结水，这样会使隔热结构性能遭到破坏。为防止因蒸汽渗透引起隔热材料受潮，需要根据蒸汽渗透的方向设置隔气层。然而，各种隔热材料均具有一定的抗蒸汽渗透能力，称为蒸汽渗透阻 H_i（$m^2 \cdot h \cdot Pa/kg$），即

$$H_i=\frac{\delta}{\mu} \tag{7-55}$$

式中，δ 为某层材料厚度（m）；μ 为某层材料的蒸汽渗透系数。由此围护结构的总蒸汽渗透阻为

$$H_0=H_w+H_1+H_2+\cdots+H_n \tag{7-56}$$

式中，H_w、H_n 分别为结构内外表面蒸汽转移阻，取 $H_w=0.1m^2 \cdot h \cdot Pa/kg$，$H_n$ 在有风时与室外表面相同，无风时取 $H_n=0.2m^2 \cdot h \cdot Pa/kg$；$H_1$、$H_2$…为各层蒸汽渗透阻，见表7-17。

表7-17　各种隔气材料的蒸汽渗透阻

隔气材料	δ/mm	$H/(m^2 \cdot h \cdot Pa/kg)$
石油沥青油纸	0.4	0.293
涂一道热沥青	2.0	0.266
石油沥青油毡	1.5	1.10
一毡二油	5.5	1.63
二毡三油	9.0	3

隔气层的蒸汽渗透阻应该使隔热层内部不出现凝结区。冷库设计规范推荐该蒸汽渗透阻由经验公式（7-57）计算，即

$$H_0 \geqslant 0.213(p_{qw}-p_{qn}) \tag{7-57}$$

式中，H_0 为围护结构隔热层高温侧（隔气层以外）的各层材料蒸汽渗透阻之和；p_{qw}、p_{qn} 分别为围护结构高温侧和低温侧水蒸气分压力（Pa）。

围护结构内部各层边界温度可按式（7-58）计算，即

$$t_T=t_w-\frac{t_w-t_n}{R_0}\left(R_w+\sum\nolimits_{r-1}R\right) \tag{7-58}$$

式中，t_T 为某层的边界表面温度（K）；t_w、t_n 分别为室外、内计算温度（K）；$\sum_{r-1}R$ 为计算层前面各层材料的热阻之和（$m^2 \cdot K/W$）；R_0 为总热阻（$m^2 \cdot K/W$），$R_0=R_w+\sum R+R_n$。

各边界层水蒸气分压力可按下式计算，即

$$p_{qr}=p_{qw}-\frac{p_{qw}-p_{qn}}{H_0}\left(H_w+\sum\nolimits_{r-1}H\right) \tag{7-59}$$

式中，p_{qr} 为某边界层表面水蒸气分压力（Pa）；p_{qw}、p_{qn} 分别为室外、内水蒸气分压力（Pa）；H_w 为外表面水蒸气转移阻（$m^2 \cdot h \cdot Pa/kg$）；$\sum_{r-1}H$ 为计算层前各层蒸汽渗透阻之和；H_0 为总蒸汽渗透阻，$H_0=H_w+\sum H+H_n$。

5. 隔热层厚度的确定

隔热层的厚度应能保证隔热层外表面温度不低于当地条件下空气的露点，也有少数低温装置要求将冷量损失限制在一定范围之内，作为确定隔热层厚度的依据，以节省装置的费用。

1）平壁所需的隔热层厚度按下式计算，即

$$\delta=\frac{\lambda}{\alpha_a}\frac{t_b-t_w}{t_a-t_b} \tag{7-60}$$

式中，δ 为隔热层厚度（m）；λ 为材料的热导率［$W/(m \cdot K)$］；α_a 为空气对隔热层外表面传热系

数，取 $\alpha_a=7W/(m^2\cdot K)$；t_w 为被隔热物体温度（℃）；t_a 为环境空气温度（℃）；t_b 为隔热层外表面温度，取 $t_b=t_1+(1\sim2)$℃，其中 t_1 为露点温度。

2）圆筒形设备及管道所需隔热层厚度（mm），可按式

$$d_0\ln\frac{d_b}{d_w}=\frac{2\lambda}{\alpha_a}\frac{t_b-t_w}{t_a-t_b}$$

计算出结果后，查有关图表得到隔热层厚度。也可按式

$$\delta=\frac{d_b-d_w}{2}$$

计算出所需隔热层厚度。

式中，d_b 为隔热层外径（m）；d_w 为被隔热管道直径（m）。

第八章

制冷装置及其设计计算

第一节　制冷装置概述

一、制冷装置分类与应用

制冷装置是将制冷设备与消耗冷量的设备组合在一起的装置。制冷装置中虽然可以用不同类型的制冷机械来供应冷量，但制冷装置的类型和特征主要还是取决于消耗冷量的用户。随着冷量使用方式的不同，制冷装置的类型亦有各种各样。目前使用比较广泛的，大致有这样几类：

（一）冷冻冷藏装置

这类制冷装置主要用于食品的冷加工、冷藏及冷藏运输，但也用于贮存其他物品，如药品、疫苗等，其目的是为了保持食品的原有质量，以防其因生化或霉菌腐蚀而腐败变质。冷藏箱、冷柜及冷库是最常见的食品冷冻冷藏装置。冷藏汽车、冷藏列车、冷藏船、平板冻结器、流床式冻结设备等也大量用于食品的冷冻冷藏。

（二）空调用制冷装置

采用人工的方法，创造或保持满足一定要求的空气环境，是空气调节的任务。对应于不同的具体要求，采用的制冷装置形式也有所不同。房间空气调节器，俗称家用空调，是小型的空调装置。按结构形式分为整体式和分体式，其中整体式中的窗式机，分体式中的挂壁机，以及分体式中的落地式空调器（俗称柜机）最常用，此外，还有移动式空调。中大型空调工程中目前以电动压缩式冷水（热泵）机组为主，包括往复活塞式、螺杆式、涡旋式、离心式等。吸收式机组，尤其是直燃型吸收式机组近年来在空调应用中发展较快。冰蓄冷技术目前在空调工程中也得到应用，有利于避开用电高峰，在实行分时电价的地区，可取得较好的经济效益。汽车空调用的制冷装置，在质量、体积、抗振性方面的要求则更高。

（三）试验用制冷装置

它是用来创造低温和其他要求的环境，以专门进行产品的性能试验及科学研究试验，检查它们在低温条件下能否保证所规定的性能指标，能否正常工作。这类装置有低温试验箱、高低温环境试验装置、植物生长环境试验装置等。

（四）工业与工程用制冷装置

工业生产中常将制冷设备用于某些生产工艺流程，它随服务对象的工艺过程而定，而且往往是将蒸发器与生产设备合为一体，有时使用生产过程中的原料或产品作为制冷剂，并将制冷系统与生产工艺流程结合起来。

在建筑方面，浇制巨型混凝土大坝时，可用人工制冷方法来排除混凝土在凝固过程中析出的热量，以防坝体裂缝，并可提高混凝土的强度。片冰机在这些场合得到较多应用。在流沙地区开掘矿井或隧道时，可先将其四周土壤冻结，然后在冻土中进行施工。此外，尚可用人工制冷方法建造人工冰球场及溜冰场等。

二、制冷装置的系统及冷却方式

（一）制冷系统的分类

所谓制冷系统，是指由实现制冷循环压缩、冷凝、膨胀、蒸发四个过程的设备、配件和管道等互相连接而组成的一个整体。

制冷装置是为不同的制冷工艺、不同温度需要服务的，其制冷系统的组成及效能就必须依不同工艺和不同温度的需要以及不同的制冷剂种类来确定，因此对于制冷系统的分类也有不同的方法。

按制冷剂不同，制冷系统通常可分为氨制冷系统、氟利昂制冷系统、空气压缩制冷系统和其他工质制冷系统。

按制冷原理，制冷系统可分为：机械压缩式制冷系统、吸收式制冷系统、蒸气喷射式制冷系统、热电制冷系统及吸附式制冷系统等。其中压缩式制冷系统又可分为单级压缩制冷系统和两级压缩制冷系统；而复叠式制冷系统则用两种以上不同的制冷剂，可以由两个或两个以上的单级压缩制冷系统复叠而成，也可以由单级压缩制冷系统与双级压缩制冷系统复叠而成，还可由压缩式制冷系统与吸收式或其他形式的制冷系统复叠而成。

按蒸发器供液方式，制冷系统可分为：直接膨胀供液制冷系统（又称直流供液制冷系统）、重力供液制冷系统和液泵供液制冷系统。

（二）制冷装置的冷却方式

制冷装置在工作过程中，必然会有周围环境的热量通过围护结构传入用冷场合，而且在用冷场合也会因各种原因产生一定的热量，这两部分热量之和就是制冷装置为维持所需低温而必须由制冷剂带走的冷却设备负荷。因此，在压缩式制冷装置设计时除了要注意选用在要求工况下具有足够制冷量的制冷压缩机及与之匹配的冷凝器、节流机构以外，更应注意在其中安装足够的冷却设备。这样，制冷装置才能真正提供足够的制冷量来平衡这部分冷却设备负荷，从而维持所需的低温。这就是说，要注意制冷装置的匹配特性问题。选择何种冷却设备较为合理，与制冷装置的冷却方式有关。

从制冷机与用冷设施的结合部所使用的冷却介质来看，不论哪种类型的制冷装置，其冷却方式不外乎是制冷剂直接蒸发冷却与载冷剂间接冷却两种。由于用冷场合（如冷库的冷藏间、冰箱的冻结室或冷藏室）的被冷却物质（即制冷的工作对象）大多是通过空气的对流换热取出其热量的，因而，根据空气在用冷场合的运动情况，这两种冷却方式又都可分成自然对流冷却与强制对流冷却两种类型。这就形成了如下四种冷却方式。

1. 自然对流制冷剂直接蒸发冷却

制冷机的蒸发器安装在用冷场合内，利用制冷剂的蒸发来直接冷却用冷场合的空气，通过空气再去冷却被冷却物质。而整个用冷场合的空气流动是由于蒸发器周围的空气被冷却以致温度降低、密度变大后才引起的。

这种冷却方式的特点是：制冷剂与被冷却物质间总的传热温差比较小；为获得相同的低温，制冷剂的蒸发温度可以比较高；在冷凝温度一定的条件下，制冷机消耗功率较小，制冷量较大；又因不需设置风机，风机的能耗及这部分能耗转化为热能所消耗的冷量可以节省。因而制冷装置的经济性较好，冷却速度较快，系统比较简单。

由于这个特点，这种冷却方式就用得很普遍。如直冷式家用电冰箱、大多数的小型冷藏箱及冷藏间等，都采用这一冷却方式。图 8-1 所示为单门直冷式家用电冰箱（冷藏箱）应用这种冷却方式的实例。

2. 强制对流制冷剂直接蒸发冷却

这种冷却方式与第一种不同之处在于，用冷场合的空气通过风机的作用强制流过制冷机的蒸发器，并在用冷场合内循环流动。因此，它除具有总的传热温差小所带来的优点外，还具有制冷机蒸发器的传热系数高、金属消耗量小、蒸发器内制冷剂充注量较少，用冷场合温度场比较均匀、冷却速度更快等一系列特点。因而，该冷却方式用得也很普遍，如间冷式家用电冰箱、无霜厨房冰箱、冷藏汽车、冷藏船及陆用冷库的冷却间和冻结间等制冷装置都采用该方式。由于该方式空气流动速度大，容易引起被冷却物品（如冷库内的食品）的干损耗，同时风机消耗的能量在用冷场合转化成热量后又增大了冷却设备的负荷，在选用时应注意冷量用户对这方面的要求。图8-2所示的间冷式冷藏冷冻箱（双门无霜冰箱）即为采用这种冷却方式的一个实例。

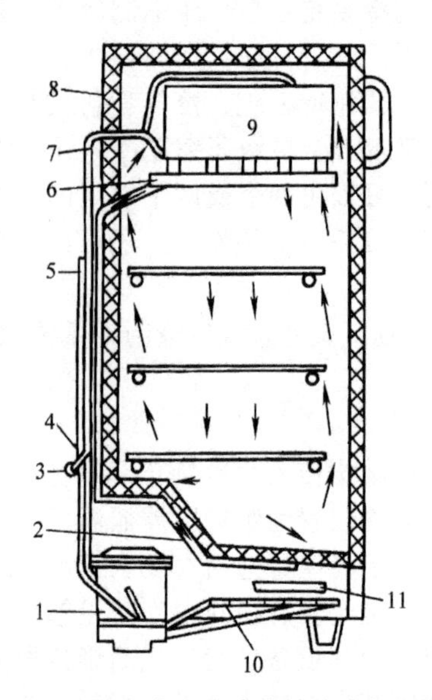

图8-1　单门直冷式冷藏箱的冷却方式

1—压缩机　2—排水管　3—过滤干燥器　4—毛细管　5—冷凝器　6—滴水管　7—回气管　8—隔热层　9—蒸发器　10—副冷凝器　11—蒸发盘

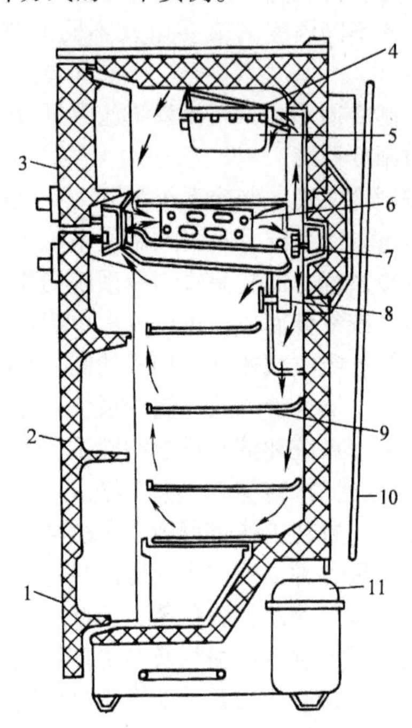

图8-2　间冷式冷藏冷冻箱的冷却方式

1—下箱门　2—隔热层　3—上箱门　4—制冰块盘　5—盛冰块盘　6—蒸发器　7—风机　8—温控开关　9—搁板架　10—冷凝器　11—压缩机

在制冷系统规模比较庞大、用冷场合比较分散的情况下，采用前述两种冷却方式时，必然会出现这样两种情况：一是制冷剂循环管路很长，制冷剂外泄的可能性增大；二是制冷剂在循环系统中的充注量增加。这对制冷装置的经济性及人身的安全和用冷场合被冷却物品的质量都不利。在这种情况下，较多的是采用载冷剂间接冷却的方式，让制冷剂限定在一个比较小的范围内循环流动，既可使其外泄机会减少，又可节省充注量，各用冷场合则由载冷剂来传递冷量。像制冷剂直接蒸发冷却方式一样，载冷剂间接冷却方式也有自然对流和强制对流两种情况。

3. 自然对流载冷剂间接冷却

这种冷却方式曾在冷藏船上广泛应用，图8-3示出其原理，它具有如下优点：

1）节省制冷剂，安全可靠。冷藏货船的货舱分布区间大，用制冷剂直接蒸发冷却时，制冷剂管路布置在各舱壁和舱顶，十分分散，加之船体受振动和冲击较多，容易发生管路破裂或接头松脱，从而引起制冷剂泄漏。采用载冷剂间接冷却后，制冷剂管路集中于制冷机舱的较小的范围内，制冷剂管路较短，循环于各冷却盘管中的是

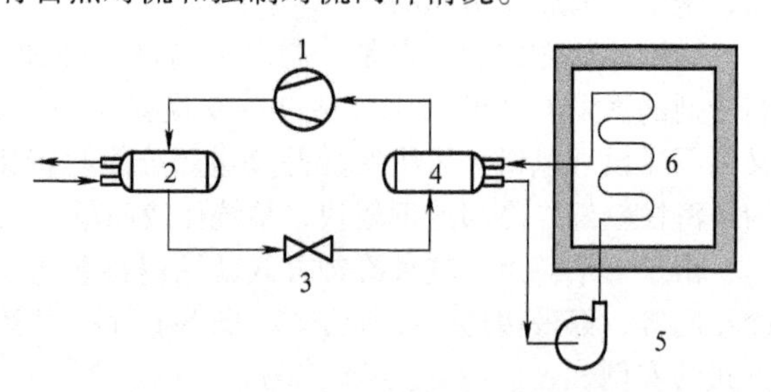

图8-3　自然对流载冷剂间接冷却原理图

1—压缩机　2—冷凝器　3—膨胀阀　4—盐水冷却器　5—盐水泵　6—冷却盘管

载冷剂而不是制冷剂。与制冷剂直接蒸发冷却方式相比，这种方式既减少了制冷剂的充注量，又减少了制冷剂在较长管路上泄漏的机会，增加了制冷机运行的可靠性，货物质量容易保证，货运较为安全。

2）具有较大的蓄冷能力。因为在冷藏舱的盘管和整个系统中充满了大量的低温盐水，当制冷机停车后它还能吸收大量的热量，使冷藏舱温度回升比较缓慢，可以避免机组起动过于频繁。

3）温度调节方便。当冷藏舱冷负荷下降时可通过调节，减少进入冷却盘管的盐水流量直到完全停止。

4）安装冷却盘管的舱壁和舱顶正是冷藏舱周围热量渗入处，因而冷却盘管的吸热效果良好。

5）冷藏舱装货时，制冷机不必停机，其舱温可以维持或者降温时间可以缩短。

但是，这种冷却方式也有下列缺点：

1）系统复杂，设备增加，盐水的腐蚀性使之接触的管路、设备易损坏。

2）在相同的舱温和冷却水温的条件下，载冷剂间接冷却方式的蒸发温度一般低于制冷剂直接蒸发冷却方式。因而载冷剂间接冷却方式舱内空气与制冷剂的总传热温差较大。这样，所需制冷压缩机的功率增大，还增加了盐水泵的动力消耗以及由此产生的动力热。

3）盘管遍布全舱，在贮运途中为了维持一定的舱温，其积霜只能在卸货之后清除。随着管外霜层的增厚，蒸发温度会越来越低，使运行工况恶化。

4）由于自然对流冷却，对于能产生呼吸热的水果、蔬菜等货物，容易引起局部温升，而且不能调节舱内湿度，通风换气比较困难。

5）在冷藏舱舱口下面难以安装盘管，该处容易形成局部高温。

前两点是载冷剂间接冷却方式的问题，后三点则是自然对流冷却方式带来的缺点，由于存在以上这些缺点，目前该种冷却方式多被强制对流载冷剂间接冷却方式所代替。

4. 强制对流载冷剂间接冷却

这种冷却方式大量应用于集中式与半集中式中央空调系统（如风机盘管、屋顶式空调机等），也用于大型陆用冷库和冷藏运输船上，其原理如图 8-4 所示。这种方式的主要优点有：

1）节省制冷剂，减少其泄漏的可能性。

2）一台机组能为几个温度不同的冷间（库房）工作，而且调节温度较为方便。

3）强制对流提高了冷却盘管的传热性能，节省了金属材料。

4）用于低温工况时，盘管外的霜层可随时融化，避免霜层对盘管传热的影响，充分发挥设备的效能。因为，此时冷却盘管集中安装在强制流动的风道中，并不是分散安装在各墙面或平顶上，融霜过程对冷藏货物的质量不产生影响。

5）高速的气流使冷间内温度场分布比较均匀，货物冷藏质量较好，特别是有利于水果、蔬菜等鲜货的冷藏。

由此可见，这种冷却方式克服了自然对流冷却引起的缺点，但却存在强迫对流冷却所存在的缺点，货物易干缩损耗，装货时不能起动风机，盘管不能发挥作用，库温要回升。

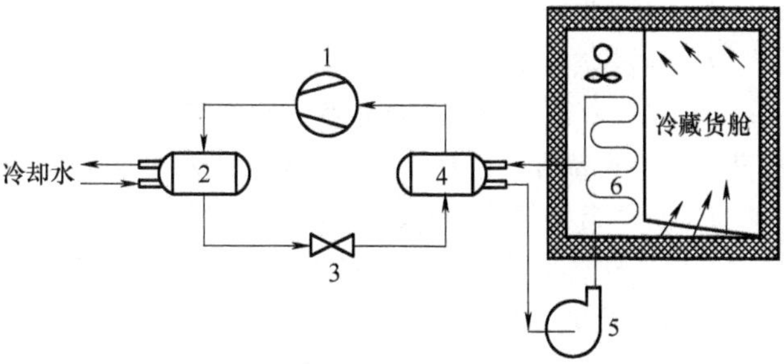

图 8-4　强制对流载冷剂间接冷却原理图

1—压缩机　2—冷凝器　3—膨胀阀

4—盐水冷却器　5—盐水泵　6—冷却盘管

（三）制冷装置的融霜系统

当制冷装置中蒸发器的外壁面温度低于 0℃时，该表面就会结霜。蒸发器外壁表面的霜层对蒸发器的传热影响很大，将使传热系数下降。蒸发器周围空气温度（库温）降不下来，制冷装置的制冷量将下降，而功耗则增加。若结霜厚度与蒸发器钢管壁厚相同时，霜层热阻约比钢管热阻大

94~443倍（视霜层久积还是新积而定）。周围空气强制循环的蒸发器（如冷风机）多用肋片管，当外表面结有霜层时，不但使传热热阻增大，而且使空气流动阻力增加。

由此可见，为了充分发挥蒸发器的效能，制冷装置蒸发器上的霜层应定期除去。除霜的办法有：①扫霜；②水冲霜；③制冷剂过热气体融霜（亦称热气融霜、反循环融霜）；④制冷剂过热气体和水结合融霜；⑤用电加热器、蒸气加热器或温水加热器来融霜；等等。各种除霜方法有各自的特点。扫霜虽然操作简单，不影响库温，但劳动强度大，除霜不彻底。水冲霜，虽操作简单，不影响系统生产，水温只要控制在25℃左右，但系统中的油不易排出（如系统无专门放油设施的话），还得多方面采取严格的技术措施防止水对冷库的危害。热气融霜虽然劳动强度低，效果好，在氨系统中，排管里的积油还可冲到排液桶中，然后通过集油器放出，但要影响库温，得在库房停止工作时才能进行。制冷剂过热气体和水结合融霜时先热气融霜，使冰霜与蒸发器表面脱开，然后淋水，可很快把冰霜冲掉，停水以后，还可利用过热制冷剂蒸气“烘干”蒸发器表面，以免蒸发器表面的水膜结成冰而影响传热，这样虽然效果好，速度快，但操作复杂。用电加热器、蒸气加热器或温水加热器来融霜，虽然结构简单，易于实现自动化，但要耗费电能，温度易波动。采用何种除霜方法，要视制冷装置的形式而定。电热融霜即在蒸发器下面装电加热器，一般适用于单个库房或小型制冷装置。热气融霜即把压缩机排气直接通入蒸发器，利用其热量去融化管外集霜，较适合于大型及中型制冷装置，也可以用于一机多库的系统，但这些系统只能是制冷剂直接蒸发冷却系统。对于载冷剂间接冷却系统较多地采用蒸气加热融霜或温水加热融霜。为融霜运行所必需的设备、阀门和管道组成的系统就是制冷装置的融霜系统。下面就侧重介绍热气融霜系统、电热融霜系统和热盐水融霜系统。

1. 热气融霜系统

在热气融霜系统中，压缩机排出的过热气体不是进冷凝器，而是进蒸发器，即将蒸发器当作“冷凝器”。过热气体冷凝所放出的热量，将蒸发器表面的霜层融化。蒸发器内原来积存的氨液和润滑油，则借助热氨加压（或借重力）排入融霜排液桶（或低压循环贮液桶）。对于融化下来的霜和水必须立即清扫，否则将重新结成冰。由于只有对于光滑管，这些处理比较简单，因此热气融霜主要用于冷库冷藏间的光滑管排管中。而冷风机一般采用的是水冲霜或者是热氨-水融霜。

对于采用不同制冷工质的制冷系统，在采用热气融霜时的装置形式略有不同。对于氨制冷系统，热氨融霜装置一般都和供液和回气调节站结合起来布置。融霜所用的热氨气必须保证有足够的热氨量，以及适当的热氨压力和温度，一般用于融霜的热氨量不能大于压缩机排气量的三分之一，融霜热氨压力约在600~900kPa范围内。

对于氟利昂制冷系统，则不用融霜排液桶，其排液方式有以下三种：

1）排气自回气管进入蒸发器，被霜层冷却而凝结成液体后从液管排出，通至另一组正在工作的蒸发器中去蒸发。这种排液方法适用于小型制冷装置，如单机多库的伙食冷库等。

2）排气自回气管进入蒸发器，被霜层冷却而凝结成液体后从液管排出，直接排至贮液器。然后流经恒压膨胀阀节流降压后进入冷凝器，吸收外界热量蒸发成蒸气后被压缩机吸入。这种排液方法适用于中小型制冷装置。

3）排气从液管进入蒸发器，被霜层冷却而凝结成液体后，由回气管排出，经恒压膨胀阀节流后，或者经蓄热槽的蒸发盘管和液体汽化器后再由压缩机吸入，或者直接被制冷压缩机渐渐吸入。这种排液方法一般只适用于冰箱或单间小冷库的制冷装置。

图8-5是单机多库伙食冷库的热气融霜系统。假定鱼库的蒸发盘管需要融霜，肉库的蒸发盘管应照常工作。此时，先关闭鱼库进液盘上的电磁阀3和回气阀7，再打开阀B和阀1，使压缩机的高温排气进入鱼库蒸发盘管，同时把通冷凝器的阀A关闭，并打开手动膨胀阀5，关闭阀C，使鱼库蒸发盘管中凝结的制冷剂液体由阀4进入肉库的蒸发盘管，在其中吸热蒸发而成气体，该气体通过阀8由压缩机吸入。待融霜完毕，应依次把上述阀门恢复到原来位置。当对肉库的蒸发盘管进行融霜时，应让鱼库的蒸发盘管照常工作，其融霜过程与上述类似。图中箭头所示是鱼库融霜

时制冷剂的流向。

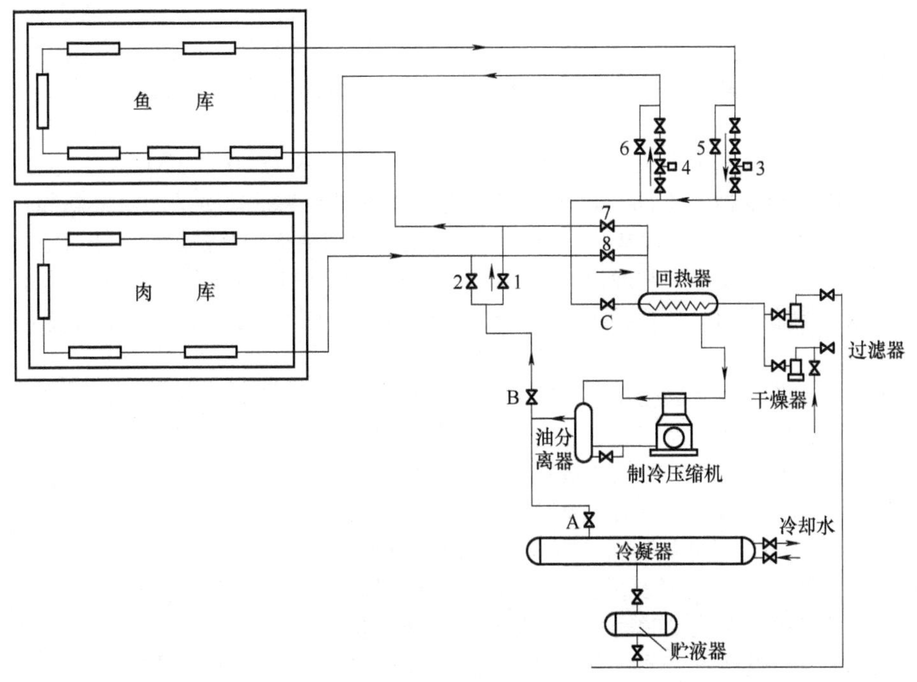

图 8-5　单机多库伙食冷库的热气融霜系统

液泵循环中热气融霜系统如图 8-6 所示。该图为液泵循环系统中热气从蒸发器上部进入单机多库伙食冷库的热气融霜系统图，其蒸发器可以多系统分别进行融霜。制冷时，制冷剂液体由液泵 13 通过 EVM 导阀 2 打开 PM1 主阀 1，然后通过 NRVA 止回阀 3，6F 节流阀 4 液体喷射到蒸发器 15，蒸发后的气液混合物通过 PML 主阀 5 到气液分离器 14。PML 主阀 5 是靠 EVM 导阀 6 和 7 由热气控制启闭。主阀此时全开，但压降很小，此时 PM1 主阀 8 和 10 是关闭的。

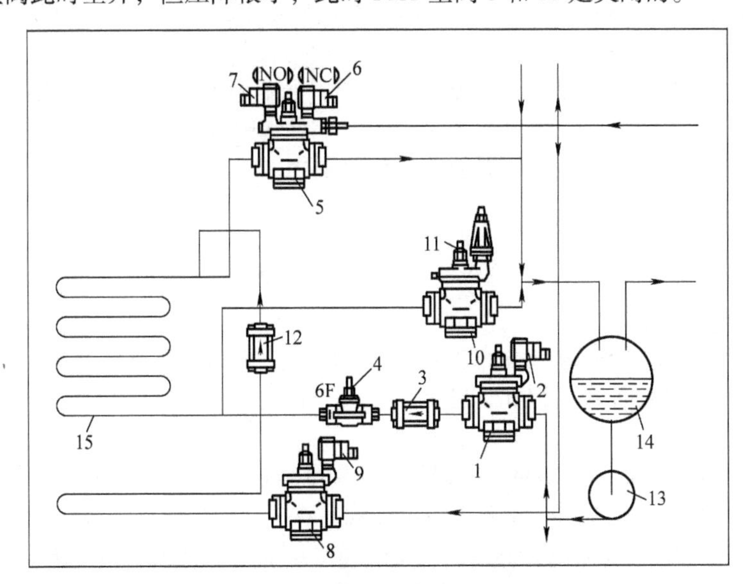

图 8-6　液泵循环中热气融霜系统示意图

1、8、10—PM1 主阀　2、9—EVM 导阀　3、12—NRVA 止回阀　4—6F 节流阀　5—PML 主阀　6—EVM（NC）导阀　7—EVM（NO）导阀　11—CVP（HP）恒压导阀　13—液泵　14—气液分离器　15—蒸发器

融霜时，PM1 主阀 1 和 PML 主阀 5 是关闭的，热气是通过 PM1 主阀 8 和 NRVA 止回阀 12 从蒸发器顶部引入。主阀是靠 EVM 导阀 9 控制启闭。NRVA 止回阀 3 的作用是防止液体从 PM1 主阀 1 返回到气液分离器，PM1 主阀 10 是靠 CVP（HP）恒压导阀 11 控制；这使得融霜蒸发器能维持一定的压力而同时保证凝结气体的膨胀，冷凝液体流至气液分离器14。

2. 电热融霜系统

电热融霜系统与热气融霜系统的根本不同点，除了耗能方式与耗能量不同外，还在于被融霜的蒸发器内部制冷剂相变情况不同：热气融霜的蒸发器内制冷剂是被冷却，由气态凝结为液态，要注意排液和防止压缩机的液击事故；电热融霜的蒸发器内制冷剂却是被加热，由液态变为气态，要注意防止回气压力、蒸发温度和库温过高。因此，随制冷系统的不同和回气压力、蒸发温度和库温过高所采取的措施不同，也有不同的电热自动融霜系统。图 8-7 示出只有一组蒸发器的制冷装置的电热融霜系统。

融霜电加热器 7 装在冷风机托盘上，每天通电融霜次数和每次融霜时间均受时间继电器控制。当时间继电器发出融霜指令时，热力膨胀阀 5 前的电磁阀 4 被关闭，延时切断压缩机 1 和冷风机电源并接通电加热器的电源而进行融霜。融霜时间结束后，时间继电器将自动切断融霜电热器的电源，开启电磁阀和接通压缩机电动机及风机的电源。由此可知，该系统中，压缩机的电动机只受时间继电器的控制。压缩机回气管上装设的液体汽化器 9 和吸气压力调节阀 8，使融霜后的气液减压并在液体汽化器中汽化，可防止压缩机液击。

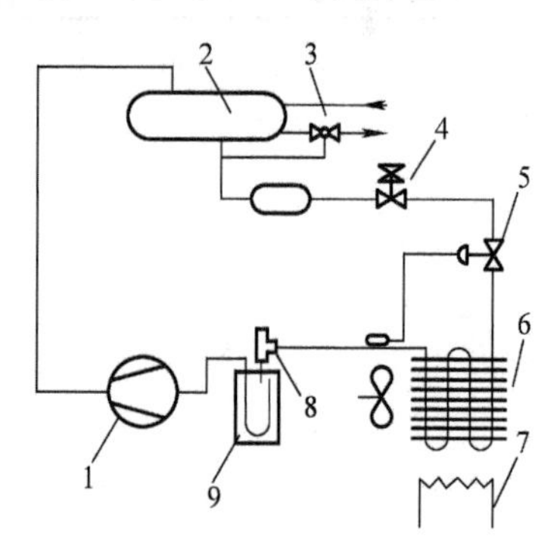

图 8-7 只有一组蒸发器的制冷装置的电热融霜系统

1—压缩机 2—冷凝器 3—水量调节阀 4—电磁阀 5—热力膨胀阀 6—蒸发器 7—电加热器 8—吸气压力调节阀 9—液体汽化器

该系统两次融霜相隔时间的调节与制冷系统运行的安全和库温的控制密切相关。

3. 载冷剂间接冷却系统的热盐水融霜

采用此类融霜方法，需要在系统中安装一只盐水加热器及其相应管路，与盐水冷却器并联，用截止阀控制它与任何盐水管路的连接或切断，加热热源为蒸气。热盐水温度应不超过 20℃，以免融霜以后的制冷负荷过大。

在融霜时，盐水与盐水冷却器之间的通路被切断，而盐水与盐水加热器之间的通路被打开。盐水在盐水加热器中被蒸气加热，温度升高，进入盐水盘管中放出热量，回到盐水泵，再送入盐水加热器，如此反复循环，直到盘管外面的霜层全部融化，然后将各个阀门倒换到原状，使冷盐水重新循环流动。

三、典型制冷装置的自控系统

（一）小型商用制冷装置

小型商用制冷装置用于商业零售点的食品冷冻和冷藏。这类装置总容量不大，要求既有冷冻又有冷藏功能，并希望系统简单。因此，常采用一台压缩机配多个蒸发器（蒸发温度互不相同）的所谓“一机多温系统”。

图 8-8 是有冷冻室蒸发器和冷藏室蒸发器的商业制冷装置的制冷及控制系统。制冷系统主机为一台无变容能力的小型压缩机 C，冷凝器 D 为风冷式，有一台冷冻室蒸发器 A 和一台冷藏室蒸发器 B。A、B 蒸发器的设计蒸发温度分别是-20℃和+5℃。采用单级压缩制冷循环，制冷剂可以用 R22、R134a、R407C、R404A、R507 等。系统控制如下：

（1）蒸发器供液量调节　主液管分出两路并联的支液管，分别向蒸发器 A、B 供液。每台蒸发器的支液管上各设一只电磁阀 EVR6 和一只外平衡式热力膨胀阀 TE。正常运行时，TE 根据各室负荷的变化调节各自蒸发器的进液量，控制蒸发器出口过热度。

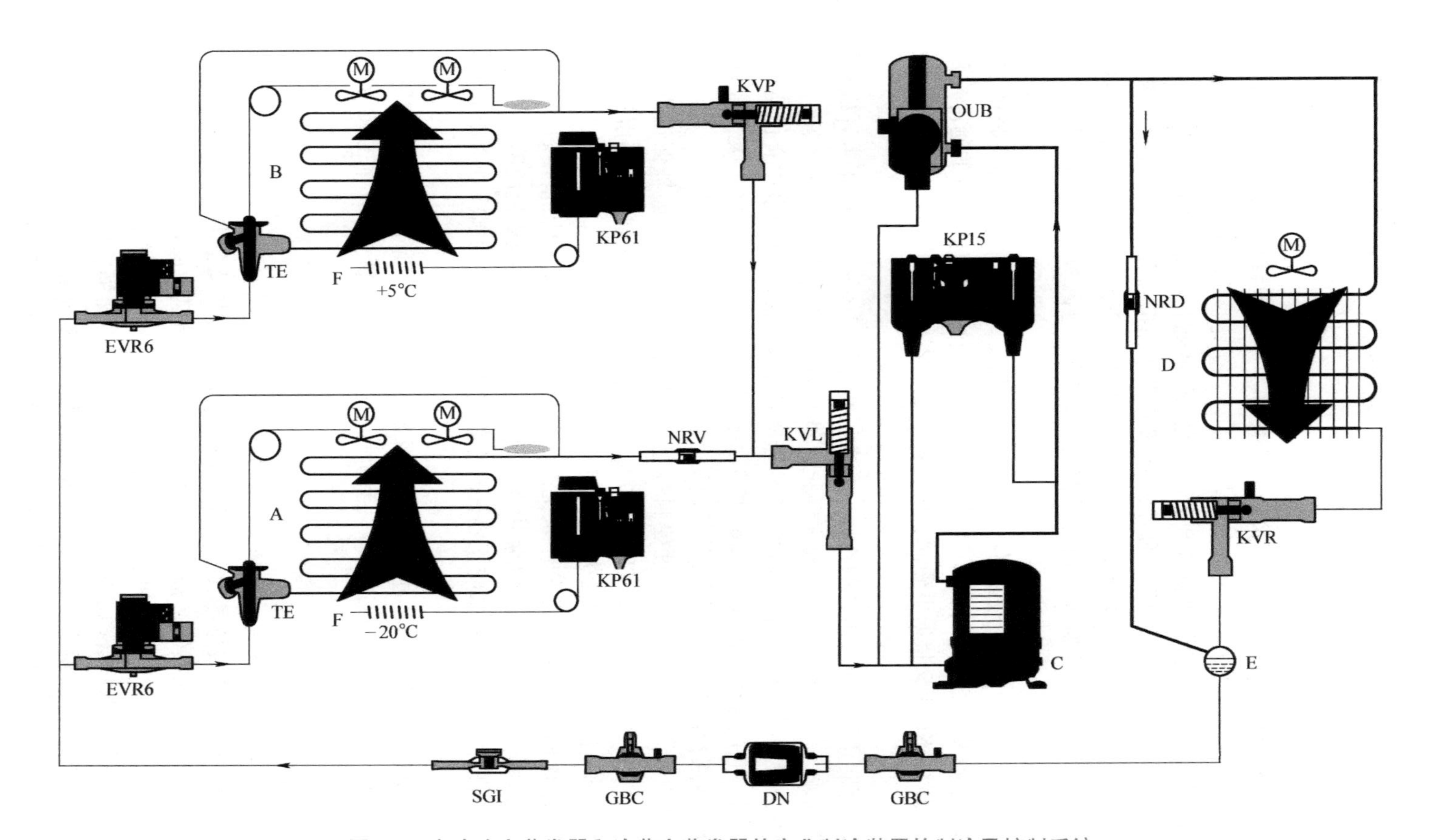

图 8-8 有冷冻室蒸发器和冷藏室蒸发器的商业制冷装置的制冷及控制系统

A—冷冻室蒸发器 B—冷藏室蒸发器 C—压缩机 D—冷凝器 E—高压贮液器 M—风扇电动机 F—室温检测部位 TE—热力膨胀阀 EVR6—电磁阀 KP61—温度控制器 KP15—高低压控制器 KVP—蒸发压力调节阀 KVL—吸气压力调节阀 NRV—止回阀 KVR—高压调节阀 NRD—差压调节阀 GBC—手动截止阀 DN—干燥过滤器 SGI—水分观察镜

(2) 蒸发压力调节　由于冷藏室蒸发器与冷冻室蒸发器有不同的温度要求，在冷藏室蒸发器B的出口安装蒸发压力调节阀KVP；在冷冻室蒸发器A的出口安装止回阀NRV。KVP的调节作用保证运行时，在同一回气总管压力下，冷藏室蒸发压力（温度）高于冷冻室蒸发压力（温度），并维持其蒸发温度为5℃左右。

(3) 吸气压力调节　在压缩机吸气管上安装吸气压力调节阀KVL。在启动降温阶段，蒸发器压力高时，通过KVL的调节，使吸气节流，控制吸气压力不超限，以保护压缩机的电动机免于超载。

(4) 冷凝压力调节　该装置使用风扇不变速的风冷式冷凝器，冷凝压力受环境温度影响。为了在环境温度很低时仍能保持膨胀阀前有足够的供液动力，采用"冷凝器回流法"调节冷凝压力。在冷凝器出口安装高压调节阀KVR；在压缩机排气到贮液器之间的旁通管上安装差压调节阀NRD。当环境温度低时，通过KVR与NRD的配合动作，使冷凝器部分积液和把部分排气旁通到贮液器，以维持住系统高压侧压力不致明显下降。用这种调节方法，系统中的高压贮液器E是必不可少的。

(5) 室温控制　冷冻室、冷藏室的室温控制由温度控制器KP61、电磁阀EVR6和高低压控制器KP15的低压控制部分共同完成。

冷冻室和冷藏室各设一只KP61。它们分别按各室指定的温度设定，并控制各自蒸发器的液管电磁阀EVR6，当某室温度达到设定值下限时，KP61使电磁阀关闭，停止该室蒸发器的制冷作用；当室温回升到设定值的上限时，KP61又接通电磁阀，恢复该室蒸发器的制冷作用，从而实现各室温度的双位调节。

KP15的低压控制部分起防止吸气压力过低的作用，并在正常运行时控制压缩机正常开机和停机。在两个室都达到降温要求，两个蒸发器的供液都停止，蒸发器被抽空，吸气压力下降，降到KP15低压部分断开的控制值时，压缩机停机。这时装置处于等待负荷状态。待两室中有任何一室温度回升到其温控值上限时，它的液管电磁阀受KP61控制而打开，于是蒸发器进液，吸气压力回升，升到KP15低压部分的接通控制值时，压缩机重新起动运行。

用低压控制压缩机正常开、停机，而不用温度控制器直接控制的好处在于：能够保证压缩机停机前，先将低压侧的制冷剂抽空，避免停机后有较多的制冷剂进入压缩机曲轴箱，溶解在润滑油中，造成下次开机时，曲轴箱油位上窜而大量失油。

(6) 保护　高低压控制器KP15的高压部分作系统高压侧的超压保护，油压差控制器MP55（图中未标出）起油压保护作用。在高压超压或油泵建立不起油压差时，均使压缩机故障性停机。

装在冷冻室蒸发器出口的止回阀NRV用来防止停机时冷藏室蒸发器B中的制冷剂向冷冻室蒸发器A中迁移。

主液管上还安装有水分观察镜SGI和干燥过滤器DN。当SGI显示出含水量超标时，需要拆下DN，更换或再生干燥剂，清洗滤网。DN前后各装一只手动截止阀GBC，在拆换DN前GBC关闭，防止系统中制冷剂流失。

（二）单级氨制冷及自控系统

国内大、中型冷库较多采用氨制冷系统。视制冷温度需要，用单级压缩循环，或者单、双级压缩循环。与前几例的小型氟利昂制冷装置相比，大型氨冷库所用的机器设备多，容量大，系统也复杂。整个装置包含有制冷系统、水系统、油系统及除霜系统。因而氨冷库自动化包含这些系统所涉及的自控回路，直至冷库进出货的计算机管理。当然，首要的是制冷系统的控制回路，有：库房温度控制、蒸发器除霜控制、氨泵供液回路控制、冷凝压力调节、压缩机能量调节、自动运行程序控制、安全保护，还有运行参数检测，特别是库温的遥测。水系统含冷凝器冷却水、压缩机缸套冷却水、冲霜水的控制，水泵、冷却塔风机的控制和保护。油系统含油分离设备自动排油、集油器进油与放油、压缩机自动加油和排油以及油处理系统的自动控制。此外，还有空气分离器的自动控制。

整个装置控制系统的设计，需要根据制冷工艺流程设计安排各个控制回路，制定控制逻辑，选择控制器件。由于内容较多，限于篇幅，这里只举例简要说明。

图8-9所示为单级氨制冷及控制系统图。系统主要配置情况：主机为4台氨压缩机（图中简化用一台代表）；冷凝器为水冷式；蒸发器采用绕片管结构，用氨泵供液，制冷剂强制再循环方式。装置的控制要点如下：

1. 库房温度控制

每个库都有温度控制器控制本库蒸发器供液管通断和蒸发器风机的运行或停止，实行库温的双位调节。由于是大型装置，管道流通能力大，控制阀广泛采用导阀与主阀组合的形式。这里，蒸发器进液管和回气管上均使用了电磁主阀（电磁导阀与主阀组合）。库房温度降至设定值的下限时，两个电磁主阀同时关闭，停止蒸发器制冷。库房温度回升到上限值时，进液电磁主阀与回气电磁主阀重新接通，蒸发器恢复制冷。

2. 蒸发器除霜控制

氨冷库蒸发器广泛采用热气除霜或者热气除霜与水冲霜相结合的除霜方式。空气自然对流的蒸发器只用热气除霜；冷风机型蒸发器则用热气与冲水相结合的方式除霜。现以后者说明。除霜时，停止蒸发器的制冷作用，将压缩机排出的热氨气通入蒸发器管内，管外再辅以水冲霜。利用排气的显热和凝结热以及水的热焓，使蒸发器表面的霜层熔化，并被冲落到接水盘中（图8-9中未示出水冲霜系统）。蒸发器管内凝结的氨液经排液阀流入排液桶，排液桶收集氨液至一定的液位高度时，打开排液桶上的加压阀，使系统的高压气进入排液桶，用“气泵液”的方式，将排液桶中的氨液压回低压贮液器。该过程可以用手动控制，也可以自动控制。用自动控制时，图中的阀门改用电磁阀。

除霜控制为程序控制：自动发出除霜开始信号，接着按程序执行一定的自动操作，使蒸发器由制冷状态切换到除霜状态。待除霜过程持续到霜已化完，自动发出停止除霜的信号，再按程序执行一定的自动操作，使蒸发器由除霜状态切换回制冷状态。

开始除霜的信号发出后，除霜控制程序为：

1）关闭供液电磁主阀，延时一段时间（待蒸发器中的氨液抽空后）关闭回气电磁主阀，风机断电。打开热氨电磁主阀和排液电磁主阀。该状态保持一段时间（待管内因热氨加热作用使蒸发器表面的霜层与管外壁脱离）。

2）打开冲霜水电磁阀，向蒸发器表面淋水，将霜冲落。冲水持续一段时间。

3）冲霜水电磁阀关闭，状态1）继续保持一段时间，待管外水滴净，并受管内热氨作用而蒸干。

至此，除霜完成。停止除霜的信号发出后，关闭热氨电磁主阀和排液电磁主阀。打开供液电磁主阀和回气电磁主阀，风机通电运行。于是，蒸发器重新切换回到制冷状态。

3. 泵供液系统的控制

大型装置与小型装置的一个重要不同之处在于蒸发器往往不用直接膨胀的干式蒸发器，而采用液体再循环的所谓湿式蒸发器。

直接膨胀的干式蒸发器虽然可以使系统简单，但因节流后无分离设备，闪发蒸气连同液体一道进入蒸发器，传热表面的润湿度较低，蒸发器传热效果差。对并联多路的蒸发器也难以保证液体分配均匀。所以，大型装置的蒸发器采用液体再循环供液方式。在蒸发器与节流阀之间安装低压贮液器。高压氨液节流后先进入低压贮液器，闪发蒸气在这里分离，从低压贮液器下部引纯液体送入蒸发器。制冷剂在蒸发器中吸热蒸发后仍返回低压贮液器，再次在其中分离气、液。气体由低压贮液器上部引回压缩机。对于这种方式，可以用重力供液自然再循环，也可以用泵供液强制再循环。采用后者，对低压贮液器与蒸发器的相对安装位置没有要求，而且循环倍率大，蒸发器供液量数倍于蒸发量，管内氨液流速高，不仅管内壁充分润湿，过量液体还起到冲刷管内壁油膜的作用。这些均有助于提高蒸发器的换热强度。

图8-9中的氨泵供液系统包括低压贮液器和氨液泵。该系统的控制有：低压贮液器的液位控制和氨泵控制。

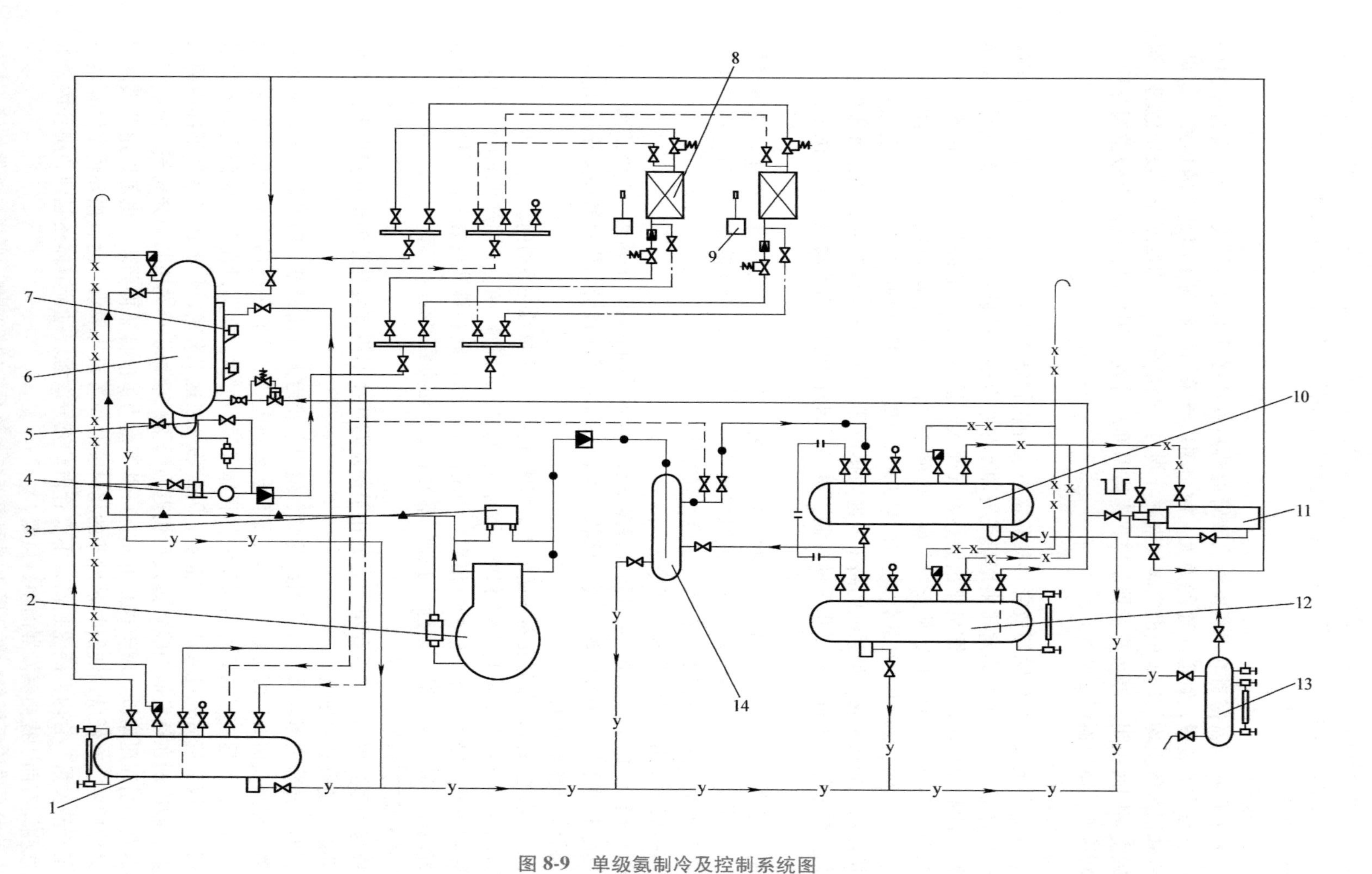

图 8-9 单级氨制冷及控制系统图

1—排液桶 2—压缩机 3—高低压控制器 4—氨泵 5—抽气阀 6—低压贮液器 7—液位控制器 8—蒸发器 9—库房温控器 10—冷凝器 11—空气分离器 12—高压贮液器 13—集油器 14—油分离器

—▲—低压氨气管 ——氨液管 ----平衡管 —●—高压氨气管 —·—排液管 —y—油管 —x-x—安全阀放空管 —x—空气管

低压贮液器设超高液位报警和正常液位控制。液位超高时，低压贮液器液面上部没有足够的空间，影响气液分离效果，导致压缩机故障。所以，这时液位控制器发出报警信号并令压缩机故障性停机。

低压贮液器的正常液位在立式贮液器高度的35%处，在卧式贮液器直径的25%处。用液位控制器和低压贮液器的进液电磁主阀控制正常液位。当液位到正常值的上限时，液位控制器使进液电磁主阀关闭，停止进液；当液位到正常值的下限时，液位控制器使进液电磁主阀打开，向低压贮液器输液。从而，将液位控制在正常值的上、下限之间。

氨泵的流量和扬程选择要得当。由上可知，低压贮液器的液位变化只与流入量和流出量有关，而与氨泵的循环量无关。氨泵循环量决定蒸发器中制冷剂的循环倍率。一般循环倍率取3~5就足以保证蒸发器最高能力的发挥。

氨泵的正常运行控制为：只要有库房需要降温，氨泵就起动运行；各库都停止制冷时，氨泵停止运行。

氨泵设泵压差保护。在氨泵起动后15s内如果压差达到指定值，氨泵转入正常运行。如果15s后压差仍达不到指定值，停泵。停泵1min后，再次加压起动：打开加压阀，使高压气进入低压贮液器，对低压贮液器加压，同时起动氨泵。加压15s，关闭加压阀。若氨泵在15s内压差能够建立起来，加压起动成功，氨泵转入正常运行；若15s内压差仍达不到指定值，说明加压起动也失败，判定为故障。这时，停泵、报警，并使压缩机停机。氨泵运行中，若因故障致使泵压差不足，也使氨泵停止运行。

氨泵出口安装止回阀，防止停泵时氨液倒流。

低压贮液器的饱和液经下部引出管到氨泵入口，该管段上设有过滤网。由于过滤网的阻力和管道传热等原因，很容易引起氨液出现闪蒸现象。氨泵入口带气会造成气蚀损坏，故在氨泵入口管上部接一根引气管，连到压缩机吸气管上，将进泵前液体中可能出现的气体引入压缩机。

另外，当装置负荷下降、需要降温的库房数目减少时，蒸发器的供液电磁主阀相继有一些处于关闭状态。这时氨泵的排出通路减少，会造成氨泵的排出压力升高，排出压力升高又使仍需降温的库房蒸发温度提高，影响库房降温。为了消除这种影响，在氨泵排出管到低压贮液器之间接一根旁通管，旁通管上安装旁通阀，当氨泵排出压力升高时，旁通阀自动打开，使一部分排出液体溢流回低压贮液器，保证即使只剩下最后一个库房降温时，其蒸发压力也不会升高。

4. 冷凝压力调节

冷凝压力调节是指用调节冷却水流量的方法控制冷凝压力。该冷却水系统设三台水泵并联送水（图中未示出冷凝器的冷却水系统）。通过三台泵的起、停控制，调节冷凝压力。第一台水泵受库房温控器控制，只要任意一个库房需要降温，其库房温控器便使第一台泵运行，另外两台水泵受冷凝压力控制。用两个压力控制器各控制一台泵的起、停。

5. 压缩机能量调节

本例中冷库配备四台氨压缩机，其中Ⅰ、Ⅱ号机没有卸载机构，Ⅲ、Ⅳ号机有卸载机构，均采用位式能量调节，按需要划分能级。最粗的能级划分为4级（Ⅰ、Ⅱ、Ⅲ、Ⅳ号机依次整机投入运行，能级为1/4，1/2，3/4和1），如果再对Ⅲ、Ⅳ号机实行单机能量调节（气缸卸载），则能级分得更细。最低能级受库房温度控制运行，只要有一个库要求降温，库房温控器发出开机信号，压缩机就以最低能级起动运行。如果最低能级是一台自身无卸载机构的整机，则压缩机卸载起动后以最低能级运行。以后各级能量的递增和递减视吸气压力变化，采用低压控制器控制。

6. 安全保护

压缩机设高、低压力保护，油压差保护，压缩机电动机有过载保护。

另外，氨压缩机为了避免排气温度过高，在气缸头上设有冷却水套。压缩机必须在水套冷却水接通后才能起动，并在水套断水时停机。断水时，继电器能立即报警，并延时使压缩机停机。

低压贮液器、排液桶、冷凝器和高压贮液器这些压力容器还各安装了安全阀，对容器起超压保护作用。容器超压时，安全阀开启。

对于氨制冷系统，不凝性气体存在的危害性比氟制冷系统更大，所以，系统中设置空气分离器，自动排除不凝性气体（空气分离器的自动控制从略）。

其他保护还有水系统的水泵压差保护及水池液位保护，其控制方法与氨泵系统中的泵压差和液位控制方法类似。

7. 自动运行程序

综合以上所述，氨制冷装置工作时压缩机的自动运行程序框图如图8-10所示。

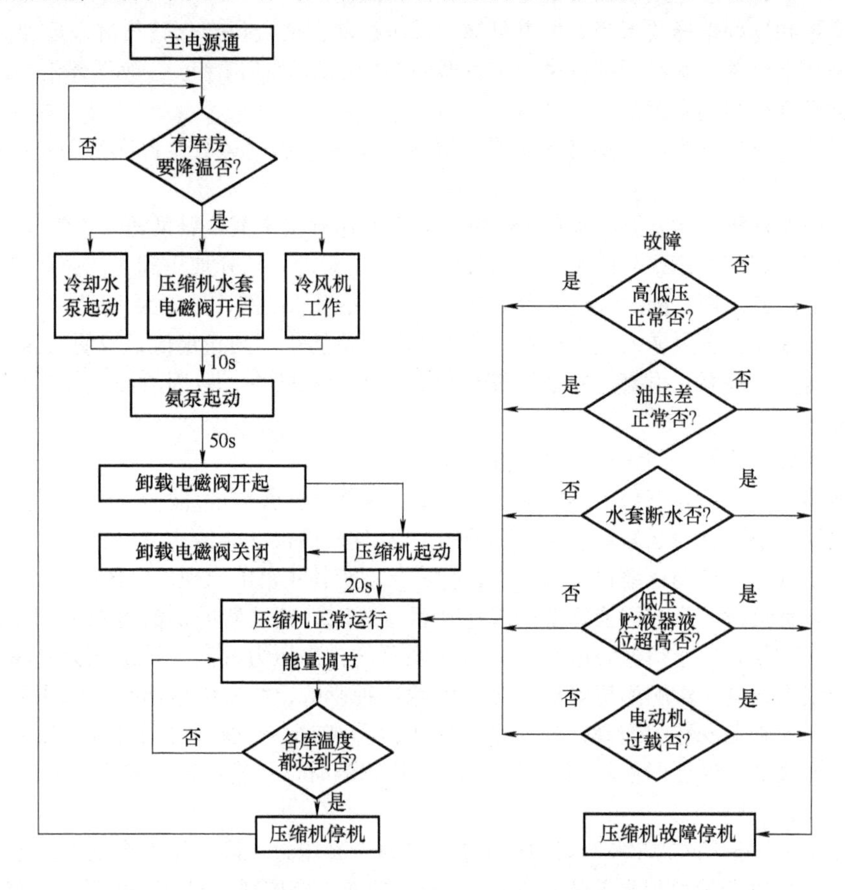

图8-10　压缩机的自动运行程序框图

8. 库房温度巡回检测

各库房温度用铂电阻发信，采用温度巡回检测仪，在控制台上巡回遥测显示库内温度。

（三）具有低压浮球阀的控制系统图

在制冷或空调系统中需要液位调节时可采用液位导阀SV（1～6）和伺服控制主阀PMFL或PMFH组合来进行调节。图8-11示出PMFL和SV4低压浮球阀液位调节装置的控制系统图。当浮球室内的液位降低时，浮球阀流口开启，释放了伺服活塞上端的压力p_s，从而使PMFL阀打开。液位的变化会导致活塞上的压力变化以及流体喷射量的变化，在设计时要根据阀门前后的压差选用合适的弹簧。冷凝压力会对阀门调节产生影响，若冷凝压力变化太大，则阀门可能需要重新调节以适应系统。

PMFH和SV用于冷凝器侧。PMFL和PMFH可以使用在蒸发器、气液分离器、中间冷却器、冷凝器和贮液器的制冷剂进出液管路上，可适用于R717、R22、R134a、R404A和其他氟制冷剂。最高工作压力28×10^5Pa，最大试验压力42×10^5Pa，工作介质温度-60～+120℃，PMFL液位调节器能给出一个与系统制冷量相适应的液位喷射量，这意味着阀门提供了相对稳定的蒸发气体。压力和温度波动小，这样保证了稳定的调节和经济运行。

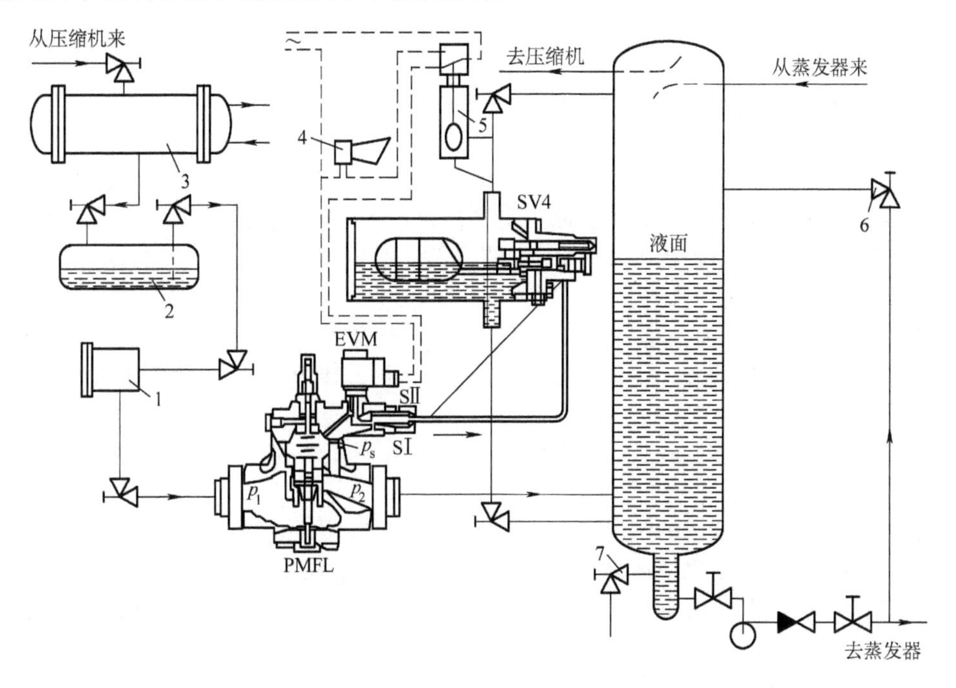

图 8-11　低压浮球阀液位调节装置的控制系统图

1—过滤器　2—贮液器　3—冷凝器　4—报警器　5—报警浮子开关　6—溢流阀　7—排油阀

第二节　制冷装置的设计原则

一、制冷装置设计基本原则

虽然对于不同的制冷装置，其设计要求都不一样，但以下三条要求对于所有的制冷装置设计都是必要的：

1. 按使用要求与使用条件进行设计

制冷装置类型具有多种形式，在装置设计时，需要在分析使用条件与使用要求的前提下，确定制冷装置类型，并进行设计计算。对于冷藏库而言，主要从稳态工作特性考虑，制冷系统所产生的冷量主要是用来维持冷库保持所需温度；而对于冷冻库，则要从动态工作特性考虑，因为要满足冻结过程的要求。电力供应不足的场所设计空调系统时，一般不宜采用压缩式制冷系统；如果此时又有充足的燃料或者有合适的余热源，则可考虑采用吸收式制冷系统。在一般的建筑空调中，制冷量的选择主要考虑稳态工况，即保持空调空间维持希望的温度；而汽车空调中，动态性能则是非常重要的指标，需要考虑从较高的温度降到所希望的温度的时间，这时所需要的制冷量要比稳态工作所需要的制冷量大得多。制冷系统设计时，必须充分考虑到这些具体工作条件与性能要求的差异。

2. 保证在一定工况范围内的稳定性

由于实际装置不可能固定工作在某一个工况下，而且在使用环境变化或其他干扰因素影响下，这种偏离有时还较大。如果制冷设备只能在某一个设计工况下工作，而在其他工况下因振荡或出现其他问题而难以工作，那么这样的装置在实际中是行不通的。因此，必须要保证所设计的装置在一定工况范围内都能稳定地工作。

3. 寻求性能与经济性优化

设计时对于装置的优化主要包括两个方面：一为性能的优化，比如对于空调而言，使温度波动范围尽可能小，让人体舒适性提高；二为经济性方面的优化，如装置的投资与节能等。

二、制冷装置设计的一般步骤

制冷装置设计时主要包括如下四个步骤：

1. 确定装置类型结构

首先要选择制冷装置的类型，然后确定基本结构形式。这部分工作在有些场合，在设计人员开始设计工作时就已经确定。比如，对于冰箱生产厂家，生产何种类型的产品，以及产品的基本结构，是由决策层根据市场与企业本身的生产工艺条件来确定的。但从一般的制冷装置设计考虑，这一部分的工作是不可少的。

2. 按设计工况确定负荷

选择一个最有代表性的工况，计算此时所需要的冷负荷，作为进一步设计的依据。

3. 制冷设备设计

按设计工况下的负荷要求进一步进行制冷设备的设计，确定各部件的形式与大小。

4. 非设计工况进行校核

由于实际装置应当在所要求的工况范围内都能正常工作，因此制冷装置不仅应在设计工况下满足使用要求，在其他工况下也应满足使用要求。通常在使用的工况范围内取几个有代表性的工况作为校核工况，如果校核工况的计算表明，所设计装置不能在所有工况下达到要求，则必须修正原有设计。

第三节 冷负荷的计算

用冷场合（以下简称冷间，指冷库或者空调的房间）的冷负荷是指为了使冷间内的空气温度达到所要求的值而需要的冷量，其形成是因为冷间内得到来自各种因素所产生的热量，这些称为得热。在静态工况下，得热即为冷负荷。但是按照实际装置动态过程看，得热与冷负荷是不一样的，而且影响得热的各种参数与得热也不同时变化，存在时间上的迟延。由于目前在工程中使用的仍主要是静态计算方法，本章仍沿用静态负荷的表达方式，将冷负荷与得热相等同。

通常冷负荷由以下四个部分组成：

（1）围护结构渗入热 Q_1　此量指因冷间内外温差（包括太阳辐射引起的过余温度）通过围护结构所传递的热量。

（2）货物热 Q_2　指货物（食品）在冷却或冻结过程中放出的热量，或者货物在冷加工过程中放出的热量。

（3）换气热 Q_3　指由于通风或开门，外界空气进入冷间而带进的热量。

（4）操作热 Q_4　指由于冷间内人员操作、各种设备发热工作而产生的热量。

下面以静态负荷为例介绍冷负荷的计算方法。

1. 渗入热的计算

围护结构的渗入热是由于室内外存在温差而引起的热量传递，可以用如下的基本传热公式计算：

$$Q_1 = kA(t_H - t_n) = kA\Delta t \tag{8-1}$$

式中，k 为围护结构的传热系数［W/(m^2·K)］；A 为围护结构的面积（m^2）；t_H、t_n 分别为室外与室内的计算温度（℃）。

$$Q_1 = Q_W + Q_g + Q_c + Q_R \tag{8-2}$$

式中，Q_W 为通过墙壁的渗入热（W）；Q_g 为通过地坪的渗入热（W）；Q_c 为通过屋顶的渗入热（W）；Q_R 为因太阳辐射所产生的渗入热（W）。

（1）围护结构的传热系数　冷间的围护结构是由多层具有不同热导率的材料组成的平壁（或

圆筒壁），其传热系数的计算公式为

$$k=\frac{1}{\frac{1}{\alpha_1}+\frac{\delta_1}{\lambda_1}+\frac{\delta_2}{\lambda_2}+\cdots+\frac{1}{\alpha_2}} \tag{8-3}$$

式中，α_1 为外墙表面的表面传热系数［W/(m²·K)］；δ_1，δ_2，…为各层材料的厚度（m）；λ_1，λ_2，…为各层材料的热导率［W/(m·K)］；α_2 为内墙表面的表面传热系数［W/(m²·K)］。

通常低温室外墙的表面传热系数取 8~12W/(m²·K)；低温室内表面的表面传热系数取 12W/(m²·K)，如为强制对流时取 29W/(m²·K)。实际表面传热系数与具体的装置结构、工作状态下的传热温差、风速等许多因素有关，但一般来讲，在计算有隔热屋的围护结构的表面传热系数时，由于非隔热材料及其表面传热系数同隔热材料的热阻相比比较小，因此表面传热系数的误差对于总的传热系数的计算的影响不会太大，在许多工程计算中，忽略墙体两侧的对流表面传热热阻。

（2）围护结构的传热面积　渗入热计算时，围护结构不同面的传热面积计算略有不同。

对于转角处的冷间（图 8-12），外墙长度取墙外表面到内墙中心线的距离（图 8-12 中 a 和 b）。对中间的冷间，外墙的长度取两内墙中心线间的距离（图 8-12 中 c）。

内墙长度取与之垂直的外墙内表面到另一内墙中心线间的距离（图 8-12 中 d、e、f）。对中间冷间，可取二内墙中心线间的距离（图 8-12 中 c）。

地坪和天花板的尺寸取内壁面的尺寸（图 8-12 中 d、f 或 e、c）。

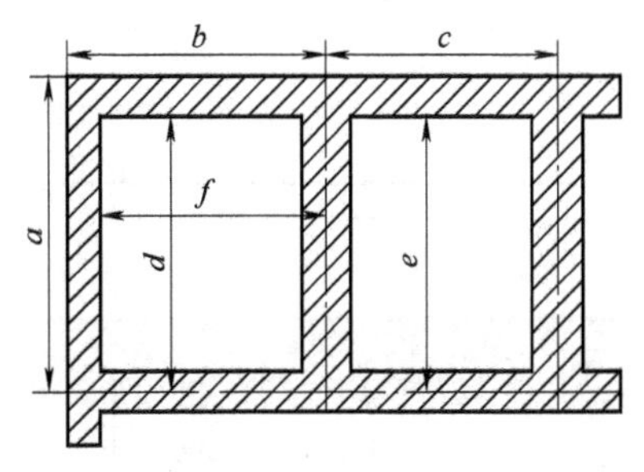

图 8-12　围壁壁面尺寸

外墙和内墙的高度均取冷间的层高。

（3）外界环境温度　外界环境设计温度 t_H 的确定比较困难。如果选择一年中夏季出现的最高温度为外界环境空气设计温度，势必造成计算得到的渗入热过大，所需要的制冷装置容量过大，造成资金、设备浪费；而如果环境温度选择过低，则会使冷量不够。

根据经验，一般取一年中夏季空气调节日平均温度值作为外界环境空气的设计温度，如在上海地区可取 30℃。如果缺乏这些资料，可按如下经验公式选取，即

$$t_H=0.4t_A+0.6t_B \tag{8-4}$$

式中，t_A 为该地区十年中最热月份的月平均温度；t_B 为该地区极端最高温度。

（4）冷间与邻间传热温差　在计算通过内墙传入冷间的渗入热以及计算传热温差时，墙体外侧的温度取该内墙相邻间的温度。当相邻间也是冷间时，它有规定的温度，传热温度容易确定。当相邻间不是冷间时，其温度有时可不给出，这时传热温差可以根据它们与外界空气放热和与冷间的传热情况按下述近似方法确定：

1）当冷间的邻间有直接与外界相通的门窗时，内墙的传热温差取设计温差的 70%。

2）如果冷间的邻间没有与外界相通的门窗时，内墙的传热温差取设计温差的 60%。

3）当邻间为地下室时，传热温差取设计温差的 50%。

（5）冷间地坪的渗入热　计算地坪的渗入热时，如果地坪没有加热防冻装置，这时计算地坪的渗入热量是从温度为 0℃ 的土壤层开始算起，而传热系数取地坪隔热层的传热系数。如果冷间的地坪设有加热装置，则分两种情况确定加热层的平均温度：若加热防冻装置采用电加热或制冷剂的热排气加热时，加热装置层的平均温度取+1℃；若地坪内用通风管道加热时，则取+3℃。

（6）太阳辐射热的计算　冷间外围壁因吸收太阳辐射热而使得渗入热量增加，计算时认为这从效果上相当于外墙外表面的温度增加了一定值，这一增加的温差 Δt_s 同围壁朝向、表面颜色和粗糙度有关。理论上可导得 $\Delta t_s=PJ_p/\alpha_H$。其中 α_H 是外表面的传热系数［W/(m²·K)］；P 是围壁外表面太阳辐射吸收系数，见表 8-1；J_p 是冷库各朝向每昼夜的平均辐射强度值（W/m²），见表 8-2。

表 8-1 围壁外表面太阳辐射吸收系数 P

外表面类别	外表面状况	外表面颜色	吸收系数 P	外表面类别	外表面状况	外表面颜色	吸收系数 P
红瓦屋面	旧，中粗	红色	0.65~0.74	红砖墙	旧，中粗	红色	0.7~0.77
灰瓦屋面	旧，中粗	浅灰色	0.52	混凝土墙	平滑	暗灰色	0.73
水泥瓦屋面	新，光平	浅灰色	0.74	水泥粉刷墙面	新，光平	浅灰色	0.56
绿豆砂保护屋面		浅黑色	0.65	拉毛水泥墙面	不光滑，旧	蓝灰，米黄	0.63~0.56
油毡屋面	不光滑，新		0.88	陶石子墙面	粗糙，旧	浅灰	0.68
	不光滑，旧		0.81	砂石粉刷墙面	不光滑	深色	0.57
白铁皮屋面	光滑，旧	灰黑	0.86	混凝土砌块墙面		灰	0.65
镀锌铁皮屋面	表面光滑,新		0.66	浅色外粉刷	平滑	浅色	0.40
沥青屋面	不光滑，旧	黑	0.85	镀锌薄钢板	旧，光滑	灰黑色	0.89
白石子屋面			0.62	石棉水泥板	新	浅色	0.65
屋面上填土			0.68		旧	浅色	0.72~0.87

表 8-2 各朝向表面每昼夜的平均辐射强度 J_p （单位：W/m^2）

纬度北纬	水平	东	东南	南	西南	西	西北	北	东北
23°	342	206	188	127	188	206	177	99	177
30°	368	209	183	121	183	209	165	97	165
35°	329	215	195	148	195	215	173	118	173
40°	323	219	206	168	206	219	172	115	172
45°	316	220	220	185	220	220	166	113	166

2. 货物热计算

用制冷装置冷却货物时，使其温度下降，冻结或者回冷。对不含液体成分的货物，制冷装置可将其冷却到任何工艺所需的温度。对含有液体成分的货物，冷却过程只能进行到它开始冻结的温度。继续冷却时货物发生冻结过程，货物中的液体成分转变为固体。回冷过程是指冻结货物由于运输途中受热，部分解冻融化，而用制冷装置再次冷却、冻结它，使它恢复到原来的冻结状态。

对于每个过程，货物热（kW）可具体计算如下：

（1）冷却过程

$$Q_2 = Gc_1(t_1 - t_2)/(3600\times24) \tag{8-5}$$

式中，G 为平均一昼夜的最大进货量或最大生产量（kg）；c_1 为被冷却货物的比热容［kJ/(kg·K)］；t_1、t_2 分别为货物冷却前后的温度（℃）。

（2）冻结过程 冻结过程可分为三个阶段：①货物从初始温度 t_1 冷却到它开始冻结的温度 t；②进一步冷却时货物在等温 t 下冻结；③冷冻后货物温度从 t 降至 t_2。

$$Q_2 = G[c_1(t_1 - t) + 335dw + c_2(t - t_2)]/(3600\times24) \tag{8-6}$$

或者

$$Q_2 = G(h_1 - h_2)/(3600\times24) \tag{8-7}$$

式中，d 为货物中的含湿量（kg/kg）；w 为货物温度降至 t_2 时含湿量中的冻结率；c_2 为货物冻结后的比热容[kJ/(kg·K)]；h_1、h_2 分别为对应温度 t_1 和 t_2 时货物的比焓值［kJ/kg］；其他符号同前。

（3）回冷过程

$$Q_2=G[335d(w_2-w_1)+c_2(t_1-t_2)]/(3600\times24) \tag{8-8}$$

式中，w_2 为回冷后温度 t_2 时货物含湿量中的冻结率；w_1 为回冷前温度 t_1 时货物含湿量中的冻结率；其他符号同前。

对于周期性工作设备，货物热在整个工作过程中有很大的变化。开始时，当把热的货物运进冷间，由于这时货物与冷间之间有最大的温差，所以传热量很大。随着货物冷却和冻结，它们间的温差逐渐变小，传热量也逐渐变小。而上述公式计算出的货物热是指整个过程的平均值。显然根据这个平均值来确定冷间的设备负荷并按它来选配冷却设备是不能满足冷却过程中货物热的要求的，因此宜将上述公式算得的货物热再乘以工作系数 1.3，以满足刚进货时传热量最大的要求。对于连续进货，货物热在整个工作过程比较均匀，因而无需乘以工作系数。

另外，货物热的大小与每小时冷却货物的数量有关。为了使冷间冷负荷计算时货物热一项不致太大，通常对分配冷库和生产冷库，应限制它每昼夜的进货量，规定库容为 200t 以下的冷库，每昼夜的进货量不得超过库容的 8%，对库容超过 200t 的冷库，每昼夜的进货量不得超过库容的 6%，并以此作为确定设备负荷的根据。

3. 换气热的计算

一些贮藏蔬菜、水果的冷间，须定时地用新鲜的外界空气更换冷间中的空气，排除二氧化碳，维持冷间中空气的氧含量。通常是用通风的方法保持蔬菜和水果的新鲜。进入冷间的外界空气被冷却到冷间的空气温度，其含湿量也降到冷间空气的含湿量。外界新鲜空气的通风量还必须满足室内人员的卫生要求。根据我国有关规定，通风量应按每人每小时 30m^3 的新鲜空气来计算。因此，换气热的计算可采用如下公式

$$Q_3=Va\rho_{\text{nm}}(h_{\text{H}}-h_{\text{nm}})/(3600\times24)+30n\rho_{\text{nm}}(h_{\text{H}}-h_{\text{nm}})/3600 \tag{8-9}$$

式中，V 为冷间的容积（m^3）；a 为冷间每昼夜所需的换气次数，一般在 1~6 之间；ρ_{nm}为冷间中空气的密度（kg/m^3）；h_{H} 为外界空气的比焓（kJ/kg），按规定应采用夏季通风温度，室外相对湿度来确定；h_{nm}为冷间中空气的比焓（kJ/kg）；n 为操作人员数。

4. 操作热的计算

由冷间中操作人员及各种发热设备工作产生的操作热，主要包含如下的项目：

（1）照明热 Q_{4-1}

$$Q_{4-1}=q_{4-1}A \tag{8-10}$$

式中，A 为冷间面积（m^2）；q_{4-1}为单位面积（m^2）冷间所需照明热，按照冷库照明规定，q_{4-1}按配用照明功率乘以工作系数而定，见表 8-3。

表 8-3　单位面积操作热 q_{4-1}

项目	生产性冷库	大冷藏库	小冷藏库
配用照明功率/W	7.5	3	3
工作系数	0.6	0.35	1.0
照明热 q_{4-1}	4.5	1.1	3

（2）动力热 Q_{4-2}　冷库中某些工作机械，如冷风机、搅拌机等都需用电动机拖动，这些能量最终转化为热能而被冷库吸收掉。

$$Q_{4-2}=\sum\left(\eta_1\eta_2\frac{P_{\text{e}}}{\eta}\right) \tag{8-11}$$

式中，P_{e} 为各种机械所配电动机的功率；η_1 为负荷系数，平均实耗功率与安装电动机功率之比值；η_2 为同时工作系数，由冷间的工艺过程而定，一般为 0.7~1.0；η 为电动机效率。

(3) 人体热 Q_{4-3}

$$Q_{4-3}=0.125nq_{4-3} \tag{8-12}$$

式中，q_{4-3}为每个操作人员所产生的热量（在冷库中，工作人员处于中等劳动强度，当库温高于或等于-5℃时，其每个人产生的热量为280W，当库温低于-5℃时为400W）；n 为同时操作人员数，平均每250m^2 为一人；0.125为工作系数，即假定工作人员在24h内平均有3h在冷库内工作。

对于空调房间应按空调条件下，人在不同劳动强度下工作时所产生的热量来计算人体热。

(4) 开门热 Q_{4-4} 冷库开门时外界空气侵入，从而带进热量和湿量。开门热一般只能利用经验数据计算。

$$Q_{4-4}=Aq_{4-4} \tag{8-13}$$

式中，A 为冷间面积；q_{4-4}为单位面积的平均开门热，数值见表8-4。

表8-4 单位面积平均开门热 q_{4-4} （单位：W/m^2）

用途	冷间面积/m^2		
	<50	<150	>150
冷却间、冻结间	18.5	9.5	7.0
收发货间	46.5	23.0	11.5
冷却物冷藏间	17.5	9.3	7.0
冻结物冷藏间	13.0	7.0	4.5

注：此表的数值适用于层高为3.6m。当层高更高时，其数据成比例地增加。

对制冷机组而言，由于各冷间的操作热不可能同时发生，所以可乘以系数（0.5~0.75），则总的操作热 Q_4 为

$$Q_4=(0.5\sim0.75)(Q_{4-1}+Q_{4-2}+Q_{4-3}+Q_{4-4}) \tag{8-14}$$

但是在确定各个冷间的设备负荷时，由于操作热的各项组成可能会同时出现，所以计算冷间的设备操作热应取各项之和，即

$$Q_4=Q_{4-1}+Q_{4-2}+Q_{4-3}+Q_{4-4} \tag{8-15}$$

进行近似估算时，不必像上述所说那样列出细项计算，而可以利用冷间单位面积的统计性综合指标。表8-5给出了指标的某些项目，只要利用表中列出的数值和下式就能迅速地估算出冷间冷负荷的近似值。

$$Q=Aq_A \tag{8-16}$$

式中，A 为冷间面积；q_A 为冷间单位面积冷负荷综合指标，见表8-5。

表8-5 冷间单位面积冷负荷综合指标 q_A （单位：W/m^2）

冷间类型	温度/℃	单层	多层
冷却间	-2~0	80~100	50~60
冻结间	-30	850~900	850~900
冷却物冷藏间	-3~+4	80~95	60~65
冻结物冷藏间	-20	70~90	45~65
穿堂	-10	450~500	450~500
贮冰间	-4	85~95	60~65
收发货间	+12	35	35

第四节 制冷装置的特性分析

一、压缩式制冷机组的性能分析

压缩式制冷机的主要组件是压缩机、冷凝器、蒸发器和节流机构，这些组件品种规格多，且均形成系列化产品。在进行制冷装置或制冷机组设计时，主要任务是要根据已经确定的冷负荷和设计条件（主要是冷却介质和被冷却介质的条件）选配最适宜的组件。当然还包括风机、水泵和自控制设备等。

压缩式制冷机的压缩机、冷凝器、蒸发器和节流机构，都各有自己的运转特性。但当组成制冷装置或制冷机组时，它们的性能又互相影响，互相制约。因此，需要研究制冷装置及机组的运转特性，这一特性工程上常用工况图表示。在工况图上，制冷装置或机组在给定冷量负荷或外部条件时的运转工况可用某一点表示，这一点称为平衡点。工况图不只可用于设备的选择，还可用来诊断故障，以确定哪台设备是出现事故的根源或如何处理。对于由多台设备或具有能量调节的单台制冷机，工况图还可用来确定运转中制冷压缩机的调配。

制冷机组的容量是随运转参数及外部参数而变的。运转参数包括内部参数及外部参数两类，前者是指制冷剂的冷凝温度、蒸发温度等，后者是指冷却介质和被冷却介质的温度和流量等。所谓制冷机组的性能是指其制冷量和耗功率与外部参数之间的关系。分析制冷装置特性的基本方法是：建立各部件的特性方程，将这些方程联立起来，通过求解联立方程来确定制冷装置的运行特性。表示一个部件的数学模型可能较复杂，联立方程的求解就更加复杂了，故需利用计算机模拟来完成。若确定了可能使用的部件的范围，并已知道了它们各自的性能，那么计算机模拟可以评价由各部件的不同组合而带来的相互影响，并能够通过在全部工作条件范围内选择最佳组合而使设计参数优化。对于制冷装置的计算机模拟，可以参阅本章第五节及其他有关文献。制冷装置特性的联立方程，也可以用作图的方法求解，使繁琐的计算简化。下面给出制冷装置特性的图解分析法，目的是比较直观地说明制冷装置各部件之间的相互影响以及对制冷装置总体特性的影响。

1. 压缩冷凝机组的性能分析

压缩冷凝机组是指由一台压缩机和一台冷凝器组成的机组。这种机组可以进行各种配套设计，适应制冷与空调的各种温度要求，故应用比较广泛。对于理论输气量为定值的制冷压缩机，其制冷量 Q_0 和轴功率随冷凝温度 t_k 和蒸发温度（即吸气饱和温度）t_0 而变，并可用压缩机的性能曲线来表示。这一关系也可表示成图 8-13a 所示的形式。

冷凝器的热负荷可表示为压缩机的制冷量和指示功率之和。因此，只要确定了压缩机的指示功率，就可根据性能曲线确定不同工况时的冷凝热负荷 Q_k，如图 8-13b 所示。

为了求得冷凝器热负荷 Q_k(W) 与冷却介质参数之间的关系，可导出冷凝器的热平衡方程和传热方程，即

$$Q_k = 1000q_c c_c(t_{co} - t_{ci}) = K_c A_c(t_k - t_{cm}) \tag{8-17}$$

式中，q_c、c_c、t_c 分别是冷却介质(水或空气)的流量(kg/s)、比热容[kJ/(kg·℃)]、温度(℃)；K_c、A_c 分别是冷凝器的传热系数[W/(m^2·℃)]和传热面积(m^2)；t_{cm} 为冷却介质的平均温度(℃)，可近似表示为

$$t_{cm} = \frac{1}{2}(t_{ci} - t_{co}) = t_{ci} + \frac{1}{2}(t_{co} - t_{ci}) = t_{ci} + \frac{1}{2} \times \frac{Q_k}{1000q_c c_c} \tag{8-18}$$

式中，t_{ci}、t_{co}分别为冷却介质的进口温度和出口温度。

从而可得到

$$Q_k = \frac{K_c A_c\ (t_k - t_{ci})}{1 + \frac{1}{2}\ \frac{K_c A_c}{1000q_c c_c}} \tag{8-19}$$

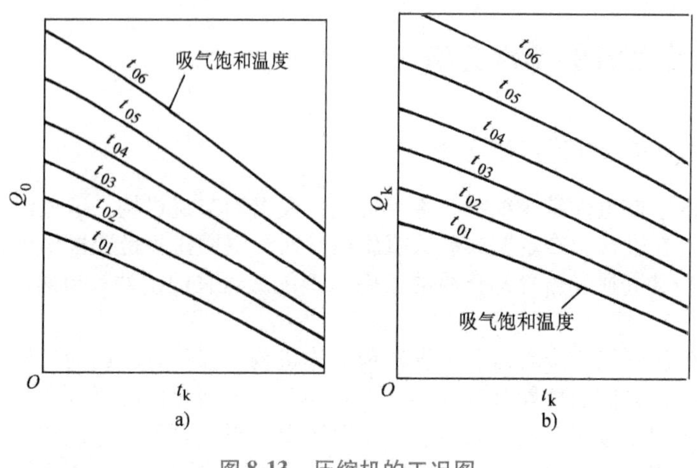

图 8-13　压缩机的工况图

（$t_{06}>t_{05}>t_{04}>t_{03}>t_{02}>t_{01}$）

由上式可以看出：①在 K_c、A_c 和 q_c 不变的情况下 Q_k 同冷凝器的冷端温差（t_k-t_{ci}）成正比；②在 K_c、A_c、q_c 和 t_{ci} 不变的情况下，Q_k 同 t_k 成直线关系。因此，按式（8-19）绘制的冷凝器的工况图如图 8-14 所示。

冷凝温度对于压缩机和冷凝器是共同的，且图 8-13 和图 8-14 均以冷凝温度为横坐标，故两图可以叠置绘制。图 8-14 可以同图 8-13b按坐标值叠置绘制，如图 8-15a 所示。该图上两组曲线的任一交点，给出了在给定的蒸发温度 t_0 及冷却介质进口温度 t_{ci} 时机组的冷凝温度及冷凝热负荷。图 8-14 可以同图 8-13a 按冷凝温度和蒸发温度叠置绘制，如图 8-15b 所示，它给出给定 t_0 及 t_{ci} 时机组的制冷量。在上述参数确定以后，可进一步由压缩机的性能曲线查出压缩机的轴功率 P_e。

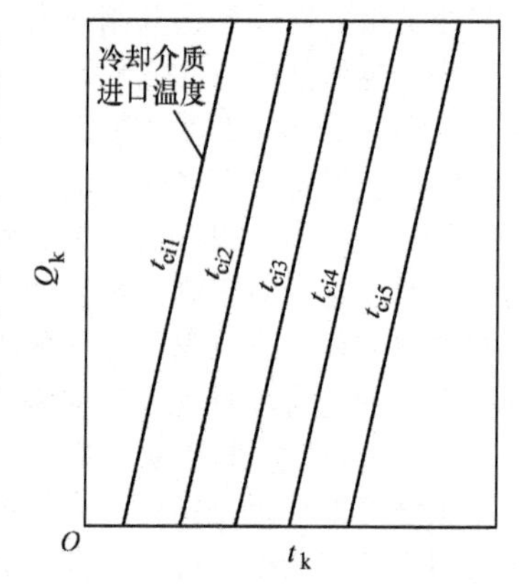

图 8-14　冷凝器的工况图

由以上的分析可知，制冷压缩机的确定方法是以蒸发温度和冷凝温度为自变参数以标明压缩机的制冷量和轴功率；而压缩-冷凝机组则是以蒸发温度和冷却介质流量不变时的进口温度为自变参数以标明机组的冷凝温度、制冷量和轴功率。

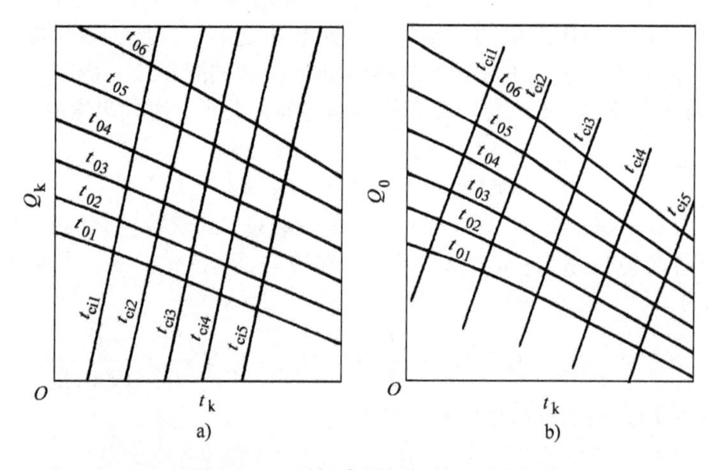

图 8-15　压缩-冷凝机组的工况图

在绘制如图 8-14 和图 8-15 所示的工况图时，已将 q_c、A_c 和 K_c 取为定值。任何已选配好的压缩-冷凝机组都属于这种情况。但是在选配设计过程中，特别是在进行优化设计时，则必须考虑到

q_c、A_c 和 K_c 均在变化，因而必须绘制不同的工况图。假如是优化设计，采取系统模拟的解析法比图解法更实用。

2. 单元制冷机组的特性分析

这里所说的单元机组是由一台压缩机、一个冷凝器、一个蒸发器和一个节流机构组成的制冷机组，包括冷风机、冷水机组及热泵机组等。这种机组可采用水或空气冷却，大多采用热力膨胀阀，其供液量可根据冷负荷的变化自动调节。机组中压缩机和冷凝器的综合性能也是用图 8-15 所示的工况图表示。若将这样的工况图与蒸发器的工况图结合起来，即为制冷机组性能的工况图。

与冷凝器相同，分析蒸发器的热平衡方程和传热方程也可得出

$$Q_0=\frac{K_eA_e\ (t_{ei}-t_0)}{1+\dfrac{1}{2}\dfrac{K_eA_e}{1000q_ec_e}} \tag{8-20}$$

其中，q_e、c_e 和 t_{ei} 分别是被冷却介质（水或空气）的流量（kg/s）、比热容［kJ/(kg・℃)］和进入蒸发器时的温度（℃）；K_e 和 A_e 是蒸发器的传热系数［W/(m^2・℃)］和传热面积（m^2）。根据式（8-20）可绘制蒸发器的工况图，如图 8-16 所示。绘制时，取 q_e、K_e 和 A_e 为定值。由图可以看出，当 t_{ei} 固定时，由于 Δt 下降，制冷量 Q_0 是随蒸发温度 t_0 的提高而减小，当 t_0 固定时 Q_0 随 t_{ei} 的提高而增大。当被冷却介质为空气时，在冷却过程中含湿量及比热容不断变化，故工况图的线条略微弯曲。

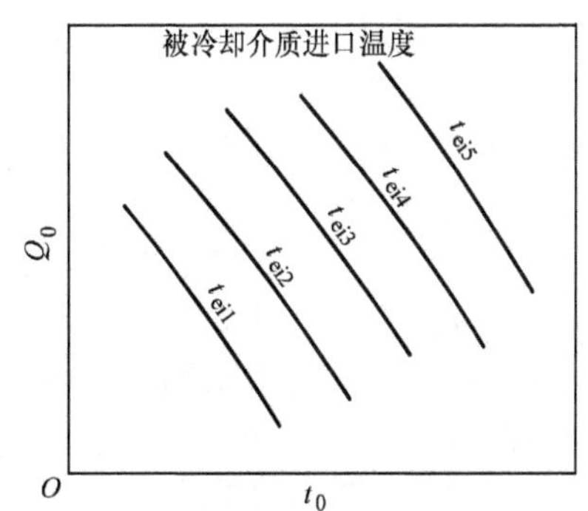

图 8-16 蒸发器的工况图（q_e 为定值）

在图 8-15b 压缩-冷凝机组的工况图上，已经确定了 t_{ci} 为定值时机组的制冷量同压缩机的蒸发温度（实际压缩机的吸气压力所对应的饱和温度）的关系。蒸发温度对于压缩机和蒸发器是共同的，故将图 8-15b 与图 8-16结合起来，就可得到单元制冷机组的工况图，如图 8-17 所示。按该图上冷却介质和被冷却介质的进口温度来确定单元制冷机组的制冷量和蒸发温度，进而再按压缩-冷凝机组的工况图确定冷凝温度，按压缩机的性能曲线确定压缩机的轴功率。

图 8-17 还可转绘成图 8-18 所示的形式，它完全消去了内部参数而用外部参数表示，比较简明，但只能用来确定机组的制冷量。

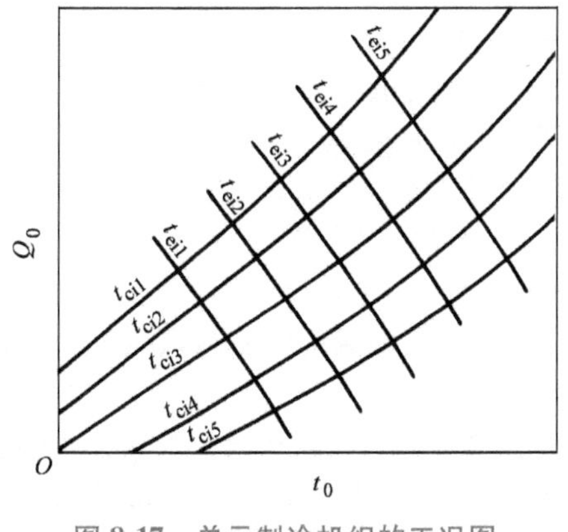

图 8-17 单元制冷机组的工况图（q_c、q_e 均为定值）

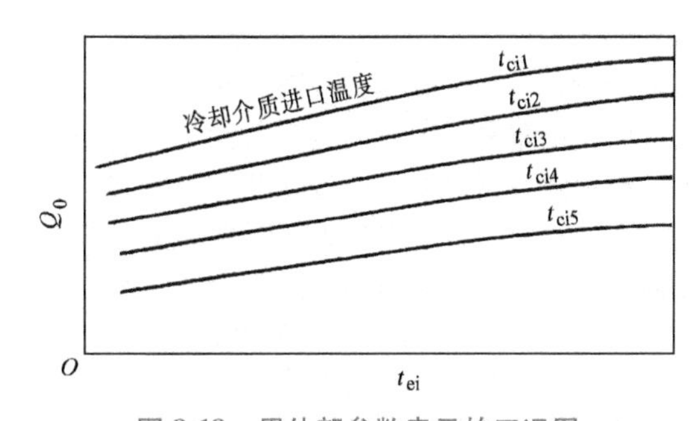

图 8-18 用外部参数表示的工况图

在绘制蒸发器及单元机组的工况图时，若 q_e、A_e 和 K_e 均在变化，则必须进行优化设计。与前面压缩-冷凝机组一样，要分析影响因素。此外，在绘制单元机组的工况图时，对于冷却空气的蒸发器，还需要考虑除湿量。若除湿量小时，t_{ei} 和 t_{eo} 可用被冷却空气的干球温度；但当除湿量大时，

则需用被冷却空气的湿球温度。

二、热泵特性分析

1. 风冷热泵的特性分析

图 8-19 给出了风冷热泵的特性图。图中给出了比较完整的一组热泵性能曲线。当蒸发器的进风湿球温度 $t_s=18℃$，冷凝器的进风温度 $t_a=45℃$ 时，查图可知，这时热泵的吸热量为 $Q_0=67kW$；若 $t_s=24℃$，相同的 t_a 下，Q_0 可提高到 82kW，对应的蒸发温度为 12.5℃。此时，有可能导致压缩机超载；若 t_s 降到 10℃，t_a 降到 7℃，在新的平衡点处，热泵的吸热量 $Q_0=75kW$，蒸发温度 t_0 降到-4.3℃。这种情况下，冷凝压力 p_k 降低，节流机构前后供液压差变小，因而首先要校核这种工况下系统所要求工质的流量。另外一个问题是，蒸发压力的下降会使盘管表面结霜。表面结霜时，蒸发器性能恶化。如果把压缩机气缸卸载，使其 50%负荷运行，与 $t_s=10℃$、$t_a=7℃$ 相对应的热泵吸热量为 $Q_0=45kW$，相应的蒸发温度为 $t_0=0℃$，这时，单位吸热量的功可以减少。

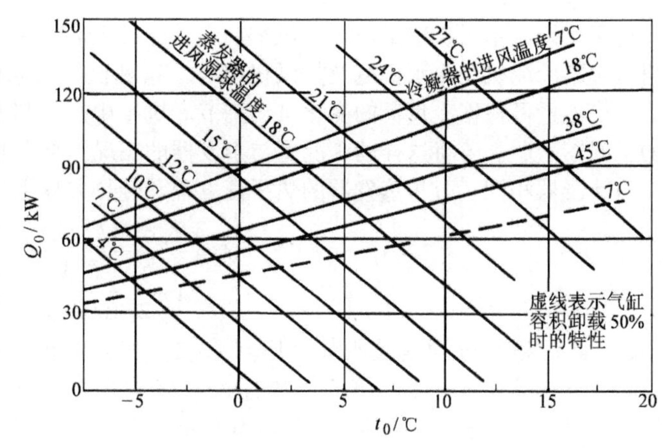

图 8-19　风冷热泵的特性图

图 8-20 示出了制冷量与膨胀阀容量的关系，即考虑了节流机构影响时，热泵的特性曲线。考虑到从冷凝器至膨胀阀前的管路压力损失以及膨胀阀后至压缩机吸气之间的压力损失，冷凝温度线与吸气饱和温度线的交点处所对应的阀的前后压力差值要比热泵压力差（p_k-p_0）的值低（图中对 R22 系统，取其低压 0.24MPa）。从图中可以看出，随着冷凝温度 t_k 的下降，尽管吸气压力也下降，而热泵装置的容量仍有所增加（如曲线 1 所示），一直增加到膨胀阀容量的限制值。此后，t_k 进一步下降时，热泵的容量和吸气温度的变化则受膨胀阀容量的限制而迅速下降，在图中沿着机组容量曲线从右到左，对应的冷凝温度逐渐降低，使冷凝器与蒸发器之间的压力差下降，蒸发压力和蒸发温度下降，致使蒸发盘管的表面温度降到冰点以下，盘管表面结霜，由此而引起机组的容量降低，如图中曲线 3 所示。

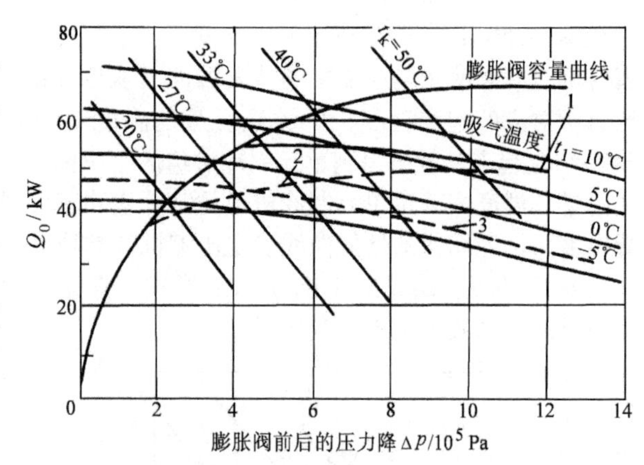

图 8-20　制冷量与膨胀阀容量的关系

1—蒸发盘管在进风干球温度为 25℃、相对湿度为 50%时的容量曲线　2—机组容量随蒸发管盘管进风湿球温度降低而变化的曲线　3—蒸发盘管结霜时的容量曲线

图 8-19 和图 8-20 是用热泵特性图解方法的实例，来反映风冷热泵性能在设计条件下所得的实际结果，以及各种参数变化对热泵性能的影响。在热泵系统设计中，把空调房间的得热或失热特性叠加到加热或冷却系统的容量特性上去，以适应系统对象的要求，是很有益的。

2. 风冷热泵容量的确定

从上述可知，风冷热泵的性能受环境温度的影响较大，特别是冬季室外温度较低时，此时热泵的蒸发温度较低，制热系数就随蒸发温度下降而下降，而此时建筑物对供热的需求却增大，因而必须在冬季加设辅助热源，以在环境温度低时，能补充制热量的不足。图 8-21 表示风冷热泵供暖的系统特性，图中 Q_h-t_a 表示热泵装置的供热能力线（不同容量热泵曲线不同），在这相同的坐标中，再以 Q_h-t_a 表示为建筑物的耗热量特性曲线。两曲线呈相反的变化趋势，交点 o 称为热泵装置的平衡点，相对应的横坐标温度称为平衡点温度。当环境温度高于平衡点温度时，热泵供热量有余；当环境温度低于平衡点温度时，热泵供热量不足。不足部分则由辅助加热设备供热。此外，当建筑物内区为发热区域，两外区为散热区域时，若采用合适的回收措施，其平衡点温度会向左移。建筑物的保温性能较好时，亦会使平衡点温度左移。因此，风冷热泵机组的供热量选择，必须仔细研究建筑物的耗热特性，以经济合理地选择平衡温度点。一般在热泵设计时，应选定该工程的经济合理的平衡点，以便配置热泵主机的额定容量。通常将平衡点温度取得高于室外冬季采暖设计温度，以保证压缩机选配的容量不致过大，并在大部分时间能在较高的效率下运转，这样不仅可以节省初投资，而且运行费用也降低。当环境温度较低时，可增设辅助加热器或蓄热器来补充热泵的不足热量。当压缩机的输气量可调时（如利用变频器调节压缩机转速），则供需关系就能得到满足。此外，采用多台热泵并联工作时，也能较好地满足供需的平衡。图 8-22 示出采用压缩机变频或多台热泵来满足供需平衡。

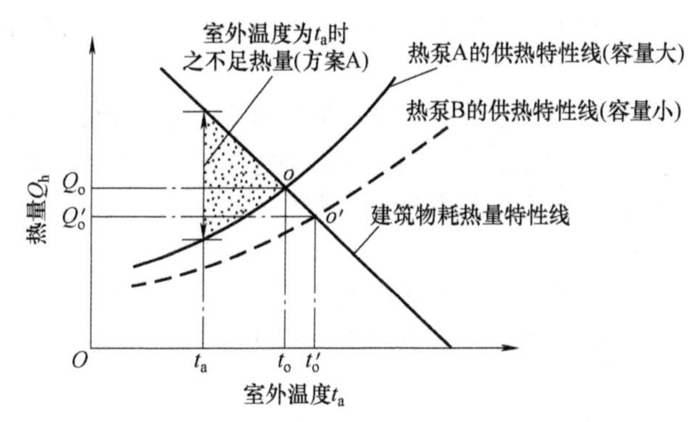

图 8-21　风冷热泵供暖的系统特性

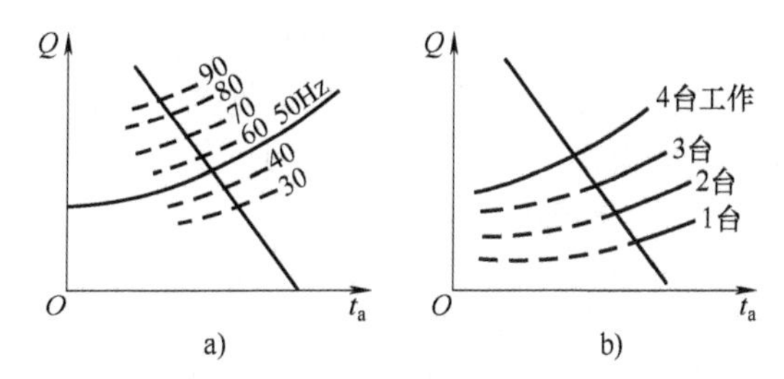

图 8-22　利用压缩机变频或多台热泵来满足供需平衡

a）变频调速　b）多台调节

第五节　制冷空调装置仿真优化与计算机辅助设计

一、制冷装置计算机辅助设计入门

1. 计算机辅助设计的基本概念

计算机辅助设计（CAD，computer aided design）技术是近年来得到迅速发展的科技新领域。一个 CAD 系统一般应该包括有专业计算、分析、优化程序，数据库系统，以及自动化绘图系统。计算机辅助绘图（computer aided drawing）是 CAD 系统的一个很重要的组成部分，也是影响最大的部分，它可以是一个独立的应用系统，直接为工程设计服务，而且也常常被称为 CAD 系统。许多 CAD 系统实际上仅是计算机绘图系统，从高一级的应用水平来看，这只是计算机辅助设计系统的一部分。

2. 计算机辅助设计系统的组成及基本功能

一个完整的计算机辅助设计系统是由一系列硬件系统和软件系统组成的。

（1）硬件系统　硬件系统应该有带有高分辨率显示器的计算机主机以及打印机、数字化仪或图形扫描仪、绘图仪等。

（2）软件系统　软件系统主要包括：所选机型的系统软件，如操作系统、各种高级语言的编译程序以及其他有关系统软件；图形支撑软件，如 AutoCAD，这实际上是计算机辅助设计中所需要的绘图系统。

作为一个计算机辅助设计系统应包括以下几个功能；

（1）计算功能　这是任何计算机系统中的最基本功能。对于工程设计中的计算机辅助设计实际上包含有设计、计算、绘图三个方面，其中任何一个内容均有大量的计算，因此对所选择的硬件设备，其主机应有足够的运算速度。

（2）存储功能

（3）输入功能　除了一般利用键盘输入数据外，对于图形数据尚需配备有图形输入设备，如数字化仪、图形扫描仪等。

（4）输出功能　计算机辅助设计系统，应能在显示屏幕上显示出设计过程的当前状态，并能反映出图形编辑过程（如增加、删除、修改等）的结果，如果已得出满意的设计并要求输出时，可以通过绘图仪、打印机等设备实现硬拷贝输出，以便长期保存。

3. 制冷装置计算机辅助设计的内容

一个完整的制冷装置计算机辅助设计系统应该包括从初步规划到最后图样输出的这样一个功能强大的系统，大致可以分为结构规划、系统初步分析计算、仿真与优化、自动图样绘制这样四个部分。

（1）结构规划　这是工程或产品设计的第一步，不是单纯的机械设计或制冷设计，而是以机械设计为主体，涉及电子学、制冷、工艺学、材料学、美学等多学科的综合设计技术。如在冷库设计中，首先要考虑的是如何通过冷库整体设计的合理性来保证提高冷库的综合性能和技术指标，包括如何布置承重结构、围护结构，如何防潮，如何尽可能减少冷桥等。在家用冰箱设计中，是先根据市场的要求确定冰箱的大致规格，并初步确定结构，在这个过程中，要充分顾及产品的美观、造价便宜、制冷系统与其他必要的配件容易布置等。

（2）系统初步分析计算　对于制冷设备，专业工程师们都积累了一套基本的设计计算方法，即便对于全新的装置，也可以按照基本的传热传质关系进行初步的设计计算。把原来所用的方法编成计算机程序，并没有太多的困难，而这样做的好处是明显的：首先，计算机的高速度可以大大提高工作效率，减少计算时间；第二，通过把原来各人所用的方法，编成互相之间可以很方便地共同享用的程序，有利于方法的积累、交流与完善。通过初步的设计分析计算，可以大致确定装置的基本结构尺寸。如对于冷库，通过估计冷库的负荷，可以初步确定压缩机、蒸发器、冷凝器、分油器、高压贮液器等各种部件的尺寸及布置方式。对于家用冰箱来讲，通过热负荷的估算，可初定供最后选用的几种压缩机，确定可能的蒸发器的布置方式与尺寸、冷凝器的类型与尺寸等。

（3）仿真与优化　把原来所用的方法用计算机来实现仅仅是计算机应用的最基本的方面，系统初步分析计算是装置设计中的一个重要环节，而不应该是最后的结果。装置的很多性能不能通过简单的计算得到，人们在制冷装置的设计中所常用的方法是静态集中参数的方法，而实际过程是一个动态分布参数的过程，用静态集中参数的方法只能在一定程度上估算实际装置的性能，但却难以减少计算的误差，因此最后不得不依靠大量的实验来检验计算的效果，进一步改进系统，而这是很浪费时间和金钱的。如何借用计算机这个有效的计算工具，开发有效的精确进行装置计算的动态仿真与优化软件，是计算机辅助设计的难点。通过系统的仿真与优化，可以检验初步设计的效果，同时可以改进系统，并最终确定设计方案。

（4）自动图样绘制　它是根据计算结果，通过绘图软件自动绘制图样。由于基本绘图软件的成熟，降低了这一步工作的难度。各个专门的领域通常根据自己的需要建立专门的图库，或对基本绘图软件进行一定的改进，以提高自动绘图的速度。

二、仿真技术简介

计算机仿真是计算机辅助设计中的重要技术。

仿真就是用一个能代表所研究对象的模型去完成的某种试验，以前常称为模拟。

在进行实际系统的分析、综合与设计的过程中人们除了对系统进行理论上的分析计算以外，常常需要对系统的特性进行试验研究。这种试验研究一般有两种：一种是在实际系统上进行，另一种则是在模型上进行。在许多情况下，如果直接用真实系统进行试验，往往不经济或不安全，有时甚至做不到或者没有意义。因此，在实践中出现了用模型代替真实系统作试验的方法，发展了仿真技术。

仿真是在模型上进行的，按照模型的性质不同，分为物理仿真与计算机仿真。

（1）物理仿真　所谓物理仿真是用一个与实际系统物理本质相同的模型去完成试验。例如，利用船模去完成船舶阻力的试验，船模的水下部分与实船有相同的几何比例，船模拖曳时与实船有相似的水动力学性质。飞机模型、汽车模型等在风洞中吹风试验也是物理仿真。

（2）计算机仿真　所谓计算机仿真，是用数学形式表达实际系统的运动规律，数学形式通常是一组微分方程或差分方程，然后用计算机来解这些方程。在这里，描述实际系统运动规律的数学形式称为数学模型，用来解数学方程的计算机可以是模拟计算机，也可以是数字计算机。

随着计算机的飞速发展，计算机仿真越来越多地代替了纯物理的仿真，因此现在通常所说的仿真，指的都是计算机仿真。

在计算机仿真研究的过程中，一般要经过这样四个步骤：

1）写出实际系统的数学模型。对于不同的要求可以采用不同的模型，对于热力系统的动态仿真，较多采用偏微分方程。

2）将它转变成能在计算机上进行运转的数学模型。比如，要在数字计算机上进行仿真，应当将描述实际连续过程的方程，变成一组离散方程。

3）编出仿真程序。

4）对仿真模型进行修改、校验。

仿真系统按照有无实物介入来区分，可分为实时仿真系统及非实时仿真系统。

仿真按照计算机的类型不同来区分，可分为：用模拟计算机组成的仿真系统，用数字计算机组成的数字仿真系统及用混合模拟机组成的或用数字-模拟混合计算机组成的混合仿真系统，以及用微型机阵列组成的全数字式仿真系统等。

从发展趋势看，数字仿真大有后来居上之势。现代计算机中，数字计算机占了主要部分，在没有专门说明的情况下，通常所说的计算机指的都是数字计算机。

由于计算机仿真技术尚未得到普遍应用，很多制冷产品设计中需要制作大量的样机进行试验，通过在这种最接近批量生产的实际产品的模型上进行物理仿真，弥补设计的不足。不断制作样机并做试验的过程费时费力，所以发展制冷装置的计算机仿真成为急迫的任务。

工程技术界的仿真研究，主要是为产品开发服务。在仿真技术没有应用之前，技术人员已经成功地开发了许多产品，那么仿真与常规设计方法的关系又如何呢？

常规的设计中，是先定下产品的性能目标，然后推断其工作状况，最后确定产品的具体结构。而对于仿真而言，是先定产品的结构，然后看工作过程，在算出其工作过程的基础上，得到最后的性能。从这个过程可以看出，常规的设计方法，目标很明确，更有可操作性，所以容易被广大工程技术人员理解。而仿真到底有什么优点，为什么要大力推广，如何应用该项技术，则还未被普遍了解。

常规的设计方法中没有一套完整描述整个系统特性的模型，它所包含的仅是部分经过高度简化，能反映系统部分特性的模型。由于其先天的不足，使得它的发展受到较大的限制。以常规冰箱设计方法为例，总是先定下产品的性能要求，如耗电量、储藏温度，再推断运行参数，如制冷剂的蒸发压力、冷凝压力等，最后得到作为设计目标的结构参数，如压缩机容量、蒸发器面积、毛细管长度与直径等。如果仅仅按照这样一套设计过程进行工作的话，即便设计方法绝对准确，仍然有许多不尽如人意的地方。比如，按某一环境参数进行设计，至多能保证在这一条件下的产品性能达到要求。如果需要同时满足几个环境参数下的要求，而分别按照不同的环境条件去设计，会得到不同的设计结果，最后只能在其中进行折中，但是最后的性能会怎样呢，却不能直接得出。从这样一个简单的例子可以看出，仅有从性能定结构这样一个步骤是不够的。在实践中，人们已经认识到这个问题，所以在设计时，都有一个校核过程，即在产品结构定了以后，再计算一下各种性能，这个过程其实已经是仿真的过程了。也就是说，人们已经认识到常规设计方法的不足之处，体会到仿真的重要性了。要真正对系统进行正确仿真，需要建立准确的模型，而现在所常用的简单模型难以反映复杂的实际过程，因此这方面的研究仍然是相当欠缺的。由于计算机仿真的落后，所以现在制冷产品设计中，往往要制作大量的样机进行试验，即通过在这种最接近批量生产的实际产品的模型上进行物理仿真，弥补设计的不足。不断制作样机并做试验的过程是相当费时费力的，所以发展制冷装置的计算机仿真已成为很急迫的任务。

仿真是定结构参数后检测性能的过程。通过仿真，可以知道多项性能，从而对所确定的结构参数是否合理做出较好的评价。为了寻求一组合理的结构参数，需要进行不断的调整，不断的仿真，这是优化过程，可以通过配置优化程序完成，或者直接根据经验与要求，由操作者来完成。为了能较快地寻到一组较好的结果，希望初始的结构参数尽量要好，用常规设计的方法确定初始参数是一种比较好的方法。所以，应该把常规设计的方法和计算机仿真的方法相结合，可使工作更有效。

三、简单对象的建模

在制冷空调装置仿真中，有些部分在一定假设下，可用一阶微分方程近似描述。下面举例说明。

例 8-1 将货物送入冷藏箱中进行冷却，如图 8-23 所示。设冷藏箱中空气温度为 θ_a；设货物的温度为 θ，质量为 m，比定容热容为 c_V，与空气传热面积为 A，货物与空气的当量传热系数为 K。

解 货物的蓄热量 U 为

$$U=c_V m\theta \tag{8-21}$$

传给货物的热量应等于货物蓄热量的变化

$$\frac{dU}{dt}=KA(\theta_a-\theta) \tag{8-22}$$

将式（8-21）代入式（8-22）并整理得

$$\frac{d\theta}{dt}+\frac{KA}{c_V m}\theta=\frac{KA}{c_V m}\theta_a \tag{8-23}$$

上式即是包含 θ 对 t 求导的一阶微分方程。反映了一定条件下，货物随冷藏室内空气温度的变化规律。

用一阶微分方程描述的只能是非常简单与理想化的对象，在制冷空调装置仿真中，如果考虑稍多一些影响参数的话，则必须采用更高阶的方程。下面举例说明。

例 8-2 变空气温度下的货物冷却计算，仍然是货物送入冷藏箱中进行冷却的过程计算。与例 8-1 不同的是，空气温度是变化的，而送入箱内的热量是一定的，设为 Q。设冷藏箱中空气温度为 θ_a，质量为 m_a，比定容热容为 c_{Va}；设货物的温度为 θ，质量为 m，比定容热容为 c_V，与空气传热面积为 A，货物与空气的当量传热系数为 K。货物送入冷藏箱中进行冷却，箱体结构为绝热，如图 8-24 所示。

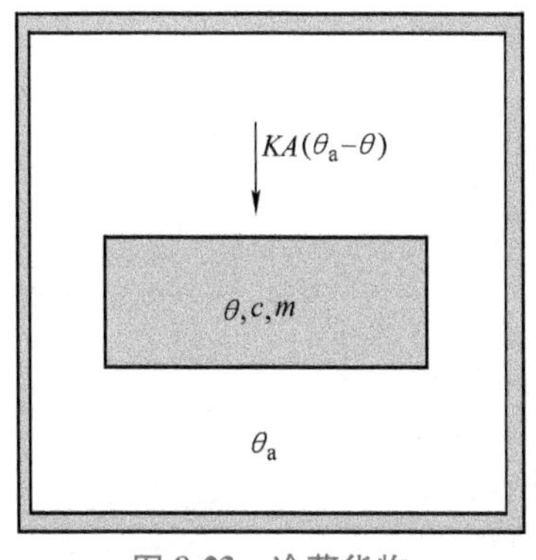

图 8-23　冷藏货物

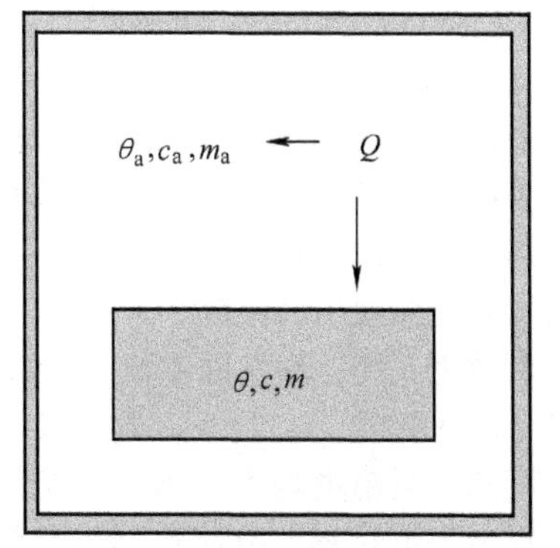

图 8-24　考虑空气蓄热时的货物冷藏

解　空气的蓄热量 U 为

$$U_a = c_{Va} m_a \theta_a \tag{8-24}$$

货物的蓄热量 U 为

$$U = c_V m\theta \tag{8-25}$$

传给货物的热量应等于货物蓄热量的变化，即

$$c_V m \frac{d\theta}{dt} = KA(\theta_a - \theta) \tag{8-26}$$

传给空气的热量与传给货物的热量之和为总的热量 Q，即

$$c_V m \frac{d\theta}{dt} + c_{Va} m_a \frac{d\theta_a}{dt} = Q \tag{8-27}$$

由式（8-26）得

$$\theta_a = \theta + \frac{c_V m}{KA} \frac{d\theta}{dt} \tag{8-28}$$

将式（8-28）代入式（8-27）得，

$$c_V m \frac{d\theta}{dt} + c_{Va} m_a \frac{d\theta}{dt} + \frac{c_V m c_{Va} m_a}{KA} \frac{d^2\theta}{dt^2} = Q$$

$$\frac{c_V m c_{Va} m_a}{KA} \frac{d^2\theta}{dt^2} + (c_V m + c_{Va} m_a) \frac{d\theta}{dt} = Q \tag{8-29}$$

上面的二阶常微分方程描述了冷藏箱内货物的冷却过程。如果考虑空气与箱体结构的传热，而把箱体结构作为一阶惯性环节，则得到的式子为三阶微分方程。如果对于厚的货物，需要考虑表层与内部温度变化的不一致，则所得到的方程阶数还要高。

一般的，描述系统的高阶微分方程可统一用如下形式，即

$$\frac{d^n}{dt^n}y + a_1 \frac{d^{n-1}}{dt^{n-1}}y + \cdots + a_{n-1}\frac{d}{dt}y + a_n y = c_0 \frac{d^n}{dt^n}u + c_1 \frac{d^{n-1}}{dt^{n-1}}u + \cdots + c_{n-1}\frac{d}{dt}u + c_n u \tag{8-30}$$

对于式（8-23）这样的微分方程模型，可以通过推导求得其分析解。

对于一般的微分方程，难以直接求得分析解，一般采用数值求解方法。对于精度要求较低而速度要求较高的场合，可以采用欧拉法、梯形法；如果精度要求较高，则四阶龙格-库塔法是常用的求解方法。

四、单级压缩蒸气制冷理论循环的计算机分析

最常见的制冷装置如家用冰箱、家用空调器等均采用单级蒸气压缩制冷循环，对于单级蒸气压缩制冷理论循环的计算机分析是一种非常简化的制冷循环模拟，可以作为实际制冷装置模拟的基础。

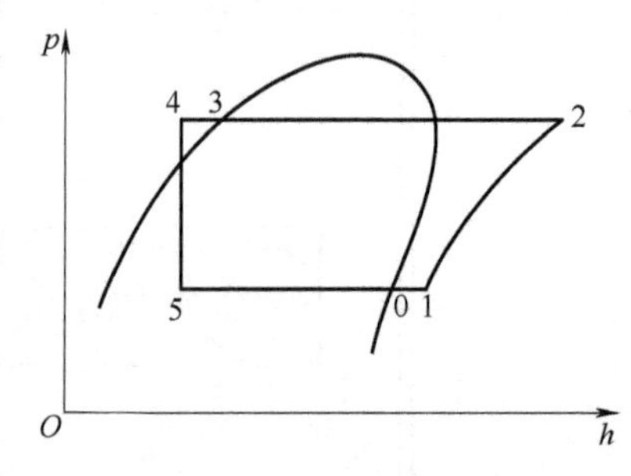

图 8-25　单级压缩蒸气制冷循环的 p-h 图

图 8-25 示出了单级压缩蒸气制冷循环的 p-h 图（纵坐标是对数坐标），对于该种循环的分析是制冷系统分析与设计的基础。以前通过查图表的方法，可以计算出所要求的各个量，但每次计算都比较复杂。而采用在计算机上计算，虽然编程需要花时间，但以后每次计算特别快，对于工况等参数改变时的分析特别能体现出其优势。

假定输入参数为 4 个：蒸发温度 T_0、冷凝温度 T_k、压缩机吸气过热度 ΔT_0 和冷凝器过冷度 ΔT_k。按理论循环的假设条件，蒸发温度和冷凝温度均为定值，系统的流动阻力忽略不计。压缩过程为等熵过程，节流过程为等焓过程。则理论循环的性能指标均可以算出。

循环的单位质量制冷量
$$q_0=h_1-h_5=h_1-h_4 \tag{8-31}$$

单位容积制冷量
$$q_v=\frac{q_0}{v_1} \tag{8-32}$$

单位理论功
$$w_0=h_2-h_1 \tag{8-33}$$

单位理论热负荷
$$q_k=h_2-h_4 \tag{8-34}$$

制冷系数
$$\varepsilon=\frac{q_0}{w_0} \tag{8-35}$$

制冷工质的物性计算程序需要预先编制。对于常见工质，国际上都有标准方程，并有商业化的软件。由工质物性程序，可根据任意两个物性参数求出该状态的其他物性参数值。

图 8-26 所示为计算单级压缩蒸气制冷循环性能的程序框图。

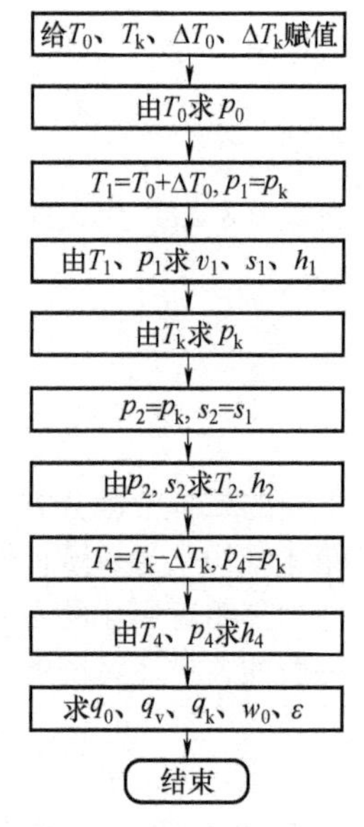

图 8-26　计算单级压缩蒸气制冷循环性能的程序框图

由该程序可以方便地求出当蒸发温度、冷凝温度、压缩机吸气过热度、冷凝器过冷度变化时，理论制冷循环性能的变化。在该计算中只需要知道制冷工质的热力性质，与工质的传输性质以及具体的装置结构均无关，现经常被用来比较不同工质的性能。

上面的方法虽然简单，但同实际装置性能之间是有差距的。对于一般的制冷装置来讲，当蒸发温度、冷凝温度变化时，其压缩机吸气过热度、冷凝器过冷度也会变化，定值假定是不符合实际情况的。由于上面分析过程没有牵涉到外界环境对于实际装置的影响，因此不能预测外界环境变化时制冷装置的性能变化。

五、单级压缩蒸气制冷装置的计算机模拟

制冷装置的计算机模拟，是用来代替部分在实际装置上的试验。对于实际制冷装置来讲，一旦结构以及外部条件定了，其内部的状态是唯一确定的。因此在计算机模拟时，并不能任意指定这些状态，如蒸发温度、冷凝温度、过热度、过冷度，而是应该能把这些参数正确地计算出来。在模型和算法的选取上，应当根据实际需要，在照顾精度、计算稳定性和运算速度之间达到平衡。下面通过一个经过简化的制冷装置仿真的例子，来说明仿真的思路与过程。

对于一个简单的单级压缩蒸气制冷装置，设其由往复活塞式压缩机、毛细管、冷凝器与蒸发器这四大件组成。蒸发器与冷凝器均采用干式换热器，其本身热容可以忽略不计，这两个换热器均采用温度不变的空气冷却。需要模拟压缩机开机过程到系统接近稳定的整个过程，主要是要预测制冷剂状态及制冷量随时间的变化。

由于需要模拟制冷装置在压缩机开机这个扰动下的过渡过程，因此毫无疑问是个动态仿真问

题。但是具体建模时，不一定对所有的部件都采用动态方程。如果有可能的话，应该对其中尽可能多的环节采用稳态方程，以使整个模型比较简单。

1. 压缩机模型

对于压缩机来讲，活塞每一个运动周期所需要的时间约为0.02s，远小于制冷系统压力变化过程的时间。对于制冷装置来讲，活塞在一个运转周期中的流量的变化，是一个频率过高的信号，可以取每个周期的平均值来滤掉该高频信号。这样一来，压缩机进出口状态对压缩机流量的影响是没有时间迟延的，因此压缩机流量计算的模型可以采用稳态模型。功率则可根据理论功和压缩机的效率确定。

$$q_{m\mathrm{com}}=\frac{\lambda V_{\mathrm{h}}}{v_1} \tag{8-36}$$

$$P=\frac{m}{m-1}\lambda V_{\mathrm{h}}p_0\left[\left(\frac{p_{\mathrm{k}}}{p_0}\right)^{\frac{m-1}{m}}-1\right]/\eta \tag{8-37}$$

式中，$q_{m\mathrm{com}}$、P 分别表示压缩机的制冷剂流量与功率；λ、V_{h}、η 分别为压缩机的输气系数、理论排气量、压缩机指示效率；p_{k}、p_0、v_1、m 分别表示冷凝压力、蒸发压力、吸气比体积、多变指数。

2. 毛细管模型

毛细管中制冷剂的流速很高，制冷剂流过毛细管所需要的时间也远小于系统的时间常数，因此毛细管进出口状态的影响也可以认为是即时的，故其模型采用稳态模型即可。由于管内流体流动的高度非线性，各种较为精确的分布参数模型在数值求解时速度较慢且存在计算的稳定性问题，因此建立精确，同时又简单、通用的毛细管模型对于实际装置的设计与优化具有重要意义。下面介绍一种绝热毛细管的近似积分模型，计算速度快，而且避免了计算的不稳定。

对于一维等焓均相流动，有如下控制方程

$$-\mathrm{d}p=g^2\mathrm{d}v+\frac{1}{2}\,\frac{f}{D}vg^2\mathrm{d}L \tag{8-38}$$

式中，p、v、g 分别为流体的压力、比体积和质量流速；D 和 L 分别为毛细管内径和长度；f 为沿程摩阻系数。

（1）过冷区模型　过冷区液体比体积和沿程摩阻系数可认为不变，对上式积分，得过冷区长度

$$L_{\mathrm{SC}}=\frac{2\Delta p_{\mathrm{SC}}D}{f_{\mathrm{SC}}v_{\mathrm{SC}}g^2} \tag{8-39}$$

式中，Δp_{SC}表示过冷区压降，下标SC表示过冷区。

（2）两相区模型　用 p_1 和 v_1 表示两相区的进口压力和比体积，p_2 和 v_2 表示两相区的出口压力和比体积。为了能积分求解方程（8-38），建立如下经验方程

$$\frac{v}{v_1}=1+k_1\left(\frac{p_1}{p}-1\right) \tag{8-40}$$

因沿程摩阻系数 f 变化不大，故在积分过程中设为定值，取进、出口摩阻系数之算术平均值。将式（8-40）代入式（8-38）积分，得二相区长度

$$L_{\mathrm{TP}}=-\frac{2D}{f}\left[\ln\frac{v_2}{v_1}-\frac{p_1}{v_1g^2(1-k_1)}\left(\frac{p_2}{p_1}-1-\frac{k_1}{1-k_1}\ln\frac{p_2v_2}{p_1v_1}\right)\right] \tag{8-41}$$

式（8-40）、式（8-41）中，k_1 是一个仅与边界条件相关的常量，按下式计算，即

$$k_1=\left(\frac{p_2v_2}{p_1v_1}\right)^{0.928533}\left[\left(1-\frac{v_1}{v_2}\right)\Big/\left(1-\frac{p_2}{p_1}\right)\right]^{1.09156} \tag{8-42}$$

（3）过热区模型　对于低压下的过热气体，可近似看作理想气体，因此在等焓过程中温度不变。有

$$pv=RT=\text{常数} \tag{8-43}$$

式中，T 和 R 分别是热力学温度和摩尔气体常数。

由式（8-43）得

$$dv=-\frac{RT}{p^2}dp \tag{8-44}$$

将式（8-43）和式（8-44）代入式（8-38）并积分，得过热区长度

$$L_{SH}=\left(\frac{p_1^2-p_2^2}{RT}+2g^2\ln\frac{p_2}{p_1}\right)D/(f_{SH}G^2) \tag{8-45}$$

式中，下标1和2分别表示过热区的进口和出口参数。在实际计算中，为方便起见，取

$$RT=\frac{p_1v_1+p_2v_2}{2};\quad f_{SH}=\frac{f_1+f_2}{2}。$$

（4）壅塞流　当工质在毛细管出口处的流速达到当地声速时，毛细管处于壅塞流动。此时，毛细管出口压力大于或等于背压，背压的降低对毛细管质量流速已无影响。此时的质量流速 g_C 称为毛细管的壅塞质量流速或临界质量流速，可按式（8-46）~式（8-48）计算

$$g_C=\left(\frac{x}{g_{CG}^2}+\frac{1-x}{g_{CL}^2}\right)^{-1/2} \tag{8-46}$$

$$\frac{1}{g_{CL}^2}=\frac{v_G-v_L}{s_G-s_L}\frac{ds_L}{dp}-\frac{dv_L}{dp} \tag{8-47}$$

$$\frac{1}{g_{CG}^2}=\frac{v_G-v_L}{s_G-s_L}\frac{ds_G}{dp}-\frac{dv_G}{dp} \tag{8-48}$$

式（8-46）~式（8-48）表明毛细管的临界质量流速只是当地干度和制冷剂热物性的函数，而与毛细管结构尺寸无关。式（8-47）和式（8-48）可以由制冷剂热物性数据拟合成关联式。另外，为了简化计算，若在过冷流动或过热流动中发生壅塞，分别按饱和液体和饱和气体处理。

（5）其他参数的确定　对于毛细管流动的沿程摩阻系数 f 的计算，采用 Churchill 关联式

$$\begin{aligned}
&f=8[(8/Re)^{12}+1/(A+B)^{3/2}]^{1/12}\\
&A=\{2.457\ln(1/[(7/Re)^{0.9}+0.27(\varepsilon/d)])\}^{16}\\
&B=(37530/Re)^{16}
\end{aligned} \tag{8-49}$$

式中，雷诺数 $Re=gd/\mu$。

上面关联式可覆盖整个 Re 数区域，且考虑了毛细管内粗糙度的影响，一般毛细管相对粗糙度约为 3.27×10^{-4}。

对于两相区的动力黏度 μ_{TP} 的计算也是经验性的，有相当多的经验公式，McAdams 公式的总体效果不错，有

$$\mu_{TP}=x\mu_G+(1-x)\mu_L \tag{8-50}$$

（6）管长计算　在进口状态及出口背压已知条件下，利用上述简化模型，可以方便地按要求的质量流速确定毛细管长度。此时，先要确定进口有无过冷，过冷度有多大。一般情况下，毛细管进口为过冷状态，出口为两相状态，此时只要按上面的方法，求出过冷区和两相区的管长，并相加即可。如果是其他的情况，则先确定存在哪几相，再分别求出各相的长度，并相加得到毛细管的管长。

（7）质量流速计算　在装置仿真中，毛细管的结构尺寸都是已知的，而需要求得的是流量等参数。其基本计算步骤如下：

步骤1：假设毛细管的出口压力等于其背压，结合进口条件，确定毛细管内是否存在过冷、两相或过热流动区域及存在的各流动区域的进、出口状态，并求出毛细管出口为背压时的壅塞质量流速 g_0。

步骤2：假定毛细管的流量为 g_0，对于存在的各流动区域，计算该区域的长度，并将不同流动区域的计算长度相加后得到毛细管的计算长度。

步骤3：将毛细管的计算长度与实际长度比较。若计算长度在误差限之内，则毛细管出口的压力等于背压，质量流速等于 g_0。若计算长度偏长，则说明实际质量流速大于 g_0，毛细管的出口压力高于背压，此时需要重新假定新的出口压力，求出新的壅塞质量流速，并计算出对应此质量流速的毛细管长度。改变出口压力估计值，直到毛细管的计算长度与实际长度足够接近，此时的出

口压力与壅塞质量流速即为正确的出口压力与毛细管质量流速值。若计算长度偏短，则说明实际质量流速小于 g_0，不出现壅塞，出口压力等于背压，此时只要在小于 g_0 的质量流速范围内搜索一个正确的质量流速，使得相应的毛细管长度与实际值足够接近即可。

3. 蒸发器和冷凝器模型

对于蒸发器和冷凝器，虽然必须采用动态方程，但在很多情况下，阻力损失不是太大。为简化起见，下面建模与求解中忽略蒸发器与冷凝器中制冷剂的阻力损失，制冷剂两相区的温度可近似认为是一致的，因此系统不必采用分布参数模型，只要将两器按过冷、两相、过热分成几个大块即可。相对于全分布参数模型，需要计算的结点数大大减少。

对于冷凝器，根据制冷剂的质量和能量守恒方程式，得

$$\frac{\mathrm{d}}{\mathrm{d}\tau}(m_{SH}+m_{TP}+m_{SC})=g_{in}-g_{out} \tag{8-51}$$

$$\frac{\mathrm{d}}{\mathrm{d}\tau}(m_{SH}h_{SH}+m_{TP}h_{TP}+m_{SC}h_{SC})=g_{in}h_{in}-g_{out}h_{out}-q \tag{8-52}$$

式中，m、h、g 分别为制冷剂的质量、比焓和质量流速；q 为总的热流；下标SH、TP 和 SC 分别表示换热器的过热区、两相区和过冷区。令

$$m=m_{SH}+m_{TP}+m_{SC} \tag{8-53}$$

$$E=m_{SH}h_{SH}+m_{TP}h_{TP}+m_{SC}h_{SC} \tag{8-54}$$

式（8-51）和式（8-52）在一个短的时间步长内积分得

$$m^1=m^0+(g_{in}-g_{out})\Delta\tau \tag{8-55}$$

$$E^1=E^0+(g_{in}h_{in}-g_{out}h_{out}-q)\Delta\tau \tag{8-56}$$

式中，上标 1 和 0 分别表示当前时刻和上一时刻的物理量。

当进出口流量、进口比焓值已知时，冷凝器中其他参数仍然需要通过迭代才能确定。对于上述模型进行求解的一种较为稳定的算法是质量引导法，把质量平衡作为迭代标准。首先估计一个冷凝压力，然后根据能量守恒方程式计算出高压侧制冷剂的状态和质量，从而可得高压侧的制冷剂总质量。将该值和由式（8-55）计算出的质量值进行比较，当误差较大时，调整所估计的冷凝压力，并重新计算高压侧各部分的制冷剂状态和质量；当误差小于允许范围后，再依次计算出其他状态参数。

对于蒸发器，完全可以采用同样的方法，只是在蒸发器中没有过冷区而已。

4. 充注量计算模型

制冷剂充注量与制冷装置的工作特性是紧密相关的，尤其对于小型压缩式制冷装置，由于采用毛细管作为节流元件，调节能力较热力膨胀阀要差，充注量的变化明显影响系统的工作特性，如果充注量过大，将引起蒸发温度、冷凝温度上升，蒸发器不能将冷量充分发挥出来，制冷剂以两相态出蒸发器，造成冷量损失，而此时压缩机的电动机功率却是增加了，系统的工作特性明显恶化，在某些情况下，甚至不能正常工作。而当制冷剂充注量过小时，蒸发、冷凝压力都下降，蒸发器的传热温差增加了，但制冷剂流量下降导致制冷量减少，系统工作特性也不符合要求。对于一机多蒸发器的装置，如冷藏冷冻箱，各间室的温度将严重偏离要求，在某些极端情况下，还会产生其他严重问题。因此，对于制冷装置，适宜的制冷剂充注量是非常重要的。

对于一个典型的小型制冷装置，制冷剂量可一般地表示成

$$m = m_{TP,\ eva} + \int_0^{V_{SH,\ eva}} \rho(T_V)\,\mathrm{d}V + m_{TP,\ con} + \int_0^{V_{SH,\ con}} \rho(T_V)\,\mathrm{d}V + \int_0^{V_{SH,\ con}} \rho_f(T_V)\,\mathrm{d}V + \rho(T_{com})V_{com} + m_{filt} + m_{oil} \tag{8-57}$$

式中，等式右边各项分别对应蒸发器两相区、蒸发器过热区（包括回气管）、冷凝器两相区、冷凝器过热区、冷凝器过冷区、压缩机空腔、干燥过滤器和润滑油。

单相区的制冷剂密度容易确定，但要计算两相区的制冷剂密度，则必须计算空泡系数。如果空泡系数 α 已知，则两相区中的制冷剂质量可结合具体结构参数等来计算。

$$m_{TP}=\int_0^{L_{TP}}[\alpha\rho_g+(1-\alpha)\rho_f]A\mathrm{d}\xi \tag{8-58}$$

式中，A是流道内截面积；L_{TP}是两相区长度。

空泡系数是两相混合物在任一流动截面内气相所占的总面积份额，又称为截面含气率或真实含气率，其表达式为

$$\alpha=\frac{A_g}{A} \tag{8-59}$$

式中，A、A_g分别表示流道面积与气体流通面积。

需要注意的是空泡系数与干度这两个概念之间的区别。

干度，也叫质量含气率，是指单位时间内流过流道截面的两相流总质量中，气相质量所占的份额，其定义式为

$$x=q_{mg}/q_m=q_{mg}/(q_{mg}+q_{mf}) \tag{8-60}$$

式中，q_m、q_{mg}、q_{mf}分别表示总的两相流质量流量以及气相、液相的质量流量。

在传热计算中，首先得到的是制冷剂的干度。而制冷剂质量的计算却不能直接利用干度来进行，而需要由空泡系数来确定。两相区制冷剂的密度可表示为

$$\rho=\alpha\rho_g+(1-\alpha)\rho_f \tag{8-61}$$

如果希望通过干度来计算两相区空泡系数，则还需要知道气相和液相之间的滑动比，这三者之间存在以下的关系，即

$$\alpha=\frac{1}{1+\left(\frac{1}{x}-1\right)S\frac{\rho_g}{\rho_f}} \tag{8-62}$$

式中，S为滑动比。

现有的空泡系数模型，可分为四种类型，即均相模型、滑动比模型、X_{tt}修正模型、质量流量的修正模型，具体计算模型可参考有关文献。

5. 系统稳态仿真

制冷空调装置的系统仿真，是将部件模型组合成一个有机的整体，以表现实际装置的特性。根据不同的对象和不同的研究目的，可以对部件模型进行不同的组合。例如，对房间空调器做国家标准规定工况下的系统性能预测时，可以组合成一个稳态的系统仿真模型，且不用考虑围护结构的动态负荷计算；而对于家用电冰箱的系统性能预测，应该组合成一个动态的系统仿真模型，并且需要考虑围护结构的动态负荷计算。这里先介绍稳态仿真的思路，动态仿真的介绍放在稳态仿真的后面。

对于稳态仿真，以空调器设计企业设计需要为目的仿真包括两种算法：

第一种算法是已知蒸发器过热度、冷凝器过冷度（毛细管的内径和并联数给定，其他结构参数与环境参数也已知），求整机的充注量和毛细管长度，以及制冷量、压缩机功率等。算法流程如图8-27所示。这种算法适

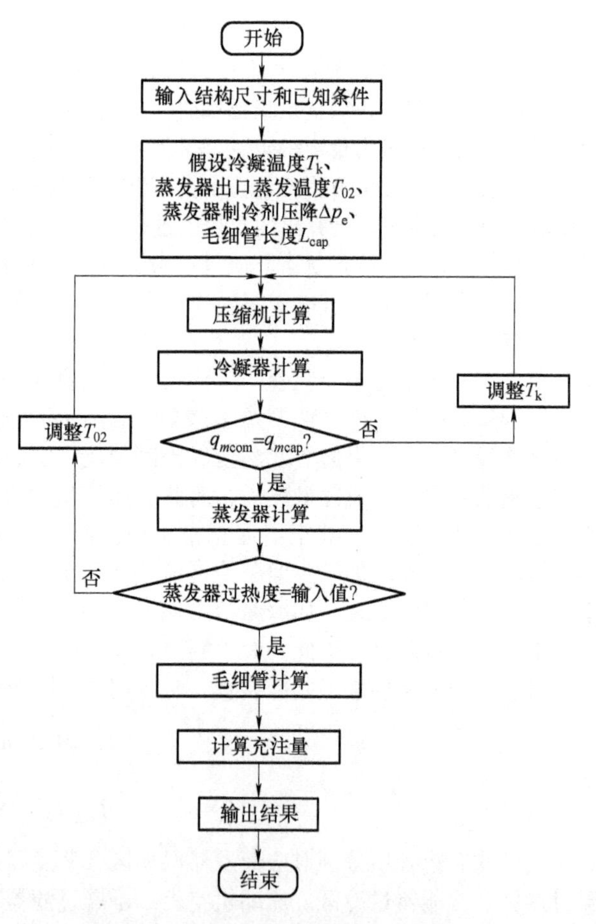

图8-27　系统稳态仿真算法流程图一
（过热度、过冷度为输入，充注量、毛细管长度为输出）

用于新产品的设计。

第二种算法是已知系统充注量和毛细管长度（毛细管的内径和并联数给定，其他结构参数与环境参数已知），求系统性能（制冷量、压缩机功率、蒸发器过热度、冷凝器过冷度等），算法流程如图 8-28 所示。这种算法适用于预测已有产品在不同工况下的系统性能，以便找出产品设计上的不足，为产品的改进提供指导。

依据上述两种算法所编制的空调器仿真程序已在企业中得到应用。在对某品牌的系列窗式空调器（4 种类型）进行的稳态仿真显示中，仿真的制冷量和压缩机输入功率两个指标的仿真误差不超过 7%，平均在 3%左右。对毛细管长度的预测，基本上可以控制在 2%以内。

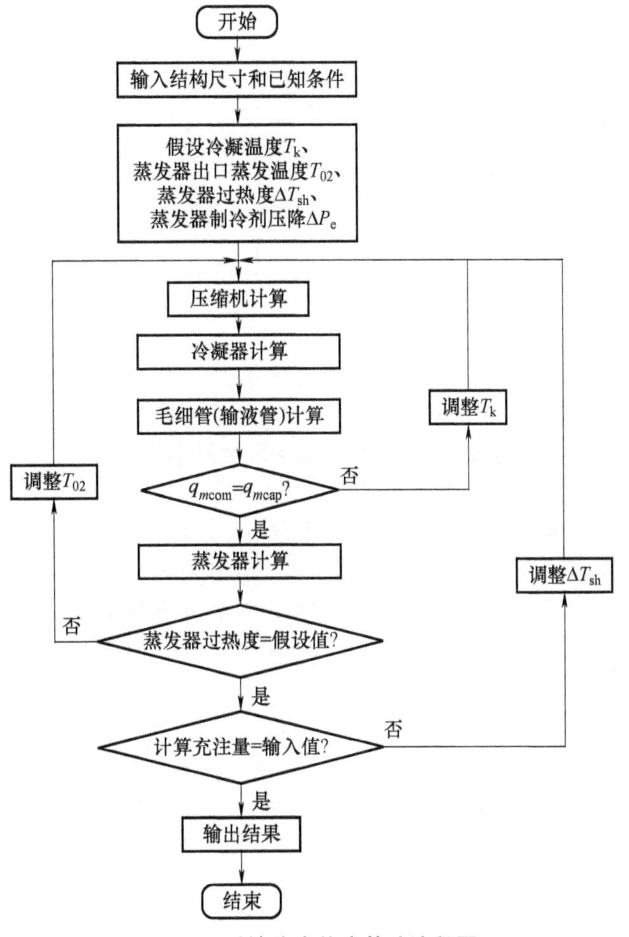

图 8-28　系统稳态仿真算法流程图二

（充注量、毛细管长度为输入，过热度和过冷度为输出）

6. 系统动态仿真

动态仿真较稳态仿真更为复杂，下面结合电冰箱动态仿真进行介绍。

电冰箱中，各个参数间的相互影响关系可分成两类：

1）通过制冷剂质量流动发生的各部件间的参数联系。

2）通过热量的传递发生的各部件参数的联系。

在制冷剂流动回路中，某个部件的边界条件需要其他部件来提供，而各个部件输入条件选择的好坏直接影响到模型的求解是简还是繁，甚至决定了模型是否可解。

图 8-29 所示为一种可行的边界条件选择。压缩机的输入边界条件为蒸发压力 p_0、冷凝压力 p_k、蒸发器出口比焓 h_{eo}，毛细管的输入边界条件为蒸发压力 p_0、冷凝压力 p_k、冷凝器出口比焓 h_{co}，蒸发器的输入边界条件为压缩机流量 q_{mcom}、毛细管流量 q_{mcap}、毛细管的出口比焓 h_{cap}，冷凝器的输入边界条件为压缩机流量 q_{mcom}、毛细管流量 q_{mcap}、压缩机的出口比焓 h_{com}。从图上可以看出，对于每一个部件的输入边界条件都是其他部件的输出参数，因此都可以从其他部件计算得到。

图 8-29 所示部件进出口参数联结形成的闭环回路较为复杂，按照闭环系统的计算方法，必须在某一环节断开，从估计反馈值开始进行开环计算。经过比较，从压缩机进口断开较好。

对于由热传递形成的闭环回路，以带标准货物负载——试验包时的冰箱内传热情况为例，其各参数间的联系如图 8-30 所示。

六、制冷装置优化设计

（一）优化的含义

制冷空调装置的优化首先要使装置设计最佳，其次要保证系统能够工作在最优的工作状态下，因此制冷空调装置的优化包括最优设计与最优控制。

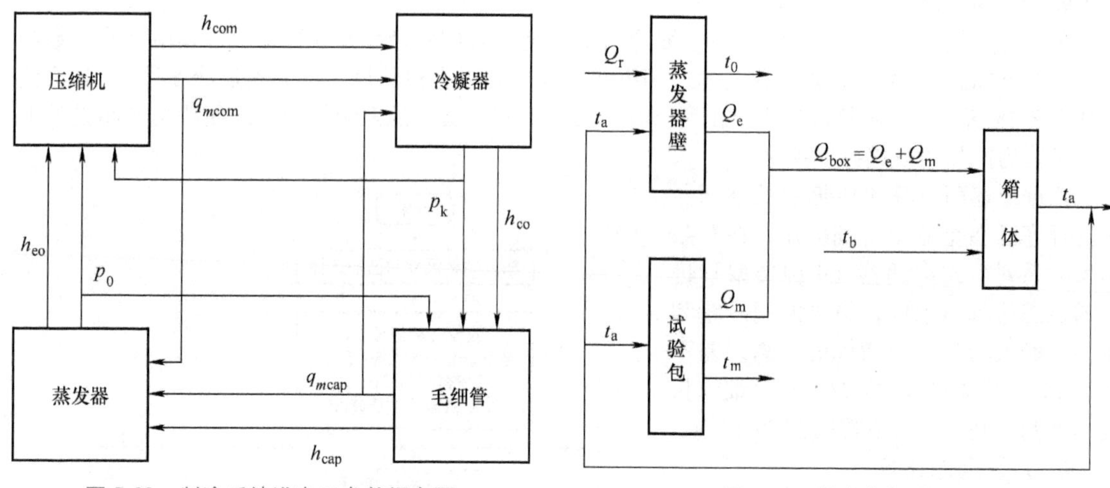

图 8-29 制冷系统进出口参数耦合图

图 8-30 箱内参数联系图

制冷装置优化设计，首先要建立研究对象的目标函数$f(x)$，使它在一组设计变量为x_1，x_2，…，x_n时达到最大值max $f(x)$，比如制冷装置的效率；或最小值 min $f(x)$，比如制冷装置的能耗。由于对于函数最大值的求解可以转化为对于函数最小值的求解，如 max $f(x)$ 即相当于 min [$-f(x)$]，因此优化中一般统一归结为函数最小值的求取。

目标函数$f(x)$ 中的设计变量（x_1，x_2，…，x_n）必须满足一定的关系和要求，描述这些关系和要求的方程称为约束方程。这些方程可以为等式，也可以为不等式。采用小于号的不等式，通过两边加上负号，可以转化为采用大于号的不等式，因此不等式约束统一为采用大于号的不等式。

上面讨论的数学问题总是可以采用如下的数学形式来描述：

目标函数 $\min f(x)$

约束条件 $h_i(x)=0$；$i=1,2,\cdots,m$

$g_j(x)\geqslant0$；$j=1,2,\cdots,n$

对于制冷装置动态过程性能进行综合优化，就需要建立系统仿真模型，这时$f(x)$实际上是一组很复杂的微分方程。约束条件有时也不能用简单的代数方程写出。这些要在具体的对象研究中确定。

优化过程就是在上述这些方程确定后，通过合适的优化算法，求得目标函数最小值，以及此时的设计变量值。

（二）制冷装置的优化原则

对制冷装置进行优化，首先要确定优化的原则，即要确定优化目标、优化参数、优化计算的约束条件，然后才是优化方法的确定。

1. 优化目标的确定

对于不同的装置，不同的人员，所选择的优化目标都会有所不同，但一般来讲，优化的目标应该包括：

1）装置能够正常工作，达到其功能要求。

2）效率与经济性最高。

2. 优化参数的选择

优化参数是指优化计算中的可变量。改变这些参数，寻找其最佳组合，即是优化计算过程。对制冷装置来讲，压缩机的容量大小、冷凝器与蒸发器的管径与外表面的面积等许多参数都可以成为优化参数。这些参数有些是允许在设计过程中连续取值的，如毛细管的管长，管板式换热器的散热面积，但还有相当多的参数是不能连续变化的，如在系统设计时选择压缩机，一般只能在有限个类型中进行选择，通常膨胀阀的选择也是这样。由于优化程序一般只对连续参数进行计算，所以包括非连续变量的优化问题比较复杂。影响制冷装置的因素很多，如果选择太多的参数作为优化参数必然使得计算十分复杂。

3. 约束条件的选取

约束条件有两类：

1）实际装置各参数值的优化都必须在一定范围内进行，超过这个范围得到的优化值是毫无意义的。所以优化计算必须要加一定的约束。

2）当参数可变化范围增大时，可能出现多个极值，寻优过程在不为最值的某一极值处停止。数学模型的准确性都是在一定范围内有效的，如超出适用范围，模型的精确度就要降低，因此在优化计算时，有时还需要人为地定一些约束条件，以使优化计算更有效地搜索到实际的最佳点，这类约束条件的选取就要有相当的经验。

对于第1）类约束条件，它的存在会使得计算时间变长、迭代次数增加，而第2）类约束条件则是有利的。

（三）制冷装置优化算法

1. 建立在动态仿真基础上的制冷装置优化对优化方法的要求

一般说来，利用函数梯度信息的优化方法寻优速度较快。但在实际应用中，此类方法往往受到一定的限制。例如，以功耗最小为目标进行寻优时，虽然可以在许多局部用差分代替微分，近似采用解析法的优化方法，但对于实际优化对象来说未必能收到好的效果。下面来分析其原因。

假定某个参数 x 的增加使压缩机的开机时间增加，而功率略有下降，制冷到同样时刻的功耗增加。这时功耗对 x 的偏导数是正值。但在仿真时，如果 x 的变化很小，开机时间的变化小于计算时间步长，很可能使数值仿真得到的开机时间不变。这样由于功率变小，使得功耗对 x 的偏导数为负值，同实际情况相反。如果要用差分代替微分，则必须减小仿真计算时间步长，这足以抵消间接法优化方法的好处，而且还必须使差分的步长取得较大，以致在极值点附近收敛很慢。通过以上分析说明，建立在制冷装置动态数值仿真基础上的优化计算，在采用间接法时要非常慎重。

2. 多维寻优方法的选择

在直接法优化方法中，坐标轮换法最简易。但是坐标轮换法的效能，很大程度上取决于目标函数的性质。当目标函数的等值线为圆形或长短轴都平行于坐标轴的椭圆形时，这种方法很有效，两次迭代即可达到极值点。但当目标函数的等值线类似狭长的椭圆，长短轴又是倾斜时，用坐标轮换法必须多次迭代才能曲折地达到最优点。此时，这种方法的效能很低。

另一种较为简单的方法是模式搜索法。模式搜索法的应用范围很广，对变量的极值问题分析是较有效的，程序也较简单，算法收敛速度同步长选择有较大的关系。

步长加速法在寻优开始阶段应用，可获得较快的逼近速度，但在后期搜索中的收敛速度不是最理想的。

Powell 方法则是目前多变量寻优直接法中较好的一种方法。

3. 一维优化方法的选择

二次插值法比较简单，在最优点附近收敛速度很快，其最大的限制是要求在初始时就知道高-低-高三点。成功失败法虽然最后的收敛速度不是太高，但在最优点所在区间的寻找上却是有效的。把这两种方法结合在一起，先用成功失败法寻找高-低-高三点，然后用二次插值法找出最优解，可使一维寻优快速可靠。

4. 约束条件的处理

对不同的约束类型可以用不同的处理方法，通常对不等式约束用内点法构造惩罚项，而对等式约束用外点法构造惩罚项。对于一般同时有等式与不等式约束的优化问题，可以用混合惩罚函数法，其惩罚函数具体形式为

$$P(x,\ r)=f(x)+r\sum_{i=1}^{n}\frac{1}{g_i(x)}+\frac{1}{\sqrt{r}}\sum_{j=1}^{p}[h_j(x)]^2 \tag{8-63}$$

式中，$g_i(x)$ 为不等式约束；$h_j(x)$ 为等式约束；r 为惩罚因子，是一个递减的无穷正数数列。

尽管混合惩罚函数法是一种比较成熟的方法，但在实际使用中仍有一些需要注意的地方。在式（8-63）中，必须保证 $1/g_i(x)$ 为正，否则，不等式惩罚项所起的作用正好远离最优点，因此在每一维的寻优中都必须检验不等式约束是否满足要求，也就是说，使用混合惩罚函数法时，不等式约束作用需要在程序中两次体现。在没用等式约束的情况下，完全有可能取消优化程序中惩罚函数循环收敛这一层次，借用无约束的多维优化方法求解有不等式约束的问题，不等式约束的作用在一维寻优中体现。循环减少一个层次，计算时间可大大减少。

（四）优化设计实例

下面以冰箱为例，对优化过程加以进一步的说明。

1. 优化目标

对于冰箱，在性能可靠的前提下，要求制造成本低，使用费用即耗电量低。由于制造成本的考虑在初步设计方案的制订时就已定框架，所以在设计时主要是尽可能降低耗电量。冰箱工作过程可分为初始制冷工况和常规开停工况，装置的绝大多数时间工作于开停工况，如图8-31所示，选择此工况的耗电量最小为优化目标比较合理。

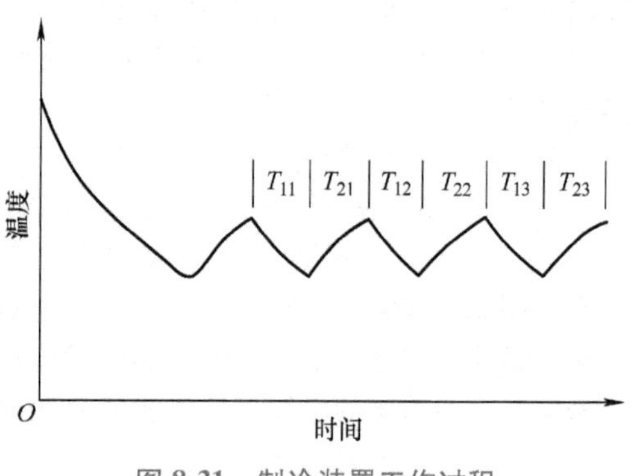

图8-31　制冷装置工作过程

从理论上讲，当环境条件不变、系统工作完全稳定时，每一个周期的工作过程都应该相等。实际状况有些偏差，数值仿真是以一定的步长进行的，每个周期都有些差异，因此不宜仅以一个周期的平均功耗最小作为最后的优化目标，而应适当多取几个周期。写成数学表达式为

$$f=\frac{1}{\sum_{i=1}^{n}(T_{1i}+T_{2i})}\sum_{i=1}^{n}\left[\int_{T_{1i}}W\mathrm{d}t\right]=\min \tag{8-64}$$

一般来说 n 取3或4就够了。

2. 优化参数

对家用冰箱进行优化计算，可选择以下四个可连续变化参数作为优化参数。

1）系统充注量。

2）冷凝管的长度。

3）毛细管的管长。

4）冷藏室蒸发器的传热面积，或当肋化系数一定时的流道长度。

箱壁结构参数尽管是非常重要的参数，但对于生产者来说，也是不容易变的参数。它的选择可以通过改变尺寸，然后调用仿真程序检验效果来实现，即宜把它作为非连续变量处理。这样在计算上，可以把比较费时间的箱体反应系数计算在仿真及优化计算的迭代过程之前完成，大大减少计算时间。

3. 约束条件

在冰箱优化计算中选择的几个主要约束条件为：

1）毛细管的长度应大于最小布置长度。

2）冷藏室蒸发器应该小于最大可布置的面积。

3）冷凝器的传热面积应小于最大可能布置面积。

4）冷冻室空气温度应该达到国标要求。

4. 优化方法

这是一个约束优化问题。在上述的约束条件中，既有结构参数的约束，又有非结构参数的约

束。如果把这些优化的约束条件同等对待，会使得计算与收敛都很困难。因此，把它们分别处理，把约束条件4）这类非结构参数的约束条件通过修改仿真部分的程序，使其在仿真程序中体现出来。这样在优化部分的约束中，都是清一色的结构参数，可以用相近的方法处理，会带来许多方便之处。

由于上述的几个约束条件均为不等式约束，按照前面的论述，可以取消优化程序中罚函数循环收敛这一层次，借用无约束优化的计算方法来解决此类有约束的优化问题，只要在一维寻优过程中检验不等式约束条件是否满足，这样可使计算时间大大减少。采用这种方法时，计算函数离约束边界的靠近程度是程序中经常处理的事务，边界计算的精度是否合适，程序能否在恰当的时候从边界计算返回来是影响优化计算有效性的重要因素。

多维无约束优化采用 POWELL 方法。一维优化采用成功失败法寻找高-低-高三点，再用二次插值法找出最优解。

5. 优化设计步骤

前面所述的冰箱优化计算是在系统结构基本定下来的情况下，以耗电量最小作为优化目标的。实际设计过程中，光有这样一个过程是不够的。首先需要初定箱体结构与制冷系统，然后才能调用优化设计程序，计算以耗电量最小作为优化目标的最佳结构参数。由于在这个过程中，只能使部分的性能指标达到要求，另外还有许多要求无法全部体现，如在一个工况下优化的结果，在另一个工况下是否也能保证性能较好等，这些都需要通过对优化结果做进一步验证才能得知。所以实际设计过程中，还有一个反复对优化结果做进一步检验、修改参数并再一次调用优化设计程序的过程，如图 8-32 所示。

下面为应用仿真优化软件设计家用冰箱的实例。

例 8-3　设计 ST 型 BCD-188 单回路制冷系统直冷式冷藏冷冻箱，具体要求如下：

1）冰箱冷冻室的有效容积为 57L，冷藏室的有效容积为 133L。

2）冷冻室的贮藏温度为四星级，冷藏室为 3℃。

3）冰箱整机 24h 耗电量小于 0.95kW · h。

4）冷冻能力 24h 不小于 3.5kg。

5）冷藏室的冷却速度要求小于 110~130min。

6）负载温度回升时间大于 1000min。

7）38℃ 环境条件下，冰箱工作时间系数小于 80%。

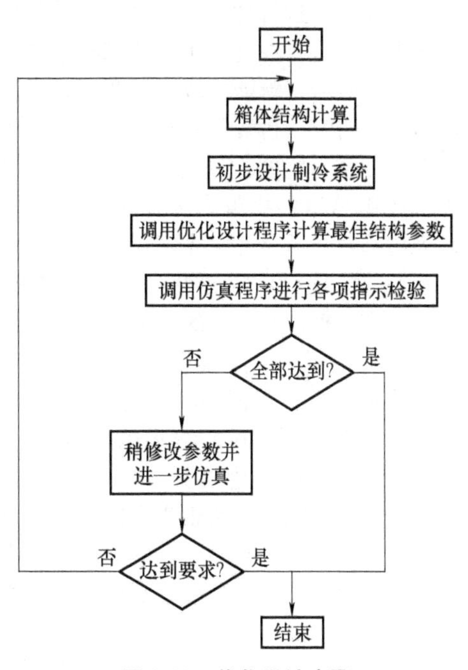

图 8-32　优化设计步骤

对这样一个设计实例，首先根据要求进行箱体结构设计。设计的一些基本尺寸，如压缩机室的大小、外形的宽度等，厂家已根据他们的生产线的模具条件做出了限制。设计中需要做的是确定箱体各面的厚度，然后根据容积要求确定箱体的高度与最后结构尺寸。从经济性考虑，箱体薄一些可以节省制造费用，因此首先选定一个较薄的尺寸，并确定箱体的具体结构，在初步设计制冷系统后，以耗电量最小为目标调用优化程序进行计算，得到的最优结果是 24h 耗电量 1.0kW · h，这个结果没有达到原设计要求，所对应的优化参数的值也就没有作用了。逐渐增加箱体厚度，重复上面的步骤，使得最后的耗电量达到设计要求，同时箱体也尽可能较薄。在某一个箱体结构尺寸下，得到 24h 耗电量为 0.90kW · h 的优化结果，同时得到该耗电量情况下的制冷系统参数。耗电量指标已达到设计要求，这时就要调用仿真程序检验该结构下其他性能是否满足设计要求。经计算，在 38℃环境条件下，冰箱工作时间系数为 81%，其他性能满足要求。经过调整，增加10g制冷剂的充注量，结果24h耗电量为0.92kW·h，38℃环境条件下的工作时间系数为78%，其他指标仍满足要求。这样就得到了设计结果。如果经反复调整仍有个别性能不能满足要求，那就需要进一步改变箱体结构，重复上面的过程，直到得到满意的结果。

七、基于模型的智能仿真方法

用计算机仿真代替繁复的样机制造与修正，并在仿真基础上实现优化设计，是目前制冷界设计方法现代化的发展趋势。影响目前制冷装置计算机仿真应用的主要原因可以归纳为两条：

（1）仿真的精度与适应性难以提高　仿真的精度直接受制于基础热工关系式的精度，而包括传热系数等在内的一些基础关系式的精度却是有限的。包括劳动者素质、企业的具体生产工艺设备状况在内的许多因素，都影响实际制冷装置性能，但却难以用数学模型准确描述。

（2）仿真软件的易用性不能令人满意　为使仿真软件结合具体企业产品并有效使用，需要用户对于影响结果精度与计算稳定性的参数做出判断与调整，这就要求使用者对于仿真程序有较深入的了解。为提高精度需采用较复杂的模型，从而增加了程序实现难度，降低了计算稳定性。

以专家系统、模糊理论和人工神经网络理论为代表的现代人工智能方法，可以直接从试验结果获得对象的特性，无需建立对象的数学模型，这对于难以建立准确数学模型的复杂环节的描述较为有效。但经典数学模型方法的定性仿真能力要胜过人工智能方法，且已有较好的研究基础，而人工智能方法难以解析对象的内部特性，其本身仍有许多理论基础问题尚待研究，因此采用单纯的人工智能方法来代替经典数学模型方法未能取得好效果。

考虑到经典数学模型方法以及人工智能方法的现状与各自优缺点，一般需要将数学模型方法与人工智能技术进行糅合，建立制冷系统的智能化仿真方法，对于原来的数学模型进行改造，对人工智能技术也要在选择比较的基础上提出新的合适的方法。在制冷系统的智能仿真中，不仅应包括由数学模型、智能模块以及两者之间的有效结合形式这三部分组成的基础理论部分，还应包括样本试验研究、仿真与样本试验的一体化技术，以及上层专家系统，如图8-33所示。

上层专家系统位于理论和试验研究的上层，其主要作用是辅助决策、协调和扩展。试本试验是为仿真建模提供学习样本和检验样本而做的试验。数学模型、智能模块以及两者之间的结合形式是基础理论部分的三个基本组成部分。

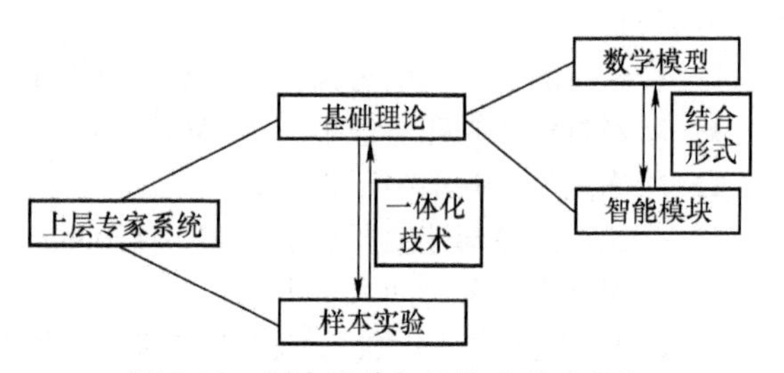

图8-33　制冷系统智能仿真技术框架

图8-34所示为基于模型的换热器仿真技术框架，共有两个神经网络。其中一个神经网络用来弥补原来模型与试验数据的差别，另一个神经网络用来弥补简化模型与复杂模型之间的差异。在很多情况下，换热器要达到高精度，必须采用分布参数模型，而分布参数模型的计算速度比较慢。为了提高速度，可以采用集中参数模型来代替分布参数模型，而再用一个神经网络来弥补分布参数模型与集中参数模型之间的差别。

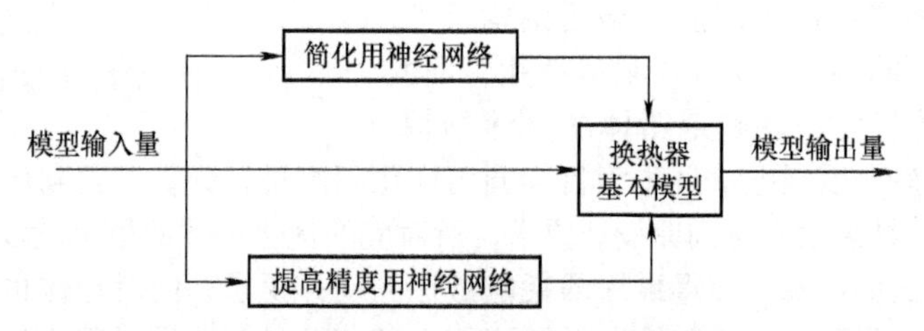

图8-34　基于模型的换热器仿真技术框架

第九章 实用制冷装置

第一节 食品冷冻、冷藏装置

食品的冷冻冷藏装置主要是由对易腐食品（例如肉、鱼、禽蛋及果蔬）进行冷加工、冷藏及冷藏运输的设备组成的。随着科学技术的进步和制冷技术的发展，世界各国都十分重视食品冷藏链，它是表示易腐食品在从生产到消费各环节中，不断采用冷藏方法来保存食品。食品冷藏链的第一环节是对易腐食品在采摘（捕捞或屠宰）后迅速进行预冷却与冻结。第二个环节是冷藏运输，包括铁路冷藏车、冷藏汽车、冷藏船、冷藏集装箱等低温运输工具。冷藏运输能力必须与易腐食品的生产能力以及城镇对易腐食品的需求量相适应。冷藏链的第三个环节是要求有一定的冷藏容量（冷库）来贮藏易腐食品，其中包括贮藏果蔬和蛋品的冷却物冷藏间（高温库）和贮藏肉、鱼的冻结物冷藏间（低温库），亦包括果蔬的气调贮藏等。冷藏的第四个环节包括超市中的冷藏陈列柜甚至包括消费者的家用冰箱等。这种易腐食品从采集、加工、冷冻、运输、贮藏、零售到消费者等各个环节构成了完整的食品冷藏链，它的各个环节均需要各种容量及不同形式的制冷装置。

一、冷库

1. 冷库总述

冷库通常建成固定建筑物的形式，按其容量大小可分为小型和大中型冷库。小型冷库冷藏量只有几吨到几十吨，贮存量不大，贮存时间也不长，冷间温度一般为0～-10℃。小型冷库几乎全部采用氟利昂制冷装置，冷藏间内利用氟利昂直接蒸发冷却，冷却盘管沿墙布置，制冷设备安装在冷藏间的外面。

大中型冷库是容量为几百吨到几万吨的冷库，按其性质可分为三种基本类型：生产性冷库、分配性冷库和综合性冷库。生产性冷库与肉类或鱼类联合加工厂或食品工业企业建在一起，作为该企业的一个组成部分。它主要是进行该企业所加工食品的冷加工，因此这类冷库冷却及冻结加工能力较大，且与该企业的冻结能力相适应，而其冷藏量不一定很大，主要视产销及运输情况而定。分配性冷库建在消费中心，它的主要任务是贮藏已经冻结的食品，因此它的冷藏量较大。综合性冷库具有上述两类冷库的综合性质，可以同时起上述两类冷库的作用，例如建在城市和港口的肉、鱼类联合加工厂中的冷库。

对于不同类型的冷库，以及冷库中不同冷间贮存的食物品种不同，要求冷间内的温湿度条件也不同，一般可以根据各类食品冷藏工艺要求，按冷库设计规范推荐值确定，见表9-1。

为适应各室温的要求，一般采用三种蒸发温度：冻结间为-33～-40℃，冻结物冷藏间为-28～-30℃，贮冰及其他冷间为0～-15℃。蒸发温度在-15℃以上时，采用单级压缩就可以了，但对于更低的蒸发温度，为避免单级压缩的压比过大，往往采用两级压缩制冷机。也有的冷库采用螺杆式压缩机，对于所有的蒸发温度范围，均采用单级压缩。

表9-1 冷间设计温度和相对湿度

序号	冷间名称	冷间室温/℃	相对湿度（%）	适用食品范围
1	冷却间	0		肉、蛋等
2	冻结间	-18～-23		肉、禽、兔、冰蛋、蔬菜、冰淇淋等
		-23～-30		鱼、虾等
3	冷却物冷藏间	0	85～90	冷却后的肉、禽
		-2～0	80～85	鲜蛋
		-1～1	90～95	冰鲜鱼
		0～2	85～90	苹果、鸭梨等
		-1～1	90～95	大白菜、蒜苔、葱头、香菜、胡萝卜、甘蓝、芹菜、莴苣等
		2～4	85～90	土豆、桔子、荔枝等
		7～13	85～95	柿子椒、菜豆、黄瓜、番茄、菠萝、柑等
		11～16	85～90	香蕉等
4	冻结物冷藏间	-15～-20	85～90	冻肉、禽、兔和副产、冰蛋、冻蔬菜、冰淇淋、冰棒等
		-18～-23	90～95	冻鱼、虾等
5	贮冰间	-4～-6		盐水制冰的冰块

在冷却间及冻结间中只进行食品的冷加工，为了提高加工速度，并在短时间内（如10～20h）使冷间内所有食品都达到加工的要求，一般都采用冷风机来冷却。

冷却物冷藏间主要用于贮藏经过冷却的鲜蛋果蔬。由于果蔬在贮藏中仍有呼吸作用，库内除保持合适的温湿度外，还要引入适量的新鲜空气。进一步延长贮藏时间，则需要采用气调保鲜技术。

气调保鲜主要用于水果蔬菜较长期的贮存用。果蔬采收后，仍然保持着旺盛的生命活动能力，呼吸作用就是这种生命活动最明显的表现。在一定范围内，温度越高，呼吸作用越强，衰老越快，所以多年来生产上一直采用降温的方法延长果实的贮藏期。而气调保鲜则是在果蔬贮藏环境中适当降低氧的含量和提高二氧化碳的含量，来抑制果实的呼吸强度，延缓成熟，达到延长贮藏的目的。

气调冷库中采用两种方法控制气体成分：自然降氧法和机械降氧法。自然降氧法是用配有硅橡胶薄膜袋盛装物品，靠果蔬本身的呼吸作用降低氧和提高二氧化碳的含量，并利用薄膜对气体的透性，透出过多的二氧化碳，补入消耗的氧气，起到自发气调的作用。机械降氧法是利用降氧机、二氧化碳脱降机或制氮机来改变室内空气成分，达到气调的作用。

冻结物冷藏间用于较长期地贮藏冻结食品，多用冷却排管（包括墙排管、顶排管等），这样可减少贮藏物品的干耗。近年来亦已在冻结物冷藏间中使用冷风机，对于塑料包装食品不会有很大的干耗，但对于非包装食品的干耗影响明显。如想进一步减少干耗，则可考虑采用夹套式冷库结构。

夹套式冷库与一般冷库的主要不同点在于内墙与隔热层之间增加了一个内夹套结构，由设在冷间外的冷风机将冷风送入夹套中不断循环，使来自外部围护结构的热量能很快地被循环冷风所吸收，使热量难以侵入库内，达到维持库内温度均匀稳定的目的，而且干耗小。当室温为-18℃时，一般冷间的干耗率为1%～1.5%，而夹套式冷库为0.5%～0.7%。因此，夹套式冷库尤其适宜用来冷藏非包装的鱼、肉、水果和蔬菜，可以有效地防止食品表面干裂和皱缩等变质现象的发生。

夹套式冷库还解决了隔热层内水分的凝聚和冷却排管的结霜问题，因为夹套的内层是隔汽层，而冷风机和隔热层均位于隔汽层外，避免了食品和冷间内空气向冷却盘管的湿交换，因而冷风机基本上不需融霜。此外，夹套式冷库的制冷系统设计可以有较大的灵活性，对于夹套式冷库或气调冷库，人们可以不进入库房来检查制冷设备。

夹套式冷库的主要缺点是初投资和运转费用较高，经验表明，夹套式冷库的初步投资要比普通冷库高10%~15%。由于要维持夹套内的风速为0.8~3.33m/s，风机耗电比一般冷库多10%。不过，由于传热的改善和融霜次数的减少而节约的电能，可以补偿风机所增加的电耗。

20世纪70年代开始出现的立体式自动化冷库是冷库技术的新发展。这是一种电子计算机控制的能自动装卸货物和自动控制制冷装置的新型冷库。其主要设备是自动巷道式起重机、拣选运输设备、制冷机和控制装置，库内装有多排金属货架，常有十多层，库高为15~30m的单层库。自动巷道式起重机能进行水平和垂直输送，根据电子计算机的指令可以从指定的货架中以存放货物的托盘为单位取出或存入货物。

自动化冷库冷间顶部，一般装有吊顶式冷风机和假顶，使库房上部空间形成厚2~2.5m的-30~-40℃低温空气层，靠自然对流进行冷却，要求库顶到地面之间温差在±1℃左右，也有的在冷间两侧设有进出风道，使冷空气在室内均匀循环。室温和制冷机的运行由电子计算机根据冷负荷参数的变化自动调节。

除上述一些类型冷库以外，有些国家为了节约能耗、减少经常费用，因地制宜地兴建了一些山洞冷库或地下冷库；有些国家兴建空调冷库，用以贮藏一些要求常温条件下进行恒温恒湿控制的食品，如大米、稻谷、药材、酒类，有的还用来贮存裘皮、古董、书画等；而为了贮藏某些特殊水产品或生物制品等高档商品，如为了保持金枪鱼的新鲜度和色泽，防止脂肪氧化，而兴建了-45~-50℃的低温冷库。

2. 冷库的制冷系统与机房

(1) 冷库的制冷系统　在冷库制冷系统中，制冷循环的几个主要过程，只有蒸发过程是在库内完成的，节流过程多数情况下是在机房或设备间完成的，而压缩过程及冷凝过程则全部在机房完成。建筑设计处理时，总是将机房及设备间布置在库房绝热建筑结构之外。

库房制冷系统的供液方式有：直接膨胀供液、重力供液、液泵循环供液等方式，视冷库的大小和冷却设备的形式而选用。直接膨胀方式适用于单独的冷却设备或小型冷库的制冷系统。对于自动控制的小型氟利昂制冷系统，利用热力膨胀阀供液，目前大都采用这种供液方式。液泵供液系统是由液泵完成向冷库分配输送低温制冷剂液体任务，由于液泵供液系统具有许多优点，所以目前在国内外的冷库中广泛采用，过去采用重力供液的老冷库亦已经或者正在改装采用液泵供液系统，对于采用氟利昂为制冷剂的大中型冷库的制冷系统，亦可采用液泵供液系统。液泵供液系统又有“下进上出”与“上进下出”两种形式之分。“下进上出”即自冷却设备的下部管道进液，强迫制冷剂液体自下而上流动，如图9-1所示。“上进下出”即自冷却设备的上部管道进液，制冷剂液体进入冷却设备后自上而下流动。目前，在我国的冷库制冷系统中，基本上都采用“下进上出”供液方式。

(2) 机房系统　它随冷库生产及贮存货物对库房温度要求的不同，有单级压缩系统、两级压缩系统或者同时有单级和两级压缩系统。机房制冷系统一般包括压缩机、冷凝器、贮液器及调节站，当采用热气融霜时还应包括融霜系统。所采用的压缩机和制冷设备的型号及台数根据具体设计选定。

(3) 机房的布置　在冷库的总平面布置设计中，应使机房及设备间靠近冷库的制冷负荷中心，同时应避开库区的主要交通干道。机房的自动控制室或操作值班室应与机器间隔开，并应设固定观察窗。机房和变配电室的门应向外开启，不得用侧拉门。配电室可通过走廊或套间与机房相通，走廊或套间门的材料应为难燃烧体，并应有自动关闭装置。

机房及设备间要求通风良好，南方炎热地区宜朝南布置，并有南北向的穿堂风，屋面应采取隔热或保温装置。机房高度应根据设备高度和采暖通风的要求确定，一般不宜高于6m。

制冷设备布置应符合制冷工艺流程，适应操作管理和维护保养设备的需要，同时应合理紧凑，以节省建筑面积。主要操作通道的实际宽度应不小于1.5m，非主要操作通道宽度不小于0.8m。机器间的墙裙、地面及设备的基座应易于清洗。

各种管道的走向及标高应有统一安排，适当照顾美观。建筑设计中考虑门、窗布置时，应考虑管道设计的要求。

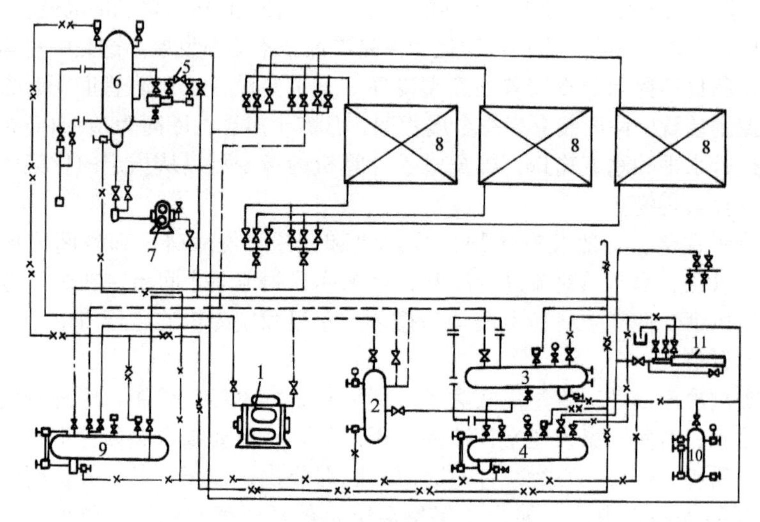

图 9-1　单级压缩氨泵供液系统

1—压缩机　2—油分离器　3—冷凝器　4—高压贮液器　5—节流阀　6—气液分离器
7—氨泵　8—蒸发器　9—排液桶　10—集油器　11—空气分离器

3. 冷库的结构特点

传统的冷库为土建式冷库，冷库库房主体部分一般采用钢筋混凝土骨架，并用砖砌的围护结构，或者全部采用混凝土预制件装配结构，并采用机械化施工方法，以降低劳动强度和减少辅助材料消耗。库房层高与库房的种类有关，冷却间及冻结间的层高可以较小，只要能满足肉的悬挂、冷风机的布置以及室内空气循环的要求即可。冻结物冷藏间的层高一般不小于5m，它取决于垛码机高度。随着垛码机的改进和操作技术的提高，冷藏间的层高有不断增大的趋势，这样可以提高库房的利用率。目前大多采用单层预制装配式冷库。

冷库建筑室内外温差较大，需要在确定建筑结构时加以考虑。冷库从建筑施工开始至设备安装完毕，大多在常温条件下进行。当冷间进入预冷阶段，室温即由常温逐渐转入低温，使冷间内物件处于温度变化的过程中，而在冷库投入生产后冷间内便处于低温状态，构件均处于低温环境中，但库房之外露部分受到外界气温变化的影响，这样库房的构件在不同时期内，由库内外温差引起的变形比一般建筑大得多。对面积较大的单层低温冷间和底层用作冻结间或冻结物冷藏间的多层库房，地面内除设置隔热层之外，尚需采取其他特殊措施，如设置通风管道、架空层等，以防止地面下土壤冻胀而引起墙柱基础抬起，地坪冻鼓开裂。对于上下层同温的库房，若温差大于5℃，其楼板就要设置隔热层。

冷库的墙应有隔热防潮功能。隔热涉及冷间稳定的温度、湿度以及节能效果。土建冷库隔热一般采用现场喷涂，整体性密封性好，要注意做好隔气层；装配式冷库采用金属夹层隔热板，安装时要注意密封。按照隔热的部位又可分为内隔热和外隔热。外隔热是将结构做在隔热层里面，密封性比较好，但费用高，利用率低。内隔热，在结构内部安装隔热板，天花板用轻型材料木桁架支撑，结构外部用金属覆盖物。这种形式隔热面积小，费用低，容积利用率高，排除了太阳辐射。隔热库板目前使用聚氨酯板占多数。为了节能，目前隔热层厚度有增加的趋向。冷库隔气层的材料一般是沥青、沥青乳胶、聚合树脂、密封片及类似材料（沥青低塑料片、金属膜），用于支撑表面或用于加工好的隔热层。隔气层设计施工时要注意：隔气层放在高温侧要连续，在结合点不应渗漏，隔气层应承受一定的膨胀与收缩应力，防止断裂。所有结合点可能发生位变，所以在结合点的隔热层材料要选择有挠性、折叠性的材料，防止破裂。

冷库的屋盖顶面设置架空隔热层，以使屋面油毡温度降低，减少库房的冷负荷，减少屋顶板的伸缩开裂，减缓油毡老化。

组合式冷库近年来得到快速发展。一般组合式冷库大都是单层形式，其承重结构多是由薄壁型钢骨架组成。库内跨度达15~60m，中间一般没有柱子，高度为15m，有的甚至高达30m。各种构件均按统一的标准模数在工厂成套预制，现场只要用螺栓联接组合库的隔热墙板。目前大多采用刚性夹心组合板，板中间贴聚苯乙烯或灌注聚氨酯泡沫塑料。地坪隔热采用硬质聚氨酯或聚苯泡沫板，并注意采取防冻措施。制冷装置亦采用成套机组，在现场只要接上水、电即可投入运行，施工速度快。

二、运输式冷藏装置

运输式冷藏装置是用来在低温条件下运输易腐食品，主要包括铁路保温车、冷藏汽车、冷藏船以及近年来随集装箱发展而出现的冷藏集装箱。同陆地冷库比较，它们具有如下特点：

1）隔热结构要求高。车、船体的金属骨架伸入隔热结构产生热桥，导致热量渗入增加，一般在伸入隔热层的金属骨架处至少需要相当于50mm厚软木的隔热层，以防表面凝水和减少冷量损耗。

2）应有良好的防潮措施。由于装卸货物周期短，舱厢内的空气易受外界空气影响而使温度与湿度均上升，使冷藏室内水蒸气分压力高于隔热层内水蒸气分压，而使水蒸气渗入隔热层内。

3）制冷装置应适应运输工具的特点。如船用制冷装置应能在船舶纵倾（长期纵倾10°）、横倾（长期横倾15°）、振动以及高温高湿的条件下正常工作，与海水接触的部件应耐腐蚀。对于铁路保温车及冷藏汽车，由于没有冷却水，只能采用风冷冷却。

4）负荷变化大，设计时应考虑制冷机的余量。

5）运输式冷藏装置在重量、体积、安全性及自动化方面的要求比陆用冷藏装置要求高。

1. 铁路保温车

铁路保温车采用冰或机械制冷的方式获得冷量，在厢壁与厢顶都有隔热材料，厚度为200~250mm，相应的传热系数小于0.4W/(m^2·K)。

采用冰获得冷量的铁路保温车在车厢内贮存一定的冰，当需要使车厢内的温度达到0℃以下时，则需要使用冻结点较低的盐水冰。按盛冰容器结构的不同可分为端装式与顶装式两种，如图9-2所示。端装式的冰框占地使载货面积约减少25%，而对于顶装式，为了能够顺利排出冰融化的水，结构上比较复杂。采用冰获得冷量的铁路保温车设备简单，投资少，施工周期短，但厢内温度范围受到很大限制，传热效果差。

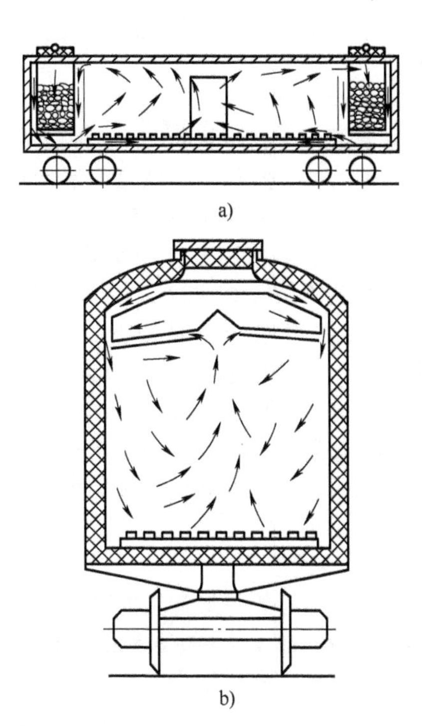

图9-2　采用冰冷的铁路保温车车厢内空气循环图
a）端装式　b）顶装式

采用机械制冷的铁路保温车，按供冷方式分为整列车厢集中供冷和每节车厢分散供冷。集中供冷的铁路冷藏车，设有装发电机组的动力车厢和装制冷机的车厢，其冷量通过盐水输送到各冷藏车厢。这类列车不能任意编组，机动性差，不适合小宗货物运输。分散供冷的铁路冷藏车通常由五节车厢组成，其中一节车厢为发电乘务车，另外四节车厢均为带有独立制冷设备的冷藏车厢，各冷藏车厢可任意换位。图9-3为机械制冷的五节式铁路冷藏车车厢的示意图。压缩冷凝机组通常装在车厢端部的机器间，空气冷却器装于车厢端部上方，采用直接冷却方式，冷空气在风机的作用下在车厢内循环。

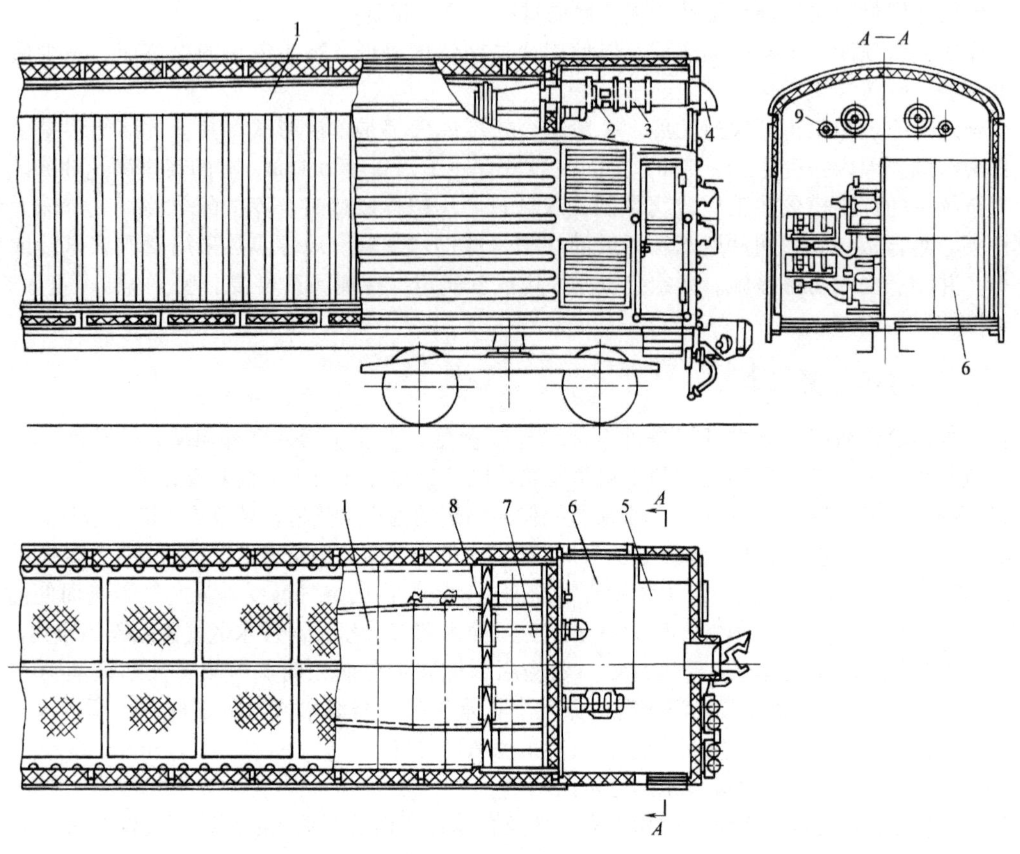

图 9-3　机械制冷的五节式铁路冷藏车车厢

1、3—风道　2、8—风机　4—新鲜空气入口　5—机器间　6—压缩冷凝机组　7—空气冷却器　9—手柄孔

2. 冷藏汽车

冷藏汽车有两种形式，一种是不带制冷装置，采用冰或干冰来冷却，近年来也有采用液化气体冷却方式，常用的是液氮喷淋冷却，但液氮价格贵，因而使用受到限制；另一种采用机械制冷，以前用 R12 小型氟利昂制冷机，目前则用 R134a 或 R22 及混合工质制冷剂。车厢壁常用泡沫塑料隔热，厚度一般为 150mm，相应的传热系数约 $0.5W/(m^2 \cdot K)$。

图 9-4 为采用机械制冷的冷藏汽车中制冷系统布置示意图。拖动压缩机及风机所需的动力可由汽车发动机直接提供，亦可配专用的发动机。

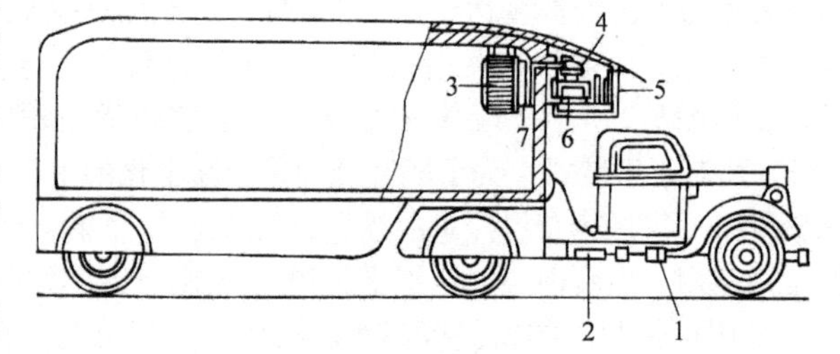

图 9-4　采用机械制冷的冷藏汽车中制冷系统布置示意图

1—传动机构　2—发电机　3—空气冷却器　4—压缩机　5—冷凝器　6—电动机　7—风机

3. 冷藏船

冷藏运输船是最常见的冷藏船，其中有将全部货舱都设计成冷藏舱的，也有将部分货舱设计成冷藏舱的。一般货轮上均配有伙食冷库，可以看作是一种部分设计成冷藏舱的冷藏船。渔业加工冷藏船则除了能够完成冷藏运输，还能完成如捕鱼、收鲜、海上加工等任务。冷藏船上围护结构一般采用软木，但近年来采用聚氨酯整体发泡制作围护结构的也多起来了，绝热性能得到了改善。

船舶冷藏所需的冷量较大，因而必须采用制冷装置。由于船舶的特殊环境，制冷装置除了体积应小以外，特别要求可靠性高，在船体摇摆情况下仍能正常工作。螺杆式制冷机在这些方面具有一定优点，因而目前的应用越来越广泛。船舶制冷装置一般采用氟利昂制冷机，且自动化程度高。若选用氨制冷机，则应将其安置在单独的机房内，并采用盐水间接冷却。

4. 冷藏集装箱

冷藏集装箱是用于冷藏运输的集装箱，图 9-5 为冷藏集装箱示意图。冷风由箱顶的风道吹出，通过侧壁和箱门内侧的凸条，再经由箱底的回风道返回。为了提高冷藏集装箱的保温效果，在四壁加有隔热材料。冷藏集装箱在运输不需冷冻的新鲜水果蔬菜时，由于要使箱内的二氧化碳保持较低的标准，故在箱壁或箱门上装有通风口，以供应新鲜空气。

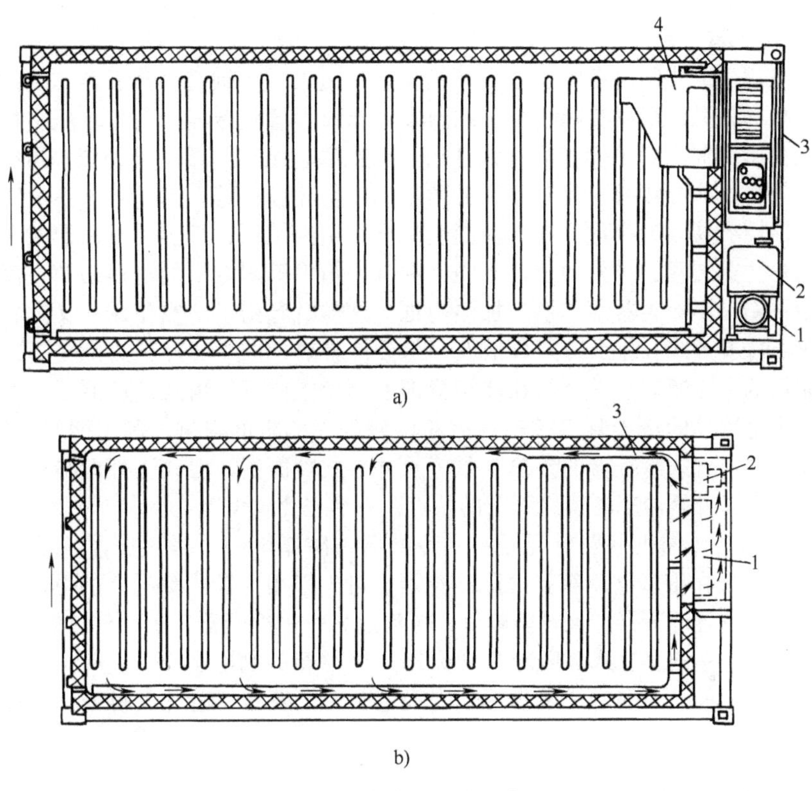

图 9-5　冷藏集装箱示意图

1—空气冷却器　2—风机　3—风道　4—空气冷却器

冷藏集装箱大都采用柴油发电机组作为动力，采用制冷机制冷。此外尚有冰盐冷却、干冰冷却及液氮喷淋冷却。目前还应用冷冻板方式，即在运输前利用制冷机，先将冷冻板内低共熔混合物冻结，在运输过程中就靠冷冻板内冻结物熔化吸热，使箱内温度保持在调定值。

三、电冰箱

1. 电冰箱分类

电冰箱与冷柜是最常见的小型制冷装置，电冰箱与冷柜这些概念都是通俗的说法（家用冰箱代号为 B），专业上按箱内温度分为冷藏箱（用汉语拼音字母 C 表示）、冷藏冷冻箱（用汉语拼音字母 CD 表示）、冷冻箱（用汉语拼音字母 D 表示）。例如，BC-150 表示 150L 的家用冷藏箱，而 BCD-185W 表示 185L 无霜式家用冷藏冷冻箱（W 表示无霜）。

冷藏箱应至少有一个冷藏室，其温度保持在 0～10℃。冷冻箱则是只有冷冻室的电冰箱，温度在 0℃以下，按温度分为“一星”级室、“二星”级室、“三星”级室，其储藏温度在按国家标准规定的试验条件和方法下测得的值分别不高于−6℃、−12℃、−18℃。通常所用的双门与多门冰箱为冷藏冷冻箱。冷藏冷冻箱中至少有一间为冷藏室，适用于储藏不需冻结的食品；至少有一间为冷冻室，适用于冷冻食品和储藏冷冻食品，温度在-18℃及-18℃以下。冷柜与冰箱之间并没有严格的区分，冷柜其实就是顶开门式的冷冻箱。图 8-1、图 8-2 表示出了电冰箱最一般的形式。

国内最早使用的电冰箱为直冷式冷藏箱（单门冰箱），目前市场上双门的直冷式或间冷式的冷藏冷冻箱占了主要份额，还出现了具有三个以上间室的电冰箱。门的形式上有平壁型门，也有弧形门；有单一侧拉开的门，也有左右两侧均可以开的门。电冰箱结构还有整体圆柱形的，可通过旋转，将放于电冰箱里侧的东西转到外侧，容易拿取。

出于保鲜要求，有些电冰箱采用大冷藏室蒸发器面积，用隔板分隔冷藏室，以降低冷藏室中空气流速，减少食品的水分散失。

2. 电冰箱制冷系统

电冰箱大多采用压缩式制冷系统，除了压缩机、冷凝器、毛细管、蒸发器这四大件，干燥过滤器也是必不可少的，另外根据实际情况可在蒸发器出口设置集液器。电冰箱压缩机采用全封闭形式，有利于减少制冷剂泄漏机会。节流元件采用毛细管，结构简单、造价低、运行可靠，但调节性能则较弱，系统结构参数的变化对于性能的影响将会比较显著，因此对于系统匹配的要求较高。电冰箱的门四周容易因为冷量导出而使温度降低，出现结露，甚至结冰而影响开门，因此门四周必须要有加热防露装置。与大型装置不同，在电冰箱中不用专门的电热防露，而是通过将冷凝器从门框处绕一圈，用冷凝器的热量来加热门框，这样既起到了防露作用，又节省了电加热的费用，同时改善了冷凝效果。除了防露管散发一部分冷凝热，主要的冷凝热则是通过主冷凝器散发的。很多电冰箱的主冷凝器是一个放在冰箱背部的钢丝式或百叶窗式的冷凝器，称为外置式冷凝器；近年来不少电冰箱的冷凝管直接贴在冰箱两侧外壳钢板的内侧，利用两侧钢管向外传热，称为内置式冷凝器。内置式冷凝器的传热效果不及外置式冷凝器，但省去外置冷凝器后，电冰箱后背是光滑的，避免了外置冷凝器容易积灰的缺点，外形也比较美观。

制冷剂的走向为：压缩机→副冷凝器→主冷凝器→防露管→干燥过滤器→毛细管→蒸发器→回气管→压缩机。现在很多电冰箱省去副冷凝器。对于采用内置式冷凝器的电冰箱，高压侧制冷剂一般先流过一侧内置冷凝器，经过防露管，再流过另一侧冷凝器。图 9-6 与图 9-7 为最常见的具有一个冷藏室与冷冻室的直冷式与间冷式（无霜）电冰箱的制冷系统。直冷式电冰箱冷冻室与冷藏室的蒸发器是分开的，而间冷式电冰箱，则采用一个蒸发器，通过风扇分别向冷冻室与冷藏室供冷。

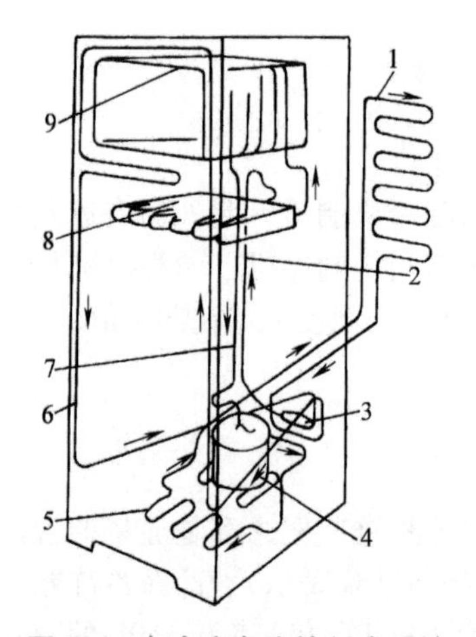

图 9-6　直冷式电冰箱制冷系统

1—冷凝器　2—毛细管　3—干燥过滤器　4—压缩机
5—副冷凝器　6—防露管　7—吸气管
8—冷藏室蒸发器　9—冷冻室蒸发器

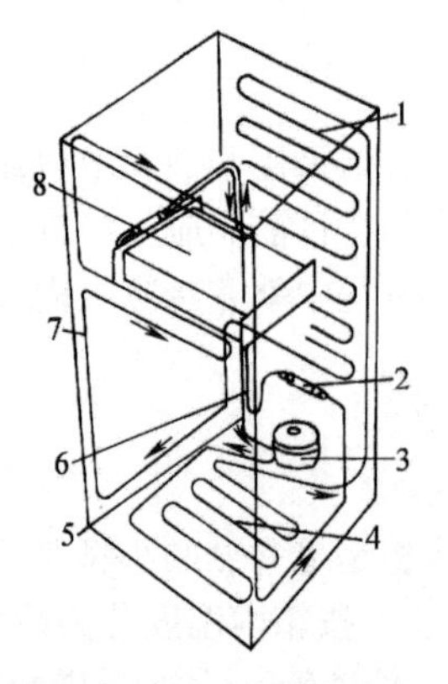

图 9-7　间冷式电冰箱制冷系统

1—冷凝器　2—干燥过滤器　3—压缩机
4—副冷凝器　5—吸气管　6—毛细管
7—防露管　8—蒸发器

对于一般采用单根毛细管的直冷式冷藏冷冻箱，只有一路制冷剂流过冷藏室蒸发器和冷冻室蒸发器，制得冷量，保证冷冻室和冷藏室的温度都在规定的范围内。要同时保证冷冻室和冷藏室的温度，要求两者的冷量合理分配。除了设计大小合理的各个蒸发器，直冷式电冰箱在运行过程中缺少控制冷量分配的手段。当环境温度变化时，冷冻室和冷藏室的负荷比例变化很大。假定冷藏室的平均设计温度为5℃，冷冻室为-20℃，当环境温度从30℃降低10℃时，从环境渗入冷冻室的冷量减少40%，而渗入冷藏室的冷量减少了80%，是冷冻室冷量变化幅度的2倍。由于没有其他的控制元件来控制冷藏室和冷冻室的冷量分配，要使冷冻室的温度与冷藏室的温度同时达到设定温度不太容易，目前主要采用的方法是当环境温度降低时，在冷藏室中进行电加热，以增加所需的负荷。这种方法浪费能量，尤其对于大冷冻室的冷藏冷冻箱更加不利，目前带有大冷冻室的冷藏冷冻箱已有不少采用双毛细管制冷系统。

双毛细管系统中有两根毛细管，冷凝器后接一个二位三通电磁阀，再接两根毛细管。电磁阀控制冷凝器出来的制冷剂只与其中一根毛细管相通。当第一毛细管接通时，制冷剂流过冷冻室与冷藏室蒸发器，使冷冻室和冷藏室同时降温。当冷藏室温度降到设定值时，电磁阀切换，使制冷剂改走第二毛细管。此时节流后的制冷剂只通过冷冻室蒸发器，使冷冻室继续降温，直到冷冻室温度也达到设定值时，使压缩机停机。而当冷藏室温度回升至设定的最高温度时，压缩机重新开机，制冷剂则仍是先走第一毛细管。双毛细管系统对于改进大冷冻室的冷藏冷冻箱的冷量分配、达到改进制冷性能与节能的总体效果较好。但由于增加了电磁阀，需要增加成本。如果设计不好，可能会出现冷冻室刚达到温度要求就使压缩机停机，而冷藏室温度升高到马上要压缩机开机的情况，此时系统性能将较差。因此，双毛细管系统的设计有一定的难度。

3. 电冰箱电气系统

电冰箱电气系统中，最基本的零件包括压缩机单相电动机、起动继电器、热保护器、箱内照明灯及灯开关，如图9-8所示。

当电冰箱插头插入电源插座时，压缩机电动机运行绕组（主绕组）和起动继电器线圈首先得电，在接通的瞬间电流较大，这个电流使起动继电器吸合，从而使电动机起动绕组（副绕组）也得到电流，产生旋转磁场，转子转动。随着转速提高，起动电流下降，当电流下降到不足以吸动衔铁时，起动触点断开，起动绕组不再工作，电动机进入正常运转状态。

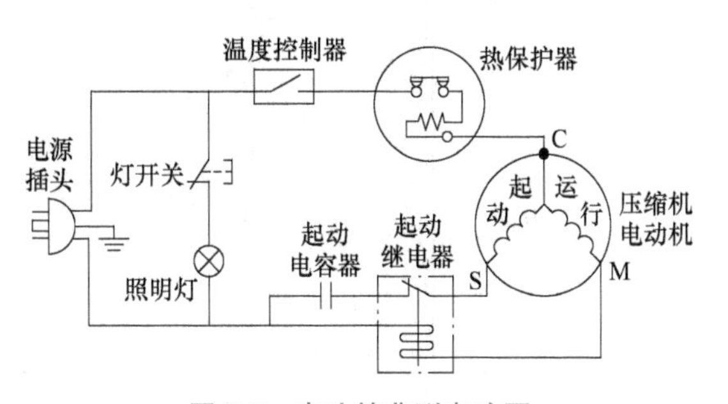

图9-8　电冰箱典型电路图

图9-8中示出的起动继电器是一个重锤式继电器。现在已有不少冰箱中改用PTC起动器。PTC具有正温度系数电阻特性，即温度达到某一特定范围（称居里点）时，温度再增加，其阻值会发生增加几个数量级的变化。利用PTC元件中具有的电流-时间特性，将PTC元件与起动绕组串联，当电路开始接通时，PTC元件温度低，本身呈低阻抗，能通过很大电流。由于瞬时通过大电流后元件发热，阻抗急剧上升（约0.3s后），使通过的电流大幅度下降到近似截止状态。PTC元件具有性能可靠、寿命长、抗振、结构简单等优点。但是当压缩机组的电动机再次起动时，要等待2~3min后，不得立即起动。

热保护器紧贴着压缩机壳体，主要是一个双金属片开关，正常工作时处于常闭位置。当电动机因过载等原因造成压缩机壳温过高时，双金属片迅速变形，使保护触点断开，切断电路。

箱内照明灯开关平时处于常开位置，灯开关则与箱门机械接触。当箱门打开时，灯开关闭合，灯亮以照明箱内。

温度控制器利用感温包检测箱内温度，通过对压缩机电动机开停的控制来控制箱内温度。对于直冷式电冰箱，温控器直接控制的是冷藏室的温度，而冷冻室的温度则无法直接控制，为了使冷冻室的温度上升或下降，必须调节冷藏室内温度的控制点，这样可能会使冷藏温度不合理。对于间冷式电冰箱，温控器直接控制的是冷冻室的温度，冷藏室温度是通过风门调节器自动调节风门开启角度的大小，以控制进入冷藏室的冷气循环量来变化，这样容易使冷藏冷冻室同时达到较佳的温度范围。

对于带有多个不同温度间室的冰箱，直冷式系统难以满足要求，只能采用间冷式，但控制系统则要比通常的双门间冷式电冰箱要复杂。要使各个间室温度均能满足要求，需采用先进的控制方式，如模糊控制等，但由于控制电路部分价格上升，传感器增加，使总的成本增加明显。

电冰箱的融霜控制系统，则主要用于间冷式电冰箱。对于直冷式电冰箱，大多仍靠手工铲除蒸发器表面的霜层。对于间冷式电冰箱，则有多种融霜方式。目前市场上主要的间冷式冷藏冷冻箱，采用定时控制式自动电热融霜。在蒸发器上装电热元件，通过时间继电器进行固定时间的周期融霜。一般出厂时已经调整好间隔时间和融霜时间。

4. 开放式商品陈列柜

商店为了销售需低温保藏的货物，要用专门的陈列柜。对于小型商店，只用门或侧面为透明的冷柜或冰箱即可。但现在这类销售低温保藏的货物量最大的是超市，因此超市冷藏冷冻商品陈列冷柜已成为很重要的制冷器具。

陈列冷柜的形式较多，具体的结构形式往往是生产企业根据商店要求专门设计，图9-9则示出了最常见的陈列冷柜的结构。对于图9-9a的冷藏商品陈列柜，在风机1的作用下，通过蒸发器2的冷空气，沿着气流分配槽4吹向格栅，形成冷风幕，这样就取消了前面的密封门，以方便顾客。对于图9-9b的冷冻商品陈列柜，气流分配槽4处有两股气流，其中一股是通过蒸发器的低温气流，通过配风格栅6之后作为冷风幕内侧，另一股旁通气流通过配风格栅6后，在上部形成保护冷风幕以减少低温风幕的冷损。

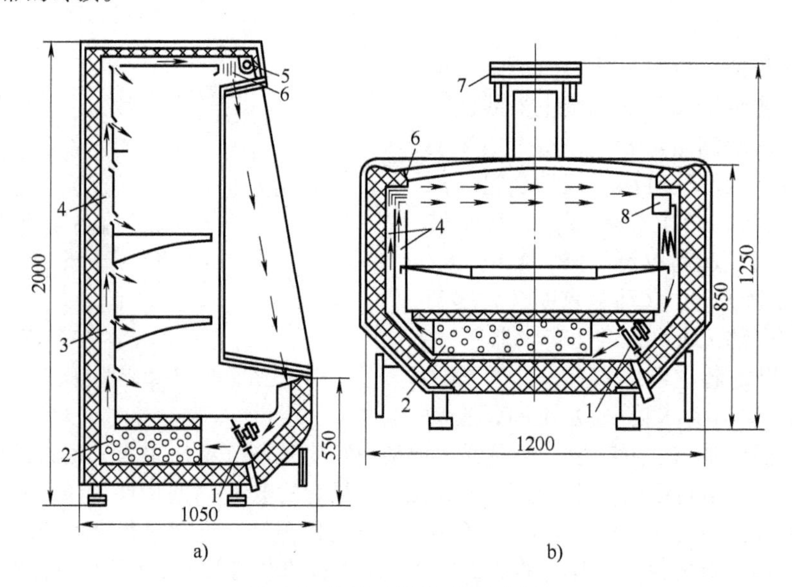

图9-9 开放式商品陈列冷柜

a）冷藏商品陈列柜 b）冷冻商品陈列柜

1—风机 2—蒸发器 3—槽孔 4—气流分配槽 5—照明灯 6—配风格栅 7—非冷却区 8—温度控制器

5. 其他形式冰箱

除了采用电动压缩式制冷的家用电冰箱，还有采用其他制冷方式的冰箱。

吸收式制冷冰箱没有机械运动部件，没有噪声和振动，特别适合用于房间中，但是制冷性能与能效比远小于家用压缩式电冰箱，因此目前只是在宾馆客房中较多见。

半导体冰箱是利用半导体制冷器进行制冷的。半导体冰箱的制冷系统无机械运动部件，无噪声，制造方便，但制造成本高，制冷效率低，只限于在某些特殊场合使用。此外，太阳能吸附式及吸收式制冷冰箱、磁制冷冰箱、逆向斯特林机冰箱、热声冰箱等均已在开发中。

四、食品冻结装置

冻结，是将食品的温度降低至低于食品汁液的冻结点，并达到某一指定温度，使食品中所含的水分变为冰。食品冻结后，由于低温和缺水，部分微生物被杀死，其余微生物活动极弱。因此，经过冻结的食品可以较长时期保藏。

快速冻结的食品质量好于冻结速度慢的食品，这是由食品冻结过程对于食品细胞的影响而决定的。在食品的细胞内和细胞间隙中均存在水分。在食品的细胞间隙内，水蒸气张力比细胞内小，盐的含量也少些，冻结点则高些。当食品冻结时，细胞间隙内水分首先结成冰晶。由于冰的饱和蒸汽压较水低，因此，在食品冻结初期，当细胞外的水分已冻成冰，而细胞内的水分因冰点较低仍处在液体状态时，由于两者饱和蒸汽压的不同，致使细胞中的水分透过细胞膜而扩散至细胞间隙中。如果是慢速冻结，就会使大部分水冻结于细胞间隙内，并形成较大的冰结晶。水在转变成冰时，体积约增大9%~10%，结果使细胞因受挤压而变形，甚至造成细胞膜破裂。于是当食品解冻时，冰晶融化成水，食品汁液流失。当采用快速冻结时，由于冰结晶形成的速度大于水蒸气的扩散速度，因而冰结晶可均匀地分布在食品细胞内与细胞间隙中，并形成小的结晶体。这样就不会使细胞变形和破裂。

由于速冻食品的质量较好，人们采用的各种冻结设备都是希望提高冻结过程的速度。

1. 搁架式排管冻结装置

这种冻结装置是用光滑排管组装成的搁架，冻结货物直接放置在搁架上。搁架式排管一般设置于冻库中，对鱼类、家禽和小水产，以及冰棒、冰淇淋等食品进行冻结与硬化。

用搁架式排管冻结食品时，由于排管与放在其上的货物或盛盘直接接触，在换热过程中，除了以对流和辐射的方式换热，还通过排管与货物或盛盘的接触面进行传热，因而其传热系数较盘管式墙排管提高2倍左右。为了增加接触传热，有些冷藏库中采用在每层盘管上加铺0.6~1.0mm的薄钢板，并保持钢板表面的平整和与盘管贴合紧密。这样既提高了搁架式排管的传热系数，缩短了冻结时间和加速了周转，又便于工人操作。

在氨重力供液系统或下进上出式氨泵系统中，氨液由下部供入供液集管，而后顺序流经各层横管，吸热蒸发后形成的气体或气液混合物，则经设置于排管上部的回气集管排入回气管道。

在氟利昂制冷系统中，大多数采用直接膨胀供液，上进下出，进入排管前用配液器对每路排管分别供液，回气总管上升时应设回油管。

2. 吹风冻结装置

通过冷风机的强烈吹风，可以提高冷空气与需冻结货物之间的传热系数，缩短冻结时间，提高冻结质量。采用吹风冻结装置，往往采用吊轨，将需要冻结的货物送入冻结间，并在冻结间里面移动一段时间以使均匀冻结，最后将冻结好的货物通过吊轨送到冻结物冷藏间。对于白条肉，一般直接用吊钩挂住，吊在轨道上。盘装食品（如鱼、虾、肉类副食品等）多是用吊笼装载，挂在轨道上进行冻结。

3. 螺旋带式冻结装置

这种装置是把食品放置在金属传送带上，进行螺旋输送冻结，因而占地面积小，仅为一般水平输送带面积的25%。这种装置由蒸发器、风机、转筒及其驱动装置、特制的弹性传送带、清洗装置、控制屏等组成，隔热的外壳在现场装配。弹性传送带是靠转筒的摩擦力带动的，传送带螺旋转动时，带上的张力很小，故驱动功率不大，传送带的寿命也很长。被冻食品直接放在传送带上，根据需要也可采用冻结盘，食品随着传送带进入冻结装置后，由下盘旋转传动而上，并在传送过程中冻结，冻好的食品从出料口排出。传送带是连续的，它由出料口又折回到进料口，如图9-10所示。

4. 平板冻结器

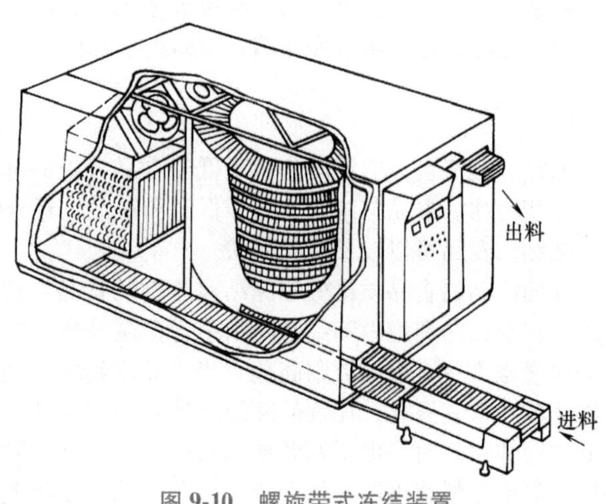

图 9-10　螺旋带式冻结装置

平板冻结器是在中空的金属板内通以制冷剂，金属板间放置食品，并在金属板上加压，使食品与之紧密接触而冻结。由于不存在蒸发板与食品之间的空气传热热阻，这种冻结装置传热效果好，冻结速度快，且不引起食品的干耗，可以在常温下操作，改善了劳动条件，图 9-11 为卧式平板冻结器结构示意图。其冻结平板为可移动式。在平板冻结设备中，冻结产品的厚度一般限制在 50mm，另外若要求较短的冻结时间，对包装产品则要装得满，当冻结食品与平板间存在空气层时会影响冻结速度。经平板冻结器冻结的产品外形整齐，便于包装规格化。由于平板冻结器与食品直接接触，传热温差小，相应的制冷剂蒸发温度可以提高，有利于提高运行经济性。

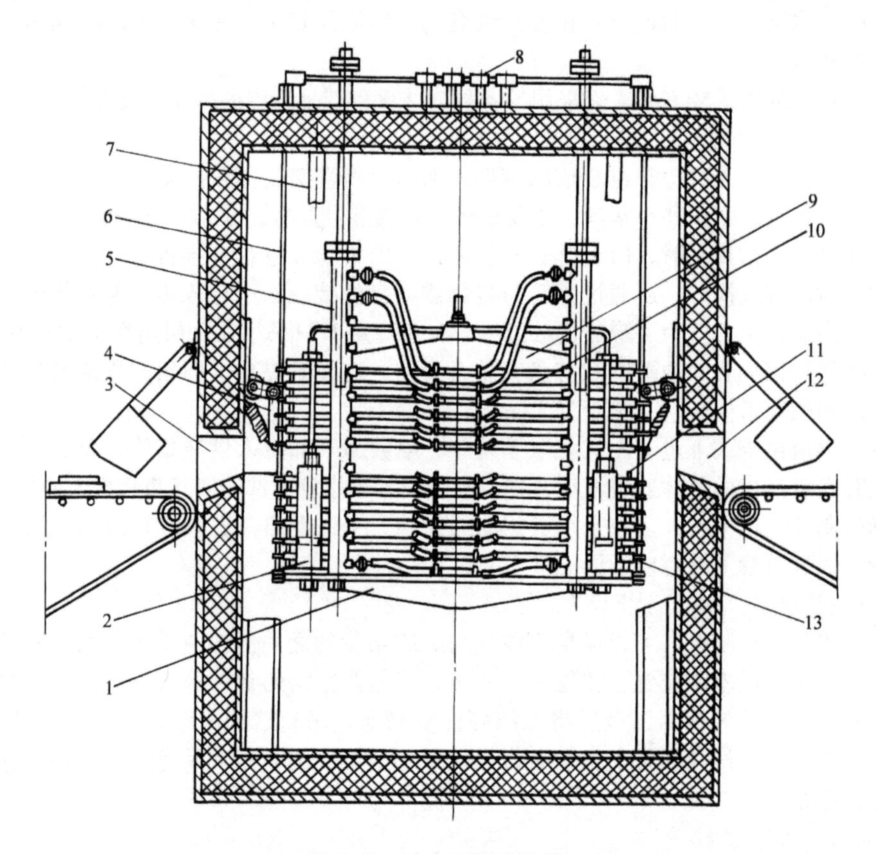

图 9-11　卧式平板冻结器

1—底板　2—液压缸　3—进料口　4—挂钩　5—液体接管　6—钢支架　7—支柱
8—升降设备　9—顶板　10—冻结板　11、13—限位销　12—出料口

5. 流床式冻结设备

对于冻结单个速冻物品，如炸肉丸、去皮熟虾、炸土豆、水果、莓类等可采用流床式冻结设备。这种设备是利用形状与大小都比较均匀的颗粒，在冷气流上吹时这些颗粒就会出现流态化，悬浮在气流中，彼此是分离的并为气流所包围，但是可以自由移动。图 9-12 为流床式冻结设备的

示意图。

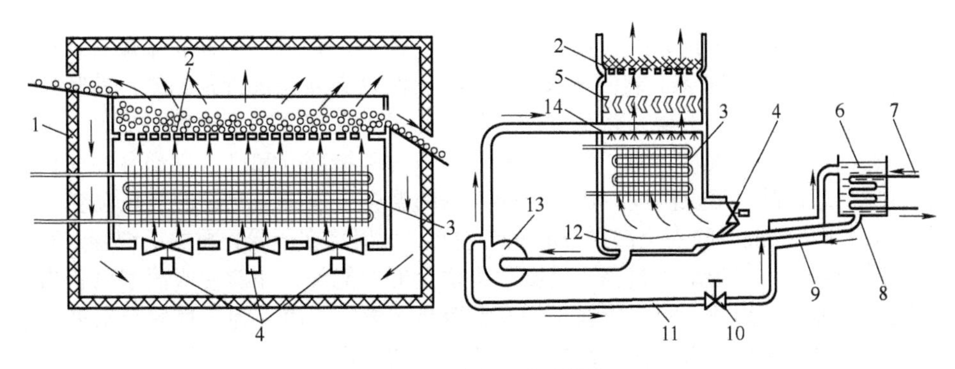

图 9-12　流床式冻结设备

1—隔热层　2—穿孔底板　3—空气冷却器　4—风机　5—挡液板　6—乙二醇液浓缩器　7—蒸气盘管　8—乙二醇输液管　9—热交换器　10—阀门　11—乙二醇回液管　12—乙二醇液体槽　13—循环泵　14—喷淋器

当颗粒产品从设备进口处放入时，就会自动向低的一侧移动，产品在低温气流内一边移动，一边被冻结，而不需要机械传送带。冻结过程设备内空气的分布是相同的，所不同的是密度大的产品层薄，密度小的产品层厚，这尚可以通过设备产品出口处的挡板来调整。

6. 其他冻结设备

冻结设备的类型还有很多。浸沉冻结设备用于形状不规则的物品，如鸡。这类设备通常包括一个冷盐水箱（常用盐水和乙二醇溶液），冷冻液的温度一般保持在-15～-25℃。被冻结的产品浸到冷盐水中，或在送往水箱的中途喷淋冷盐水，这类冻结设备普遍用作禽类产品的表皮冻结，最后阶段在鼓风隧道内完成冻结。这类产品要求用质密的材料保护，经浸沉冻结后产品包装上的盐水，在设备出口处必须用水冲干净。浸沉冻结中亦有利用氟利昂液体直接用作冷冻液的设备。

在低温冻结设备中，尚有利用液氮、液化天然气和液态二氧化碳来进行喷淋的设备，选择使用这类冻结设备，本身不需要制冷装置，但关键要在合理的运输范围内设有低温液化工厂。

第二节　真空冷冻干燥装置

一、冻干的一般概念

真空冷冻干燥，简称冻干。由于物质的干燥是在真空和低温冻结状态下进行，冻结制品中的固态水分在共晶点温度以下，从真空系统中直接汽化脱水，故又名升华干燥。升华的水汽依靠真空系统，在水汽凝结器的冷表面冷凝，致使大量水汽不进入真空泵。因冻结制品中的固态水分直接升华脱水，故冻干的物质呈多孔状，其体积与冻干前基本相同，加水后由于接触面积大，能很快复原。冻干后的物质在密封容器内保存，比物质在不冻干时相对地耐温，并有较长的保存期，因此它是对热稳定性差的物质进行干燥保存的一种特别方法。对食品采用冻干法加工，可以保留原有的营养成分和色、香、味，并可在常温下运输、贮存。

冻干技术主要应用于：热稳定性较差的生物制品、生物化学类制品、血液制品、基因工程类制品等药物在低温下干燥并贮存；为保持生物组织结构和活性不失去生命为目的的皮层、骨骼、角膜、心瓣膜等生物组织的处理；以保持食物色、香、味、形和营养成分以及能迅速复水的咖啡、调料、肉类、水产、果蔬的冻干加工贮存；以保持生鲜物质不变性的人参、蜂王浆、龟鳖等保健品的加工以及能增加化学反应接触面积、加速反应过程的催化剂的处理等。真空冷冻干燥装置就是加工这些制品的设备，按真空冷冻干燥箱内搁板面积的大小可分为供实验用的小型冻干装置到搁板面积达 100m^2 以上的生产用大型冻干装置，目前在国内外均已形成系列产品。

二、冻干工艺过程

制品的冻干过程通常分为预冻结、升华干燥（或称第一阶段干燥）、解析干燥（或称第二阶段干燥）三个过程。这是根据冻干工艺的要求来划分的，制品必须先进行预冻结，其制品温度必须低于制品的共晶点温度。升华干燥是将预冻结后的产品置于真空冷冻干燥箱中加热，其冰晶就会升华成水蒸气逸出而使产品脱水干燥。其主要控制参数为冻结部分和已干燥部分的允许温度：冻结部分的温度应低于产品共溶点温度，产品干燥部分的温度必须低于允许的最高温度（不烧焦或变性）。第一阶段干燥完成时除去全部水分的90%左右，此时，在干燥物质的毛细管壁和极性基因上还吸附有一部分水，由于吸附能量高，就必须提供足够的能量，才能使吸附水解析出来，产品温度应以不变性为原则，因此，第二阶段干燥又称解析干燥。同时，为了使解析出来的水蒸气有足够的推动力从产品中逸出，必须使产品内外形成较大的蒸汽压差，因此这个阶段干燥箱中必须是高真空，经第二阶段干燥后，产品中残留水分的含量视产品的种类和要求而定，一般在0.5%~5%。由上述的预冻结和升华干燥过程可知，制品冻干过程中最主要的参数是制品的温度和干燥箱内压力。不同产品，由于其成分、含量、共晶点、共溶点、最高允许温度等不相同，其冻干程度亦不同。因而制品冻干时，应根据具体条件，通过试验制定出最佳的冻干曲线。所谓冻干曲线即是表示冻干过程中产品的温度、压力随时间而变化的关系曲线。制定冻干曲线主要确定下列参数：预冻速率、预冻温度、预冻时间、水汽凝结器的降温时间和温度、升华速率和干燥时间等。

三、真空冷冻干燥装置

为了实现各种制品的冻干过程要求，必须要由真空冷冻干燥装置来完成。它主要包括真空冷冻干燥箱、水汽凝结器、真空系统、制冷系统、液压系统和自控装置等。图9-13示出小型医药用真空冷冻干燥装置的流程。

下面介绍真空冷冻干燥装置各组件结构及设计要求。

1. 真空冷冻干燥箱

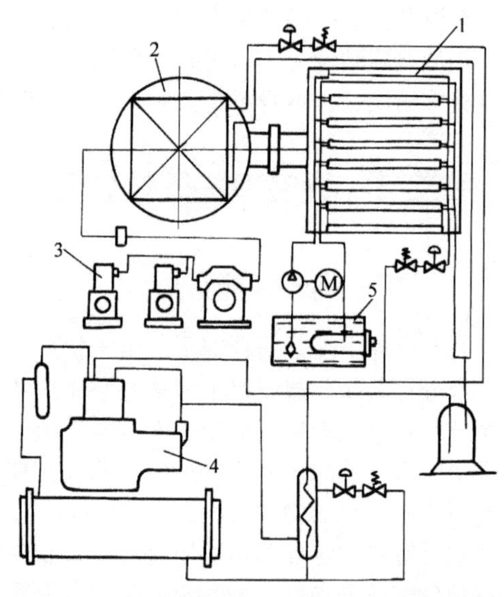

图9-13　小型医药用真空冷冻干燥装置流程
1—真空冷冻干燥箱　2—水汽凝结器
3—真空系统　4—制冷系统　5—加热系统

它的主要功能是放置被冻干的物质，称为制品，并在冻干过程中提供冷量冻结制品和提供升华热量升华水汽。因此，它是一个能按需要进行制冷或加热的真空密闭容器。当然亦有预冻结过程在箱外进行，利用冻结设备预冻好后送入干燥箱，食品冷冻干燥装置普遍采用这种方式。通常按箱体形状的不同有圆筒形和方形。箱体内安装有搁置制品用的搁板，搁板内有用来制冷和加热的管道或夹层通道。箱内预冻结时需要搁板温度在-40℃以下，并要求搁板能加温到50℃以上使制品干燥。搁板温度均匀与否直接影响到制品的质量，而要使搁板的温度均匀，采用载冷剂在夹层中流动是有利的，但是存在着两个传热温差，使系统功耗增加。目前常用的载冷剂为三氯乙烯、8号仪表油、丁基二乙二醇及424（体积分数为40%乙二醇、20%乙醇和40%水）三元混合液。对于直接冷却方式可以减小传热温差，若设计时合理配置传热管，各层搁板制冷剂流量均匀的话，则搁板的温差可控制在±2℃以内。对于加热干燥阶段通常采用间接加热，即将载热体通入搁板管子内并采用大流量小温差的措施使之达到温度均匀。箱体结构设计时尚需考虑便于清洗、消毒、防污染等措施；箱体应满足真空密封的要求，且应有足够的强度，以防箱内抽真空时箱体变形，因而要按真空容器来计算；箱壁还设有测量箱内真空和搁板、制品温度的接口和接线柱，箱侧有一装有真空蝶阀的通道与水汽凝结器相通，用以排除升华水蒸气及不凝性气体；此外，还要求有观察玻璃窗，箱内设照明，以便观察制品冻干过程，箱体上装设有放空气入柜的阀门，以便冻干结束之后开启箱门。对于医药用冻干装置，有些要求搁板能够上下移动，以便在箱内实现小瓶自动加塞。

2. 水汽凝结器

水汽凝结器用来捕集真空箱内制品升华时的水汽。它的一端与真空冷冻干燥箱相连，另一端与真空系统相连，一般中间装有真空阀门，靠干燥箱与水汽凝结器之间的温差产生的压力差作为水汽流动的推动力，故水汽凝结器表面的温度要比干燥箱低，一般比搁板温度低 10℃左右即可。按水汽凝结器壳体的布置形式可分为立式和卧式，其设计要求为在允许的冰表面温度下，在所要求最短升华时间内，将水汽凝结在被冷却表面上。冷凝表面的结构形式通常有螺旋管式、蛇管式和板式等，通常采用制冷剂在管内直接蒸发。结构设计时除一般考虑强度、密封等要求外，筒体内应有足够的捕水面积，容器内水蒸气的流动阻力要小，同时要求结冰均匀，这样才能充分利用水汽凝结器中的传热面积。有的真空冷冻干燥装置将水汽凝结器布置在真空箱的内侧面，这样虽然可以减少真空管道及阀门的流动阻力，但却使搁板与水汽凝结器之间的热交换增加，亦使能耗增加。在水汽凝结器的壳体上装有测量真空的接口和测温管，在内部设有化霜用的进出水管接头和热风机，供冻干结束后化霜用。

由于水汽凝结是在真空状态下进行的，在凝结过程中冰层厚度随时间不断增厚，同时在制品干层中的流动阻力亦剧增，因而排除水汽的能力亦逐渐衰减，因而水汽凝结器中的传热亦是属于不稳定过程，但由于变化量并不显著，目前在设计计算中仍按稳定过程处理。

3. 制冷系统

制冷系统是用来提供干燥箱和水汽凝结器的冷量，两者可共用一套制冷系统，亦可采用各自独立的系统。它具有一般制冷系统相同的设备。直接蒸发制冷的冻干装置，其搁板和水汽凝结器即是一般制冷系统中的蒸发器；间接制冷的冻干机，则在箱外设置蒸发器来冷却载冷剂，再用泵将载冷剂送入搁板或水汽凝结器。制冷系统的设计原则亦与一般制冷机要求相同，主要由冻干制品的要求来定。由于一般冻干装置的搁板温度要求在-40℃以下，水汽凝结器的温度则更低些，所以较多采用 R22 两级压缩系统。对于一些冻干特殊制品的冻干装置在-70℃以下，则需采用复叠式制冷机或液氮冷却系统。

4. 真空系统

在真空冷冻干燥装置中，水汽的升华压力主要取决于水汽凝结器的温度。真空系统的最终压力不应低于水汽凝结器表面结冰时水蒸气分压，否则已经凝结的冰会再次升华成水蒸气抽入真空泵而污染油。所以并不是真空泵选得越大，其极限真空越高越好。对于一般真空冷冻干燥装置可采用旋片式真空泵（或滑阀式真空泵）与机械增压泵（或油扩散泵）串联使用。对于小型实验用冻干机，为了简化设备，一般只用一台机械泵作为主泵，不需配前级泵。

5. 加热系统

加热系统是用来提供冰晶的升华热。直接加热是在搁板下设置电热丝加热。间接加热大多用电热或蒸汽加热载热剂，再将载热剂泵入搁板进行加热。目前医药用冻干装置大多用电热，大型食品冻干装置大多采用蒸汽加热。从冻干装置节能的观点来分析，应将制冷机按热泵模式运行，充分利用冷凝器的排热量，这样除了原有的制冷系统，尚需一套蓄热装置外加辅助热源，制冷及加热系统按热泵模式运行。

6. 液压系统

液压系统通常装在干燥箱顶部。真空干燥箱的搁板采用液压控制，使搁板借助导向及定位机构能上下移动，以便在干燥箱内进行瓶装药品的自动加塞。此外，尚可利用液压系统来控制系统中的真空蝶阀，当然亦有利用压缩空气来控制真空蝶阀的。

7. 自控和测量装置

为了正确地完成冻干周期，需控制、测定和记录搁板、制品和水汽凝结器的冷凝表面温度、真空箱的真空度等参数。温度测量可采用热电隅或电阻温度计，真空度测量可采用电阻真空计，它能将压力信号转换为电信号进行工艺过程的控制。冻干机的控制系统包括制冷机、真空泵和载冷剂循环泵的起、停，以及温度、真空度、加热量和时间的控制，通常可分为手动、半自动、全自动和微机控制等。无论冻干机采用手动或自动控制，在冻干不同品种制品之前都要制定一条制品冻干曲线和设备运行程序。冻干曲线决定了预冻的温度和时间、升华干燥时加热的温度和时间、制品最高许可温度和维持的时间；设备运行的程序决定冻干箱降温或加热，水汽凝结器降温或化霜，真空泵运转、真空度调节和冻干结束的时间，它与冻干曲线的温度和时间是同步的。若是手动操作，则操作者按上述冻干曲线和设备运行程序控制冻干机的运转。目前国内外冻干机大多趋向于采用微机进行全自动控制，利用微机键盘输入编程，在编程或实际运行过程中显示器均可显示温度、真空度、时间等参数。存储在微机中的任何一个程序均可打印出来，实际运行过程中的程序还可以随时用手工进行必要的干预，此外，一台微机尚可同时控制多台冻干机的运行。

第三节　制冰装置

用人工制冷的方法来制冰及制干冰是现代制冷技术的一个重要方面，本节将重点介绍各种制冰方法。人造冰可以制成各种形状，有块状冰、管状冰、片状冰、颗粒冰及冰晶等，其中以块状冰应用较广泛。另外，近几年冰的用途也大大拓宽，除了用于食品冷冻保鲜，冰蓄冷技术正在空调系统中显示出它的优越性，在第四节还专门介绍蓄冷空调系统。

一、盐水制冰设备

盐水制冰设备是把盛水冰模放在低温盐水池中，利用盐水作载冷剂，使冰模中的水结成块状冰，冰模制成长方形体，上部截面积大，底部小，以便脱模。盐水制冰设备由制冰池、溶冰池、倒冰架、加水箱、起冰起重机等主要设备组成。制冰池包括蒸发器、冰桶、盐水搅拌器等主要部件。图 9-14 示出盐水制冰设备示意图。我国目前用的盐水制冰设备的制冷系统多为重力供液式。制冰池内的盐水温度一般为-10～-14℃，初步设计时可按耗冷量为每小时每吨冰 7kW 计算，详细设计可参考有关手册。

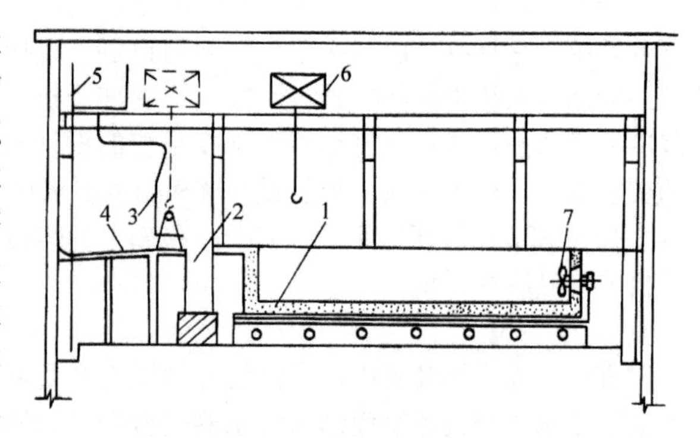

图 9-14　盐水制冰设备示意图

1—制冰池　2—溶冰池　3—倒冰架　4—倒冰台
5—加水箱　6—起重机　7—盐水搅拌器

二、桶式快速制冰

在快速制冰机中，除了从冰模外部进行直接蒸发冷却外，还在冰模内部安装了直接蒸发冷却管，同时进行冷却，故大大缩短了冻结时间。当蒸发温度为-15～-16℃时，冰模中的水全部冻结成冰约需 90min，大约只有盐水制冰的 1/10 时间。快速制冰机的主要部件有冰桶、指形蒸发器、分路阀、氨泵、预冷水箱、氨液分离器、排液桶、运冰传动机构及控制柜等。图 9-15 所示为桶式快速制冰机的原理图。

其制冰工艺过程为：

（1）预冷水过程　该过程在预冷水箱中进行，经装在水箱中的蒸发器降温，使水温降至 6～10℃即可加入冰桶。

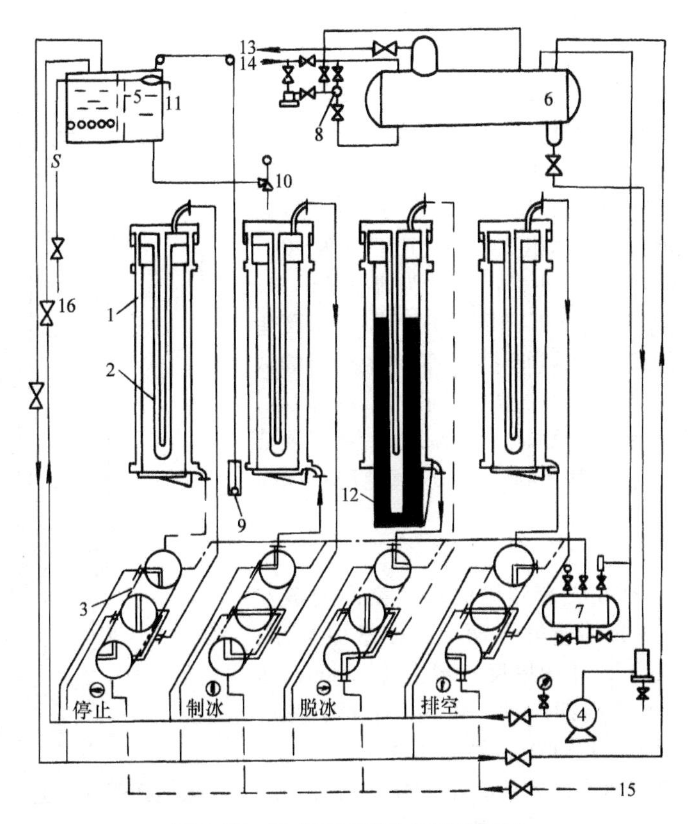

图 9-15　桶式快速制冰机的原理图

1—冰桶　2—指形蒸发器　3—多路阀　4—氨泵　5—预冷器水桶　6—氨液分离器　7—排液器　8—浮球阀　9—水位计　10—给水阀　11—溢水管　12—冰块　13—吸汽管　14—供液管　15—热氨管　16—上水管

（2）冰桶加水过程　向冰桶加水之前先使桶底的弹簧活动底盖密封，再加少量的水使桶壁和底盖湿润，同时将多路阀转至“制冰”位置，使氨液进入桶壁夹层蒸发吸热，桶壁和底盖的湿润水都冻结，起密封桶底的作用，然后缓慢地将水加入冰桶组。

（3）制冰过程　氨液连续地由氨泵经“制冰”位置的多路阀，送入冰桶夹层，经夹层顶部进入指形蒸发器顶部上夹层，再进入指形蒸发器内套管，转入内外套管之间的夹层，然后上升至指形蒸发器顶部的下夹层，由回气管经多路阀进入氨液分离器。在此过程中，氨液逐渐吸热蒸发，冰桶内壁和指形蒸发器外壁同时结冰，并向周围发展，直到全部冻结成冰块。

（4）脱冰过程　当冰块结成以后，即可将多路阀转向“脱冰”位置，此时氨泵供液通路被切断，热氨通路接通，热氨经多路阀由冰桶组的回气管进入冰桶组，最后从冰桶组的进液管经多路阀，将氨液排至排液桶。在此过程中，指形蒸发器外壁和冰桶内壁的冰层被融化，冰块借自重推开弹簧底盖落在托冰小车上。

（5）运冰过程　托冰小车载着一组从冰桶脱下的冰块，借运冰装置驱动，将冰块运至翻冰架，冰块经滑道去贮冰间。

三、其他形式制冰机

1. 管状制冰机

图 9-16 示出了管状制冰机的示意图。

管状制冰机的制冰原理为：冰的发生器（制冰管）是一个立式壳管式热交换器，水在管子内流动，管子直径一般为 50mm，管子外面为氨液吸热蒸发，冰层在管子内壁形成，厚度 5~13mm，结冰时间为13~26min，在冻结过程中，由于水在水泵的作用下不断循环（由上而下），将析出的空气带走，故生产的冰为透明冰。结冰过程完成之后，停止向制冰管供水供氨液。脱冰是由压缩机排出的热氨气体来进行的，脱冰时间为30s左右，结成的管冰向下滑动，制冰管下面的机械刀旋转时将管冰削成一定的长度，沿着滑冰台的斜面，由传送机将管冰送入冰库。管冰机24h的生产能力为10t~350t，24h生产10t冰的管冰机外形尺寸约为高3.9m、长2.9m、宽1.9m。由于管冰的外形是圆柱形，用于冰藏鱼类不会损坏鱼体，是较理想的冷冻用冰。管冰生产时的蒸发温度比片冰生产时的蒸发温度要高，获得2mm厚的冰，当水温为15℃、冷凝温度是30℃时，管冰机比片冰机要节电40%。管冰生产时的蒸发温度约为-8℃，每吨冰耗电量约为54kW·h。

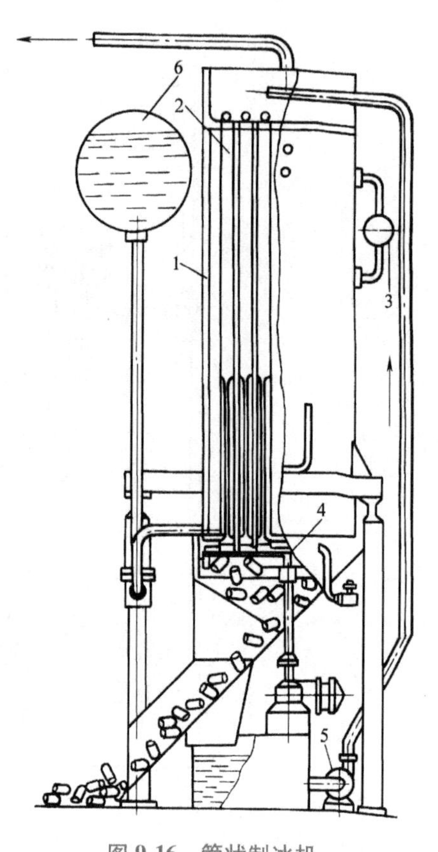

图9-16 管状制冰机

1—制冰机壳体 2—制冰管 3—浮子调节阀 4—机械刀 5—离心水泵 6—贮液器

2. 片冰机

其制冰原理为制冷剂在夹套圆筒的环形空间内蒸发吸热，冷水从圆筒内壁或外壁喷淋而下，在壁面结冰，刮刀将壁面结成的冰刮下，冰的厚度一般为1~3mm，这种制冰机的优点是不需要周期脱冰，可连续制冰，冰的冷却面积大，冷却效果好。但这种冰融化速度快，不易贮存。在北美地区这种制冰机应用很广，渔船作业时也使用片冰。图9-17示出一种不用刮刀而采用变形轮结构的片冰机。它是由外壳、旋转缸、空心轴及变形轮等组成的。制冰用的水盛于外壳与旋转缸之间，旋转缸内部可用载冷剂冷却，亦可用制冷剂直接蒸发冷却。冰层沿着旋转缸的外表面冻结，旋转缸转速很慢，旋转一周时，冻结冰层的厚度可达1~3mm，旋转缸与空心轴一起旋转，在旋转缸的上部内侧装有一个变形轮，它使旋转缸产生局部变形（凸起）。当旋转缸上部发生变形时，冰层立即与圆筒表面脱离而折断，形成片状冰，沿滑冰道进入冰库。在旋转的外表面上，横向每隔一定距离固定有橡皮条，水在橡皮条上不冻结，因而结成的片冰便有一定的宽度。旋转缸采用铜镍合金（质量分数：镍68%，铜28%，锰及铁各2%）薄板焊成，具有良好的弹性，不致因多次变形而损坏。这种结构的制冰机特点是生产过程连续，结构紧凑、占地面积小，一般适合船用。

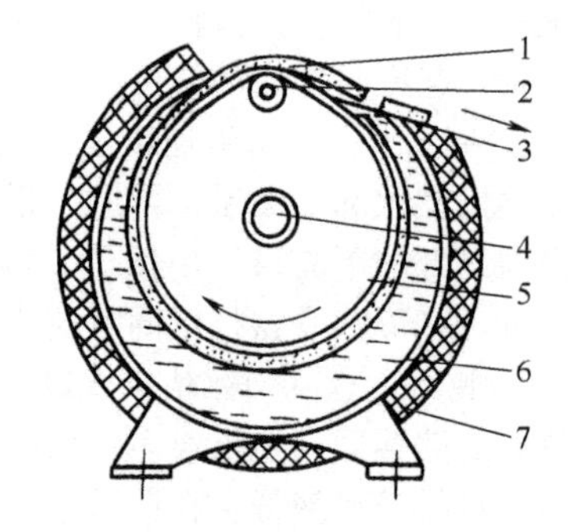

图9-17 片冰机

1—片冰 2—变形轮 3—滑冰道 4—空心轴 5—旋转缸 6—外壳 7—隔热层

片冰机可设计成立式或卧式，可船用或陆用，广泛用于食品和建筑行业。制冰机组24h的制冰能力为0.2~27t。24h制冰能力为0.96t的片冰机，配用全封闭压缩机功率为4.2kW，每吨冰耗电量为90kW·h，采用R22为制冷剂，充注量5kg，水温5℃，蒸发温度为-21℃，冰厚度为1.8mm。

3. 颗粒制冰机和冰晶制冰机

颗粒制冰机是由制冷机、机壳、循环水泵、贮水箱、制冰模及自控系统组成。只要接通电源、水源，就可实现自动制冰、脱冰、贮冰，它适用于宾馆、饮食店、医院、学校、企业等单位的食用冰，使用起来方便卫生。根据不同冰模形状，可制出方块冰、酒杯形冰等。24h 制冰量为 20kg~100kg，24h 制冰量为 20kg 的制冰机，配用全封闭压缩机的功率仅 200W，贮冰量可达 13kg。

冰晶制冰机的制冰原理与上述的管冰机、片冰机等不同，它是使水溶液温度降低后，直接在溶液中形成单个的冰晶体，冰晶大小约 2~3mm，不需要周期脱冰，也可用海水直接制冰，用于冰藏虾、鱼类等是最理想的。冰晶具有好的流动性，可以用泵将冰晶输送到用冰的地方，使用十分方便。由于冰晶接触面积大，用于冰藏鱼虾时空隙小，故冷却速度很快，有利于提高保鲜质量。目前冰晶机已逐渐用于冰蓄冷空调系统。

第四节　空调用制冷装置

一、空调装置的组成及分类

空气调节（简称空调）是使室内空气温度、相对湿度、压力及洁净度等参数保持在一定范围内的技术。空气调节系统一般均由被调对象、空气处理设备、空气输送设备和空气分配设备组成。空气处理设备包括对空气进行过滤净化、加热、冷却、加湿或减湿处理的设备。空气处理设备中的冷源部分需要制冷装置，热源也经常采用热泵型制冷机组。

按空气处理设备的设置，空调装置可分：

（1）集中式系统　所有的空气处理设备，包括风机、冷却器、加湿器、过滤器等，都集中在一个空调机房内，通常冷、热源也是集中的。集中式的空调系统一般用于较大面积的建筑，所需冷量大，故采用容量较大的冷水机组。

（2）半集中式系统　除了有集中空调机房，还有分散在被调房间内的冷热交换器，主要是对进入被调房间之前的由集中处理设备来的空气再进行一次处理。诱导器系统，风机盘管系统等均属此类。

（3）全分散式系统　这是指将空气处理设备分散在被调房间内的系统。房间空调器、汽车空调属于此类。这种系统不需要空调机房，一般也没有输送空气的长的风道。

二、中央空调系统

1. 中央空调系统组成

中央空调系统将空气处理全过程组合在一个或几个空气调节器内进行，通过空气输送管道和空气分配器送至各个房间。按处理空气的来源情况，又有直流、闭式和再循环系统之分。在直流系统中，经空调器处理而送入室内的空气全部来自室外的新鲜空气，空气在空调室内吸收室内余热、余湿后全部排出室外。因其全部处理新鲜空气，故能量消耗大，经济性差，只适用于某些高速诱导或单纯通风系统。在闭式循环系统中，经空调器处理的空气全部来自室内，而无室外新鲜空气。为满足人体健康需要必须使空气净化、再生，并不断补充氧气，故除某些特殊场合（如舰艇）之外，一般不采用闭式系统。再循环系统，为直流、闭式循环的综合形式，经空调器处理，送入室内的空气，一部分是来自室外的新鲜空气，另一部分是利用室内的回风。这两部分空气按一定比例混合。通常把前一部分空气称为新鲜空气，将后一部分空气称为再循环空气。这种空调系统既能满足卫生要求，又可减少空调装置冷、热能量消耗，经济性好。因此，该系统为目前空调中广泛采用的形式。

图 9-18 所示为采用一次回风的再循环空调系统，新风和回风在热、湿处理之前混合，空气经处理后，则送入空调房间。空调系统包括空气处理、输送和分配几个部分。空气处理全部在空调器内进行，有空气混合室 3、空气过滤器 4、空气冷却器 5、空气加热器 6、加湿器 7；空气输送部分设有风机 8、主送风管 13 和送风支管 15；空气分配部分设有房间空气分配器 17。外界新鲜空气和回风在风机作用下先进入空气混合室混合，再经过滤、降温、减湿或加热、加湿处理，然后由

风机把处理好的空气沿风管输送到各空调室空气分配器17。一般空气分配器内设有调风门，用以调节送风量。进入空调器的新鲜空气和回风的比例，可通过回风和新鲜空气进口的调风门21调节。

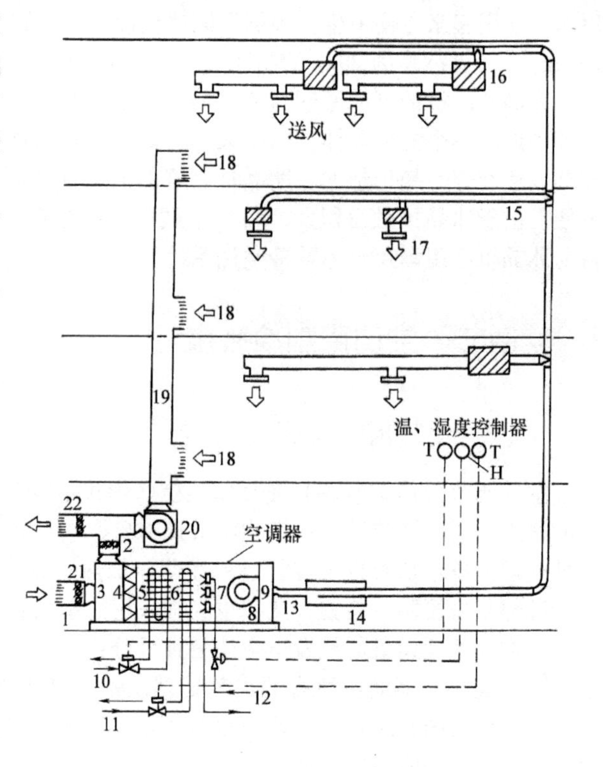

图9-18　再循环空调系统

1—新风进口　2—回风进口　3—空气混合室　4—空气过滤器　5—空气冷却器　6—空气加热器　7—加湿器　8—风机　9—空气分配室　10—冷却介质　11—加热介质进出　12—加湿介质进出　13—主送风管　14—消声器　15—送风支管　16—消声器　17—房间空气分配器　18—回风　19—回风管　20—循环风机　21—调风门　22—排风

在上述中央空调系统中，空气加热与冷却的冷、热量需由专门的设备供给。冷量的提供可以由各种类型的冷水机组提供。热量可由锅炉提供，也可以采用热泵机组，这样需要热量时，可以将机组切换到热泵工作状态即可。

在半集中式的中央空调系统中，往往采用风机盘管、诱导器等末端装置对于空调房间内的空气进行再处理。

2. 空气诱导器

诱导器是一个末端装置，它由静压箱、喷嘴、冷（热）盘管组成（图9-19）。经过集中处理的一次风首先进入诱导器的静压箱，然后以很高的速度自喷嘴喷出。由于喷出气流的引射作用，在诱导器内形成负压，室内回风（称为二次风）就被吸入，然后一次风与二次风混合构成了房间的送风。盘管可以加热空气也可以冷却空气。上面介绍的这种诱导器叫作冷热诱导器或称“空气-水”诱导器。在工程上还存在一种不带盘管的诱导器叫作简易诱导器，又称“全空气”诱导器。简易诱导器不能对二次风进行冷热处理，但可以减少送风温差，增加房间的换气次数，常常在轮船或客机等空间较小的地方使用，有时也可在简易诱导器内设置电加热装置，以适应室内负荷变化时的需要。

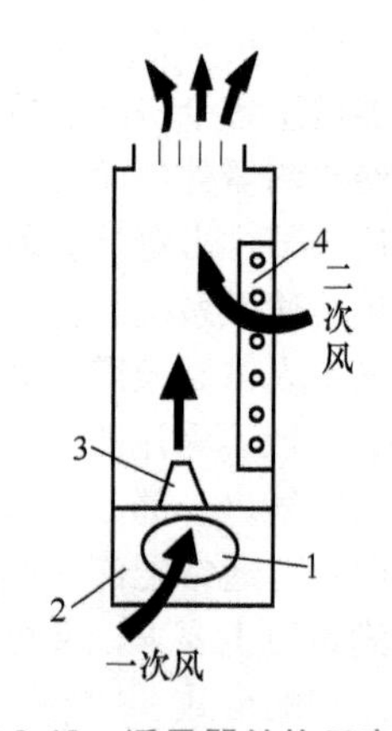

图9-19　诱导器结构示意图

1—一次风连接管　2—静压箱　3—喷嘴　4—冷（热）盘管

3. 风机盘管

风机盘管的构造如图9-20所示，主要由盘管（换热器）和风机组成。风机盘管中的电动机多为单向电容调速电动机，可以通过调节电动机输入电压使风量分为高、中、低三档，因而可以相应地调节风机盘管的供冷（热）量。

除风量调节外，风机盘管的供冷（热）量也可以通过水量调节阀自动调节。为此，在水管上安装电动三通阀（图9-21），由双位室温调节器控制，向风机盘管断续供水，使室温得以自动调节。此外，也有用冷却盘管的旁通风门来调节室温的风机盘管。

从结构看，风机盘管有立式、卧式和柜式等，也有兼有净化与消毒功能的风机盘管产品。风机盘管的形式仍在不断发展，近年来已有大冷量和高余压的风机盘管出现。

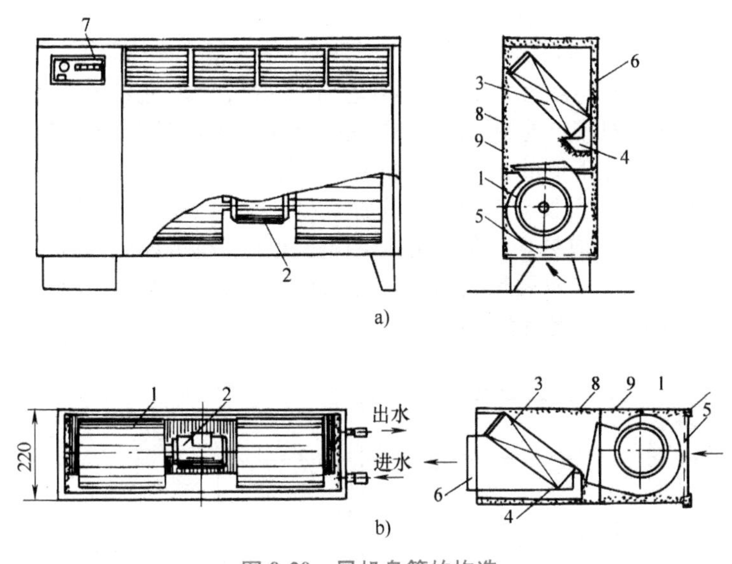

图 9-20 风机盘管的构造

a）立式 b）卧式

1—风机 2—电动机 3—盘管 4—凝水盘 5—循环风进口及过滤器 6—出风格栅 7—控制器 8—吸声材料 9—箱体

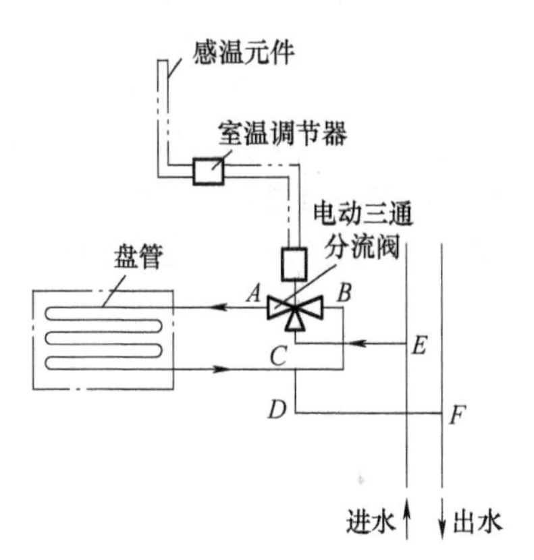

图 9-21 风机盘管系统的室温控制

供水时：*E-C-A-D-F*；

断水时：*E-C-B-D-F*

三、空调用冷水（热泵）机组

1. 空调用冷水（热泵）机组概述

在中央空调系统中，制冷机组产生的冷水送到各个房间，再通过空调房间内的风机盘管实现室内的降温。我国相当一部分地区属于夏季需制冷，而冬季需制热的范围。制热虽然可以通过电加热、锅炉供汽等方式，但在制冷与制热都需要的地区，采用热泵型冷热水机组比较合适。热泵型冷热水机组尽管有不同形式，但工作原理相同。通过在制冷系统中安装四通换向阀，在正常工作时产生冷水，而当需要制热时，将四通换向阀换向，制冷剂逆向流动，使原来制冷时的蒸发器变为制热时的冷凝器，而原来的冷凝器则作为蒸发器，这样来制取热水。

热泵机组可以采用安装两个容量不同的膨胀阀来满足制冷循环与制热循环的不同制冷剂流量的需求，也有的采用单一膨胀阀，在制热时串联一毛细管来达到流量控制。随着技术的发展，电子膨胀阀和双向热力膨胀阀开始使用。电子膨胀阀控制精度高，反应灵敏，运行工况稳定，目前已在大型热泵机组中应用，取代两只不同规格的热力膨胀阀，不仅流程简单，而且能充分发挥制冷及制热效能。

按热源可将热泵冷热水机组分为气源热泵与水源热泵。气源热泵在制热时是直接以外界空气为吸热源，在制冷时则直接向外界空气排热。水源热泵在制热时则以水作为吸热源，按作为热源的水不同，又可分为地下水热泵、地表水热泵、太阳能辅助热泵、废水源热泵等。

按压缩机类型分，热泵机组可分为往复活塞式、螺杆式、涡旋式、离心式。目前比较常用的压缩机为全封闭和半封闭往复式压缩机以及半封闭螺杆式压缩机，工质为 R22，国外也有采用 R134a 等新工质机型的。下面介绍几种典型的空调用机组。

2. 往复活塞式机组

往复活塞式机组具有结构紧凑、占地面积小、安装快、操作简单和管理方便等优点。对于需要装空调系统但已经落成的建筑物及负荷比较分散的建筑群，制冷量较小时，采用活塞式机组尤为方便。

图 9-22 为采用往复活塞式压缩机的风冷热泵冷热水机组流程图。制冷工况时，从压缩机 2 排出的制冷剂气体通过四通换向阀 3 进入空气侧换热器 1，冷凝液体通过右下侧的止回阀 5 进入贮液

器10，通过带换热器的气液分离器6得到过冷。然后再经截止阀9、干燥过滤器8、电磁阀12、视液镜11进入热力膨胀阀7。节流后的低压气液混合物经左上侧的止回阀5进入板式换热器4，吸热蒸发后的制冷剂蒸气经四通换向阀3进入带换热器的气液分离器6返回压缩机，如此连续不断地制取冷水。制热时，四通换向阀换向，经压缩机排出的制冷剂气体首先进入板式换热器4，放出冷凝热，并加热水，供空调系统使用。冷凝液经左下侧的止回阀5进入贮液器10。经气液分离器过冷后节流由右上侧的止回阀进入空气侧换热器，吸收空气中的热量而蒸发，再经四通换向阀，气液分离器返回压缩机，即可向空调系统不断地供应热水。冬季制热工况下机组运行一段时间后，空气侧换热器的翅片管表面会结霜，影响传热，以致制热量减少。此时机组会自动转换成制冷工况进行除霜，经短时融霜后，机组又转换成制热工况运行。

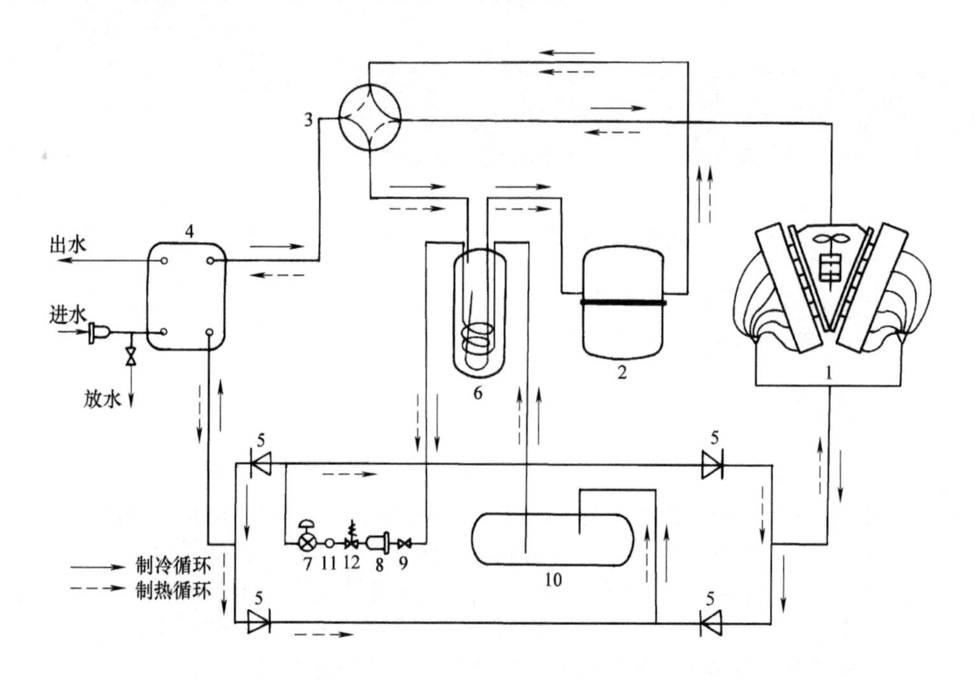

图9-22　用全封闭往复式压缩机的风冷热泵冷热水机组流程图

1—空气侧换热器　2—压缩机　3—四通换向阀　4—板式换热器　5—止回阀　6—气液分离器　7—热力膨胀阀　8—干燥过滤器　9—截止阀　10—贮液器　11—视液镜　12—电磁阀

3. 螺杆式机组

螺杆式机组由螺杆式制冷压缩机、冷凝器、蒸发器、热力膨胀阀以及其他控制元件、仪表等组成。其主要特点为：

1）占地少，基础简单，基建造价低。整个机组结构紧凑，体积小，重量轻，可减少机房的占地面积。由于螺杆制冷机振动很小，对基础的要求较低。

2）安装调试方便，维修费用低。

3）运行费用低。就单位功率制冷量而论，满负荷时螺杆式的运行费用略低于活塞式的，但由于螺杆式压缩机调节性能大大优于活塞式，且在50%~100%负荷运行时，其功率消耗几乎正比于冷负荷，使得在大多数实际运行工况下，其运行费用低于往复式。

4）螺杆式压缩机排气温度低，冷凝器结垢少，有利于保持较高的传热效率。

螺杆制冷压缩机的润滑方式与活塞式压缩机不同，润滑油系统的具体结构也不同。在排出的制冷剂气体中含有大量的油（一般喷油量为排气量的2%左右），润滑油如果进入系统，会带来不好影响，所以在螺杆式冷水机组中设有分油效率较高的两级油分离器以分离润滑油。螺杆机组设有供油泵，将贮油器中的润滑油送到压缩机内的轴承处，使之润滑，并使能量调节机构的滑阀动作，具体流程为：贮油器—油粗过滤器—油泵—油冷却器—油精过滤器—压缩机—油分离器—贮油器，完成一个循环。

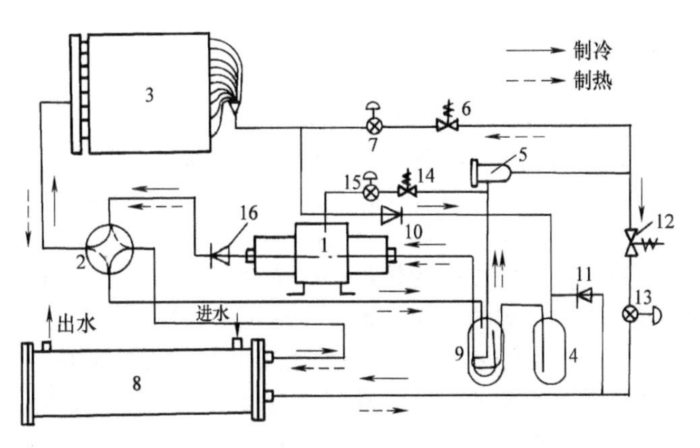

图 9-23　用螺杆压缩机的风冷热泵冷热水机组的典型流程

1—双螺杆压缩机　2—四通换向阀　3—空气侧翅片管换热器　4—贮液器　5—干燥过滤器　6、12、14—电磁阀　7—制热膨胀阀　8—水侧壳管式换热器　9—气液分离器　10、11、16—止回阀　13—制冷膨胀阀　15—喷液膨胀阀

图 9-23 为一用螺杆压缩机的风冷热泵冷热水机组的典型流程。该系统采用半封闭螺杆压缩机。阳转子为 5 齿，阴转子为 6 齿，齿间润滑采用压差式供油。在制冷工况时，电磁阀 12 开启，电磁阀 6 关闭，从螺杆压缩机排出的高温高压气体经止回阀 16、四通换向阀 2，进入空气侧翅片管换热器 3，冷凝后的制冷剂液体经止回阀 10 进入贮液器 4，经气液分离器 9 中的换热器得到过冷。过冷液体分两路，一路经电磁阀 14、喷液膨胀阀 15 降温降压后喷入螺杆压缩机压缩腔内进行冷却，另一路经干燥过滤器 5、电磁阀 12 和制冷膨胀阀 13 进入水侧壳管式换热器 8，在额定工况下，将冷水从 12℃ 冷却至 7℃，同时制冷剂液体吸热蒸发成气体，并经四通换向阀 2、气液分离器 9，进入压缩机。制热工况时，四通换向阀 2 换向，电磁阀 12 关闭，电磁阀 6 开启，从螺杆压缩机排出的高温高压气体直接进入水侧壳管式换热器 8，将热水从 40℃ 加热到 45℃，送入空调系统。在换热器中冷凝后的液体，经止回阀 11、贮液器 4，经气液分离器 9 得到过冷后，再经干燥过滤器 5、电磁阀 6 和制热膨胀阀 7 进入空气侧翅片管换热器 3。蒸发后的制冷剂，经四通换向阀 2、气液分离器 9，回到压缩机。

4. 离心式机组

离心式机组将离心式压缩机、蒸发器和冷凝器等设备组成一个整体。图 9-24 是单级离心式冷水机组的示意图。电动机通过增速器 8 带动压缩机 9 的叶轮。机组运行时，压缩机通过抽气管 2 从蒸发器 6 中抽吸制冷剂蒸气，经压缩机压缩后的高压蒸气送入冷凝器 1 中，被冷却水冷凝。冷凝后的制冷剂液体再经高压浮球阀 11 节流后送入蒸发器 6，吸收冷水的热量，使冷水得到冷却。

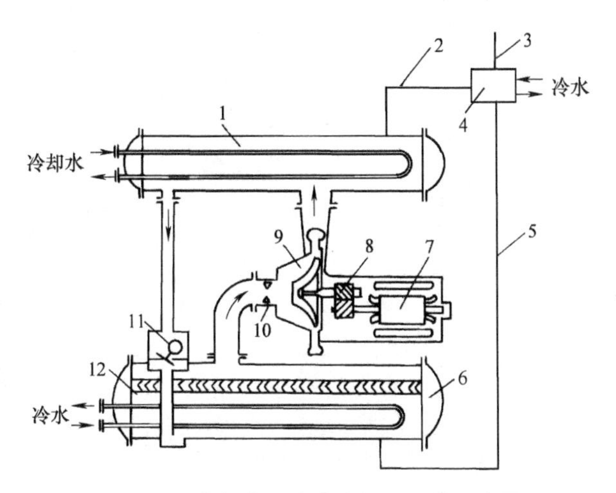

图 9-24　单级离心式冷水机组系统示意图

1—冷凝器　2—抽气管　3—放空气管　4—制冷剂回收装置　5—制冷剂回收管　6—蒸发器　7—电动机　8—增速器　9—压缩机　10—进口导叶　11—高压浮球阀　12—挡液板

由于离心式压缩机的结构及工作特性，它的制冷量一般不小于 350kW，因此决定了离心式冷水机组适用于较大的制冷量。此外，离心式冷水机组的工况范围比较狭窄。在单级离心式制冷机中，冷凝压力不宜过高，蒸发压力不宜过低。其冷凝温度一般控制在 40℃ 左右，冷凝器进水温度一般在 32℃左右；蒸发温度一般在 0～5℃之间，蒸发器出口冷冻水温度一般在 5～7℃左右。

空调用离心式冷水机组采用的制冷剂，以前用 R11 和 R12，目前大多采用 R123、

R134a，亦有采用R22以及R717等。

5. 燃气发动机热泵

图9-25所示为内燃机热泵装置系统图。内燃机2驱动压缩机1运转。制冷剂蒸气经冷凝器4放热，经膨胀阀5进入蒸发器6，回收排风中的热量。采暖用水经冷凝器4和排气回热器3加热，供给散热器采暖。机房中的热空气通过用风门控制的管路送往蒸发器，并融化上面的积霜，实现融霜的目的。为了实现建筑物的采暖，在外界气温为-15℃时，供热量为20kW，只用热泵采暖，无辅助锅炉。该装置可用普通轻油、天然气和液化气作为燃料，亦可用外界空气、水或土壤作为低温热源。对于空气-水热泵，在外界气温为-15℃时，内燃机转速为3000r/min，随着外界空气温度升高，内燃机转速降低，直到1200r/min，空气-水热泵是靠内燃机转速的变化来实现节能目的。

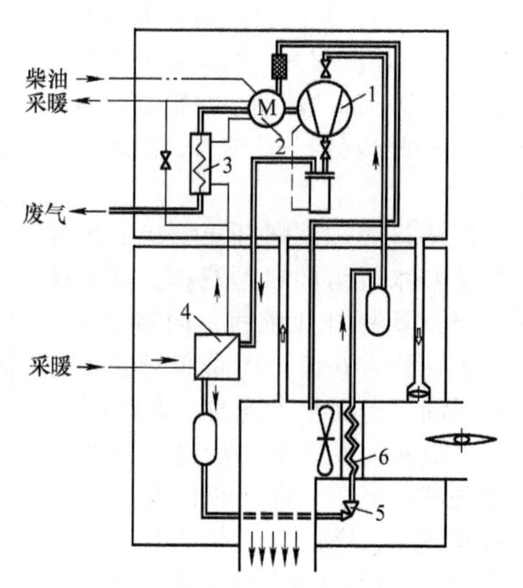

图9-25　内燃机热泵装置系统图

1—压缩机　2—内燃机　3—排气回热器　4—冷凝器　5—膨胀阀　6—蒸发器

图9-26示出的燃气发动机热泵（冷水）机组是由燃气发动机驱动的蒸气压缩式冷水机组和以发动机余热为热源的余热型溴化锂吸收式冷水机组两者组成的制取空调用冷热水的热泵（冷水）机组。该机组的输入能源是天然气，通过燃气发动机转换成机械能驱动开启式螺杆压缩机，其工作原理与前述的压缩机冷水机组相同。另外，燃气发动机的缸套水的热量和烟气的热量，也通过余热型溴化锂吸收式冷水机组来制取冷水，从而使机组的COP大大提高。

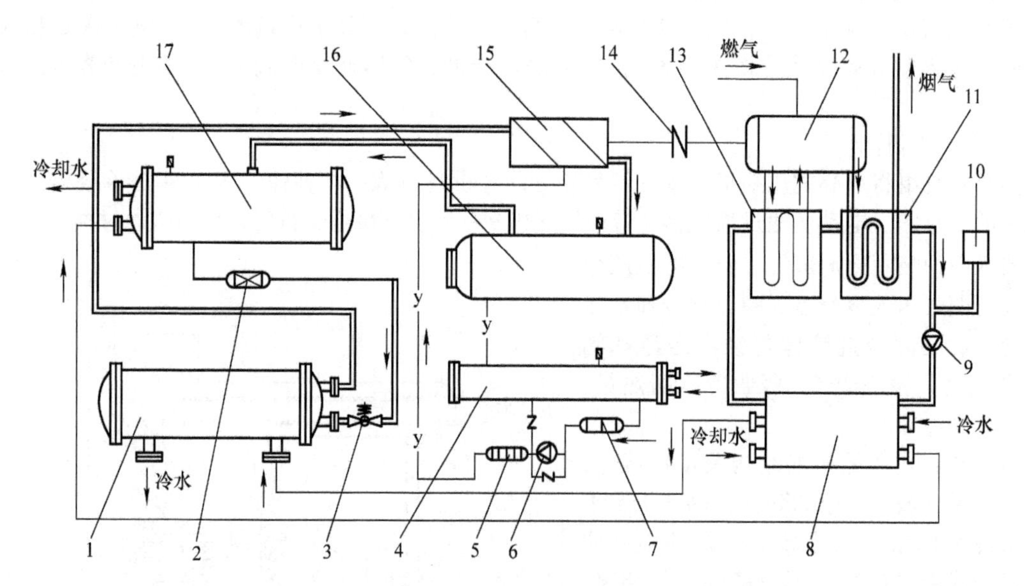

图9-26　燃气发动机热泵（冷水）机组系统图

1—蒸发器　2—干燥过滤器　3—膨胀阀　4—油冷却器　5—精过滤器　6—油泵　7—粗过滤器　8—热水型溴化锂吸收式冷水机组　9—水泵　10—膨胀水箱　11—烟气换热器　12—燃气发动机　13—热水换热器　14—联轴器　15—开启式螺杆压缩机　16—油分离器　17—冷凝器

以上两部分采用串联结构。冷水先通过热水型溴化锂吸收式冷水机组8降温，然后再通过蒸气压缩式的蒸发器1降温。冷却水也同样先进入溴化锂机组冷凝器和吸收器，再进入蒸气压缩式系统的冷凝器17。开启式螺杆压缩机15是靠燃气发动机12通过联轴器14驱动。开启式螺杆压缩机的润滑油先排至油分离器16后进入油冷却器4，冷却后先后通过油粗过滤器7和精过滤器5，返回压缩机。制冷剂流动与一般压缩式相同。余热利用部分主要由缸套热水换热器13、烟气换热器11、余热热水型溴化锂吸收式冷水机组8组成。

燃气发动机热泵机组的特点：

1）燃气发动机热泵可利用地下水、排气或空气等各种低温热源以及燃气发动机的400~550℃的排气和80~90℃的缸套冷却水等高温热源，提供各种温度和品质的热水、蒸汽和各种热媒体，供空调、采暖以及供热水和流程使用。

2）可保持设定温度，且部分负荷性能好。燃气发动机热泵本身可采用发动机可变速的特点进行能量调节，提供高度舒适的环境。

3）受外界空气温度影响小，能快速提供采暖热量。电动机驱动热泵在以外界空气作为低温热源时，随着外界空气温度下降，其能量和性能系数均下降。燃气发动机的采暖能量中，由发动机排热部分的供给热量不变，在总体上受外界空气温度变化的影响就小。

4）一次能源利用系数高，发动机排气等余热均可充分利用。

5）因为由燃气发动机驱动，可以显著减少夏季的用电峰值。

6. 水源热泵

水源热泵（water source heat pump）是以水为热源的可进行制冷/制热循环的一种热泵装置，它在制热时以水为热源而在制冷时以水为排热源。以水作为热泵热源的优点：水的质量热容大，传热性能好，换热器的相对尺寸比空气热泵小，热泵性能受外界空气情况变化影响小，也不存在蒸发器表面上结霜的问题。但用水作为热源时，水系统比较复杂，又需要消耗水泵功率。

水源热泵的工作原理与一般空气-空气热泵相同。制冷工况时，利用制冷剂蒸发将空调空间中的热量取出，放热给封闭环流中的水。制热工况时，利用制冷剂蒸发吸收封闭环流中水的热量，而在冷凝器中放给空调空间，图9-27所示为水源热泵空调机在制冷和制热时的工作情况。

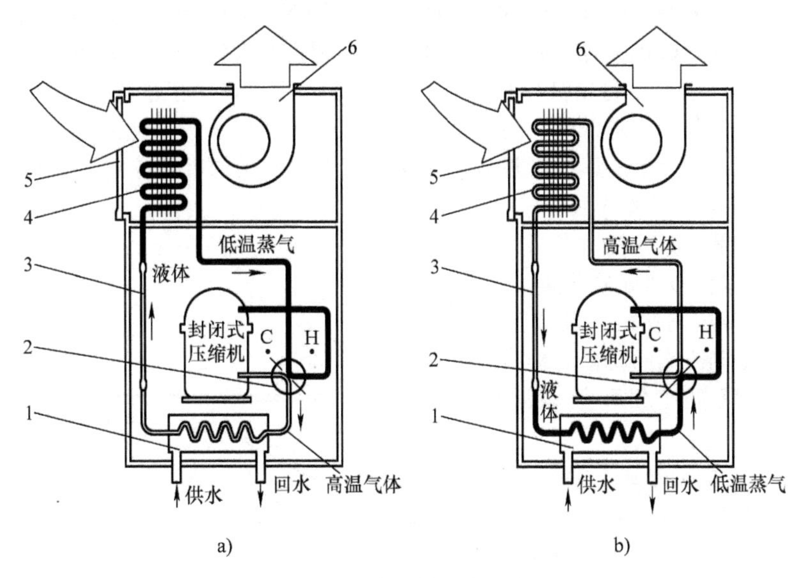

图9-27　水源热泵空调机

a）制冷工况（四通阀切换到C）　b）制热工况（四通阀切换到H）

1—制冷剂-水换热器　2—四通阀　3—毛细管　4—制冷剂-空气换热器　5—过滤器　6—风机

水源热泵空调机系统是由许多并联式水源热泵空调机组加双管封闭式环流管路组成，如图9-28所示。

水源热泵空调机在制冷时使用冷却装置，在制热时使用加热设备。水源热泵空调系统在不同季节可按照不同的工况运行。夏季运行时，所有房间都需要制冷，由于水源热泵空调机排给循环水的热量必须由冷却塔或冷却水池散出，使水环路的水温保持在32℃以下；冬季运行时，建筑物的所有房间都需要供暖，这时分散安装于各房间的水源热泵空调机从循环水中吸收热量，而这些热量都必须用加热装置（热水锅炉或其他热源）补给；春秋季运行时，水源热泵空调机有部分制冷，部分制热，水循环系统接近于热平衡，无需开启加热设备或冷却设备，在系统中的水温保持在13~32℃之间。此外，在冬季周边房间需要空调机制热，而建筑物内区由于灯光、人体和设备的散热量，使这些房间全年需要空调机制冷，此时可以利用内区房间放出的热量加给循环水，而由循环水加给周边房间，其不足部分可开动水系统中的加热设备加以补充。

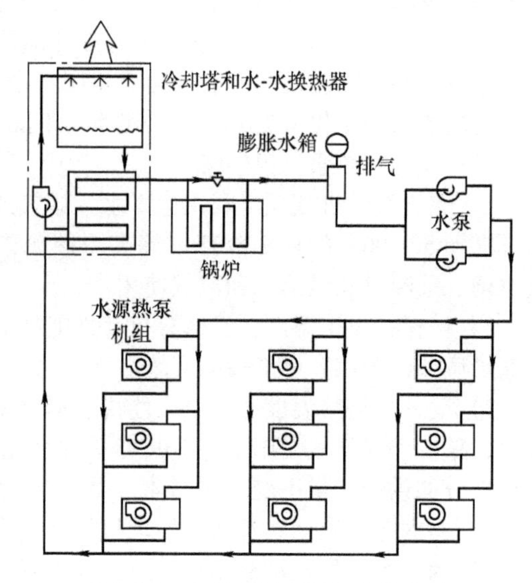

图 9-28 水源热泵空调系统的组成

这种水源热泵系统亦是一种热回收系统，对于有多余热量或较大面积的中间区域的建筑物，可以回收这部分热量，减少了冷却塔和加热设备的运行时间，可提高系统运行的经济性，达到节能的目的。

7. 多联式空调（热泵）机组

多联式空调机泛指“一拖多”的多联机，即一台室外机通过配管连接两台或两台以上的室内机，目前一台室外机可配16台室内机，每台室内机都是独立控制运行。室内外机之间的配管内流动的是制冷剂，而传统的中央空调的风或水系统内流动的是空气或水，由于室内机是并联系统，进行独立调节时总管内的制冷剂是变化的，因而又称为VRV（variable refrigerant volume），意即变制冷剂流量系统。这种多联机的容量是介于普通家用空调机和大型中央空调系统之间，特别适合于中小型建筑空调设计应用。它以其模块式的结构形式灵活组合，容量范围较宽。它集一拖多、智能控制、网络控制等高新技术，能满足舒适性和方便性等要求。为了达到节能目的，实现压缩机和制冷系统内变制冷剂流量的运行，基本原理在于制冷剂流量的有效控制。图9-29为多联式空调（热泵）机组，即VRV系统简图。

目前实现变制冷剂流量的技术有两类：

1）采用变频技术调节压缩机转速。

2）采用数字脉冲控制技术，调节压缩机在单位时间内输出制冷剂的质量流量。

以上两类即多联机变频和数码涡旋技术。

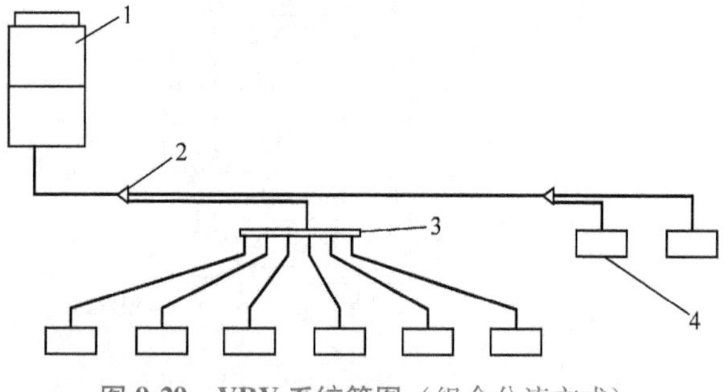

图 9-29 VRV系统简图（组合分流方式）

1—VRV系统室外机 2—接头 3—端管 4—室内机

近年来多联机从控制方式上沿着定频—交流变频—直流变频（速）的方向发展，而数码涡旋技术的核心是数码涡旋压缩机。变频变容量技术是单管路一拖多空调热泵系统的室外主机调节输出能力方式：

1）通过改变投入工作的压缩机数量来调节主机的容量，进行主机容量的粗调节。

2）通过变频装置改变变频压缩机输入频率来改变压缩机转速，进行主机容量的细调节，这样配合可以使室外主机输出能力进行连续性调节。

数码涡旋压缩机是利用轴向“柔性”技术，它的控制循环周期为负载期和卸载期。负载期压缩机正常工作，输出100%容量，卸载期由于压缩机的柔性设计，并通过电磁阀控制，通电时，供排气与吸气旁通，然后靠上下压差使两个涡旋盘在轴向有一个微量分离，不再有制冷剂排到管路，即压缩机输出为0，数码涡旋压缩机的一个“工作周期时间”包括“负载状态”时间和“卸载状态”时间，通过数码控制改变这两个时间的不同组合，就可调节压缩机的输出容量在10%~100%的范围内变化。数码涡旋压缩机由于卸载期无制冷剂排出，也就不存在回油的问题，而在负载时压缩机是满负荷运行，这时气流的速度足以令润滑油较流畅地返回压缩机，而变频VRV系统在低频时，制冷剂流量小故流速较低，回油困难，制冷系统一般设计有油分离器和回油系统。

四、蓄冷空调系统

蓄冷空调系统是利用制冷设备在夜间不需要冷量时，将蓄冷介质中的热量排出进行蓄冷，然后将蓄冷量用在空调或工艺用冷高峰期。蓄冷介质可以是水、冰或共晶盐。因此，蓄冷系统的特点是转移制冷设备的运行时间。这样，一方面可以利用夜间低谷用电，另一方面也减少了白天的峰值电负荷，达到电力“移峰填谷”的目的。目前电力部门公布的用电政策和峰谷分时电价政策，目的是以经济手段来推动电力调峰的实现。

（一）蓄冷系统的分类

按蓄冷介质的不同，大致可以分为水蓄冷系统、冰蓄冷系统及共晶盐蓄冷系统。

1. 水蓄冷系统

水蓄冷系统是以空调用的冷水机组作为制冷设备，以保温槽作为蓄冷设备。空调主机在用电低谷时间将水温降至5~7℃并蓄存起来，空气调节时将蓄存的冷水抽出使用。水蓄冷是利用水的温差进行蓄冷，由于其温度较高，可直接与常规空调系统匹配，但这种系统只能贮存水的显热，而一般说来显热值远小于潜热值，因此需要较大的蓄水槽。如蓄冷温差在6~11℃，水蓄冷容量约为5.9~11.3kW·h/m^3。

2. 冰蓄冷系统

冰蓄冷系统是利用冰的熔化热（335kJ/kg）。蓄冰槽的体积取决于槽中冰水的百分比，一般蓄冰槽的体积为0.02~0.025m^3/(kW·h)。冰蓄冷的蓄存温度为水的凝固点0℃，为了使水冻结，制冷机应提供-3~-7℃的温度，它低于常规空调制冷设备所提供的温度。当然，蓄冰装置可以提供较低的空调供水温度，有利于提高空调供回水温差，以减小配管尺寸和水泵电耗。此外，蓄冰空调系统也可以采用低温送风，以降低空调系统造价。常用的冰蓄冷系统有：冰盘管式蓄冰装置、冰球密封件式蓄冰装置、片冰滑落式蓄冰装置和冰晶式蓄冰装置。

（1）冰盘管式蓄冰装置　冰盘管式蓄冰装置是由沉浸在水槽中的盘管构成换热表面的一种蓄冰设备。在蓄冷过程，载冷剂（一般是质量分数为25%的乙二醇水溶液）或制冷剂直接在盘管内循环，吸收水槽中水的热量，在盘管外表面结冰。取冷过程则有内融冰和外融冰两种方式。

外融冰方式是指空调设备的回水直接进入蓄冰槽，使盘管表面的冰层自外向内逐渐融化，称为外融冰方式。为了使融冰系统能达到快速融冰放冷，蓄冷槽内水的空间应占一半，即蓄冰槽的含冰率（IPF）不大于50%。

内融冰方式为来自用户或二次换热设备的载冷剂仍在盘管内循环，通过盘管表面将热量传递给冰层，使盘管外表面的冰层自内向外逐渐融化制冷，故称为内融冰方式。冰层自内向外融化时，由于在盘管表面与冰层之间形成冰水层，其热导率下降，影响取冷速率。因此，目前大多采用细管薄冰层蓄冰。

常用的冰盘式蓄冰装置有蛇形盘管、圆形盘管和U形盘管。

图9-30a所示为圆形盘管蓄冰桶的结构示意图。图9-30b所示为蓄冰桶蓄冷系统图。

（2）冰球密封件式蓄冰装置　该装置是将装有水或有机盐溶液的塑料球放入蓄冰槽中，利用制冷机的载冷剂通过装满冰球的容器，使冰球内的溶液结冰，结冰所需的时间决定于溶液的温度、

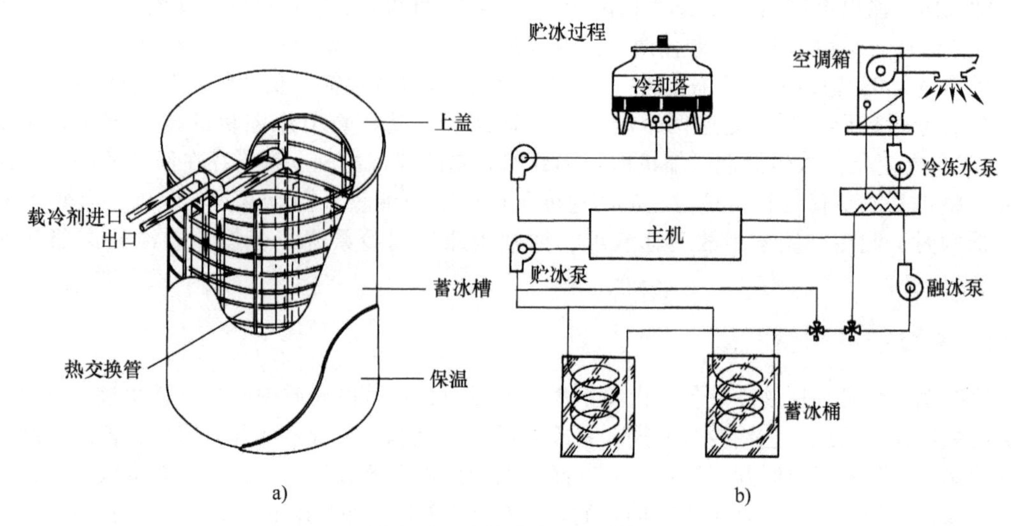

图 9-30 盘管式蓄冰系统图

a）蓄冰桶结构示意图 b）蓄冰桶蓄冷系统图

流量以及冰球的数量和冰球在容器内的分布状况。由于冰球并非完全充满容器，冰球在容器内的分布状况亦不断变化，因此冰球蓄冰系统的蓄冰时间难以精确计算。但是需注意冰球要密集堆放，防止载冷剂从自由水面或无球空间旁通流过。冰球的大小和形状随不同厂家而异，一般近似于球形，直径大约在 60~120mm。

对于小型空调系统，可以直接将载冷剂供给空气处理设备。较大型的空调系统宜设置热交换器，将空调系统循环的冷水与载冷剂分隔开，既可减少载冷剂用量，亦可降低冰球所受的压力。图 9-31 所示为冰球式蓄冷系统的示意图。

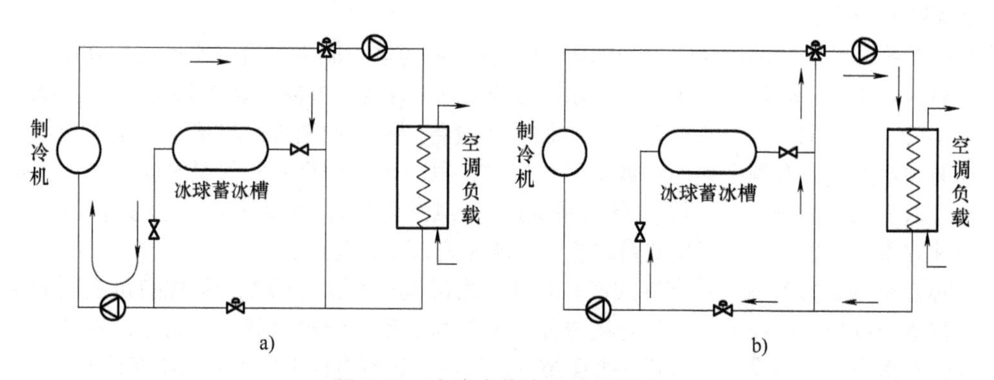

图 9-31 冰球式蓄冷系统示意图

a）制冰循环 b）融冰循环

（3）片冰滑落式蓄冰装置 上述两种蓄冰装置其蓄冰层或冰球系一次冻结完成，故称静态蓄冰。蓄冰时，冰层冻结得越厚，制冷机的蒸发温度越低，制冷系数也越低。片冰滑落式蓄冰装置是在制冷机的板式蒸发器表面上不断冻结薄片冰。当冰层厚度达 3~6mm 时，通过制冷系统中四通换向阀，将高温制冷剂气体通入蒸发器，使与蒸发器表面接触的冰融化，则片冰靠自重滑落至蓄冰水槽内，进行蓄冰，如此反复进行“取冰”与“蓄冰”过程，此种方法又称为动态制冰。取冰过程中，制冷机亦可同时运行，这样可以延缓融冰过程。蓄冰水槽的含冰率为 40%~50%。

（4）冰晶式蓄冰装置 冰晶式蓄冰装置也属于动态制冰，它是通过冰晶制冷和将低含量的乙二醇水溶液冷却至低于0℃，然后，将此状态的过冷水溶液送入蓄冰水槽，溶液中即可分解出 0℃的冰晶。如果过冷温度为−2℃，即可产生 2.5%的直径约 100μm 的冰晶。由于单颗粒冰晶十分细小，冰晶在蓄冰水槽中十分均匀，水槽含冰率约为50%。结晶化的溶液可用泵直接输送。

3. 共晶盐蓄冷系统

为了提高蓄冰温度，减少蓄冷装置的体积，可以采用除冰以外的其他相变材料。目前常用的相变材料为共晶盐，即是由水、无机盐及添加剂配调而成的混合物，相变温度为5~8.5℃。共晶盐蓄冷系统的基本组成与水蓄冷相同，采用常规空调用冷水机组作为制冷设备，但是蓄冷槽内用共晶盐作为蓄冷介质，利用封闭在塑料容器内的共晶盐相变潜热进行蓄冷。

（二）全部蓄冷设计模式和部分蓄冷设计模式

根据蓄冷设备承担的建筑物冷负荷方式，蓄冷系统分为全部蓄冷设计模式和部分蓄冷设计模式。图9-32所示为蓄冷设计模式负荷图。

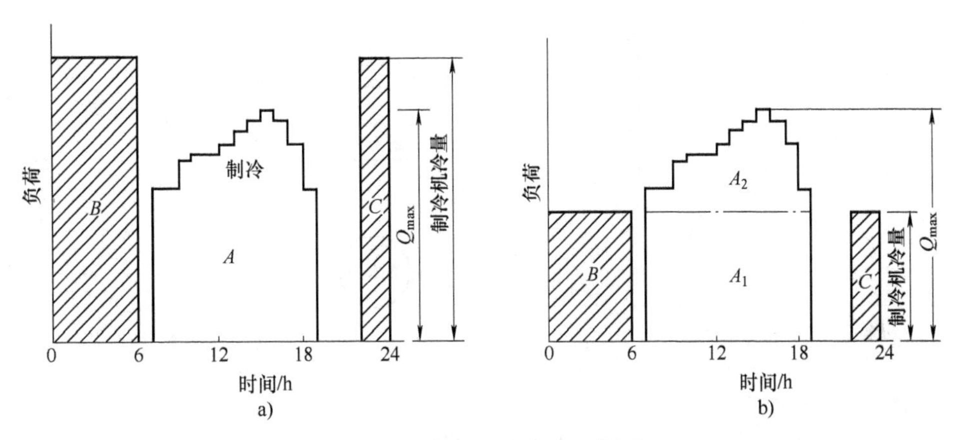

图9-32　蓄冷设计模式负荷图

a）全部蓄冷模式　b）部分蓄冷模式

除某些工业空调系统以外，一般建筑用空调均非全日空调，通常空调系统每天只需运行10~14h，而且几乎均在非满负荷下工作。图9-32a中的A部分为某建筑典型设计日空调冷负荷图。如果不采用蓄冷，制冷机组的制冷量应满足瞬时最大负荷的需要，即Q_{max}为应选制冷机组的容量。全部蓄冷模式其蓄冷时间与空调时间完全错开，在夜间非用电高峰期，起动制冷机进行蓄冷，当所蓄冷量达到空调所需全部冷量时，制冷机停机。此时蓄冷量$B+C$等于A。这样全部蓄冷模式的蓄冷系统需设置较大的制冷机和蓄冷装置，故一般不宜采用。

部分蓄冷设计模式是指在非用电高峰时制冷设备运行，蓄存部分冷量，白天空调期间一部分空调负荷由蓄冷设备承担，另一部分则由制冷机承担，制冷机可连续运转。一般情况下，部分蓄冷比全负荷蓄冷时制冷机利用率高，蓄冷设备容量小。图9-32b为部分蓄冷模式，图中面积$B+C$等于A_2，为蓄冷量，而全天所需的冷量为A_1+A_2等于A。部分蓄冷模式的蓄冷系统可以按典型设计日制冷机为24h工作设计，这样制冷机容量最小，蓄冷系统比较经济合理，一般情况下，空调运行时制冷机的制冷量大于蓄冷运行时制冷量，是目前比较广泛采用的方法。

（三）冰蓄冷系统

冰蓄冷系统的制冷机和蓄冰设备所组成的整套装置可以有各种系统形式，通常可分为并联系统和串联系统。

1. 并联系统

整个系统由两部分组成，一部分为空调用冷水系统，另一部分为乙二醇水溶液系统，可进行蓄冷和供冷。根据制冷机与蓄冷槽之间的相互关系可分为并联系统和串联系统。图9-33所示为一种形式的冰蓄冷并联系统图，该系统尚可适用于夜间蓄冰的同时，又必须由同一台制冷机提供少量基载负荷的系统，此时停泵P_2，开启泵P_3，调节阀V_5、阀V_6即可满足要求。

2. 串联系统

图9-34所示为冰蓄冷串联系统图，由乙二醇水溶液制冷机组、蓄冰槽、板式换热器以及泵、阀门等组成。对于串联系统来说，制冷机组一般位于蓄冰槽上游。此时，制冷机组出水温度高，蓄冰槽进出水温度较低，因此制冷机效率高，而融冰温差小，取冰效率低。图示为制冷机主机上游布置。蓄冰时，阀 V_1、V_2 关闭，阀 V_3、V_4 开。与并联系统一样，除蓄冰工况以外，也可以制冷机组单独供冷、蓄冰槽单独供冷或制冷机组与蓄冰槽联合供冷。制冷机组单独供冷时，开阀 V_1、V_2，关阀 V_3、V_4。其他两种供冷模式时，开阀 V_1，关阀 V_4，调节 V_2、V_3 即可。

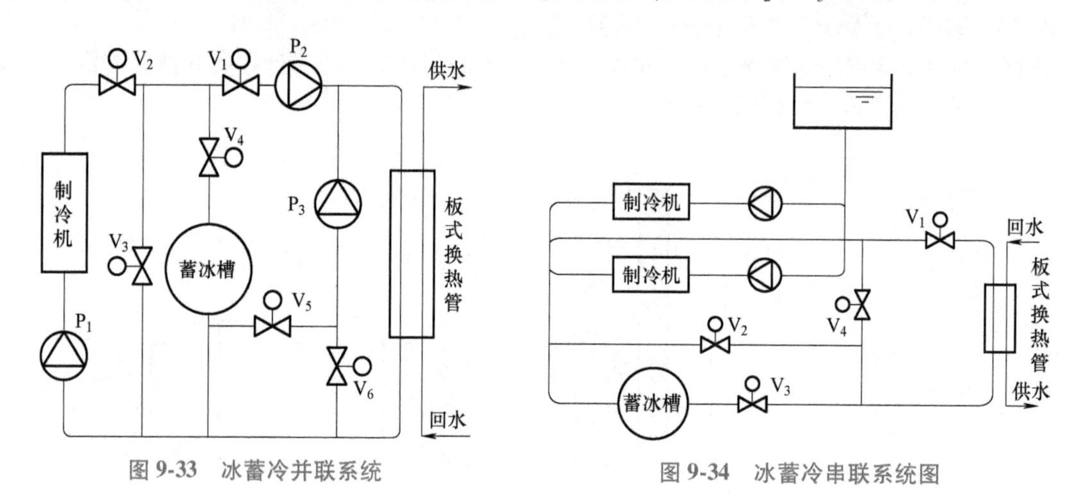

图9-33 冰蓄冷并联系统

图9-34 冰蓄冷串联系统图

(四) 蓄冷系统的控制

部分蓄冷模式系统的控制，除了保证蓄冷工况与供冷工况之间的转换操作以及空调供水或回水温度控制之外，主要应解决制冷机组和蓄冰装置之间的供冷负荷分配问题。常用的控制策略有三种，即制冷机优先、蓄冰槽优先和优化控制。

1. 制冷机优先

制冷机优先就是尽量使制冷机满负荷供冷。只有当空调冷负荷超过制冷机的供冷能力时，方启用蓄冰槽。这种控制策略简单可靠，但蓄冰槽使用率低，不能有效地削减峰值用电。

2. 蓄冰槽优先

蓄冰槽优先就是尽量发挥蓄冰槽的供冷能力，只有在蓄冰槽不能完全负担时，才起动制冷机。这种控制策略既要保证弥补最大负荷时制冷机供冷能力的不足，又要最大限度地利用蓄冰槽，因此需要对空调供冷负荷进行预测，才能制定控制方案。

3. 优化控制

优化控制就是根据分时电价政策，最大限度地发挥蓄冰槽作用，使运行电费最少。根据分析计算，采用优化控制比采用制冷机优先控制，可以节省运行电费25%以上。但进行优化控制，必须配置较完善的参数检测与控制系统。

五、小型空调（热泵）机组

小型空调（热泵）机组是指不需要带风道的空气调节器，包括房间空气调节器、商用单元式空调机组、屋顶式空调机组等。相对于中央空调用的冷热水机组，它的制冷与制热能力小得多。

房间空气调节器采用空气冷却冷凝器、全封闭型电动压缩机，制冷量在14kW以下，电源为220V、50Hz。按结构形式分为整体式与分体式，其中整体式中又包括窗式、穿墙式、移动式等，分体式中按室内机分类为吊顶式、挂壁式、落地式、嵌入式等。商用单元式空调机组的制冷与制热量为7~100kW，电源为380V、50Hz，采用分体式结构，常见的有立柜式、天花板嵌入式、天花板悬吊式与屋顶式热泵空调机组。分体式空调器的室外机大都做成挂壁式，这样整个空调器可以在不同建筑与层面上使用。通过室外机中风机的抽吸作用，使外界空气流过冷凝器，使制冷剂得到冷凝，同时空气流动也使压缩机表面的温度降低。对于制冷量较小的分体挂壁式空调器，一般只有一个风机安装在室外机的外侧，抽吸空气，但对于制冷量较大的空调器，室外机中采用两个风机，也有的较大的分体式空调器，室外机采用落地式安装，风机位于室外机的上侧，空气从四周抽入向上送出。屋顶式空调机组为自动控制的整体组装式机组，组装在一个箱体内，只需通过风管将处理好的冷（暖）空气输送到所需房间内，机组的回风口和送风口都有连接凸缘，可以方便机组与风管连接。该空调系统室内只有风管，无室内机和风机、换热器等，因此室内环境不存在机械噪声，使人感到安静和舒适。屋顶式空调机组可以在屋顶、墙边及窗外任何位置安装。

小型空调机近年发展特别快，形式变化也很多，在控制方式上已不完全用开停这种双位控制方式，变频空调器也已批量生产。对于分体机，已不仅是一个室外机对一个室内机，现在已有一个室外机带多个室内机的空调器。

下面以最常见的几种房间空调器为例来说明小型空调（热泵）机组的结构与工作过程。

1. 窗式空调器

窗式空调器是一种小型整体式的空气调节器，制冷量一般在 1600～4000W 之间，在市场上最常见的窗式空调器制冷量在 2000W 左右。窗式空调器过去一般安装在窗台上。对于采用整体式结构的窗式空调器，压缩机等部件的振动会引起整个空调器的振动，并传入室内增加噪声，而且安装在窗户上并不利于固定机器，容易引起窗户的振动，从而增加噪声，所以现在许多居室中安装窗式空调器时在墙上专门打出一个空位来安装，这对于降低振动与噪声有明显效果。

热泵型窗式空调器工作系统图如图 9-35 所示。制冷系统由全封闭压缩机、冷凝器、蒸发器、干燥过滤器等组成。机器的通风循环，分室内和室外两部分，室内的空气经过滤尘网至蒸发器进行热交换后，由离心风机排出，达到降温除湿的目的。室外的空气由轴流风扇从机壳两旁的百叶窗吸入，然后吹向冷凝器进行热交换后排至室外。当冬季进行制热循环时，室内的换热器作为冷凝器，而室外的换热器作为蒸发器。

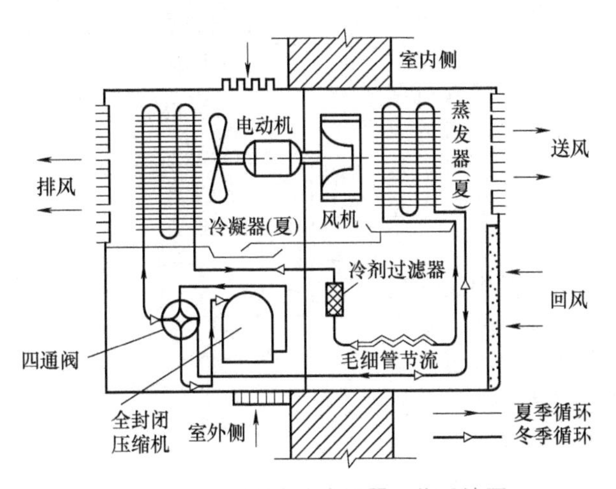

图 9-35 热泵型窗式空调器工作系统图

热泵型窗式空调器的制冷循环与热泵循环是靠电磁阀来改变制冷剂的流向，如图 9-36 所示。当电磁阀不通电时，如图 9-36a 所示，电磁阀芯在最低位置，换向阀右端的空腔通过电磁阀下部与压缩机的吸气管连通，而其左端空腔的通路被堵住，于是左侧压力高而右侧压力低，滑块被推到右方。此时压缩机排气进入室外换热器，而室内换热器经四通阀上边的通道与压缩机吸气管连通，因而机组按制冷循环工作。当电磁阀通电时，如图 9-36b 所示，电磁阀芯在最高位置，换向阀左端的空腔与吸气管连通，滑块被推到左方，此时压缩机的排气进入室内换热器，而室外换热器与吸气管连通，机组按热泵循环工作。用于冬季采暖的热泵型空调器比电热型经济。在通常条件下，当向室内供给同样的热量时，其耗电量只有电热空调器的25%~50%。

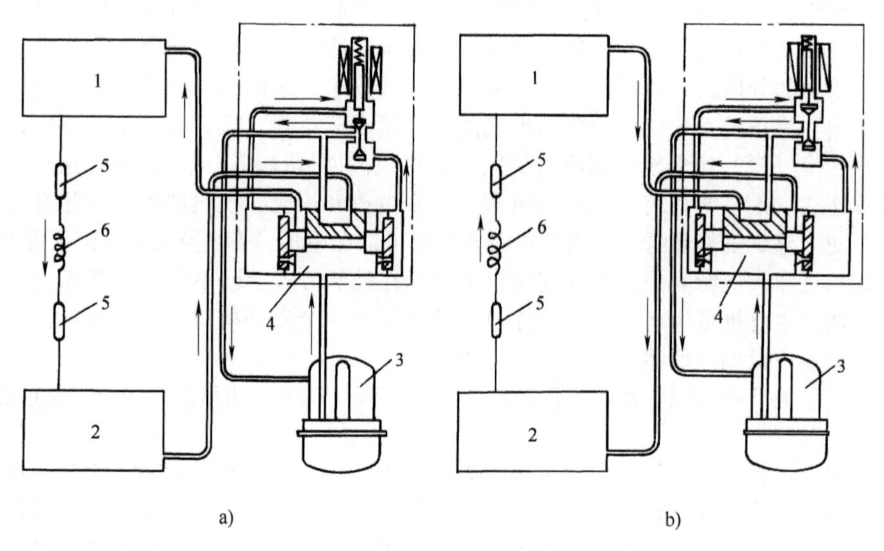

图9-36 热泵型窗式空调器的工作过程

a）制冷循环 b）热泵循环

1—室外换热器 2—室内换热器 3—压缩机 4—电磁阀 5—过滤器 6—毛细管

2. 分体式空调器

窗式空调器的最大问题是噪声较大，主要的噪声源是压缩机。分体式空调器中将压缩机、冷凝器、冷凝器风机等部分置于室外机，室内部分主要为蒸发器与室内风机，室内外机通过制冷剂流通管道连接。这样空调器中最主要的噪声源在室外机部分，室内直接产生噪声的只有室内机的风机，而室内风机一般为贯流风机，噪声较小，这成为分体式空调器受欢迎的最主要原因。

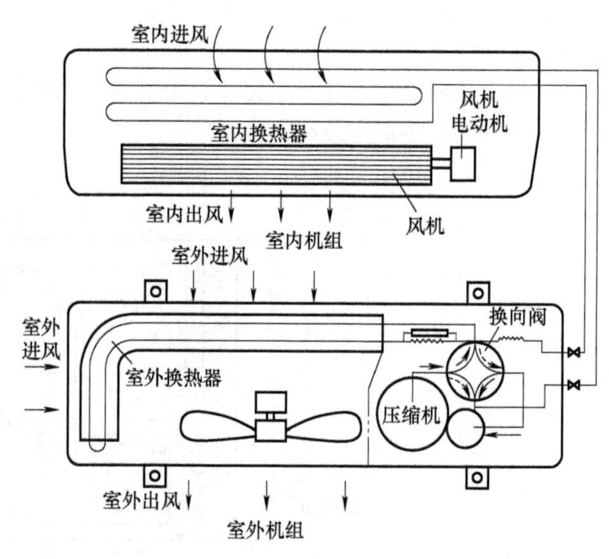

图9-37 分体挂壁式空调器结构简图

挂壁式为家用分体式空调器中最常见形式，制冷量一般为2500~5000W，室内机直接挂在墙壁的上部位置，节省室内安装空间。图9-37为分体挂壁式空调器结构简图。工作时，由于风扇的抽吸作用，使室内空气从过滤器的通道进入，经过蒸发器，送至风栅排到室内，使室内温度下降。空气一般是从室内机的上部吸入，从下部送出。

对于冷量较大的分体式空调器，室内机一般做成落地式，如图9-38所示。空气也同样经空气过滤器、蒸发器，再送至风栅排到室内。但空气一般是从柜机的下部吸入，从上部送出。

3. 热泵型空调器

对于热泵型窗式空调器，由于系统比较简单，只用一根毛细管来完成制冷及制热的节流。但是对同一个系统来说，制冷剂的流量在制冷与制热时是不同的。在额定工况下，机组的制热量往往大于制冷量，而制冷剂的质量流量则相反。为了使系统在制冷和制热时均能达到最佳状态，系统设计时应该将制冷与制热工况的不同考虑进去，但这样会使系统稍为复杂一些。图9-39所示为双节流回路分体挂壁机工作原理图，系统中主要增加了一根副毛细管和一个止回阀等附件。制冷时，制冷剂经过主毛细管节流，使系统制冷时达到最佳状态。在制热时，由于蒸发温度较低，流量较小，制冷剂先经过副毛细管后再经过主毛细管节流，使其达到设定的最佳流量和蒸发温度，从而使系统制热时亦达到最佳。

4. 移动式空调器

窗式和分体式房间空调器均是需要专业人员安装的固定式空调器，而移动式空调器又称为点式多用途空调器或移动式工业冷气机，是一种突破传统设计的理念，无需安装，可随意放置在不同房屋内的空气调节装置。它具有时尚、轻便、灵巧等特点。移动式空调器亦可分为冷风型、热泵型、电热型；按冷却方式，绝大多数采用风冷式，并可充分利用蒸发器的凝结水来辅助冷凝器散热。移动式空调器也有整体式和分体式，整体式的机体内压缩机、蒸发器、冷凝器、风机、电热器、控制系统等装置一应俱全，仅需一根可伸缩的软管将冷凝器排热排到室外环境中去，而分体式的室内部分和室外部分均可自由移动，其间通过两个快速接头就可将两者的制冷系统相连，这样无论是整体式还是分体式，移动式空调器均可自由移动，而且在不使用时，可方便地将其放在储藏室等处，不影响房间的布置。移动式空调器的适用范围相当广泛，它不仅适用于人们的固定居所，而且适用于临时帐篷、简易活动房屋、地下室等不便对空调进行固定安装或固定安装成本过高的场所，也可应用于工业上对局部区域有降温要求的场所。

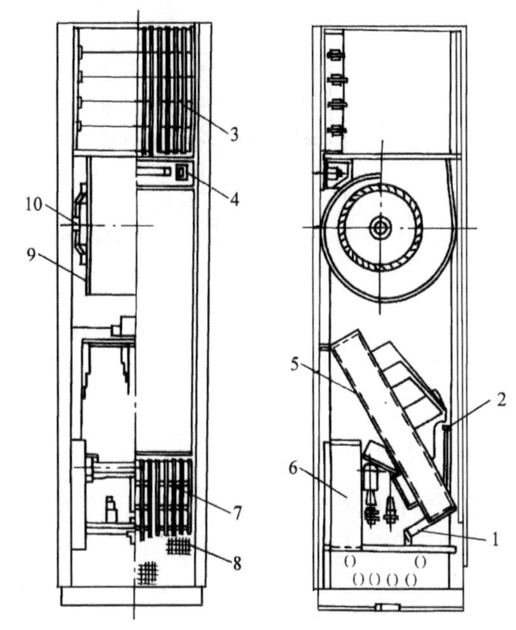

图 9-38　落地式空调器室内机

1—接水盘　2—节流装置　3—出风栅　4—控制屏
5—蒸发器　6—控制箱　7—进风栅　8—空气过滤器
9—离心风扇　10—风扇电动机

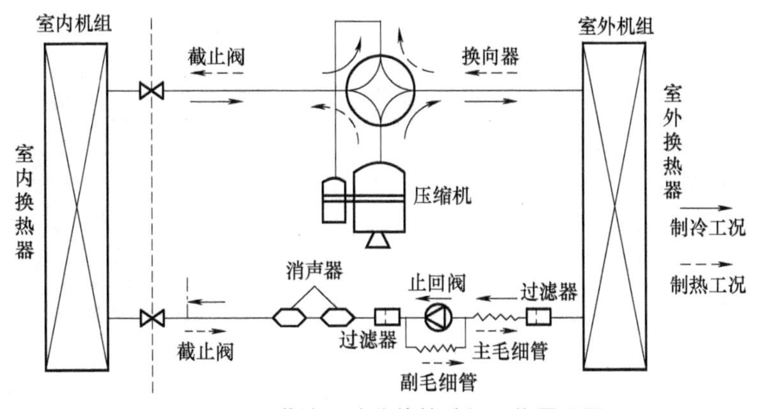

图 9-39　双节流回路分体挂壁机工作原理图

5. 燃气发动机热泵分体式空调器

燃气发动机热泵不是电动机驱动而用燃气发动机驱动压缩机完成热泵循环。由于能有效地利用燃气发动机的排热，因此热泵运行的节能效果好。该机组可在夏季作为制冷机运转，冬季可进行采暖。小型机组的压缩机一般采用旋转式。图 9-40 所示为燃气发动机热泵分体式空调器的工作原理图。

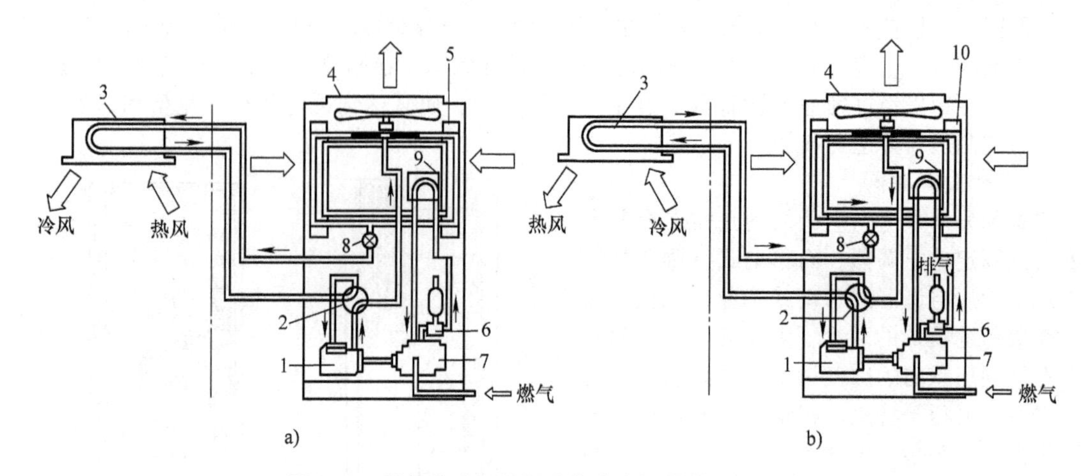

图 9-40 燃气发动机热泵分体式空调器的工作原理

a）制冷工况 b）采暖工况

1—压缩机 2—四通阀 3—室内机 4—室外机 5—冷凝器 6—排气换热器 7—燃气发动机 8—膨胀阀 9—放热器 10—蒸发器

图中压缩机由燃气发动机驱动，该循环中还设有压缩机排气换热器及放热器，以分别吸取发动机排气和冷却水的热量。

六、车辆空调装置

汽车空调的基本功能是用人为的办法在车厢中制造使人感到舒适的气候环境，即在夏天制冷，冬天采暖，当车内空气混浊时补充新鲜空气或净化空气。由于汽车种类繁多，结构各不相同，同一种形式的汽车，又由于使用对象不同而有不同的车内布置及要求，需要不同的空调机组与之相匹配，因此汽车用空调器的种类很多。下面就一些有代表性的汽车空调装置在汽车上的布置加以说明。

1. 轿车空调

轿车空调的压缩机是由汽车主发动机直接驱动，压缩机与主发动机通过带轮连接。压缩机上装有电磁离合器，当不需要空调或怠速、加速或爬坡功率不足时，则电磁离合器脱开，汽车发动机不再带动压缩机运转。蒸发器通常置于仪表盘下。大多数轿车空调也能提供暖气，以发动机冷却水为热源。采暖时，压缩机停转，热水通过热水阀进入热交换器，加热后的空气用与蒸发器共用的风机送入车室。图 9-41 所示为轿车空调装置布置示意图。

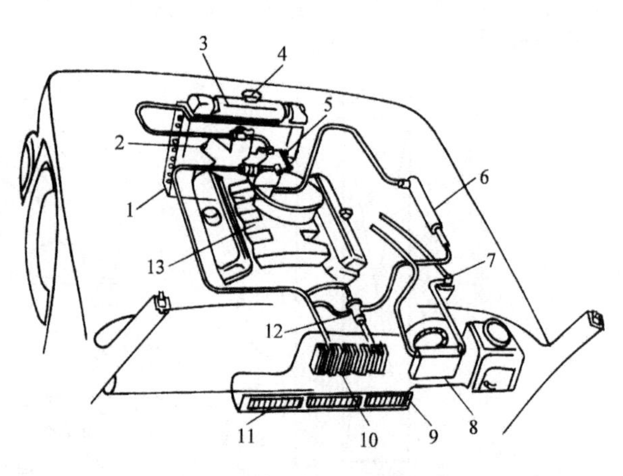

图 9-41 轿车空调装置布置

1—冷凝器 2—冷凝器风扇 3—散热器 4—散热器盖 5—压缩机 6—干燥过滤器 7—热水阀 8—热风吹出格栅 9—驾驶室 10—蒸发器 11—冷风吹出格栅 12—膨胀阀 13—主发动机

冷凝器通常放在发动机水箱前，靠水箱的风扇鼓动空气进行强迫对流换热。在行车时还可借助行车风来强化换热。这种布置对水箱散热有不良影响，易使水箱开锅。近来，在冷凝器前增设风扇，且由蓄电池供电，这样就可根据需要改变风量，冷却能力不受发动机转速的影响。空调装置的各个组件之间的连接用耐氟橡胶软管，既可抵抗汽车的振动和颠簸，又便于安装。

2. 客车空调

客车空调压缩机有采用汽车主发动机直接带动的，也有采用专用的辅助发动机来带动的。有的机组在冷气箱中增设暖风芯子，热源来自于发动机的冷却水。

许多客车空调采用车外顶置式，即将蒸发器和冷凝器安装在车顶外面。被降了温的冷风从车顶吹入（可直接吹入车厢，也可通过车内风管吹入车厢），回风可全部从车内吸入，也可吸入部分车外新鲜空气。

车顶式空调器具有不占用汽车有效空间、冷凝效果好这两大突出优点。对于大型客车可根据需要安置一组或一组以上的车顶式空调器。对于中小型车顶式空调器，常将冷凝器置于蒸发器之前，这样可利用行车时的迎面风冷却冷凝器，可减小冷凝器风扇的功率及尺寸。对于大型车顶式空调器，为避免从冷凝器出来的热风影响蒸发器，一般将冷凝器置于蒸发器后面（也有为进风方便仍将冷凝器置于前面的）。蒸发器与冷凝器这两部分可合装在一个箱体，中间用隔板分开，也可分装在两个箱体，前后紧靠管道连接在一起。图 9-42 展示了车顶式客车空调器的外部结构。

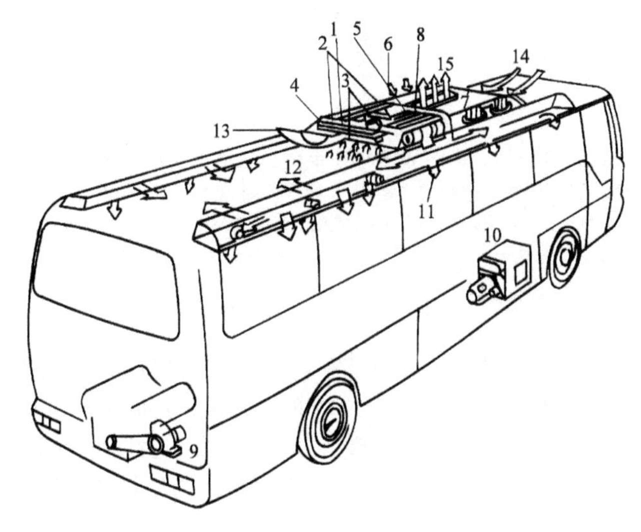

图 9-42　车顶式客车空调器的外部结构

1—蒸发器　2—供暖设备（加热器）　3—过滤器　4—新鲜空气挡板　5—鼓风机　6—中央电气系统　7—冷凝器　8—冷凝器风扇　9—直连式驱动的压缩机　10—独立式驱动压缩机　11—由滤清空气进行通风　12—回风　13—室外空气进入　14—冷凝器进风　15—冷凝器排风

也有的客车空调器采用后置式，即将蒸发器与冷凝器上下垂直布置，放在汽车后围。这种后置式空调器的压缩机动力源要后置才合理，压缩机离两个热交换器近，输送管路短，制冷剂压力损失小。后置式空调器利用了后排座椅后面的空间，尺寸很紧凑。由于安装位置低，维修保养比较方便。

3. 列车空调

铁路旅客列车中加装空气调节设备得到了广泛的重视，采用的空气调节系统有集中式、分散式和混合式三种，但以集中式为多。采用集中式列车空调系统，各节车厢的空气是集中处理后输入车厢内的。分散式空调系统在每节车厢内安装多台独立式空气调节机组，分散地向车厢内各部位送风；混合式空调系统夏季通过制冷机组和送风管系向车内送冷风，冬季风机仅向车内送入少量新风，另由热水循环取暖系统或辅助电热设备对车内加热。目前分散式列车空调系统已很少采用。

图 9-43 所示为较典型的集中式铁路客车空气调节系统原理图。离心式风机 1 将室外新鲜空气从进风口 13 吸入并与车内回风混合，空气经过滤器净化，而后送入空气冷却器 3 和空气加热器 5 被冷却或加热。经处理的空气以一定的速度沿送风管，再经顶式布风器均匀地送入室内。为了实现空气循环和保证新风量，车内空气一部分经回风口 10 返回，另一部分经排风口 12 排至室外。制

冷压缩冷凝机组布置在车底架下部，悬挂支点装有橡胶减振器，以防止机器振动传入车内。制冷系统主要控制阀件及电气控制设备均设在乘务员室内，以方便操作管理和监测。空气冷却器等空气处理设备，装在车端平顶板上部的通风系统内。

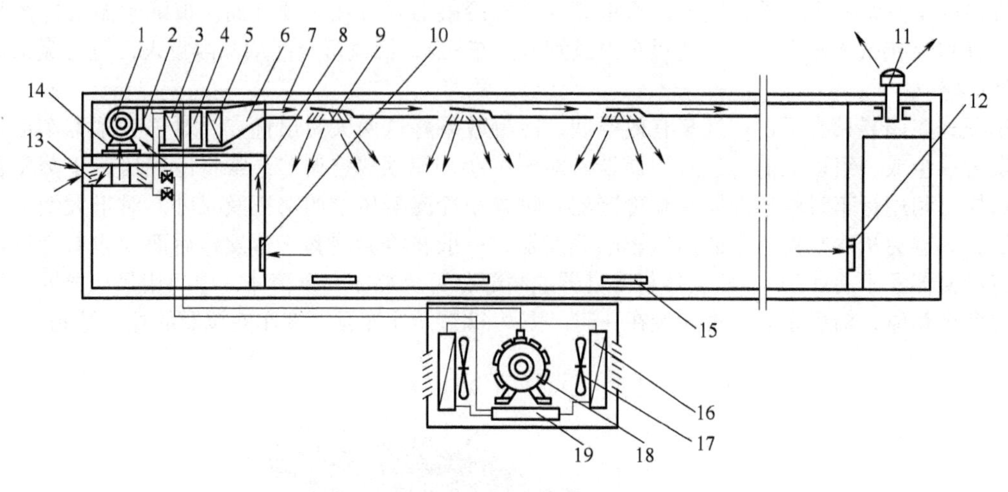

图 9-43 集中式铁路客车空气调节系统原理图

1—风机 2—过渡风管 3—空气冷却器 4—水分离器 5—空气加热器 6—渐缩风道 7—主风管 8—回风管 9—送回管 10—回风口 11—排风扇 12—排风口 13—进风口 14—空气过滤器 15—补偿电热器 16—冷凝器 17—冷凝风扇 18—压缩机 19—贮液器

4. 其他用途车空调

不少货车、工程车、起重车、冷冻冷藏车等车辆，也对其驾驶室进行空气调节。

货车驾驶室的空调系统主要采用内置混合式的布置方式。其加热机组与冷却机组布置在驾驶室控制操纵板下的中间位置，耦合成制冷、供暖、换气、除霜以及防雾等功能的“四季型”空调。货车驾驶室的空调系统也有顶置式的，此时将制冷机组置于驾驶室的顶部，而加热机组仍在控制操纵板下。

工程车，如挖土机的驾驶室空调布置，主要是裙置式或顶置式。当采用裙置式时，加热器、蒸发器组成一群体化的加热冷却机组，置于驾驶室裙部，进行制冷、供热和除湿。而采用顶置式布置时，一般要求顶部密封，防止尘埃、杂质进入室内，同时驾驶室内压力略高于外气压力，免得外气泄入而使室内污染。

对于冷藏车，本身已有制冷系统，因此可以在已有的制冷系统中分出一路来供给驾驶室空调用。如图 9-44 所示，该系统有一个压缩机、一个冷凝器、两个蒸发器（一个高温、一个低温），电磁阀控制到两个蒸发器的流向，一个蒸发器安装在冷藏车前端，蒸发压力比较低，一个蒸发器安装在驾驶室内，由蒸发压力调整阀控制，使蒸发压力提高，作为空调使用。

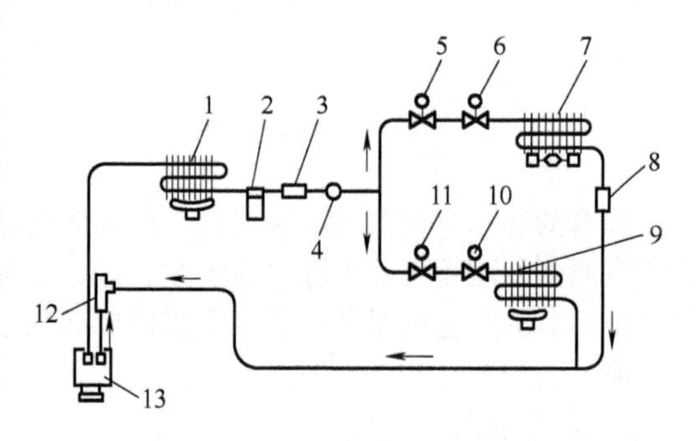

图 9-44 小型冷藏车空调制冷系统图

1—冷凝器 2—贮液器 3—干燥器 4—离合器 5、11—电磁阀 6、10—膨胀阀 7—空调用蒸发器 8—蒸发压力调整阀 9—冷藏厢用蒸发器 12—吸入压力调整阀 13—压缩机

七、冷冻除湿机

冷冻除湿机（亦称除湿机）是利用制冷机配合通风系统除湿。与其他除湿方法（如升温降湿、

通风降湿、吸附除湿等）相比，它的特点为除湿性能稳定，工作可靠，可连续工作；对于既要除湿，又需加热的房间（如地下建筑物），由于采用了热泵运行方式，而余热也得到了利用，所以很适用；用于高温高湿地区效果较好，一般室温 15~30℃，相对湿度 50%以上时应用冷冻除湿经济效果较好。但对要求含湿量较低的场合，如铸造行业的冲天炉送风，要求把空气露点温度降到 5℃以下时，效率将大幅度降低，所以经济性稍差。此外，冷冻除湿机使用方便，调节灵活，但初投资大，运用费用高。

图 9-45 所示为冷冻除湿机的流程：需除湿的空气经空气过滤器被风机吸入，首先经蒸发器冷却，随着温度降到空气露点以下时，其中所含水蒸气将被凝结下来，由蒸发器下部滴水盘排出，已除湿的冷空气经冷凝器使空气升温，这样可以防止室内温度降低，同时还可以使制冷压缩机的冷凝压力下降，提高制冷系数。

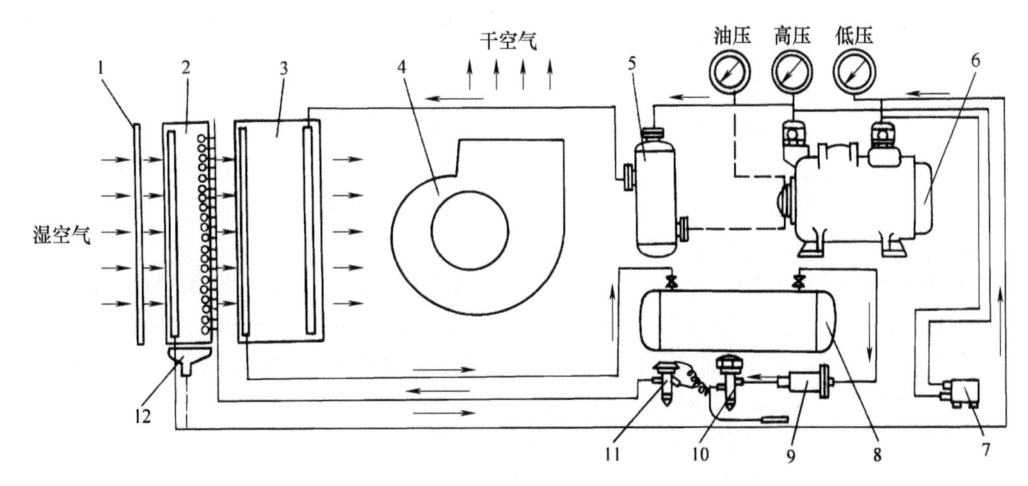

图 9-45　冷冻除湿机的流程示意图

1—过滤器　2—蒸发器　3—冷凝器　4—风机　5—油分离器　6—制冷压缩机　7—压力控制器　8—贮液器　9—干燥过滤器　10—电磁阀　11—膨胀阀　12—积水盘

空气在除湿机中的处理过程如图 9-46 所示。

由图 9-46 可知，除湿量 W/(kg/s)、制冷量的计算为

$$W=\frac{q_m\Delta d}{1000} \tag{9-1}$$

$$Q_0=q_m(h_1-h_2) \tag{9-2}$$

$$Q_k=q_m(h_3-h_2) \tag{9-3}$$

式中，Δd 为干空气通过蒸发器的含湿量差（g/kg）；q_m 为送风量（kg/s）；Q_0 为制冷量（kW）；Q_k 为冷凝器的传热量（kW）；h_1、h_2、h_3 为进、出蒸发器及出冷凝器的空气比焓值（kJ/kg）。

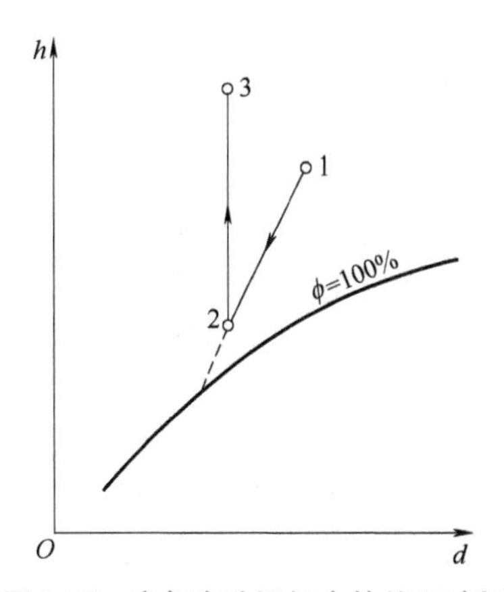

图 9-46　空气在除湿机中的处理过程

GB/T 19411—2003《除湿机》标准规定名义除湿量大于 0. 16kg/h 除湿机的形式和基本参数、试验方法等，配用全封闭或中、小型往复活塞式制冷压缩机。对于特殊用途的大型除湿机，如配冲天炉容量为 7t/h 的除湿机，可以配用 LG12. 5F65 型螺杆式制冷压缩机。由于冲天炉或其他需要干燥空气的场合要求最佳送风绝对湿度控制在 5~7g/m^3，空气露点温度在 5℃以下，为了减少蒸发器的传热温差，可以设计高、低温蒸发器，制冷系统按双蒸发温度运行。

八、跨临界二氧化碳空调装置

前国际制冷学会主席，挪威的 G. Lorentzen 从 1989 年起就大力提倡使用自然工质，1989 年他设计了跨临界 CO_2 循环系统并申请了专利，在这个系统中通过节流阀控制高压侧压力，这对 CO_2 的研究与推广应用起了很好的促进作用。从此 CO_2 制冷装置的研究与应用又一次在全球范围内成为热点。

概括起来，CO_2 制冷的应用主要包括以下三方面：

（1）在汽车空调中的应用　此时，空调系统在跨临界条件下运行，其工作压力虽然较高，但压比却很低，压缩机的效率相对较高；超临界流体优良的传热和热力学特性使得换热器的效率也很高，这就使得整个空调系统的能效较高，完全可与传统的制冷剂（如 R12、R22 等）及其现有的替代物（如 R134a、R410A 等）竞争。在汽车中，CO_2 首要的热力学的缺点——高放热温度——使设计高紧凑空气冷却器成为可能，这种冷却器有助于更先进的汽车空气动力学设计，从而提高了能量效率。加上 CO_2 在气体冷却器中大的温度变化，使得气体冷却器进口空气温度与出口制冷剂温度可能非常接近，这可减少高压侧不可逆传热引起的损失。为了减轻重量、缩小尺寸及增加安全性，换热器的优化设计也正在进行。另外，CO_2 系统在热泵模式下有特别的优点，因为它在低环境温度下也可以达到高的制热量和 COP，以及向车厢供应较高的空气温度，因此可以解决现代汽车空调冬季不能向车厢提供足够热量的缺陷。

（2）在各种热泵中的应用，尤其是在热泵热水器方面的应用　热泵系统同样在跨临界条件下运行，压缩机、换热器方面的优势依然存在；最主要的是 CO_2 在气体冷却器中较大的温度变化，正好适合于水的加热，从而达到小的热传递损失和高效率，这同样可与传统的制冷剂（如 R22 等）及其现有的替代物（如 R134a、R410A 等）竞争。

（3）在复叠式制冷系统中的应用　由于为商店、超市、大型厨房等设计的商业制冷系统的制冷剂充注量较大，并且在许多情况下能量使用量也非常高，因此，需要高效、安全和对环境友好的制冷系统。于是提出了将 CO_2 应用于低压级的复叠式系统。此时 CO_2 用作低压级制冷剂，高压级用 NH_3 作制冷剂。与其他低压制冷剂相比，即使处在低温，CO_2 的黏度也非常小，传热性能良好，因为利用潜热，其制冷能力相当大。

1. 跨临界 CO_2 汽车空调

对于跨临界 CO_2 系统，其高温侧具有较大的温度滑移，这使得其供风温度高，对于系统作为热泵运行时提供热量较为有利。另外，在系统设计中，仍然需要考虑尽可能利用车内的废热，从乘客车厢余热中回收能量，这样有利于提高车用 HVAC（供热、通风和空调）系统的总效率。这样设计的系统对于电动汽车也很合适。制冷系统高温端可用来加热车厢中的空气，冷端用于冷却电动机、电池组和耗功电子元件。

上述的 HVAC 系统在夏季可以为客车室提供冷量并对空气除湿，在冬季可以供热和除湿。在寒冷的季节中需要对空气除湿以便改善前窗玻璃和侧窗玻璃的除雾和除霜的效果。在夏季制冷工况，环境温度和电动机的冷却剂（在散热器中冷却后）可以用于制冷装置散热，当新鲜空气进入乘客车厢时，也有可能利用排气来冷却制冷系统。同样地，在供热过程中，当有新风循环时，也可从乘客车厢的排气中通过热交换回收一部分热量。供热过程中冷却剂回路可以作为热源。

图 9-47 所示为制热模式中 CO_2 汽车空调系统的流动回路，其箭头方向是制冷剂的流向。系统组成包括有低压贮液器、内部换热器和用于改变制冷剂流向的四通阀。乘客车厢内空气流经两个室内换热器循环（IHX1 和 IHX2）。IHX1 为空气除湿蒸发器，其翅片间距大，能有效排除冷凝液，而 IHX2 在制冷过程中作为蒸发器运行，在供热操作中作为气体冷却器运行。发动机冷却剂和制冷剂之间的传热在制冷剂-冷却剂换热器（RCHX）中进行。它在冷却剂回路中位于散热器的后面。冷却剂可以经旁通管旁通散热器和发动机，以保证发动机的冷却剂温度对其运行来说是比较有利的。“回收”换热器（RHX）是空气/制冷剂逆流换热器，通过改变乘客车厢中废气和环境空气的

混合比来对换热器进行冷却或加热。RCHX 和 RHX 在加热运行时作为蒸发器使用，在冷却运行时作为气体冷却器使用。

加热运行时，压缩后的制冷剂流经四通阀和自动三向阀后直接进入 IHX2，在其中产生温度滑移并放出热量，这样可提高车内空气温度。如果需要除湿，一些冷却后的制冷剂在 IHX1 中膨胀蒸发。主要高压制冷剂在它到达主膨胀设备 RHX（控制高压）之前，要继续流过内部换热器。膨胀后的液体在 RHX 或 RCHX 中蒸发，且与废热的可利用程度有关。刚刚起动后，在 RHX 中或间接经过 CHX 和 RCHX 时制冷剂要从周围空气中吸收热量。通过蒸发器后，低压制冷剂与 IHX1 中返回的蒸气混合后进入贮液器。贮液器中的蒸气通过内部换热器后吸入压缩机。

图 9-48 所示为制冷模式中 CO_2 汽车空调系统的流动回路，其箭头方向是制冷剂的流向。冷却运行时，从压缩机出来的压缩制冷剂流入 RCHX，将热量传给冷却剂。在冷却后的高压气体进入内部换热器之间，额外的热量要传给乘客车厢的废气或 RHX 中的环境空气，根据温度而定。然后，制冷剂流进 IHX1 和 IHX2 膨胀设备。IHX1 之前的膨胀阀有固定的横截面积，能够完全关闭，IHX2 进口处的阀门控制了高压侧压力。从两个蒸发器中返回的流体流经内部换热器后进入贮液器，压缩机从贮液器中抽取蒸气。

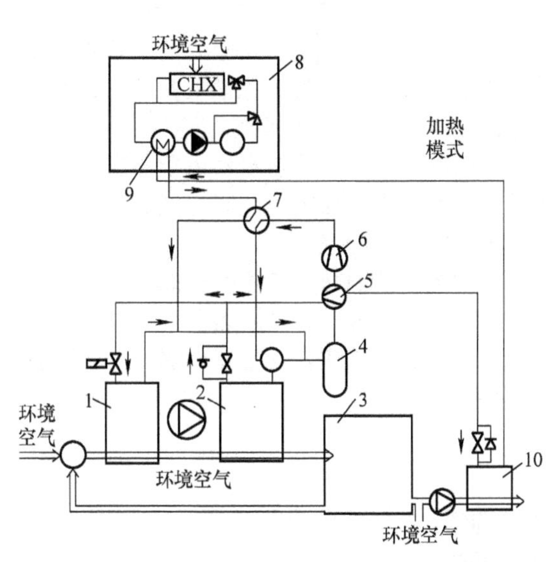

图 9-47 制热模式中 CO_2 汽车空调系统的流动回路

1—IHX1 2—IHX2 3—车室 4—低压贮液器 5—内部换热器 6—压缩机 7—四通阀 8—冷却剂回路 9—RCHX 10—RHX

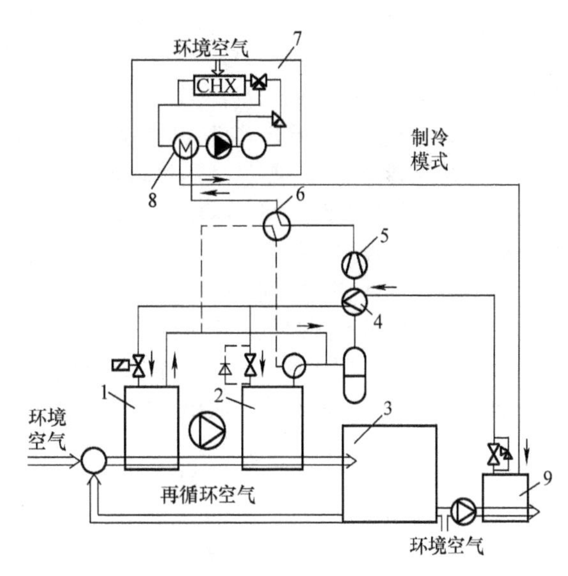

图 9-48 制冷模式中 CO_2 汽车空调系统的流动回路

1—IHX1 2—IHX2 3—车室 4—内部换热器 5—压缩机 6—四通阀 7—冷却剂回路 8—RCHX 9—RHX

由于运行工况和容量需求的范围广，采用带外部排气控制的压缩机是比较理想的。除了能改善容量控制和提高能量效率以外，这种类型的压缩机也可消除离合器循环的振动，因而提高系统的舒适性。由于现在大多数空调系统制冷量过量且控制的有效性不高，所以进入车厢的空气在出蒸发器后不需要再热。如果要求的容量高，可增加高压侧压力来提高 CO_2 系统的容量。这样做会降低系统 COP，不过增加的供热或制冷量会缩短冷却或加热的周期，因而降低总能量（燃料）消耗。

为了获得较低的最小温差，发动机冷却剂散热器（CHX）需要稍微增加一点高度以补偿来自 HVAC 系统的附加负荷。CO_2 发动机冷却剂换热器（RCHX）是结构紧凑的换热器，能够置于散热器和发动机冷却剂泵之间的冷却器回路上。由于两介质的传热系数都高，这种类型的换热器总体积小、重量轻。供给 IHX1 的制冷剂由独立的膨胀阀控制，如果不需要除湿，可关闭该膨胀阀。如果供热过程中车厢内空气需要除湿，且 RHX-RCHX 中的蒸发温度高于露点温度，通过在 RCHX 和贮液器之间的四通阀中引入压降，可使IHX1在降低的温度下运行。

IHX1之前的膨胀阀可以是固定横截面积的电磁阀。如果在空转条件下或压缩机排气量降低时，减小制冷剂循环量，由于流动要经过电磁阀，故高压控制阀将不能使压力保持最佳值。在此条件下可以关闭电磁阀。

要想在两种模式下均工作在最佳高压侧压力，采用带外部控制的两个膨胀阀是必要的。当流动方向改变时，阀门需要内部旁通管以减小压降。

考虑到汽车空间的限制，开发CO_2制冷系统时，要求在保证性能的同时也能限制其体积，其中主要是对换热器体积进行限制，要求其重量与原有的系统相当。

2. 跨临界CO_2热泵热水器

CO_2应用研究的一个主要领域是热泵热水器（HPWH）。CO_2热泵热水器是一种特定用途的热泵制冷机，它吸收环境空气中的热量，通过制冷循环，将热量放给热水器中的热水，作为沐浴和其他生活热水使用。

CO_2跨临界循环中气体冷却器所具有的较高排气温度、较大的温度滑移和冷却介质的温升过程相匹配，使其在热泵循环方面具有独特的优势。通过调整循环的排气压力，可使气体冷却器的放热过程较好地适应外部热源的温度和温升需要。现有热泵热水器（常用工质R22和R134a等）的热水温度一般只能达到55℃，当要求较高温度的热水时，只能借助效率较低的电加热器。而CO_2热泵热水器能获得90℃的高温热水，即使在冬季室外温度较低的环境下也能正常运行，因而CO_2热泵系统可较好地满足采暖、空调和生活热水的加热要求。

使用常规制冷剂的小型家用热泵热水器一般不设置贮液器，商用热泵热水器由于冬夏季工况变化较大，一般设置贮液器。CO_2热泵热水器由于需要动态控制高压侧压力，制冷剂流量发生变化，应当设置贮液器，同时由于工作压力高，为安全考虑还需设置安全阀件。

图9-49是CO_2热泵热水器系统的实际流程图。热泵热水器系统由热泵机组和贮热水机组两部分组成。热泵机组由压缩机、膨胀阀、空气换热器（向环境空气吸热）和水换热器（向贮水箱的热水放热）组成。贮热水机组由贮水箱、水泵、混水阀、传感器等组成。热水器的热水出水可直接加热浴缸，也可以从水龙头放出，供洗澡和生活热水使用。

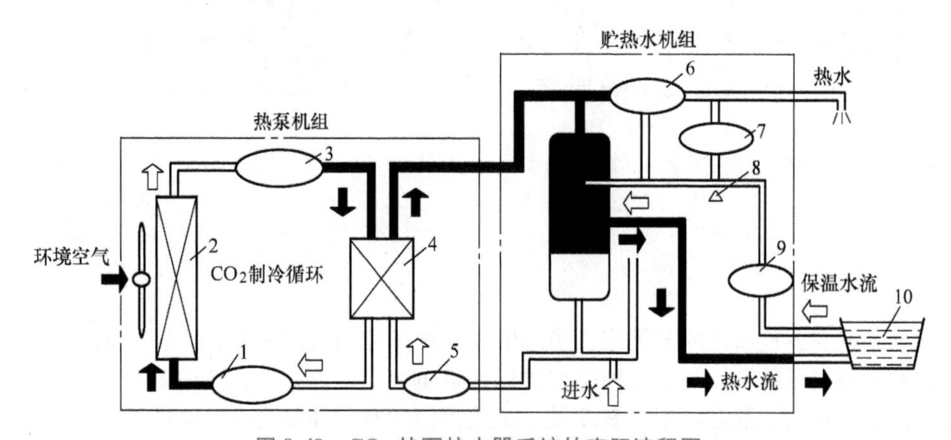

图9-49　CO_2热泵热水器系统的实际流程图

1—膨胀阀　2—换热器　3—压缩机　4—换热器（水加热器）　5、9—水泵
6—混水阀　7—电动阀　8—传感器　10—浴缸

九、飞机（客机）空调装置

随着我国国产大飞机C919的成功研制和试飞，用于对飞机驾驶舱、客舱和电子设备舱的空气温度、湿度、新风、洁净度及气压等进行调节控制，

C919六架试飞机圆满完成全部试飞任务

以满足舱内人员的生理舒适安全及设备冷却等环境要求的飞机环境控制系统也越来越为人们所熟悉。现代飞机广泛采用了密闭的增压舱，包括驾驶舱、客舱、设备舱以及货舱。随着航空技术的发展，飞机座舱环境控制系统的地位日趋重要。座舱环境控制系统使密闭的增压舱在各种飞行条件下都具有良好的环境参数，保证机组人员和乘客具有正常的工作条件和生活环境，保障设备正常工作及货物的安全。空调系统是飞机座舱环境控制系统的重要组成部分，负责向飞机座舱提供空调气、对货舱加温、对电子设备进行冷却、向增压系统提供气源。机载制冷空调技术是飞机环境控制技术的关键。

飞机用于调节空气的气源来自发动机高压压气机的引气。只要发动机在运转，就可以提供气源。发动机引气的气源引自涡轮风扇发动机的压气机。引气部位有低压级引气和高压级引气。为了减少对发动机功率的损耗，现代客机采用两级引气。当低压级引气不足时，可以用高压级引气进行补充，此时低压级有单向阀门，防止反流。

压气机引气系统有开环式和闭环式。

开环式：开环式环境控制系统不断地从发动机引出大量空气，将其制冷并用于冷却乘客、空勤人员以及设备，再将空气排出机外。从发动机压气机大量引气，将导致发动机用于推动飞机的可用功率下降和发动机油耗增加，过度引气还将引起发动机自身性能的恶化。

闭环式：闭环式制冷系统收集了座舱调节已用过的空气，将其制冷和再循环重新使用，属于一次回风集中式全空气系统。在空气稀薄的高空，采用部分回风与新风混合后送入机舱，可保证最低新风量和额定循环空气量，同时有效降低发动机引气量，并降低燃油消耗量，也使送风温度不会过低。闭环引气系统所用发动机引气比开环式少得多，对发动机性能影响相应减小。因此由于应用闭环系统，飞机有更高的工作效率，对于远程飞行特别有意义。

空调系统的目的是使飞机的座舱处于一个压力合适、温度适宜、空气清新的环境。图 9-50 所示为波音 737-800 的空调系统示意图。该系统的功能可以总结为 5 大部分：空气流量控制系统、空气冷却系统、区域温度控制系统、再循环系统和空气分配系统。

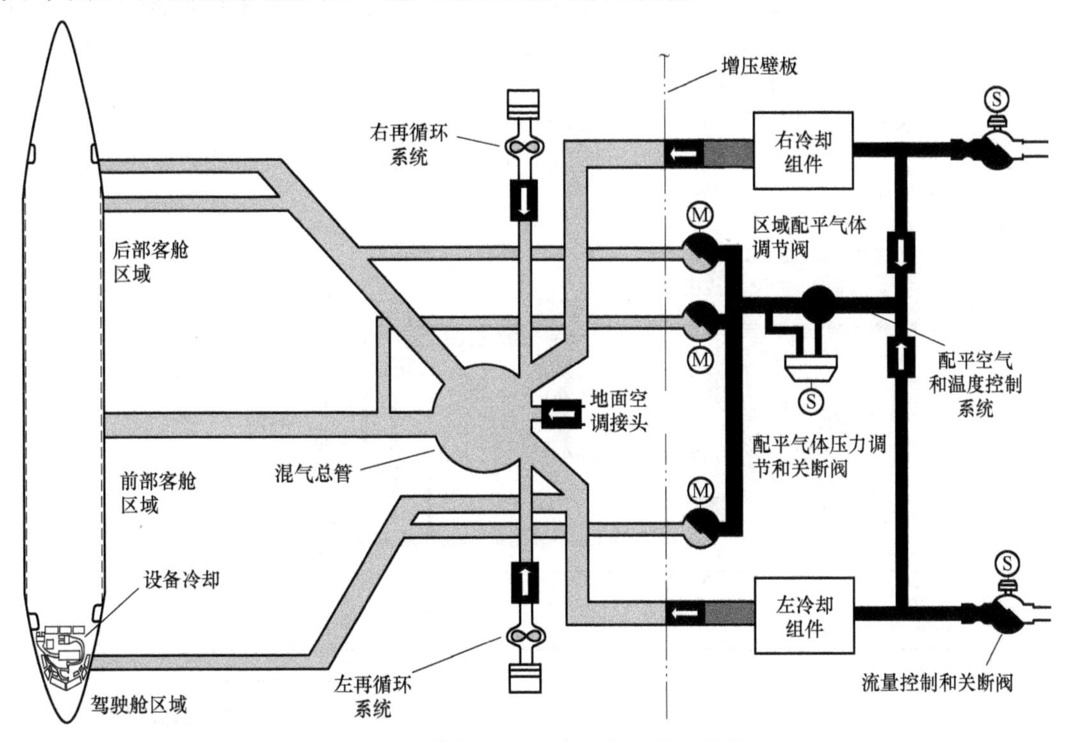

图 9-50 波音 737-800 的空调系统示意图

空气流量控制的作用是控制进入飞机的新鲜空气量，由流量控制和关断阀来完成。流通的新鲜空气量比用于增压的新鲜空气量多。流通空气量取决于机上人员的数量和允许的渗漏量。当飞机状态改变时，飞机所需的新鲜空气量也随之发生变化。

空气冷却系统的作用是在新鲜空气进入空调分配系统之前，由冷却系统去除水分，并将温度调节至合适值。一般冷却系统由左右两个冷却系统组成。通过对左冷却系统的控制，确保其输出的空气温度满足驾驶舱的需求；通过对右冷却系统的控制，确保其输出的空气温度适合客舱的需要。空气压缩制冷循环属于开式逆布雷顿循环，直接以被调节空气作为制冷工质，制冷系统结构紧凑、质量较小且可靠性高，目前仍是飞机环控系统中应用最广泛的制冷技术。

区域温度控制的作用是通过打开或关闭配平空气的气路，对驾驶舱、前客舱和后客舱3个区域进行单独的温度控制和压力调节。温度控制系统计算空调组件出口的温度，以满足驾驶舱和混气总管的需求；同时也计算出每个温度控制区域所需的加热量。来自于气源系统的气体通过配平气路对各温度控制区域加温。由配平气体压力调节和关断阀开关保持配平气体的流量。区域配平气体组件阀控制通往各个区域的热量。

再循环系统：50%的客舱空调气通过再循环系统进行再循环利用，减少了从气源系统的引气量。再循环系统主要部件包括再循环风扇和气滤。

空气分配系统将来自于空调组件或地面空调车的空调气输送给驾驶舱和客舱，主要的组成部件包含：地面空调接头、混气总管和分配管道。

飞机空调制冷系统控制由气源系统进入空调组件的新鲜空气的量，对大部分进入组件的空气进行降温，同时控制组件出口的温度和湿度。其主要由流量控制和关断阀、热交换器（两个）、空气循环机、回热器、冷凝器、水分离器、冲压空气系统等组成，其气路流程示意图如图9-51所示，工作原理如图9-52所示。其工作过程如下：

流量控制和关断阀获得由气源总管引来的热空气，控制流向配平空气系统、主热交换器、主温度控制阀和备用温度控制阀的热空气的流量。

由于气源系统的引气温度很高，不能直接应用，必须通过冷却系统降温后才能引入空调，同时为了减轻空气涡轮膨胀机的降温负荷，气源系统的高温引气需要在主、次热交换器中与进入冲压进气道的环境空气进行换热降温，尽可能利用环境空气带走高温引气的热量。冲压空气系统控制到达主、次热交换器的冲压空气的量。冲压空气系统包括冲压空气温度传感器、组件/区域温度控制器、冲压空气作动器、冲压空气进口折流门、冲压空气进口调节板、冲压叶轮风扇、风扇旁通阀等部件。

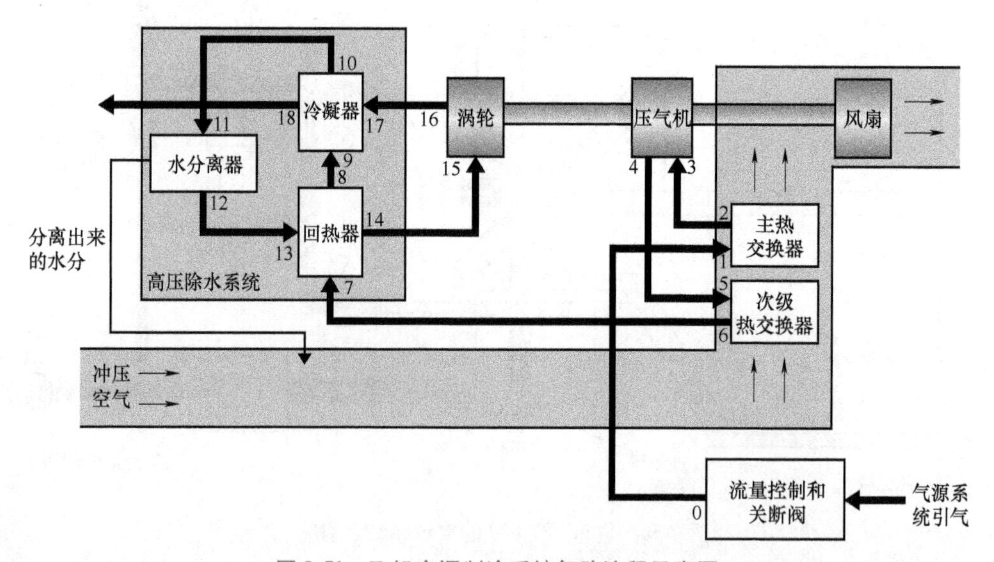

图9-51　飞机空调制冷系统气路流程示意图

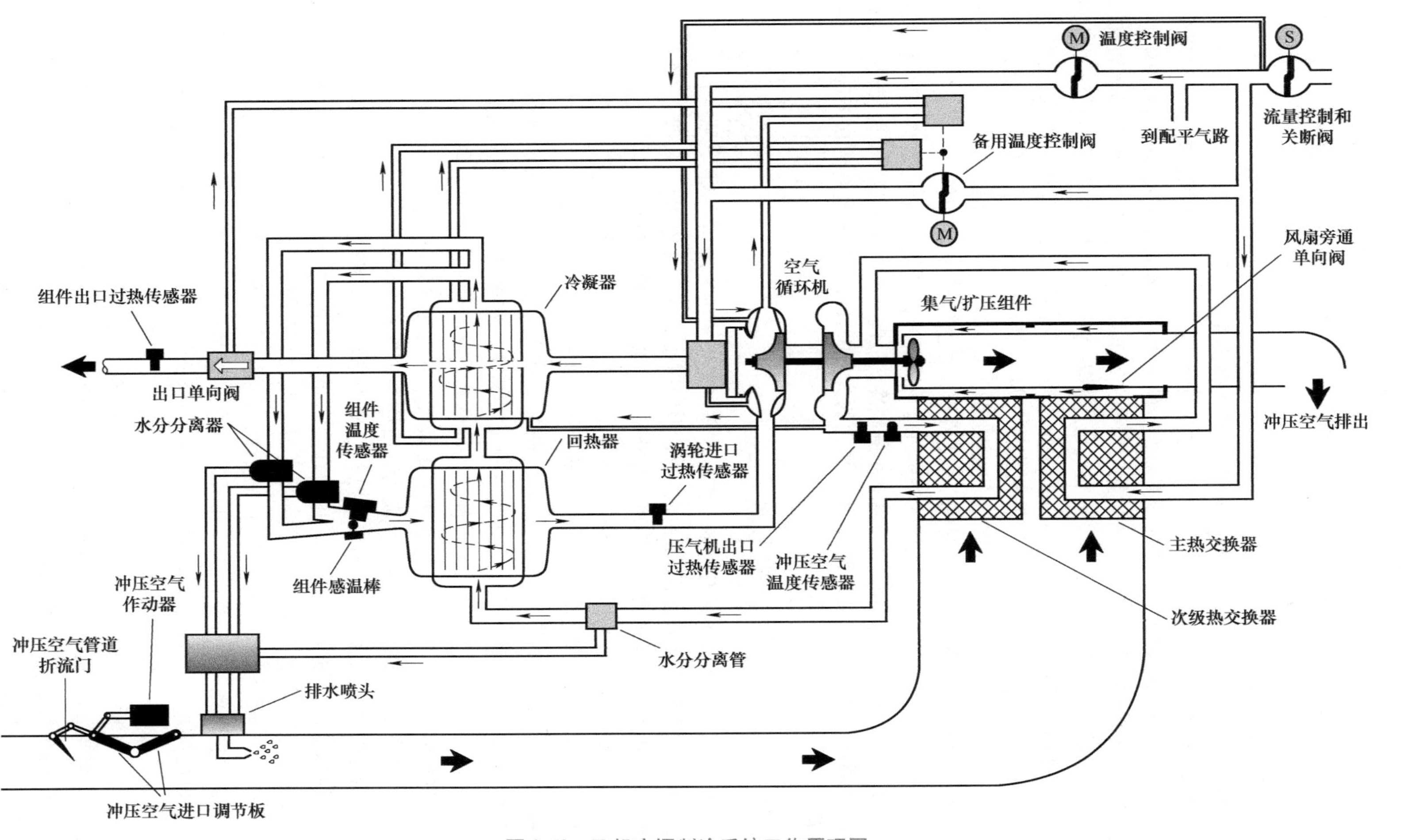

图 9-52　飞机空调制冷系统工作原理图

当气源热空气流入主热交换器被冲压空气带走部分热量后，进入 ACM（空气循环机）的压气机部分，压气机对气体做功，增加了空气的压力和温度。气体被压缩后，流经次级热交换器，再次被冲压空气冷却。离开次级热交换器的气体，绝大部分流入回热器，少部分则进入水分分离管道。

离开次级热交换器的气体流入回热器的热端。当气体第一次流入回热器时，被来自于冷凝器的冷空气冷却。而后，空气进入冷凝器的热端，使空气温度进一步降低。由于冷凝器传热表面的温度低于空气的露点温度，所以湿空气中的水蒸气被凝结出来，通过高压水分离器后，绝大部分析出的水分被分离出来，通过水引射口，被喷射到冲压空气管路中。

接下来，气体第二次流入回热器（冷端），气体温度上升后，进入 ACM 的涡轮膨胀机部分。在涡轮膨胀机里，气体迅速膨胀降温，并进入冷凝器的冷端，出冷凝器后被送入客舱和驾驶舱。

为了保证空调制冷系统的正常工作，一是流量控制和关断阀下游的连接管还可将热气直接输送至涡轮，用来防止涡轮机匣结冰；二是部分热空气与冷凝器旁通，可以从冷凝器内的除冰管路进入，也可以从冷凝器的冷气入口处进入，目的都是防止冷凝器结冰；三是备用温度控制阀感受冷凝器的结冰情况，并且将热气流送至涡轮膨胀机壳体；四是冷却系统具有过热保护功能，当空调组件过热时，可以自动停止组件的工作。主要的过热保护部件有：压气机出口过热传感器（习惯称电门，199℃）、涡轮进口过热传感器（99℃）、组件出口过热传感器（121℃）。

由此可见，飞机空调制冷系统从发动机压气机引气作为高压气源，气体温度为 190~220℃，压力为 0.25~0.58MPa，含湿量约为 22g/kg。经冷却和膨胀制冷，气温下降同时水蒸气冷凝析出，达到制冷和除湿功能，制冷膨胀机出口气温约为 2.3℃，压力约为 103.7kPa，含湿量约为 0.051g/kg，再送入机舱以承担空调负荷。

十、新能源汽车（电动汽车）热管理系统

我国新能源汽车飞速发展

随着全球汽车工业的发展和汽车保有量的增加，汽车尾气造成的环境污染和化石能源的大量消耗，使传统汽车行业面临巨大挑战，但同时也成了以纯电动汽车为首的新能源汽车大力发展的推动力。新能源汽车产业作为我国战略性新兴产业之一，已成为我国节能减排、振兴经济和转变产业结构的重要突破口。传统汽车热管理只需要空调系统承担车室夏季制冷功能，车室冬季制热则由发动机的冷却液承担。在电动汽车车室制冷方面，一般采用空气调节（AC）系统来保证乘客的热舒适性。但是电动汽车是采用动力电池作为动力源、电机作为驱动装置的，在电动汽车行驶和充电过程中，高能量、高功率的电池和电机以及包含功率器件在内的电控系统会产生大量的余热。如果余热不及时清除，电子器件就会发生热失控，过热就会引起火灾。常用的动力电池包括铅酸电池、镍氢电池及锂离子电池。锂离子电池就以其能量密度高、循环寿命长、无记忆效应、环境友好等优点成为动力电池领域研究的热点。近年来，锂离子电池已成为电动汽车用动力电池的主体。锂离子动力电池的最佳工作温度范围为 25~40℃，当电池在 50℃的环境下工作 600 个循环后，容量下降为原来的 40%，在 55℃的环境下工作 500 个循环后，容量就已仅为原来的 30%。还要使电池的最大温差不超过 5℃左右，保证电池的一致（电压一致性、容量一致性和内阻一致性），提高电池包的使用性能和寿命。动力电池耐低温性能差，在-20℃放电只能放出总容量的 30%左右，而且低温条件下充电困难。由此可见，为了提升动力电池的性能，延长电池寿命，确保使用过程的安全性和长期运行的稳定性，必须采取行之有效的电池热管理方法，在低温情况下对电池进行加热，高温时对电池进行散热，将电池温度维持在 25~40℃，电池包最大温差不超过 5℃，以提升电动汽车整车性能。所以，在夏季也需要对动力电池以及电机、电控部件进行制冷降温。而在冬季电动汽车加热方面，不仅电动汽车的车室需要制热以满足乘员的舒适性要求，动力电池也需要加热以保证动力电池工作在理想的温度范围。由于没有内燃机，也没有余热，为了解决电动汽车冬季加热问题，常采用正温度系数（PTC）加热器对电动汽车的车室和动力电池进行加热。由此需要对电动汽车构建包含车室空调与动力电池温控的整车热管理系统。

由制冷系统与PTC加热器组成的电动汽车热管理系统如图9-53所示。该系统由一套制冷剂循环制冷系统、PTC加热器及液体循环系统构成，可以实现电动汽车整车夏季制冷、冬季制热和过渡季节动力电池冷却的作用。其过程是：夏季制冷时，从压缩机出来的高温高压制冷剂被冷凝器冷凝为高压制冷剂液体后分成两路，一路经过电子膨胀阀节流降温后进入车室蒸发器对汽车车室进行降温空调，另一路则经过电子膨胀阀2节流降温后进入动力电池蒸发器对动力电池的冷却液进行降温，然后与车室蒸发器出来的制冷剂蒸气汇合，被压缩机吸入压缩，完成制冷循环，而被冷却降温后的动力电池冷却液被泵驱动，对动力电池组进行冷却，经转换阀A-B回到动力电池蒸发器，完成动力电池冷却液循环；冬季制热时，制冷系统不工作，车室加热由PTC加热器实现，而另一组PTC加热器对动力电池冷却液加热后被泵驱动对动力电池组进行加热，再经转换阀A-D回到PTC加热器，完成动力电池加热循环；在春秋季节时，则利用较低温度的环境介质通过动力电池散热器对动力电池的冷却液进行降温，然后冷却液被泵驱动对动力电池组进行降温，再经转换阀A-C回到动力电池散热器，完成对动力电池的冷却，由于此时利用的是环境冷源，具有显著的节能效益。

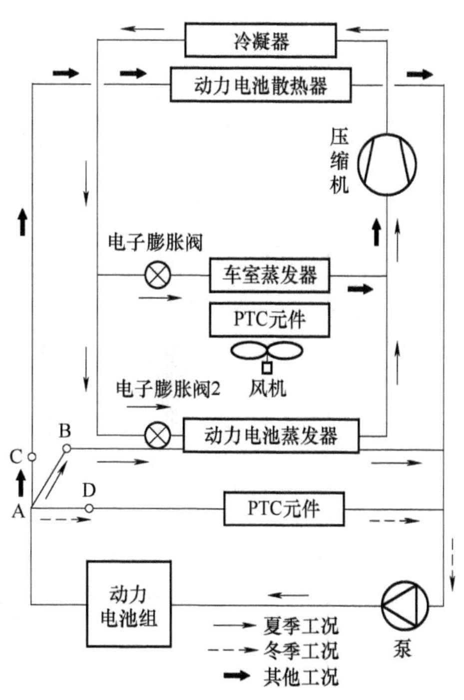

图9-53　由制冷系统与PTC加热器组成的电动汽车热管理系统

然而上述系统由于冬季全部采用PTC加热器对汽车车室和动力电池进行加热，会消耗动力电池电量，严重缩短了汽车的行驶里程，而且没有充分利用汽车制冷系统的作用。在此基础上，提出了采用高效的热泵系统来满足车室采暖的方案。考虑到热泵的制热量会随着环境温度的降低而减少，难以满足极冷条件下的电动汽车的制热要求。因此，仍然需要采用热泵系统+PTC辅助加热解决电动汽车极冷条件下的制热需要。热泵系统+PTC辅助加热的电动汽车整车热管理系统如图9-54所示。

热泵系统+PTC辅助加热的电动汽车整车热管理系统由一套热泵空调系统与PTC辅助加热冷却液循环系统复合而成。夏季制冷时，制冷剂沿压缩机、辅助冷凝器、主冷凝器流动，经电子膨胀阀N637节流降温后分成两路，一路进入蒸发器对电动汽车的车室进行降温空调，满足乘员的舒适性要求，另一路经电子膨胀阀N638进一步节流降温后进入热交换器对动力电池冷却液进行降温以实现动力电池等的冷却目的，然后两路制冷剂汇合，一起经气液分离器回到压缩机完成制冷循环；在热交换器内被冷却降温后的冷却液冷却电池组后经过转换阀N687被液泵泵送，冷却电机与电控后经过PTC加热器（此时加热器不通电）回到热交换器，完成冷却液循环。在过渡季节（春秋季），冷却液按小循环运行，冷却电池组后进入散热器被环境介质冷却降温后，经转换阀N687被液泵泵送，冷却电机与电控后再经转换阀N632直接回到电池组，完成冷却循环。冬季制热有多种运行策略以最大可能地实现能源的综合利用，并满足电动汽车整车的舒适性与温控要求。一般情况，空调回路按压缩机、辅助冷凝器、N636电磁阀、蒸发器、N637电子膨胀阀、主冷凝器、N643电磁阀、压缩机运行，完成电动汽车车室制热；冷却液循环按动力电池、N687转换阀、液泵、电机与电控、N632转换阀、PTC加热器、热交换热器、动力电池组运行，依靠PTC加热器对冷却液的加热来完成对动力电池组以及电机和电控的加热循环；当动力电池组、电机和电控自身的发热能够满足自身的温度要求时，冷却液循环停止，PTC加热器断电；当动力电池组、电机和电控自身的发热超过满足自身温度要求的需要时，冷却液大循环开启，但PTC加热器仍然断电，同时，电子膨胀阀N638开始工作，动力电池组以及电机和电控多余的发热量通过热交换器传递给空调回路的热泵循环，提高热泵循环的制热量和制热效率。

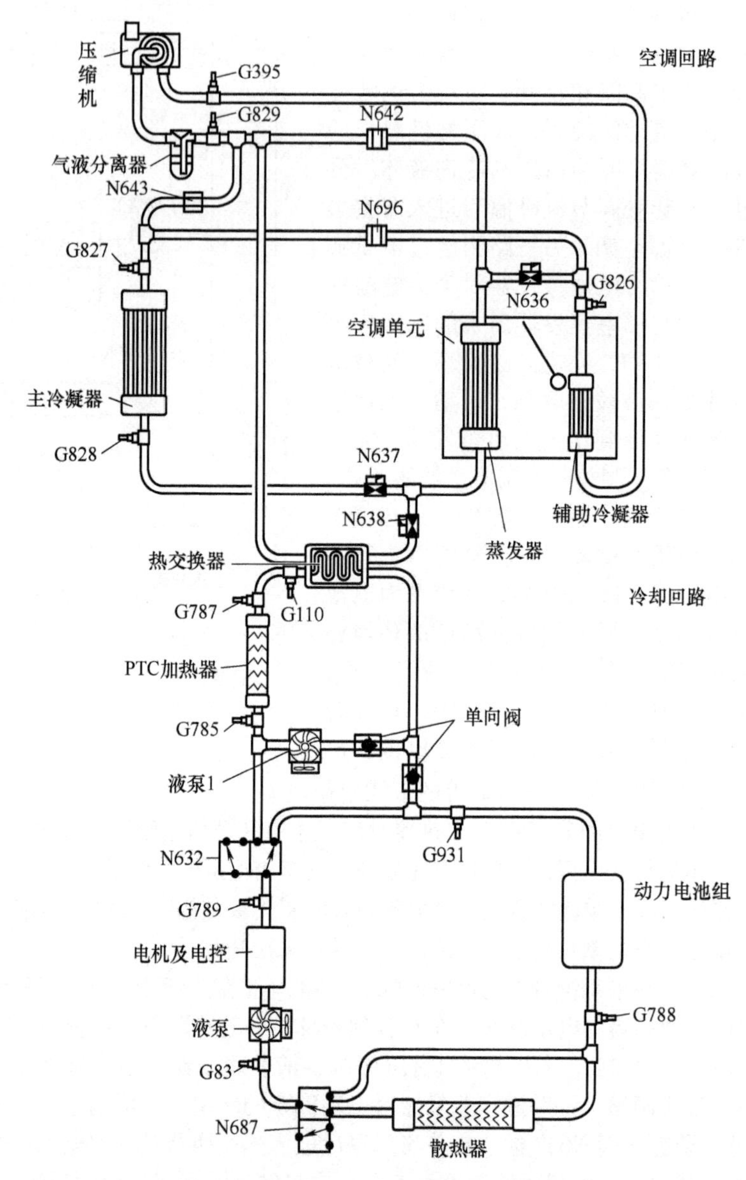

图 9-54　热泵系统+PTC 辅助加热的电动汽车整车热管理系统示意图

N637、N638—电子膨胀阀　N636、N642、N643、N696—电磁阀　N632、N687—转换阀

G83、G788、G931、G789、G785、G787、G110、G828、G827、G829、G395—温度传感器

在极冷情况下，热泵系统的制热量和制热效率均会由于环境温度低而大幅下降，以致满足不了车室的制热量需要。如果动力电池组、电机和电控自身的发热能够满足自身的温度要求，此时冷却循环只需要液泵 1 的冷却液小循环，即 PTC 加热器通电加热，被加热的冷却液进入热交换器，作为低温热源对热泵系统低温低压的制冷剂进行加热，弥补热泵系统低温热源温度低、热量不足的缺点，增大热泵系统的制热量，冷却液经单向阀被液泵 1 泵送回 PTC 加热器，完成冷却液的循环。

上述工况运行依靠管路上温度传感器测量的温度进行调节。电动汽车的快速发展，对电动汽车的热管理技术提出了严峻的挑战，也促进了电动汽车整车热管理技术的快速发展。在满足电动汽车不同需求的前提下，可靠、稳定和高效节能的整车热管理系统是未来的发展方向。

第五节 数据中心冷却装置

互联网数据中心起源于20世纪90年代中期，是全球协作的特定设备网络，用来在因特网络基础设施上传递、加速、展示、计算、存储数据信息。随着5G移动通信、物联网、云计算、大数据、人工智能等应用的快速发展，数据中心作为电子信息产业的主要建筑场所，也得到了飞速发展。特别是数字经济的规模及其在国民经济中的地位持续上升，作为数字经济的重要载体，全球数据中心的发展规模也保持快速增长势头。

数据中心内服务器、网络交换机等信息技术（IT）设备和不间断电源（UPS）配套设备的稳定运行都需要适宜的温湿度条件，尤其是数据中心的IT设备对运行环境要求严苛。数据中心制冷系统的建设主要取决于IT设备本身的散热需求，以便将电子产品工作时产生的热量快速转移，保证其安全稳定高效地运行。以前数据中心机房通常采用房间级空调，地板下送风的冷却方式。该方式建设成本低，机房利用率高，用于解决3~5kW的单机柜发热。但随着机架式、刀片式服务器在机房大量应用，单机柜内设备数量、功率密度、发热密度都有显著提高。以电信/通信为主要用途的服务器，单机架功率还会保持在5kW左右，而云数据中心等用途的服务器，单机架功率普遍会上升到10~15kW，大的已经达到40kW。为解决超高功率密度IT设备散热难题，数据中心开始采用相变冷却或液冷技术，对于一些中小型数据中心或高功率单机柜，可以采用制冷剂相变冷却技术，而对于大中型数据中心常常采用液冷技术，即使用工作流体作为中间热量传输的媒介，将热量从发热区传递到远处再进行冷却。

数据中心机柜的最大特点就是一年四季运行时始终都需要散热。为了减少制冷系统的能源消耗，采用制冷剂相变冷却的机柜和数据中心往往需要在夏季采用制冷循环运行冷却，而在环境温度较低的春秋冬季可以采用自然冷却循环，图9-55所示为一种带有制冷剂压缩机和制冷剂泵的混合制冷循环。

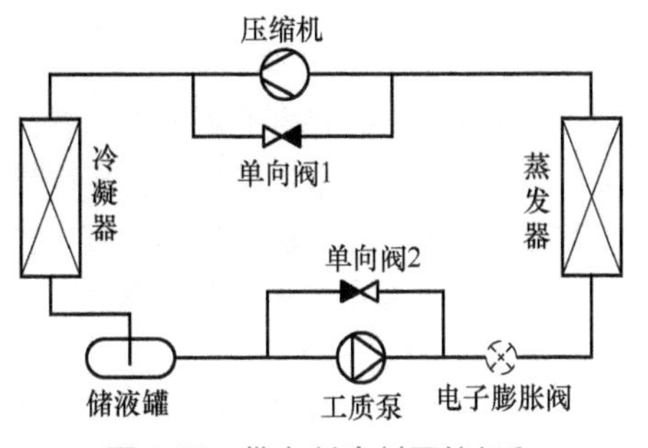

图9-55 带有制冷剂压缩机和制冷剂泵的混合制冷循环

压缩机制冷模式时，开启压缩机，关闭制冷剂泵；制冷剂泵自然冷模式时，开启制冷剂泵，关闭压缩机。

通常情况下，当室外温度高于某一温度值（如25℃）时，带有制冷剂压缩机和制冷剂泵的混合制冷机组工作在蒸气压缩制冷模式，即压缩机排出的高温高压制冷剂进入冷凝器冷凝成制冷剂液体，通过与制冷剂泵平行的单向阀2，经电子膨胀阀膨胀降温后进入蒸发器，对机柜进行冷却后蒸发为低压的制冷剂蒸气，被压缩机吸入完成一个制冷循环。此时机组的运行性能完全相同于同样制冷系统配置的风冷型直膨式制冷机组；而当室外温度低于某一温度值时，带有制冷剂压缩机和制冷剂泵的混合制冷机组工作在制冷剂泵自然冷却模式，即冷凝器出来的制冷剂液体进入制冷剂泵升压后进入电子膨胀阀节流降温，并进入蒸发器，对机柜进行冷却后蒸发为低压的制冷剂蒸气，经单向阀1进入冷凝器被较低温度的环境介质冷凝为制冷剂液体，完成自然冷却循环。由于此时制冷剂泵仅需要提供制冷剂完成自然冷却循环所需要的动力，相比于制冷压缩机，其耗功非常小，因而具有显著的节能效益。

对于一些中大型数据中心，直接采用制冷剂来冷却将会导致制冷剂消耗巨大，成本增加。图9-56所示为一种冷水机组+冷却塔自然冷却+热管系统的热管背板机柜供冷系统。在夏季，由冷水机组与冷却塔组成的制冷系统向壳管式换热器提供冷冻水，将热管背板系统中的冷媒冷凝为液体后，液体冷媒进入机柜中的热管背板蒸发，对机柜内的电子设备进行冷却后变成气态回到壳管式换热器，完成对机柜的冷却循环；而在其他季节，则不用开启冷水机组，只开启冷却塔的循环水泵，依靠环境的自然冷却为壳管式换热器提供冷量，进而通过热管冷却循环实现对机柜内电子设备的冷却，具有极其显著的节能效益。由于在机柜内为蒸发制冷，制冷密度大，可以很好地冷却高功率密度的电子设备，与液冷方式一起成为高功率密度数据中心的主要冷却方式。

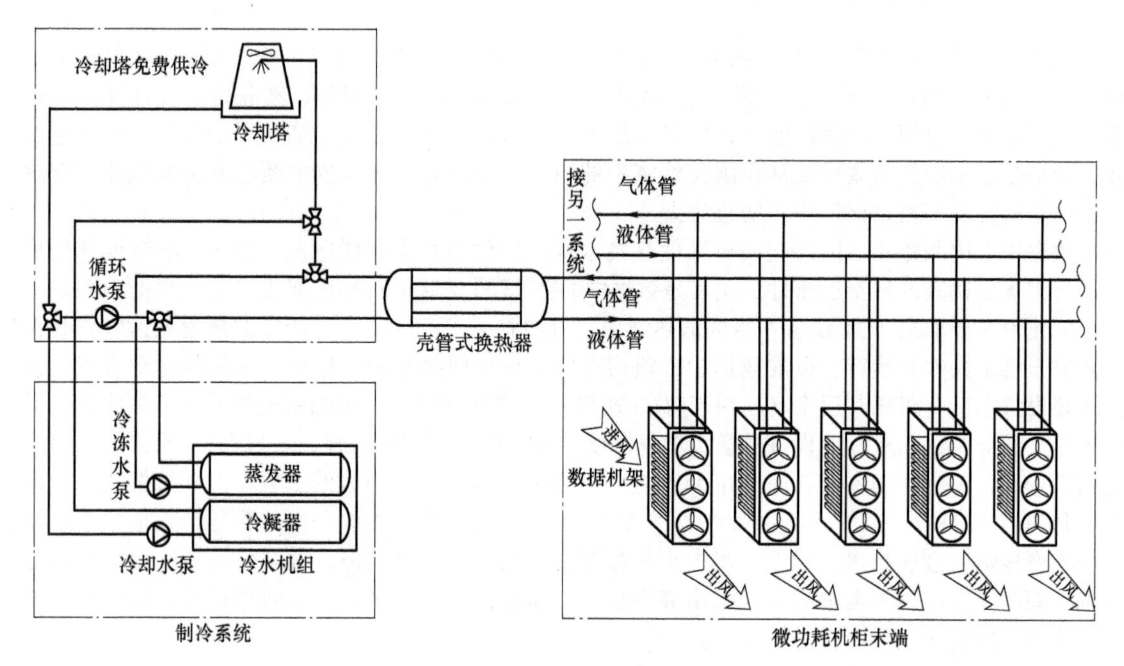

图9-56 热管背板机柜供冷系统

由于数据中心的规模不断扩大，耗能量也越来越多，数据中心的节能也越来越受关注。与此同时，数据中心要求冷却系统具有高可靠性和高稳定性。磁悬浮离心冷水机组因为具有变频调速、高效节能、无油运行、系统简单、可靠性高、低噪声、低振动等突出优点，虽然成本高，仍然成为数据中心冷却系统的首选冷水机组。由于数据中心在通信技术、计算机和网络组成的IT基础设施中处于关键地位，应该尽可能靠近经济发达、用户密集的区域，但是数据中心巨大的能耗使得一些大型、超大型数据中心的建设开始转向自然灾害小、气候条件好、离用户中心相对比较近的地区，数据中心的冷却方式也越来越依赖于自然条件，蒸发冷却、喷淋降温也开始在应用，水下数据中心及水库、湖泊、江河水、海水冷却的数据中心也在不断发展中。总之，随着互联网技术和数据中心的快速发展，数据中心的冷却技术与装置也在快速的发展中。

第六节 试验用制冷装置

一、试验用制冷装置的用途与分类

试验用制冷装置是在试验室或试验箱中模拟实际中可能碰到的低温自然环境或生产过程需要的低温条件。它主要用来进行产品和材料的性能试验及与低温有关的科学研究试验，此外在航天及空间技术中还可以进行人体生理方面等综合试验。

试验装置的特点是要求的温度较低（-20~-120℃），有的装置还要求高温（50~100℃）及低压（绝对压力666Pa），一般都是间歇性运行，要求起动快，工况转变迅速，有可靠的自控设备等。因此，这类装置在设计、制造和使用上要求都比较高。

按试验对象及要求的不同，试验用制冷装置可分为下列三种类型：

1. 低温试验装置

这类装置中只需要保证较低的试验温度，通常是用来研究生产过程中某些工艺过程的进行条件和方式，或者研究产品在低温下的性能（如石油产品在低温下的黏性、引燃性及润滑性等）。装置中需保持的温度与试验对象的要求有关，如钢材的冷处理需保持-80～-120℃的低温。这类装置一般尺寸比较小，所采用的制冷装置的容量也不是很大。

2. 环境试验装置

这类试验装置是模拟地面上的气候条件用来进行室外条件下工作的各种机电产品、建筑材料及构件、汽车、列车等性能试验，或者进行与室外气候条件有关的科学试验，如土壤学、植物学等方面的科学试验等。当试验装置只需保持低温及高温条件时，称为高低温试验装置。此外，有些试验装置中常需保持一定气流速度、真空度，模拟雨、雪、雾、日照等条件。因而环境试验室的形式与要求亦是与所要试验的对象有关。

如汽车制造厂试验室，为了模拟汽车的运行，除了要求进行高、低温环境试验之外，尚需有鼓风装置，使迎面风速等于行车速度，且需调节。为了测量汽车的牵引力，其中还应有制动设备。因要求容纳整个汽车，故试验室尺寸较大。除这种大型试验室之外，亦可专门建立小型汽车发动机试验室，如试验低温下起动特性并能测定发动机的功率及转矩等。

为了进行坦克及车辆（空调列车及机械冷藏列车等）的整车和部件的静态或动态的性能试验，需要建成更大型的试验室。对于车辆环境静置试验室通常只要停放一辆车及有关测试装置即可，但对于车辆运行试验室，热负荷较大、占地面积亦大，还要进行各种气候条件下的模拟运行试验。根据国际列车运行情况一般要求室温为+50～-50℃，此外尚需模拟风、雨、雾、雪及太阳辐射等，故各种配套设备多，制冷机容量大。

植物生长环境试验装置可研究温度、湿度及日照对植物生长过程的影响，还可研究植物及种子的耐寒性，这对于植物的育种很重要。此外，亦适用于植物基因工程、植物资源的开发和利用、植物抗病性的鉴定等研究工作。利用植物生长环境试验装置使得植物生长不受气候条件和季节的限制，缩短研究周期，是生物工程用的现代化试验手段。在这种试验装置中，往往要求试验室内的温度能模拟一天之中的温度变化，而且有一定精度要求，故对制冷装置的自动化程度要求高。同时，在试验室中需保持一定的湿度及设置模拟太阳辐射装置。

3. 高空试验装置

这类装置是用来模拟高空中的气象条件，要求能保持高温、低温和低压（真空），故亦称为高低温低压试验装置。一般的高空试验装置要能保持-60～-70℃的低温，其压力则依所要求的飞行高度而定。此外，考虑到飞机及火箭高速飞行时与空气摩擦而产生的加热现象，以及考虑到飞机要在热带的飞机场上起飞和着陆，在高空试验装置中亦需能保持60℃或更高的试验条件。在高空试验装置中通常进行下述试验：各种航空航天仪表及材料的性能试验，飞行器的油系统、电气系统及通信系统的试验，飞机的密封舱座及喷气发动机的性能试验等。

高空试验装置因试验对象不同，其要求与规模也有所不同。例如，用于航空仪表性能试验的装置一般是小型；用于飞机的燃油系统及油泵的性能试验通常是中型；用于飞机发动机性能试验的装置，虽容积不大，但结构复杂，需要有专门的供油、吸排气用设备；飞机密封座舱的试验则需在大型试验室内进行，制冷机及真空泵的容量都比较大。

下面介绍几种典型的低温箱、低温室、低温低压箱、高低温环境试验装置及日光型植物生长环境试验装置等。

二、低温箱（室）及低温低压箱

1. 低温箱

低温箱亦称低温冰箱或低温试验箱，它的总体结构与一般冰箱相似，具有一个整体的外壳，从外形看有立式和卧式两种。试验箱均采用金属结构，除骨架之外，箱体内外设有金属护板，内填隔热材料（通常用泡沫塑料充填或聚氨酯整体发泡），厚度约150～300mm，在正面或上面有门，以便取放试件，一般还装有窥视玻璃，便于在试验过程中观察试件的情况。试验箱与制冷机组装在一个公共的底座上，试验箱内装有冷却排管或冷风机，用制冷剂的直接蒸发来冷却。当试验箱内需保持高温时，尚需加装电加热器。制冷系统视箱内要求保持的低温可采用两级压缩或复叠式制冷机。冷风机采用的电动机装在壳体的外面，通过一根长轴传动，以免电动机的发热量传给试验箱内的空气。图9-57所示为低温箱的结构示意图。

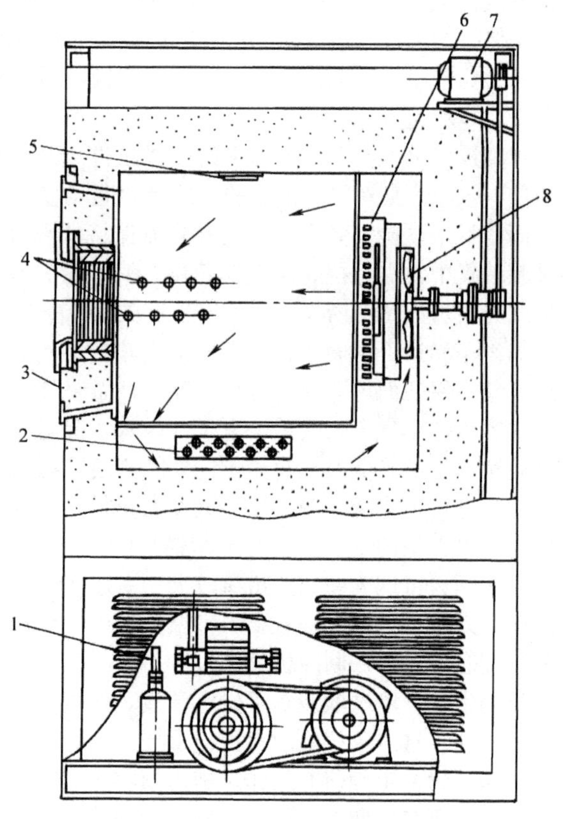

图9-57　低温箱的结构示意图

1—制冷机组　2—电加热器　3—带观察窗的门　4—试件接入口　5—照明灯　6—冷风机　7—风机电动机　8—风机

容积较大的低温或高低温试验装置，通常是将制冷机械部分与试验部分分开安装，而且将试验部分做成房间形式，工作人员可以入内进行作业。这样的试验房间称为低温室。低温室一般采用砖木结构或混凝土结构，也可采用金属结构，其隔热层一般都做在室内侧。低温室内可以采用冷却排管或冷风机，当采用冷风机时降温较快，室内温度也比较均匀，故广泛采用。当低温室要求的温度较低时，亦可采用空气制冷机。一般低温室结构中，还设计有预冷室，常采用冷却排管，其用途是作为试件的预冷，同时可减少低温室门打开时的冷量损失。低温室和预冷室都具有向外开的门，亦装有窥视窗，以便在试验过程中观察室内试验情况，窥视窗亦要有良好的保温性能，通常采用多层玻璃结构，并在每层玻璃之间放有吸湿剂（例如硅胶），以防夹层中的水分在玻璃上结霜而影响视线。低温室所配用的制冷设备通常都安装在它的近旁，以便管道连接和操作管理方便。为了防止基础下面的土壤冻结，在低温室地板下预制有通风道。

2. 低温低压箱

这种试验箱与低温箱的主要不同点是箱内要保持较高的真空度，因而其壳体要承受外压，因此这种试验箱均采用金属结构，且制作成卧式或立式圆筒状，两端具有凸形封头，其典型结构如图9-58所示。

低温低压箱外壳用钢板焊成，为卧式圆筒形，箱体采用内侧隔热，具有一个内胆，抽气孔留在壳体上方。内侧隔热的好处是可以保护隔热层，免受空气中含湿量的影响，而且箱体的热惰性较小，在降温时以及当试验工况转换时负荷较小。为了防止隔热结构受潮甚至冰冻，还做有一个内胆，内胆一般用铝板或不锈钢板制作，试验工作室即在其中。试验箱采用制冷剂直接蒸发冷却，蒸发器装在后端，并有一轴流风机，使箱内空气按一定通道循环流动，风机的电动机装在箱体外部通过一个长轴来传动。在空气通道中装有电加热器，在高温试验工况时使用。箱门设在箱体前端，并在门上设有窥视窗，亦采用多层玻璃结构。门框用隔热性能好的材料制作，以减少冷量损失。此外在箱门设计时尚需考虑门框与壳体连接处应避免出现冷桥或缝隙。门与门框之间要有适当的密封面，并垫以橡胶垫圈密封。为了防止冻结，在垫圈下面应设有小功率的电热丝进行加热，箱门也采用金属结构并采取隔热措施。

三、高低温环境试验装置

如前所述，高低温环境试验装置是通过模拟地面上的气候条件来对室外条件下工作的各种机

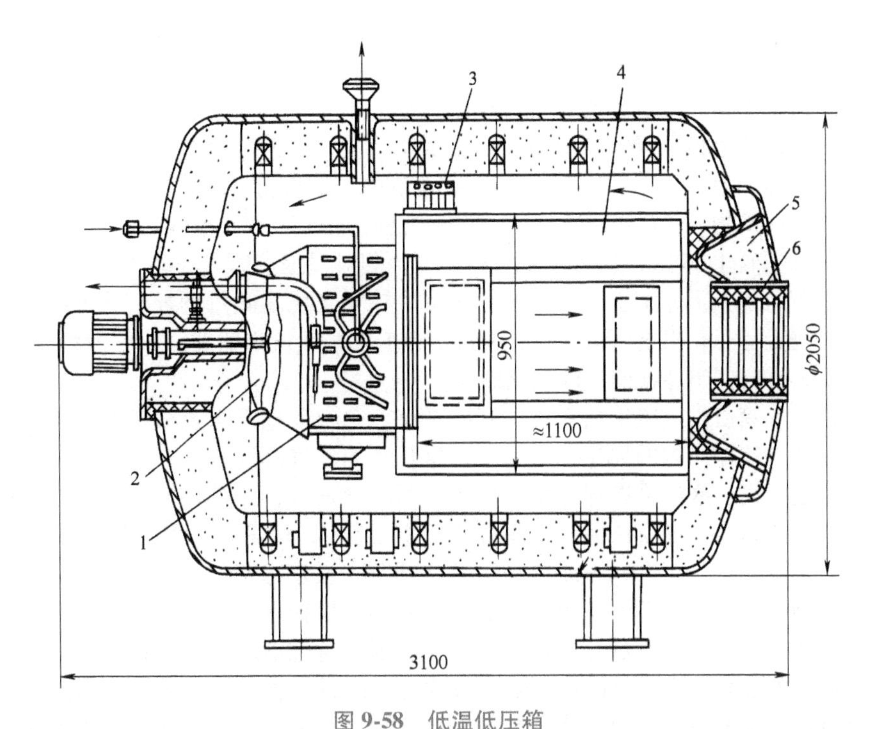

图 9-58 低温低压箱

1—蒸发器 2—风机 3—电加热器 4—工作室 5—箱体 6—窥视窗

电产品进行试验的装置，由于试验对象及要求不同，高低温环境试验装置具有各种不同的形式。容积小的只有几百升，稍大些的有几十立方米。本节重点介绍大型车辆静置热工试验的环境试验装置。它是能模拟各种气候条件并符合国际标准的试验装置，能承担铁路客、货车以及大型机电设备的各种热工性能的试验和环境条件的试验。试验室内部尺寸为：32m 长、7m 宽、6m 高。试验室的主要技术参数为：室内空气温度范围为+50～-50℃；制冷装置的制冷量为：冷凝温度+35℃，蒸发温度在-65℃时，制冷量 310kW，蒸发温度-10℃时为 1020kW，配用 LG20F 螺杆式制冷压缩机三台，其中一台为单级压缩，以满足一般制冷工况的冷量要求，另外两台螺杆式制冷压缩机，组成复叠式制冷系统以实现低温工况的冷量要求。试验室换气能力为 25000m^3/h，送入室内新鲜空气的处理能力为 1000m^3/h，主循环风机的额定风量为 220000m^3/h。由于试验室是对处于静止状态下的被试对象进行试验工作的，因此试验室内的风速确定为不大于 1m/s，测量区内空气温度的均匀度为 2℃。为了满足上述技术参数的要求，该系统采用三氯乙烯为载冷剂的二次制冷系统。经制冷系统蒸发器冷却后的三氯乙烯液体由屏蔽泵送至主空气热交换器与环境试验室内空气进行热交换。试验室内温度的控制是由三氯乙烯的旁通分流来调节。由于采用了气动调节阀，可用计算机控制实现二次制冷系统的自动调节。

试验室采用蒸气加热的空气加热器，最大热负荷可达 580kW，加湿是采用等温水喷雾加湿装置。试验室中还设置模拟太阳辐射装置，这是为了试验太阳辐射的热效应对被试对象热工性能的影响。根据有关标准的要求，被试对象表面的最大模拟太阳辐射强度为1120W/m^2。测试系统采用全自动运行方式，包括数据采集和处理，车辆热工试验程序软件有车辆 k 值、客车空调试验和客车采暖试验等。试验室还配备有红外热成像装置，该装置为双通道、高分辨率的热探测仪器，其温度分辨率可达 0.07℃，可用于车辆隔热层及管道设备的无损检查，这对更新产品设计，改进产品制造工艺都具有指导意义。

四、日光型植物生长环境试验装置

日光型植物生长环境试验装置是在室外直接接受日光的全露天人工气候装置。它可以实现对箱内进行制冷、加热、减湿、加湿、模拟阳光辐射等控制，使箱内的温度、湿度稳定在设定的工作范围。相对于一般空调和环境模拟装置，它具有运行时环境温度波动大，对太阳辐射比较敏感等特点。但利用植物生长环境试验装置可使得植物生长不受气候条件和季节的限制，缩短研究周期，提高工作效率，是生物工程研究用的现代化试验手段。根据试验对象的要求可以设计成不同容积。下面介绍内容积为1.5m×1.5m×1.5m的日光型植物生长箱。箱体前面、顶部及两侧面均为铝框架镶嵌单层玻璃结构。箱内温度，以水稻育种为例，在18~40℃范围内可调，24h以内箱内温度可按设定要求自动变化24次，温控精度为±1.5℃，相对湿度指标为（60%~90%）±10%，距送风孔板0.5m高度处的截面风速为0.5m/s，生长箱内补充光照时间可调控到分钟级。日光型植物生长箱为全露天放置运行，根据试验要求，通过键盘输入箱温设定曲线，系统即可投入自动运行，自动记录仪可记录并打印出24h的温度变化曲线。

日光型植物生长箱由供试验用的箱体、制冷系统、空气处理系统及微机控制系统等组成。制冷系统的蒸发器装在箱体内侧的风道内，以实现生长箱内空气降温减湿；空气处理系统包括电加热器、加湿器和通风机，这样可以保证生长箱内空气加热、加湿、降温、减湿和空气循环；微机控制系统是利用生长箱内温度与环境温度差的运算进行控制，使箱内温度、湿度稳定在设定范围。植物生长箱运行工况变化比较大，一般应采用PID调节来实现稳定的模拟工况。但是该控制系统仍采用双位调节器配合高采样精度和控制功能强的可编程序控制器，控制两套制冷系统的四组蒸发器、三组可自动分档的电加热器、一台超声波加湿器。通过不同要求的传感器，采用各种温湿度信号，通过微机的运算，采用时间比例输出方式，并配以完善的控制算法，即使在极限的工作环境下，也具有很高的可靠性。当自控系统发生故障时，可进行手动操作，均能达到所要求的控制精度。

从日光型植物生长箱运行试验特性来分析，太阳辐射强度的变化对箱内制冷空调负荷的变化起主要作用，尤其这种单层玻璃结构，云层稍有变化，就立即反映到控制系统，除了系统运行稳定性要求高之外，还要求控制系统抗干扰能力强，可靠性高。为了使在夏季云层变化大时，控制动作跟上环境条件的变化，必须使温度传感器同时感受温度和日光的变化。此外，大多数植物生长箱采用制冷机与电加热器同时工作，利用冷、热量相互抵消的控制方法，达到较高的控制精度，但调节器动作频繁，且能耗高，而该系统采用了按照箱内冷、热负荷的需要进行补偿的控制，消除了运行中不必要的能耗，节省了运行费用。

第十章

制冷空调装置的冷热源选择及制冷装置的节能

第一节　制冷空调装置的冷热源选择

中央空调系统由于建筑物空调热负荷大，冷热源设备初投资大，且空调能耗在建筑物的总能耗中占有很大的比例，故冷热源设备的选用须按技术先进性、经济性和安全可靠性等原则进行比较后确定。

中央空调系统中应用最广泛的制冷机是蒸气压缩式（往复式、离心式、螺杆式和涡旋式）和吸收式两种。这两种制冷机还可以采取联合运行的方式。制冷装置可放在主楼和辅楼建筑中（地下室、设备层或屋顶层等），也可以集中布置实行区域供冷。采用制冷装置的联合运行或集中区域供冷方式能提高能源的利用率。

衡量制冷机效率的指标是制冷性能系数，衡量吸收式制冷机的效率指标是单位制冷量热能耗量。评估冷水（热泵）机组全年运行的经济性时，还需了解该机组的部分负荷性能。

一、制冷机的选用原则

制冷机的选择应根据建筑物的用途、负荷大小和变化规律，制冷机的特性、电源、热源和水源情况，初投资和运行费，环保、安全、维护保养等因素综合考虑。

1）应考虑建筑物全年空调负荷的变化规律及制冷机部分负荷的调节特性，合理选择机型、单机容量、台数和全年运行方式，以便提高制冷系统在部分负荷时的运行效率，从而降低年运行费用。

2）从提供相同冷量、消耗一次能源的角度来说，电力驱动的制冷机比吸收式制冷机能耗要低。但对当地电力供应紧张，或有现成的热源，特别是有余热、废热可利用的场合，应优先选用吸收式制冷机以及燃气空调。

3）从能耗、单机容量和调节等方面考虑，选择电力驱动冷水机组时，当单机空调制冷量大于1160kW 时宜选用离心式；制冷量为 580~1160kW 时，宜选用螺杆式或离心式；制冷量小于 580kW 时，宜选用往复式或涡旋式。家用空调也可从房间面积等因素考虑选用房间空调器或家用中央空调系统。

4）选择制冷机时，应考虑对环境的影响，如噪声、振动等。从对大气臭氧层的破坏与否来考虑，吸收式制冷机有明显的优点；从温室效应考虑直燃型吸收式制冷机 CO_2 排放量比电驱动制冷机大。此外，对当地的能源结构和环保政策等都要综合考虑。

二、电动机驱动压缩式制冷机

这里包括房间空调器、单元式空调机组及冷水（热泵）机组等。空调机组是住宅及建筑物空调的心脏，它的性能优劣除了影响使用的安全性及舒适性外，最直接影响的是经常性运行费用。因此，选择空调机组时应在容量、能源效率、控制及能量调节等方面综合考虑。而首先考虑的当然是空调机组的能效指标。为了准确反映空调机组实际的能源消耗效率，对于不同类型的空调机组常常采用不同的能效指标来表示，这些能效指标有：性能系数（COP），是指名义工况下制冷量

（制热量）与消耗功率的比值；能效比（EER），是指在夏季制冷时，名义工况下制冷量与输入功率之比；制冷季节能源消耗效率（SEER），是指制冷季节期间，空调器进行制冷运行时，从室内除去的热量总和与消耗电量的总和之比；制热季节能源消耗效率（HSPF），是指制热季节期间，空调器进行制热运行时，送入室内的热量总和与消耗电量的总和之比；全年能源消耗效率（APF），是指空调器在制冷季节和制热季节期间，从室内空气中除去的热量与送入室内的热量的总和与同期间内消耗电量的总和之比；机房空调全年能效比（AEER），是指机房空调进行全年制冷时从室内除去的热量总和与消耗电量的总和之比；综合部分负荷性能系数（IPLV），是指将机组在25%、50%、75%及100%负荷工况下的EER值，经加权后的综合值。国家强制性标准GB 21455—2019《房间空气调节器能效限定值及能效等级》、GB 19576—2019《单元式空气调节机能效限定值及能效等级》和GB 19577—2015《冷水机组能效限定值及能效等级》分别对三类产品规定了能效要求。表10-1、表10-2、表10-3列出了房间空调器、表10-4列出了单元式空调机组、表10-5和表10-6列出了冷水机组能效等级指标。

表10-1　热泵型房间空气调节器能效等级指标值

额定制冷量（CC）/W	全年能源消耗效率（APF）				
	能效等级				
	1	2	3	4	5
CC≤4500	5.00	4.50	4.00	3.50	3.30
4500<CC≤7100	4.50	4.00	3.50	3.30	3.20
7100<CC≤14000	4.20	3.70	3.30	3.20	3.10

表10-2　单冷型房间空气调节器能效等级指标值

额定制冷量（CC）/W	制冷季节能源消耗效率（SEER）				
	能效等级				
	1	2	3	4	5
CC≤4500	5.80	5.40	5.00	3.90	3.70
4500<CC≤7100	5.50	5.10	4.40	3.80	3.60
7100<CC≤14000	5.20	4.70	4.00	3.70	3.50

表10-3　低环境温度空气源热泵热风机能效等级指标值

名义制热量（HC）/W	制热季节能源消耗效率（HSPF）		
	能效等级		
	1	2	3
HC≤4500	3.40	3.20	3.00
4500<HC≤7100	3.30	3.10	2.90
7100<HC≤14000	3.20	3.00	2.80

表10-4　单元式空调机组能源效率等级指标值

类型			能效等级		
			1	2	3
风冷式单元式空调机	单冷型（SEER，Wh/Wh）	7000W≤CC≤14000W	4.50	3.80	2.90
		CC>14000W	3.60	3.00	2.70
	热泵型（APF，Wh/Wh）	7000W≤CC≤14000W	3.50	3.10	2.70
		CC>14000W	3.40	3.00	2.60

（续）

类型		能效等级		
		1	2	3
水冷式单元式空调机（IPLV，W/W）	CC>14000W	4.50	4.30	3.70
	7000W≤CC≤14000W	4.00	3.70	3.30
计算机和数据处理机房单元式空调机（AEER，W/W）	风冷式	4.00	3.60	3.00
	水冷式	4.20	4.00	3.50
	乙二醇经济冷却式	3.90	3.70	3.20
	风冷双冷源式	3.60	3.10	2.90
	水冷双冷源式	4.10	3.90	3.40
通信基站用单元式空气调节机（COP，W/W）		3.20	3.00	2.80
恒温恒湿型单元式空气调节机（AEER，W/W）		4.00	3.70	3.00

注：CC——名义制冷量，单位为 W。

表 10-5　冷水机组能源效率等级指标（一）

类型	名义制冷量（CC）/kW	能效等级			
		1	2	3	
		IPLV	IPLV	COP	IPLV
风冷式或蒸发冷却式	CC≤50	3.80	3.60	2.50	2.80
	CC>50	4.00	3.70	2.70	2.90
水冷式	CC≤528	7.20	6.30	4.20	5.00
	528<CC≤1163	7.50	7.00	4.70	5.50
	CC>1163	8.10	7.60	5.20	5.90

表 10-6　冷水机组能源效率等级指标（二）

类型	名义制冷量（CC）/kW	能效等级			
		1	2	3	
		COP	COP	COP	IPLV
风冷式或蒸发冷却式	CC≤50	3.20	3.00	2.50	2.80
	CC>50	3.40	3.20	2.70	2.90
水冷式	CC≤528	5.60	5.30	4.20	5.00
	528<CC≤1163	6.00	5.60	4.70	5.50
	CC>1163	6.30	5.80	5.20	5.90

根据标准规定，能源等级的含义：对于表 10-1、表 10-2 和表 10-3，1 级是企业努力的目标；2 级代表节能型产品的起点（最小寿命周期成本）；3、4 级代表我国的平均水平；5 级产品刚满足能效限定值，是产品准入市场的门槛，也是未来首先淘汰的产品。对于表 10-4、表 10-5 和表 10-6，1 级是企业努力的目标，代表节能型产品；2 级代表我国的平均水平；3 级产品刚满足能效限定值，是产品准入市场的门槛，也是未来首先淘汰的产品。从 2005 年 3 月 1 日起，我国生产的电冰箱、空调器率先实施能效标识制度，即产品贴上能效标识，以方便消费者选购。

此外，我国标准 GB/T 18430.1—2007《蒸气压缩循环冷水（热泵）机组 第 1 部分：工业或商业用及类似用途的冷水（热泵）机组》对电动机驱动的采用蒸气压缩制冷循环应用于工业或商业及类似用途的制冷量为50kW以上的集中空调或工艺用冷水的冷水（热泵）机组的型式与基本参数、要求、式样方法以及检验规则等进行了规定。GB/T 18430. 2—2016《蒸气压缩循环冷水（热泵）机组 第2部分：户用及类似用途的冷水（热泵）机组》对电动机驱动的采用蒸气压缩制冷循环应用于工业或商业及类似用途的制冷量不大于50kW的户用及类似用途的冷水（热泵）机组的型式与基本参数、要求、试验方法以及检验规则等进行了规定。

1. 容积式冷水（热泵）机组

按制冷压缩机类型可分为往复活塞式、双螺杆式、单螺杆式、滚动转子式及涡旋式。按制冷剂种类可分为R22、R134a、R717、R407C、R410A、R32、R1234ze（E）、R1233zd（E）等。制冷量范围为10~1160kW。

机组名义工况时的制冷性能系数不应低于表10-5和表10-6的数值，兼有热泵制热机组不应低于表10-5和表10-6规定的95%。

15kW以下的小容量压缩机大多采用全封闭式。往复式、滚动转子式、涡旋式冷水（热泵）机组常由多台压缩机组成，以扩大冷量选用范围，提高制冷效率，实现节能调节。

热源侧利用空气来冷却的机组俗称风冷热泵冷热水机组。通过制冷剂管路中的四通阀的转换，夏季可以供冷，冬季则可以供热，利用一台机组即可解决全年的空调需求。目前较适用于室外空调计算温度在-10℃以上的城市和建筑面积在1万m^2以下规模以及单位面积冬季热负荷不太大的建筑。风冷热泵机组在冬季运行时，室外侧盘管结霜与除霜是影响机组正常运行的关键问题。因此，对全年累计除霜时间为500~1000h、蒸发温度低于~8℃、运行时间小于110h的城市可以大力推广，如上海、杭州、武汉等地。对于长江以南而冬季相对湿度不高的地区尤为适用。国外衡量热泵机组的性能，往往采用供热季节性能系数（HSPF）和供冷季节能效比（SEER）来评价，前者反映供热阶段的季节效率，后者反映供冷阶段的季节效率。供热季节性能系数主要取决于热泵供热负荷系数（需热量与热泵供热量之比）、当地冬季室外温湿度分布频率和热泵冬季运行性能等因素，这些因素是选用热泵机组的关键问题。

热泵机组为适应不同冷（热）负荷而进行的制冷（热）量调节的方法：对集中空调系统，大中型工程采用机组台数或压缩机台数调节；对小型工程，采用压缩机变频调节为佳，尽量不用压缩机开停方法，以免供水温度频繁波动而引起室温波动。

热源侧利用水作为传热介质的机组俗称水源热泵，最适宜于洁净的江河水、废水、地下水，也有利用海水作为低位能源。水源热泵的性能系数高于风冷热泵机组的。另外，对于气候适中的地区、面积较大的商场、办公楼等内区要求供冷、外区要求供热的建筑物亦适合采用水源热泵。水源热泵便于分户计费及能量管理。

深井水或地下水位于较深的地层中，因隔热和蓄热作用，其水温随季节气温的变化较小，特别是深井水的水温常年基本不变，对热泵运行十分有利。若以深井水为热源可采用“深井回灌”的方法，并采用“夏灌冬用”和“冬灌夏用”的措施。所谓“夏灌冬用”就是把夏季温度较高的城市水或经冷凝器排出的热水回灌到有一定距离的另一个深井中去，即将热量储存在地下含水层中，冬季再从该井中抽出使用作为热泵的水热源。“冬灌夏用”则与之相反，这样不仅实现了地下含水层的蓄热作用，而且防止了地面的沉降。采用这一方法时，应注意回灌水对地下水有无污染的问题。

对于蕴藏有地热的地区，可以从地下直接抽取水温60~80℃的热水，作为供热的热媒，若把一次直接利用后的地下热水再作为热泵的低位热源用，就可增大地下热水的温差，提高地热的利用率。

此外，由于地表水的流动和太阳辐射热的作用可将土壤的表层加热。因此，可以从土壤表层吸取热量作为热源。土壤的持续吸热率（能源密度）为20~40W/m^2，一般在25W/m^2左右。土壤热源的主要优点是温度稳定，无噪声，也无需除霜。但由于土壤传热性能欠佳，需要较大的传热面积，导致占地面积大。

2. 离心式冷水机组

离心式冷水机组中的离心式压缩机本体包括高速旋转的叶轮、扩压器、进口导叶、传动轴和自控系统。以前主要以 R11、R12、R113 为制冷剂，近年来已被以 R22、R123、R134a 及 R1233zd（E）为制冷剂的离心式冷水机组所替代。由于离心式制冷压缩机叶轮转速高，压缩机输气量大，故单机容量大。目前，单机空调制冷量通常在 350kW 以上，最大容量可达 3500kW。容量在 3500kW 以下的主要用于建筑物供冷，超过 3500kW 的用于区域供冷。

通常离心式冷水机组的能效比是比较高的，尤其是磁悬浮离心式制冷机组，因此大型公共建筑在选用电力空调时应首选离心式冷水机组。但这里有两个问题值得注意：

1）制冷剂问题。目前离心式冷水机组的制冷剂为 HCFC22、HCFC123、HFC134a 等，都属于一种短期替代物而不是长久使用的制冷剂，现在提出的 R1233zd（E）虽然具有更加优异的温室效应值，但是是否能够彻底解决离心式制冷机组的制冷剂替代问题还需要长期研究。与此同时，各国学者也在积极研究天然制冷剂，如 NH_3、CO_2，甚至空气，试图用于建筑空调，但距离商业化应用还有一段距离。

2）冷却水问题。冷水机组有冷却塔、冷却水泵等辅助设备，如果没有变频装置，在部分负荷下，冷却塔风机和冷却水泵的耗能是基本不变的，使得冷水机组在部分负荷下的综合能效比较低。对于大型冷水机组这个问题就比较突出。因此，从节水的角度，反倒是应该提倡用风冷机组。如我国香港特别行政区由于水资源匮乏，因而当地禁止使用冷水机组。个别大型建筑由于空调冷量特别大而采用初投资很大的海水冷却。

三、溴化锂吸收式制冷机及直燃型溴化锂冷热水机组

溴化锂吸收式制冷机是利用热能为动力，比蒸气压缩式制冷机节电明显。以一台 3500kW 的制冷机为例，蒸气压缩式制冷机耗电约 900kW，而溴化锂吸收式制冷机仅耗电 10 多千瓦。当然不能笼统地讲它是节能产品。若以一次能源（煤）的消耗率来比较，制取 11.6kW 冷量，标准煤的消耗量是：压缩式制冷机为 1.42kg；双效溴化锂吸收式为 2.1kg；单效溴化锂吸收式为 4kg。压缩式制冷机的标准煤消耗量低于吸收式制冷机的。但如吸收式制冷机的加热源是余热、废热、排热，则从总体考虑其节能特性优于压缩式制冷机。因此，尽量利用低势热源，做到物尽其用。直燃型溴化锂冷热水机组由于燃气或燃油在高压发生器中直接燃烧，燃烧效率高，传热损失小，对大气污染小。能一机多用，可供夏季空调、冬季采暖，兼顾生活热水之用，使用方便。此外，在低温热源具有废热源的场合宜选用直燃型吸收式热泵机组，这样在采暖运转时可大幅度降低燃料消耗。

根据前些年对上海 200 多幢高层建筑空调冷热源装置与能耗的调查，冷源机组以压缩式制冷机组（包括离心式、螺杆式和往复式）为最多占 53%，其次是空气热源热泵 25%，吸收式机组（包括蒸气双效、直燃型）占 17.7%；热源机组以燃油锅炉（包括集中供热）为最多，占 44%，其次是空气源热泵占 30%，电锅炉占 10.5%，直燃型吸收式机组（燃油或气）占 9.3%，燃煤锅炉仅占 2.5%。除此之外，有 11.5%的建筑使用复合能源，如电力和煤气、电力和燃油、电力和蒸汽（集中供热）来驱动冷热源机组，机组的组合方式有：离心式加直燃型吸收式、螺杆式（离心式）与蒸气双效溴化锂吸收式机组及燃油锅炉（集中供热）。

四、燃气空调及制冷

燃气包括天然气、煤气、液化天然气（LNG）、液化石油气（LPG）等。燃气空调就是直接用燃气作为能源的空调。它包括以燃气为能源的吸收式冷水机组或热水型吸收式冷水机组；燃气发动机热泵；热电冷联产（美国称为冷热电联产），即 cogeneration 系统等。

在制冷和供热工况下，电动热泵、锅炉、吸收式制冷机和发动机热泵的能流图如图 10-1 所示。在该图中，以驱动能源的热量为 100，分别示出了各项损失，诸如发电损失、输电损失、电动机运转损失、锅炉燃烧损失、发动机运转损失等，得到了驱动热源的输出功率和电动热泵、锅炉、吸

收式制冷机和发动机热泵运转时所供给的热量。从能流图中可以看出相同的燃料可得到的各种设备的输出热量，从而可以比较各种设备的效率。

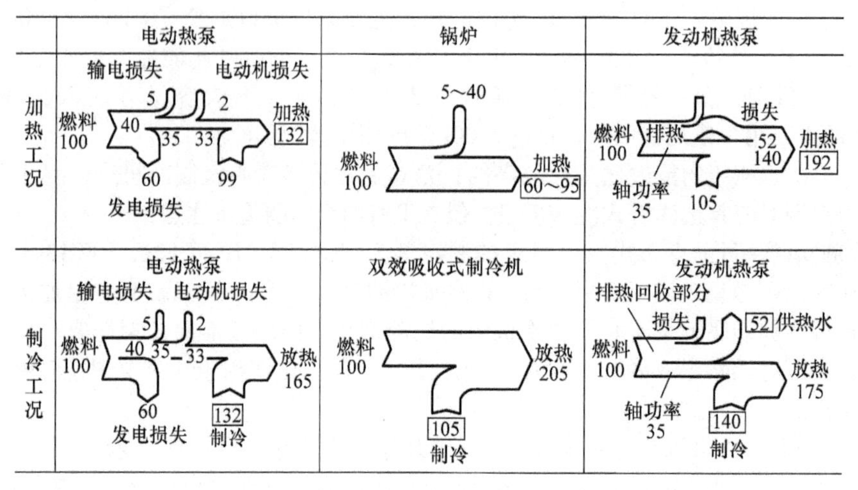

图 10-1　电动热泵、锅炉、吸收式制冷机和发动机热泵的能流图

如图 10-1 所示，在加热工况下，如驱动能源的热量为 100，输出热量分别为：电动热泵为 132，锅炉为 60~95，而发动机热泵为 192；在制冷工况下，制冷量分别为：电动热泵为 132，双效吸收式制冷机为 105，而发动机热泵为 140。从以上比较可知，燃气发动机热泵用于空调还是有一定优势的。

因而人们所说的燃气空调不等于直燃型溴化锂吸收式冷热水机组，燃气空调的最佳方式是实现天然气能源的梯级利用和综合利用，从图 10-1 中可以清楚看到这一点。但直燃型溴化锂吸收式冷热水机组将在一段时间内作为空调冷热源的主流机型之一。同时，随着我国大城市能源结构中天然气比例的上升，直燃机在建筑空调冷热源中的比重也将上升。当然燃气空调的应用并不意味着取代电力空调，两者应当实现优势互补。

热电冷联产是指用一种能源有效地产生并供给电和热两种二次能的系统，也称为热电联产或汽电共生。若利用热（汽）来制冷，则就是热电冷联产；当这种系统设置在一个或一群建筑物中时，供电的同时又可供热、供冷，则就是区域三联供。这种方式就本质而言，即所谓全能系统。全能系统是以燃气为能源在建筑物内就地进行热电冷联合的供能系统。它所获得的电力可以并入城市电网用于建筑照明、电力拖动、水泵、风机以及驱动制冷压缩机（或热泵）。全能系统可以利用废热锅炉产生蒸汽，利用加热后的冷却水供暖，而从上述排热中获得的蒸汽或排水均可供吸收式制冷机供冷。总之，对于其输出的电力、排气、冷却水的能量可因地制宜地灵活应用，这是十分有效的供能方式。

除了燃气空调之外，尚有热电冷三联供在低温工程上的应用，由于氨吸收式制冷机的技术发展，换热器改为板翅式或板式换热器；溶液泵改为屏蔽型结构，使机组的体积与重量降低，密封性能提高，并可有效地利用低温冷却水，部分负荷运转时能效比高。图 10-2 所示为氨吸收式与低温压缩式的部分负荷特性。图 10-3 所示为热电冷三联供与氨吸收式制冷机联合运行系统。由天然气驱动燃气轮机发电机组产生 21.5MW 的电力。排气进入排热回收锅炉产生 4.2MPa 压力的过热蒸汽。由该蒸汽驱动汽轮机发电机组产生 5.3MW 的电力，汽轮机的 0.9MPa 排气用作氨吸收式制冷机的热源，制取 1055kW、-45℃ 和

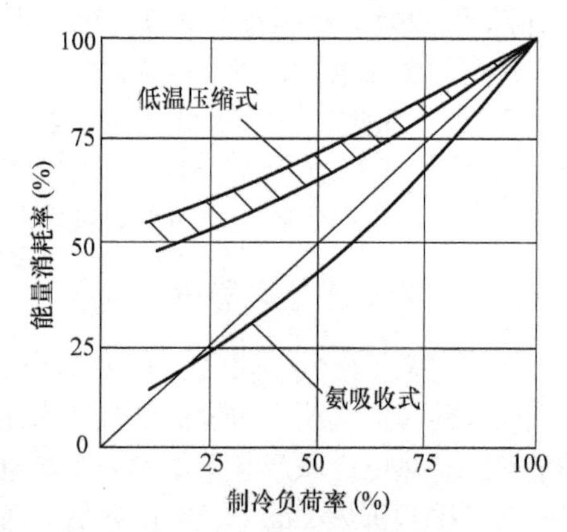

图 10-2　氨吸收式与低温压缩式的部分负荷特性

2110kW、-34℃的冷源。图 10-4 所示为热电冷三联供与氨、溴化锂吸收式制冷机联合运行系统图。

由气体发动机排热产生 0.8MPa 压力的饱和蒸汽和 88℃的热水，氨吸收式制冷机和溴化锂吸收式冷水机组联合使用。0.8MPa 压力的饱和蒸汽驱动氨吸收式制冷机，制得-55℃的冷源；88℃的热水驱动溴化锂吸收式冷水机组，制得 7℃冷水作为氨吸收式制冷机吸收器的冷却水使用。这样可降低氨吸收式制冷机的驱动热源，由 1.6MPa 降低至 0.8MPa。

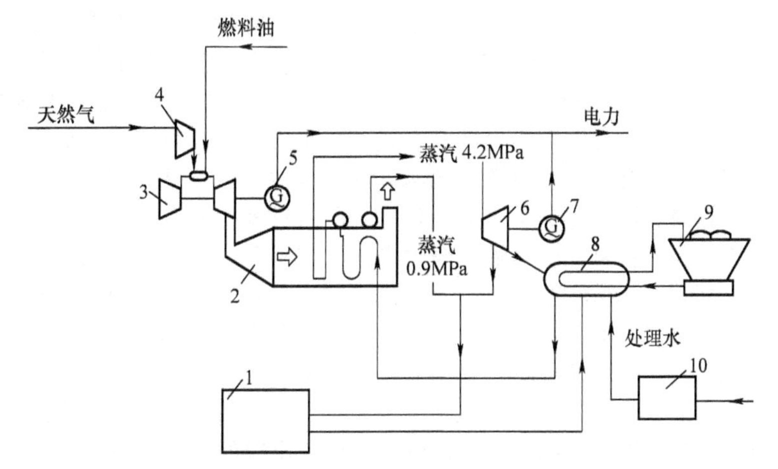

图 10-3　热电冷三联供与氨吸收式制冷机联合运行系统

1—吸收式制冷机　2—排热回收锅炉　3—燃气轮机　4—燃气压缩机
5、7—发电机　6—汽轮机　8—冷凝器　9—冷却塔　10—水处理装置

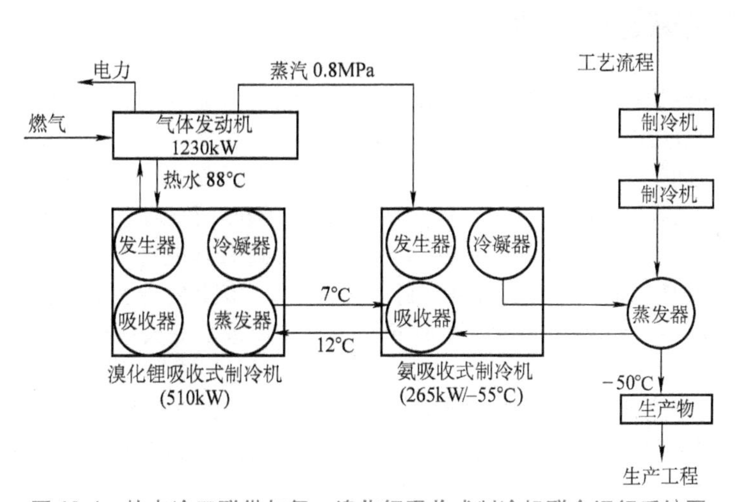

图 10-4　热电冷三联供与氨、溴化锂吸收式制冷机联合运行系统图

五、集中供热供冷与冷热源能源利用多元化

现代高层建筑的功能一般是综合性的，其中有住房、办公、购物、餐饮、健身娱乐、会议及文化活动等，建筑呈群体方式，规模比较大，建筑面积一般为 5~10 万 m^2。这种情况下，为了提高环境质量、美化市容、减少污染、便于能源管理和优化能源利用率，降低耗能成本，应尽量采用集中供热供冷。从供冷（热）负荷来分析，由于所包容的建筑物空调负荷全天变化很大，故具有对负荷的削峰或移峰作用，这是很有利的。

集中供热供冷的能源目前以用电力最多，液化天然气亦大量使用，而煤和油的使用对环境有污染。此外，废热、排热和自然能源（地热、太阳能、河川水）也是可资利用的能源，其利用的程度往往反映国家在能源管理和利用方面的技术水平。以电力为能源的集中供热供冷系统应尽可能利用夜间电力（分时计价政策使得晚间电价仅为白天电价的1/3～1/4）进行蓄冷（热），以减少装机容量和运转费用，此外还应尽量利用热泵技术回收余热和利用自然能量。以燃气为能源的集中供热供冷系统，其常规方式是利用锅炉和溴化锂吸收式制冷机，目前由于直燃型溴化锂冷热水机组发展很快亦可选用。为了提高一次能源的利用率，近来，以燃气为能源的全能系统具有很好的发展前景。

我国是发展中国家，大多数城市能源供应紧张，当建筑物对空调的需求日益增长时，能源的供需矛盾日益突出。有些国家在政府能源政策的导向下，实行空调能源多元化，如电力和燃气（液化天然气）双能源并用，即在夏季除使用电动制冷设备外，同时推广燃气为能源的供冷技术，如双效溴化锂吸收式制冷机、直燃型溴化锂吸收式冷热水机组的应用等；冬季则可利用电动热泵从室内排热源或大气中取得热量作为热泵的热源向建筑物供热。当利用燃气供能时，如前所述，还可采用全能系统，这对能源利用具有最高的效率。国内建设的大型建筑物已有采用同时使用电力和燃气制冷的方案。所以从可持续发展的角度考虑，在我国大中城市，利用天然气，发展居住小区区域供热供冷（DHC）、热电冷三联供（CCHP）和冷热水三联供（CCHW）是必然的发展趋势。同时，应发展带蓄热（冷）的电力户式变频空调和热泵型储热热水装置。在大型建筑中，能实现空调能源的多元化是比较理想的。一般来说，可以用直燃型溴化锂吸收式冷水机组满足大楼的基本负荷，用电驱动的冷水机组应付峰值负荷等，以及在夜间蓄冰运行。这样能够平衡昼夜供电峰谷差，充分利用昼夜电价差。同时，也可以平衡燃气供应的冬夏峰谷差，充分利用冬夏季节燃气的供应量差。对促进蓄冷空调技术的发展亦将有很大的促进作用。此外，我国有些地区已实行日夜分时计价（电）政策，这对促进蓄冷空调技术的发展亦将有很大的促进作用。

第二节　制冷装置的节能

随着国民经济和科学技术的不断发展，制冷空调在生产和生活中所起的作用和所占的比重越来越大，因而制冷中节能问题也就越来越显得重要。

制冷装置中的节能问题，不仅在制冷装置的运行管理中要考虑，而且首先应在设计中予以考虑。在压缩式制冷机的设计中考虑节能问题就是要求尽可能高的制冷系数。制冷系数最大是优化设计的目标之一，但不是优化设计的唯一目标（优化设计还有其他目标，如质量最轻，设备费用最低等）。而且不能在任何情况下都盲目追求制冷系数最大，例如对冷凝器和蒸发器传热温差的选择，就要采用技术经济综合分析的方法，如果单纯追求制冷系数最大就会导致这些换热器越大越好的不切实际的结论。

压缩式制冷机的节能是牵涉面很广的问题，可以从许多方面予以考虑，包括制冷循环的制定、制冷剂的选择、压缩机和设备的设计、管路的选配设计和装置各部件布置、运转中的管理等。现分别予以说明。

一、压缩式制冷机循环及制冷剂选择中的节能措施

1）对于蒸发温度较低的制冷机尽可能采用液体过冷，对于R134a等制冷剂的制冷机可以考虑采用回热循环（对于R717等则不宜采用）。对于复叠式制冷机，在高温与低温部分也可采用回热循环。

2）对于单级制冷机可采用分级节流中间抽气循环，当压比p_k/p_0较大时这种循环节能比较显著。这种循环特别适用离心制冷压缩机的大型制冷装置、螺杆式制冷压缩机的经济器系统，以及冷库的双温制冷系统。此外，螺杆式制冷压缩机可以制冷剂液体来替代或部分代替喷油，以在制冷系统中取消油冷却器，缩小油分离器容积，且实现节能。

3）在小型制冷或空调热泵装置的节流机构至蒸发器之间加一个蓄冷器（在其中充以低共熔混合物或石蜡等），可以延长制冷压缩机的运转周期，减少开停次数。或者在用电低谷时进行蓄冰，以降低电费。对于大中型制冷空调系统可以与空调系统配合进行冰蓄冷空调系统设计，并配合大

温差小流量及低温送风，以降低运行费用。

4）当压比 p_k/p_0 在中等范围内（例如为6~10），采用单级压缩循环还是两级压缩循环，可通过技术经济分析去确定。同样，当蒸发温度在-60~-80℃或者更低温度时，采用两级压缩循环还是复叠式循环，或者空气制冷机，也应通过技术经济分析去决定。此外，利用非共沸混合制冷剂来近似实现洛仑兹循环，采用单级压缩也可以获得较低的蒸发温度。

从节能的角度，选择制冷剂时应考虑下述两个因素：

1）单级理论循环的制冷系数可表示为

$$\varepsilon_0 = f\left(\frac{T_s}{T_0}\frac{T_s}{T_k}\right)$$

当 T_0 及 T_k 给定时，采用不同的制冷剂其制冷系数 ε_0 仅随制冷剂的标准沸点 T_s 而变。根据计算，大部分制冷剂的 T_s 越高，则其制冷系数越高，因而应选用 T_s 高的制冷剂。但这不是选择制冷剂时应考虑的唯一的因素，应连同其他因素，如环保要求、热力学性质等综合考虑，以选定合适的制冷剂。

2）采用非共沸混合制冷剂可以实现非等温冷却，当用于冷却介质及被冷却介质均为变温的情况时具有比较高的制冷系数。

二、制冷装置设计中的节能措施

在确定设计任务时应确定被冷却对象的温度及冷却方式。从节能角度出发，被冷却对象的温度以满足设计要求为原则，不要定得过低，这样制冷机的蒸发温度也就不会过低。同时，应根据具体条件，选用最有效的冷却方式，使冷凝温度不要偏高。

进行制冷装置设计的主要任务之一就是选配适宜的制冷设备，其中最主要的是制冷压缩机和换热器。所选用的制冷压缩机的容量应与制冷装置的冷量负荷相适应（需考虑冷量损失在内），不要选得过大，以免造成不必要的浪费。对于冷量负荷经常变化的制冷装置（例如冷库），应选多台制冷压缩机，以便在运转中能进行合理调配；或者选用具有能量调节机构的压缩机。制冷压缩机有往复活塞式、滚动转子式、涡旋式、螺杆式和离心式等多种，它们各自有适用的容量范围，故较难仅从绝热效率的高低来判断应该选用哪一种形式的压缩机。所选用的制冷换热器中最主要的是冷凝器和蒸发器（对于复叠式制冷机则还有冷凝蒸发器）。当选用这些换热器时，为了节能，应采用较小的传热温差和制冷剂流动阻力。决不可采用过分增大传热面积的方法来减少传热温差，因为这将导致初投资和折旧费的增大。应该考虑强化传热的方法来减少传热温差，但强化传热往往会引起制冷剂流动阻力的增大或水泵、风机功率的增大，这时就需要用技术经济分析的方法以确定最佳方案。

制冷装置的系统设计中影响节能的因素有制冷剂在管道中的流动阻力和制冷设备、管道的绝热。为了节能，制冷剂在管道中的流速应选得低一些，特别是压缩机的吸气管道。但也不应过低，以防管径取得过大。低温设备及管道绝热层越厚当然对节能越有利，但会使初投资增大，因此应通过技术经济分析的方法确定绝热层的最佳经济厚度。

冷库设计应在装置投资、节能、运行质量之间进行协调，即冷库的节能不仅与冷库的初步设计有关，而且与冷库的运转方式亦密切相关。目前冷库采用单层建筑的很多，因而冷库平面设计布置时，亦要在保证装卸的前提下尽可能紧凑，且要根据装载方式和叉车码垛特性来确定库的净高。在食品联合加工企业中，最好把各种车间配置在制冷装置的周围，以免制冷设备和冷藏间分散。只有当冻结设备是生产环节不可缺少的组成部分时，才可以将冻结设备与整个冷藏间分开，例如蔬菜流化床式冻结设备就装于蔬菜挑拣、清洗、烫漂和贮存包装间之间。与此相反，传统式的冻结隧道或传送带式冻结设备，就应包括在冷间整体之中，以减少围护结构的冷负荷。

商用冷冻冷藏陈列柜的制冷系统占整个超市的用电比例较大，冬、夏季由于环境温湿度变化，陈列柜的负荷相差20%~60%以上。因此，必须通过微机温度控制器监测温度、湿度、照明等周边环境及季节、昼夜变化，自动修正设定值，以防止过度冷却，以实现节能。陈列柜的另一个节能技术是采用双重风幕，它具有两个独立的送风回路，内侧通过蒸发器，外侧不通过蒸发器，这样可提高内侧的风速，风带强度增加，外气影响减小，除霜次数减少。由于双重风幕的作用，供商品保持一定温度所需的制冷量减小，可实现节能，并提高商品保存质量。此外，如货架式陈列柜的75%负荷是通过开口部分侵入，开口虽便于商品选择，但能耗增加，故可在非营业时间采用夜间罩，以减少陈列柜的冷量损失，可节能15%。目前还在大型超市及大卖场中也开始使用热回收系统，在冬天利用制冷机组散热来加热冷水，满足加工区域的用水要求。

热泵作为节能的机器之一，在能量的有效利用方面，正在进一步为人们所认识。热泵就是以冷凝器放出的热量来供热的制冷系统。空调用的热泵有热泵型空调机组、风冷热泵冷热水机组、水源热泵，以及热泵热回收采暖与供热水系统等。对于冷热同时应用的制冷装置可设计成制冷系统按热泵运行。如冷库制冷装置，冷凝器的排热量等于蒸发器从外界吸取的热量与驱动压缩机所消耗的能量之和，这部分冷凝器排出的热量可以用来供热或维持地坪下隔热层的防冻加热；超市中大量冷藏陈列柜等制冷装置的排热，亦可作为大楼供热水的热源；体育馆中兴建溜冰场应与游泳池设计综合考虑，用制冷装置冷凝器的排热来提高游泳池水温；大型牛奶厂中，牛奶需要冷冻处理，而同时清洗直接与牛奶生产有关设备的热水需要大量的热能，若设计成热泵型，利用冷凝器排热量可节约能耗。此外，在干燥、浓缩与蒸发、工业余热回收方面亦有广阔的应用前景。

中央空调系统的节能措施，除了空调机组的性能及自控要求外，还与空调管路系统的设计、布置等有密切联系。如室外机的安放，送风管路的布置，室内机或所连接的风口等末端装置的布置，都直接影响到人体的舒适度及节能效果。对于各个房间均要求进行单独起停控制，这样更易实现节能。至于房间温度的设定，目前已趋向于在保证舒适度的前提下，适当提高夏季房间设定温度。此外，中央空调系统还必须考虑新风及排风系统的节能措施。目前采用的全热回收器，在排除室内废气补充新风的同时，回收了排风热量，用于新风的加热或冷却，从而减少了新风热负荷，降低了空调系统处理新风的能耗。具体的在空气调节有关著作中有详细介绍。

三、制冷装置运行中的节能措施

（1）运行管理的自动化　制冷装置运行管理的自动化是保证冷间温度、湿度精度的要求，节约人力，而且是节能的重要环节。目前冷库制冷装置的自动化主要包括最佳运行工况调节、蒸发器供液量调节、冷间温度及蒸发温度调节、蒸发器自动除霜、冷凝压力自动调节、制冷压缩机的自动起停及能量调节，制冷辅助设备的自动控制（如自动放空气、自动放油、回油等）等，这些都直接关系到制冷装置的节能。

（2）对压缩机进行调配　对于自控配备不全的制冷装置，根据冷量负荷的变化情况，手动对压缩机进行调配，使压缩机的制冷能力同冷量负荷基本相适应；防止在蒸发器传热温差很大的情况下运行；当润滑油和不凝性气体在系统中积存较多时需设法予以排除；当蒸发器结霜时，应定期除霜，以保证蒸发器经常处于良好的传热状态。

（3）采取适当的措施　例如，经常对冷凝器进行清洗，保持冷却设备的效率，以维持尽可能低的冷凝温度；及时清洗及更换干燥过滤器，尤其是膨胀阀的过滤网以维持制冷剂的正常流动。

（4）冷库运行中冷藏间的换气亦是影响热平衡的重要因素　对流换热可通过围护结构不严密处或开门时进行。尤其是低温冷间的开门可使制冷装置的能耗急剧地增长，而且还影响到冷藏库的使用寿命，应特别注意。冷库容量在一年之内是变化的，库存吨位越少，其能耗和运行费用就相对增高，因而冷藏间容积利用系数不应低于冷库设计规范的规定值。

以上仅介绍制冷装置节能的几个主要措施，此外在制冷装置的设计、运行、设备制造等许多环节中都存在以节能为目标的优化问题。在采取某些节能措施时，往往需要某些设备的投入，因此考虑采纳某些技术措施时，必须针对实际情况提出可行性分析及技术经济分析。

附录

附录 A 常用制冷剂的饱和性质表

表 A-1 R134a 饱和热力性质表

t /℃	p /kPa	v_l /(dm³/kg)	v_g /(m³/kg)	h_l /(kJ/kg)	h_g /(kJ/kg)	r /(kJ/kg)	s_l /[kJ/(kg·K)]	s_g /[kJ/(kg·K)]
-40	51.64	0.7055	0.35692	149.97	372.85	222.88	0.8030	1.7589
-38	57.24	0.7083	0.32405	152.33	374.11	221.78	0.8130	1.7562
-36	63.32	0.7113	0.29474	154.70	375.37	220.66	0.8231	1.7535
-34	69.91	0.7142	0.26855	157.09	376.62	219.53	0.8331	1.7510
-32	77.04	0.7172	0.24511	159.49	377.87	218.37	0.8431	1.7486
-30	84.74	0.7202	0.22408	161.91	379.11	217.20	0.8530	1.7463
-28	93.05	0.7233	0.20518	164.35	380.35	216.01	0.8630	1.7441
-26	101.99	0.7264	0.18817	166.80	381.59	214.79	0.8729	1.7420
-24	111.60	0.7296	0.17282	169.26	382.82	213.56	0.8828	1.7400
-22	121.92	0.7328	0.15896	171.74	384.05	212.31	0.8927	1.7380
-20	132.99	0.7361	0.14641	174.24	385.28	211.04	0.9025	1.7362
-18	144.83	0.7394	0.13504	176.75	386.50	209.75	0.9124	1.7345
-16	157.48	0.7428	0.12471	179.27	387.71	208.44	0.9222	1.7328
-14	170.99	0.7463	0.11533	181.81	388.92	207.11	0.9320	1.7312
-12	185.40	0.7498	0.10678	184.36	390.12	205.76	0.9418	1.7297
-10	200.73	0.7533	0.09898	186.93	391.32	204.39	0.9515	1.7282
-8	217.04	0.7569	0.09186	189.52	392.51	202.99	0.9613	1.7269
-6	234.36	0.7606	0.08535	192.12	393.70	201.58	0.9710	1.7255
-4	252.74	0.7644	0.07938	194.73	394.87	200.14	0.9807	1.7243
-2	272.21	0.7682	0.07391	197.36	396.04	198.68	0.9903	1.7231
0	292.82	0.7721	0.06889	200.00	397.20	197.20	1.0000	1.7220
2	314.62	0.7763	0.06466	202.66	398.36	195.70	1.0096	1.7209
4	337.65	0.7801	0.06001	205.33	399.50	194.17	1.0192	1.7199
6	361.95	0.7842	0.05609	208.02	400.64	192.62	1.0288	1.7189
8	387.56	0.7884	0.05248	210.72	401.77	191.05	1.0384	1.7179
10	414.55	0.7927	0.04913	213.44	402.89	189.45	1.0480	1.7170
12	442.94	0.7971	0.04604	216.17	404.00	187.83	1.0575	1.7162

（续）

t /℃	p /kPa	v_1 /(dm³/kg)	v_g /(m³/kg)	h_1 /(kJ/kg)	h_g /(kJ/kg)	r /(kJ/kg)	s_1 /[kJ/(kg·K)]	s_g /[kJ/(kg·K)]
14	472.80	0.8016	0.04318	218.92	405.10	186.18	1.0670	1.7154
16	504.16	0.8062	0.04052	221.68	406.18	184.50	1.0765	1.7146
18	537.08	0.8109	0.03806	224.44	407.26	182.82	1.0859	1.7139
20	571.60	0.8157	0.03577	227.23	408.33	181.09	1.0954	1.7132
22	607.78	0.8206	0.03365	230.05	409.38	179.34	1.1049	1.7125
24	645.66	0.8257	0.03166	232.87	410.42	177.55	1.1143	1.7118
26	685.30	0.8309	0.02982	235.72	411.45	175.73	1.1237	1.7112
28	726.75	0.8362	0.02809	238.58	412.47	173.89	1.1332	1.7106
30	770.06	0.8416	0.02648	241.46	413.47	172.00	1.1426	1.7100
32	815.28	0.8473	0.02498	244.36	414.45	170.09	1.1520	1.7094
34	862.47	0.8530	0.02357	247.28	415.42	168.14	1.1614	1.7088
36	911.68	0.8590	0.02225	250.22	416.37	166.15	1.1708	1.7082
38	962.98	0.8651	0.02102	253.18	417.30	164.12	1.1802	1.7077
40	1016.40	0.8714	0.01986	256.16	418.21	162.05	1.1896	1.7071
42	1072.02	0.8779	0.01877	259.16	419.11	159.94	1.199	1.7065
44	1129.90	0.8847	0.01774	262.19	419.98	157.79	1.2084	1.7059
46	1190.08	0.8917	0.01678	265.24	420.83	155.59	1.2178	1.7053
48	1252.63	0.8989	0.01588	268.32	421.65	153.33	1.2273	1.7047
50	1317.62	0.9064	0.01502	271.42	422.44	151.03	1.2367	1.7041
52	1385.10	0.9142	0.01421	274.55	423.21	148.66	1.2462	1.7034
54	1455.15	0.9223	0.01345	277.71	423.95	146.24	1.2557	1.7027
56	1527.83	0.9308	0.01273	280.90	424.66	143.75	1.2652	1.7019
58	1603.20	0.9396	0.01205	284.13	425.32	141.20	1.2747	1.7011
60	1681.34	0.9488	0.01141	287.39	425.96	138.57	1.2843	1.7003
62	1762.33	0.9585	0.01079	290.68	426.54	135.86	1.2940	1.6994
64	1846.22	0.9687	0.01021	294.02	427.09	133.07	1.3037	1.6983
66	1933.11	0.9794	0.00966	297.40	427.58	130.18	1.3134	1.6973
68	2023.07	0.9907	0.00914	300.83	428.02	127.19	1.3232	1.6961
70	2116.20	1.0027	0.00864	304.31	428.40	124.08	1.3331	1.6947
72	2212.56	1.0155	0.00816	307.85	428.71	120.86	1.3431	1.6933
74	2312.27	1.0291	0.00770	311.45	428.94	117.49	1.3532	1.6917
76	2415.41	1.0437	0.00727	315.11	429.09	113.98	1.3635	1.6899
78	2522.08	1.0595	0.00685	318.86	429.15	110.29	1.3738	1.6879
80	2632.41	1.0766	0.00645	322.69	429.09	106.40	1.3844	1.6857
82	2746.51	1.0953	0.00606	326.60	428.91	102.31	1.3951	1.6831
84	2864.51	1.1159	0.00569	330.64	428.56	97.92	1.4061	1.6802
86	2986.56	1.1390	0.00532	334.81	428.05	93.24	1.4173	1.6769
88	3112.81	1.1649	0.00497	339.14	427.31	88.17	1.4289	1.6731
90	3243.47	1.1948	0.00462	343.66	426.29	82.63	1.4410	1.6685
92	3378.75	1.2300	0.00427	348.44	424.91	76.47	1.4537	1.6631

（续）

t /℃	p /kPa	v_l /(dm³/kg)	v_g /(m³/kg)	h_l /(kJ/kg)	h_g /(kJ/kg)	r /(kJ/kg)	s_l /[kJ/(kg·K)]	s_g /[kJ/(kg·K)]
94	3518.95	1.2728	0.00392	353.56	423.03	69.46	1.4672	1.6564
96	3664.44	1.3277	0.00356	359.21	420.38	61.17	1.482	1.6477
98	3815.83	1.4051	0.00317	365.77	416.41	50.64	1.4992	1.6356
100	3974.24	1.5443	0.00268	374.70	409.10	34.40	1.5225	1.6147
101.1	4067.00	1.9523	0.00195	391.16	391.16	0	1.5661	1.5661

表 A-2　R22 饱和热力性质表

t /℃	p /kPa	v_l /(dm³/kg)	v_g /(m³/kg)	h_l /(kJ/kg)	h_g /(kJ/kg)	r /(kJ/kg)	s_l /[kJ/(kg·K)]	s_g /[kJ/(kg·K)]
-50	64.39	0.6952	0.32461	144.94	383.93	238.99	0.7791	1.8501
-48	71.28	0.6980	0.29526	147.01	384.88	237.86	0.7883	1.8448
-46	78.75	0.7008	0.26907	149.09	385.82	236.73	0.7975	1.8397
-44	86.82	0.7036	0.24564	151.19	386.76	235.57	0.8066	1.8347
-42	95.55	0.7064	0.22464	153.29	387.69	234.40	0.8157	1.8298
-40	104.95	0.7093	0.20578	155.40	388.62	233.22	0.8248	1.8251
-38	115.07	0.7123	0.18881	157.52	389.54	232.01	0.8339	1.8205
-36	125.94	0.7153	0.17351	159.66	390.45	230.79	0.8429	1.8161
-34	137.61	0.7183	0.15969	161.80	391.36	229.55	0.8518	1.8117
-32	150.11	0.7214	0.14719	163.96	392.26	228.30	0.8608	1.8075
-30	163.48	0.7245	0.13586	166.13	393.15	227.02	0.8697	1.8034
-28	177.76	0.7277	0.12558	168.31	394.03	225.72	0.8786	1.7993
-26	192.99	0.7309	0.11623	170.50	394.91	224.41	0.8874	1.7954
-24	209.22	0.7342	0.10772	172.70	395.77	223.07	0.8963	1.7916
-22	226.48	0.7375	0.09995	174.91	396.63	221.72	0.9050	1.7879
-20	244.83	0.7409	0.09286	177.13	397.48	220.34	0.9138	1.7842
-18	264.29	0.7443	0.08637	179.37	398.31	218.95	0.9226	1.7807
-16	284.93	0.7478	0.08042	181.61	399.14	217.53	0.9313	1.7772
-14	306.78	0.7514	0.07497	183.87	399.96	216.09	0.9399	1.7738
-12	329.89	0.7550	0.06996	186.14	400.77	214.63	0.9486	1.7705
-10	354.30	0.7587	0.06535	188.42	401.56	213.14	0.9572	1.7672
-8	380.06	0.7625	0.06110	190.71	402.35	211.64	0.9658	1.7640
-6	407.23	0.7663	0.05719	193.02	403.12	210.11	0.9744	1.7609
-4	435.84	0.7703	0.05357	195.33	403.88	208.55	0.9830	1.7578
-2	465.94	0.7742	0.05023	197.66	404.63	206.97	0.9915	1.7548
0	497.59	0.7783	0.04714	200.00	405.37	205.37	1.0000	1.7519
2	530.83	0.7825	0.04427	202.35	406.09	203.74	1.0085	1.7490
4	565.71	0.7867	0.04162	204.72	406.80	202.09	1.0169	1.7461
6	602.28	0.7910	0.03915	207.09	407.50	200.41	1.0254	1.7433
8	640.59	0.7955	0.03685	209.48	408.18	198.70	1.0338	1.7405
10	680.70	0.8000	0.03472	211.88	408.84	196.96	1.0422	1.7378

（续）

t /℃	p /kPa	v_1 /(dm³/kg)	v_g /(m³/kg)	h_1 /(kJ/kg)	h_g /(kJ/kg)	r /(kJ/kg)	s_1 /[kJ/(kg·K)]	s_g /[kJ/(kg·K)]
12	722.65	0.8046	0.03273	214.30	409.49	195.19	1.0506	1.7351
14	766.50	0.8094	0.03087	216.70	410.13	193.42	1.0589	1.7325
16	812.29	0.8142	0.02914	219.15	410.75	191.60	1.0672	1.7299
18	860.08	0.8192	0.02752	221.60	411.35	189.74	1.0756	1.7273
20	909.93	0.8243	0.02601	224.07	411.93	187.86	1.0839	1.7247
22	961.89	0.8295	0.02459	226.56	412.49	185.94	1.0922	1.7221
24	1016.01	0.8349	0.02326	229.05	413.03	183.98	1.1005	1.7196
26	1072.34	0.8404	0.02201	231.57	413.56	181.99	1.1087	1.7171
28	1130.95	0.8461	0.02084	234.10	414.06	179.96	1.1170	1.7146
30	1191.88	0.8519	0.01974	236.65	414.54	177.89	1.1253	1.7121
32	1255.20	0.8579	0.01871	239.22	415.00	175.78	1.1335	1.7096
34	1320.97	0.8641	0.01774	241.80	415.43	173.63	1.1418	1.7071
36	1389.24	0.8705	0.01682	244.41	415.84	171.43	1.1500	1.7046
38	1460.06	0.8771	0.01595	247.03	416.22	169.19	1.1583	1.7021
40	1533.52	0.8839	0.01514	249.67	416.57	166.90	1.1666	1.6995
42	1609.65	0.8909	0.01437	252.34	416.89	164.55	1.1748	1.6970
44	1688.53	0.8983	0.01364	255.03	417.18	162.15	1.1831	1.6944
46	1770.23	0.9058	0.01295	257.74	417.44	159.70	1.1914	1.6918
48	1854.80	0.9137	0.01229	260.49	417.66	157.18	1.1998	1.6892
50	1942.31	0.9219	0.01167	263.25	417.85	154.60	1.2081	1.6865
52	2032.84	0.9304	0.01108	266.05	417.99	151.94	1.2165	1.6838
54	2126.46	0.9394	0.01052	268.88	418.09	149.21	1.2249	1.6810
56	2223.23	0.9487	0.00999	271.74	418.15	146.40	1.2333	1.6781
58	2323.24	0.9585	0.00948	274.64	418.15	143.51	1.2418	1.6752
60	2426.57	0.9687	0.00900	277.58	418.10	140.52	1.2504	1.6722
62	2533.29	0.9796	0.00854	280.57	417.99	137.42	1.2590	1.6690
64	2643.49	0.9910	0.00810	283.60	417.81	134.21	1.2677	1.6658
66	2757.26	1.0031	0.00768	286.68	417.56	130.88	1.2765	1.6624
68	2874.70	1.0161	0.00728	289.82	417.24	127.41	1.2854	1.6588
70	2995.90	1.0298	0.00689	293.03	416.82	123.79	1.2944	1.6551
72	3120.96	1.0446	0.00652	296.31	416.30	119.99	1.3035	1.6512
74	3250.01	1.0606	0.00616	299.69	415.67	115.98	1.3129	1.6470
76	3383.16	1.0780	0.00581	303.13	414.91	111.78	1.3224	1.6425
78	3520.54	1.0970	0.00548	306.71	414.00	107.29	1.3322	1.6377
80	3662.29	1.1181	0.00515	310.42	412.91	102.49	1.3422	1.6325
82	3808.56	1.1416	0.00483	314.29	411.60	97.31	1.3527	1.6267
84	3959.51	1.1684	0.00452	318.36	410.02	91.66	1.3637	1.6203
86	4115.35	1.1994	0.00420	322.70	408.10	85.40	1.3753	1.6130
88	4276.27	1.2363	0.00389	327.40	405.72	78.32	1.3878	1.6046
90	4442.53	1.2823	0.00357	332.60	402.67	70.07	1.4015	1.5945
92	4614.40	1.3436	0.00322	338.65	398.52	59.87	1.4175	1.5815
94	4792.22	1.4384	0.00282	346.35	392.13	45.78	1.4379	1.5626
96	4977.40	1.9060	0.00191	367.97	367.97	0	1.4958	1.4958

表 A-3　R23 饱和热力性质表

t /℃	p /kPa	v_l /(dm³/kg)	v_g /(m³/kg)	h_l /(kJ/kg)	h_g /(kJ/kg)	r /(kJ/kg)	s_l /[kJ/(kg·K)]	s_g /[kJ/(kg·K)]
-82	101.54	0.6950	0.21425	86.30	325.92	239.62	0.5180	1.7716
-80	113.83	0.6982	0.19245	88.65	326.74	238.09	0.5302	1.7629
-78	127.27	0.7015	0.17327	91.01	327.55	236.53	0.5423	1.7544
-76	141.95	0.7049	0.15635	93.40	328.34	234.94	0.5544	1.7461
-74	157.93	0.7084	0.14140	95.80	329.12	233.32	0.5665	1.7380
-72	175.28	0.7119	0.12813	98.22	329.88	231.66	0.5785	1.7302
-70	194.10	0.7156	0.11635	100.66	330.62	229.96	0.5905	1.7225
-68	214.47	0.7194	0.10585	103.12	331.35	228.22	0.6025	1.7150
-66	236.46	0.7232	0.09648	105.61	332.05	226.45	0.6145	1.7077
-64	260.16	0.7272	0.08810	108.12	332.75	224.63	0.6265	1.7005
-62	285.66	0.7313	0.08058	110.65	333.42	222.77	0.6384	1.6935
-60	313.04	0.7355	0.07382	113.20	334.07	220.87	0.6504	1.6866
-58	342.40	0.7399	0.06774	115.78	334.70	218.93	0.6623	1.6799
-56	373.82	0.7443	0.06225	118.38	335.32	216.94	0.6742	1.6733
-54	407.40	0.7489	0.05729	121.01	335.91	214.91	0.6862	1.6668
-52	443.22	0.7537	0.05281	123.65	336.48	212.83	0.6981	1.6604
-50	481.39	0.7586	0.04873	126.32	337.03	210.71	0.7100	1.6542
-48	521.98	0.7636	0.04503	129.02	337.56	208.54	0.7218	1.6481
-46	565.11	0.7688	0.04167	131.73	338.07	206.33	0.7337	1.6421
-44	610.86	0.7742	0.03859	134.47	338.55	204.08	0.7455	1.6361
-42	659.34	0.7798	0.03579	137.20	339.01	201.80	0.7573	1.6303
-40	710.63	0.7856	0.03323	139.98	339.44	199.46	0.7690	1.6245
-38	764.84	0.7915	0.03088	142.78	339.85	197.07	0.7808	1.6189
-36	822.08	0.7977	0.02872	145.59	340.23	194.63	0.7925	1.6133
-34	882.44	0.8041	0.02674	148.42	340.58	192.15	0.8042	1.6077
-32	946.02	0.8108	0.02492	151.28	340.90	189.62	0.8159	1.6022
-30	1012.94	0.8177	0.02324	154.14	341.18	187.04	0.8275	1.5968
-28	1083.31	0.8248	0.02169	157.03	341.44	184.41	0.8391	1.5913
-26	1157.22	0.8323	0.02025	159.94	341.66	181.73	0.8507	1.5859
-24	1234.81	0.8401	0.01892	162.86	341.85	178.99	0.8622	1.5806
-22	1316.18	0.8483	0.01769	165.80	341.99	176.20	0.8737	1.5752
-20	1401.45	0.8568	0.01655	168.76	342.10	173.34	0.8851	1.5698
-18	1490.77	0.8657	0.01549	171.74	342.16	170.42	0.8965	1.5644
-16	1584.25	0.8750	0.01450	174.74	342.17	167.43	0.9079	1.5590
-14	1682.03	0.8848	0.01357	177.77	342.13	164.36	0.9193	1.5536
-12	1784.26	0.8951	0.01271	180.82	342.03	161.21	0.9307	1.5480
-10	1891.09	0.9059	0.01190	183.91	341.88	157.97	0.9421	1.5424
-8	2002.68	0.9174	0.01115	187.03	341.65	154.62	0.9535	1.5367
-6	2119.19	0.9296	0.01044	190.19	341.35	151.16	0.9650	1.5309
-4	2240.81	0.9425	0.00977	193.40	340.97	147.57	0.9766	1.5249
-2	2367.72	0.9563	0.00914	196.67	340.50	143.83	0.9882	1.5187

（续）

t /℃	p /kPa	v_1 /(dm³/kg)	v_g /(m³/kg)	h_1 /(kJ/kg)	h_g /(kJ/kg)	r /(kJ/kg)	s_1 /[kJ/(kg·K)]	s_g /[kJ/(kg·K)]
0	2500.14	0.9711	0.00855	200.00	339.92	139.92	1.0000	1.5123
2	2638.27	0.9869	0.00799	203.41	339.23	135.81	1.012	1.5056
4	2782.34	1.0041	0.00745	206.92	338.40	131.47	1.0241	1.4985
6	2932.60	1.0227	0.00695	210.55	337.41	126.86	1.0366	1.4911
8	3089.33	1.0431	0.00646	214.32	336.24	121.91	1.0495	1.4832
10	3252.80	1.0657	0.00600	218.24	334.86	116.62	1.0628	1.4747
12	3423.33	1.0909	0.00555	222.39	333.20	110.81	1.0768	1.4654
14	3601.25	1.1194	0.00512	226.80	331.21	104.42	1.0915	1.4551
16	3786.91	1.1524	0.00470	231.54	328.80	97.26	1.1072	1.4436
18	3980.71	1.1916	0.00428	236.73	325.81	89.08	1.1243	1.4303
20	4183.06	1.2400	0.00386	242.55	321.98	79.44	1.1434	1.4143
22	4394.42	1.3043	0.00342	249.33	316.78	67.45	1.1655	1.3941
24	4615.28	1.4041	0.00292	257.97	308.79	50.83	1.1937	1.3647
25.9	4830.00	1.9050	0.00191	281.32	281.32	0	1.2708	1.2708

表 A-4　R123 饱和热力性质表

t /℃	p /kPa	v_1 /(dm³/kg)	v_g /(m³/kg)	h_1 /(kJ/kg)	h_g /(kJ/kg)	r /(kJ/kg)	s_1 /[kJ/(kg·K)]	s_g /[kJ/(kg·K)]
-20	12.28	0.6372	1.10784	183.13	367.66	184.53	0.9359	1.6649
-18	13.66	0.6390	1.00328	184.75	368.83	184.09	0.9423	1.6638
-16	15.16	0.6408	0.91017	186.38	370.01	183.63	0.9487	1.6628
-14	16.80	0.6427	0.82708	188.03	371.19	183.16	0.9551	1.6618
-12	18.59	0.6446	0.75282	189.70	372.38	182.68	0.9615	1.6610
-10	20.53	0.6465	0.68632	191.38	373.56	182.18	0.9679	1.6602
-8	22.63	0.6484	0.62667	193.07	374.75	181.68	0.9743	1.6595
-6	24.91	0.6503	0.57308	194.78	375.94	181.16	0.9807	1.6588
-4	27.37	0.6523	0.52486	196.50	377.13	180.62	0.9871	1.6582
-2	30.03	0.6543	0.48139	198.24	378.32	180.08	0.9936	1.6577
0	32.90	0.6563	0.44214	200.00	379.52	179.52	1.0000	1.6572
2	35.99	0.6583	0.40666	201.77	380.72	178.95	1.0065	1.6568
4	39.31	0.6604	0.37453	203.56	381.92	178.36	1.0129	1.6565
6	42.88	0.6625	0.34539	205.36	383.13	177.76	1.0194	1.6562
8	46.71	0.6646	0.31893	207.18	384.33	177.15	1.0259	1.6560
10	50.81	0.6667	0.29486	209.02	385.54	176.52	1.0324	1.6558
12	55.19	0.6688	0.27295	210.87	386.76	175.88	1.0389	1.6557
14	59.87	0.6710	0.25296	212.74	387.97	175.23	1.0454	1.6556
16	64.87	0.6732	0.23471	214.62	389.19	174.56	1.0519	1.6556
18	70.20	0.6754	0.21802	216.52	390.40	173.88	1.0585	1.6557
20	75.87	0.6777	0.20275	218.44	391.62	173.19	1.0650	1.6558
22	81.89	0.6800	0.18875	220.37	392.84	172.48	1.0716	1.6559
24	88.30	0.6823	0.17589	222.31	394.07	171.75	1.0781	1.6561

（续）

t /℃	p /kPa	v_l /(dm^3/kg)	v_g /(m^3/kg)	h_l /(kJ/kg)	h_g /(kJ/kg)	r /(kJ/kg)	s_l /[kJ/(kg·K)]	s_g /[kJ/(kg·K)]
26	95.10	0.6846	0.16409	224.28	395.29	171.02	1.0847	1.6563
28	102.30	0.6870	0.15323	226.25	396.52	170.26	1.0912	1.6566
30	109.93	0.6894	0.14322	228.24	397.74	169.50	1.0978	1.6569
32	118.00	0.6919	0.13400	230.25	398.97	168.72	1.1044	1.6573
34	126.52	0.6943	0.12549	232.27	400.19	167.92	1.1110	1.6577
36	135.53	0.6968	0.11762	234.31	401.42	167.11	1.1176	1.6581
38	145.02	0.6994	0.11034	236.35	402.64	166.29	1.1241	1.6586
40	155.03	0.7019	0.10361	238.42	403.87	165.45	1.1307	1.6591
42	165.56	0.7045	0.09736	240.49	405.09	164.60	1.1373	1.6596
44	176.65	0.7072	0.09157	242.58	406.31	163.73	1.1439	1.6602
46	188.30	0.7099	0.08619	244.68	407.54	162.85	1.1505	1.6607
48	200.53	0.7126	0.08119	246.79	408.75	161.96	1.1570	1.6614
50	213.37	0.7154	0.07653	248.92	409.97	161.05	1.1636	1.6620
52	226.83	0.7182	0.07220	251.06	411.19	160.13	1.1702	1.6627
54	240.94	0.7210	0.06816	253.21	412.40	159.19	1.1767	1.6633
56	255.70	0.7239	0.06439	255.36	413.61	158.24	1.1833	1.6640
58	271.15	0.7268	0.06087	257.53	414.81	157.28	1.1898	1.6648
60	287.30	0.7298	0.05758	259.71	416.01	156.30	1.1963	1.6655
62	304.17	0.7328	0.05450	261.90	417.21	155.31	1.2029	1.6662
64	321.78	0.7359	0.05162	264.10	418.40	154.30	1.2094	1.6670
66	340.16	0.7390	0.04892	266.31	419.59	153.28	1.2158	1.6678
68	359.31	0.7422	0.04638	268.52	420.77	152.25	1.2223	1.6686
70	379.27	0.7455	0.04401	270.75	421.95	151.20	1.2288	1.6694
72	400.06	0.7488	0.04178	272.98	423.12	150.14	1.2352	1.6702
74	421.69	0.7521	0.03968	275.22	424.28	149.06	1.2416	1.6710
76	444.19	0.7555	0.03771	277.46	425.44	147.98	1.2480	1.6719
78	467.57	0.7590	0.03585	279.72	426.59	146.87	1.2544	1.6727
80	491.87	0.7625	0.03410	281.98	427.73	145.76	1.2608	1.6735
82	517.10	0.7661	0.03246	284.24	428.87	144.63	1.2671	1.6743
84	543.28	0.7698	0.03090	286.51	429.99	143.48	1.2734	1.6752
86	570.43	0.7735	0.02944	288.77	431.11	142.34	1.2797	1.6760
88	598.59	0.7774	0.02805	291.05	432.22	141.17	1.2860	1.6769
90	627.77	0.7813	0.02674	293.34	433.32	139.98	1.2922	1.6777
92	657.99	0.7852	0.02550	295.63	434.41	138.78	1.2984	1.6785
94	689.28	0.7893	0.02433	297.92	435.49	137.57	1.3046	1.6793
96	721.67	0.7934	0.02322	300.22	436.55	136.33	1.3108	1.6801
98	755.16	0.7977	0.02217	302.52	437.61	135.09	1.3170	1.6809
100	789.80	0.8020	0.02117	304.83	438.65	133.82	1.3231	1.6817
102	825.60	0.8065	0.02022	307.14	439.68	132.54	1.3292	1.6825
104	862.59	0.8110	0.01932	309.45	440.70	131.25	1.3353	1.6833

（续）

t /℃	p /kPa	v_l /(dm³/kg)	v_g /(m³/kg)	h_l /(kJ/kg)	h_g /(kJ/kg)	r /(kJ/kg)	s_l /[kJ/(kg·K)]	s_g /[kJ/(kg·K)]
106	900.80	0.8157	0.01847	311.77	441.71	129.93	1.3413	1.6840
108	940.24	0.8204	0.01766	314.10	442.70	128.60	1.3473	1.6847
110	980.96	0.8253	0.01689	316.42	443.67	127.25	1.3533	1.6854
112	1022.96	0.8303	0.01615	318.75	444.63	125.88	1.3593	1.6861
114	1066.28	0.8355	0.01545	321.09	445.57	124.48	1.3653	1.6868
116	1110.96	0.8408	0.01479	323.43	446.50	123.07	1.3712	1.6874
118	1157.00	0.8462	0.01415	325.78	447.41	121.63	1.3771	1.6881
120	1204.46	0.8518	0.01354	328.13	448.30	120.17	1.3830	1.6887
122	1253.34	0.8576	0.01297	330.49	449.17	118.68	1.3889	1.6892
124	1303.69	0.8636	0.01241	332.86	450.02	117.17	1.3948	1.6898
126	1355.53	0.8697	0.01188	335.23	450.85	115.62	1.4006	1.6903
128	1408.90	0.8761	0.01138	337.61	451.66	114.05	1.4064	1.6907
130	1463.82	0.8827	0.01089	340.01	452.44	112.44	1.4123	1.6912
132	1520.34	0.8895	0.01043	342.41	453.20	110.79	1.4181	1.6916
134	1578.48	0.8966	0.00999	344.83	453.93	109.10	1.4239	1.6919
136	1638.27	0.9039	0.00956	347.26	454.64	107.38	1.4298	1.6922
138	1699.77	0.9115	0.00915	349.71	455.31	105.60	1.4356	1.6924
140	1762.99	0.9195	0.00876	352.17	455.96	103.78	1.4414	1.6926
142	1827.97	0.9278	0.00838	354.66	456.57	101.91	1.4473	1.6928
144	1894.77	0.9365	0.00802	357.17	457.14	99.97	1.4532	1.6928
146	1963.41	0.9456	0.00766	359.70	457.68	97.97	1.4591	1.6928
148	2033.94	0.9552	0.00733	362.27	458.17	95.90	1.4650	1.6927
150	2106.39	0.9653	0.00700	364.86	458.62	93.75	1.4710	1.6926
152	2180.82	0.9760	0.00668	367.50	459.01	91.51	1.4770	1.6923
154	2257.26	0.9874	0.00638	370.17	459.35	89.18	1.4831	1.6919
156	2335.77	0.9995	0.00608	372.90	459.63	86.73	1.4893	1.6914
158	2416.39	1.0124	0.00579	375.66	459.84	84.18	1.4956	1.6908
160	2499.16	1.0264	0.00551	378.50	459.97	81.47	1.5019	1.6900
162	2584.15	1.0415	0.00524	381.40	460.01	78.61	1.5084	1.6891
164	2671.39	1.0580	0.00497	384.38	459.95	75.57	1.5150	1.6879
166	2760.96	1.0762	0.00471	387.44	459.77	72.33	1.5218	1.6865
168	2852.89	1.0964	0.00445	390.61	459.45	68.84	1.5288	1.6848
170	2947.26	1.1192	0.00419	393.88	458.96	65.08	1.5359	1.6828
172	3044.12	1.1455	0.00394	397.29	458.26	60.97	1.5434	1.6803
174	3143.53	1.1764	0.00368	400.85	457.31	56.45	1.5511	1.6773
176	3245.55	1.2141	0.00343	404.62	455.99	51.37	1.5592	1.6736
178	3350.26	1.2625	0.00316	408.71	454.11	45.40	1.5680	1.6686
183.68	3668.00	1.8200	0.00182	425.00	425.00	0	1.6126	1.6126

表 A-5 R407C 饱和热力性质表

t /℃	p_b /kPa	p_d /kPa	v_l /(dm³/kg)	v_v /(m³/kg)	h_l /(kJ/kg)	h_v /(kJ/kg)	s_l /[kJ/(kg·K)]	s_v /[kJ/(kg·K)]
-40	121.6	85.87	0.7296	0.255100	144.4	385.8	0.7900	1.826
-38	133.2	94.96	0.7330	0.232200	147.0	387.1	0.8005	1.822
-36	145.6	104.80	0.7364	0.211700	149.6	388.4	0.8110	1.818
-34	158.9	115.40	0.7399	0.193500	152.3	389.6	0.8215	1.814
-32	173.2	126.80	0.7435	0.177100	154.9	390.9	0.8320	1.810
-30	188.4	139.00	0.7471	0.162400	157.6	392.1	0.8425	1.807
-28	204.6	152.10	0.7508	0.149200	160.3	393.4	0.8530	1.804
-26	222.0	166.20	0.7546	0.137300	163.0	394.6	0.8635	1.801
-24	240.4	181.20	0.7584	0.126600	165.7	395.9	0.8740	1.798
-22	260.0	197.30	0.7623	0.116800	168.5	397.1	0.8846	1.795
-20	280.8	214.40	0.7662	0.108000	171.3	398.3	0.8951	1.792
-18	302.9	232.70	0.7703	0.099970	174.0	399.5	0.9056	1.789
-16	326.3	252.10	0.7744	0.092670	176.9	400.8	0.9161	1.787
-14	351.0	272.70	0.7786	0.086010	179.7	402.0	0.9266	1.784
-12	377.2	294.60	0.7829	0.079920	182.5	403.2	0.9371	1.782
-10	404.8	317.80	0.7872	0.074350	185.4	404.3	0.9476	1.780
-8	433.9	342.40	0.7916	0.069250	188.3	405.5	0.9581	1.777
-6	464.6	368.40	0.7962	0.064570	191.2	406.7	0.9686	1.775
-4	496.9	395.80	0.8008	0.060260	194.1	407.8	0.9791	1.773
-2	531.0	424.90	0.8055	0.056290	197.0	409.0	0.9895	1.771
0	566.7	455.50	0.8103	0.052640	200.0	410.1	1.0000	1.769
2	604.2	487.80	0.8152	0.049260	203.0	411.2	1.0100	1.767
4	643.6	521.80	0.8202	0.046140	206.0	412.3	1.0210	1.765
6	684.9	557.60	0.8253	0.043250	209.0	413.4	1.0310	1.764
8	728.2	595.30	0.8306	0.040560	212.1	414.5	1.0420	1.762
10	773.4	634.90	0.8359	0.038080	215.1	415.6	1.0520	1.760
12	820.8	676.60	0.8414	0.035760	218.2	416.6	1.0630	1.758
14	870.3	720.30	0.8470	0.033610	221.4	417.6	1.0730	1.757
16	922.0	766.20	0.8527	0.031610	224.5	418.6	1.0830	1.755
18	976.0	814.30	0.8585	0.029730	227.7	419.6	1.0940	1.753
20	1032.0	864.80	0.8645	0.027990	230.9	420.5	1.1040	1.751
22	1091.0	917.70	0.8707	0.026360	234.1	421.5	1.1150	1.750
24	1152.0	973.10	0.8770	0.024830	237.3	422.4	1.1250	1.748
26	1216.0	1031.00	0.8834	0.023400	240.6	423.2	1.1360	1.746
28	1282.0	1092.00	0.8901	0.022060	243.9	424.1	1.1460	1.744
30	1351.0	1155.00	0.8969	0.020800	247.2	424.9	1.1560	1.742
32	1422.0	1222.00	0.9039	0.019610	250.6	425.7	1.1670	1.741
34	1497.0	1291.00	0.9111	0.018500	254.0	426.4	1.1770	1.739
36	1574.0	1364.00	0.9185	0.017460	257.4	427.1	1.1880	1.737
38	1654.0	1439.00	0.9262	0.016470	260.8	427.8	1.1980	1.735
40	1737.0	1519.00	0.9340	0.015540	264.3	428.4	1.2090	1.733

（续）

t /℃	p_b /kPa	p_d /kPa	v_l /(dm³/kg)	v_v /(m³/kg)	h_l /(kJ/kg)	h_v /(kJ/kg)	s_l /[kJ/(kg·K)]	s_v /[kJ/(kg·K)]
42	1823.0	1601.00	0.9422	0.014670	267.8	428.9	1.2190	1.730
44	1913.0	1687.00	0.9506	0.013840	271.4	429.5	1.2300	1.728
46	2005.0	1777.00	0.9593	0.013060	275.0	429.9	1.2410	1.726
48	2101.0	1870.00	0.9683	0.012320	278.7	430.3	1.2510	1.723
50	2199.0	1968.00	0.9776	0.011620	282.4	430.7	1.2620	1.721
52	2302.0	2069.00	0.9874	0.010960	286.1	430.9	1.2730	1.718
54	2407.0	2175.00	0.9975	0.010340	290.0	431.1	1.2840	1.715
56	2516.0	2285.00	1.0080	0.009742	293.9	431.3	1.2950	1.712
58	2629.0	2399.00	1.0190	0.009179	297.8	431.3	1.3060	1.709
60	2745.0	2518.00	1.0310	0.008646	301.9	431.2	1.3180	1.706
62	2865.0	2641.00	1.0430	0.008139	306.0	431.1	1.3290	1.702
64	2989.0	2769.00	1.0560	0.007659	310.3	430.9	1.3410	1.699
66	3116.0	2902.00	1.0700	0.007204	314.7	430.5	1.3530	1.695
68	3247.0	3039.00	1.0850	0.006772	319.3	430.0	1.3660	1.690
70	3382.0	3181.00	1.1010	0.006363	324.1	429.5	1.3790	1.686
72	3520.0	3327.00	1.1190	0.005977	329.2	428.8	1.3930	1.681
74	3662.0	3478.00	1.1380	0.005613	334.7	428.0	1.4080	1.677
76	3808.0	3633.00	1.1600	0.005270	340.7	427.0	1.4240	1.671

表 A-6　R410A 饱和热力性质表

t /℃	p_b /kPa	p_d /kPa	v_l /(dm³/kg)	v_v /(m³/kg)	h_l /(kJ/kg)	h_v /(kJ/kg)	s_l /[kJ/(kg·K)]	s_v /[kJ/(kg·K)]
-40	176.3	175.9	0.7545	0.141800	141.6	407.5	0.7682	1.909
-38	192.8	192.3	0.7583	0.130300	144.4	408.4	0.7802	1.903
-36	210.4	209.9	0.7623	0.119900	147.2	409.3	0.7922	1.898
-34	229.3	228.7	0.7664	0.110400	150.0	410.2	0.8041	1.892
-32	249.4	248.8	0.7705	0.101900	152.8	411.1	0.8160	1.887
-30	270.9	270.2	0.7747	0.094140	155.6	412.0	0.8278	1.882
-28	293.8	293.1	0.7790	0.087080	158.5	412.8	0.8396	1.877
-26	318.2	317.4	0.7833	0.080650	161.4	413.7	0.8513	1.872
-24	344.1	343.2	0.7878	0.074790	164.2	414.5	0.8630	1.867
-22	371.6	370.6	0.7923	0.069430	167.1	415.3	0.8746	1.863
-20	400.8	399.7	0.7970	0.064520	170.0	416.1	0.8861	1.858
-18	431.7	430.5	0.8018	0.060030	172.9	416.9	0.8977	1.854
-16	464.4	463.1	0.8066	0.055900	175.9	417.6	0.9092	1.849
-14	498.9	497.5	0.8116	0.052110	178.8	418.4	0.9206	1.845
-12	535.3	533.8	0.8167	0.048620	181.8	419.1	0.9321	1.841
-10	573.8	572.1	0.8219	0.045400	184.8	419.8	0.9434	1.837
-8	614.3	612.5	0.8273	0.042440	187.8	420.5	0.9548	1.832
-6	657.0	655.0	0.8327	0.039690	190.8	421.1	0.9661	1.828

（续）

t /℃	p_b /kPa	p_d /kPa	v_l /(dm³/kg)	v_v /(m³/kg)	h_l /(kJ/kg)	h_v /(kJ/kg)	s_l /[kJ/(kg·K)]	s_v /[kJ/(kg·K)]
-4	701.8	699.8	0.8384	0.037160	193.8	421.8	0.9774	1.824
-2	749.0	746.8	0.8441	0.034810	196.9	422.4	0.9887	1.820
0	798.5	796.1	0.8501	0.032630	200.0	423.0	1.0000	1.816
2	850.5	847.9	0.8561	0.030610	203.1	423.5	1.0110	1.812
4	905.0	902.2	0.8624	0.028730	206.2	424.1	1.0220	1.808
6	962.0	959.1	0.8688	0.026990	209.4	424.6	1.0340	1.805
8	1022.0	1019.0	0.8755	0.025360	212.5	425.1	1.0450	1.801
10	1084.0	1081.0	0.8823	0.023840	215.7	425.5	1.0560	1.797
12	1150.0	1146.0	0.8893	0.022430	218.9	425.9	1.0670	1.793
14	1218.0	1214.0	0.8966	0.021100	222.2	426.3	1.0780	1.789
16	1289.0	1285.0	0.9041	0.019860	225.5	426.7	1.0900	1.785
18	1364.0	1360.0	0.9119	0.018710	228.8	427.0	1.1010	1.782
20	1442.0	1437.0	0.9200	0.017620	232.1	427.3	1.1120	1.778
22	1522.0	1518.0	0.9283	0.016600	235.5	427.5	1.1230	1.774
24	1607.0	1602.0	0.9370	0.015650	238.8	427.7	1.1340	1.770
26	1695.0	1690.0	0.9460	0.014750	242.3	427.9	1.1460	1.766
28	1786.0	1781.0	0.9554	0.013900	245.7	428.0	1.1570	1.762
30	1881.0	1876.0	0.9652	0.013110	249.3	428.0	1.1680	1.758
32	1980.0	1974.0	0.9755	0.012360	252.8	428.0	1.1800	1.754
34	2083.0	2077.0	0.9862	0.011650	256.4	428.0	1.1910	1.750
36	2190.0	2184.0	0.9974	0.010980	260.0	427.9	1.2030	1.745
38	2301.0	2295.0	1.0090	0.010350	263.7	427.7	1.2140	1.741
40	2416.0	2410.0	1.0220	0.009753	267.5	427.4	1.2260	1.736
42	2536.0	2529.0	1.0350	0.009187	271.3	427.1	1.2370	1.732
44	2660.0	2653.0	1.0490	0.008651	275.2	426.7	1.2490	1.727
46	2789.0	2782.0	1.0640	0.008142	279.2	426.2	1.2610	1.722
48	2923.0	2915.0	1.0800	0.007658	283.2	425.6	1.2740	1.717
50	3061.0	3053.0	1.0970	0.007198	287.4	424.9	1.2860	1.712
52	3204.0	3197.0	1.1160	0.006759	291.7	424.1	1.2990	1.706
54	3353.0	3345.0	1.1370	0.006340	296.2	423.2	1.3120	1.700
56	3506.0	3499.0	1.1590	0.005938	300.8	422.1	1.3260	1.694
58	3665.0	3658.0	1.1840	0.005550	305.6	420.9	1.3400	1.688
60	3830.0	3823.0	1.2130	0.005174	310.7	419.5	1.3540	1.681
62	4000.0	3993.0	1.2460	0.004806	316.2	417.9	1.3700	1.674
64	4176.0	4170.0	1.2850	0.004437	322.0	416.1	1.3870	1.666
66	4358.0	4352.0	1.3330	0.004055	328.5	413.8	1.4050	1.657
68	4546.0	4540.0	1.3970	0.003637	335.9	411.1	1.4260	1.646
70	4740.0	4735.0	1.4950	0.003165	346.6	408.9	1.4570	1.638
72	4939.0	4935.0	1.7910	0.002752	377.9	411.4	1.5470	1.644

表 A-7 R600a 饱和热力性质表

t /℃	p /kPa	v_l /(dm³/kg)	v_v /(m³/kg)	h_l /(kJ/kg)	h_v /(kJ/kg)	r /(kJ/kg)	s_l /[kJ/(kg·K)]	s_v /[kJ/(kg·K)]
-40	28.76	1.6039	1.14119	112.12	502.58	390.46	0.6532	2.3279
-38	31.82	1.6091	1.03891	116.43	505.16	388.73	0.6716	2.3247
-36	35.14	1.6142	0.94756	120.75	507.76	387.01	0.6899	2.3218
-34	38.73	1.6194	0.86580	125.07	510.36	385.29	0.7080	2.3190
-32	42.60	1.6246	0.79247	129.40	512.97	383.57	0.7260	2.3166
-30	46.78	1.6299	0.72659	133.73	515.59	381.85	0.7438	2.3143
-28	51.27	1.6353	0.66726	138.07	518.21	380.14	0.7616	2.3122
-26	56.10	1.6407	0.61376	142.42	520.84	378.42	0.7792	2.3104
-24	61.28	1.6461	0.56540	146.78	523.48	376.70	0.7967	2.3087
-22	66.83	1.6516	0.52163	151.14	526.13	374.99	0.8141	2.3072
-20	72.77	1.6572	0.48194	155.52	528.78	373.26	0.8315	2.3059
-18	79.12	1.6628	0.44588	159.9	531.44	371.53	0.8487	2.3048
-16	85.89	1.6685	0.41308	164.30	534.10	369.80	0.8658	2.3039
-14	93.11	1.6743	0.38319	168.71	536.77	368.06	0.8828	2.3031
-12	100.79	1.6801	0.35591	173.14	539.45	366.31	0.8998	2.3025
-10	108.96	1.6860	0.33098	177.57	542.13	364.56	0.9167	2.3020
-8	117.63	1.6920	0.30815	182.03	544.82	362.79	0.9335	2.3017
-6	126.82	1.6981	0.28723	186.50	547.51	361.01	0.9502	2.3015
-4	136.56	1.7042	0.26803	190.98	550.20	359.22	0.9669	2.3015
-2	146.87	1.7104	0.25038	195.48	552.90	357.42	0.9835	2.3016
0	157.77	1.7168	0.23414	200.00	555.60	355.60	1.0000	2.3019
2	169.29	1.7232	0.21917	204.54	558.31	353.77	1.0165	2.3022
4	181.43	1.7297	0.20536	209.09	561.02	351.92	1.0329	2.3027
6	194.24	1.7363	0.19260	213.67	563.73	350.06	1.0493	2.3033
8	207.72	1.7430	0.18080	218.26	566.44	348.18	1.0656	2.3040
10	221.91	1.7498	0.16988	222.88	569.16	346.28	1.0819	2.3048
12	236.82	1.7568	0.15975	227.52	571.87	344.35	1.0981	2.3057
14	252.49	1.7639	0.15035	232.18	574.59	342.41	1.1143	2.3067
16	268.93	1.7710	0.14162	236.87	577.31	340.44	1.1304	2.3078
18	286.18	1.7784	0.13350	241.58	580.03	338.45	1.1466	2.3090
20	304.24	1.7858	0.12594	246.31	582.75	336.44	1.1627	2.3103
22	323.16	1.7935	0.11889	251.07	585.47	334.40	1.1787	2.3117
24	342.95	1.8012	0.11232	255.85	588.18	332.33	1.1948	2.3132
26	363.65	1.8091	0.10618	260.67	590.90	330.23	1.2108	2.3147
28	385.27	1.8172	0.10045	265.51	593.61	328.11	1.2268	2.3163
30	407.84	1.8255	0.09509	270.38	596.33	325.95	1.2428	2.3180
32	431.39	1.8340	0.09006	275.28	599.03	323.76	1.2587	2.3197
34	455.95	1.8426	0.08536	280.20	601.74	321.53	1.2747	2.3215
36	481.54	1.8515	0.08094	285.16	604.44	319.27	1.2906	2.3234
38	508.19	1.8605	0.07680	290.16	607.13	316.98	1.3065	2.3253

（续）

t /℃	p /kPa	v_l /(dm³/kg)	v_v /(m³/kg)	h_l /(kJ/kg)	h_v /(kJ/kg)	r /(kJ/kg)	s_l /[kJ/(kg·K)]	s_v /[kJ/(kg·K)]
40	535.93	1.8698	0.07291	295.18	609.83	314.64	1.3225	2.3272
42	564.78	1.8794	0.06925	300.24	612.51	312.27	1.3384	2.3293
44	594.77	1.8892	0.06580	305.34	615.19	309.85	1.3543	2.3313
46	625.93	1.8992	0.06257	310.43	617.86	307.43	1.3702	2.3335
48	658.29	1.9096	0.05951	315.59	620.52	304.93	1.3861	2.3356
50	691.87	1.9202	0.05663	320.80	623.17	302.38	1.4021	2.3378
52	726.71	1.9312	0.05391	326.04	625.82	299.78	1.4180	2.3400
54	762.83	1.9425	0.05134	331.32	628.45	297.13	1.4340	2.3422
56	800.26	1.9541	0.04891	336.64	631.07	294.43	1.4500	2.3445
58	839.04	1.9662	0.04661	342.01	633.68	291.67	1.4660	2.3468
60	879.18	1.9786	0.04444	347.42	636.27	288.85	1.4821	2.3491
62	920.73	1.9914	0.04238	352.88	638.85	285.97	1.4982	2.3514
64	963.70	2.0047	0.04043	358.38	641.41	283.03	1.5143	2.3538
66	1008.13	2.0185	0.03857	363.93	643.96	280.02	1.5304	2.3561
68	1054.06	2.0328	0.03681	369.54	646.48	276.94	1.5467	2.3584
70	1101.50	2.0477	0.03514	375.20	648.99	273.79	1.5629	2.3608
72	1150.50	2.0632	0.03356	380.91	651.47	270.55	1.5792	2.3631
74	1201.07	2.0793	0.03205	386.69	653.93	267.24	1.5956	2.3654
76	1253.26	2.0961	0.03061	392.52	656.36	263.83	1.6121	2.3677
78	1307.08	2.1136	0.02924	398.43	658.76	260.34	1.6286	2.3700
80	1362.58	2.1319	0.02794	404.39	661.14	256.74	1.6452	2.3722
82	1419.79	2.1511	0.02669	410.44	663.48	253.04	1.6619	2.3744
84	1478.72	2.1713	0.02551	416.55	665.79	249.23	1.6787	2.3766
86	1539.42	2.1925	0.02437	422.75	668.05	245.30	1.6957	2.3787
88	1601.91	2.2148	0.02329	429.04	670.28	241.25	1.7127	2.3807
90	1666.23	2.2383	0.02225	435.41	672.46	237.05	1.7299	2.3827
92	1732.39	2.2632	0.02126	441.88	674.60	232.71	1.7473	2.3846
94	1800.43	2.2895	0.02031	448.46	676.68	228.22	1.7648	2.3864
96	1870.38	2.3175	0.0194	455.14	678.70	223.55	1.7826	2.3882
98	1942.26	2.3473	0.01852	461.95	680.66	218.70	1.8005	2.3898
100	2016.10	2.3792	0.01768	468.88	682.54	213.66	1.8187	2.3912
102	2091.91	2.4133	0.01688	475.96	684.36	208.40	1.8371	2.3926
104	2169.73	2.4501	0.01610	483.18	686.09	202.91	1.8558	2.3938
106	2249.56	2.4897	0.01535	490.56	687.72	197.16	1.8748	2.3948
108	2331.43	2.5328	0.01463	498.12	689.25	191.13	1.8941	2.3956
110	2415.34	2.5797	0.01394	505.87	690.67	184.80	1.9138	2.3961
112	2501.31	2.6310	0.01326	513.85	691.95	178.10	1.9340	2.3964
114	2589.34	2.6877	0.01261	522.02	693.09	171.07	1.9546	2.3965
116	2679.44	2.7507	0.01198	530.50	694.05	163.55	1.9758	2.3961
118	2771.59	2.8214	0.01136	539.26	694.81	155.56	1.9976	2.3953
120	2865.79	2.9013	0.01075	548.36	695.34	146.98	2.0201	2.3940
122	2962.01	2.9931	0.01016	557.87	695.59	137.72	2.0435	2.3920

（续）

t /℃	p /kPa	v_l /(dm³/kg)	v_v /(m³/kg)	h_l /(kJ/kg)	h_v /(kJ/kg)	r /(kJ/kg)	s_l /[kJ/(kg·K)]	s_v /[kJ/(kg·K)]
124	3060.24	3.1000	0.00958	567.85	695.49	127.64	2.0680	2.3894
126	3160.43	3.2270	0.00900	578.44	694.96	116.52	2.0938	2.3857
128	3262.55	3.3823	0.00841	589.82	693.85	104.03	2.1213	2.3807
130	3366.53	3.5795	0.00782	602.31	691.89	89.58	2.1515	2.3737
132	3472.32	3.8462	0.00718	616.53	688.65	72.12	2.1857	2.3637
134	3579.82	4.2523	0.00646	634.10	682.85	48.75	2.2279	2.3476
135.92	3684.55	5.1412	0.00514	662.45	662.45	0	2.2962	2.2962

表 A-8　R717 饱和热力性质表

t /℃	p /kPa	v_l /(dm³/kg)	v_v /(m³/kg)	h_l /(kJ/kg)	h_v /(kJ/kg)	r /(kJ/kg)	s_l /[kJ/(kg·K)]	s_v /[kJ/(kg·K)]
−46	51.51	1.4340	2.11333	−6.20	1397.63	1403.83	0.1760	6.3562
−44	57.64	1.4389	1.90242	2.60	1400.87	1398.27	0.2146	6.3166
−42	64.36	1.4440	1.71612	11.42	1404.08	1392.66	0.2529	6.2778
−40	71.71	1.4491	1.55117	20.25	1407.25	1387.00	0.2909	6.2398
−38	79.73	1.4542	1.40480	29.10	1410.38	1381.27	0.3286	6.2026
−36	88.47	1.4594	1.27465	37.97	1413.46	1375.50	0.3661	6.1662
−34	97.97	1.4647	1.15868	46.84	1416.51	1369.66	0.4033	6.1305
−32	108.28	1.4701	1.05513	55.74	1419.50	1363.77	0.4403	6.0956
−30	119.46	1.4755	0.96249	64.64	1422.46	1357.81	0.4770	6.0613
−28	131.54	1.4810	0.87945	73.57	1425.36	1351.80	0.5135	6.0277
−26	144.60	1.4865	0.80488	82.50	1428.22	1345.72	0.5497	5.9947
−24	158.67	1.4921	0.73779	91.45	1431.04	1339.58	0.5857	5.9623
−22	173.82	1.4978	0.67733	100.42	1433.80	1333.38	0.6214	5.9305
−20	190.11	1.5036	0.62274	109.40	1436.51	1327.11	0.6570	5.8994
−18	207.60	1.5094	0.57338	118.39	1439.17	1320.78	0.6923	5.8687
−16	226.34	1.5154	0.52866	127.40	1441.78	1314.38	0.7273	5.8386
−14	246.41	1.5214	0.48810	136.43	1444.34	1307.91	0.7622	5.8091
−12	267.85	1.5275	0.45123	145.46	1446.84	1301.38	0.7968	5.7800
−10	290.75	1.5336	0.41769	154.52	1449.29	1294.77	0.8312	5.7514
−8	315.17	1.5399	0.38712	163.58	1451.68	1288.09	0.8653	5.7233
−6	341.17	1.5463	0.35921	172.66	1454.01	1281.35	0.8993	5.6957
−4	368.83	1.5527	0.33371	181.76	1456.29	1274.53	0.9331	5.6685
−2	398.22	1.5593	0.31037	190.87	1458.51	1267.63	0.9666	5.6417
0	429.41	1.5659	0.28898	200.00	1460.66	1260.66	1.0000	5.6153
2	462.48	1.5727	0.26935	209.14	1462.76	1253.62	1.0332	5.5893
4	497.56	1.5795	0.25131	218.30	1464.80	1246.50	1.0661	5.5637
6	534.54	1.5865	0.23471	227.47	1466.77	1239.30	1.0989	5.5384
8	573.76	1.5936	0.21943	236.67	1468.68	1232.01	1.1315	5.5135
10	615.04	1.6008	0.20533	245.87	1470.52	1224.65	1.1639	5.4890
12	658.64	1.6081	0.19232	255.10	1472.30	1217.21	1.1961	5.4647
14	704.59	1.6155	0.18029	264.34	1474.02	1209.67	1.2281	5.4408
16	752.98	1.6231	0.16916	273.60	1475.66	1202.06	1.2600	5.4172

（续）

t /℃	p /kPa	v_l /(dm³/kg)	v_v /(m³/kg)	h_l /(kJ/kg)	h_v /(kJ/kg)	r /(kJ/kg)	s_l /[kJ/(kg·K)]	s_v /[kJ/(kg·K)]
18	803.88	1.6308	0.15885	282.89	1477.24	1194.35	1.2917	5.3939
20	857.38	1.6386	0.14929	292.19	1478.74	1186.55	1.3232	5.3708
22	913.56	1.6466	0.14041	301.51	1480.17	1178.66	1.3546	5.3481
24	972.52	1.6547	0.13216	310.86	1481.53	1170.68	1.3859	5.3255
26	1034.34	1.6630	0.12449	320.23	1482.82	1162.59	1.4169	5.3033
28	1099.11	1.6714	0.11734	329.62	1484.03	1154.41	1.4479	5.2812
30	1166.93	1.6800	0.11069	339.04	1485.16	1146.12	1.4787	5.2594
32	1237.88	1.6888	0.10447	348.48	1486.21	1137.73	1.5093	5.2377
34	1312.06	1.6978	0.09867	357.96	1487.19	1129.23	1.5398	5.2163
36	1389.55	1.7069	0.09327	367.33	1488.09	1120.75	1.5699	5.1952
38	1470.47	1.7162	0.08820	376.86	1488.89	1112.03	1.6002	5.1741
40	1554.89	1.7257	0.08345	386.43	1489.61	1103.19	1.6303	5.1532
42	1642.93	1.7355	0.07900	396.02	1490.25	1094.22	1.6604	5.1325
44	1734.67	1.7454	0.07483	405.66	1490.79	1085.13	1.6904	5.1119
46	1830.22	1.7556	0.07092	415.34	1491.23	1075.90	1.7203	5.0914
48	1929.68	1.7660	0.06724	425.06	1491.59	1066.53	1.7501	5.0711
50	2033.14	1.7767	0.06378	434.82	1491.84	1057.02	1.7798	5.0508
52	2140.72	1.7876	0.06053	444.63	1491.99	1047.36	1.8095	5.0307
54	2252.52	1.7988	0.05747	454.50	1492.04	1037.54	1.8391	5.0106
56	2368.64	1.8103	0.05458	464.42	1491.98	1027.56	1.8687	4.9906
58	2489.19	1.8221	0.05186	474.39	1491.81	1017.42	1.8983	4.9707
60	2614.27	1.8343	0.04929	484.43	1491.52	1007.09	1.9278	4.9508
62	2744.01	1.8467	0.04687	494.54	1491.12	996.58	1.9573	4.9309
64	2878.56	1.8595	0.04458	504.71	1490.58	985.87	1.9869	4.9110
66	3017.86	1.8727	0.04241	514.96	1489.93	974.96	2.0164	4.8911
68	3162.22	1.8863	0.04036	525.29	1489.13	963.84	2.0460	4.8713
70	3311.68	1.9003	0.03841	535.71	1488.20	952.49	2.0756	4.8513
72	3466.35	1.9148	0.03657	546.22	1487.12	940.90	2.1053	4.8314
74	3626.38	1.9297	0.03482	556.83	1485.89	929.06	2.1351	4.8113
76	3791.86	1.9452	0.03316	567.54	1484.49	916.95	2.1649	4.7912
78	3962.94	1.9612	0.03158	578.37	1482.93	904.56	2.1949	4.7709
80	4139.74	1.9778	0.03009	589.32	1481.19	891.87	2.2250	4.7505
82	4322.38	1.9950	0.02866	600.40	1479.27	878.87	2.2553	4.7299
84	4511.00	2.0129	0.02730	611.63	1477.14	865.52	2.2857	4.7091
86	4705.74	2.0316	0.02601	623.00	1474.81	851.81	2.3164	4.6881
88	4906.74	2.0510	0.02477	634.54	1472.25	837.70	2.3473	4.6668
90	5114.13	2.0713	0.02359	646.26	1469.45	823.18	2.3785	4.6453
92	5328.07	2.0926	0.02247	658.18	1466.39	808.21	2.4100	4.6233
94	5548.71	2.1149	0.02139	670.31	1463.06	792.75	2.4418	4.6010
96	5776.19	2.1384	0.02036	682.67	1459.43	776.76	2.4741	4.5783
98	6010.69	2.1631	0.01937	695.29	1455.47	760.19	2.5068	4.5550
100	6252.37	2.1892	0.01842	708.18	1451.16	742.98	2.5401	4.5312
102	6501.41	2.2169	0.01751	721.39	1446.47	725.08	2.5739	4.5066
104	6757.97	2.2464	0.01663	734.94	1441.34	706.40	2.6084	4.4814
106	7022.27	2.2780	0.01579	748.88	1435.73	686.85	2.6437	4.4552
108	7294.48	2.3118	0.01497	763.35	1429.55	666.21	2.6801	4.4279

（续）

t /℃	p /kPa	v_l /(dm³/kg)	v_v /(m³/kg)	h_l /(kJ/kg)	h_v /(kJ/kg)	r /(kJ/kg)	s_l /[kJ/(kg·K)]	s_v /[kJ/(kg·K)]
110	7574.83	2.3484	0.01418	778.14	1422.84	644.70	2.7171	4.3997
112	7863.54	2.3881	0.01341	793.58	1415.40	621.81	2.7555	4.3700
114	8160.85	2.4316	0.01266	809.69	1407.14	597.44	2.7954	4.3386
116	8467.01	2.4796	0.01193	826.59	1397.92	571.33	2.8370	4.3051
118	8782.33	2.5333	0.01121	844.43	1387.55	543.12	2.8807	4.2692
120	9107.10	2.5942	0.01050	863.44	1375.74	512.30	2.9270	4.2301
122	9441.69	2.6645	0.00979	883.92	1362.09	478.17	2.9767	4.1868
124	9786.53	2.7479	0.00907	906.36	1345.98	439.62	3.0310	4.1380
126	10142.11	2.8506	0.00833	931.55	1326.34	394.78	3.0918	4.0809
128	10509.10	2.9854	0.00752	961.21	1300.81	339.60	3.1632	4.0098
130	10888.47	3.1860	0.00659	999.04	1263.91	264.87	3.2544	3.9114
132	11282.16	3.6555	0.00510	1065.59	1183.18	117.58	3.4157	3.7059
132.35	11353.00	4.2735	0.00427	1122.77	1122.77	0	3.5561	3.5561

表 A-9　R744 饱和热力性质表

t /℃	p_b /kPa	p_d /kPa	v_l /(dm³/kg)	v_v /(m³/kg)	h_l /(kJ/kg)	h_v /(kJ/kg)	s_l /[kJ/(kg·K)]	s_v /[kJ/(kg·K)]
-18	2096.13	0.9778	0.01811	159.26	436.65	277.39	0.8512	1.9384
-16	2225.87	0.9870	0.01699	163.61	436.40	272.80	0.8677	1.9285
-14	2361.38	0.9965	0.01594	167.99	436.07	268.09	0.8841	1.9186
-12	2502.82	1.0064	0.01496	172.40	435.66	263.25	0.9005	1.9086
-10	2650.37	1.0167	0.01405	176.86	435.16	258.29	0.9170	1.8985
-8	2804.18	1.0275	0.01319	181.37	434.56	253.19	0.9335	1.8883
-6	2964.43	1.0389	0.01239	185.93	433.86	247.93	0.9500	1.8780
-4	3131.31	1.0508	0.01163	190.55	433.04	242.50	0.9665	1.8675
-2	3304.99	1.0633	0.01093	195.23	432.11	236.88	0.9832	1.8568
0	3485.67	1.0766	0.01026	200.00	431.05	231.05	1.0000	1.8459
2	3673.54	1.0908	0.00963	204.86	429.85	225.00	1.0170	1.8347
4	3868.79	1.1058	0.00904	209.82	428.49	218.68	1.0342	1.8232
6	4071.64	1.1220	0.00847	214.89	426.96	212.07	1.0516	1.8113
8	4282.29	1.1393	0.00794	220.11	425.24	205.13	1.0694	1.7990
10	4500.96	1.1582	0.00743	225.47	423.30	197.83	1.0875	1.7861
12	4727.91	1.1788	0.00695	231.03	421.09	190.06	1.1061	1.7726
14	4963.38	1.2015	0.00648	236.74	418.62	181.89	1.1251	1.7585
16	5207.67	1.2269	0.00604	242.70	415.79	173.09	1.1447	1.7434
18	5461.14	1.2555	0.00561	248.94	412.54	163.60	1.1652	1.7271
20	5724.18	1.2886	0.00519	255.53	408.76	153.24	1.1866	1.7093
22	5997.31	1.3277	0.00478	262.59	404.30	141.71	1.2093	1.6895
24	6281.16	1.3755	0.00436	270.32	398.86	128.54	1.2342	1.6667
26	6576.56	1.4374	0.00394	279.14	391.97	112.84	1.2623	1.6395
28	6884.55	1.5259	0.00348	290.02	382.42	92.39	1.2971	1.6039
30	7206.51	1.6895	0.00289	306.21	366.06	59.85	1.3489	1.5464
31.06	7383.40	2.1552	0.00216	335.68	335.68	0	1.4449	1.4449

附录 B 常用制冷剂压-焓图

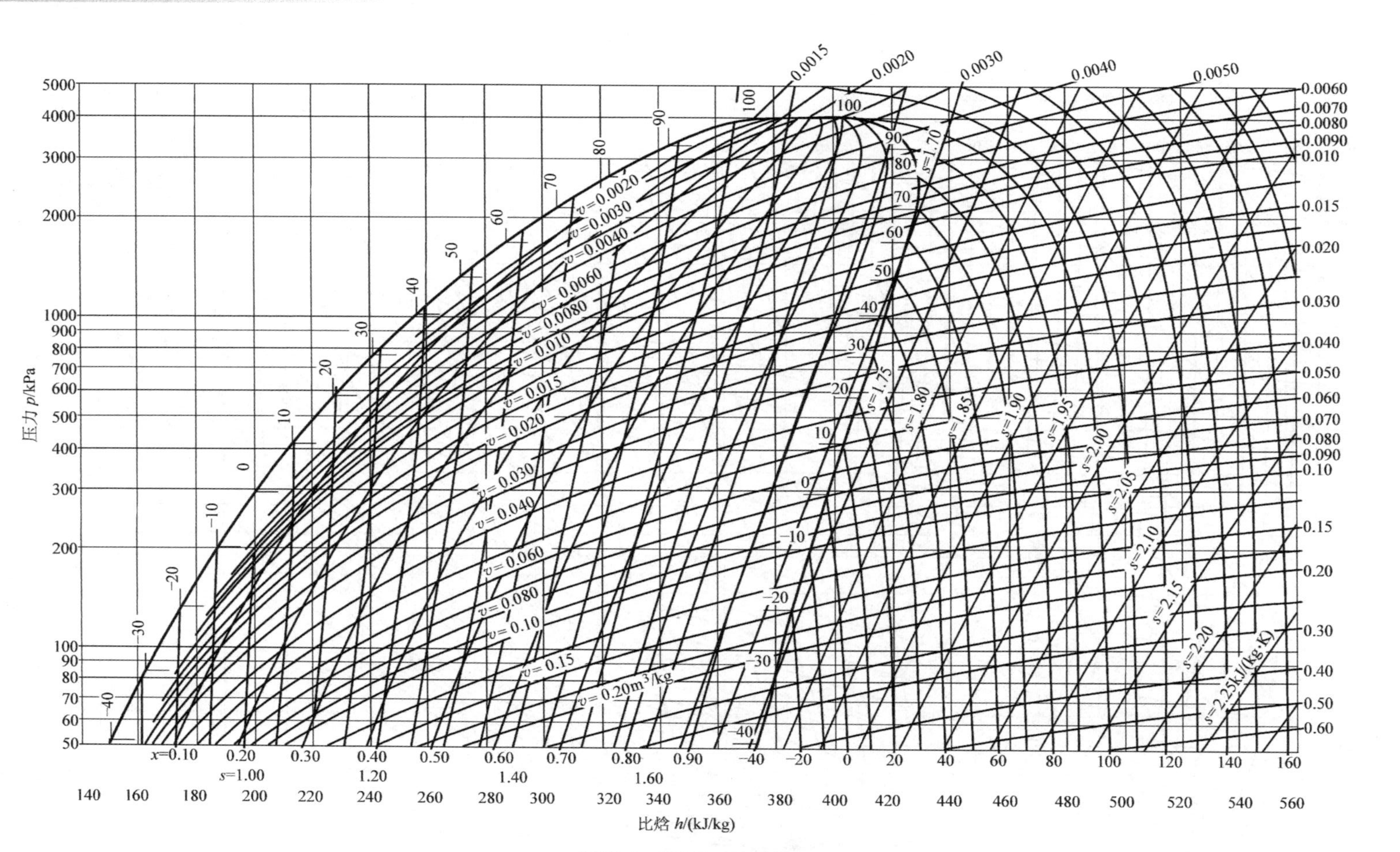

图 B-1 R134a 压-焓图

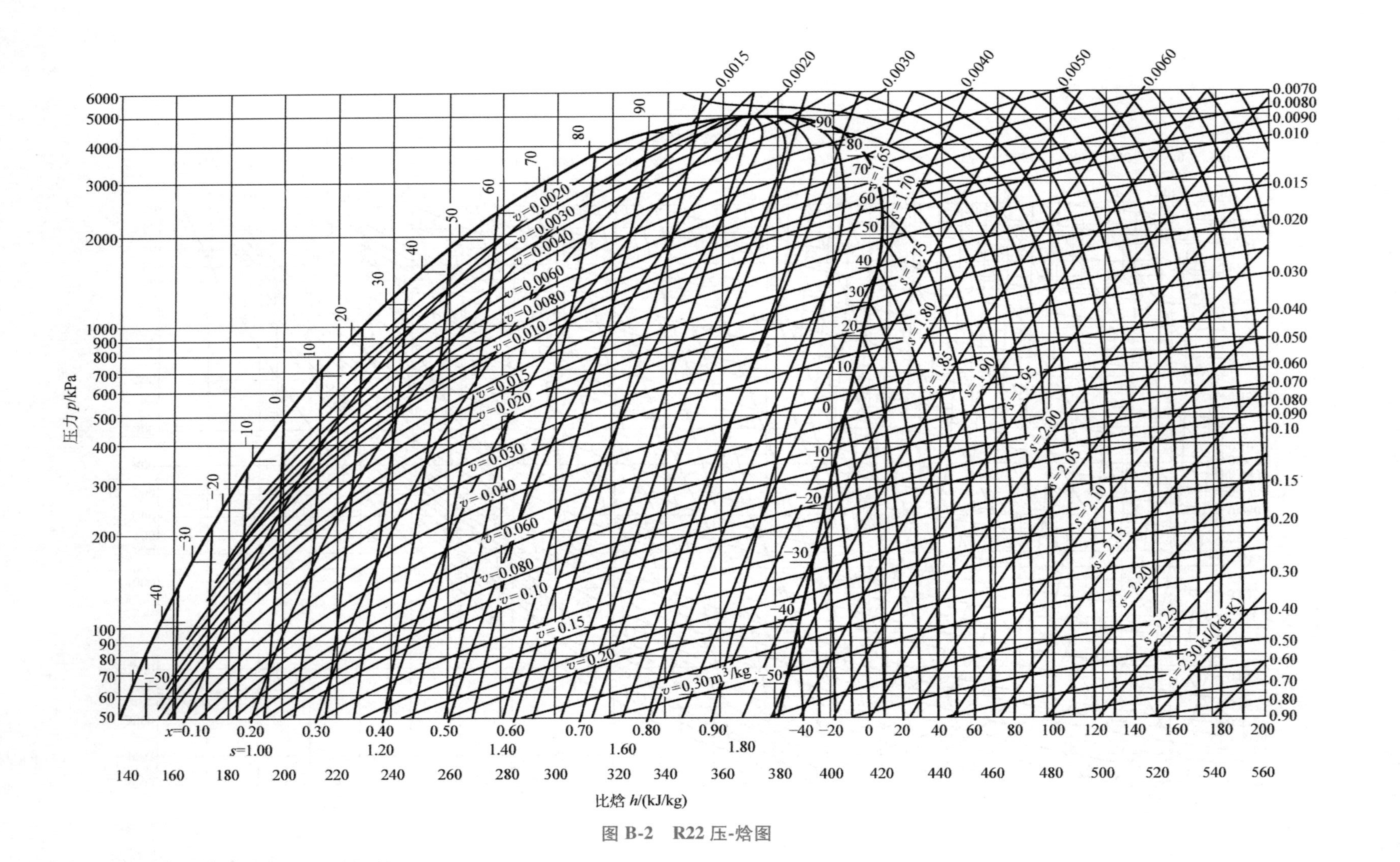

图 B-2　R22 压-焓图

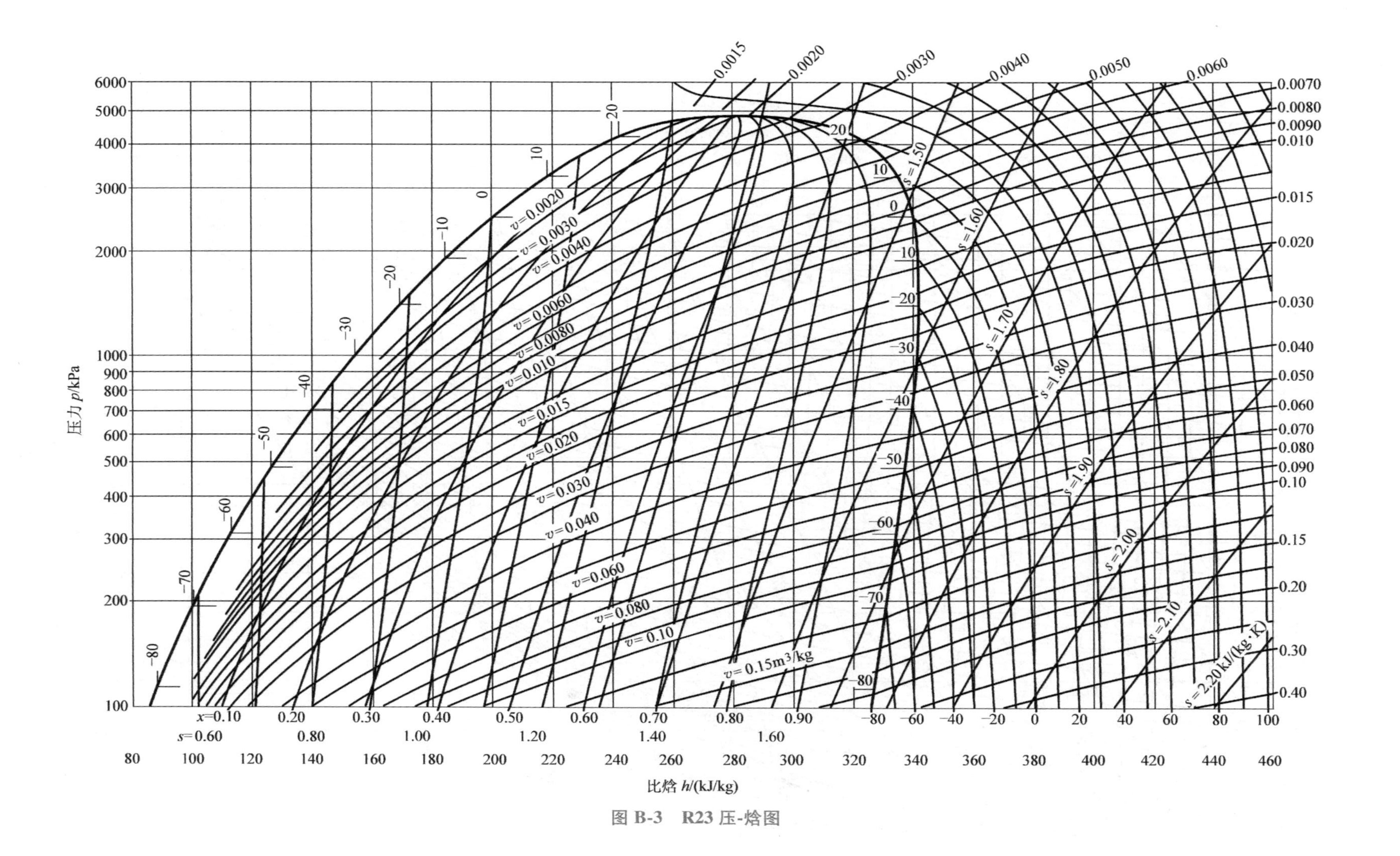

图 B-3 R23 压-焓图

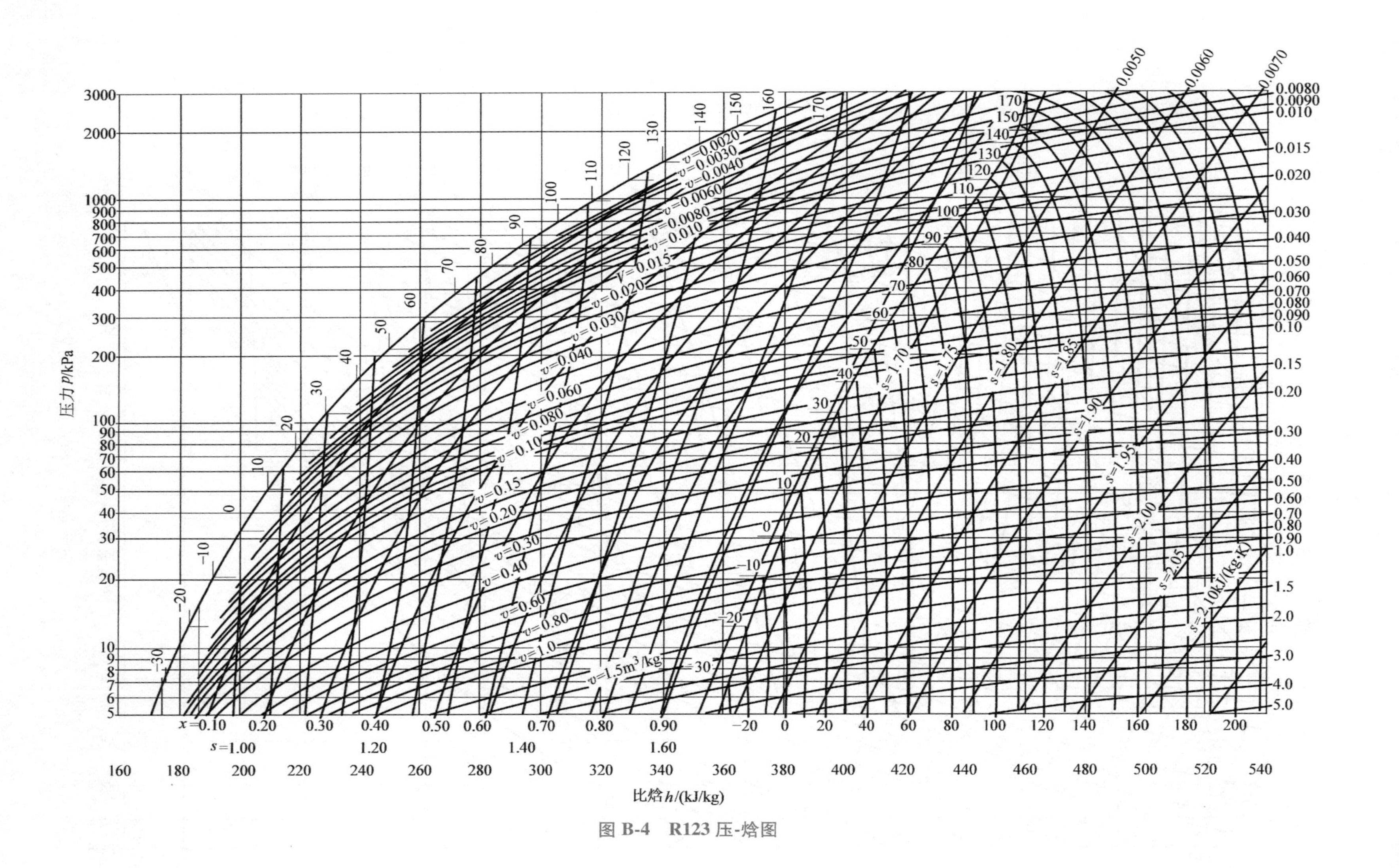

图 B-4　R123 压-焓图

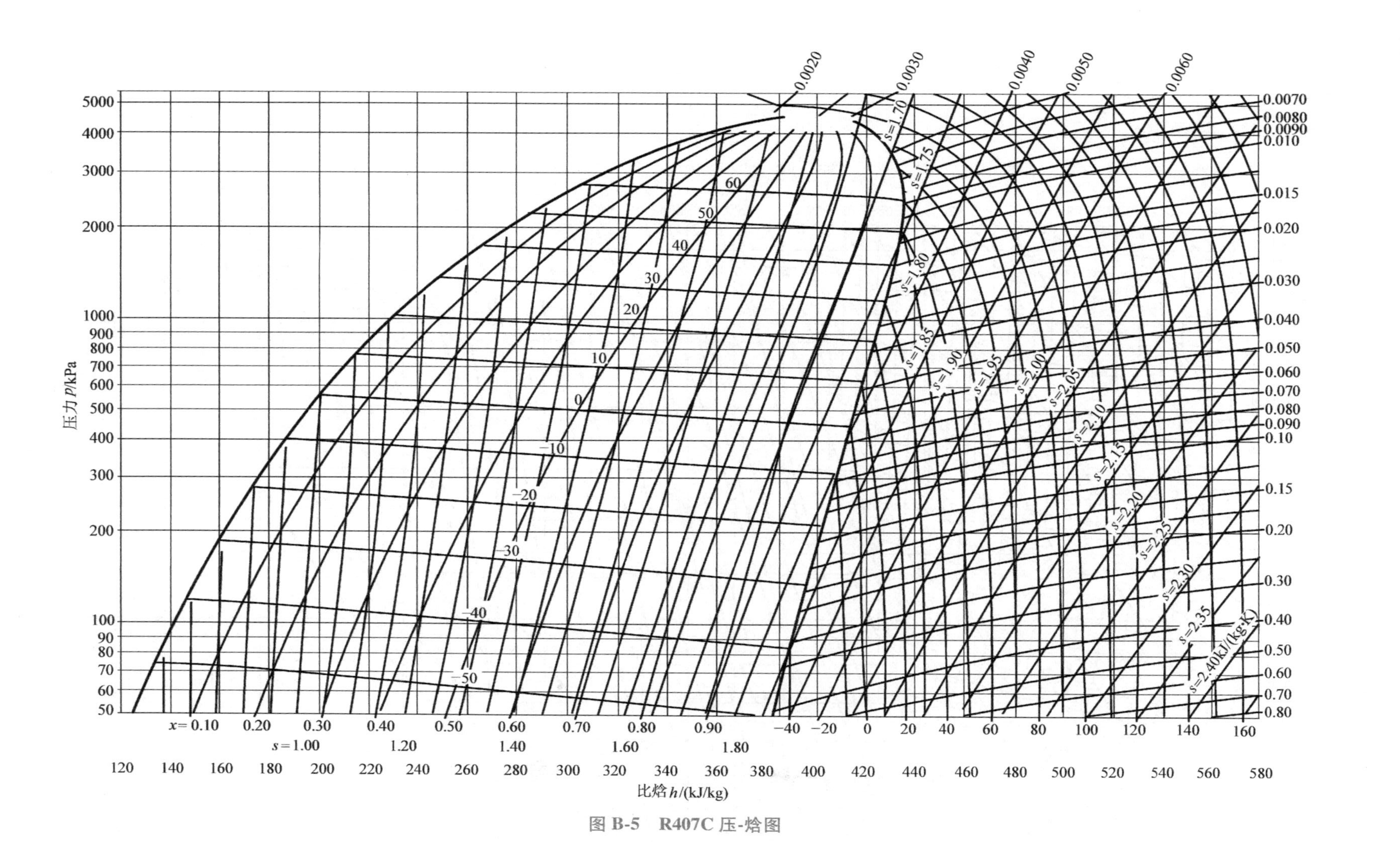

图 B-5　R407C 压-焓图

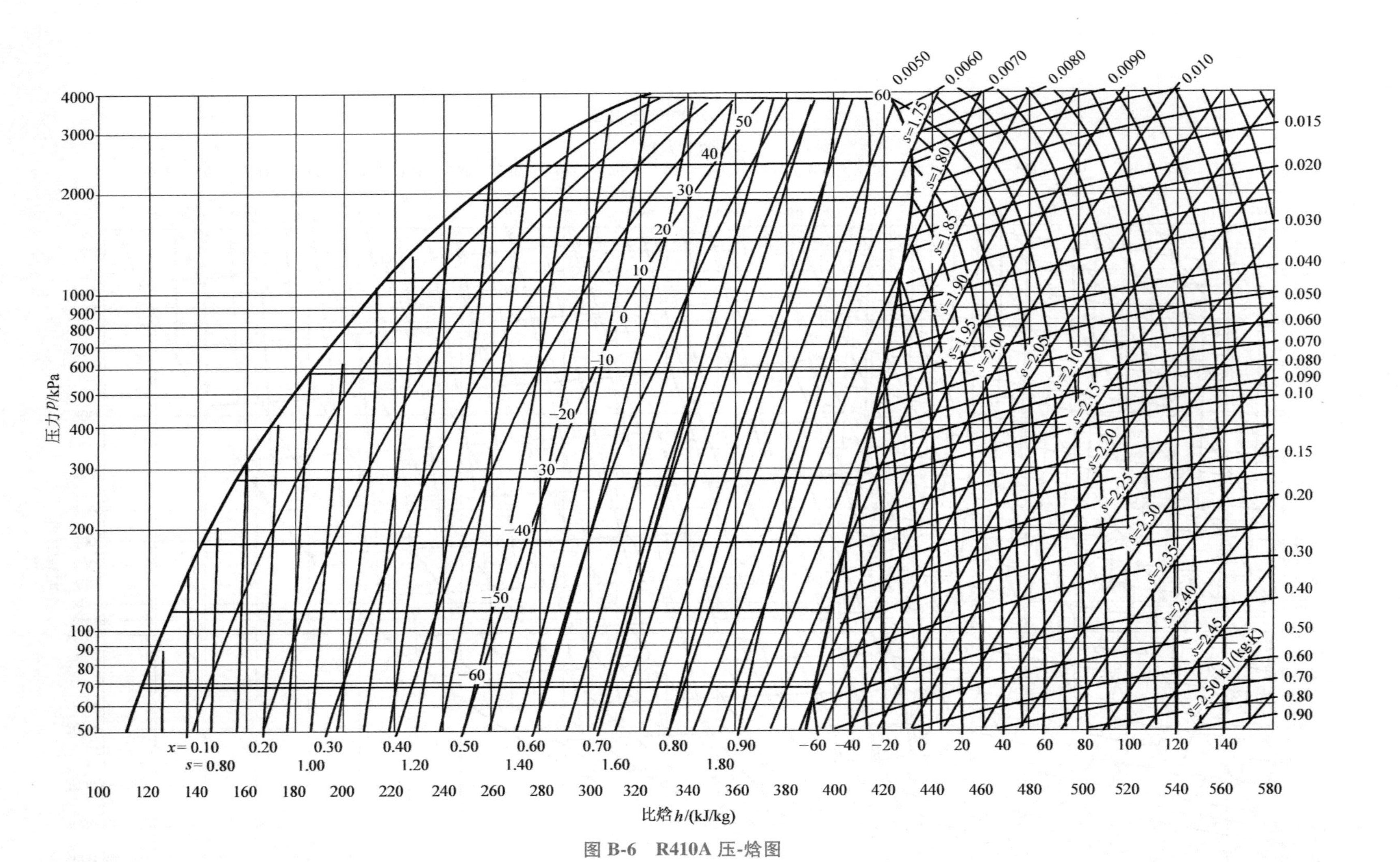

图 B-6　R410A 压-焓图

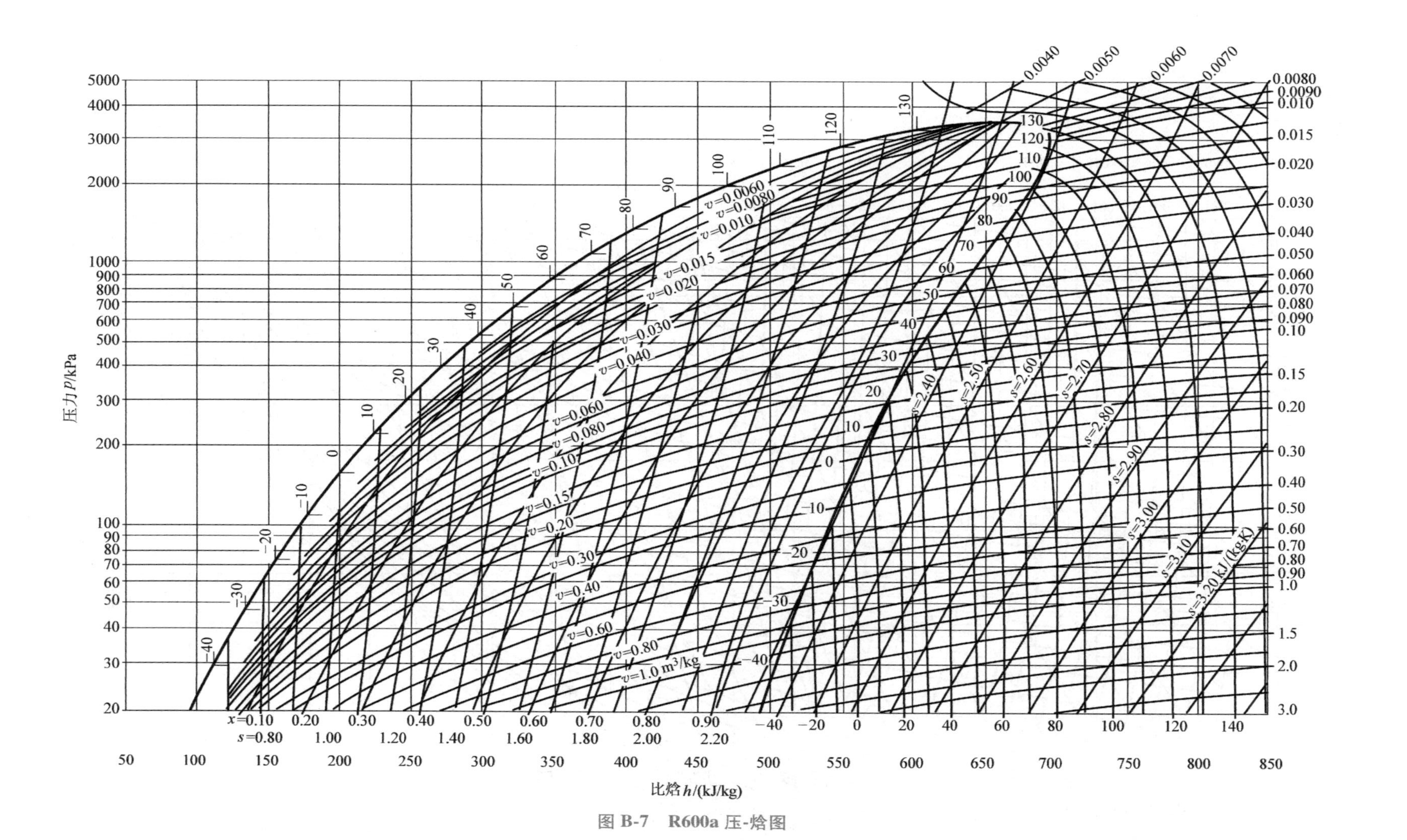

图 B-7 R600a 压-焓图

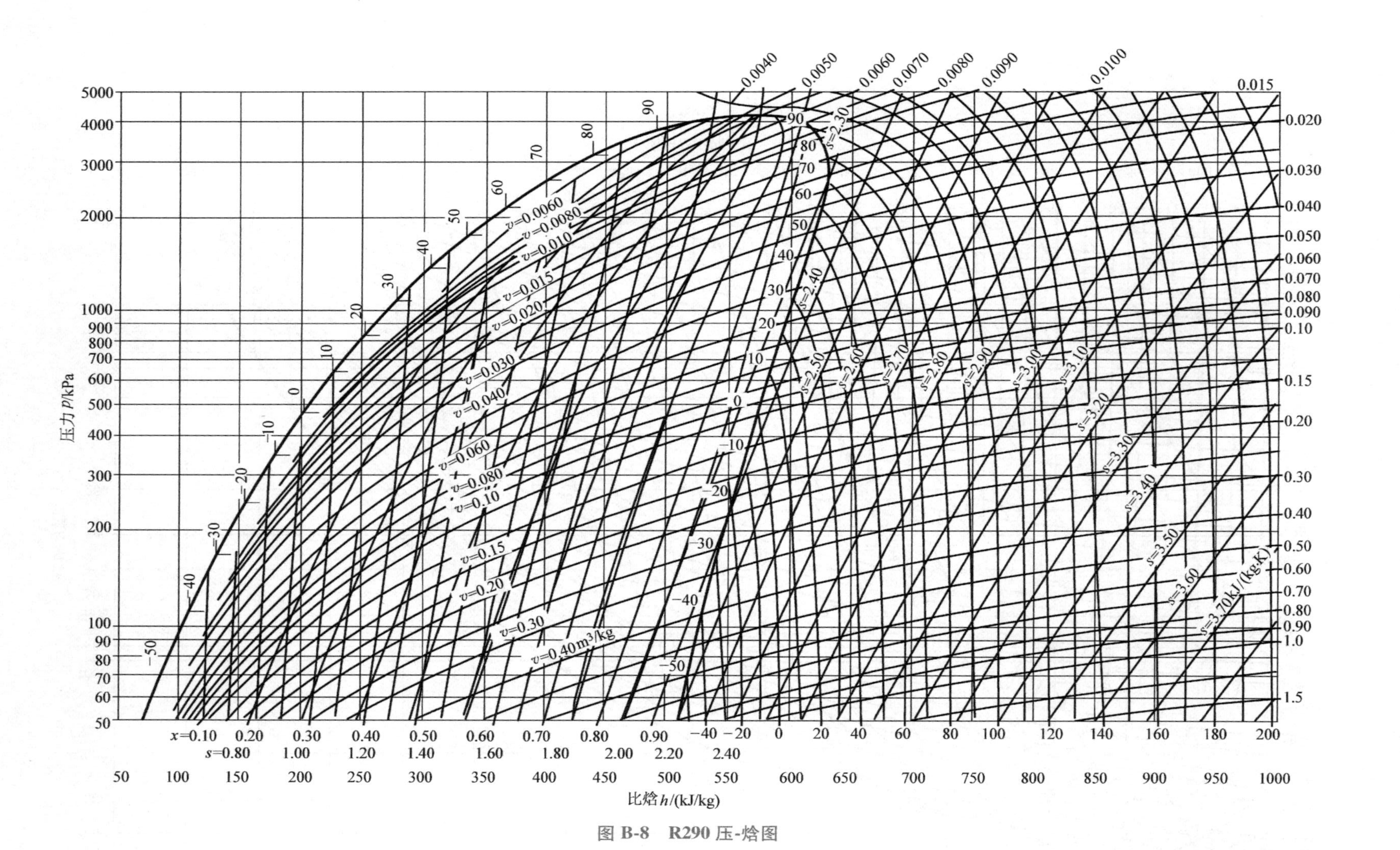
压力 p/kPa
5000
4000
3000
2000
1000
900
800
700
600
500
400
300
200
100
90
80
70
60
50
x=0.10 0.20 0.30 0.40 0.50 0.60 0.70 0.80 0.90
s=0.80 1.00 1.20 1.40 1.60 1.80 2.00 2.20 2.40
−40 −20 0 20 40 60 80 100 120 140 160 180 200
50 100 150 200 250 300 350 400 450 500 550 600 650 700 750 800 850 900 950 1000
比焓 h/(kJ/kg)
v=0.0060
v=0.0080
v=0.010
v=0.015
v=0.020
v=0.030
v=0.040
v=0.060
v=0.080
v=0.10
v=0.15
v=0.20
v=0.30
v=0.40m³/kg
s=2.30
s=2.40
s=2.50
s=2.60
s=2.70
s=2.80
s=2.90
s=3.00
s=3.10
s=3.20
s=3.30
s=3.40
s=3.50
s=3.60
s=3.70kJ/(kg·K)
0.0040
0.0050
0.0060
0.0070
0.0080
0.0090
0.0100
0.015
0.020
0.030
0.040
0.050
0.060
0.070
0.080
0.090
0.10
0.15
0.20
0.30
0.40
0.50
0.60
0.70
0.80
0.90
1.0
1.5

图 B-8　R290 压-焓图

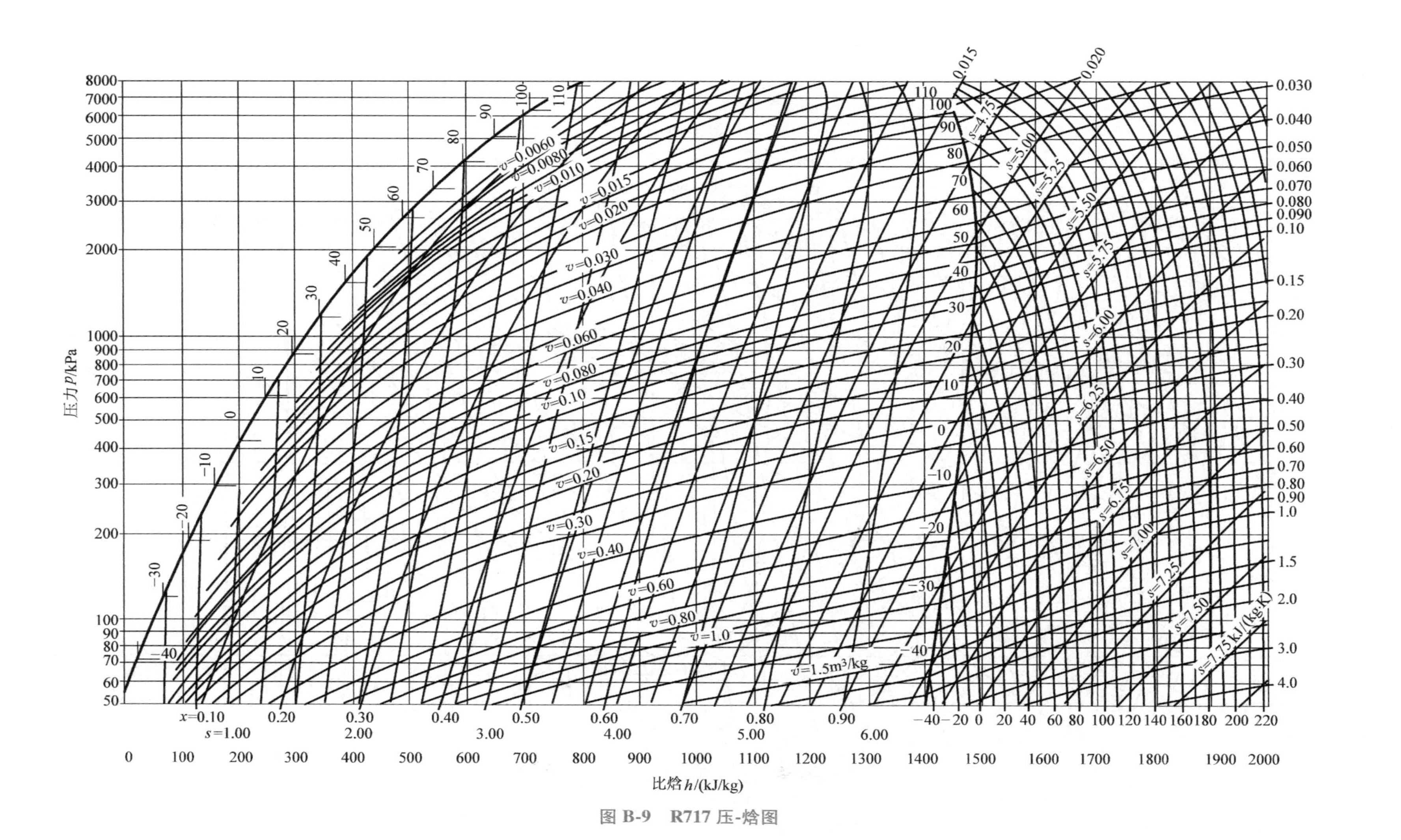

图 B-9 R717 压-焓图

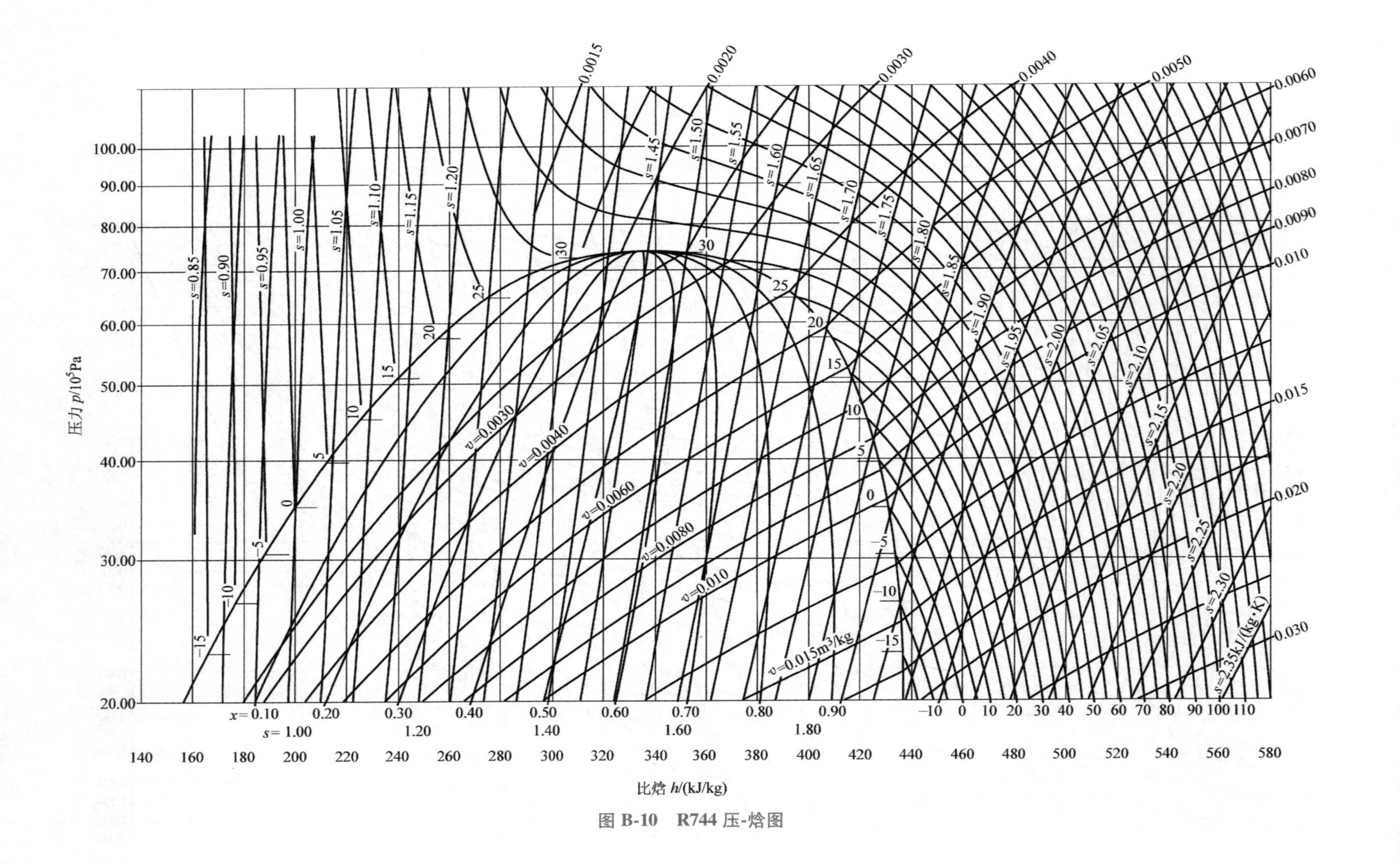

图 B-10　R744 压-焓图

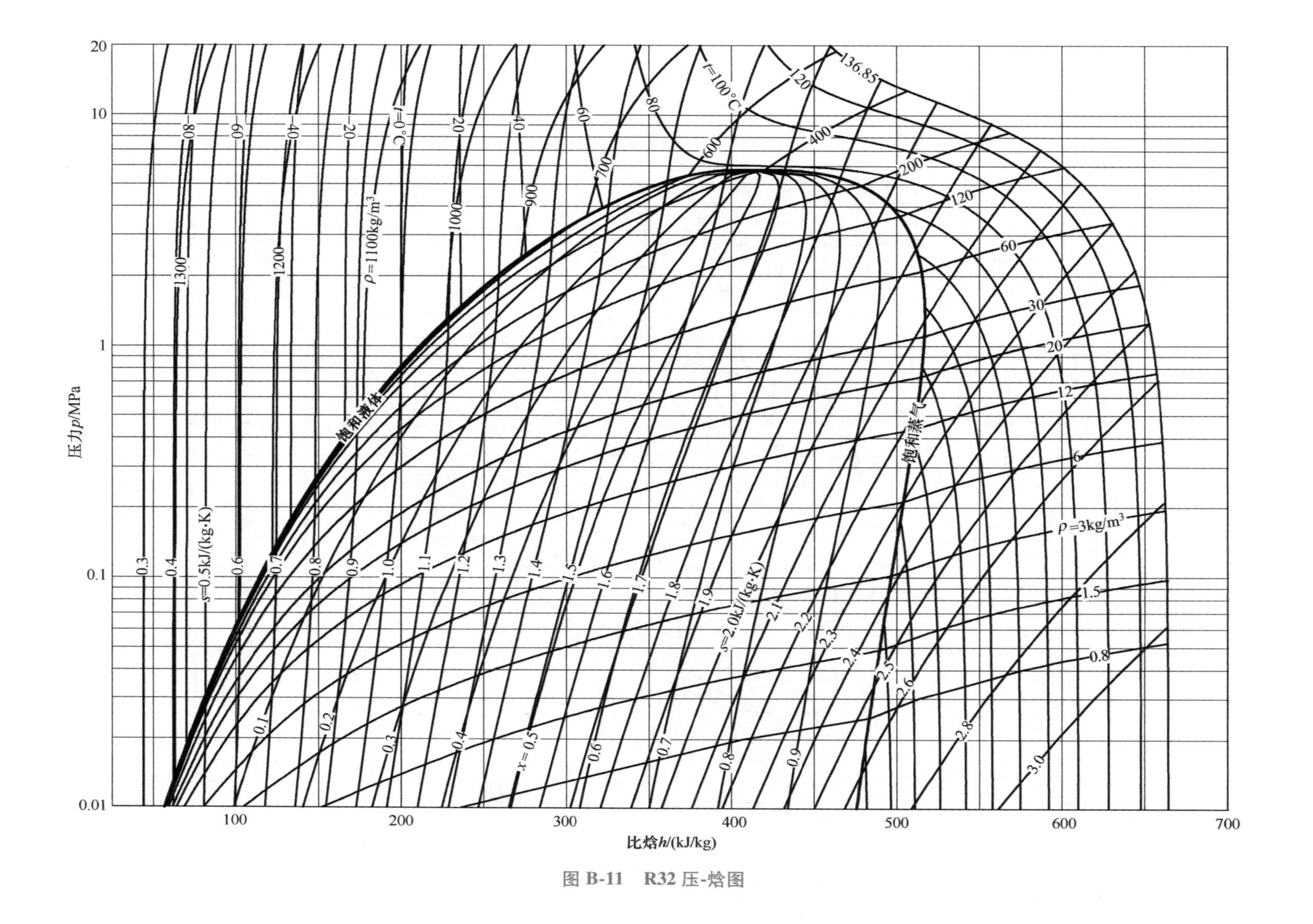

比焓h/(kJ/kg)
压力p/MPa
饱和液体
饱和蒸气
t=100°C
t=0°C
136.85
ρ=1100kg/m³
ρ=3kg/m³
s=0.5kJ/(kg·K)
s=2.0kJ/(kg·K)
x=0.5

图 B-11 R32 压-焓图

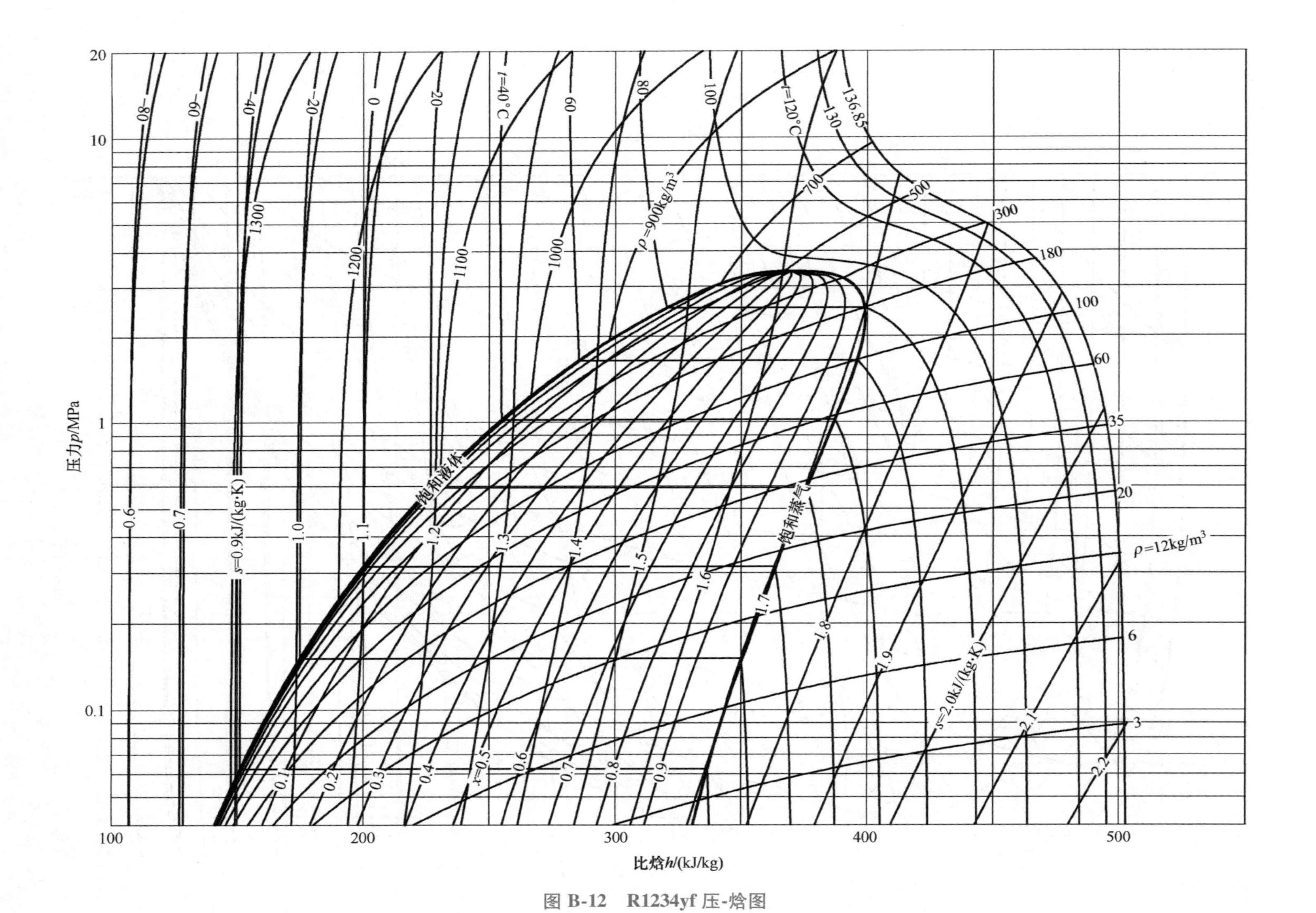

图 B-12　R1234yf 压-焓图

附录 C　溴化锂水溶液的焓-含量图

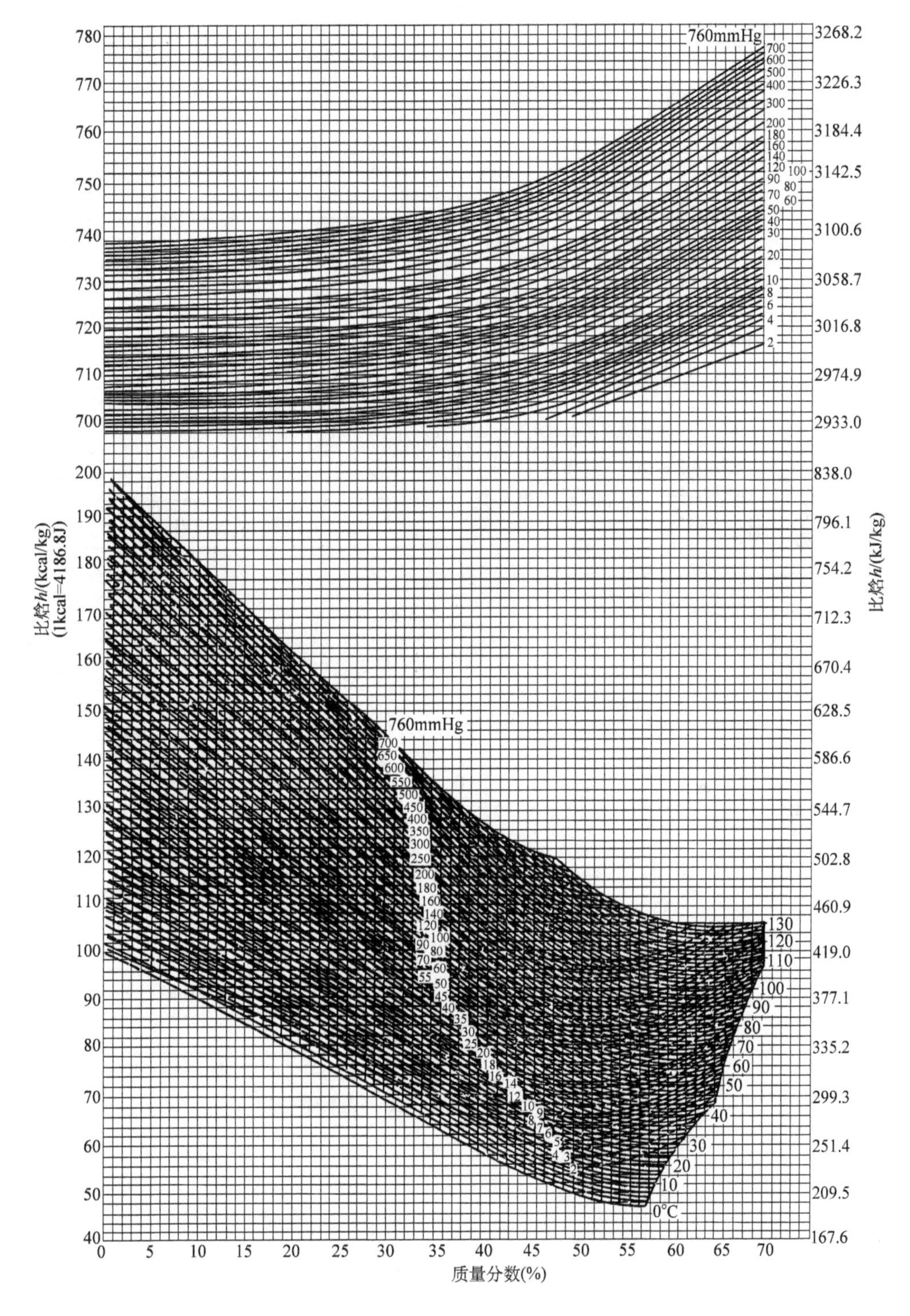

注：1mmHg = 133. 322Pa

附录D　制冷剂、载冷剂在不同条件下的表面传热系数计算准则式

表D-1　流体无集态变化时的换热

<table>
<tr><th>序号</th><th>换热条件</th><th>计算准则式</th><th>说明</th></tr>
<tr><td>一、</td><td>流体在管内受迫运动时的放热
1. 流体在湍流区流动时的换热</td><td>$$\alpha_i = 0.023\frac{\lambda_f}{d_i}\left(\frac{wd_i}{\nu_f}\right)^{0.8}\left(\frac{\nu_f}{a_f}\right)^{0.4}$$ $$= B_f\frac{w^{0.8}}{d_i^{0.2}}$$ 式中，a_f 为流体的热扩散率（m^2/s）；B_f 为与流体种类、温度有关的系数；w 为水流速(m/s)
在工程中，为简化计算，管内湍流的表面传热系数，可按下式计算 $$\alpha_i = \frac{1396+23t_f}{d_i^{0.2}}w^{0.8}$$ 式中，t_f 为流体平均温度（℃）
定性温度：流体平均温度 t_f
定型尺寸：管内径 d_i 或当量直径 d_{eq}</td><td>1. 该公式适用于 $Re_f>10^4$，$Pr_f=0.7\sim2500$ 的所有液体和气体
2. 空气和水的 B_f 值
<table>
<tr><td></td><td colspan="5">空　气</td><td colspan="4">水</td></tr>
<tr><td>t_f/℃</td><td>-50</td><td>-20</td><td>0</td><td>20</td><td>50</td><td>0</td><td>20</td><td>40</td><td>60</td></tr>
<tr><td>B_f</td><td>4.3</td><td>3.92</td><td>3.72</td><td>3.56</td><td>3.40</td><td>1430</td><td>1878</td><td>2314</td><td>2686</td></tr>
</table>
3. NaCl的 B_f 值
<table>
<tr><td>t_f/℃ \ e/(kg/L)</td><td>0</td><td>-5</td><td>-10</td><td>-15</td><td>-20</td><td>-30</td><td></td></tr>
<tr><td>1.06</td><td>1407</td><td>1279</td><td>—</td><td>—</td><td>—</td><td>—</td><td></td></tr>
<tr><td>1.12</td><td>1306</td><td>1186</td><td>1070</td><td>—</td><td>—</td><td>—</td><td></td></tr>
<tr><td>1.175</td><td>1198</td><td>1058</td><td>958</td><td>866</td><td>796</td><td>—</td><td></td></tr>
</table>
4. $CaCl_2$ 的 B_f 值
<table>
<tr><td>1.13</td><td>1236</td><td>—</td><td>997</td><td>—</td><td>—</td><td>—</td><td></td></tr>
<tr><td>1.20</td><td>1062</td><td>—</td><td>877</td><td>—</td><td>—</td><td>—</td><td></td></tr>
<tr><td>1.25</td><td>935</td><td>—</td><td>762</td><td>—</td><td>621</td><td>528</td><td></td></tr>
<tr><td>1.286</td><td>843</td><td>—</td><td>683</td><td>—</td><td>558</td><td>458</td><td></td></tr>
</table>
5. 某些制冷剂的 B_f 值
<table>
<tr><td></td><td colspan="4">R717</td><td colspan="4">R744（CO_2）</td></tr>
<tr><td>t_f/℃</td><td>0</td><td>10</td><td>20</td><td>30</td><td>0</td><td>10</td><td>20</td><td>30</td></tr>
<tr><td>B_f</td><td>2756</td><td>2814</td><td>2872</td><td>—</td><td>1430</td><td>1394</td><td>1326</td><td>1314</td></tr>
</table></td></tr>
<tr><td></td><td>2. 流体在管内过渡区流动时的换热</td><td>$$\alpha_i = \psi B_f\frac{w^{0.8}}{d_i^{0.2}}$$ 式中，ψ 为换热修正系数，如图D-1所示</td><td>1. 该式适用范围为 $Re_f=2300\sim10000$ 的液体和气体
2. 换热修正系数见图D-1

图D-1　换热修正系数</td></tr>
</table>

（续）

<table>
<tr><th>序号</th><th>换热条件</th><th>计算准则式</th><th>说明</th></tr>
<tr><td>二、</td><td>流体横向流过光管和肋片管簇时的换热
1. 流体交错流过光管管簇（如干式蒸发器壳程内的水）</td><td>$$\alpha_0 = CRe_f^{0.6} Pr_f^{0.33} \left(\frac{\mu_f}{\mu_w}\right)^{0.14}$$
式中，C 为系数，壳内光滑时，$C=0.25$，粗糙时 $C=0.22$；Pr_f 为流体普朗特数；μ_f 为流体动力黏度；μ_w 为管壁面流体动力黏度；Re_f 为管外流体雷诺数
定性温度：流体平均温度 t_f
定型尺寸：管外径 d_0</td><td>该公式适用范围为 $Re_f<2\times10^4$</td></tr>
<tr><td></td><td>2. 流体横向流过肋片管簇时的换热</td><td>$$\alpha_0 = \frac{\lambda_f}{d_0} cRe_f^n \left(\frac{d_b}{s_f}\right)^{-0.54} \left(\frac{h_f}{s_f}\right)^{-0.14}$$
式中，d_b 为肋片根部直径（m）；h_f 为肋片高度；s_f 为肋片片距
定性温度：流体平均温度 t_f
定型尺寸：肋片片距 s_f
计算速度：最窄截面风速 w_{max}</td><td>1. 该式适用范围：
$$Re_f=(3\sim25)\times10^3;\ \frac{d_b}{s_f}=3\sim4.8$$
2. 不同使用条件下的 c、n 值
<table><tr><th>方式</th><th>片形</th><th>c</th><th>n</th><th>方式</th><th>片形</th><th>c</th><th>n</th></tr><tr><td rowspan="2">顺排</td><td>圆形</td><td>0.104</td><td>0.72</td><td rowspan="2">叉排</td><td>圆形</td><td>0.223</td><td>0.65</td></tr><tr><td>方形</td><td>0.096</td><td>0.72</td><td>方形</td><td>0.205</td><td>0.65</td></tr></table></td></tr>
<tr><td></td><td>3. 流体流过整张平套片管管簇时的换热</td><td>$$\alpha_0 = \frac{\lambda_f}{d_0} cRe_f^n \left(\frac{L}{d_{eq}}\right)^m$$
式中，L 为沿气流方向的翅片长（m）；d_{eq} 为当量直径
$$d_{eq} = \frac{4A}{U} = \frac{2(s_1-d_b)(s_1-\delta_f)}{(s_1-d_b)+(s_1-\delta_f)}$$
式中，s_1 为管间距；δ_f 为肋片厚度（m）
叉排增强系数为 1.1，即
$$\alpha'=1.1\alpha_0$$</td><td>1. 该式的适用范围：
$$Re_f=500\sim10^4;\ s_f/d_b=0.18\sim0.35$$
$$t_f=-40\sim40℃;\ L/d_{eq}=4\sim50;\ s_1/d_b=2\sim5$$
2. $c=A(1.36-0.24Re_f/1000)$
$n=0.45+0.0066L/d_{eq}$
$$A=0.518-0.02315\frac{L}{d_{eq}}+0.000425\left(\frac{L}{d_{eq}}\right)^2-3\times10^{-6}\left(\frac{L}{d_{eq}}\right)^3$$
$m=-0.28+0.08Re_f/1000$</td></tr>
<tr><td></td><td>4. 空气通过整张平直套片时的换热（4 排叉排管簇）</td><td>$$j=0.0014+0.2618Re_d^{-0.4}\left(\frac{A}{A_t}\right)^{0.15}$$
式中，Re_d 为以管外径为定型尺寸的雷诺数，$Re_d=\frac{\rho_a w_{max} D_0}{\mu_a}$；$\rho_a$ 为空气密度（kg/m^3）；μ_a 为空气动力黏度（Pa · s）；w_{max} 为最窄面风速（m/s）；A 为总外表面积（m^2）；A_t 为管簇外表面光管面积（m^2）</td><td>1. 该式适用于管数 $N=4$ 的肋片管换热器
2. 当 $N=4\sim8$ 排时，均可按该式计算
3. 当 $N<4$ 排时，则按以下公式计算
$$j_N/j=0.992\left[2.24Re_d^{-0.092}\left(\frac{N}{4}\right)^{-0.031}\right]^{0.607(N-4)}$$
式中，N 为管排数
4. 由平均表面传热系数推算此种条件下，表面传热系数，用下式计算
$$\alpha_0=\frac{j\rho_f w_{max} c_{pf}}{(Pr_f)^{2/3}}$$
式中，Pr_f 为空气普朗特数</td></tr>
</table>

（续）

序号	换热条件	计算准则式	说明
二、	5. 空气通过条缝形肋片管簇时的换热	$j=0.9047Re_f^{j_1}\left(\frac{s_f-\delta_f}{d_b}\right)^{j_2}\left(\frac{S_1}{S_2}\right)^{j_3}\times\left(\frac{s_s}{s_h}\right)^{-0.0305}N^{0.0782}$ 当 $N>2$，$Re_f<700$ $j=1.0691Re_f^{j_4}\left(\frac{s_f-\delta_f}{d_b}\right)^{j_5}\left(\frac{s_s}{s_h}\right)^{j_6}N^{j_7}$ 当 $Re_f>700$ $Re_f=\frac{w_{max}d_b}{\nu_m}$ 定型温度：流体平均温度 t_f 适用范围： 肋片间距　$1.2mm\leqslant s_f\leqslant 2.5mm$ 套片管外径　$7.52mm\leqslant d_b\leqslant 16.30mm$ 横向管间距　$20mm\leqslant S_1\leqslant 38mm$ 纵向管间距　$12.7mm\leqslant S_2\leqslant 33mm$ 条缝高度　$0.99mm\leqslant s_h\leqslant 1.6mm$ 条缝宽度　$1.0mm\leqslant s_s\leqslant 2.2mm$	$j_1=-0.255-\frac{0.0312}{((s_f-\delta_f)/d_b)}-0.0487N$ $j_2=0.9703-0.00455\sqrt{Re_f}-0.4986\left(\ln\frac{S_1}{S_2}\right)^2$ $j_3=0.2405-0.003Re_f+5.5349\left(\frac{s_f-\delta_f}{d_b}\right)$ $j_4=-0.535+0.017\left(\frac{S_1}{S_2}\right)-0.0107N$ $j_5=0.4115+5.5756\sqrt{\frac{N}{Re_f}}\ln\frac{N}{Re_f}+24.2028\sqrt{\frac{N}{Re_f}}$ $j_6=0.2646+1.0491\left(\frac{s_s}{s_h}\right)\ln\frac{s_s}{s_h}-0.216\left(\frac{s_s}{s_h}\right)^3$ $j_7=0.3749+0.0046\sqrt{Re_f}\ln Re_f-0.0433\sqrt{Re_f}$
	6. 空气通过波纹形肋片管簇时的换热（4排管簇）	$\alpha_4=0.143Re_d^{-0.375}$	该式适用范围：管外径 $d_0=(7.94\sim12.77)$ mm，排数 $N=2\sim4$；片距 $s_f=1.956\sim2.794mm$；管距 $s_1=25.4\sim31.75mm$；排间距 $s_2=19mm$；迎风速度 $w_f=3.0\sim4.6m/s$
	7. 强制流动空气流过百叶窗肋片管簇时的换热	$j=14.3117Re_f^{j_1}\left(\frac{s_f}{d_b}\right)^{j_2}\left(\frac{L_{1h}}{L_p}\right)^{j_3}\times\left(\frac{s_f}{S_2}\right)^{j_4}\left(\frac{S_2}{S_1}\right)^{-1.72}$ 当 $Re_f<1000$ $j=1.1373Re_f^{j_5}\left(\frac{s_f}{S_2}\right)^{j_6}\times\left(\frac{L_h}{L_p}\right)^{j_7}\left(\frac{S_2}{S_1}\right)N^{0.3545}$ 当 $Re_f\geqslant1000$ $Re_f=\frac{w_{max}d_b}{\nu_m}$ 定型温度：流体平均温度 t_f 适用范围： 翅片间距　$1.2mm\leqslant s_f\leqslant 2.49mm$ 套片管外径　$6.93mm\leqslant d_b\leqslant 10.33mm$ 横向管间距　$17.7mm\leqslant S_1\leqslant 25.4mm$ 纵向管间距　$12.7mm\leqslant S_2\leqslant 22mm$ 百叶窗高度　$0.9mm\leqslant L_h\leqslant 1.4mm$ 主要百叶窗间距　$1.7mm\leqslant L_p\leqslant 3.75mm$	$j_1=-0.991-0.1055\left(\frac{S_2}{S_1}\right)^{3.1}\ln\frac{L_h}{L_p}$ $j_2=-0.7344+2.1059\left(\frac{N^{0.55}}{\ln Re_f-3.2}\right)$ $j_3=0.08485\left(\frac{S_2}{S_1}\right)^{-4.4}N^{-0.68}$ $j_4=-0.174\ln N$ $j_5=-0.6027+0.02593\left(\frac{S_2}{d_{eq}}\right)^{0.52}N^{-0.5}\ln\frac{L_h}{L_p}$ $j_6=-0.4776+0.4077\left(\frac{N^{0.7}}{\ln Re_f-4.4}\right)$ $j_7=-0.58655\left(\frac{s_f}{d_{eq}}\right)^{2.3}\left(\frac{S_2}{S_1}\right)^{-1.6}N^{-0.65}$ $j_8=0.0814\ (\ln Re_f-3.0)$ 其中，当量直径 $d_{eq}=\frac{4A}{U}$ 式中，A 为流通面积；U 为湿润周长；N 为管排数 $\alpha_0=\frac{j\rho_f w_{max}c_{pf}}{(Pr_f)^{2/3}}$

（续）

<table>
<tr><th>序号</th><th>换热条件</th><th>计算准则式</th><th>说明</th></tr>
<tr><td rowspan="2">三、</td><td>液体呈膜状流动时的换热：
1. 在立管内膜状流动时的换热</td><td>$\alpha_i=\frac{\lambda_f}{d_i}0.01\ (GrPr_fRe_f)_m^{2/3}$
$\alpha_i=\frac{\lambda_f}{d_i}0.67\ (GrPr_fRe_f)_m^{1/9}$
$Gr_m=\frac{gH^3}{\nu_m^2}$
$Re_{fm}=\frac{q_m}{900U\mu_m}$
式中，Gr_m 为格拉晓夫数；Pr_{fm} 为普朗特数（查表确定）；Re_{fm} 为雷诺数</td><td>1. 适用范围：$Re_{fm}>2000$
适用范围：$Re_{fm}<2000$
2. 各准则式中，g 为重力加速度；H 为竖管高度（m）；q_m 为喷淋液量（kg/h）；μ_m 为喷淋液动力黏度（Pa·s）；U 为喷淋液接触周界（m）；喷淋在 n 根立管表面时，U 应为 $n\pi d_i$ 之积
定性温度：液膜平均温度
$t_m=\frac{t_w+t_f}{2}$
式中，t_w 壁面温度；t_f 喷淋液平均温度</td></tr>
<tr><td>2. 液体在水平管外为膜状流动时</td><td>$\alpha_0=217\left(\frac{q_m}{2lnd_0}\right)^{1/3}$
式中，l 为管长（m）；n 为第一排管数；q_m 为喷淋量；d_0 为管外径（m）</td><td>1. 适用范围：常温下喷淋，$Re_f=160\sim4000$；
$Pr_f=2.14\sim10.85$
2. 排管为顺排式</td></tr>
<tr><td rowspan="2">四、</td><td>流体自由运动时的换热：
1. 自由运动流体对多根横管的换热</td><td>$\alpha_0=1.448\left(\frac{\Delta t}{d_0}\right)^{0.25}+\Delta\alpha_n$
式中，Δt 为空气温度 t_f 与管壁温度 t_w 之差；$\Delta\alpha_n$ 为附加表面传热系数［W/(m²·K)］，取决横向管数 n</td><td>与 n 有关的 $\Delta\alpha_n$ 值
<table>
<tr><td>n</td><td>1</td><td>2</td><td>3</td><td>4</td><td>5</td><td>6</td><td>7</td></tr>
<tr><td>$\Delta\alpha_n$</td><td>0</td><td>0.058</td><td>0.116</td><td>0.198</td><td>0.290</td><td>0.407</td><td>0.535</td></tr>
<tr><td>n</td><td>8</td><td>9</td><td>10</td><td>11</td><td>12</td><td>13</td><td>14</td></tr>
<tr><td>$\Delta\alpha_n$</td><td>0.698</td><td>0.919</td><td>1.163</td><td>1.43</td><td>1.72</td><td>2.0</td><td>2.28</td></tr>
<tr><td>n</td><td>15</td><td>16</td><td>17</td><td>18</td><td>19</td><td>20</td><td></td></tr>
<tr><td>$\Delta\alpha_n$</td><td>2.56</td><td>2.9</td><td>3.3</td><td>3.68</td><td>4.04</td><td>4.42</td><td></td></tr>
</table>
注：n 为高度方向横管数</td></tr>
<tr><td>2. 立式墙排管外空气自由运动换热</td><td>$a_0=0.157\lambda_m\left(\frac{g\beta}{av}\right)_m^{0.333}\Delta t^{0.333}$
式中，g 为重力加速度；β 为空气体膨胀系数（1/℃）；a 为空气热扩散率（m²/s）；Δt 为空气温度 t_f 与管外壁面温度 t_w 之差，即 $\Delta t=t_f-t_w$；λ_m 为空气热导率</td><td></td></tr>
</table>

表 D-2　制冷剂液体沸腾时的换热

<table>
<tr><th>序号</th><th>换热条件</th><th>计算准则式</th><th>说明</th></tr>
<tr><td>一、</td><td>制冷剂在大空间内的沸腾换热
1. 氨在单管和管簇上的沸腾换热</td><td>$\alpha_0=Aq_f^{0.25}$
$\alpha_0=Aq_f^{0.7}$
式中，A 为由液体性质和沸腾压力决定的常数；q_f 为面积热流量（W/m²）</td><td>1. 适用范围：自由运动区，$t_w-t_s<3$℃
适用范围：沫状沸腾区，$t_w-t_s>3$℃
其中，t_w 为加热面温度（℃）；t_s 为液体饱和温度（℃）
2. A 值
<table>
<tr><td>t_0/℃</td><td>-30</td><td>-20</td><td>-10</td><td>0</td><td>10</td><td>20</td><td>30</td></tr>
<tr><td>R717</td><td>3.52</td><td>3.87</td><td>4.25</td><td>4.56</td><td>4.79</td><td>4.83</td><td>—</td></tr>
</table></td></tr>
</table>

（续）

<table>
<tr><th>序号</th><th>换热条件</th><th>计算准则式</th><th>说明</th></tr>
<tr><td>一、</td><td>2. 氟利昂在单管和管簇上的沸腾换热（一般属沫态沸腾）</td><td>在单根光管上的沸腾换热
$\alpha_0 = 1.35q^{0.7}p_0\dfrac{665}{T_s^{1.3}}$
式中，q 为面积热流量（W/m^2）；p_0 为蒸发压力（100kPa）；T_s 为标准蒸发温度的热力学温度
在管簇上的沸腾换热
$\alpha_n = \varepsilon_n\alpha_0$
式中，ε_n 为管簇对换热的影响系数</td><td>制冷剂 R22 的 ε_n 值见图 D-2 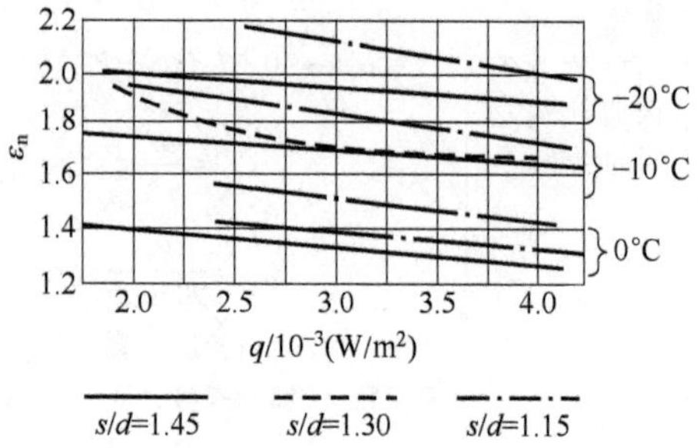
图 D-2　R22 的 ε_n 值</td></tr>
<tr><td></td><td>3. 氟利昂在低螺纹管上的沸腾换热</td><td>R22：
$\alpha'_n = 33q^{0.4}p_0^{0.25} = 568\theta^{0.82}p_0^{0.46}$
式中，p_0 为蒸发压力（10^5Pa）；θ 为管壁温度与蒸发温度之差</td><td>1. 两式的适用范围：肋高 $h_f = 1.5 \sim 2.0$mm，肋片节距 $s_f = 0.8 \sim 2.0$mm，蒸发温度 $t_0 = -30 \sim +40$℃，管排数 $n<10$
2. 面积热流量 $q = 350 \sim 7000W/m^2$，含油量 $\xi_{0iL} = 8\%$</td></tr>
<tr><td>二、</td><td>制冷剂在管内的沸腾换热
1. R717 在管内沸腾换热（水平管内）</td><td>$\alpha_i = \alpha_{fc}\left[1+\left(\dfrac{\alpha_{pb}}{\alpha_{fc}}\right)^{1.5}\right]^{0.667}$
式中，α_{fc} 为 R717 管内受迫流动表面传热系数；α_{pb} 为 R717 在大空间沫态沸腾表面传热系数</td><td>1. 适用范围：$q_i = 1600 \sim 6600W/m^2$，$t_0 = -15$℃
$w_0 = 0.3 \sim 8.9m/s$
2. α_{fc} 由公式 $\alpha_i = B_f\dfrac{w^{0.8}}{d_i^{0.2}}$ 计算，α_{pb} 由公式 $\alpha_{pb} = A_kq^{0.7}$ 计算
3. 系数 A_k，单位为 $W^{0.3}/(m^{0.6} \cdot K)$
<table><tr><td>t_0/℃</td><td>-40</td><td>-20</td><td>-10</td><td>0</td><td>10</td></tr><tr><td>A_k</td><td>1.7</td><td>2.18</td><td>2.40</td><td>2.61</td><td>2.88</td></tr></table></td></tr>
<tr><td></td><td>2. 氟利昂在管内沸腾换热</td><td>$\alpha_i = 2.7794q_i^{0.6}\dfrac{g^{0.2}}{d_i^{0.2}}\left(\dfrac{p_0}{p_{cr}}\right)^{0.343}$
式中，q_i 为管内面积热流量（W/m^2）；g 为每根管质量流速 [$kg/(m^2 \cdot s)$]；d_i 为管内径；p_0 和 p_{cr} 分别为制冷剂的蒸发压力和临界压力</td><td>适用范围：$t_0 = -30 \sim +30$℃</td></tr>
</table>

（续）

<table>
<tr><th>序号</th><th>换热条件</th><th>计算准则式</th><th>说明</th></tr>
<tr><td>二、</td><td>3. 基于两相传热机理的凯特里卡制冷剂管内沸腾换热通用关联式</td><td>$\frac{\alpha_{TP}}{\alpha_L}=c_1(c_0)^{c_2}\ (25Fr_L)^{c_5}+c_3(B_0)^{c_4}F_{fL}$
式中，α_{TP}为管内沸腾的两相表面传热系数［W/(m^2・K)］；α_L为液相在管内流动的表面传热系数；c_0为对流特征系数；B_0为沸腾特征系数；Fr_L为液相弗劳德数
右列公式中，g为质量流率［kg/(m^2・s)］；x为干度（质量含气率）；D_i为管内径；μ_L为液相动力黏度（Pa・s）；λ_L为液相热导率；Pr_L为液相普朗特数；ρ_g、ρ_L为气相、液相密度；q为面积热流量（W/m^2）；r为汽化热（J/kg）</td><td>1. $\alpha_L=0.023\left[\frac{g\ (1-x)\ D_i}{\mu_L}\right]^{0.8}\frac{Pr_L^{0.4}\lambda_L}{D_i}$
2. $c_0=\left(\frac{1-x}{x}\right)^{0.8}\left(\frac{\rho_g}{\rho_L}\right)^{0.5}$
3. $B_0=\frac{q}{g_r}$
4. $Fr_L=\frac{g^2}{9.8\rho_L^2D_i}$
5. 各种制冷剂的F_{fL}值：
<table>
<tr><th>制冷剂</th><th>F_{fL}值</th><th>制冷剂</th><th>F_{fL}值</th></tr>
<tr><td>H_2O</td><td>1.00</td><td>R114</td><td>1.24</td></tr>
<tr><td>R12</td><td>1.50</td><td>R152a</td><td>1.10</td></tr>
<tr><td>R13B1</td><td>1.31</td><td>R717</td><td>4.70</td></tr>
<tr><td>R22</td><td>2.20</td><td>R134a</td><td>1.63</td></tr>
<tr><td>R113</td><td>1.10</td><td>氖</td><td>3.50</td></tr>
</table>
6. c_1、c_2、c_3、c_4、c_5为常数，取决于c_0
$c_0<0.65$时：$c_1=1.136$，$c_2=-0.9$，$c_3=667.2$
$c_4=0.7$，$c_5=0.3$
$c_0>0.65$时：$c_1=0.6683$，$c_2=-0.2$
$c_3=1058.0$，$c_4=0.7$，$c_5=0.3$</td></tr>
<tr><td></td><td>4. R290及碳氢制冷剂的混合物在管内沸腾换热</td><td>$\alpha_i=E\alpha_{DB}+F_MS\alpha_{SA}$
$E=53.64Bo^{0.314}\left[\left(\frac{1-x}{x}\right)^{0.9}\left(\frac{\rho_g}{\rho_L}\right)^{0.5}\left(\frac{\mu_L}{\mu_g}\right)^{0.1}\right]^{-0.839}$
$S=0.927\left[\left(\frac{1-x}{x}\right)^{0.8}\left(\frac{\rho_g}{\rho_L}\right)^{0.5}\right]^{0.0028}$
$F_M=\frac{1}{1+0.0028c_{pL}\ (T_{dew}-T_{bob})/r}$
$\alpha_{SA}=207\frac{\lambda_L}{(bd)}\left[\frac{q\ (bd)}{\lambda_LT_s}\right]^{0.674}\left(\frac{\rho_g}{\rho_L}\right)^{0.581}Pr_L^{0.533}$
$(bd)=0.0146\beta\left[\frac{2\sigma}{g(\rho_L-\rho_g)}\right]^{0.5}$
$\alpha_{DB}=0.023Re_L^{0.8}Pr_L^{0.4}\frac{\lambda_L}{d_i}$
$Bo=\frac{q}{gr}$</td><td>T_{dew}为碳氢混合制冷剂的露点温度（K）；T_{bob}为碳氢混合制冷剂的泡点温度（K）；T_s为饱和温度（K）；其余符号含义与2、3相同</td></tr>
</table>

（续）

<table>
<tr><th>序号</th><th>换热条件</th><th>计算准则式</th><th>说明</th></tr>
<tr><td>三、</td><td>制冷剂在内肋片管中的沸腾换热：
1. R22 在内肋片管中的沸腾换热（ϕ20mm × 1.5mm 的管内插入 10 肋铝芯）</td><td>$\alpha_i = 762(q_{md}q_i)^{1/3}$
式中，q_{md} 为每根管中 R22 流量（kg/s）；q_i 为相当于光管内表面的面积热流量（W/m^2）</td><td>R22 在内肋片管内沸腾时的表面传热系数如图 D-3 所示 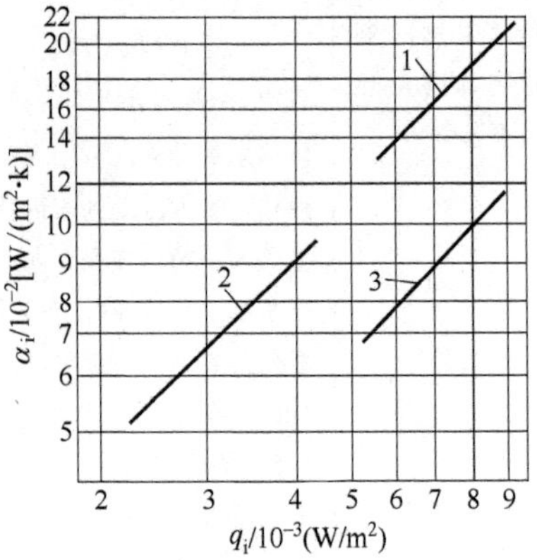

图 D-3　R22 在内肋片管内沸腾时的表面传热系数
1、2—8 肋内翅管　3—光管</td></tr>
<tr><td></td><td>2. 制冷剂在细微内肋片管中沸腾换热（R22、R134a、R410A）</td><td>$$\frac{\alpha_i}{\alpha_1}=\left[c_1 Bo^{c_2}\left(\frac{p_0 d_i}{\sigma}\right)^{c_3}+c_4\left(\frac{1}{X_{tt}}\right)^{c_5}\left(\frac{gf}{\mu_L}\right)^{c_6}\right]\times Re_1^{c_7}Pr_1^{c_8}\left(\frac{\delta}{f}\right)^{c_9}$$
$$Bo=\frac{q_i}{gr}$$
$$X_{tt}=\left(\frac{1-\bar{x}}{\bar{x}}\right)^{0.9}\left(\frac{\rho_v}{\rho_L}\right)^{0.5}\left(\frac{\mu_L}{\mu_v}\right)^{0.1}$$
$$Pr_L=\frac{\mu_L c_p}{\lambda_L}$$
$$Re_L=\frac{(1-\bar{x})gd_t}{\mu_L}$$
$$\alpha_L=0.023Re_L^{0.8}Pr_L^{0.4}(\lambda_L/d_i)$$</td><td>1. 细微肋片：管内片数 60～70，肋高 0.1～0.2mm，旋转角 β=10°～30°，适用管径 4～16mm
2. 常用各型细微肋管几何参数
<table>
<tr><th></th><th></th><th>d_0/mm</th><th>d_{max}/mm</th><th>t/mm</th><th>f/mm</th><th>n</th><th>β/(°)</th></tr>
<tr><td rowspan="3">ϕ12.7 mm 管</td><td>1</td><td>12.7</td><td>11.7</td><td>0.50</td><td>0.30</td><td>60</td><td>18</td></tr>
<tr><td>2</td><td>12.7</td><td>11.7</td><td>0.50</td><td>0.20</td><td>70</td><td>15</td></tr>
<tr><td>3</td><td>12.7</td><td>11.7</td><td>0.50</td><td>0.15</td><td>62</td><td>25</td></tr>
<tr><td rowspan="3">ϕ9.52 mm 管</td><td>1</td><td>9.52</td><td>8.92</td><td>0.30</td><td>0.20</td><td>60</td><td>18</td></tr>
<tr><td>2</td><td>9.52</td><td>8.92</td><td>0.30</td><td>0.16</td><td>60</td><td>15</td></tr>
<tr><td>3</td><td>9.52</td><td>8.92</td><td>0.30</td><td>0.15</td><td>60</td><td>25</td></tr>
</table>
3. 系数值如下：
c_1=0.009622，c_2=0.1106，c_3=0.3814
c_4=7.6850，c_5=0.5100，c_6=−0.7360
c_7=0.2045，c_8=0.7452，c_9=−0.1302
4. 式中符号说明：q_i 为热流密度（W/m^2）；g 为单位质量流速［kg/(m^2·s)］；$\bar{x}$ 为平均干度；d_i 为最大管内径（m）；p_0 为蒸发压力（Pa）；ρ_L、ρ_v 为液体和蒸气密度（kg/m^3）；μ_L、μ_v 液体和蒸汽动力黏度（Pa·s）；λ_L 为液体热导率［W/(m·s)］；c_p 为液体比定压热容［J/(kg·K)］；σ 为表面张力（N/m）；r 为蒸发潜热（J/kg）；δ/f 为液膜厚度与翅高比，通常可视为 1</td></tr>
</table>

（续）

序号	换热条件	计算准则式	说明
四、	制冷剂在人字形板片板式换热器中流动沸腾换热（R134a，R410A）	$\alpha = 88Bo^{0.5}\alpha_1$ $Bo = \dfrac{q}{gr}$，$Re_L = \dfrac{gd_{eq}}{\mu_L}$ $\alpha_L = 0.2092Re_L^{0.78}Pr_L^{0.33}\times \left(\dfrac{\lambda_L}{d_{eq}}\right)\left(\dfrac{\mu_L}{\mu_w}\right)^{0.14}$	q 为热流密度（W/m^2）；g 为单位质量流速 [$kg/(m^2 \cdot s)$]；d_{eq} 为当量直径（m），取为板间平均流道宽度的两倍；μ_L、μ_w 为液体动力黏度和壁温下的液体动力黏度（Pa·s）；λ_L 为液体热导率 [$W/(m \cdot s)$]；Pr_L 为液体普朗特数；r 为蒸发潜热（J/kg）

表 D-3　制冷剂蒸气冷凝时的换热

<table>
<tr><th>序号</th><th>换热条件</th><th>计算准则式</th><th>说明</th></tr>
<tr><td>一、</td><td>蒸气在竖直壁上冷凝时的换热：
1. 液膜为层流时的换热（Re_m<100）</td><td>$\alpha_0 = cB_m r_s^{1/4}(t_k - t_w)^{-1/4}\times H^{-1/4}$
式中，常数完全层流时，c=0.943，波状层流时，c=1.13；B_m 为冷凝液膜组合物性参数；r_s 为汽化热；H 为竖直壁高度；t_w 为壁面温度
$B_m = (9.81\rho\lambda^3/\nu)_m^{1/4}$
定性温度：$t_m = \dfrac{t_w + t_k}{2}$</td><td>R717、R22 的 $r_s^{1/4}$ 和 B_m 值
<table>
<tr><th rowspan="2">t/℃</th><th colspan="2">R717</th><th colspan="2">R22</th></tr>
<tr><th>$r_s^{1/4}$</th><th>B_m</th><th>$r_s^{1/4}$</th><th>B_m</th></tr>
<tr><td>0</td><td>33.519</td><td>235.82</td><td>21.6</td><td>86.68</td></tr>
<tr><td>10</td><td>33.275</td><td>233.88</td><td>21.039</td><td>83.30</td></tr>
<tr><td>20</td><td>33.010</td><td>232.01</td><td>20.792</td><td>79.65</td></tr>
<tr><td>30</td><td>32.715</td><td>228.36</td><td>20.513</td><td>75.81</td></tr>
<tr><td>40</td><td>32.388</td><td>223.116</td><td>20.192</td><td>71.65</td></tr>
<tr><td>50</td><td>32.027</td><td>217.01</td><td>19.811</td><td>66.84</td></tr>
</table></td></tr>
<tr><td></td><td>2. 液膜为湍流时的换热（Re_m>100）</td><td>$\alpha_0 = 0.16\lambda_m\left(\dfrac{9.81}{\nu_m}\right)^{1/3} Re_m Pr_m^{1/3} / (Re_m - 100 + 63Pr_m^{1/3})$</td><td>1. 在蒸气相对于液膜有一定的流速时，需用 ε_w 来修正蒸气速度的影响，即 $\alpha_w = \varepsilon_w\alpha_w = 0$
2. 对于 R717 和 R22 取 $\varepsilon_w = 0.43Re_s^{0.12}Pr_s^{0.33}$，式中参数以 t_k 为定性温度，H 为定型尺寸；氟利昂速度超过 1~2m/s 时，必须考虑其影响</td></tr>
<tr><td>二、</td><td>蒸气在水平光管和低螺纹管上的冷凝换热：
1. 在水平光管上的冷凝换热
2. 在低螺纹管上的冷凝换热</td><td>$\alpha_0 = cr_s^{1/4}B_m(t_k - t_w)^{-1/4}d_0^{-1/4}$
$\alpha_0 = 0.72r_s^{1/4}B_m(t_k - t_w)^{-1/4}\times d_b^{-1/4}\psi_f$</td><td>1. 水平管常数 c=0.72
2. d_b 为肋根部管外径（m），ψ_f 为换热增强系数，ψ_f=1.2~1.4</td></tr>
<tr><td>三、</td><td>在光管和低螺纹管簇上的冷凝换热</td><td>$\alpha_{0m} = \varepsilon_n\alpha_1 = \dfrac{\alpha_1}{n_m^{0.167}}$</td><td>1. ε_n 为管簇修正系数，n_m 为管簇平均管排数
$n_m = \left(\dfrac{N}{\sum_{j=1} n_j^{3/4}}\right)^4$
2. α_1 为管簇第一排管子的表面传热系数</td></tr>
</table>

（续）

序号	换热条件	计算准则式	说明
四、	蒸气在管内冷凝时的换热； 1. 氟利昂在空冷冷凝器和蒸发式冷凝器中的冷凝换热 2. R717在管内的冷凝换热 3. R290等碳氢制冷剂在管内的冷凝换热	$\alpha_i=0.683r_s^{1/4}B_m(t_k-t_w)^{-1/4}\times d_i^{-1/4}$ $\alpha_i=8688q_i^{-0.2}d_i^{-0.33}$ $X_c=\left(\frac{1-x}{x}\right)^{0.8}\left(\frac{p}{p_{cr}}\right)^{0.5}$ $\frac{\alpha_i}{\alpha_l}=1+\frac{2.5}{X_c^{0.912}}$ $\alpha_l=0.023Re_L^{0.8}Pr_L^{0.4}\frac{\lambda_L}{d_i}$	x为干度；p为冷凝压力（kPa）；p_{cr}为临界压力（kPa）；Re_L为液相雷诺数；Pr_L为液相普朗特数；λ_L为液相导热系数（W·m/K）；d_i为管内径（m）
附记	辐射换热： 壁间的辐射换热	$\alpha_r=\varepsilon_n c_0\varphi\frac{\left(\frac{T_w}{100}\right)^4-\left(\frac{T_f}{100}\right)^4}{T_w-T_f}$ 式中，ε_n为系统组合发射率，$\varepsilon_n=\varepsilon_1$、$\varepsilon_2$；$c_0$为辐射系数[W/(m^2·K^4)]，$c_0=4.9\times1.163$；$\varphi$为角系数，$\varphi=\frac{F_1}{F_2}$；$\varepsilon_1$、$\varepsilon_2$分别为两辐射体发射率；$F_1$、$F_2$分别为两辐射体辐射面积	流体与壁面间的总换热量（W） $Q_t=(\alpha_r+\alpha_f)(t_w-t_f)F$ 式中，α_r为辐射表面传热系数；α_f为对流表面传热系数；t_w为壁面温度；t_f为流体温度；F为换热面积

参考文献

[1] 郑贤德. 制冷原理与装置 [M]. 2 版. 北京：机械工业出版社，2008.

[2] 陈光明，陈国邦. 制冷与低温原理 [M]. 北京：机械工业出版社，2010.

[3] 张祉佑. 制冷原理与设备 [M]. 北京：机械工业出版社，1987.

[4] 吴业正. 制冷原理及设备 [M]. 4 版. 西安：西安交通大学出版社，2015.

[5] 机械工业部冷冻设备标准化技术委员会. 制冷空调技术标准应用手册 [M]. 北京：机械工业出版社，1998.

[6] 苏长荪. 高等工程热力学 [M]. 北京：高等教育出版社，1987.

[7] 马一太，王景刚，魏东. 自然工质在制冷空调领域里的应用分析 [J]. 制冷学报，2002 (1)：1-5.

[8] 邹根南，郑贤德. 制冷装置及其自动化 [M]. 北京：机械工业出版社，1987.

[9] 蒋能照，姚国琦，周启瑾，等. 空调用热泵技术及应用 [M]. 北京：机械工业出版社，1997.

[10] 卢士勋. 制冷与空气调节技术 [M]. 北京：机械工业出版社，1998.

[11] 戴永庆，耿惠彬，陆震，等. 溴化锂吸收式制冷技术及应用 [M]. 北京：机械工业出版社，1996.

[12] 杨崇麟. 板式换热器工程设计手册 [M]. 北京：机械工业出版社，1994.

[13] WANG C C，LEE W S，SHEN W J. A comparative study of compact enhanced fin-and-tube heat exchangers [J]. International Journal of Heat and Mass Transfer，2001，44 (18)：3565-3573.

[14] WANG C C，LEE C J，CHANG C T，et al. Heat transfer and friction correlation for compact louvered fin-and-tube heat exchangers [J]. International Journal of Heat and Mass Transfer，1999，42 (11)：1945-1956.

[15] YUN R，KIM Y，SEO K，et al. A generalized correlation for evaporation heat transfer of refrigerants in micro-fin tubes [J]. International Journal of Heat and Mass Transfer，2002 (45)：2003-2010.

[16] 吴业正，等. 小型制冷装置设计指导 [M]. 北京：机械工业出版社，1998.

[17] 蒋能照，张华，姚国琦. 家用中央空调实用技术 [M]. 北京：机械工业出版社，2002.

[18] 戴永庆，耿惠彬，龙惟定，等. 燃气空调技术及应用 [M]. 北京：机械工业出版社，2005.

[19] 马最良，姚杨，姜益强，等. 热泵技术应用理论基础与实践 [M]. 北京：中国建筑工业出版社，2010.

[20] 黄素逸，林秀诚，叶志瑾. 采暖空调制冷手册 [M]. 北京：机械工业出版社，1996.

[21] 王如竹，丁国良，等. 制冷原理与技术 [M]. 北京：科学出版社，2003.

[22] 陈芝久，朱瑞琪，吴静怡，等. 制冷装置自动化 [M]. 2 版. 北京：机械工业出版社，2010.

[23] 丁国良，张春路. 制冷空调装置智能仿真 [M]. 北京：科学出版社，2002.

[24] 丁国良，张春路. 制冷空调装置仿真与优化 [M]. 北京：科学出版社，2001.

[25] 丁国良，张春路，赵力. 制冷空调新工质热物理性质的计算方法与实用图表 [M]. 上海：上海交通大学出版社，2003.

[26] 丁国良，黄冬平. 二氧化碳制冷技术 [M]. 北京：化学工业出版社，2007.

[27] 丁国良，张春路，李灏，等. 毛细管内流动的近似分析模型 [J]. 科学通报，1998，43 (23)：2506-2508.

[28] 丁国良. 制冷空调装置的计算机仿真技术 [J]. 科学通报，2006，51 (9)：998-1010.

[29] 中国制冷学会. 2018—2019 制冷及低温工程学科发展报告 [M]. 北京：中国科学技术出版社，2020.

[30] 宋静波，李佳丽. 波音 737NG 飞机系统 [M]. 北京：航空工业出版社，2016.

[31] 林程. 电动汽车工程手册：第一卷　纯电动汽车整车设计 [M]. 北京：机械工业出版社，2019.

[32] 黄翔，邵双全，吴学渊，等. 绿色数据中心高效适用制冷技术及应用 [M]. 北京：机械工业出版社，2021.

[33] 钟景华，傅烈虎，丁麒钢，等. 新基建：数据中心规划与设计 [M]. 北京：电子工业出版社，2021.

[34] YIN X B，YANG R G，TAN G，et al. Terrestrial radiative cooling：using the cold universe as a renewable and sustainable energy source [J]. Science，2020 (370)：786-791.

[35] ZENG S N，PIAN S J，SU M Y，et al. Hierarchical-morphology metafabric for scalable passive daytime radia-

tive cooling [J]. Science, 2021 (373): 692-696.

[36] LI T, ZHAI Y, HE S M, et al. A radiative cooling structural material [J]. Science, 2019 (364): 760-763.

[37] QIAN Suxin, LING Jiazhen, HWANG Yunho, et al. Thermodynamics cycle analysis and numerical modeling of thermoelastic cooling system [J]. International Journal of Refrigeration, 2015 (56): 65-80.

[38] 李子超，施骏业，陈江平，等. 电卡制冷材料与系统发展现状与展望 [J]. 制冷学报，2021，42 (1): 1-13.

[39] CHANG Y S, KIM M S, RO S T. Performance and heat transfer characteristics of hydrocarbon refrigerants in a heat pump system [J]. International Journal of Refrigeration, 2000 (23): 232-242.

[40] WEN Y M, HO C Y. Evaporation heat transfer and pressure drop characteristics of R-290 (propane), R-600 (butane), and a mixture of R-290/R-600 in the three-lines serpentine small-tube bank [J]. Applied Thermal Engineering, 2005, 25 (17/18): 2921-2936.